Quick-CAD/CAM Software는 순수 국내 기술로 개발되어 국내 현장에서 사용되고 있는 기계에 모두 적용이 가능하며, 기본 3축 밀링과 선반, Turn-Mill, Wire, 레이저가공, 5면 가공기에도 사용이 가능한 Software입니다.

Quick CAD CAM

Quick-CAD/CAM을 활용한 빠르고 쉬운 CNC 가공 기술

박춘우 · 박영석 · 진용주 공저

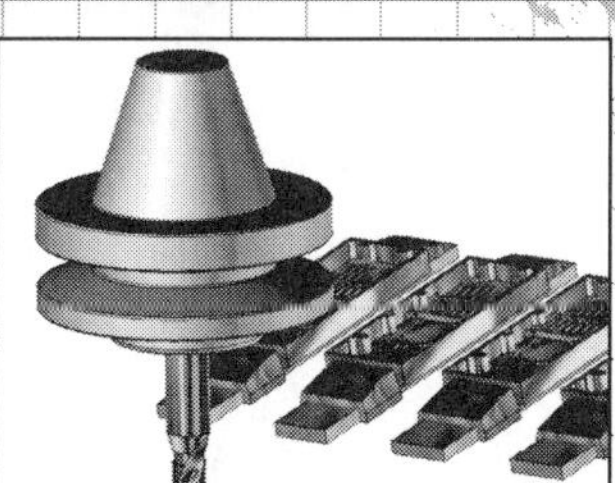

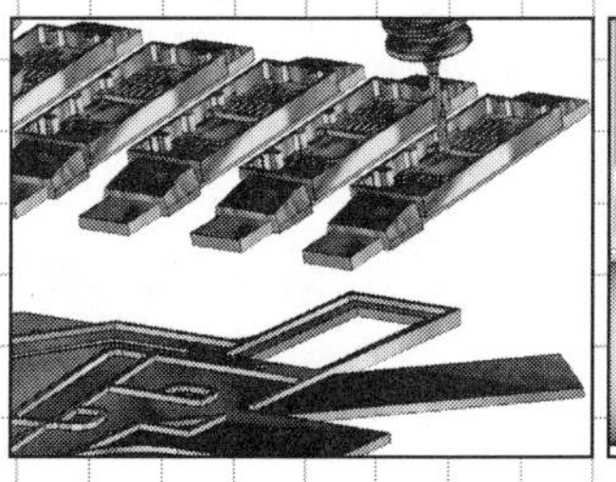

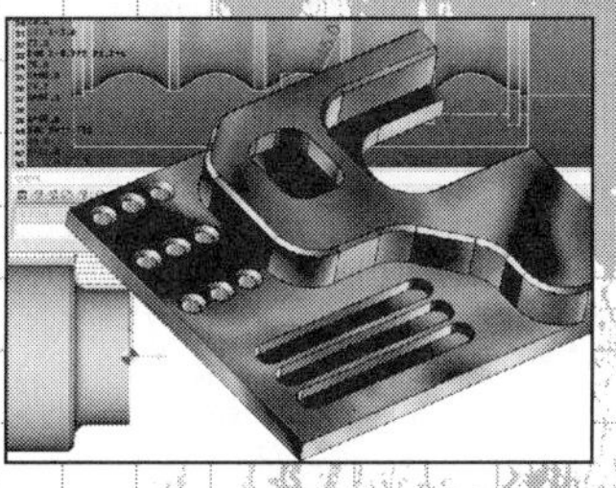

SEJIN Books 세진북스
www.sejinbooks.kr
cafe.daum.net/sjb114

QuickCAD-CAM Software를 시작하며...

전 세계적으로 사용되고 있는 CAD/CAM Software의 종류들은 우리들이 알고 있는 것 보다는 상당히 많습니다. 하지만 교육현장과 산업현장에서 사용되고 있는 Software의 종류들은 극히 한정되어 있습니다.

그 이유는 교육 목적과 제품 생산의 목적에 적합한 Software를 사용하고자하는 USER들이 선택하기 때문입니다.

QuickCAD-CAM Software를 교육용으로 선택한 이유는 초보자가 Software의 간단하고 쉬운 기능들을 이용하여 쉽고 빠르게 CAD 및 CAM 가공 데이터를 출력할 수 있어 선택하게 되었습니다.

기존의 AutoCAD 사용자를 위하여 유사한 명령 체계를 바탕으로 화면 및 아이콘 등을 구성 개발하여 새로운 CAD Software를 배운다는 부담감을 줄였고, 또한 현장에서 사용하는 기계 및 가공 용어들로 모든 명령어를 적용하여 누구나 쉽게 기계가공 데이터를 출력할 수 있게 개발되었습니다.

이번 교제의 내용은 기능사 자격증(밀링 및 선반)을 대비한 QuickCAD-CAM 따라 하기 내용을 추가하였으며, 일반적인 CAD기능과 CAM기능의 내용도 수록하고 있습니다.

QuickCAD-CAM Software는 순수 국내 기술로 개발되어 국내 현장에서 사용되고 있는 기계에 모두 적용이 가능하며, 기본 3축 밀링과, 선반, Turn-Mill, Wire, 레이저가공, 5면가공기에도 사용이 가능한 Software입니다.

저자 드림

Quick CAD-CAM

차 례

Chapter 01 QuickCAD-CAM 기본구성 11

1. QuickCAD-CAM 그룹군 화면 구성 ---- 12
2. 마우스의 사용법 ---- 13

Chapter 02 CAD 기능 소개 15

1. 2D 그리기 ---- 16
2. 2D 변형 ---- 20
3. 치수 ---- 23
4. 체인관리 ---- 24
5. 스냅 ---- 27
6. 캠공정 ---- 28
7. 뷰 ---- 31
8. 창 ---- 31

Chapter 03 CAM 기능 소개(Mill) 33

1. CAM 기능 소개(밀링) 34
2. 드릴가공 - 전략 35
3. 윤곽가공 - 전략 36
4. 모따기 가공 - 전략 38
5. 포켓 가공 39
6. 수동 페이스밀 41
7. 문자가공 42
8. 나사 가공 43
9. 잔삭 가공 44
10. T커터 공정 45
11. 홀 윤곽 공정 46
12. 판넬 가공 47
13. 마킹 공정 53
14. 건드릴 54
15. 사용자공정 정의 59
16. 사용자 공정 60
17. 서브 프로그램 61

Contents

Chapter 04 체인의 활용 63

1. 커브 체인 64
2. 점 체인 67
3. 엔티티 정리 69
4. 커브체인 편집 70
5. 점 체인 편집 73

Chapter 05 CAM 환경 설정 79

1. 환경설정 - 일반 80
2. 소재 81
3. 포스트 81

Chapter 06 따라하기 예제(Mill) 83

1. CAD 따라하기 1 84
2. CAD 따라하기 2 92
3. CAD 따라하기 3 103
4. QuickMill 따라하기 112
5. QuickMill 따라하기(5면 가공기) 132

143

Chapter 07 CAM 기능 소개(Turn)

1. 황삭 공정 144
2. 모방황삭 공정 150
3. 그루부 공정 152
4. 정삭 공정 154
5. 나사 공정 155
6. 드릴 가공 156
7. 파팅 공정 157
8. 주물황삭 공정 158
9. 팩 공정 159

161

Chapter 08 따라하기 예제(Turn)

1. QuickTurn 따라하기 1 162
2. QuickTurn 따라하기 2 177
3. QuickTurn 따라하기 3 200
4. QuickTurn 따라하기 4 213

Contents

Chapter 09 QuickTurnMill 225

1. QuickTurnMill 따라하기 1 — 226
2. QuickTurn Mill 따라하기 2 — 240

Chapter 10 QuickCAD-CAM F&A 259

1. Quick Mill F&A — 260
2. QuickViewer 단축키(Mill) — 264
3. 가공 시뮬레이션 및 NC코드 수정(Mill) — 268
4. Quick Turn F&A — 280
5. QuickViewer 단축키(Turn) — 284
6. 가공시뮬레이션 및 NC코드 수정(Turn) — 288
7. Quick Router F&A — 295
8. 공통 F&A — 303

Chapter 11 부 록 313

B-1 RS-232 통신관련 자료(Fanuc DB25 시그널 설명) — 314

Fanuc 시리얼 케이블 정보 / 315
ISO 테이프 코드 챠트 / 316
EIA 테이프 코드 챠트 / 317
Fanuc 0 M/T 모델 C 시리얼(RS232) 연결 가이드 / 318
Fanuc 6B 씨리얼 (RS232) 연결 & 파라메터 / 324

B-2 표준 RJ-45 이더넷 배선 도표 — 326

직선 이더넷 케이블 배선(T-568B) / 326
교차 이더넷 케이블 배선 / 326
RJ-45 Plug에 대한 T-568B 색상 코드 / 327

B-3 권장되는 최대 RS-232 케이블 길이 — 329

공통 인터럽트 번호와 포트 주소 / 329

B-4 Fanuc 에러 코드 리스트 — 330

B-5 선반 G 코드 일람표 — 334

B-6 밀링 G 코드 일람표 — 335

B-7 밀링 M 코드 일람표 — 337

B-8 공구 보정 기능 — 338

공구 길이 보정 기능 G43, G44 / 338
공구 길이 보정 취소 G49 / 339

B-9 고정 사이클의 종류와 동작 — 341

고정 사이클(cycle) 일람표 / 341
고정 사이클 동작 / 342
초기점 복귀(G98)와 R점 복귀(G99) / 342
절대치 명령(G90)과 증분치 명령(G91) / 343

Contents

B-10 고속 통신 카드 — 344

MxDS2 데이터 셔틀 / 345
Mx1150 DCAM(Dynamic Computer Aided Machining) / 345

B-11 옵티컬 아이솔레이터 NC 부착 무전원 형 — 347

아이솔레이터 PC 부착 전원형 / 347
아이솔레이터 내장형 고속 BUFFER CPU / 348

B-12 통신 프로토콜 설정 보기 — 349

Fanuc 0 콘트롤러 / 349
Siemens 810D/840D / 350
Mazak CMT 대화형 프로그램 전송 / 354
Mazak EIA/ISO 통신 / 356
Yasnac LX-1, MX-1 및 MX-2 콘트롤러 / 357
Yasnac LX-3, MX-3콘트롤러 / 358
Fanuc 16, 18, 20 및 21컨트롤러 / 358
Fanuc 10, 11, 12 및 15콘트롤러 / 359
RS-232 통신용 CNC 파라메터 설정 / 360
FANUC 160is, 180is, F310is & MITSUBISHI 600 / 369
보오드레이트는 피이드레이트를 제한 / 375

Chapter 12 도 면 377

Quick
CAD-CAM

01 Chapter QuickCAD-CAM 기본구성

1. QuickCAD-CAM 그룹군 화면 구성

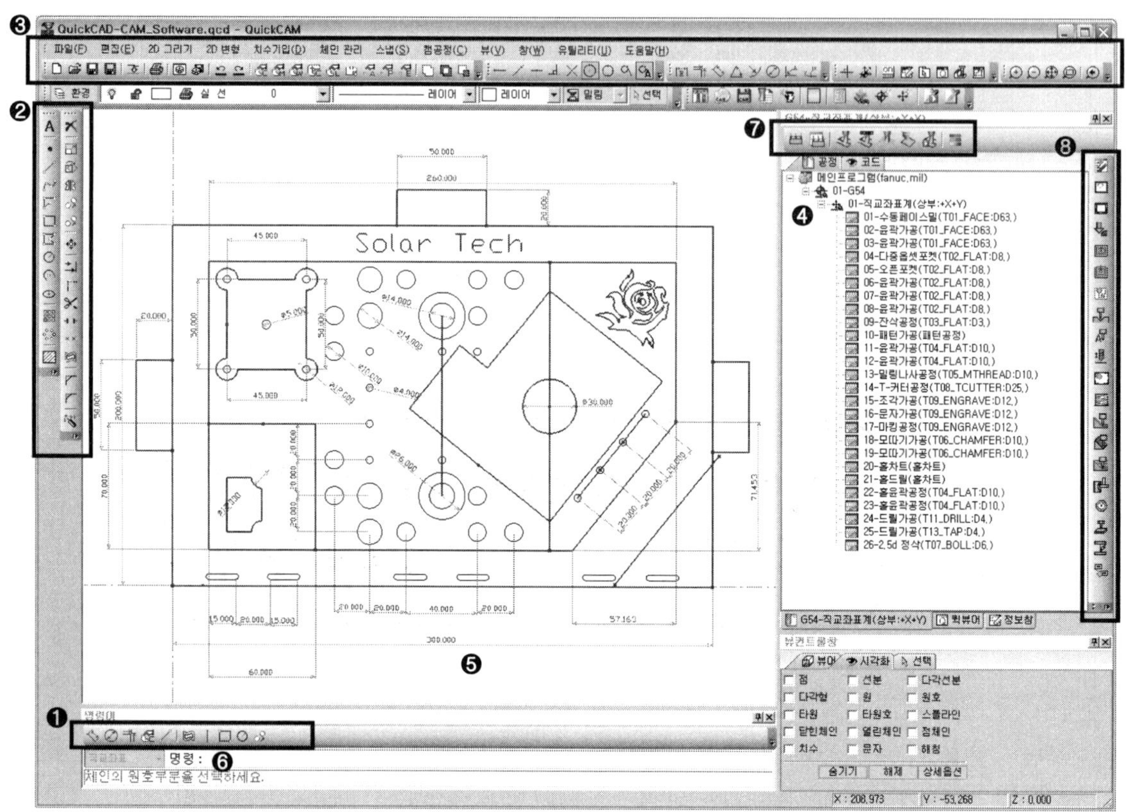

❶ **최근 사용 명령 목록** : 이 부분은 명령이 없을 경우 최근 사용 목록이 뜬다.

❷ **CAD 명령 아이콘** : CAD 작업을 할 경우 2D그리기, 2D 편집 아이콘이 나열되어 있어 이용이 편리하다.

❸ **풀다운 메뉴 & 시스템막대** : 프로그램의 명령은 모두 풀다운 메뉴어서 찾아 쓸 수 있다. 스템막대 부분은 프로그램 운용에 대한 창의 관리, 파일저장 등이 있는 부분이다.

❹ **가공 프로세스 트리** : 프로그램을 생성하게 되면 트리형식으로 프로세스들을 정렬한다.

❺ **작업창** : 도면을 열어 CAD 또는 CAM 등의 작업을 하게 되는 창이다.

❻ **명령어창** : CAD를 사용할 때 사용할 치수나 좌표등을 입력하는 창이다.

❼ **시뮬레이션 막대** : 가공프로세스를 이용해서 G코드를 생성후 가공 경로를 와이어시뮬, 쉐이딩 시뮬, 자동시뮬, 외부시뮬레이션 등으로 확인 할 수 있다.

❽ **가공 명령 아이콘** : CAM 프로세스의 단축 아이콘이 정렬 되어 있어 CAM을 생성하기 용의하다.

2. 마우스의 사용법

❶ 오른쪽 버튼 : 명령의 확인 등을 할 때 사용한다.
❷ 왼쪽 버튼 : 선택 등을 할 때 사용 한다.
❸ 마우스 휠 : 화면의 이동 또는 화면의 줌 인, 아웃 등을 제어할 때 사용한다.

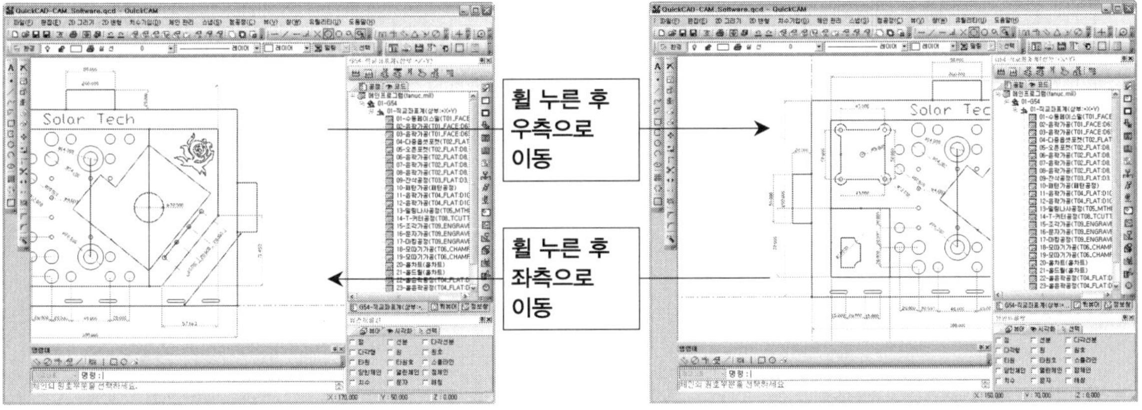

 화면의 이동은 작업창 위에서 마우스의 휠 버튼을 누른 후 움직이면 작업창이 움직이게 된다. 작업창 위에서 마우스 휠을 회전 시키면 작업창이 줌인 또는 줌아웃 된다.

Quick
CAD-CAM

02 Chapter CAD 기능 소개

Quick CAD-CAM

1. 2D 그리기

점

참고 점 또한 하나의 엔티티로 구분됩니다.

스케치 : 점을 특정 부분에 하나씩 그릴 때 사용합니다. 위치를 선택하거나, 좌표를 입력해서 그릴 수 있습니다.

엔티티 이용 : 직선이나 원, 호 등의 엔티티를 선택해서 원하는 만큼 분할하고, 원하는 반지름의 원을 그려 넣을 수 있습니다. 이때 지정된 엔티티가 나눠어 지진 않습니다. 분할 개수와 원의 반지름을 입력 후 엔티티를 선택해서 그릴 수 있습니다.

교차점 : 2개의 엔티티가 교차하는 지점에 점을 찍을 때 사용합니다.교차되는 2개의 엔티티를 차례로 선택해서 그릴 수 있습니다.

참고 **엔티티 용어의 정의** : CAD 기능을 이용하여 그린 점, 선, 원, 호 등을 말한다.

선

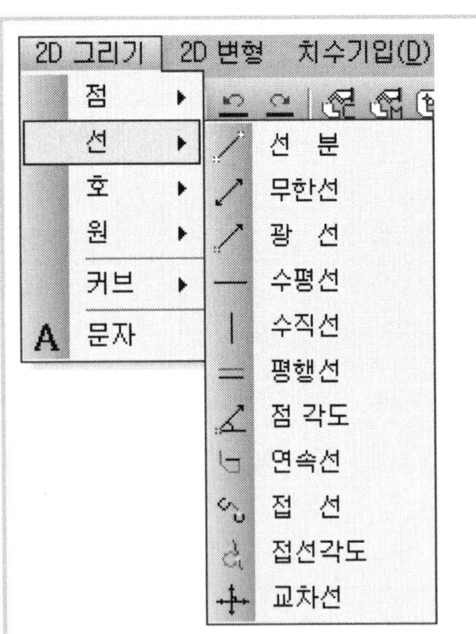

선분 : 점과 점을 잇는 가장 짧은 직선을 말합니다. 원하는 두 점을 선정하거나, 좌표를 입력해서 그릴 수 있습니다.

무한선 : 점과 점을 직선으로 지나는 무한선을 그립니다. 원하는 두 위치를 선정하거나, 좌표를 입력해서 그릴 수 있습니다.

광선 : 특정한 부분에서부터 한 방향으로 무한히 뻗어 나가는 선을 그립니다. 원하는 시작 위치와, 방향을 선택해서 그리거나, 좌표를 입력해서 그릴 수 있습니다.

수평선 : Y축의 한 점을 지나는 무한한 길이의 평행선을 그립니다. Y축의 위치를 입력하거나 특정 위치를 선택해서 그릴 수 있습니다.

수직선 : X축의 한 점을 지나는 무한한 길이의 수직선을 그

립니다. X축의 위치를 입력하거나 특정 위치를 선택해서 그릴 수 있습니다.

평행선 : 선택된 직선과 평행한 무한선을 그립니다. 옵셋 거리를 입력하고, 하나의 엔티티를 선택한 후 방향을 클릭해서 그릴 수 있습니다.

점 각도 : 특정한 위치에서 일정한 각도의 광선을 그립니다. 시작위치를 선택하고, 각도를 입력해서 그릴 수 있습니다.

연속선 : 선분을 연달아 그릴 수 있습니다. 시작점을 선택하고, 계속해서 다음 점을 선택해서 그릴 수 있습니다. 각 선분은 각각 하나의 엔티티로 인식합니다.

접선 : 2개의 원의 접선과 접선을 이을 때 사용합니다. 2개의 원 또는 호를 차례로 선택해서 접선을 그릴 수 있습니다.

접선각도 : 원하는 원과 접선으로 닿는 일정한 각도의 선을 그릴 때 사용합니다. 각도를 입력 후 원을 선택해서 그릴 수 있습니다.

교차선 : 원하는 위치에서 교차하는 수평, 수직선을 동시에 그릴 수 있습니다. 좌표나 위치를 선택해서 그릴 수 있습니다.

호

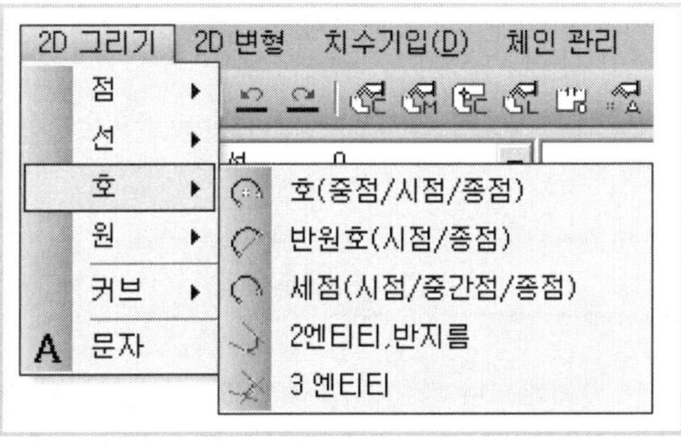

호(중점/시점/종점) : 원호를 그릴 때 사용합니다. 중심을 선택하고, 반지름, 시작 각도, 마지막 각도 순으로 입력해서 그리거나, 중심을 선택하고, 시작 위치를 클릭해서 지정하고, (반지름도 같이 지정됨) 종점 각도를 선택해서 그릴 수 있습니다.

반원호(시점/종점) : 180'의 반원호를 그릴 때 사용합니다. 시작 위치와 종점을 클릭해서 그릴 수 있습니다.

세점(시점/중간점/종점) : 3점을 지나는 원호를 그릴 때 사용합니다. 시점, 중간점, 종점을 선택 또는 입력해서 그릴 수 있습니다.

2엔티티,반지름 : 반지름을 알고, 2개의 엔티티에 접점이 있는 원호를 그릴 때 사용합니다. 반지름을 입력하고, 2개의 엔티티를 차례로 선택해서 그릴 수 있습니다.

3엔티티 : 3개의 엔티티에 접점이 있는 원호를 그릴 때 사용합니다. 3개의 엔티티를 차례로 선택해서 그릴 수 있습니다.

원

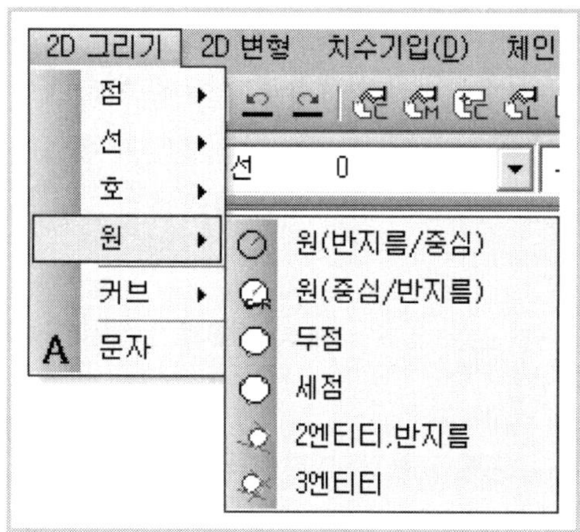

원(반지름/중심) : 반지름과 중심을 알고 있는 원을 그릴 때 사용합니다. 반지름 입력 후 중심을 입력 또는 선택해서 그릴 수 있습니다.

원(중심/반지름) : 반지름과 중심을 알고 있는 원을 그릴 때 사용합니다. 중심을 선택, 입력 후 반지름을 선택, 입력해서 그릴 수 있습니다.

'원(반지름/중심)'과 '원(중심/반지름)'은 입력 순서만 바뀐, 같은 명령어 입니다. 이 외의 명령어들도 괄호가 있는 명령어는 괄호 안의 순서대로 입력해서 사용하는 명령어입니다.

두점 : 2점을 지나는 가장 작은 원을 그릴 때 사용합니다. 두 점을 차례로 입력 또는 선택해서 그릴 수 있습니다.

세점 : 3점을 지나는 원을 그릴 때 사용합니다. 세 점을 차례로 입력 또는 선택해서 그릴 수 있습니다.

2엔티티,반지름 : 반지름을 알고, 2개의 엔티티와 접점이 있는 원을 그릴 때 사용합니다. 반지름 입력 후 2개의 엔티티를 차례로 선택해서 그릴 수 있습니다.

3엔티티 : 3개의 엔티티와 접점이 있는 원을 그릴 때 사용합니다. 3개의 엔티티를 차례로 선택해서 그릴 수 있습니다.

커브

폴리선 : 연속된 선분을 그릴 때 사용합니다. 시작점을 선택하거나 좌표를 입력 한 후, 다음위치를 선택하거나 입력해서 그릴 수 있습니다. 연속선과 다른 점은 선을 그리고 난 후 각 선분들은 각각의 엔티티로 인식하지 않고, 하나의 선으로 인식합니다.

사각형 : 사각형을 한번에 그릴 때 사용합니다. 다른 프로그램과는 다르게 코너 반지름을 따로 작업할 필요 없이 한번에 그릴 수 있습니다. 코너반지름을 입력하고, 시작점과, 대각선 위치의 꼭지점을 선택 또는 입력해서 그릴 수 있습니다. 코너반지름을 입력하면 곡선과 직선들이 각각 하나의 엔티티로 인식하고, 코너 반지름을 0으로 입력하면, 하나의 사각형 엔티티로 인식합니다.

참고 코너 반지름의 값을 0아닌 값을 입력하면 사각혀의 코너부분에 입력한 값이 적용됩니다.

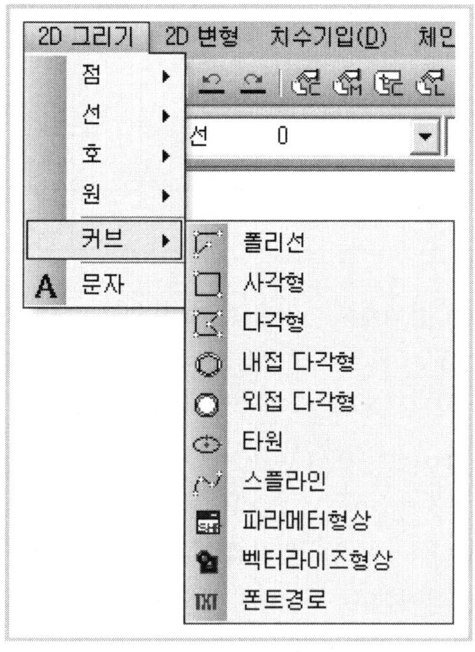

다각형 : 불규칙한 형태의 다각형을 만들 때 사용합니다. 각 꼭지점을 선택 또는 입력해서 그릴 수 있습니다. 하나의 엔티티로 인식합니다.

내접다각형 : 정 다각형을 그릴 때 사용합니다. 그릴 다각형의 꼭지점수를 입력한 후 중점을 선택 또는 입력 합니다. 원하는 크기의 원의 반지름을 입력하고, 각도를 입력 하면 입력된 반지름의 원 안에 내접하는 다각형이 만들어 집니다. 이때 각도는 꼭지점의 각도를 입력 하게 됩니다. 하나의 엔티티로 인식합니다.

외접다각형 : 정 다각형을 그릴 때 사용합니다. 그릴 다각형의 꼭지점수를 입력한 후 중점을 선택 또는 입력 합니다. 원하는 크기의 원의 반지름을 입력 하고, 각도를 입력하면 입력된 반지름의 원 밖에 외접하는 다각형이 만들어 집니다. 이때 각도는 변의 수직하는 선의 각도를 입력 하게 됩니다. 하나의 엔티티로 인식합니다.

타원 : 진원이 아닌 타원을 그릴 때 사용합니다.타원의 중점을 선택 또는 입력 한 후 2방향의 반지름을 선택 또는 입력해서 그릴 수 있습니다.

스플라인 : 유선형의 모양을 만들기 위해 제어점을 지정하고 이를 잇는 곡선을 그릴 때 사용합니다. 각 제어점을 선택해서 그릴 수 있습니다.

파라메터형상 : 미리 입력 해 놓은 자주 쓰는 형상을 불러내서 사용합니다. 각 수치들을 새로 입력하고, 기준점을 선택 하거나 입력해서 그릴 수 있습니다.

벡터라이즈형상 : 그래픽 파일(bmp, jpg, png, tif, pcx, tga)의 외곽선을 추출하여 CAD 파일로 변환할 수 있는 기능입니다.

폰트경로 : TEXT의 폰트를 설정해서, 특정한 엔티티의 경로를 따라 쓰여 지도록 할 때 사용합니다. TEXT를 설정, 입력 후 엔티티를 선택해서 사용합니다.

문자 : TEXT를 입력할 때 사용합니다. 입력위치, 높이, 각도를 차례로 입력해서 사용합니다.

Quick CAD-CAM

2. 2D 변형

이동

이동 : 엔티티를 선택해서 이동을 할 때 사용합니다. 엔티티를 선택한 후, 기준점과 종점을 선택, 또는 입력해서 엔티티를 이동합니다.(AutoCAD기능의 MOVE기능)

미러 : 엔티티를 선택해서 가상의 기준선을 기준으로 미러(거울에 비치는 형상으로) 시킵니다.(기준선을 기준으로 좌우가 바뀝니다.) 엔티티를 선택한 후 기준선의 시작점을 입력 또는 선택한 후, 기준선의 각도 또는 종점을 입력 또는 선택해서 사용합니다.

회전 : 엔티티를 기준점을 기준으로 회전 시킵니다. 엔티티를 선택한 후 기준점을 선택 또는 입력 후, 각도를 입력 또는 선택해서 사용합니다.

참고 각도를 선택해서 설정할 때, 기준점의 3시 방향이 0도 입니다.

배율 : 엔티티를 기준점을 기준으로 확대 또는 축소 합니다. 엔티티를 선택한 후 기준점을 선택 또는 입력 후, 배율을 입력 또는 선택해서 사용합니다.

참고 배율을 입력할 때 1은 100% 입니다.

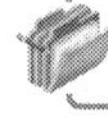

복사

2D 변형 | 치수기입(D) | 체인 관리
이동
복사
배열
옵셋
트림
복사
미러
회전
배율

복사 : 엔티티를 복사 할 때 사용합니다. 엔티티를 선택한 후, 기준점과 종점을 선택, 또는 입력해서 엔티티를 복사 합니다.(AutoCAD기능의 COPY기능)

미러 : 엔티티를 선택해서 가상의 기준선을 기준으로 미러(거울에 비치는 형상으로) 시킵니다. (좌우가 바뀝니다.) 엔티티를 선택한 후 기준선의 시작점을 입력 또는 선택한 후, 기준선의 각도 또는 종점을 입력 또는 선택해서 사용합니다. 이동의 미러와는 다르게 모제를 현 상태

로 놔둔 상태에서 복사된 엔티티가 생성되어 미러 됩니다.

회전 : 엔티티를 기준점을 기준으로 회전 시킵니다. 엔티티를 선택한 후 기준점을 선택 또는 입력 후, 각도를 입력 또는 선택 해서 사용합니다. 이동의 회전과는 다르게 모제를 제외한 복사된 엔티티가 생성되어 회전합니다.

참고 각도를 선택해서 설정할 때, 기준점의 3시 방향이 0도 입니다.

배율 : 엔티티를 기준점을 기준으로 확대 또는 축소된 엔티티를 하나 생성 합니다. 엔티티를 선택한 후 기준점을 선택 또는 입력 후, 배율을 입력 또는 선택해서 사용합니다. 이동의 미러 와는 다르게 모제를 제외한 복사된 엔티티가 생성되어 배율이 적용 됩니다.

참고 배율을 입력할 때 1은 100% 입니다.

그 외의 2D 변형

2D 변형 | 치수기입(D)
- 이동
- 복사
- 배열
- 옵셋
- 트림
- 제외트림
- 확장
- 연장트림
- 교차점 자르기
- 모따기
- 필렛
- 분해
- 엔티티정리

옵셋 : 엔티티를 일정 거리만큼 옵셋 합니다. 엔티티의 옵셋 거리를 입력한 후, 개수를 입력합니다. 엔티티를 선택해서 원하는 거리, 개수만큼 엔티티를 옵셋 시킵니다.

트림 : 특정한 기준으로 선택한 엔티티를 트림합니다. 트림할 기준선을 선택한 후 엔터, 잘라낼 엔티티를 선택해서 트림 합니다.

확장 : 특정한 기준 까지 엔티티를 연장 시킵니다. 확장할 기준선을 선택한 후 엔터, 확장할 엔티티를 선택해서 확장합니다. 기준선이 중첩될 경우 확장할 기준점을 선택 합니다.

연장트림 : 2개의 엔티티의 교차점을 기준까지 확장 또는 트림 합니다. 엔티티의 교차점이 없는 경우 가상의 교차점을 생성해서 2개의 엔티티를 교차점까지 확장하고, 교차점이 있을 경우는, 교차점에서 2개의 엔티티를 서로 트림합니다. 엔티티를 선택 해서 사용합니다. 교차된 엔티티의 경우 2개의 엔티티의 보존할 부분을 선택합니다.

교차점자르기 : 엔티티를 교차된 부분을 기준으로 나누고 싶을 때 사용합니다. 2개 이상의 엔티티를 선택하면, 교차된 부분을 기준으로 각각 한 개의 엔티티로 나뉘어 집니다.

모따기 : 모서리 부분의 모따기를 그려 넣을 때 사용합니다. 모따기 길이를 입력한 후, 2개의 선을 선택해서 사용합니다. 명령어창 위에 있는 보존을 선택하면, 선택된 2개의 선을 변화 없이 교차점을 기준으로 모따기 부분이 생성되고, 트림을 선택하면, 모따기 부분이 생성 되면서 모따기 바깥쪽 부분은 트림 됩니다.

필렛 : 모서리 부분의 필렛을 그려 넣을 때 사용합니다. 필렛의 반지름을 입력한 후, 2개의 선을 선택해서 사용합니다. 명령어창 위에 있는 보존을 선택하면, 선택된 2개의 선에 변화 없이 교차점을 기준으로 필렛 부분이 생성되고, 트림을 선택하면, 필렛 부분이 생성 되면서 필렛 바깥쪽 부분은 트림 됩니다.

분해 : 사각형, 다각형 등을 각 선분을 하나의 엔티티로 분해 할 때 사용합니다. 분해할 엔티티를 선택한 후, 오른쪽 클릭해서 사용합니다.

엔티티정리 : 같은 위치의 엔티티가 여러 개 그려져 있을 경우 정리 하기 위해 사용합니다. 적용옵션을 선택 후 확인, 정리할 엔티티를 선택 후 확인, 정리될 엔티티를 확인 의 순서로 사용합니다.

참고 엔티티 정리 후 확인은 필수이며, 그래도 겹쳐져 있는 형상이 있을 경우 그 형상은 그룹으로 설정되어 있어서 정리되지 않는 것입니다.

➡ **조치사항** : 분해 명령어를 사용하여 형상을 분해 후 엔티티 정리를 다시 시도합니다.

3. 치수

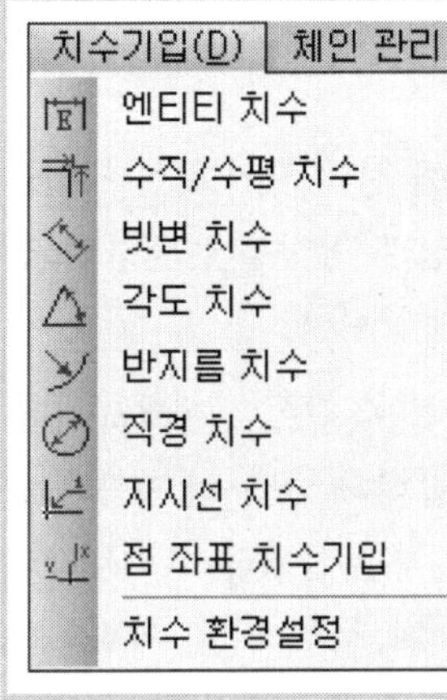

엔티티치수 : 엔티티의 치수를 측정할 때 사용합니다 엔티티를 선택 후, 치수 위치를 선택 또는 입력해서 사용합니다. 입력할 경우 치수는 상대좌표로 인식 됩니다. 엔티티가 원호인 경우 반지름을, 선 일 경우 길이를 표기합니다. '선'인 엔티티를 선택하더라도, 기울어진 엔티티는 수직, 수평 방향의 길이를 표기합니다.

수직/수평 치수 : 특정 위치를 선택해서 수직/수평의 치수를 측정할 때 사용합니다. 기준점을 2부분 선택한 후, 치수위치를 선택 또는 입력해서 사용합니다.

빗변치수 : 특정 위치를 선택해서 거리를 측정 할 때 사용합니다. 기준점을 2부분 선택한 후, 치수위치를 선택 또는 입력해서 사용합니다. 치수위치를 입력할 때는 치수의 법선 방향의 거리를 입력합니다.

각도치수 : 두 직선의 각도를 측정할 때 사용합니다. 두 변을 선택한 후, 치수위치를 선택 또는 입력해서 사용합니다. 치수 위치를 입력할 때는 두 변의 교차점의 예각 방향의 거리를 입력 합니다.

반지름 치수 : 원, 호의 반지름을 측정 할 때 사용합니다. 원, 호를 선택한 후, 치수의 위치를 선택 또는 입력해서 사용합니다. 치수의 위치를 입력 할 때는 각도를 입력 합니다.(3시 방향이 0°입니다.)

직경 치수 : 원, 호의 직경을 측정 할 때 사용합니다. 원, 호를 선택한 후, 치수의 위치를 선택 또는 입력해서 사용합니다. 치수의 위치를 입력 할 때는 각도를 입력합니다.(3시 방향이 0°입니다.)

지시선 치수 : 임의의 치수 또는 TEXT를 입력할 때 사용합니다. 지시선의 기준점을 선택 후 오른쪽 클릭, 문자 또는 치수를 입력해서 사용합니다.

점 좌표 치수기입 : 특정한 점의 좌표를 측정할 때 사용합니다. 특정한 점을 선택 후 위치를 선택 또는 입력해서 사용합니다. 위치를 입력할 때는 절대좌표를 사용합니다.

4. 체인관리

커브체인

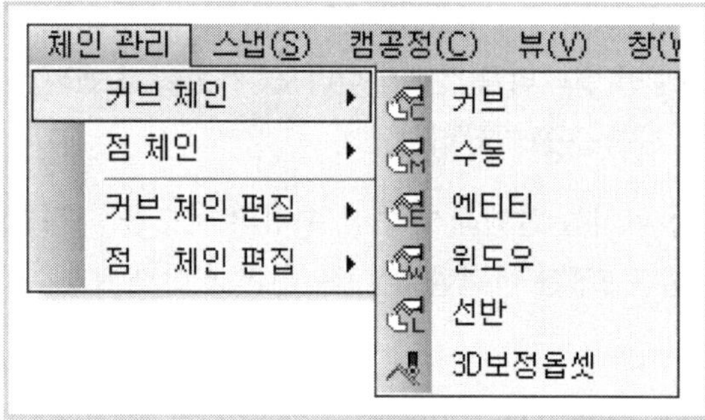

커브 : 공구의 가공경로를 정의 하기 위한 체인을 그릴 때 사용합니다. 시점과, 방향을 선택하면, 선을 추적해서 체인를 생성합니다.

수동 : 공구의 가공경로를 수동으로 정의하기 위한 체인을 그릴 때 사용합니다. 공구의 지름을 입력한 후, 체인의 경로를 직접 선택해서 사용합니다. 명령어창 위의 직선, 접선호, 세점호 등을 선택하면, 원호도 그릴 수 있습니다. 체인을 다 그린 후 오른쪽 클릭을 하면 체인생성이 종료되고, 닫힘을 선택하시면 현재 위치에서 체인 시점을 잇는 체인을 마지막으로 생성 후 체인 생성이 종료 됩니다.

엔티티 : 공구의 가공경로를 정의하기 위한 체인을 엔티티 단위로 그릴 때 사용합니다. 체인을 생성할 엔티티를 선택해서 사용합니다. 엔티티를 선택할 때 선택점을 기준으로 짧은 쪽의 끝점이 체인의 시점이 됩니다.

윈도우 : 공구의 가공경로를 정의 하기 위한 체인을 엔티티 단위로 다수를 선택하여 그릴 때 사용합니다. 선택창을 생성해서 선택된 모든 엔티티를 커브 단위의 체인으로 생성합니다.

선반 : 공구의 가공경로를 정의 하기 위한 선반용 체인을 그릴 때 사용합니다. 점을 선택, 입력 후 지름 또는 길이를 입력 또는 선택해서 체인을 생성합니다. 명령어창 위의 길이, 지름, 각도 등을 이용해서 테이퍼를 그릴 수 있고, 입력 형식을 상대좌표, 절대좌표로 변경할 수 있습니다.

점체인

수동 : 점 체인을 생성할 때 사용합니다. 특정 위치를 선택 또는 입력해서 사용합니다.

자동 : 다수의 동일한 조건의 점 체인을 생성 할 때 사용합니다. 원, 원호, 점 등을 선택 후 반지름을 입력 또는 선택한 후, 점 체인의 생성 방향 등을 선택해서 생성합니다.

커브체인 편집

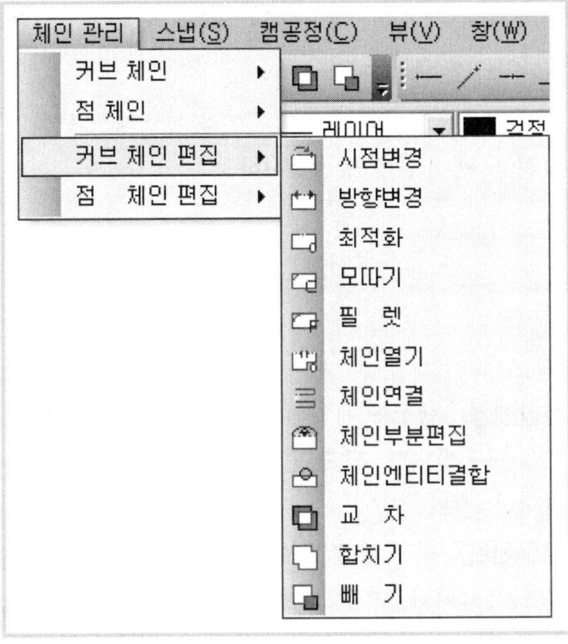

시점변경 : 이미 생성된 체인의 시점을 변경하고 싶을 경우 사용합니다. 이미 생성된 체인 상의 특정한 점을 선택해서 선택된 점으로 시점을 변경합니다.

방향변경 : 이미 생성된 체인의 방향을 변경하고 싶을 경우 사용합니다. 이미 생성된 체인을 선택한 후 완료하면 선택된 체인의 방향이 모두 반대로 바뀝니다. 이때 체인의 시점은 변경되지 않습니다.

모따기 : 이미 생성된 체인에 모따기를 하고 싶을 경우 사용합니다. 모따기 길이를 입력 후 단일 체인의 모따기 할 두 변을 선택해서 사용합니다. 이때 엔티티는 모따기 되지 않습니다.

필렛 : 이미 생성된 체인에 필렛을 하고 싶을 경우 사용합니다. 필렛 반지름을 입력 후 단일 체인의 필렛 할 두 변을 선택해서 사용합니다. 이때 엔티티는 필렛 되지 않습니다.

체인열기 : 닫힌 체인 중 체인의 일부분을 열고 싶을 경우 사용합니다. 닫힌 체인의 열고 싶은 부분을 선택해서 사용합니다. 시점과 종점이 연결되지 않은 체인은 이미 열려 있기 때문에 체인열기가 적용되지 않습니다.

체인연결 : 분리되어 있는 체인을 연결하고 싶을 경우 사용합니다. 각 체인을 선택해서 연결합니다. 이때 먼저 선택된 체인이 시점이 됩니다. 붙어 있지 않은 체인을 연결할 경우 먼저 선택된 체인의 종점과, 나중에 선택된 체인의 시점을 직선으로 연결하는 체인을 생성해서 연결하게 됩니다.

체인부분편집 : 닫힌 체인의 한 변을 원형으로 바꾸고 싶을 경우 사용합니다. 닫힌 체인의 한 변을 선택한 후, 변형시킬 반지름을 입력한 후, 원호위치를 선정해서(내측, 외측) 사용합니다.

체인엔티티결합 : 체인과 원형 엔티티를 결합 시켜 체인을 변형 시키고 싶을 때 사용합니다. 체인을 선택한 후, 겹쳐있는 원형의 엔티티를 선택해서 사용합니다. 시점부터 원형의 선택된 부분을 거쳐 가는 체인을 생성하게 됩니다. 엔티티가 원형이 아닌 경우는 결합 되지 않습니다. *타원은 여러 개의 원들을 조합해서 생성되는 엔티티이기 때문에 결합 되지 않습니다.

교차 : 체인의 교차된 부분만 체인으로 생성하고 싶을 경우 사용합니다. 2개의 체인을 선택해서 사용합니다.

합치기 : 2개의 체인을 하나로 합쳐진 체인으로 생성하고 싶을 경우 사용합니다. 2개의 체인을 선택해서 사용합니다.

빼기 : 교차된 부분을 제외한 체인을 생성하고 싶을 경우 사용합니다. 2개의 체인을 선택해서 사용합니다. 먼저 선택된 체인에서 나중에 선택된 체인 부분을 뺀 체인을 생성합니다.

점 체인편집

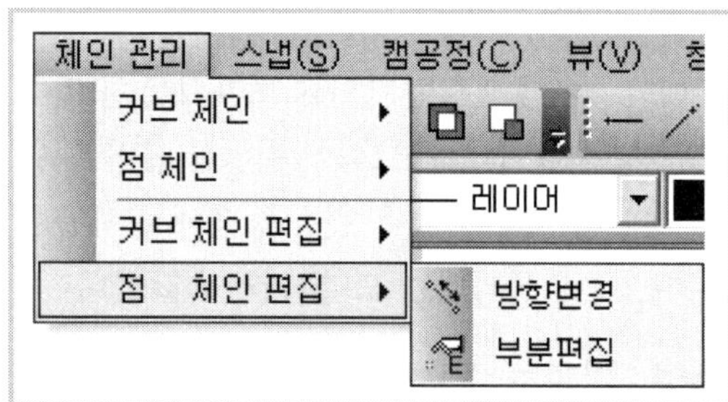

방향변경 : 생성된 체인의 방향을 변경 시키고 싶을 경우 사용합니다. 방향 변할 체인을 선택해서 사용합니다.

부분편집 : 점 체인을 부분적으로 편집하고 싶을 경우 사용합니다. 변경할 체인을 선택 후 편집 시점을 선택 합니다. 삽입할 점을 선택 후, 종점을 선택해서 사용합니다. 이때 생성되어 있는 체인의 선택된 시점과 종점 사이의 점 체인은 삭제되고, 대신 새로 삽입한 점이 포함된 새로운 체인이 생성됩니다.

5. 스냅

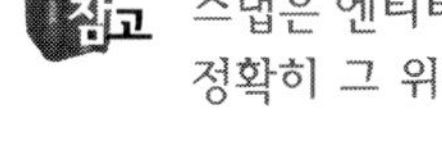

참고 스냅은 엔티티나 체인을 수정 하거나, 생성할 때 사용 되는 명령어가 아니라, 어떠한 특정한 위치를 선택할 때 정확히 그 위치를 선정할 수 있도록 도와주는 기능입니다.

스냅(S) | 캠공정(C)
- 자동설정
- 스냅초기화
- 끝점
- 최근점
- 중간점
- 수직점
- 교차점
- 중심점
- 사분점
- 접점
- 수직/수평 F7

끝점 : 엔티티의 끝점을 선택할 때 사용합니다. 다각형은 하나의 엔티티로 인식하지만, 스냅에서는 각 변이 각각 끝점으로 인식합니다. 원, 무한선 에서는 사용 불가능 합니다.

최근점 : 특정한 조건에 맞는 부분을 선택 하는게 아니라 그 엔티티 상의 임의의 점을 선택할 때 사용합니다. 직선뿐 아니라 원, 호, 무한선 에서도 사용 가능합니다.

중간점 : 엔티티의 중간점을 선택할 때 사용합니다. 무한선과, 원을 제외한 양 끝단이 있는 엔티티에서는 모두 사용 가능합니다.

수직점 : 시작점을 제외한 점을 선택할 경우 원하는 엔티티에 수직이 되는 점을 찾아 줍니다. 원을 제외한 모든 선에서 사용 가능합니다.

교차점 : 교차점을 선택할 때 사용합니다. 어떠한 엔티티든 다른 엔티티와 교차되는 부분이 있으면 사용 가능합니다.

중심점 : 원 이나 호 의 중심점을 선택할 때 사용합니다. 원 뿐 아니라 호의 중심도 선택할 수 있습니다.

사분점 : 원이나 호의 사분점을 찾을 때 사용합니다. 원이 아닌 호 라도, 사분점을 포함한 엔티티일 경우엔 선택할 수 있습니다.

접점 : 시작점을 설정할 때는 사용 할 수 없고, 종점을 선택할 경우 원 또는 호의 접점을 선택할 때 사용합니다. 원이 아닌 호라도, 시작점을 기준으로 접점이 있을 경우는 사용할 수 있습니다.

수직/수평 : 직교좌표를 사용할 때 사용합니다. 끝점~접점 등의 모든 스냅과 중첩사용 가능합니다. 중첩해서 사용 할 경우 시작점을 기준으로 직교되는 부분으로만 종점이 선택 가능하고, 스냅이 된 부분까지의 X 또는 Y 축으로의 거리 만큼의 부분에 종점이 선택 됩니다. 스냅을 선택 했다 하더라도, 0°, 90°, 180°, 270°방향을 제외한 방향으로는 선택 불가능 합니다. 단, 좌표를 입력할 경우는 0°, 90°, 180°, 270°방향 외의 방향으로도 선택 가능하게 됩니다.

자동스냅 : 선택한 스냅을 계속적으로 사용할 수 있도록 설정하는 기능 입니다.

스냅초기화 : 끝점~접점 중 선택해놓은 스냅이 있다면, 선택 해제 하는 명령어입니다. 자동스냅과 수직/수평 은 초기화 할 수 없습니다. 자동스냅과 수직/수평을 선택 해제 하고 싶을 실 경우에는 재 선택을 하시면 해제 하실 수 있습니다.

6. 캠공정

 밀링 

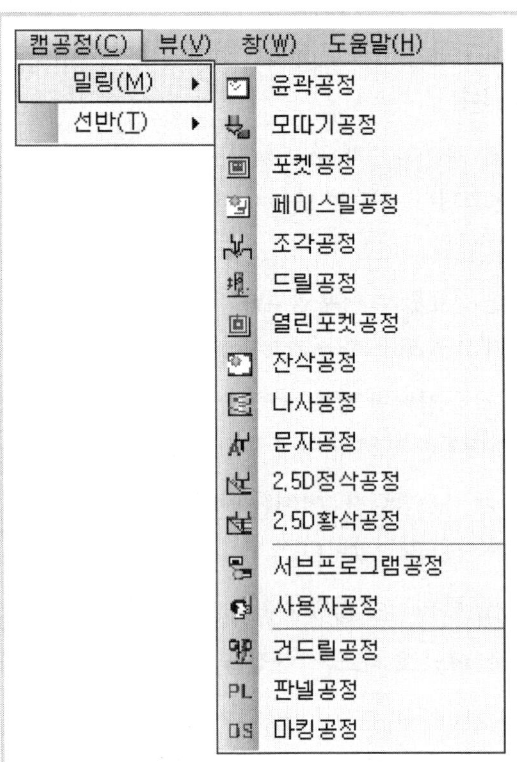

윤곽공정 : 체인의 윤곽을 가공할 때 사용합니다. 외측 이나 내측 모두 가공 가능합니다. 공구를 선택한 후, 체인을 선택합니다. 전략 등의 세부사항을 설정하고, 확인을 해서 사용합니다.

모따기 공정 : 모따기 가공을 할 때 사용합니다. 공구를 선택한 후, 체인을 선택합니다. 전략 등의 세부사항을 설정하고, 확인을 해서 사용합니다.

포켓공정 : 체인의 내부 부분을 포켓공정할 때 사용합니다. 포켓타입을 먼저 선택하고, 공구를 선택한 후, 체인을 선택합니다. 전략 등의 세부사항을 설정하고, 확인을 해서 사용합니다.

페이스밀 공정 : 페이스밀 공정을 할 때 사용합니다. 체인경로, 체인포함영역, 소재영역 등을 선택해서 페이스밀 공정을 할 범위를 전략 등 에서 세부사항을 설정해서 사용합니다.

조각공정 : 조각공정을 할 때 사용합니다. 공구를 선택한 후, 체인을 선택합니다. 전략 등의 세부사항을 설정하고, 확인을 해서 사용합니다.

드릴공정 : 드릴공정을 할 때 사용합니다. 드릴을 선택한 후, 체인을 선택합니다. 체인을 선택할 때는 점 체인을 선택 해야 합니다. 전략 등의 세부사항을 설정하고, 확인을 해서 사용합니다. 전략에서 드릴 사이클을 설정 할 수 있습니다.

열린포켓공정 : 열린 포켓공정을 할 때 사용합니다. 공구를 선택한 후, 체인을 선택합니다. 체인을 선택할 때 체인을 열어둔 것만 선택 가능합니다. 전략 등의 세부사항을 설정하고, 확인을 해서 사용합니다.

잔삭공정 : 코너 부분 등의 잔삭이 남아 있을 경우 잔삭 공정을 할 때 사용합니다. 공구를 선택한 후, 체인을 선택합니다. 이 전에 사용했던 공구의 지름을 설정해 주고, 전략 등의 세부사항을 설정하고, 확인을 해서 사용합니다. 잔삭이 남아 있는 부분에 자동으로 경로를 생성해서 잔삭을 제거 합니다.

나사공정 : 나사공정을 할 때 사용합니다. 공구를 선택한 후, 체인을 선택합니다. 전략 등의 세부사항을 설정하고, 확인을 해서 사용합니다. 암나사, 수나사 그리고 우나사, 좌나사 모두 가공 가능합니다.

문자공정 : 문자를 가공할 때 사용합니다. 문자공정은 문자를 체인으로 생성하지 않고 엔티티 상태에서 가공을 합니다. 체인으로 설정을 하면 가공이 불가능 합니다. 체인 선택 시 문자를 선택하고, 전략 등의 세부사항을 설정하고 확인해서 사용합니다.

2.5D황삭공정 : 2.5D 황삭공정을 할 때 사용합니다. 공구를 선택한 후, 체인을 선택합니다. 전략 등의 세부사항을 설정하고, 확인을 하면, 2.5D공정으로 내부를 황삭합니다. 전략에서 체인사용/프로파일 선택을 하면, 최종 깊이 등은 상관없이, 선택된 체인 길이 만큼의 깊이를 가공하게 됩니다.

2.5D정삭공정 : 2.5D 정삭공정을 할 때 사용합니다. 공구를 선택한 후, 체인을 선택합니다. 전략 등의 세부사항을 설정하고, 확인을 하면, 2.5D공정으로 내부를 정삭합니다. 전략에서 체인사용/프로파일 선택을 하면, 최종 깊이 등은 상관없이, 선택된 체인 길이만큼의 깊이를 가공하게 됩니다.

서브프로그램공정 : 서브프로그램을 이용해서 하나의 공정을 반복할 때 사용합니다. 서브공정, 패턴 정보 등을 설정해서 가공합니다. 서브공정을 선택하기 위해서 미리 공정을 만들어 놔야 합니다.

사용자공정 : 사용자가 미리 설정해 놓은 공정을 사용할 때 사용합니다. 조합공정을 설정하고, 적용할 체인을 선택해서 사용합니다.

건드릴공정 : 건드릴 가공을 할 때 사용합니다. 차트를 선택해서 입력 하거나, 가공할 부분을 선택한 후 H값을 입력해서 사용합니다.

판넬공정 : 판넬의 측면을 가공할 때 사용합니다. 내측으로 굽는 부분은 가공하고, 외측으로 굽는 부분은 가공하지 않습니다. 체인을 선택한 후, 전략 등의 세부사항을 설정하고, 확인을 해서 사용합니다.

마킹공정 : 마킹 작업을 할 때 사용합니다. 미리 체인을 설정 하지 않고, 대화창에서 상단, 중단, 하단의 문자열을 입력한 후, 공구를 선택하고, 마킹공정 할 중점을 설정하고, 전략 등의 세부사항을 설정해서 사용합니다.

선반

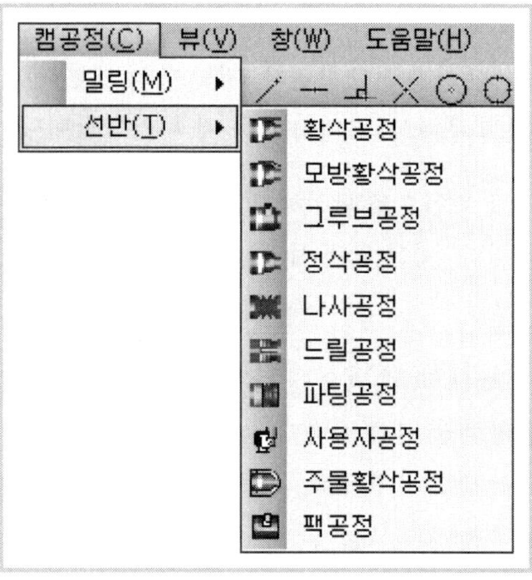

황삭공정 : 황삭 가공을 할 때 사용합니다. 공구를 선택한 후 체인을 선택 합니다. 전략 등의 세부사항을 설정한 후 확인해서 사용합니다.

모방황삭공정 : 모방황삭가공을 할 때 사용합니다. 공구를 선택한 후 체인을 선택합니다. 전략 등의 세부사항을 설정한 후 확인 해서 사용합니다.

그루브공정 : 그루브가공을 할 때 사용합니다. 그루브 공구를 선택한 후 체인을 설정합니다. 체인을 설정 할 때 shift 키를 누른 상태에서 클릭을 하면 한 변을 전부 선택하지 않고, 클릭 된 부분까지만 선택할 수 있습니다. 전략 등의 세부사항을 설정한 후 확인 해서 사용합니다.

정삭공정 : 정삭가공을 할 때 사용합니다. 공구를 선택한 후 체인을 선택합니다. 전략 등의 세부사항을 설정한 후 확인 해서 사용합니다. 전략에서 정삭 형식을 그루브로 선택 하고, 공구를 그루브 공구로 선택하면 그루브 공정의 정삭도 가능합니다.

나사공정 : 나사가공을 할 때 사용합니다. 나사공구를 선택 한 후 체인을 선택 합니다. 전략 등의 세부사항을 설정한 후 확인해서 사용합니다. 전략에서 나사 사이클을 지정할 수 있습니다.

드릴공정 : 드릴가공을 할 때 사용합니다. 드릴 공구를 선택한 후 체인 대신 공구의 가공 시작 위치를 설정 합니다. 전략 등의 세부사항을 설정한 후 확인해서 사용합니다.

파팅공정 : 파팅 가공을 할 때 사용합니다. 파팅 할 공구를 선택한 후 체인 대신 공구의 가공 시작 위치를 설정 합니다. 전략등의 세부사항을 설정한 후 확인해서 사용합니다.

사용자정의 : 사용자가 미리 설정해 놓은 공정을 사용할 때 사용합니다. 조합공정을 설정하고, 적용할 체인을 선택해서 사용합니다.

주물황삭공정 : 주물황삭가공을 할 때 사용합니다. 공구를 선택한 후 체인을 선택합니다. 주물 옵셋량 을 설정하고, 전략 등의 세부사항을 설정한 후 확인해서 사용합니다.

팩공정 : 팩 가공을 할 때 사용합니다. 공구를 선택한 후 체인 대신 공구의 가공 시작 위치를 설정하고, 깊이 값을 입력해서 합니다. 전략 등의 세부사항을 설정한 후 확인해서 사용합니다.

7. 뷰

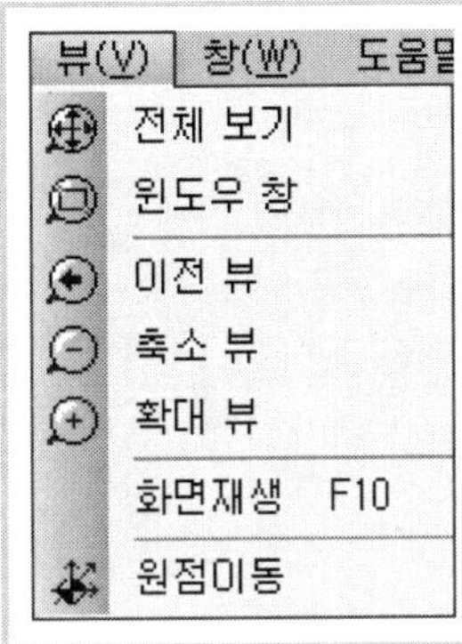

전체보기 : 그려져 있는 엔티티 들을 모두 포함하는 화면을 보고 싶을 경우 사용합니다.

윈도우 창 : 보고 싶은 부분을 선택해서, 선택된 영역만 보고 싶을 때 사용합니다.

이전뷰 : 바로 전에 보던 뷰 설정으로 되돌아 갑니다.

축소뷰 : 현재 화면에서 50%로 축소된 화면을 볼 때 사용합니다.

확대뷰 : 현재 화면에서 200%로 확대된 화면을 볼 때 사용합니다.

화면재생 : 현재 화면의 최적 형태로 바꾸어 줍니다. 체인의 화살표 크기가 너무 크거나 작을 경우에 사용할 수 있습니다.[F10]

원점이동 : 절대좌표의 원점을 원하는 위치로 바꿀 때 사용합니다.

8. 창

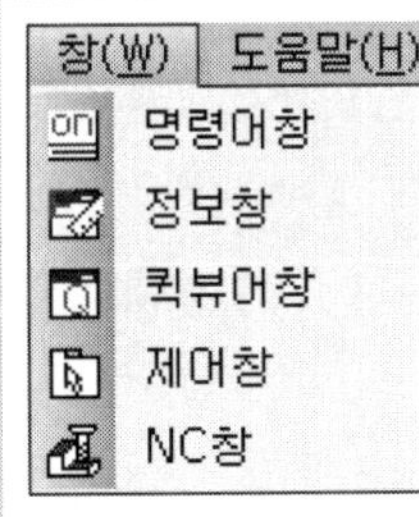

명령어창 : 명령어창을 꺼내거나 숨길 때 사용합니다. 좌표값, 명령어 등을 입력하는 창 입니다.

정보창 : 정보창을 꺼내거나 숨길 때 사용합니다. 각 엔티티의 정보를 볼 수 있는 창입니다.

퀵뷰어창 : 퀵뷰어창을 꺼내거나 숨길 때 사용합니다. 체인들을 종류별로 구분해 놓은 창입니다.

제어창 : 뷰제어창을 꺼내거나 숨길 때 사용합니다. 뷰어, 시각화, 선택 등의 창으로 나뉘어져 있고, 보는 시선이나, 보고 싶은 엔티티만 구분해서 보거나 할 때 사용하는 창입니다.

03 Chapter CAM 기능 소개 (Mill)

Quick CAD – CAM

1. CAM 기능 소개(밀링)

윤곽가공	: 다중 윤곽가공 기능 및 다중 측면 반복 기능 등을 이용하는 경우 반복 작업 횟수를 줄일 수 있는 기능
모따기가공	: 다중 체인을 이용한 모따기 가공 기능. 지원 깊이에 따른 측면 도피량 자동 체크
포켓가공	: 보스 없는 다중체인 다중포켓 기능 지원, 진입부 드릴 자동가공 및 정삭 윤곽가공 기능 지원
열린포켓가공	: 열린포켓을 가공 기능 지원
수동 페이스밀	: 페이스밀 가공 기능 지원
문자가공	: 생성된 문자를 선 및 원호로 가공 데이터를 출력하며 문자 입력 순서대로 문자를 가공하여 공구 이동을 실시간 체크
드릴가공	: 다양한 점 체인 기능을 이용 사용자 원하는 다양한 드릴 가공을 할 수 있으며 다양한 드릴가공 싸이클을 지원
잔삭가공	: 코너부에 잔삭을 처리하는 기능
밀링나사가공	: 밀링에서 암나사 또는 숫나사를 가공하는 기능
사용자 공정	: 여러 공정을 조합하여 사용하는 기능
서브 프로그램	: 공정생성 후 배열이나 다중 바이스 작업할 경우 사용
전체공정 재계산	: 전체공정의 NC데이터 생성할 경우 사용
외부 시뮬레이션 연결	: 환경설정의 외부 시뮬레이션 연결을 했을 경우 사용
사용자 공정	: 여러 개의 공정을 하나의 조합공정으로 생성하는 기능
공구경로생성	: 공구경로를 CAD화면상에 표시
쉐이딩 시뮬레이션	: 가공경로를 쉐이딩하여 미가공 부분을 체크

2. 드릴가공 – 전략

① **시작 평면** : 가공이 시작되는 평면 (절대지령)

② **초기 Z위치** : 드릴 가공에서 진입시 초기 Z 값 (절대지령 G43에 나오는 Z값)

③ **1회 절입량** : 드릴 가공에서 1회 절입량 (G83 싸이클에서 Q값)

④ **반복 횟수** : Z반복 횟수

⑤ **드웰** : 드릴가공이 최종 깊이로 진입했을 때 1회 절입시 마다 일시 정지시간을 줄 수 있다.

⑥ **드웰 단위** : 드웰의 단위

⑦ **좌표 방법** : 가공 좌표 이동시 절대이동과 상대이동을 할 수 있다.

⑧ **싸이클 형식** : 사이클의 형식을 선택 할 수 있다.

⑨ **최종 깊이** : 드릴 최종깊이(증분 값 – 시작평면에서의 증분 깊이)

⑩ **R점 Z위치** : 드릴가공의 R점 위치

⑪ **후퇴량** : 드릴 가공시 1회 절입 후 후퇴량 지정(컨트롤러에 따라서 지정할 수 없는 경우도 있다.)

⑫ **쉬프트량** : 보링 가공시 스핀들 정지 후 이동

⑬ **후퇴 방식** : 사이클을 사용하지 않을 때 복귀방법

- 단 순 : 1회에 진입하는 방법
- 디버링 : 절입 후 R점까지 복귀 후 가공
- 칩브레이커 : 절입 후 증분 값으로 후퇴 후 가공

⑭ **가공 방향** : 점 체인 생성시 가공 방향이 생성이 된다. 그 방향의 역방향으로 가공 순서를 바꿀 때 사용

⑮ **복귀 방법** : 한 구멍을 가공 후 복귀방법을 말한다.

- G98 초기점 복귀 : 드릴가공에서 사이클 시작 전에 Z값으로 이동
- G99 R점 복귀 : 사이클의 R값 위치에서 이동

3. 윤곽가공 – 전략

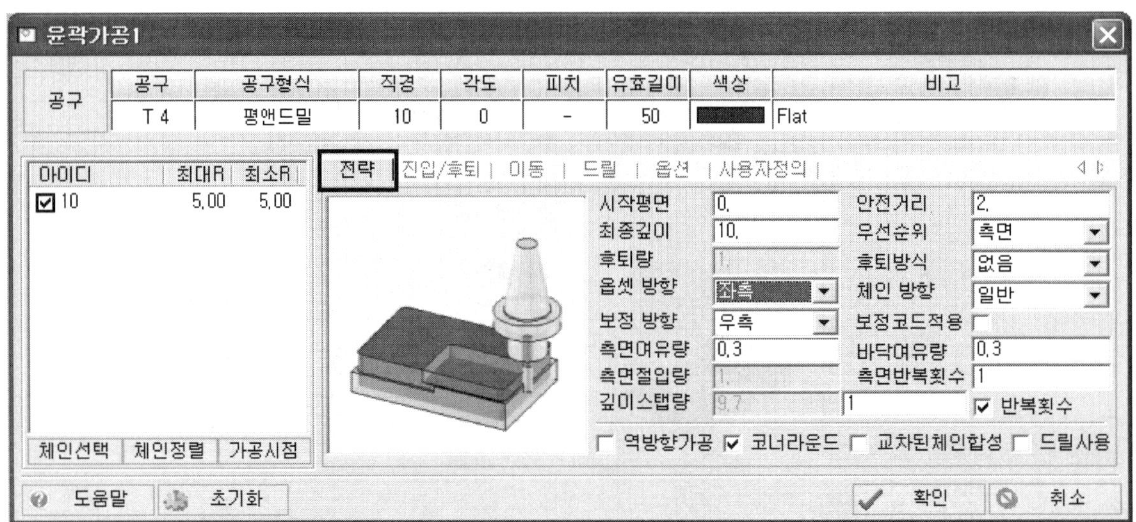

① **시작평면** : 가공이 시작되는 평면

② **최종깊이** : 최종가공 깊이(시작평면에서 증분깊이)

③ **옵셋방향** : 체인의 방향에서 옵셋방향

④ **보정방향** : 보정 적용시(우측 – G42　좌측 – G41)

⑤ **측면 여유량** : 측면 가공 후 여유량

⑥ **측면 절입량** : 측면 1회 절삭 깊이(측면가공 횟수를 1이상으로 주었을 때만 사용)

⑦ **깊이 스탭량** : Z깊이로 1회 절입량

⑧ **안전거리** : 시작평면 전까지 급속으로 이동하는 위치

⑨ **우선순위** : Z깊이 스텝과 측면 스텝을 같이 주었을 때 측면이 우선인지 깊이 방향 우선인지 선택 할 수 있다.

⑩ **후퇴방식**
- 없음 : 가공이 종료 위치에서 Z 후퇴 값 없이 바로 복귀
- 디버링 : 안전거리까지 후퇴 후 복귀
- 칩브레이커 : 일정량 만큼 후퇴 후 복귀

⑪ **체인방향**
- 일반 : 체인방향으로 일반 가공했을 경우
- 시계방향 : 체인의 가공방향과 무관. 시계방향으로 가공
- 반시계방향 : 체인의 가공방향과 무관. 반시계방향으로 가공
- 다중포켓방향 : 포켓 형식으로 체인 안에 보스가 있을 경우 사용

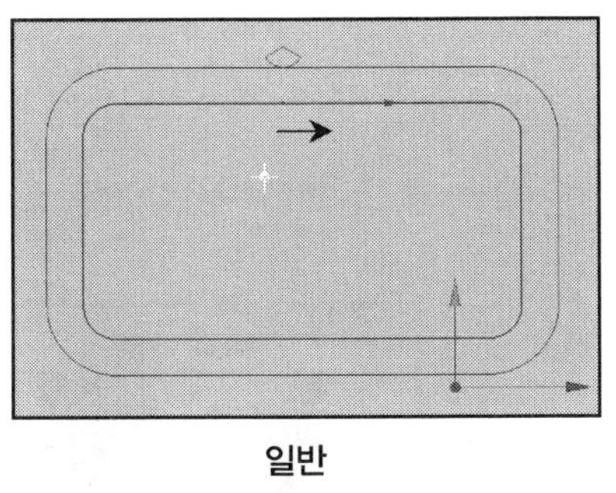

일반

시계방향

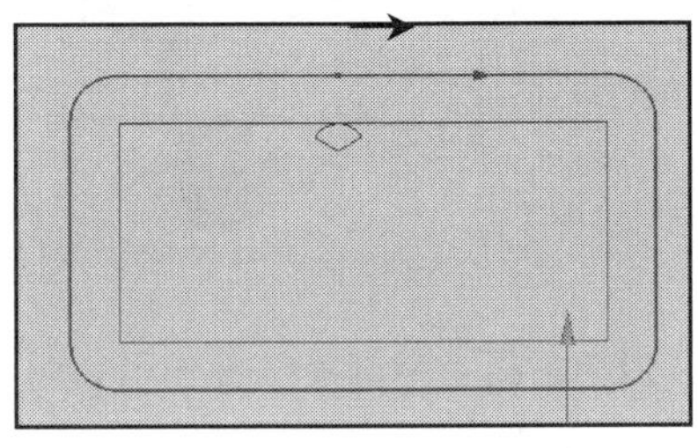

반시계방향

다중포켓방향

- 계층(일반) : 윤곽 가공 할 부분이 다중 가공(옵셋방향좌측)
- 계층(CW) : 외곽의 CW기준으로 교차 하면서 가공
- 계층(CCW) : 외곽의 CCW기준으로 교차 하면서 가공

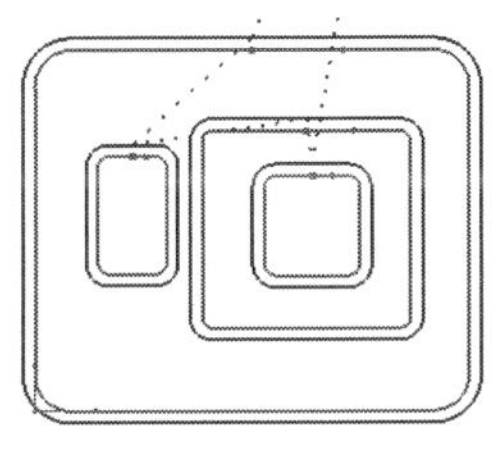

계층(일반)

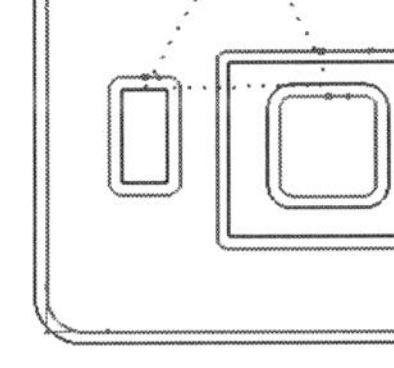

계층(CW)

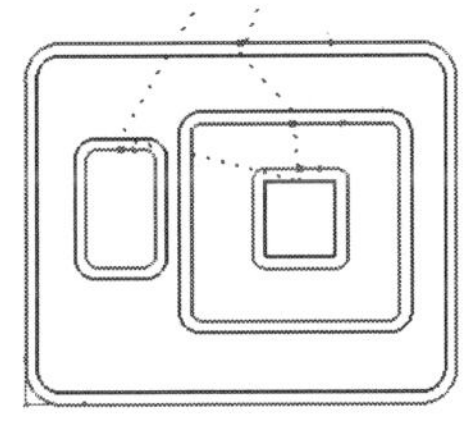

계층(CCW)

⑫ **보정코드적용** : 보정 사용시 체크

⑬ **바닥여유량** : 바닥의 가공 여유량

⑭ **측면반복횟수** : 측면으로 반복횟수

4. 모따기 가공 – 전략

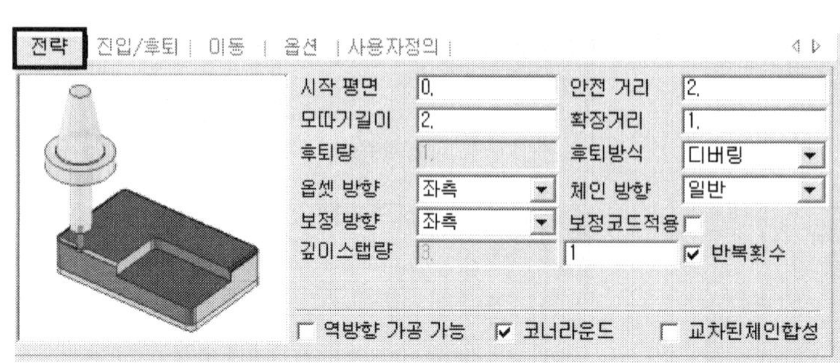

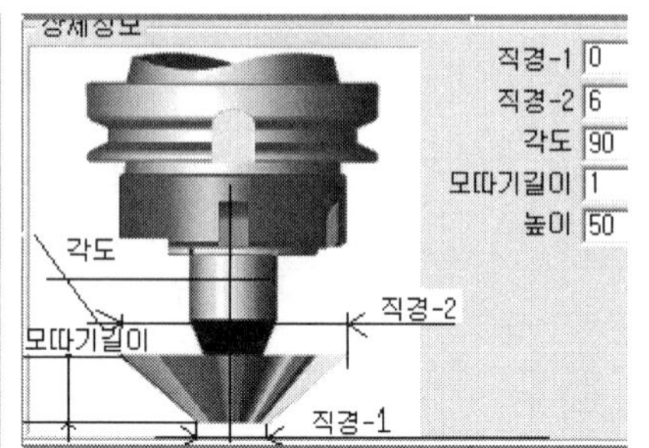

① **시작평면** : 가공이 시작되는 평면
② **모따기 길이** : 모따기 할 길이
③ **후퇴량** : Z반복을 했을 때 Z절입 후 후퇴량
④ **옵셋방향** : 측면으로 옵셋 할 방향
⑤ **보정방향** : 좌측-G41 우측-G42
⑥ **안전거리** : 시작평면에서 급속이송으로 진입하는 위치
⑦ **확장거리** : 모따기 길이보다 측면으로 옵셋양을 확장하기 위한 값
⑧ **체인방향** : 공구의 가공방향
⑨ **깊이 스탭량** : 깊이를 나누어 가공 할 경우

☐ 역방향가공 ☑ 코너라운드 ☐ 교차된체인합성 ☐ 드릴사용

⑩ **역 방향 가공 가능** : 윤곽가공에서도 사용되는 명령이고 이 명령은 열린 윤곽을 가공을 할 경우

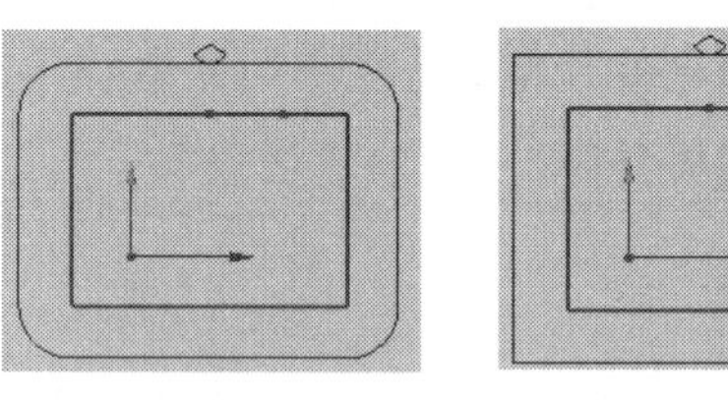

⑪ **코너 라운드** : 코너에 R값이 없을 경우 라운드로 처리 방법

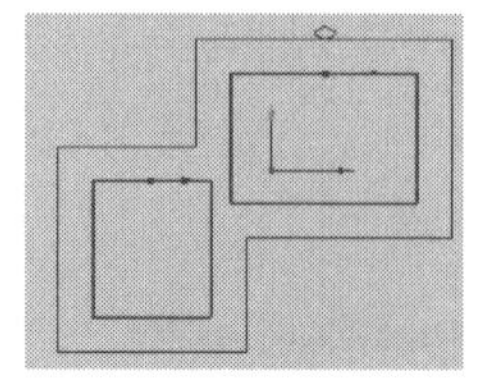

적용한 경우

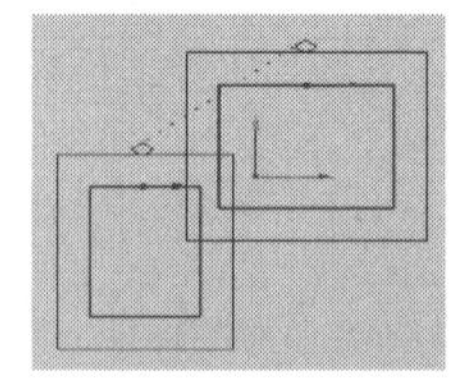

적용하지 않은 경우

⑫ **교차된 체인 합성** : 공구에 직경이 커서 윤곽 사이를 진입하지 못하는 경우 사용

적용한 경우

적용하지 않은 경우

5. 포켓 가공

① **스파이럴** : 스파이럴 형식으로 포켓가공 하는 가공. 단일 스파이럴 가공은 포켓 안에 보스가 없는 경우 사용을 한다. 여러 개의 포켓을 동시에 작업할 수 있다.

② **지그재그** : 지그재그형식의 가공 단일 다중 가공 가능

③ **일방향** : 단일 방향으로 가공

④ **원형 스파이럴** : 원만 가공 할 수 있는 포켓명령

⑤ **다중 스파이럴** : 포켓 안에 보스가 있는 경우사용. 여러 개의 포켓을 한번에 가공할 수 없다.

⑥ **다중 지그재그** : 포켓 안에 보스가 있는 경우 지그재그 형식으로 가공

⑦ **다중 일방향** : 포켓 안에 보스가 있는 경우 일방향 형식으로 가공

원 스파이럴 – 전략

원의 스파이럴 방식으로 가공

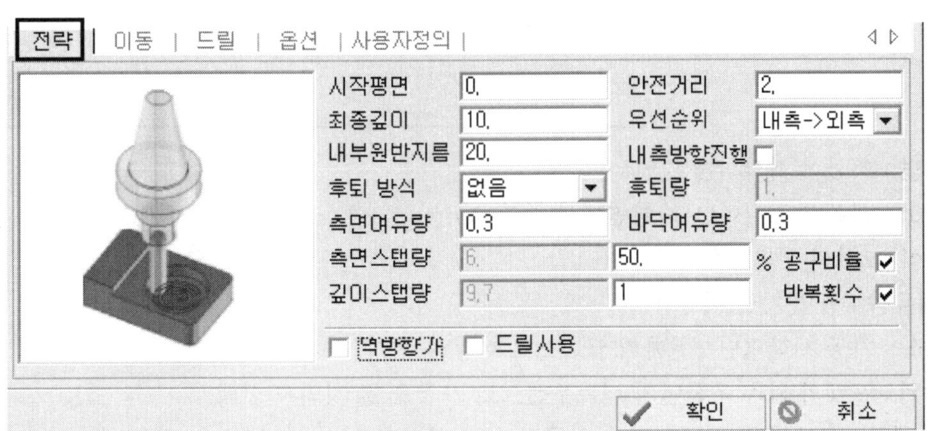

① **내부원반지름** : 내부에 원형으로 보스나 포켓으로 미리 가공되어 있는 경우 반지름 값을 입력

② **내측방향 진행** : 내부에 보스가 있는 경우 체크 하지 하고 포켓인 경우에는 체크를 하지 않는다.

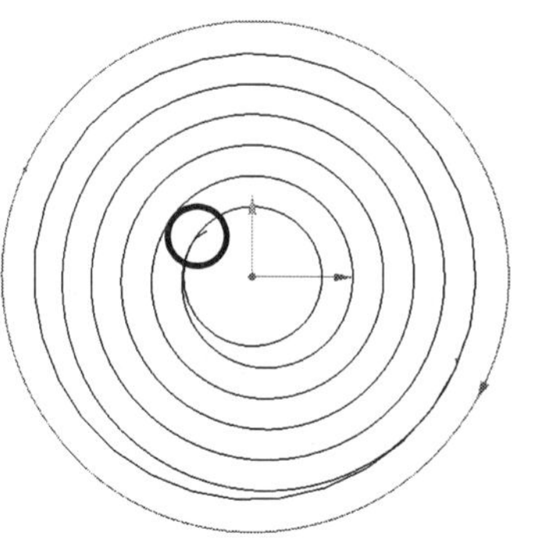

내측방향진행 체크한 경우

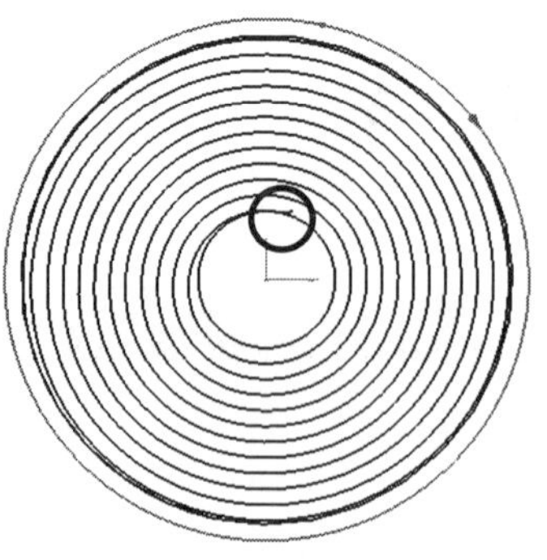

내측방향진행 체크하지 않은 경우

열린 포켓가공

열린 포켓 가공은 체인 생성을 하고 체인열기 명령으로 오픈된 부분을 선택을 하면 준비가 된다. 열린 포켓 명령으로 열린 체인을 선택을 하면 된다.

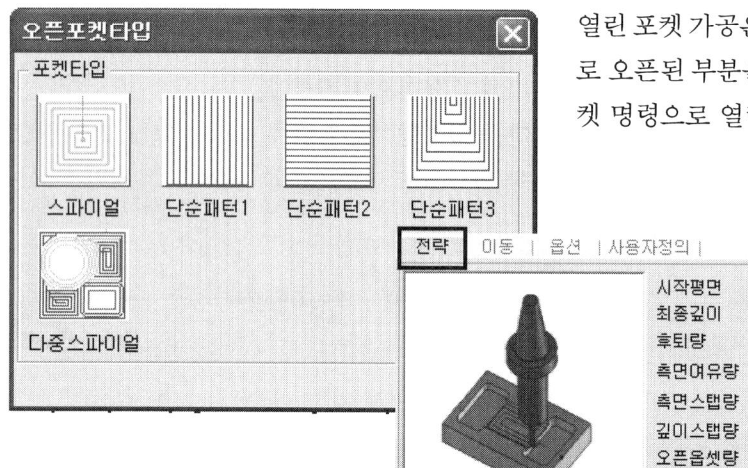

① **시작평면** : 가공이 시작되는 평면

② **최종깊이** : 최종 가공깊이(시작평면에서 증분 값)

③ **후퇴방식** : Z값의 후퇴방식

④ **측면 여유량** : 측면 가공 여유량

⑤ **안전거리** : 가공 시작평면 Z전까지 급속으로 이동하는 Z위치

⑥ **우선순위** : 포켓의 외측 우선인지 내측우선으로 가공을 할 것인지 선택

⑦ **측면 스탭량** : 포켓의 공구가 지나간 공구와 공구 사이의 거리

⑧ **깊이 스탭** : Z축 1회 절입량

⑨ **오픈 옵셋량** : 오픈 포켓의 오픈 부분의 공구가 포켓의 밖으로 나가는 량

6. 수동 페이스밀

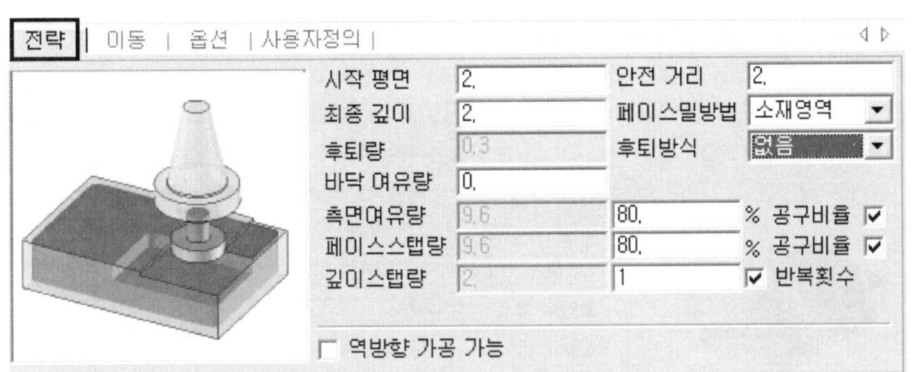

페이스 밀 방법

① **체인경로** : 수동 체인으로 가공 경로 생성 후 가공

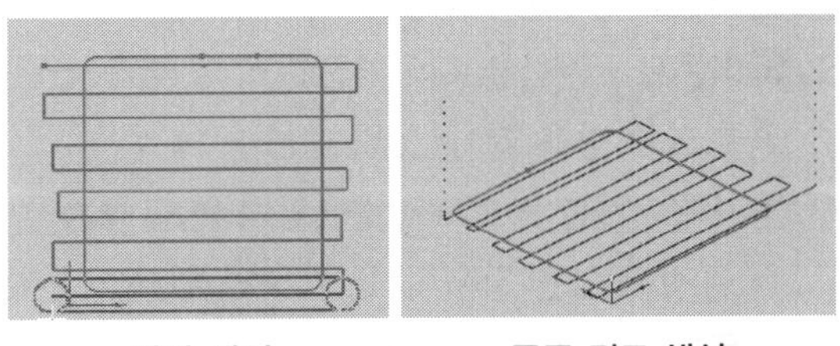

체인 생성 공구 경로 생성

② **체인포함 영역** : 사각형의 체인을 생성 후 체인 선택하여 가공

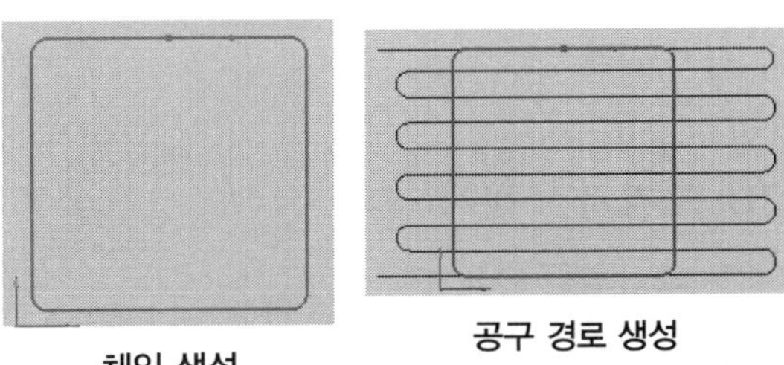

체인 생성 공구 경로 생성

③ **소재영역** : 환경설정에서 소재크기를 설정, 설정 영역 내에서 가공

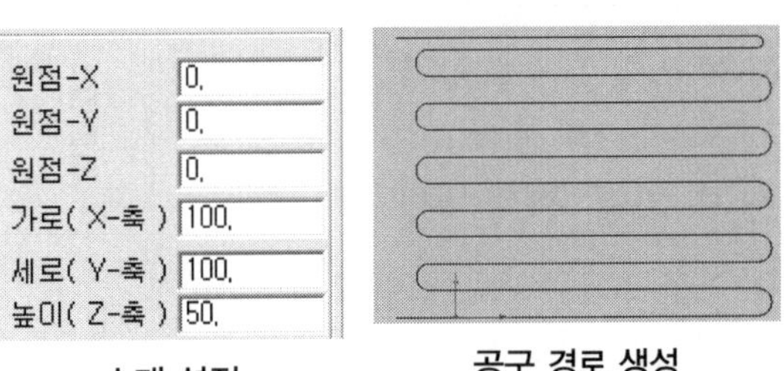

소재 설정 공구 경로 생성

7. 문자가공

문자가공은 단선 폰트만 사용가능 하다.

전략 | 이동 | 옵션 | 사용자정의 |

시작 평면	0.
안전 거리	2.
최종 깊이	10.
바닥 여유량	0.3
후퇴량	1.
후퇴방식	디버링
깊이스탭량	9.7 / 1 / 반복횟수 ☑

폰트 설정

파일 - 환경설정

① **일반폰트** : 기본으로 설정되는 폰트

② **SHX폰트** : 일반폰트에 영문폰트 일 경우 한글 폰트로 지정을 할 수 있다.

③ **문자폭** : 기본 적으로 값을 1입력 하고 문자 폭을 늘리고 싶을 경우 값을 키우면 된다.

④ **기울기** : 문자의 기울기 값

⑤ **문자간격** : 글자 사이의 간격

⑥ **글자 입력**

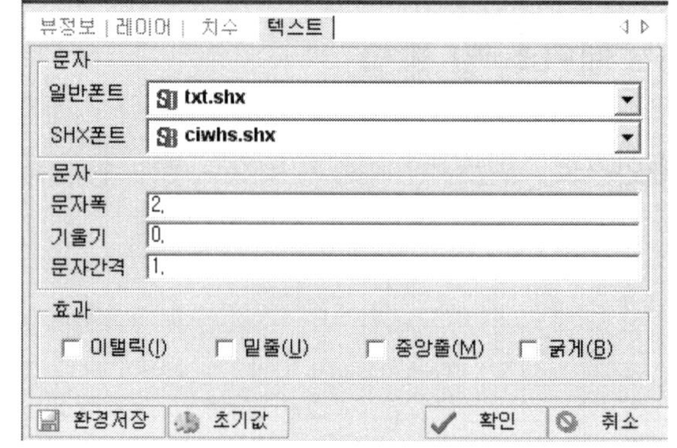

2D 그리기 - 문자 A

① 문자 삽입할 좌표입력

② 문자 크기 입력

③ 문자 기울기 입력

④ 가공 할 문자를 입력

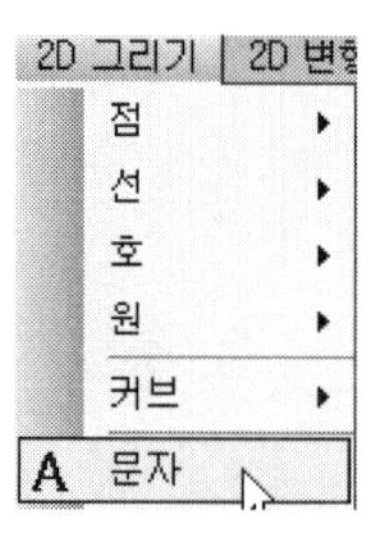

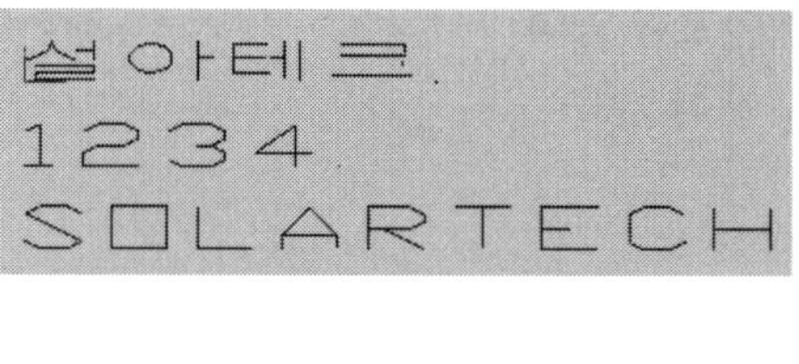

문자 가공 선택

① 공구 선택 후 가공 깊이를 입력한다.

② 확인을 하면 가공이 된다.

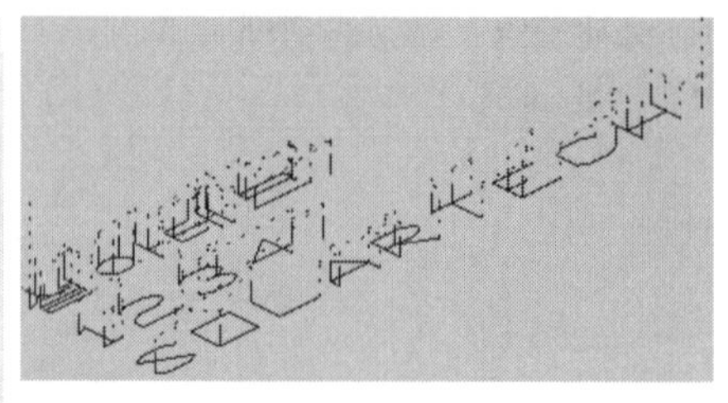

8. 나사 가공

시작평면	0.	안전거리	2.
최종깊이	10.	바닥여유량	0.
나사지름	10. ☐ 골지름	측면여유량	0.
시작각도	0.	진행각도	10.
나사피치	2.	나사산수	1
나사형식	외측나사	나사방향	우나사
진행방향	하향		

☐ 직선보간 ☑ 오버컷 ☑ 반지름보정 ☑ 센터진입

① **지름** : 나사의 골지름을 입력

② **시작각도** : 공구의 진입 방향

0 = X+ 90 = Y+ 180 = X− 270 = Y−

반시계 방향으로 입력을 한다.

③ **나사피치** : 나사피치 값 입력

④ **직선보간** : 점 데이터로 생성

⑤ **나사방향** 우나사 : 시계방향

좌나사 : 반시계방향

⑥ **나사형식** 내측나사 : 내경나사

외측나사 : 외경나사

점 체인 생성 ⇒ 밀링나사가공 선택 ⇒ 나사 골지름과 피치 입력 및 공구선택

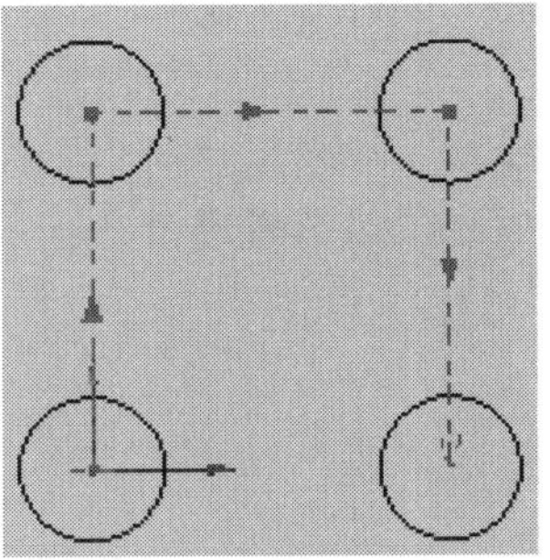

⑦ **나사지름 입력** : 골지름을 체크를 하면 피치가 계산이 된다.

⑧ **나사형식 선택** : 우나사, 좌나사

⑨ **진행방향** : 상단에서 진행

하단에서 진행

⑩ **직선보간** : 점 데이터 형식

⑪ **오버컷** : 나사가공을 할 때에는 주의해야 할 부분이다. 체크를 하지 않으면 최종점 에서 Z 변화 없이 평면으로 절삭한다. 원의 헬리컬 가공을 위해 것이다. 나사가공시 에는 필이 체크를 해야한다.

⑫ **반지름 보정** : 공구 경보정 사용여부

⑬ **센터진입** : 내측가공 원의 센터 진입

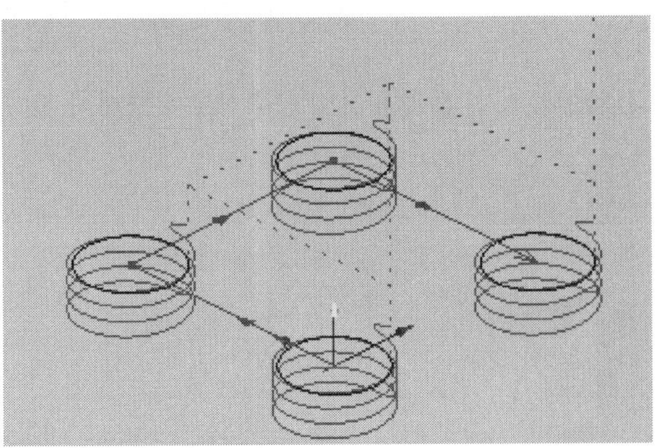

확인하면, 우측과 같이 공구경로 생성

9. 잔삭 가공

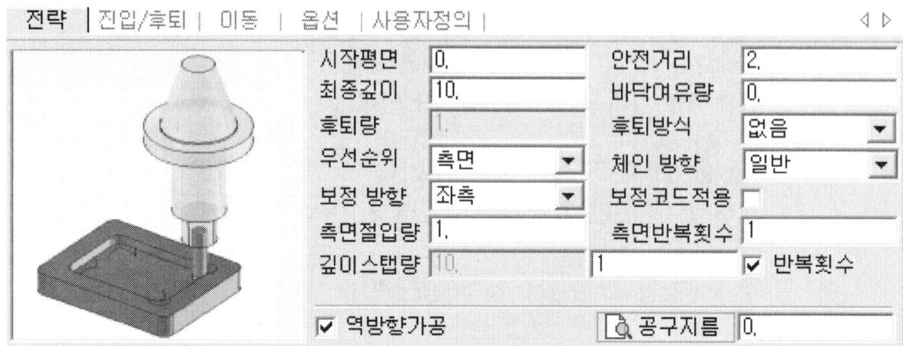

① 전 사용의 공구지름을 입력을 한다.

② 입력한 전 공구지름에 의한 미가공 부분을 자동으로 찾아 잔산가공용 체인을 생성한다.

- 체인 선택
- 잔삭가공 할 공구 선택

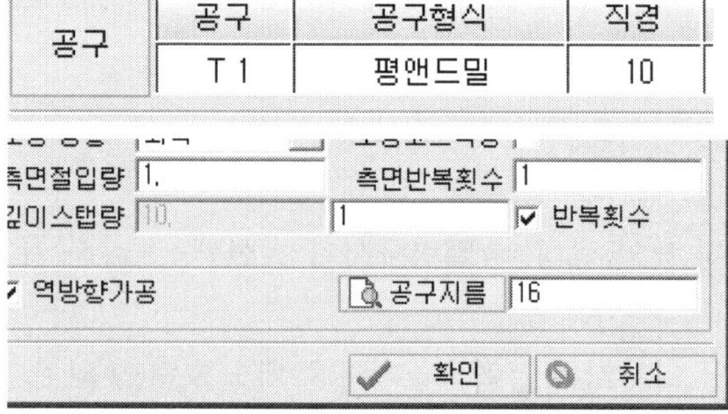

③ 공구지름을 입력을 한다.

공구지름을 클릭을 하면 CAD화면에 잔삭가공 할 부분에 자동으로 체인이 표시 된다.

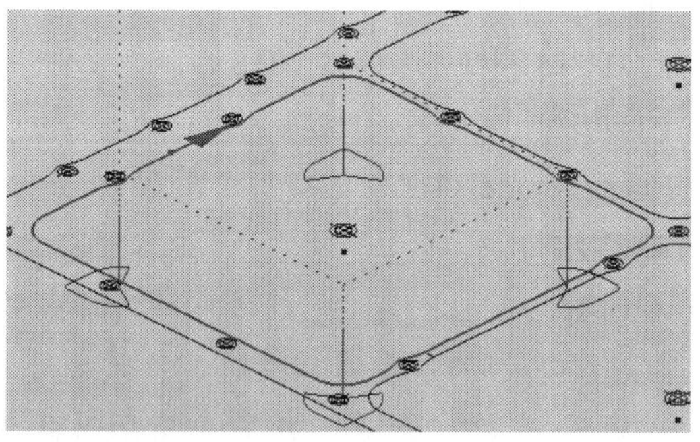

④ 확인을 하면 우측과 같이 공구경로가 생성이 된다.

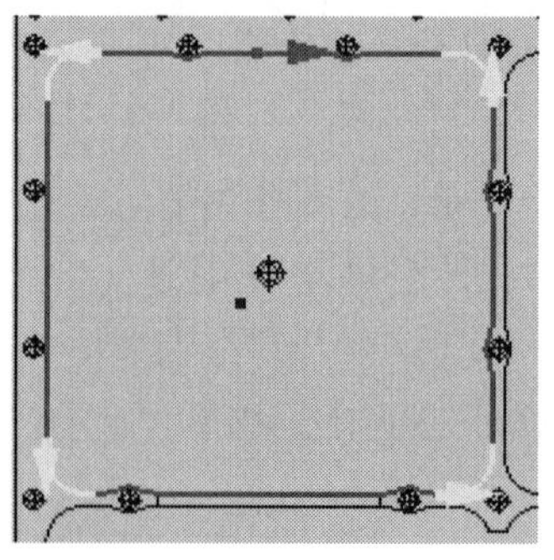

10. T커터 공정

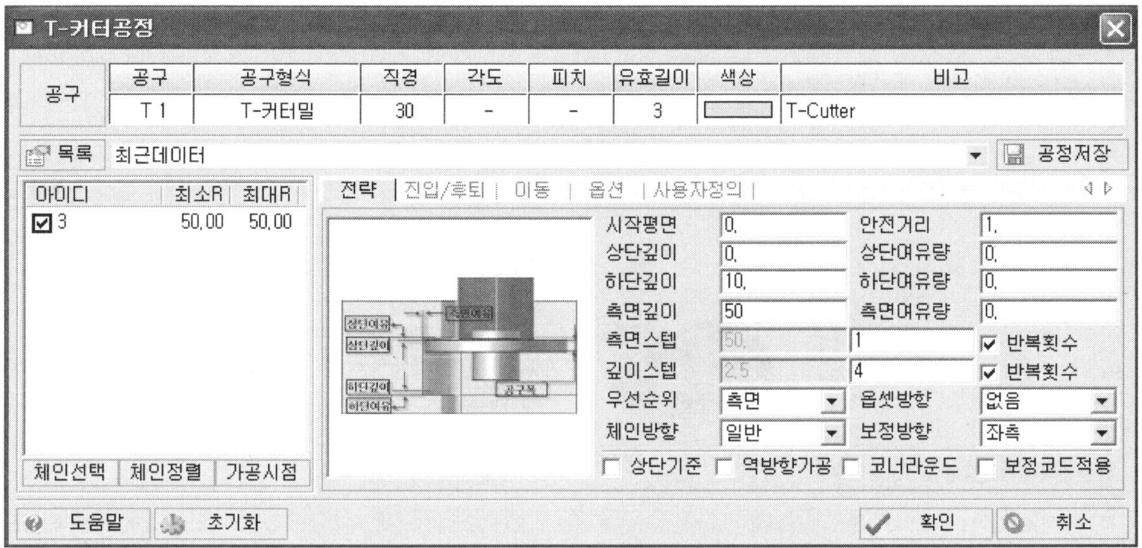

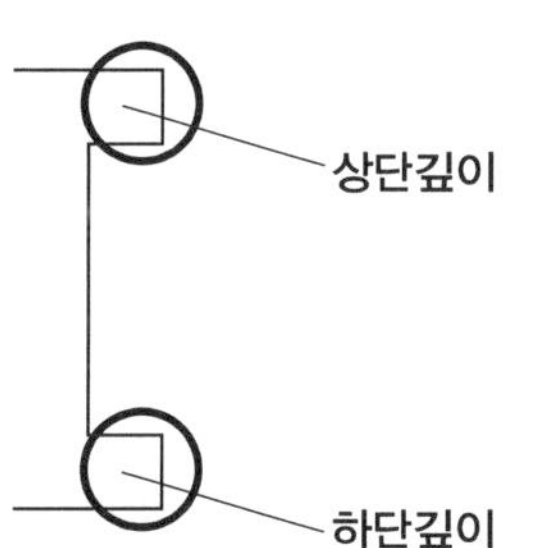

① **시작평면** : 가공이 시작되는 평면

② **상단깊이** : T-홈의 상단깊이

③ **하단깊이** : T-홈의 하단깊이

④ **측면 깊이** : 가공할 측면의 깊이

⑤ **측면 스텝량** : 1회 측면 절입량

⑥ **깊이 스텝량** : Z깊이로 1회 절입량

⑦ **코너 라운드** : 코너에 R값이 없을 경우 라운드로 처리 방법

⑧ **역 방향 가공 가능** : 윤곽가공에서도 사용 되는 명령이고 이 명령은 열린 윤곽을 가공을 할 경우

⑨ **안전거리** : 시작평면 전까지 급속으로 이동하는 위치

⑩ **상단 여유량** : 상단깊이 여유량

⑪ **하단 여유량** : 하단깊이 여유량

⑫ **측면 여유량** : 측면 가공 후 여유량

⑬ **우선순위** : Z깊이 스텝과 측면 스텝을 같이 주었을 때 측면이 우선인지 깊이 방향 우선인지 선택 할 수 있다.

⑭ **옵셋방향** : 체인의 방향에서 옵셋방향

⑮ **체인방향** : 공구의 가공방향

⑯ **보정방향** : 보정 적용시(우측 – G42   좌측 – G41)

⑰ **보정코드적용** : 보정적용을 사용시 체크

11. 홀 윤곽 공정

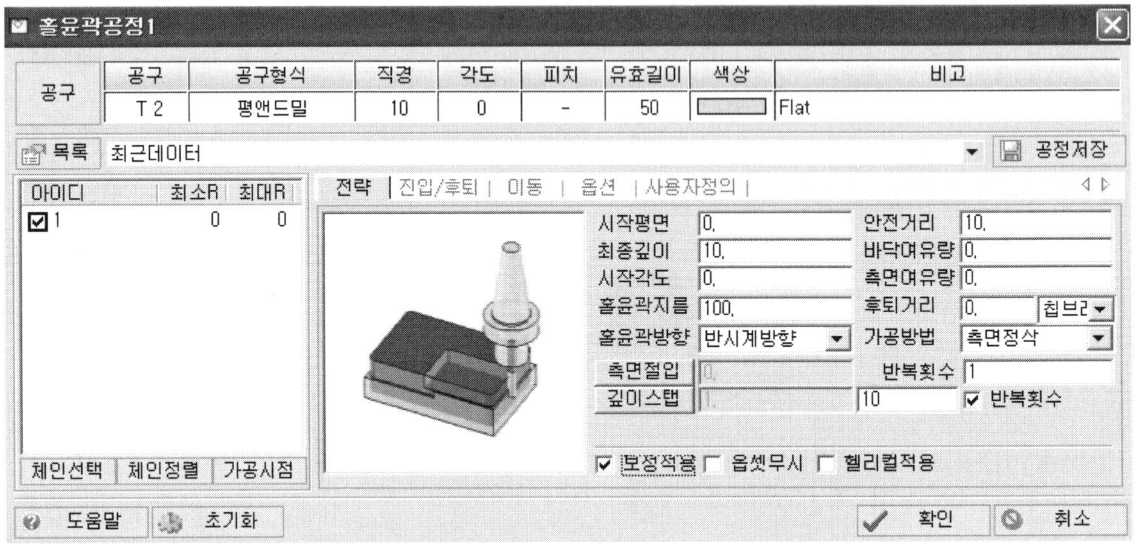

① **시작평면** : 가공이 시작되는 평면

② **최종깊이** : 최종가공 깊이
(시작평면에서 증분깊이)

③ **시작각도** : 3시 방향을 0도를 기준으로 가공 시작하는 각도

④ **홀 윤곽지름** : 가공할 홀의 지름

⑤ **홀 윤곽방향** : 가공방향 설정
반시계방향 = G41, 시계방향 = G42

⑥ **가공방법** 황삭 : 황삭가공
측면정삭 : 홀의 측면정삭
바닥정삭 : 홀의 바닥정삭
정삭 : 홀의 측면, 바닥 정삭1

⑦ **측면 절입량** : 측면 1회 절삭 깊이
(측면가공 횟수를 1이상으로 주었을 때만 사용)

⑧ **깊이 스탭량** : Z 깊이로 1회 절입량

⑨ **안전거리** : 시작평면 전까지 급속으로 이동하는 위치

⑩ **바닥여유량** : 바닥의 가공여유량

⑪ **측면 여유량** : 측면 가공 후 여유량

⑫ **후퇴방식**
- 없음 : 가공이 종료 위치에서 Z 후퇴 값 없이 바로 복귀.
- 디버링 : 안전거리까지 후퇴 후 복귀.
- 칩브레이커 : 일정량 만큼 후퇴 후

⑬ **보정적용** : 반시계방향 or 시계방향 가공시 G41 or G42 적용

⑭ **옵셋무시** : 보정값을 사용 안함.

⑮ **헬리컬적용** : 측면정삭가공을 할 경우 헬리컬 방식으로 가공

12. 판넬 가공

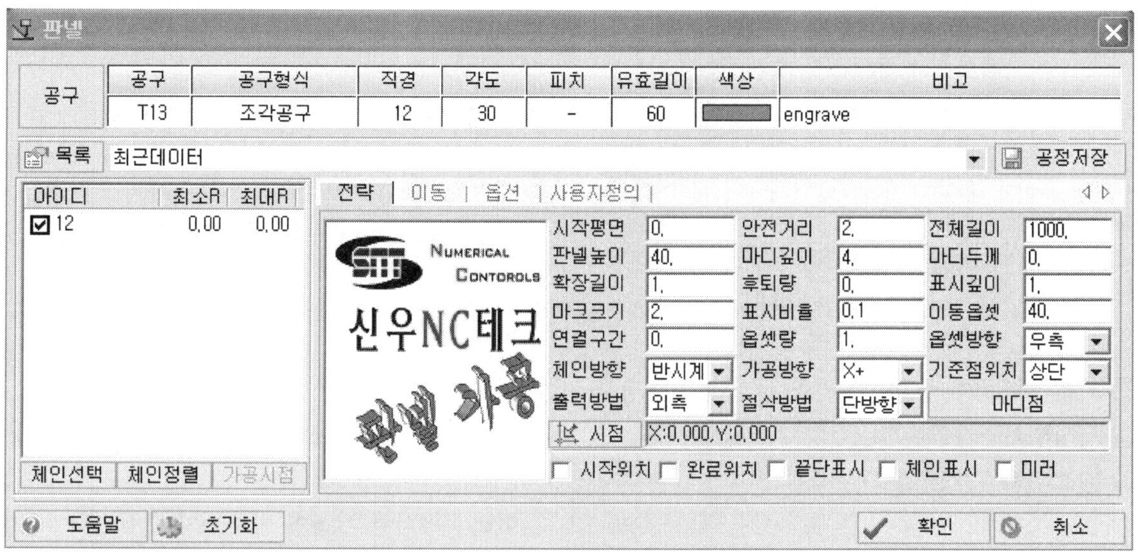

① **시작평면** : 가공이 시작되는 Z평면

② **판넬높이** : Y축으로 가공하는 길이

③ **확장길이** : 판넬높이 가공시 오버컷팅 길이

④ **마크크기** : 2 를 입력 하게되면 마크의 크기는 가로, 세로 크기가 2mm의 마크가 만들어진다.

⑤ **연결구간** : 가공 완료 후 여유량 만큼 한 번 더 가공

⑥ **체인방향** : 체인 방향을 결정
(안쪽과 바깥쪽을 결정)

⑦ **출력방법** : 출력 방법을 결정

⑧ **안전거리** : 시작평면 전까지 급속으로
이동하는 위치

⑨ **마디깊이** : 판넬의 마디부분 가공 깊이

⑩ **후퇴량** : 마디깊이 량까지 가공 후 다음 가공위치로 이동시 공구가 Z+로 이동하는 높이

⑪ **표시비율** : 체인표시 크기결정
1이 100%

⑫ **옵셋량** : 공구가 체인기준으로 옵셋 하는 량

⑬ **가공방향** : 가공하는 경로 결정

⑭ **절삭방법**
단방향, 지그재그(급속), 지그재그(피드)

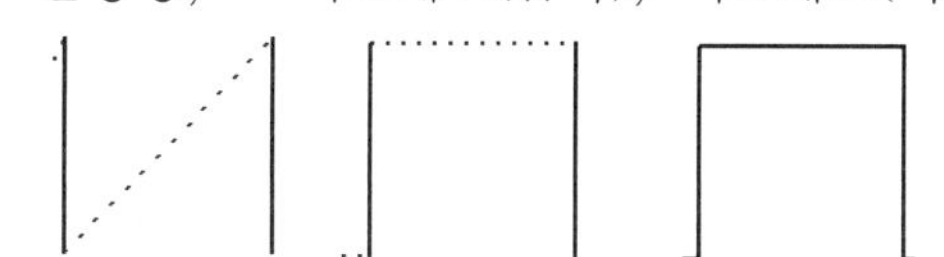

⑮ **전체길이** : 소재 길이 셋팅 소재가 길면 아래줄로 출력

⑯ **마디두께** : 마디를 정치수보다 크거나 작게 가공한다

⑰ **표시깊이** : 체인표시 Z값 조절

⑱ **이동옵셋** : 가공이 전체길이 보다 길어졌을 경우 이동간격

⑲ **옵셋방향** : 하향가공 공구진행 방향 결정

⑳ **기준점위치** : 기준점위치 결정

㉑ **마디점** : 공구가 지나가는 곳 마다 마디 점을 찍어 줘야 한다.

참고 마디점 찍은 것과 안찍은 것 차이

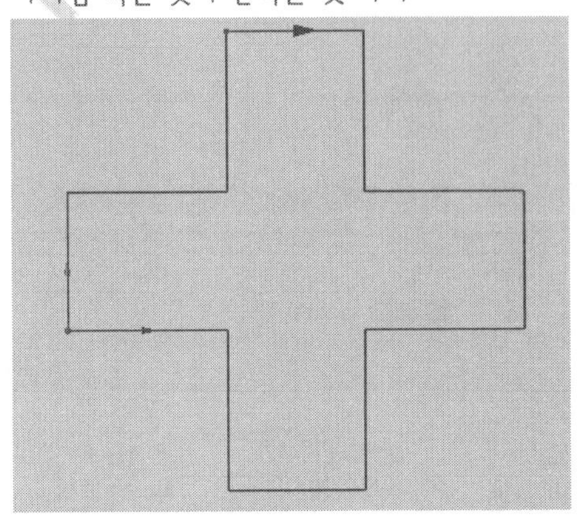

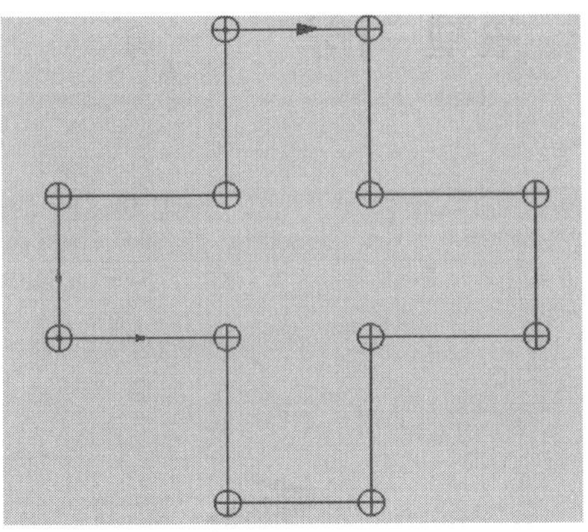

마디점을 찍지 않으면 가공이 이루어지지 않는다.

㉒ **시점** : 원점과 상관없이 가공 시점위치 결정
㉓ **시작위치** : 가공 시작 설정
㉔ **완료위치** : 가공 완료 설정
㉕ **끝단표시** : 마지막에 끝단을 표시
㉖ **체인표시** : 다중 판넬 가공시 구별을 위해 사용한다.
㉗ **미러** : 형상을 거울에 비추듯이 뒤집는다.

Step by Step

❶ 폰트를 지정한다.

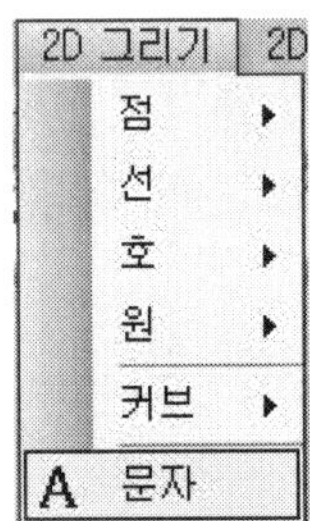

❷ 캠환경에서 원하는 글씨체를 선택한다.

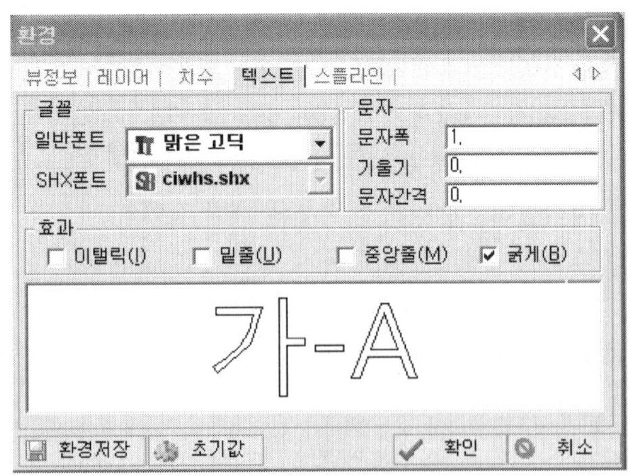

③ 엔티티 분해를 실행, 체인을 걸어준다

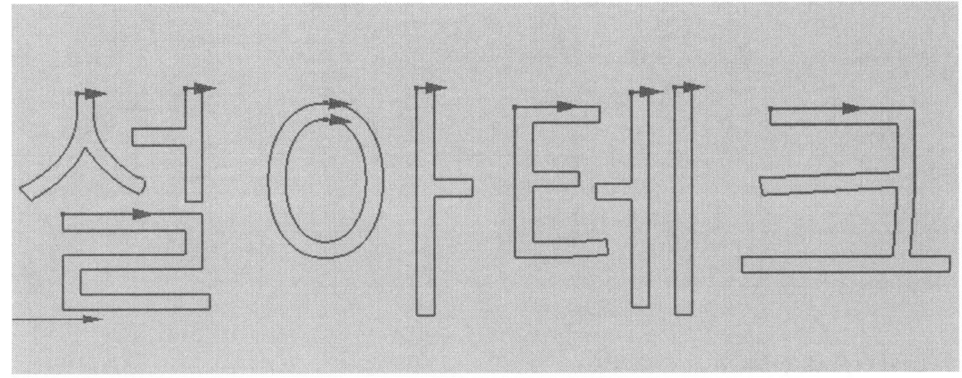

④ 공구선택

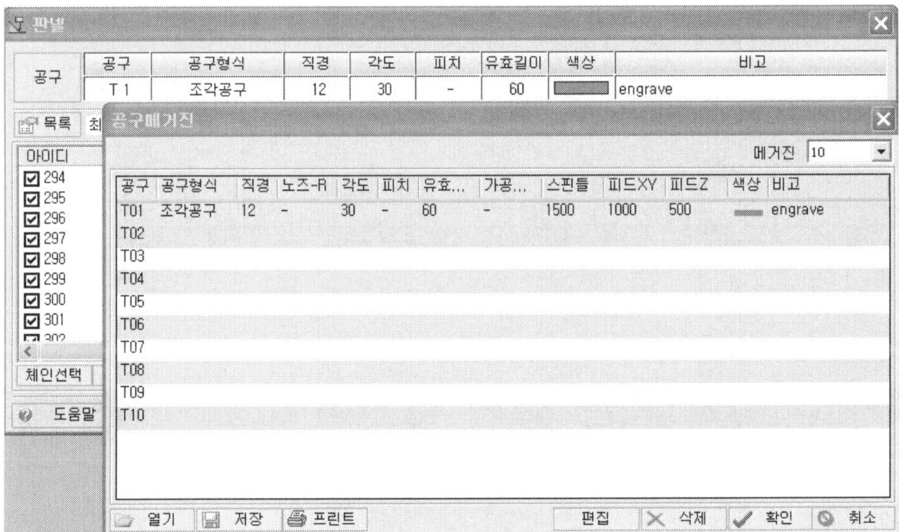

⑤ 체인선택

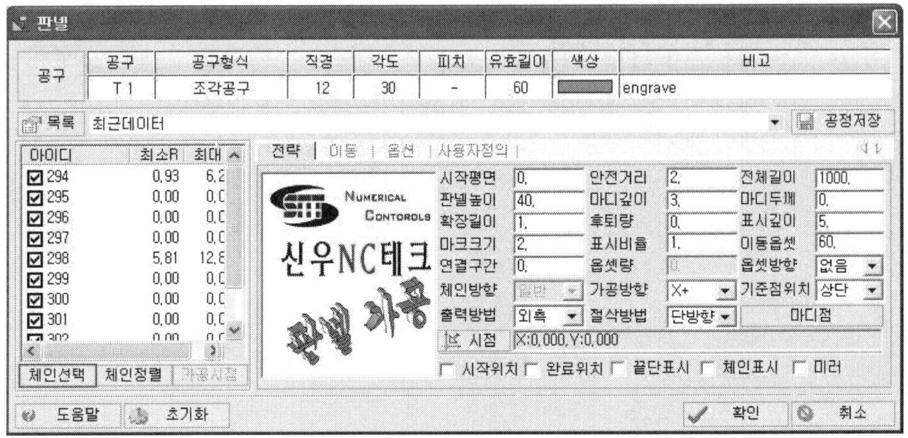

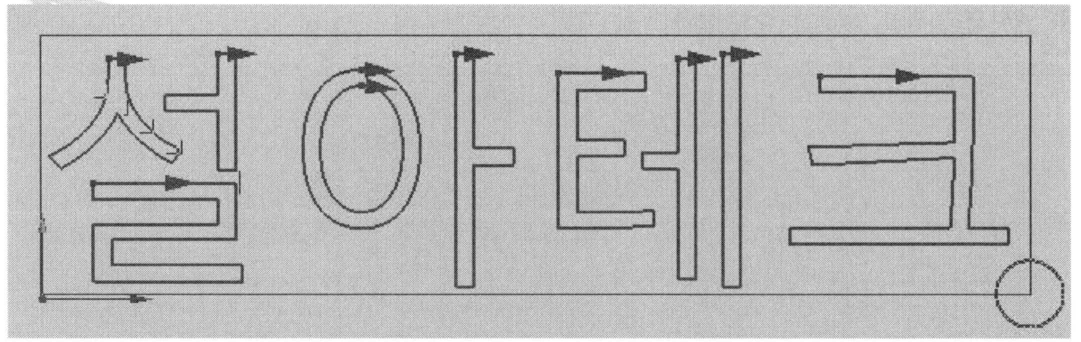

⑥ 왼쪽 마우스 클릭으로 선택 후 오른쪽버튼

⑦ 마디점을 선택한다.

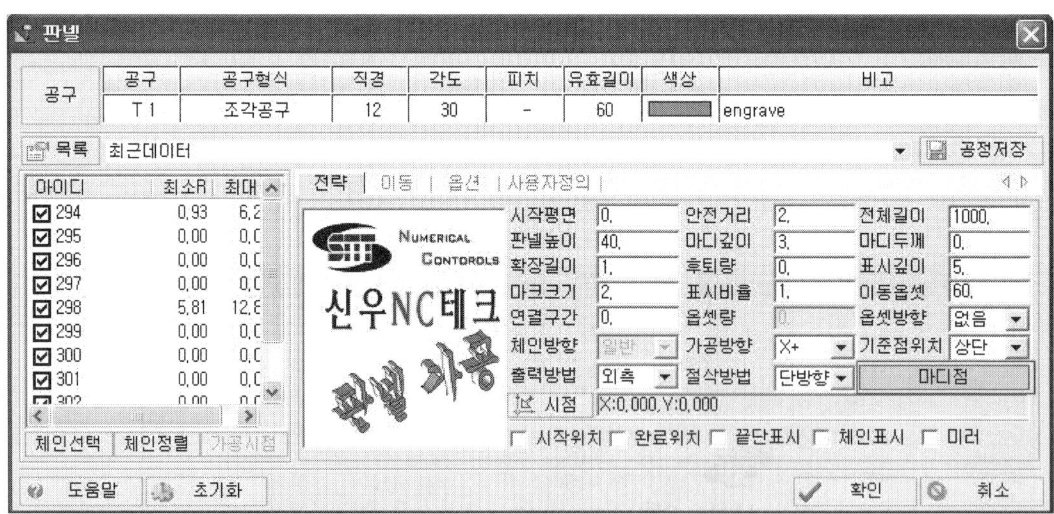

8 마디점 선택시 스넵 을 잡아서 선택해준다 접히는 부분에는 다 찍어줘야 한다.

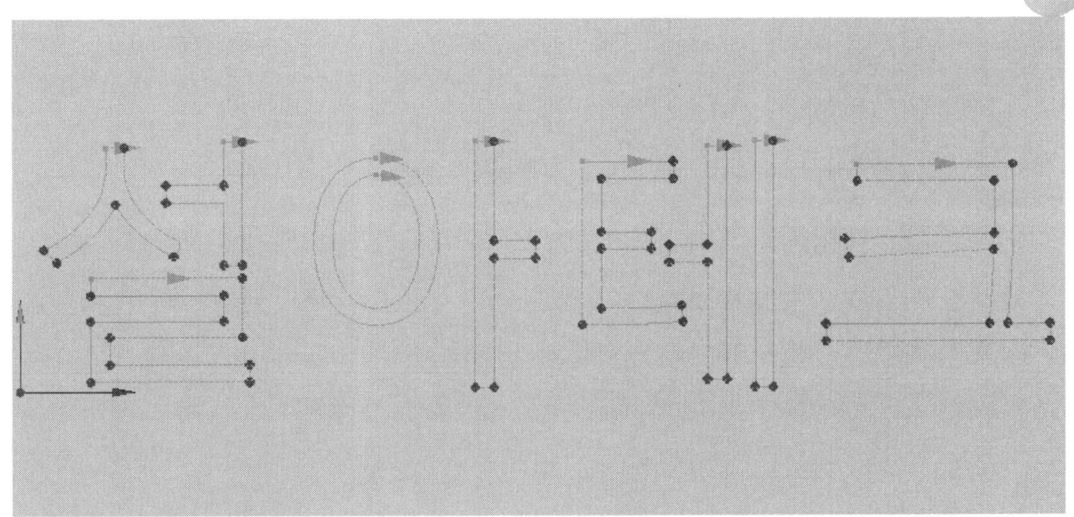

9 다음과 같은 전략으로 공정을 실행한다.

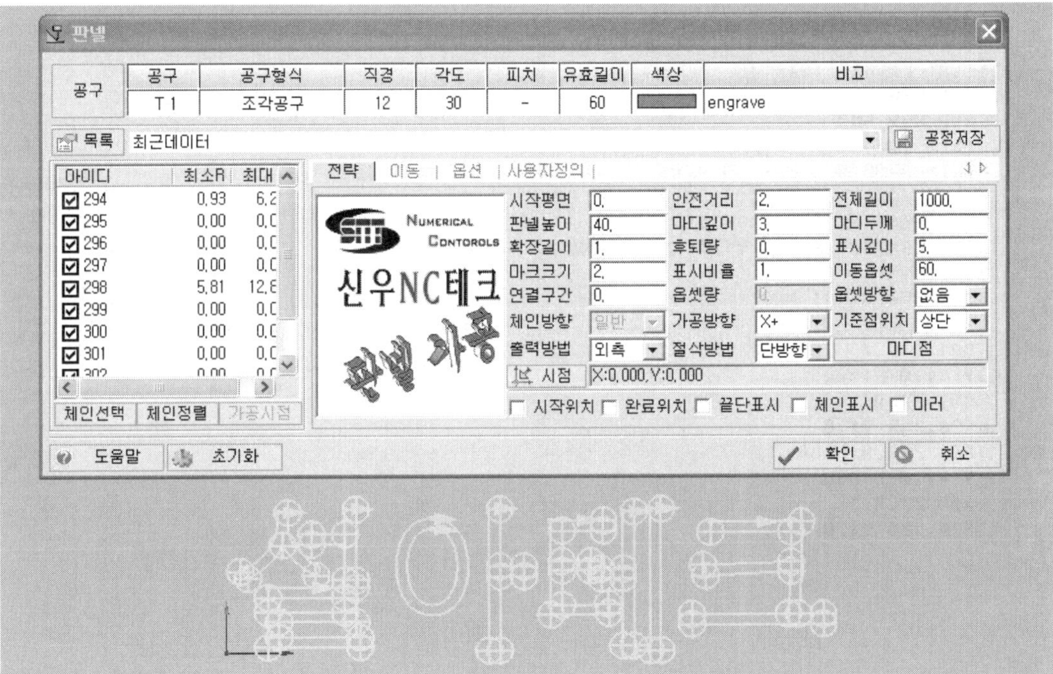

⑩ 가공 경로 확인

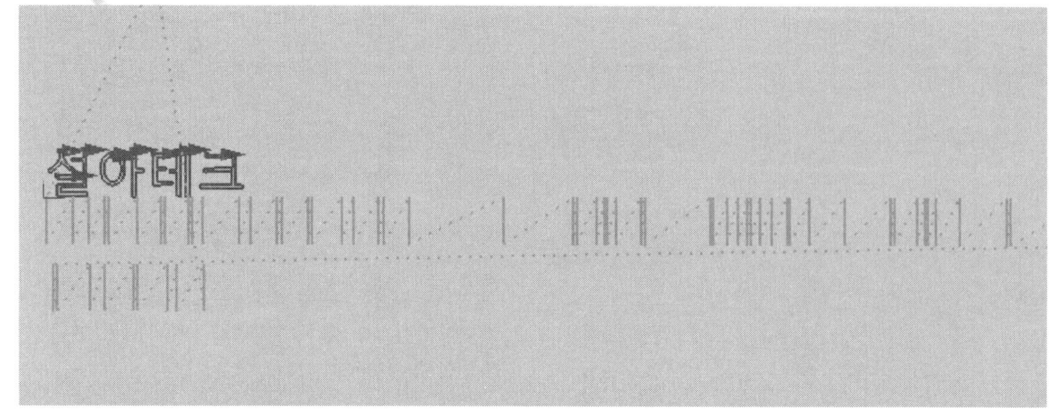

⑪ 가공 G코드 확인

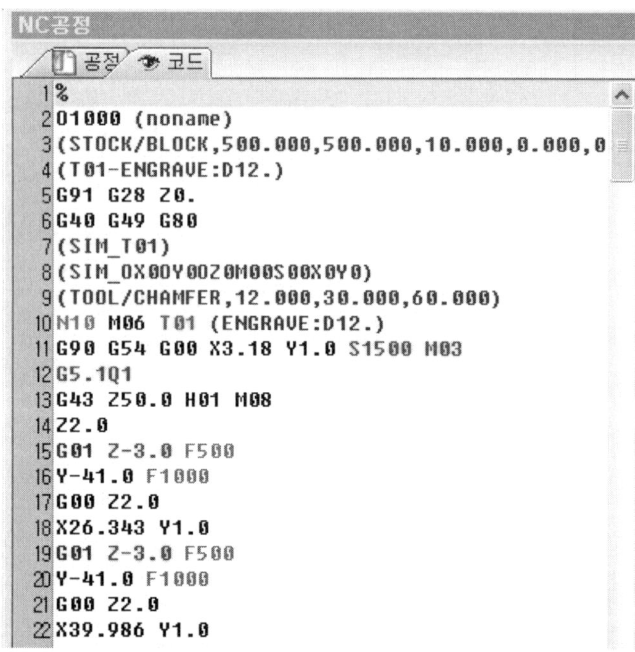

13. 마킹 공정

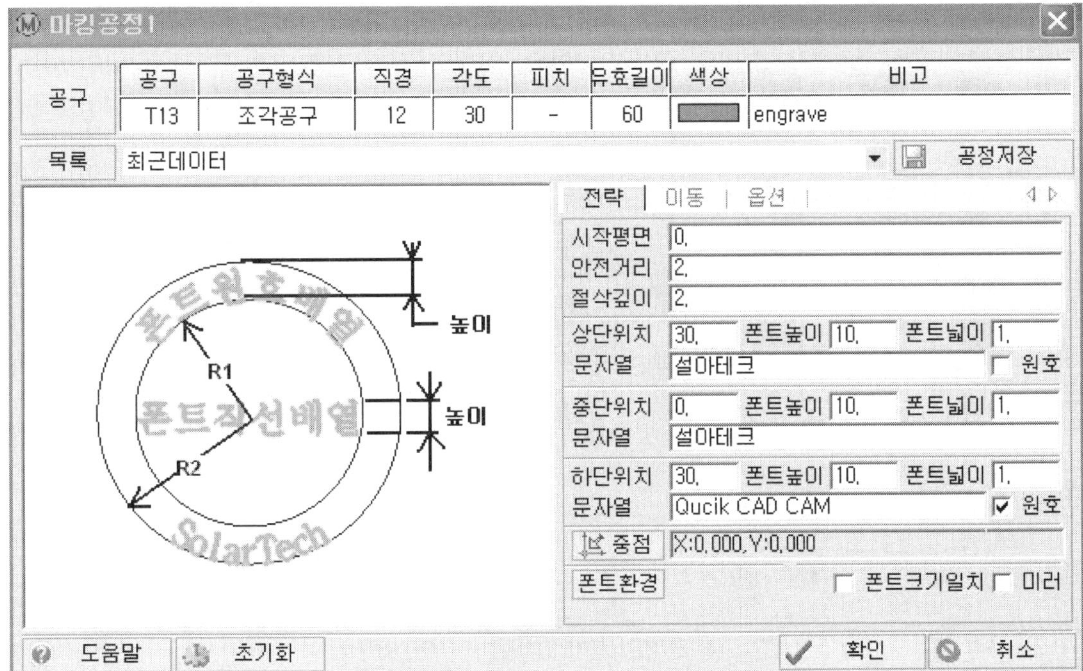

① **시작평면** : 가공이 시작되는 평면

② **안전거리** : 시작평면 전까지 급속으로 이동하는 위치

③ **절삭깊이** : 마킹가공 깊이

④ **상단위치** : 상단 위치 결정

- 폰트높이 : 글자의 높이
- 폰트넓이 : 글자의 넓이
- 문자열 : 가공할 문자 타이핑
- 원호 : 원호로 마킹

⑤ **중단위치** : 중단 위치 결정

⑥ **하단위치** : 하단 위치 결정

⑦ **중점** : 마킹에 중심점

⑧ **폰트환경** : 폰트 글씨체 변경

⑨ **폰트크기일치** : 모든 폰트높이를 똑같이 만드는 명령(상단위치 폰트높이로 적용됨)

⑩ **미러** : 글자를 거울에 비추듯이 뒤집는다.

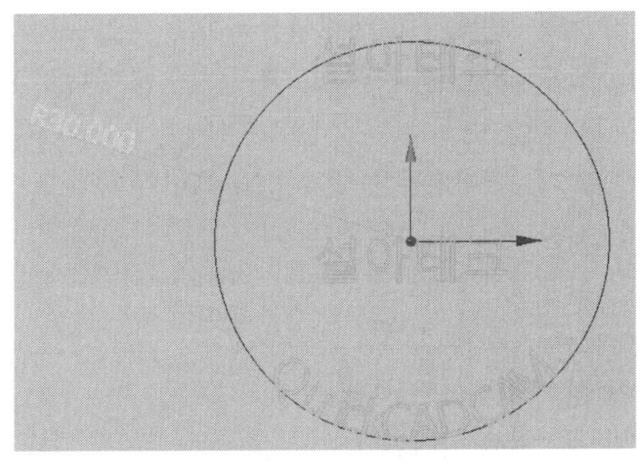

위와 같은 전략으로 했을 경우 가공 경로

14. 건드릴

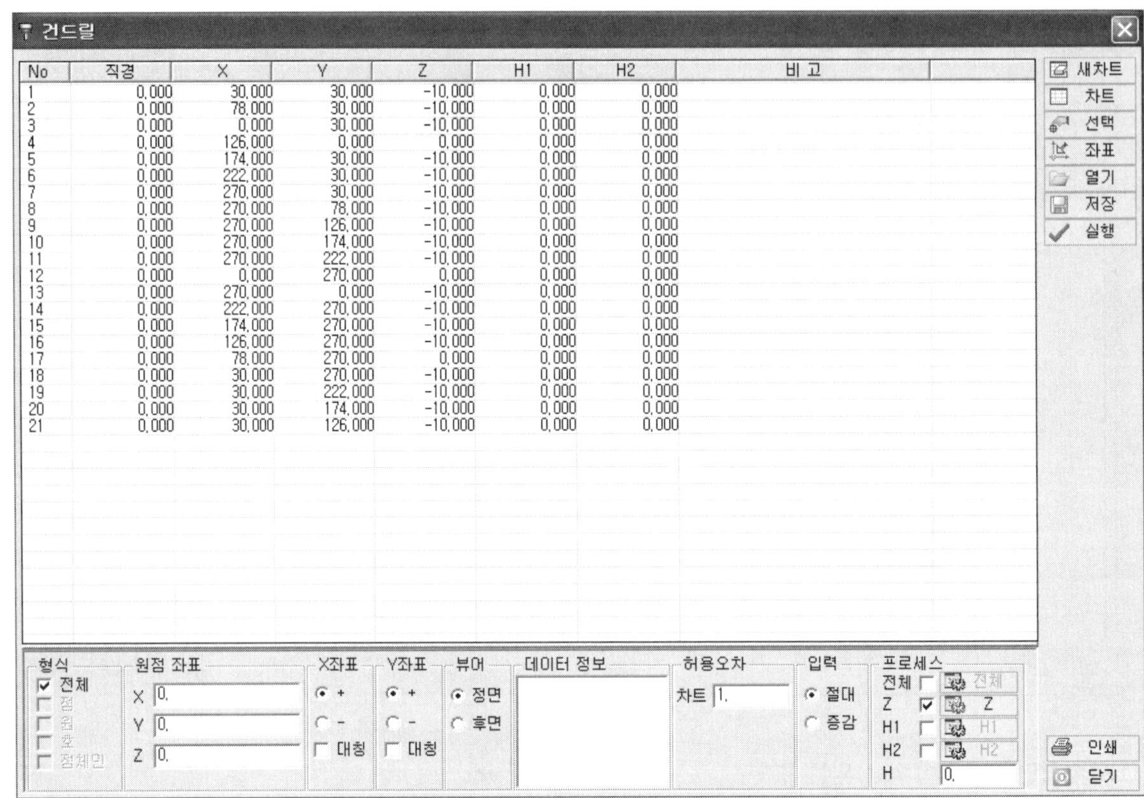

No	직경	X	Y	Z	H1	H2	비 고
1	0.000	30.000	30.000	-10.000	0.000	0.000	
2	0.000	78.000	30.000	-10.000	0.000	0.000	
3	0.000	0.000	30.000	-10.000	0.000	0.000	
4	0.000	126.000	0.000	0.000	0.000	0.000	
5	0.000	174.000	30.000	-10.000	0.000	0.000	
6	0.000	222.000	30.000	-10.000	0.000	0.000	
7	0.000	270.000	30.000	-10.000	0.000	0.000	
8	0.000	270.000	78.000	-10.000	0.000	0.000	
9	0.000	270.000	126.000	-10.000	0.000	0.000	
10	0.000	270.000	174.000	-10.000	0.000	0.000	
11	0.000	270.000	222.000	-10.000	0.000	0.000	
12	0.000	0.000	270.000	0.000	0.000	0.000	
13	0.000	270.000	0.000	-10.000	0.000	0.000	
14	0.000	222.000	270.000	-10.000	0.000	0.000	
15	0.000	174.000	270.000	-10.000	0.000	0.000	
16	0.000	126.000	270.000	-10.000	0.000	0.000	
17	0.000	78.000	270.000	0.000	0.000	0.000	
18	0.000	30.000	270.000	-10.000	0.000	0.000	
19	0.000	30.000	222.000	-10.000	0.000	0.000	
20	0.000	30.000	174.000	-10.000	0.000	0.000	
21	0.000	30.000	126.000	-10.000	0.000	0.000	

① **새차트** : 차트의 내용을 다 지우고 새로운 차트를 생성

② **차트** : 표를 선택해서 치수를 넣는다.

③ **선택** : 점체인 을 선택해서 좌표를 넣는다.

④ **좌표** : 좌표를 수동으로 찍어 치수를 하나씩 넣을 수 있다.

⑤ **열기** : 저장해 놓았던 건드릴 데이터 불러오기

⑥ **저장** : 건드릴 데이터를 저장.

⑦ **실행** : 가공데이터 출력.

⑧ **전체** : 전체 객체를 선택한다.

⑨ **점** : 점을 선택한다.

⑩ **원** : 원을 선택한다.

⑪ **호** : 호를 선택한다.

⑫ **점체인** :

⑬ **원점 좌표** : 건드릴 가공에 원점을 잡는다.

⑭ **X좌표** : 건드릴 데이터를 X좌표에 대해서 +방향으로 가공할 것인지 −방향으로 가공할 것인지 결정. 대칭은 X좌표에 대해서 가공을 대칭으로 할 것인지 결정.

⑮ **Y좌표** : 건드릴 데이터를 Y좌표에 대해서 +방향으로 가공할 것인지 −방향으로 가공할 것인지 결정. 대칭은 Y좌표에 대해서 가공을 대칭으로 할 것인지 결정

⑯ **뷰어** : 가공데이터를 정면으로 가공하면 차트의 데이터로 가공하고 후면으로 가공하면 데이터가 반대로 출력된다.

⑰ **허용오차** : 차트 선택시 배열오차

⑱ **입력** : 각 데이터에 입력한 치수를 적용 시킬려면 절대를 선택하고 각 데이터에 치수를 더 할려면 증감을 선택한다.

⑲ **프로세스** : 가공깊이값.

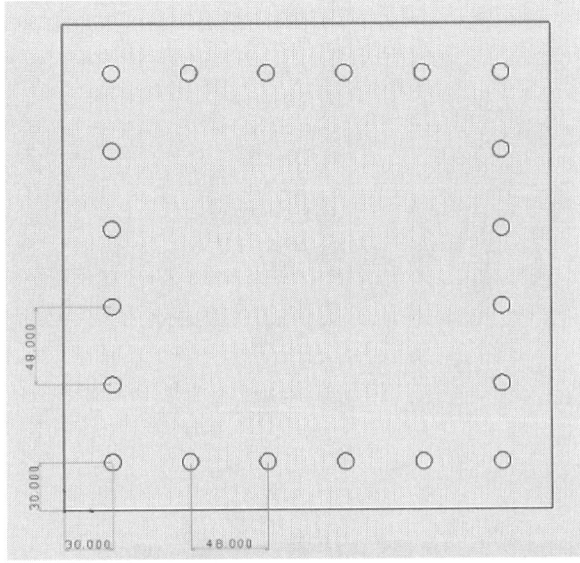

도면에 대한 치수를 차트에 넣어놓고 차트를 선택해 가공데이터를 출력하는 방법이다.

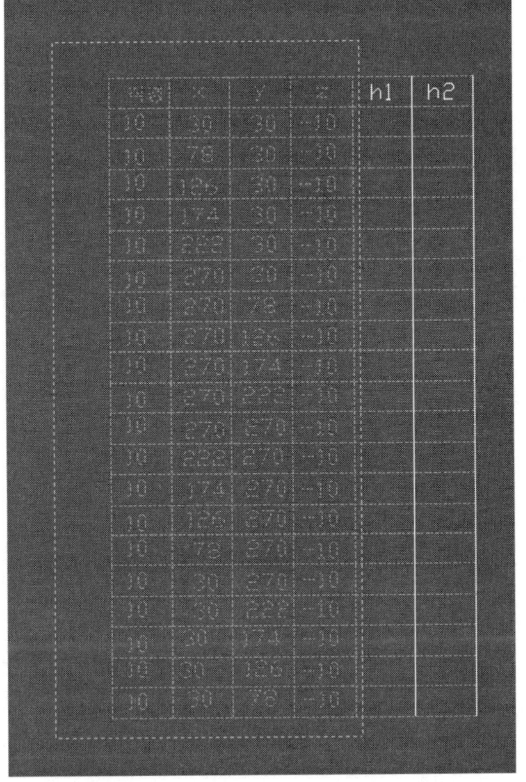

직경	x	y	z	h1	h2
10	30	30	-10		
10	78	30	-10		
10	126	30	-10		
10	174	30	-10		
10	222	30	-10		
10	270	30	-10		
10	270	78	-10		
10	270	126	-10		
10	270	174	-10		
10	270	222	-10		
10	270	270	-10		
10	222	270	-10		
10	174	270	-10		
10	126	270	-10		
10	78	270	-10		
10	30	270	-10		
10	30	222	-10		
10	30	174	-10		
10	30	126	-10		
10	30	78	-10		

차트 잡는법

건드릴 창에서 차트를 선택하고 데이터 표를 오른쪽 그림처럼 선택한다.

Step by Step

❶ 풀다운 메뉴에서 캠공정 – 미링 – 건드릴공정

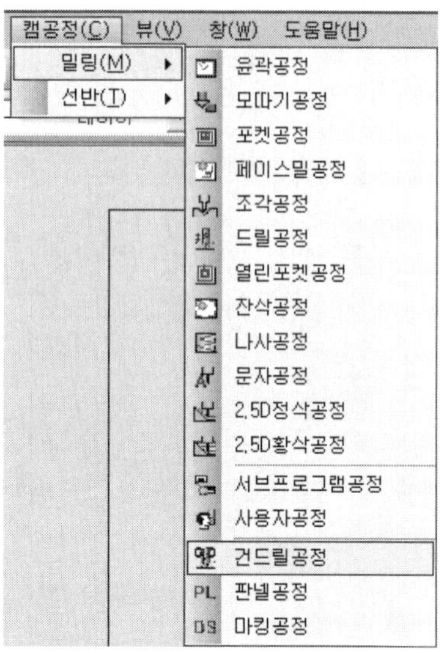

❷ 건드릴창에서 차트를 선택한다.

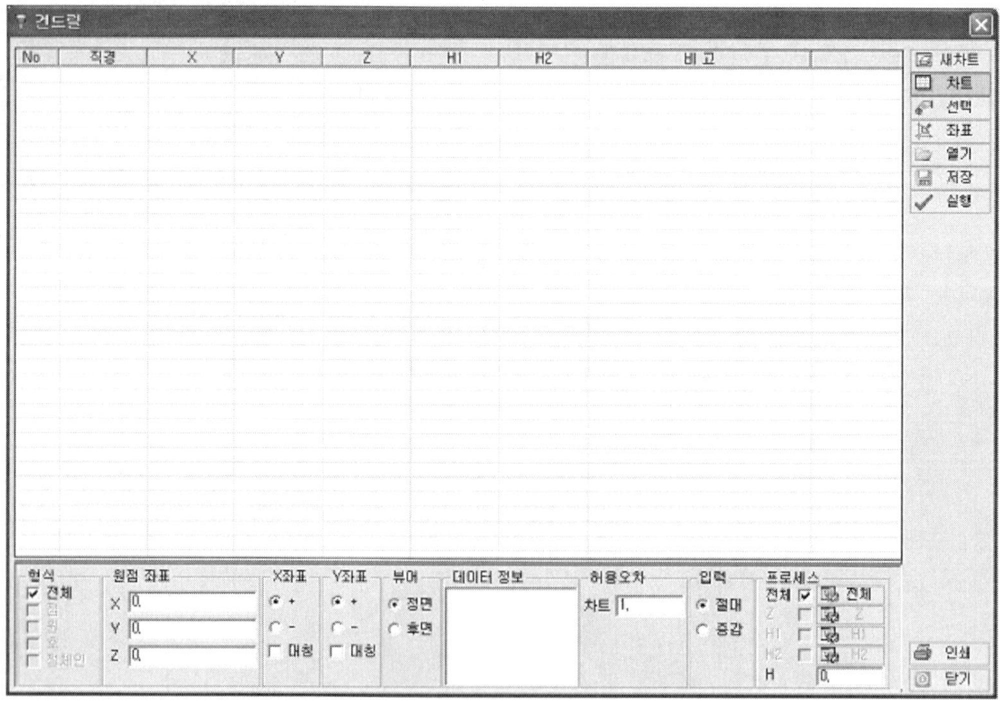

❸ 차트에서 필요한 데이터를 선택해서 잡는다.

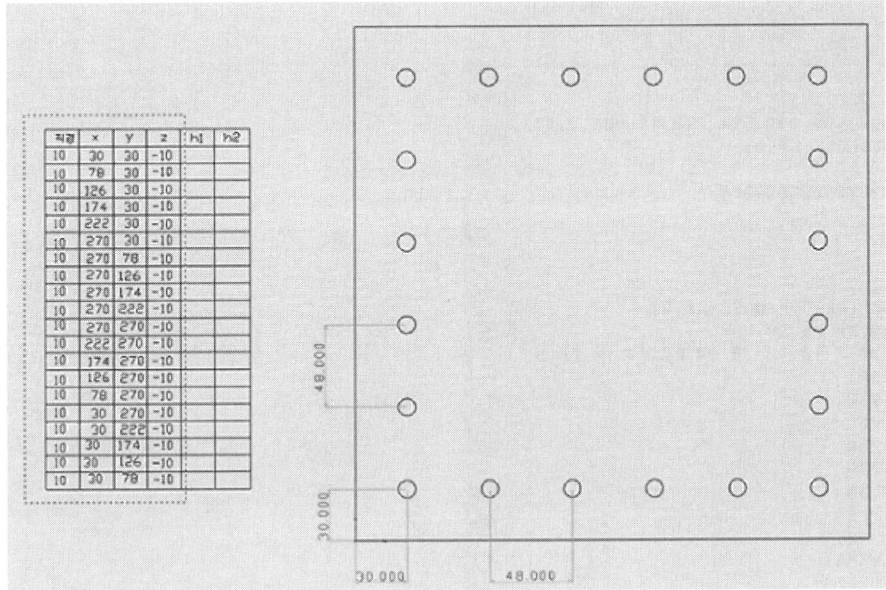

직경	x	y	z	h1	h2
10	30	30	-10		
10	78	30	-10		
10	126	30	-10		
10	174	30	-10		
10	222	30	-10		
10	270	30	-10		
10	270	78	-10		
10	270	126	-10		
10	270	174	-10		
10	270	222	-10		
10	270	270	-10		
10	222	270	-10		
10	174	270	-10		
10	126	270	-10		
10	78	270	-10		
10	30	270	-10		
10	30	222	-10		
10	30	174	-10		
10	30	126	-10		
10	30	78	-10		

❹ 오른쪽 마우스를 클릭하면 데이터가 차트에 올라온다. 데이터를 확인하고 실행

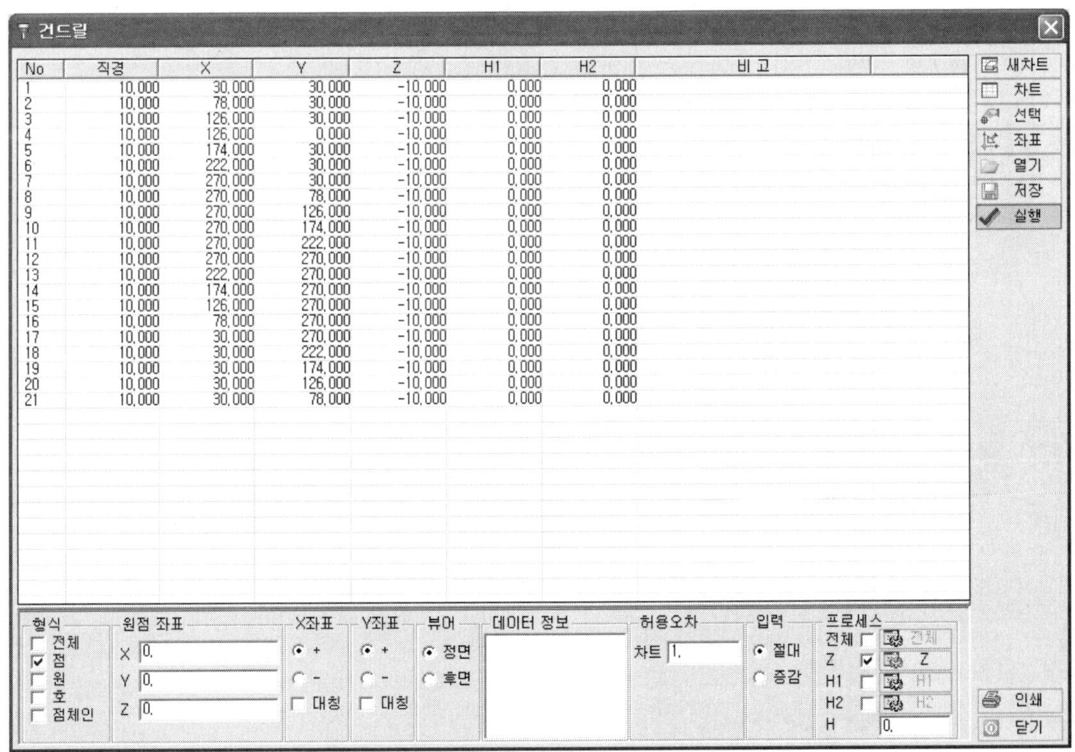

No	직경	X	Y	Z	H1	H2	비 고
1	10,000	30,000	30,000	-10,000	0,000	0,000	
2	10,000	78,000	30,000	-10,000	0,000	0,000	
3	10,000	126,000	30,000	-10,000	0,000	0,000	
4	10,000	126,000	0,000	-10,000	0,000	0,000	
5	10,000	174,000	30,000	-10,000	0,000	0,000	
6	10,000	222,000	30,000	-10,000	0,000	0,000	
7	10,000	270,000	30,000	-10,000	0,000	0,000	
8	10,000	270,000	78,000	-10,000	0,000	0,000	
9	10,000	270,000	126,000	-10,000	0,000	0,000	
10	10,000	270,000	174,000	-10,000	0,000	0,000	
11	10,000	270,000	222,000	-10,000	0,000	0,000	
12	10,000	270,000	270,000	-10,000	0,000	0,000	
13	10,000	222,000	270,000	-10,000	0,000	0,000	
14	10,000	174,000	270,000	-10,000	0,000	0,000	
15	10,000	126,000	270,000	-10,000	0,000	0,000	
16	10,000	78,000	270,000	-10,000	0,000	0,000	
17	10,000	30,000	270,000	-10,000	0,000	0,000	
18	10,000	30,000	222,000	-10,000	0,000	0,000	
19	10,000	30,000	174,000	-10,000	0,000	0,000	
20	10,000	30,000	126,000	-10,000	0,000	0,000	
21	10,000	30,000	78,000	-10,000	0,000	0,000	

❺ 출력된 가공데이터

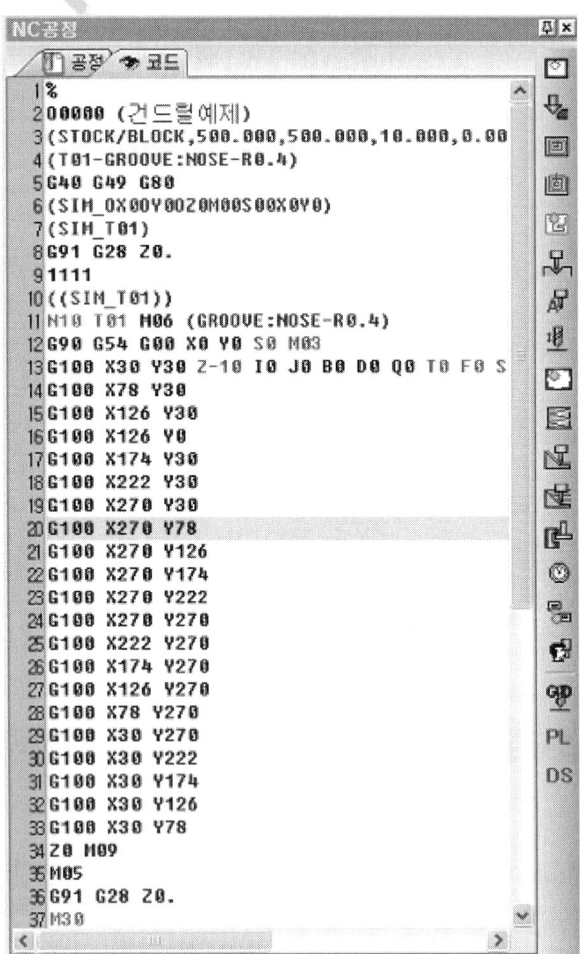
NC공정
공정
코드
%
O0000 (건드릴예제)
(STOCK/BLOCK,500.000,500.000,10.000,0.00
(T01-GROOVE:NOSE-R0.4)
G40 G49 G80
(SIM_OX00Y00Z0M00S00X0Y0)
(SIM_T01)
G91 G28 Z0.
1111
((SIM_T01))
M10 T01 M06 (GROOVE:NOSE-R0.4)
G90 G54 G00 X0 Y0 S0 M03
G100 X30 Y30 Z-10 I0 J0 B0 D0 Q0 T0 F0 S
G100 X78 Y30
G100 X126 Y30
G100 X126 Y0
G100 X174 Y30
G100 X222 Y30
G100 X270 Y30
G100 X270 Y78
G100 X270 Y126
G100 X270 Y174
G100 X270 Y222
G100 X270 Y270
G100 X222 Y270
G100 X174 Y270
G100 X126 Y270
G100 X78 Y270
G100 X30 Y270
G100 X30 Y222
G100 X30 Y174
G100 X30 Y126
G100 X30 Y78
Z0 M09
M05
G91 G28 Z0.
M30
PL
DS

15. 사용자공정 정의

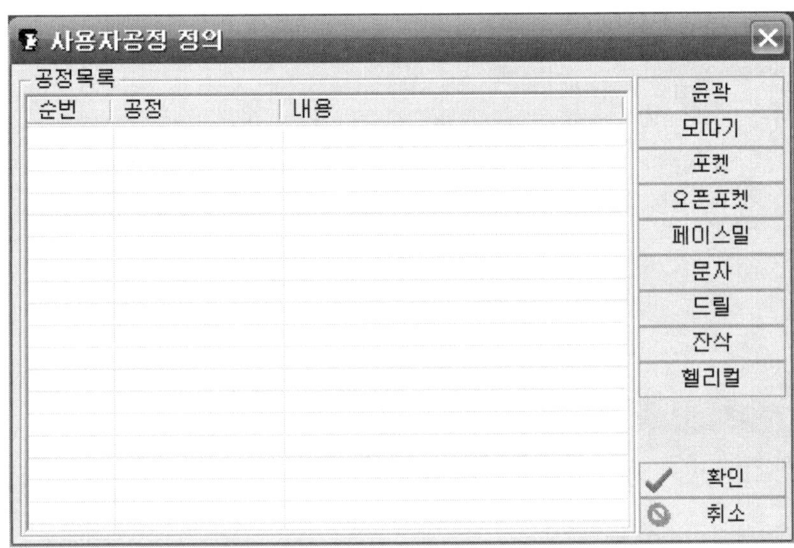

사용자 공정정의는 사용자공정에서 명령을 조합하여 사용하는 명령이다.
사용자 공정에서 사용할 공정을 선택을 하여 아래 그림처럼 조합된 이름을 입력하고 Enter 를 치면 사용자 정의가 된다.

16. 사용자 공정

사용자 공정 정의에서 생성된 공정을 선택을 하고 체인을 선택을 하면 조합공정이 생성됨.

17. 서브 프로그램

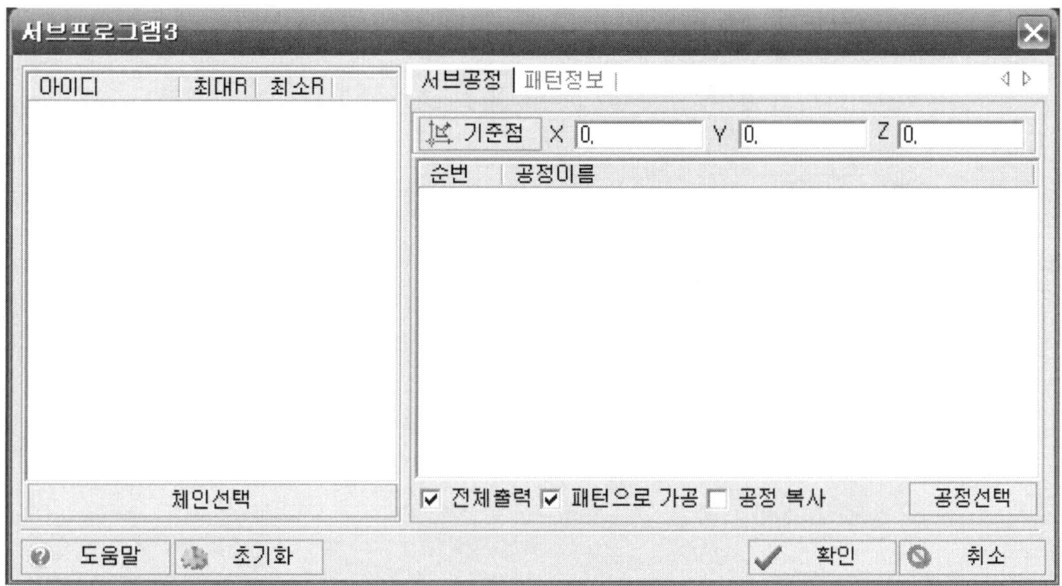

공정을 생성을 하고 배열을 하려고 할 경우 사용을 한다.

① **공정선택** : 공정 선택은 생성된 공정 중 배열 할 공정을 선택할 경우 사용을 한다.

② **전체출력** : 프로그램을 서브프로그램 형식으로 출력을 하지 않고 배열된 전체 코드를 출력을 할 경우에 사용을 한다.

③ **패턴으로 가공** : 패턴으로 가공은 일정한 배열로 특정 패턴으로 가공할 경우 사용 불규칙한 배열은 점 체인 형식으로 시작원점을 생성하여 생성할 수 있다.

④ **공정복사** : 공정 복사는 서브프로그램의 하부메뉴로 삽입하는 공정을 복사하여 사용
사용을 하지 않을 경우 공정이 서브프로그램 하부메뉴로 이동을 한다.

Quick
CAD-CAM

04 Chapter 체인의 활용

Quick CAD-CAM

1. 커브 체인

커브 체인

커브(노드점)**체인**은 시점을 지정하는 방향을 선택하면 선을 추적하여 체인이 생성된다.
초기 방향을 선택 후 원하는 위치 를 지나갔을 경우 지나간 체인 부분 중 원하는 지점을 클릭하면 체인 선택이 새로 지정한 점으로 후퇴한다.

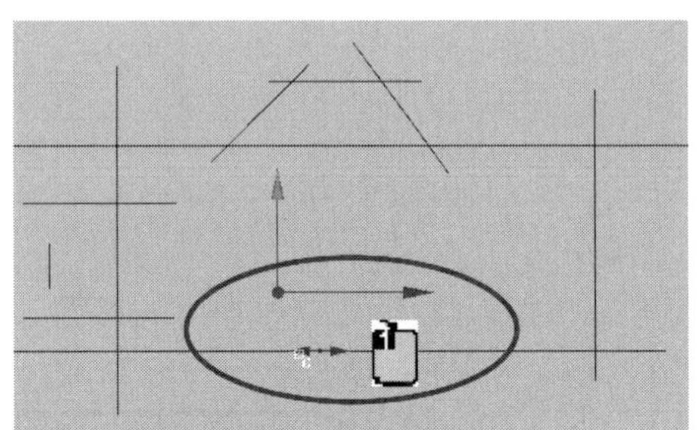

우측 그림과 같이 체인이 원하는 부분(적색 타원 안쪽)을 체인이 지나쳤을 때 경로 변경을 원하는 엔티티를 선택하면 체인의 방향이 원하는 위치로 변경이 된다.

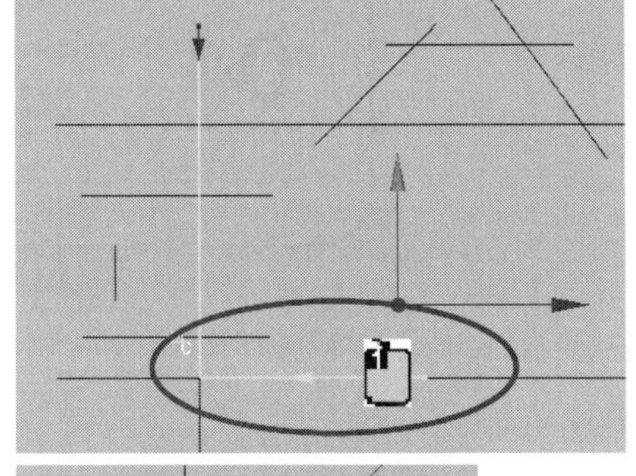

선이 원하는 경우 보다 짧은 경우 원하는 선보다 뒤로 후퇴 한다.
끊어진 선을 선택하면 원하는 방향으로 체인을 추적할 수 있다.

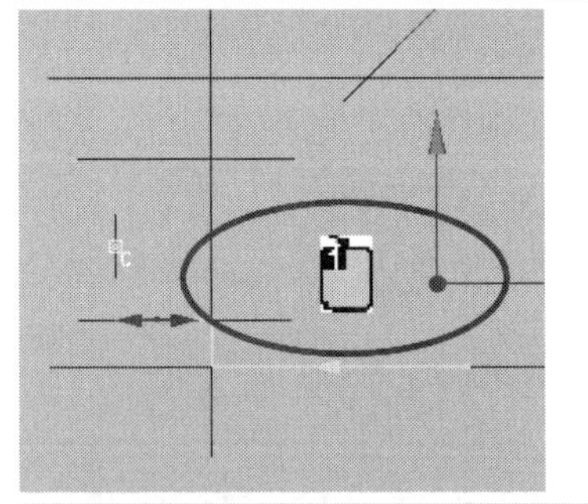

우측 그림처럼 다양한 방법으로 체인을 생성 할 수 있다.

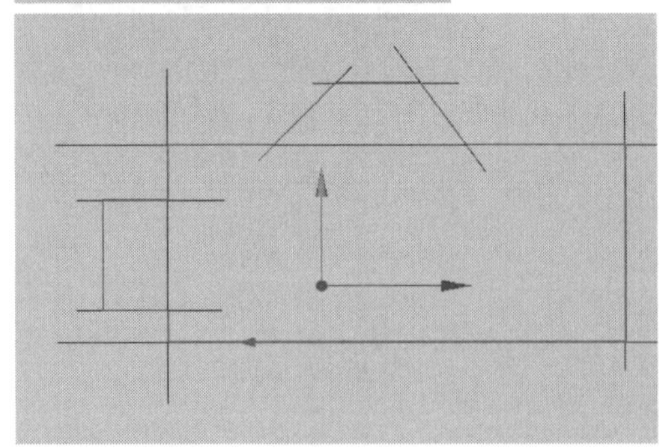

 수동 체인 

수동체인을 선택하면 공구직경을 입력해야 한다.

공구 직경 : 0

수동체인을 선택 후 직경입력 하면, 체인시점 선택을 프롬프트하고, 다음의 4가지 옵션 아이콘이 나오게 된다.

명령어

① **직선** 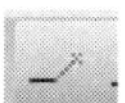 : 체인을 직선으로 생성한다.

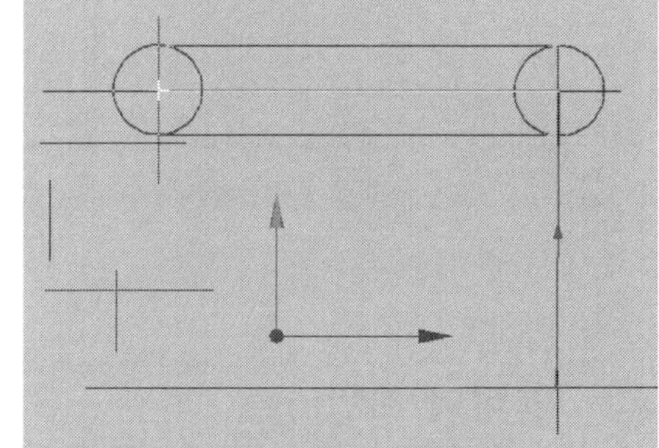

② **호** : 호 아이콘을 선택 후 다음 이동할 점을 선택하면 호가 생성된다.

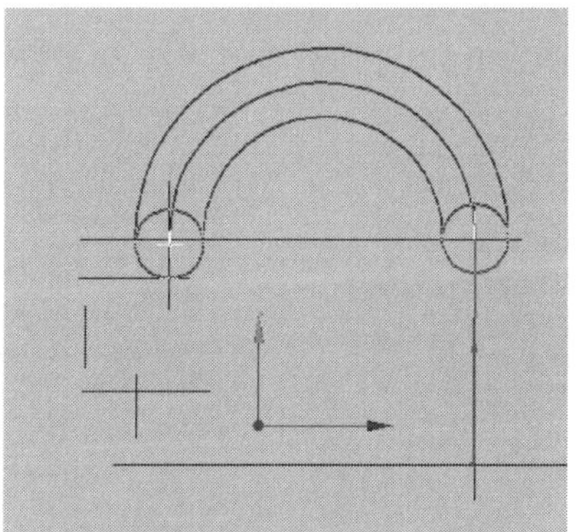

③ **2점 호**  : 2점 호는 첫번째 점을 선택

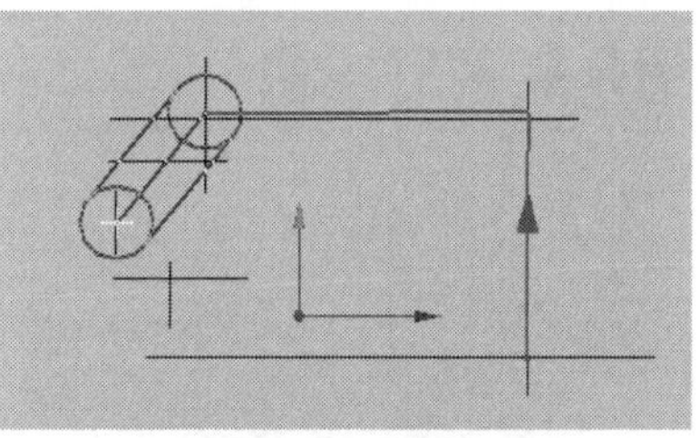

: 첫번째 점을 기준으로 호가 생성

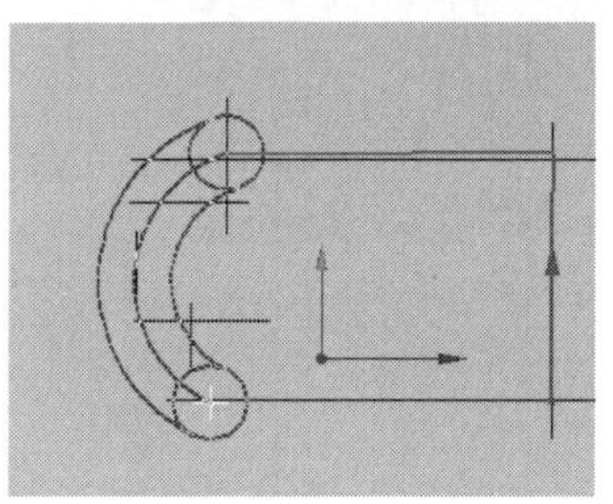

닫힌 체인

닫힌 체인은 처음 시작한 시점으로 자동으로 연결을 해주는 기능

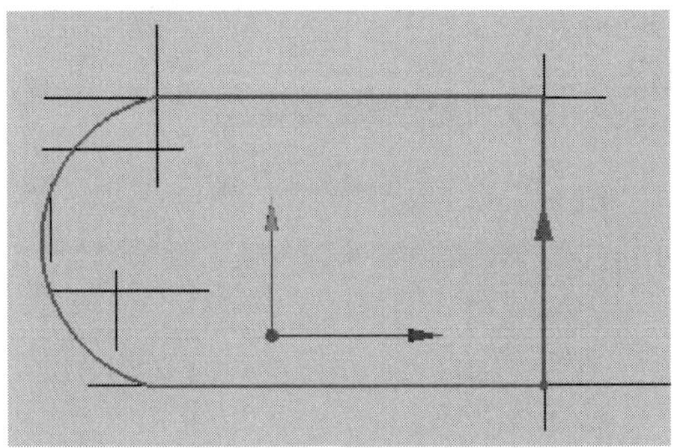

엔티티 체인

단일 엔티티(선)에 대하여 체인을 생성할 경우 원이나 선을 선택하면 체인생성

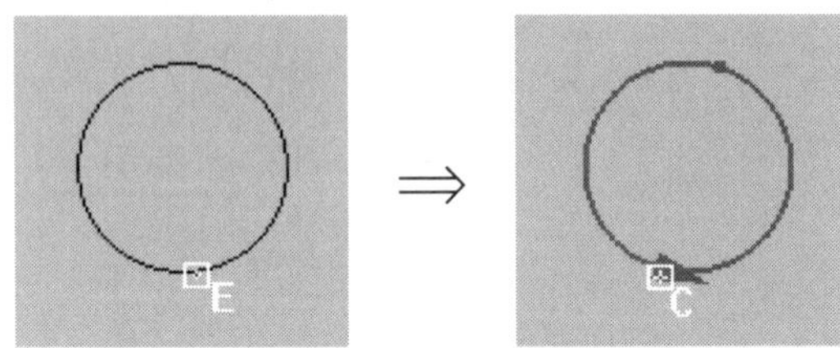

윈도우 체인

윈도우 체인은 여러 개의 체인을 마우스 이용 윈도우 박스 선택하여 체인 생성할 경우 사용

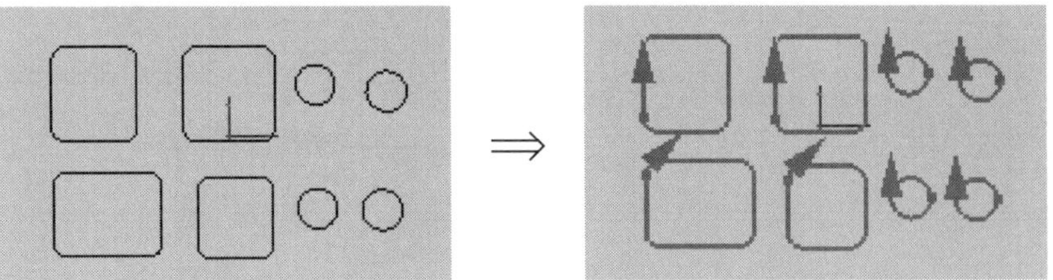

2. 점 체인

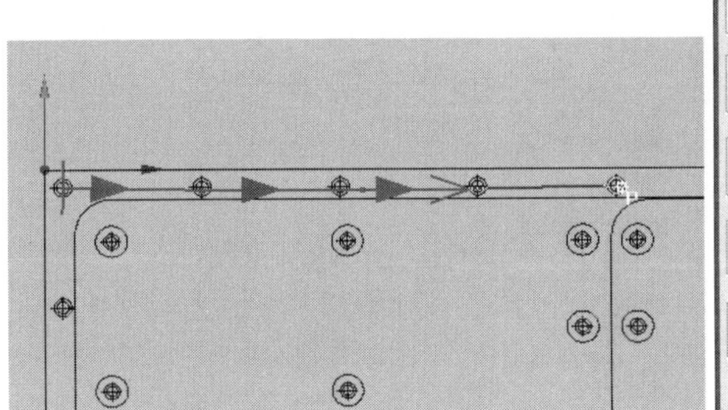

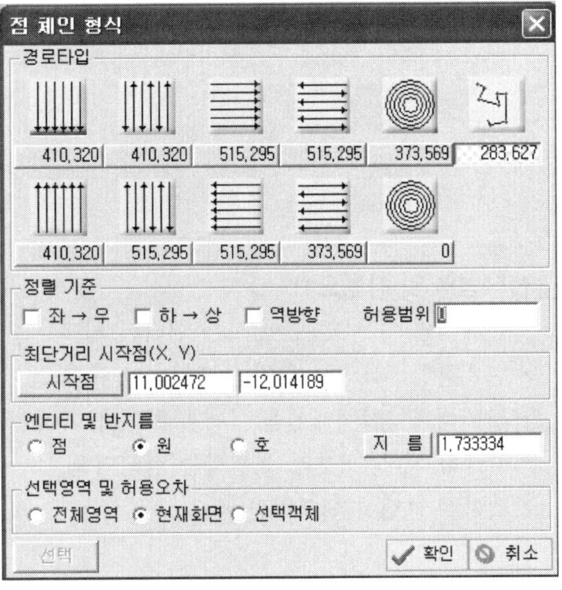

수동 점 체인

수동 점 체인은 드릴 가공위치를 마우스로 선택하여 수동으로 공구경로를 지정기능

자동체인

① **경로타입** : 경로타입은 점 체인의 경로를 지정을 하는 기능이다. 숫자가 가장 짧은 경로를 선택하여 사용한다. 숫자는 공구이동 거리를 표시한 것이다.

② **정렬기준** : 다음 아이콘을 선택했을 때 정렬방식 좌-우,하-상, 역방향 등으로 정렬할 수 있다.

③ **허용범위** : 점체인 대상 엔티티의 가상 기준 직선을 기준으로 허용범위 공차 내에 위치하는 점체인 대상 엔티티를 점체인 다음 대상으로 선택하기 위한 정렬 기준 허용범위 지정 기능이다.

④ **최단거리 시작점** : 드릴가공의 시작위치를 변경을 할 때 사용

⑤ **엔티티 및 반지름** : 체인을 선택하는 형식을 점,원,호의 형식으로 선택할 수 있다. 지름은 원이나 호를 선택했을 때 CAD 화면에서 원을 선택하여 직경을 선택할 수 있다. 0을 입력하면 전체 원이 모두 선택된다. 센터 드릴 작업을 할 때 사용 할 수 있다.

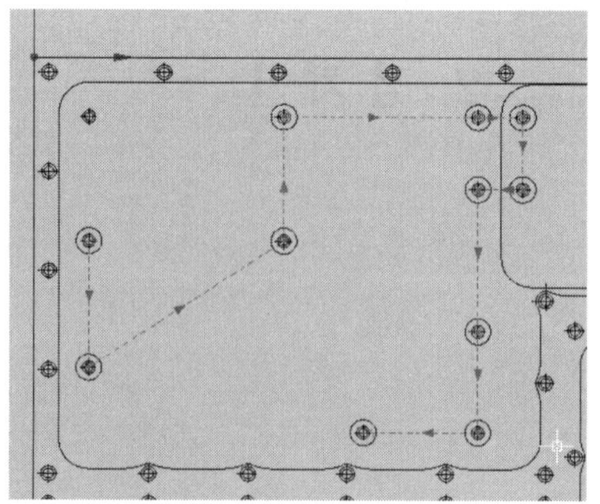

⑥ **선택영역 및 허용오차**

- 전체영역 : CAD화면에 모든 엔티티 체크
- 현재화면 : 화면상에 있는 엔티티만 체크
- 선택객체 : 선택객체를 선택을 하면 선택이 활성화 된다. 화면상에 원하는 엔티티를 선택하여 선택한 엔티티만 체크

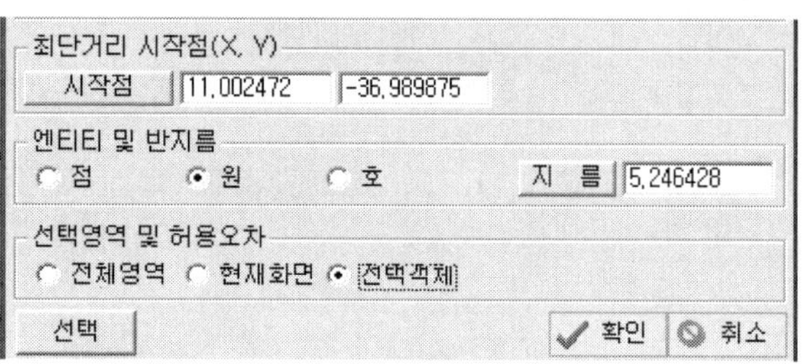

3. 엔티티 정리

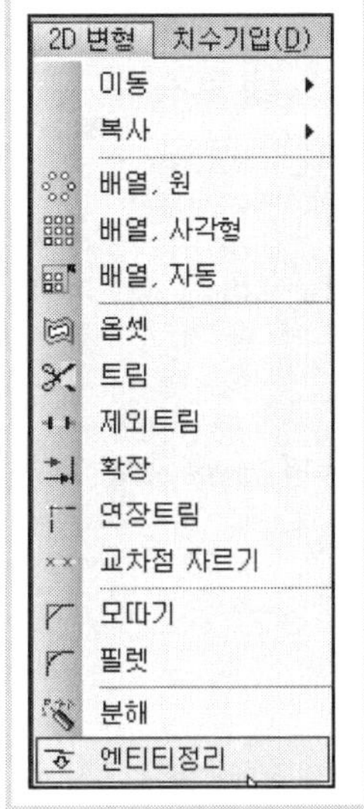

① 엔티티 정리는 외부데이터를 읽었을 경우

겹침선을 정리해 주는 기능이다. 겹침선은 체인을 생성을 할 경우 체인 선택 생성이 잘되지 않은 원인이 된다. 이중 겹침선을 정리해 빠르고, 안정된 체인 생성을 할 수 있는 기능

② 적용 허용오차의 범위를 선택 확인을 한다.

③ 최적화할 엔티티를 선택하면 점, 선, 원, 호의 겹침 갯수를 표시해 준다. 확인을 하면 엔티티가 정리된다.

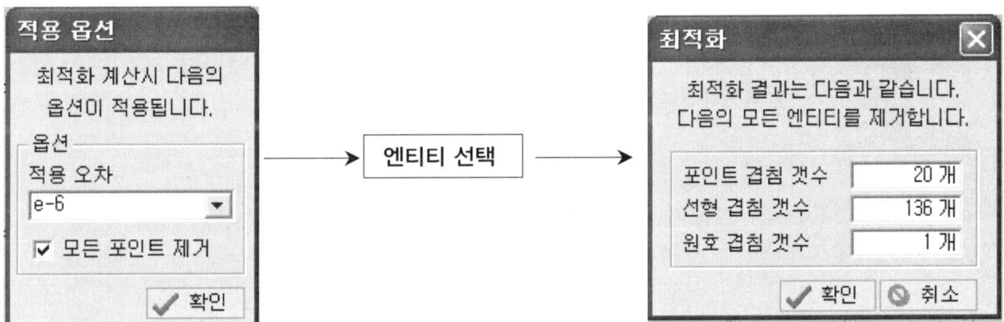

4. 커브체인 편집

① **체인편집**은 생성체인을 수정 편집할 수 있는 기능

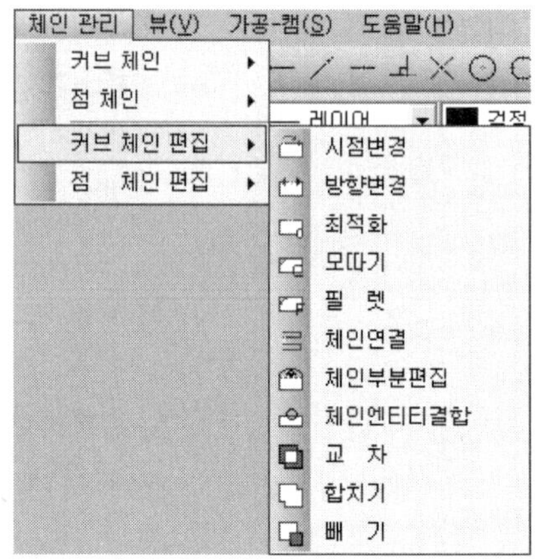

② **시점변경** : 시점변경은 초기에 시점 위치를 변경하는 기능이다. 툴 생성시 진입위치를 변경하고자 할 때 사용한다.

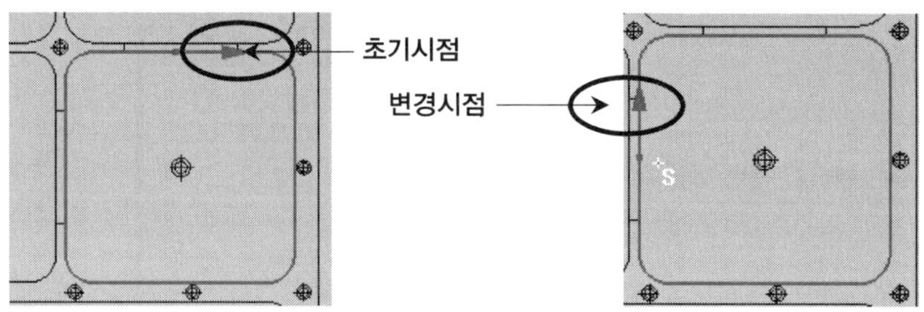

③ **방향변경** : 체인에는 화살표를 갖고 있다. 이 화살표는 윤곽가공에서 가공방향을 결정한다. 또 내측, 외측을 결정한다.

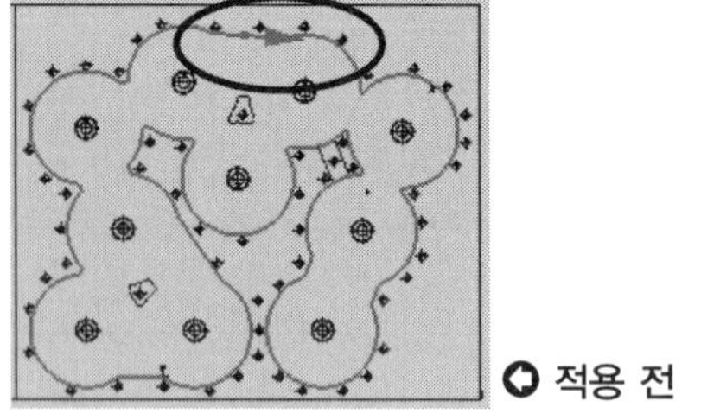
적용 전

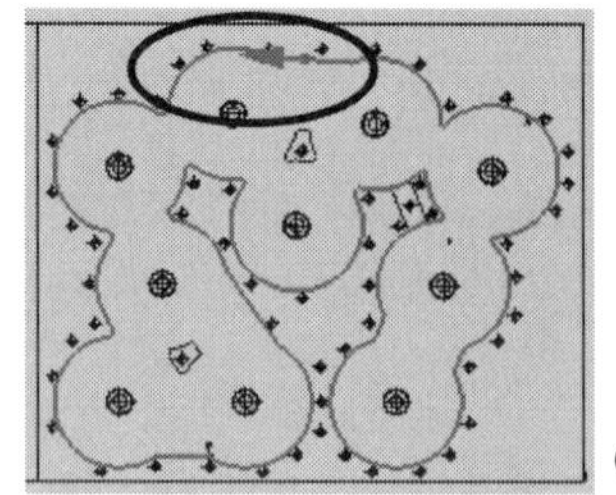
적용 후

④ **모따기** : 모따기는 체인 모따기 생성 기능

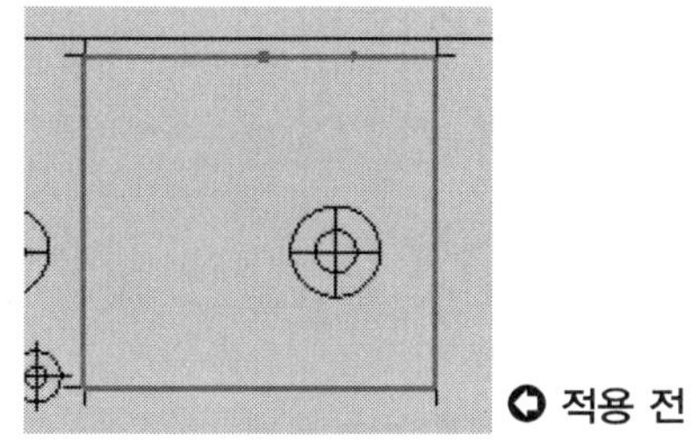
적용 전

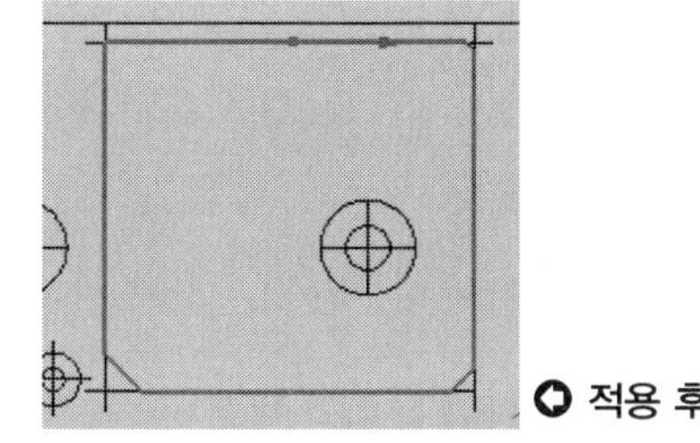
적용 후

⑤ **필렛** : 모따기와 마찬가지로 체인에 필렛 생성 기능
필렛이나 모따기를 할 경우 같은 위치를 2번 클릭하면 연결된 전체 엔티티의 적용 가능한 부분이 필렛, 모따기가 생성된다.

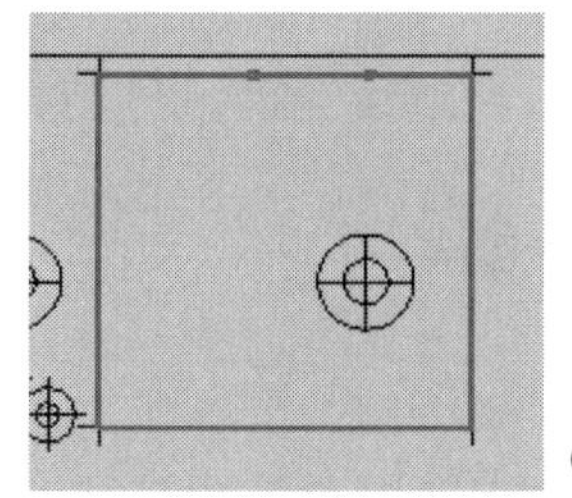
변경 전

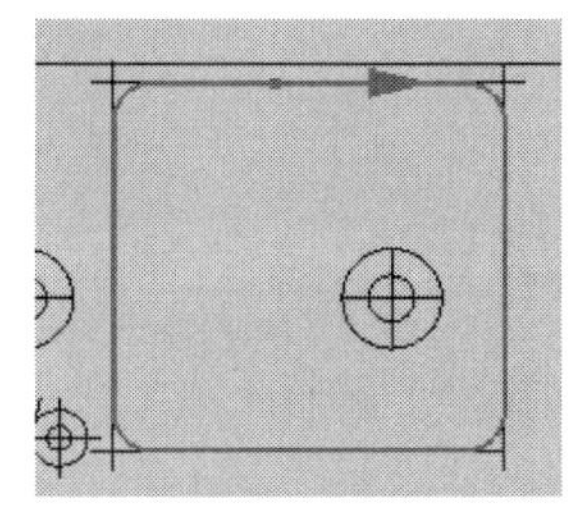
변경 후

⑥ **체인연결** : 체인 연결은 두개의 체인을 연결 하나의 체인을 만드는 기능.

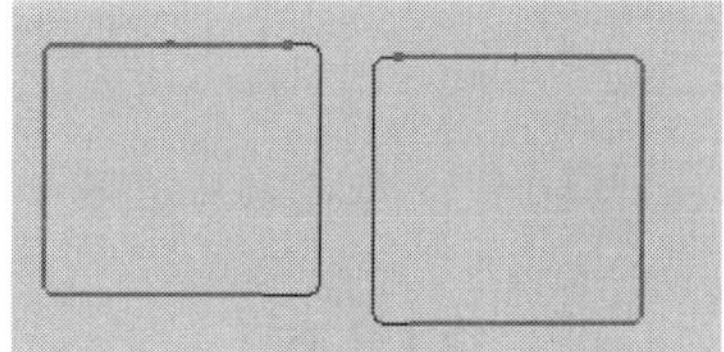
변경 전

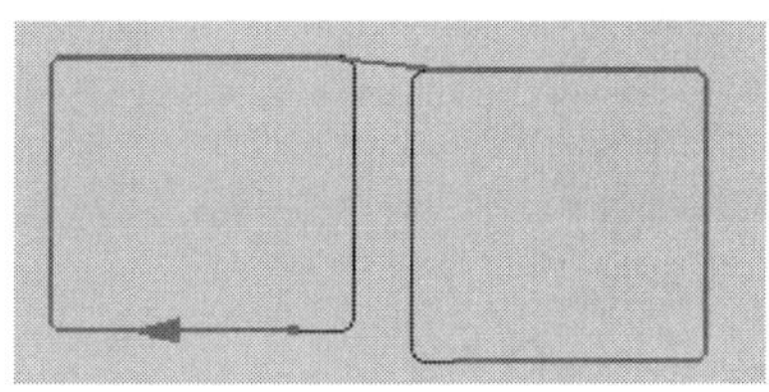
변경 후

⑦ **체인 부분 편집** : 체인의 직선 부분을 원호로 변경 하는 기능.

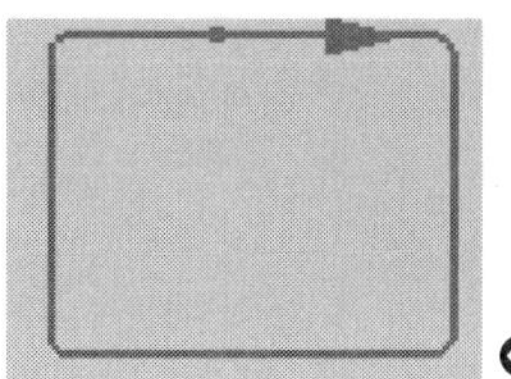
변경 전

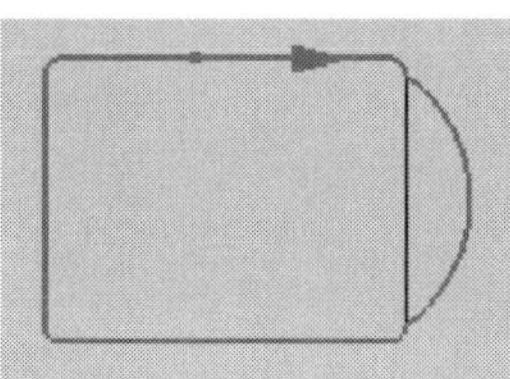
변경 후

⑧ **체인 엔티티 결합** : 체인과 엔티티를 결합하는 명령이다. 단 엔티티는 단일 엔티티만 사용을 할 수 있다. 엔티티를 선택을 할 때 남겨질 부분을 선택을 해야 한다.

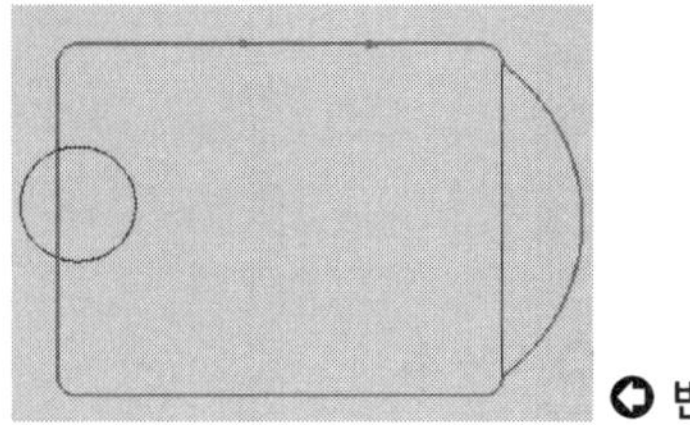
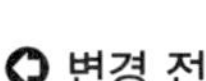

변경 전

변경 후

⑨ **교차** : 교차는 두체인의 교차부분의 체인만 남긴다.

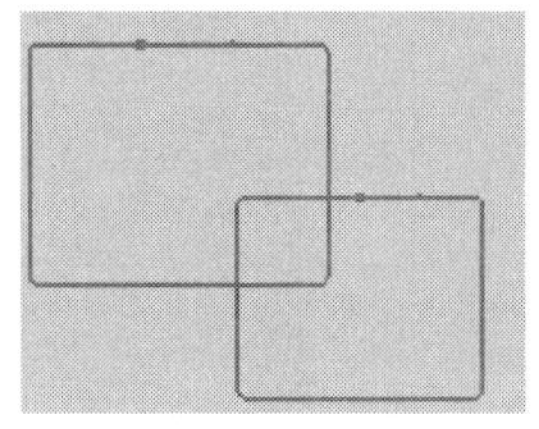

변경 전

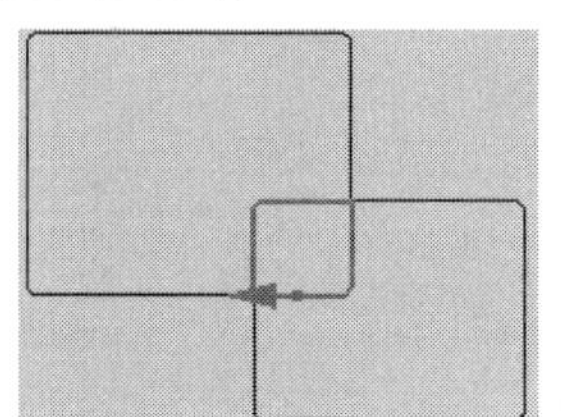

변경 후

⑩ **합치기** : 2개의 체인을 1개의 체인으로 만들어 주는 기능이다. 교차 체인부분이 합치기 되어 하나의 체인이 된다. 남길 부분의 체인을 선택하면 2개의 체인이 1개의 체인이 된다.

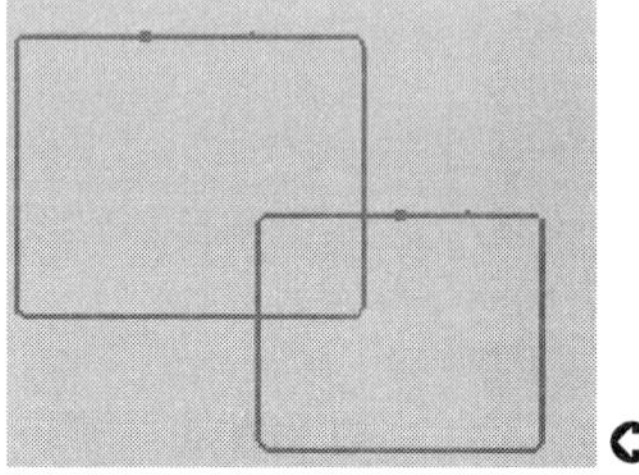

적용 전

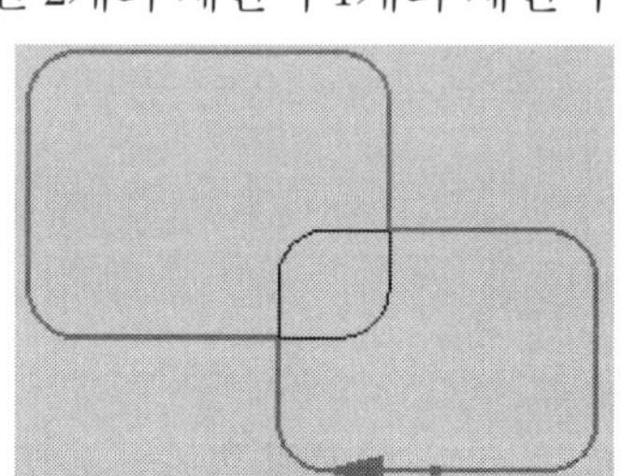

적용 후

⑪ **빼기** : 빼기는 첫번째 체인에서 두 번째 체인부분의 교차 부분을 빼는 기능

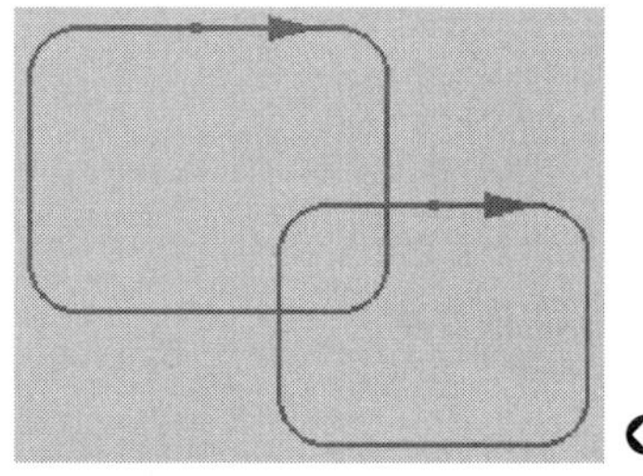

적용 전

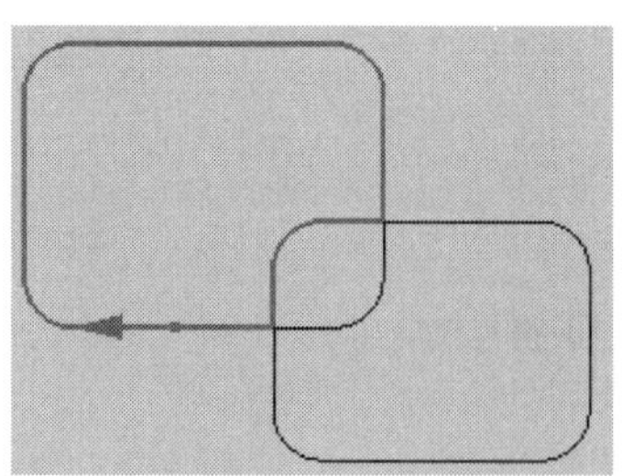

적용 후

5. 점 체인 편집

방향 변경

점 체인의 시점의 방향을 변경을 할 경우 사용하는 명령

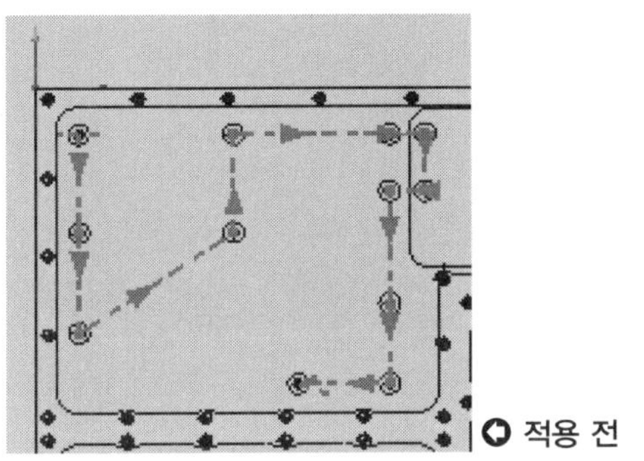

적용 전

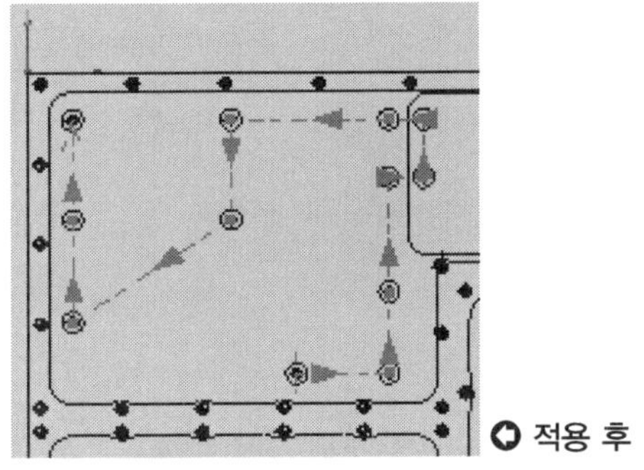

적용 후

부분 편집

드릴 점 추가

생성된 점 체인에 드릴 구멍을 추가하기를 원할 때 사용

Step by Step

① 삽입하기 전 위치를 선택

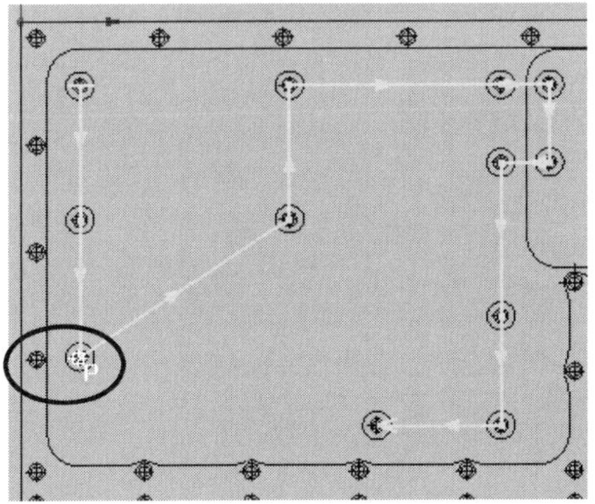

② 추가 할 드릴 위치를 〈Shift〉누르고 선택을 한다. 선택이 완료 후 [icon] ㈜ 기존 엔티티를 선택할 경우 Shift키를 이용한다.

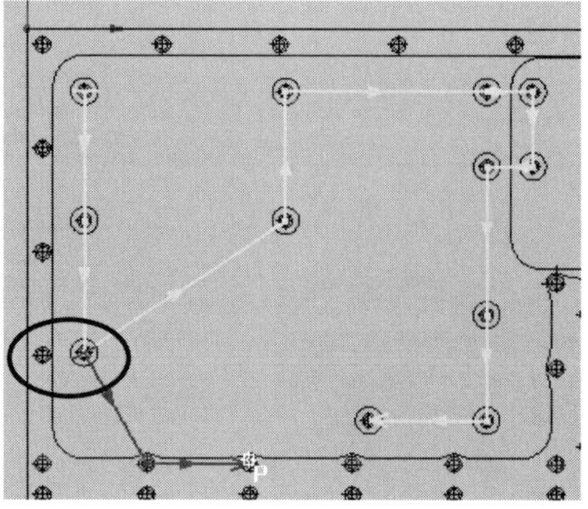

③ 종점의 위치 선택

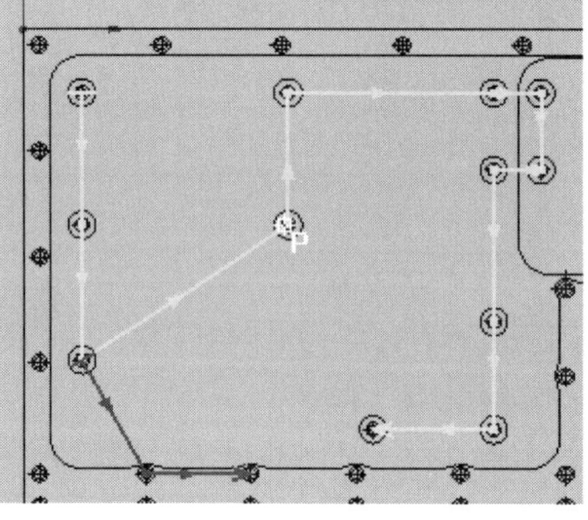

④ 다음과 같이 완료된다.

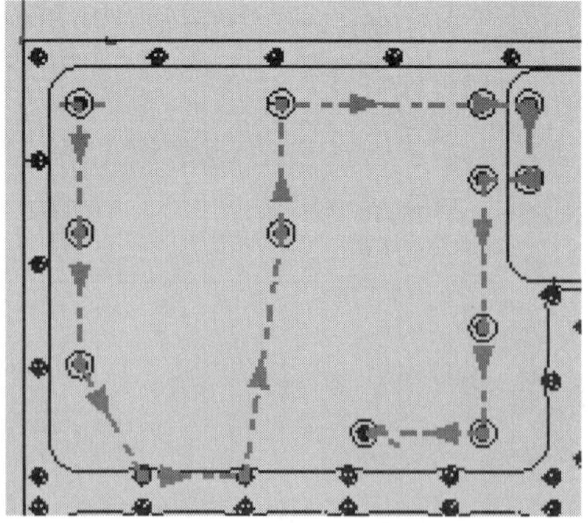

점체인 부분 삭제

생성된 점체인의 부분 점체인 점엔티티를 삭제하기를 원할 때 사용한다.

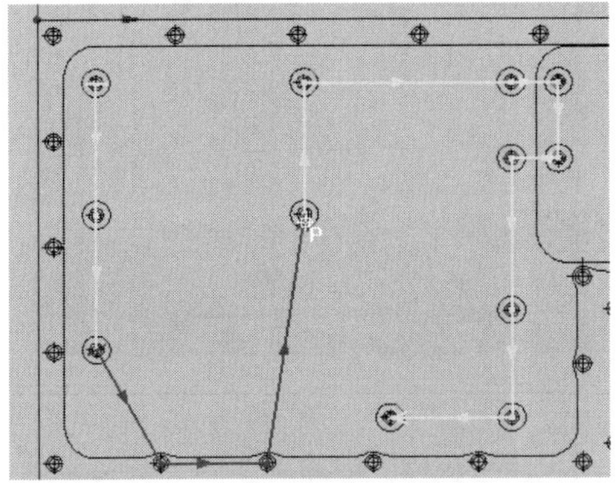

삭제 할 점을 선택하면 삭제되고 여러 개의 점 엔티티를 삭제 할 경우는 〈Shift〉를 누르고 선택을 하면 된다.

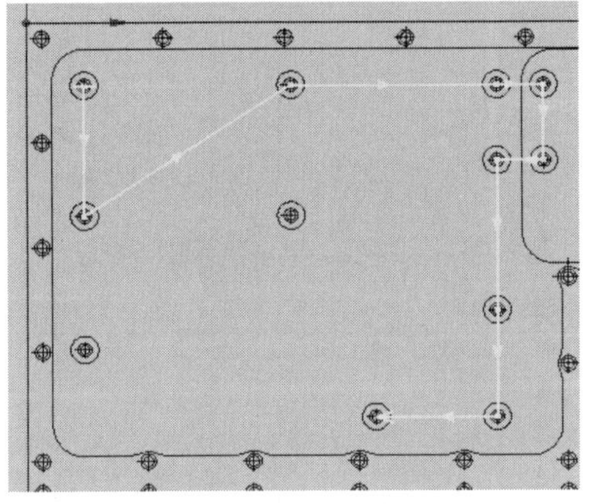

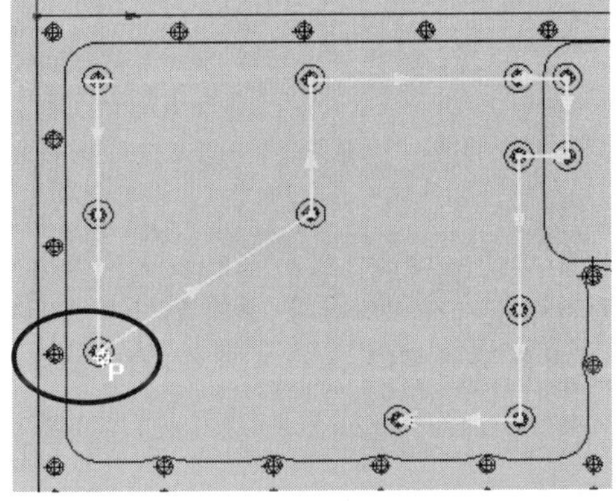

점체인 순서 부분 편집

점체인의 순서를 변경을 할 경우 사용

초기 시작점을 변경할 경우는 첫번째 점을 시작점을 선택하고 변경하려는 시작점을 선택한다.

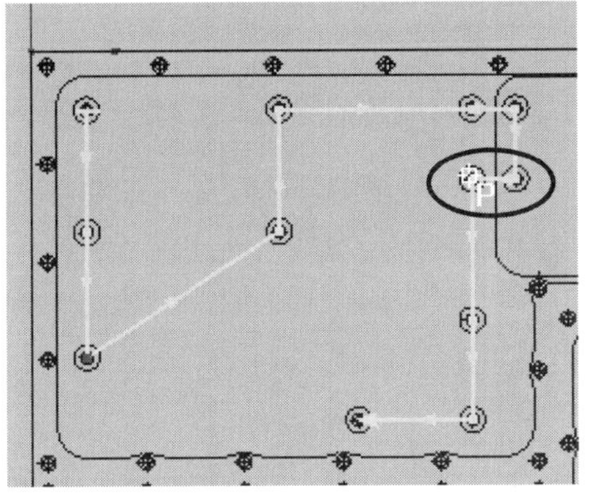

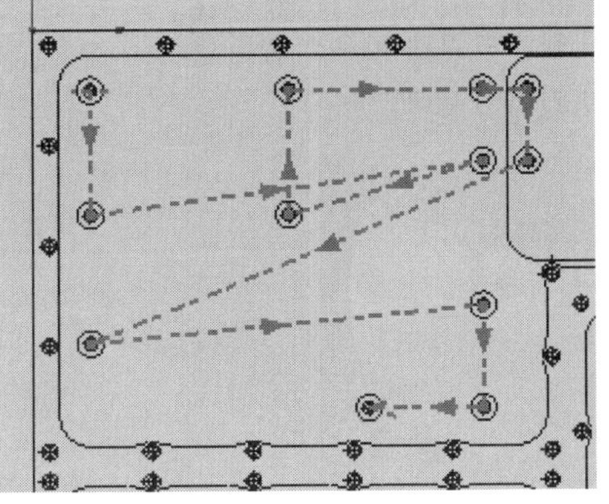

점 체인 수동 순서편집

부분 순서편집은 1개의 위치만을 변경 한다면 수동 순서편집은 전체 점 체인의 순서를 정의 할 수 있는 기능

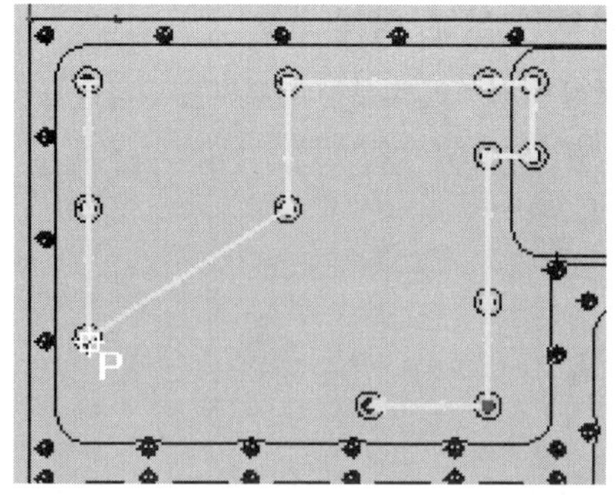

Step by Step

① 순서를 편집 할 시점과 종점을 선택을 한다. 전체를 하려면 시작점과 종점을 선택하면 된다.

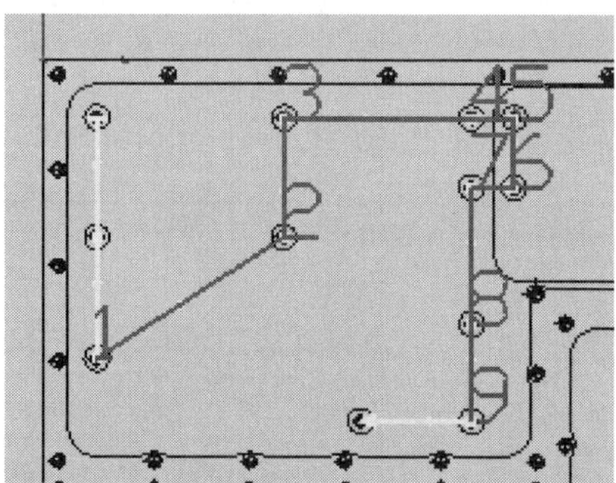

② 다음 그림처럼 숫자가 나타난다. 변경 원하는 순서대로 모두 선택을 하면 된다.

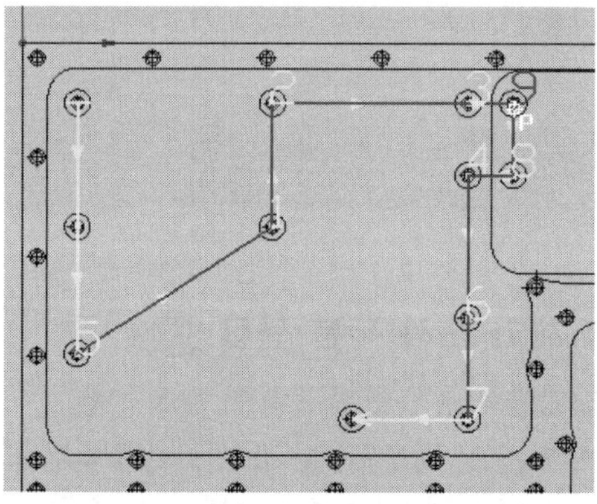

③ 선택이 끝나면 우측 마우스 클릭
순서가 편집이 된다.

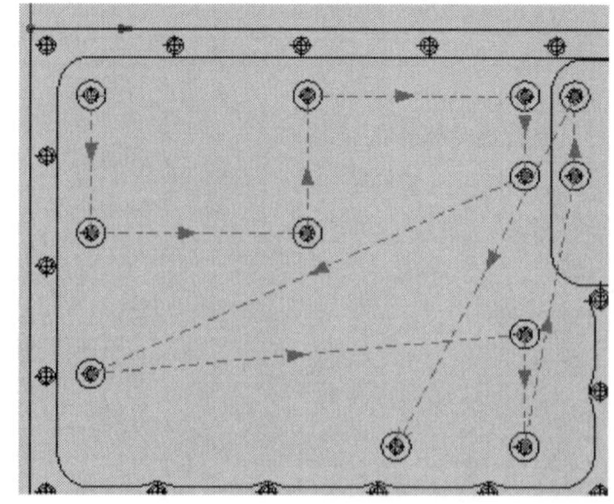

점 체인 최적화

점체인 최적화는 자동체인 생성 경우와 같은 창이 뜬다. 가장 짧은 경로와 여러 가지 패턴으로 변경할 수 있다.

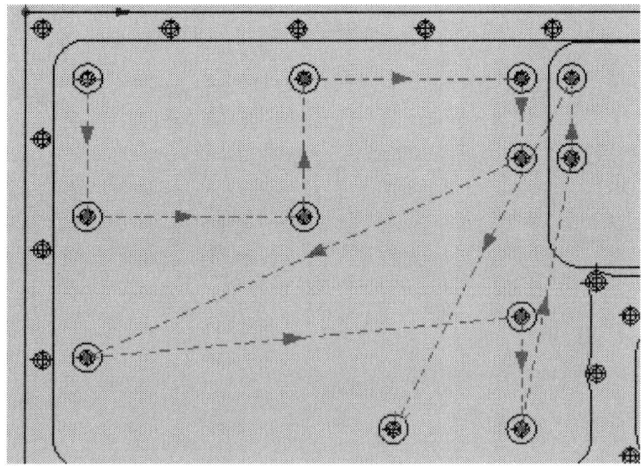

방향변경

위에 점 체인 방향변경과 같은 명령이다.

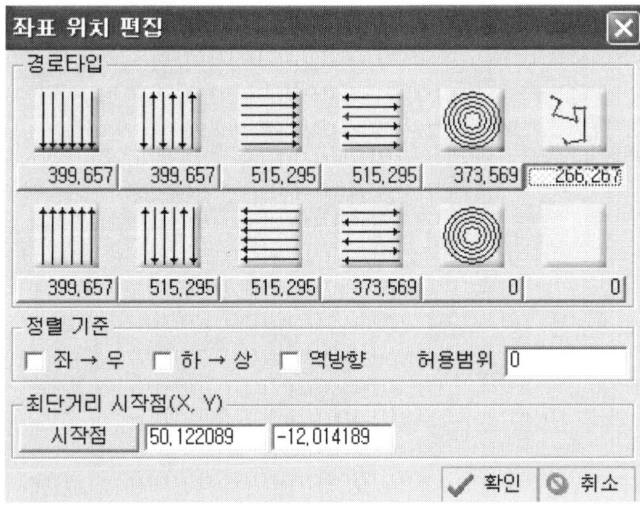

참고 경로타입의 그림은 가공방향 및 경로를 선택할 수 있으며, 아래의 숫자들은 경로거리를 표시합니다.
※ 숫자의 크기가 적을수록 최적의 경로를 말합니다.

Quick
CAD-CAM

05 Chapter CAM 환경 설정

1. 환경설정 - 일반

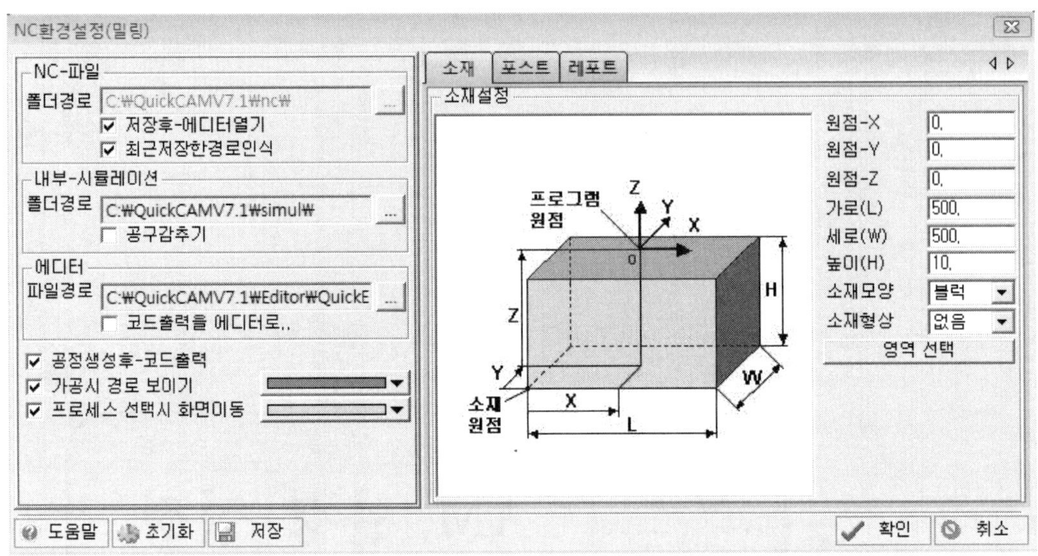

(1) NC 파일

폴더경로 - NC파일의 저장 경로를 설정한다.

(2) 내부 시뮬레이션

내부-시뮬레이션 : 컨트롤러에 따라 NC 프로그램의 다른 형식을 빽플로팅 시뮬레이션을 하기 위하여 컨트롤러에 따른 dll 파일 연결 지정 기능

(3) 에디터

파일경로 - 편집기의 사용자 선택 지정하는 명령

(4) 공정 생성 후 - 코드출력

각각의 공정 작성 후 바로 그 공정의 NC 코드 출력 확인

(5) 가공시 경로보이기

각 공정의 가공 경로(와이어 시뮬레이션) 보이기

(6) 프로세스 선택시 화면이동

2. 소재

(1) 원점 X, Y, Z

원점 : 소재의 좌측 하단을 기준으로 G54의 위치를 설정 한다

(2) 가로, 세로, 높이

X, Y, Z 축 : 소재의 각 축의 길이를 입력한다.

3. 포스트

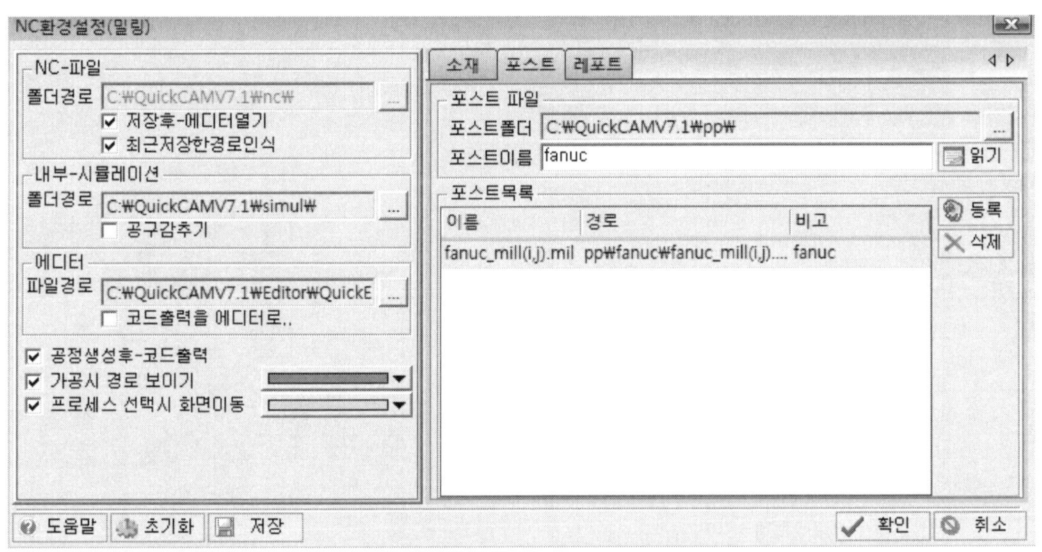

(1) 포스트파일

① 포스트 폴더 : 포스트 파일이 저장되어 있는 폴더의 경로

② 포스트 이름 : G코드를 짜기 위한 포스트 파일의 이름

③ 포스트 목록 : 이전에 사용했던 포스트 목록

참고 환경설정은 변경 후 저장을 해야 프로그램을 다시 시작해도 변경된 환경이 적용이 된다.

Quick
CAD-CAM

06 Chapter 따라하기 예제 (Mill)

1. CAD 따라하기 1

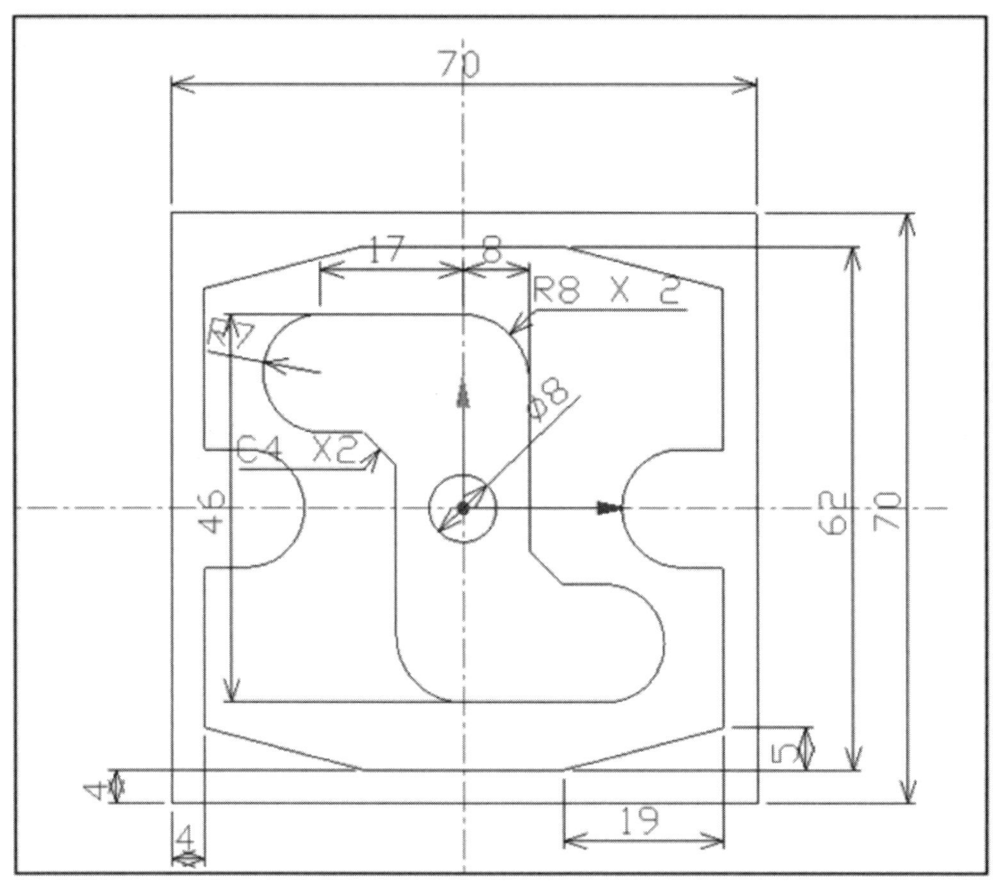

1. 교차선분 생성

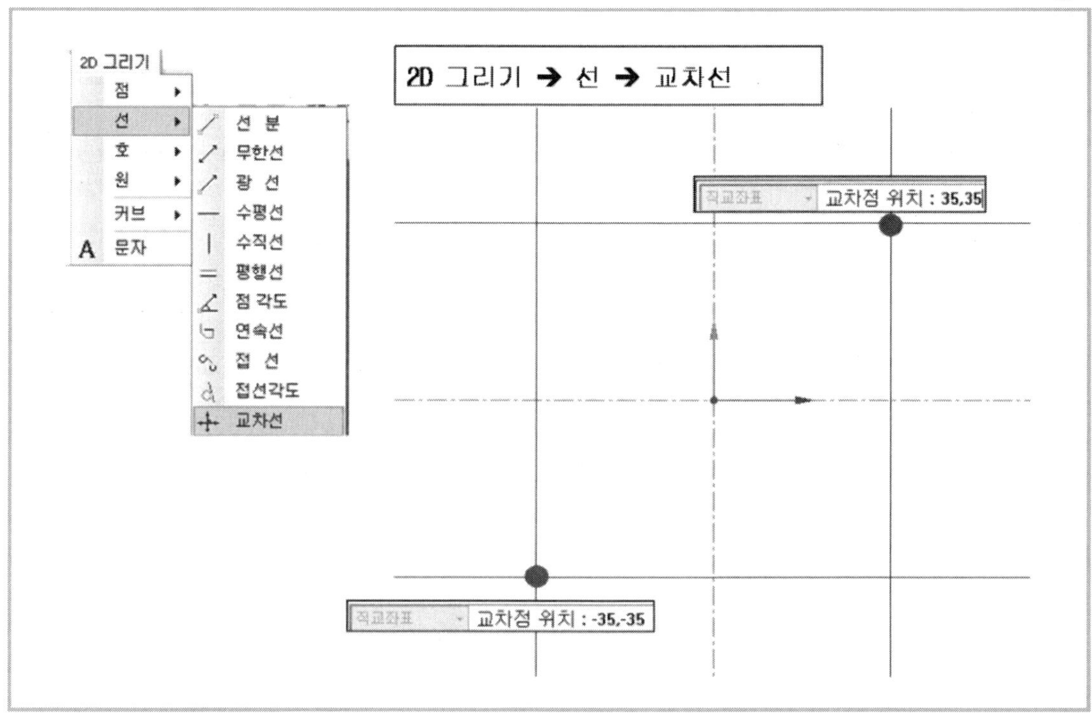

2. 사각형으로 변형

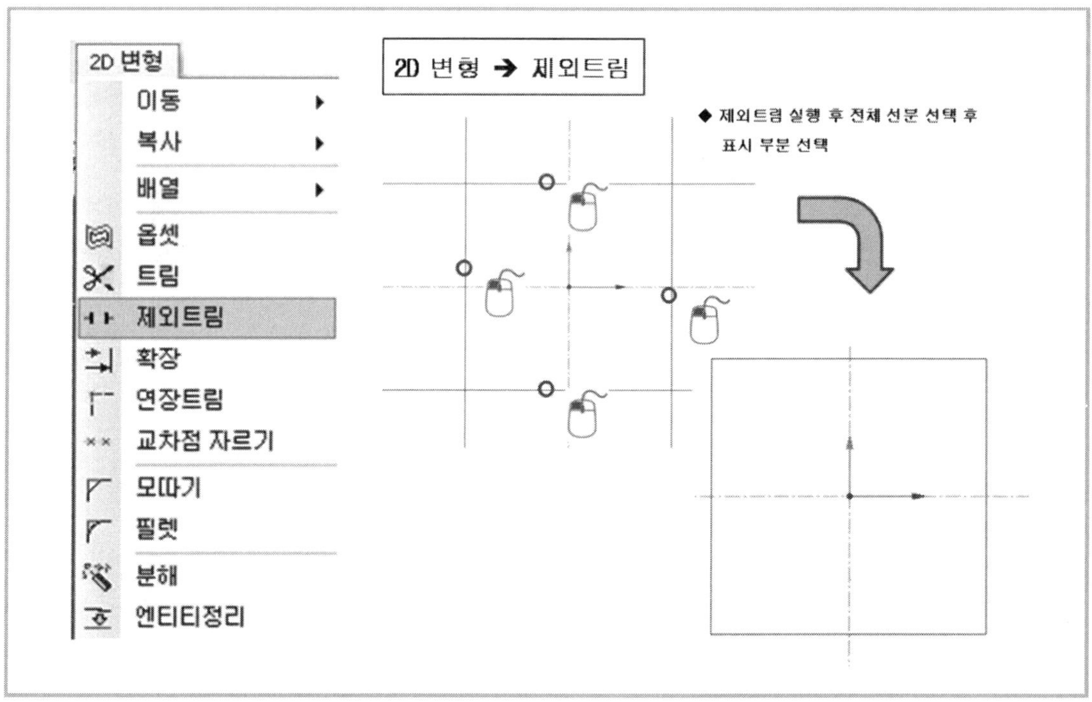

3. 내부 사각형 생성

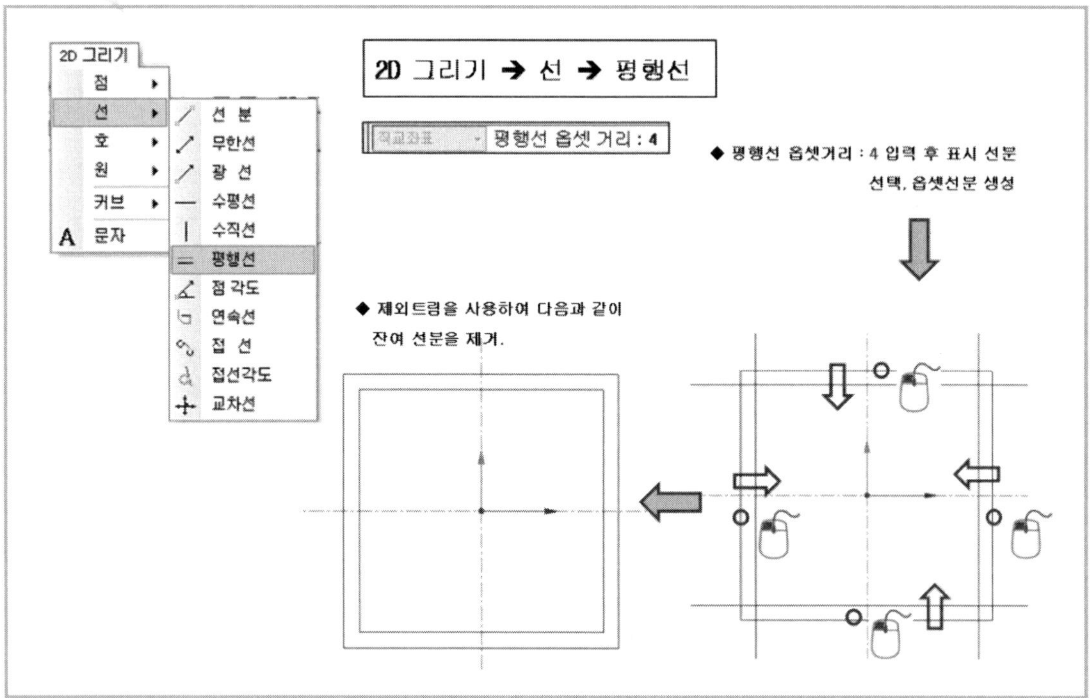

4. 모따기 생성

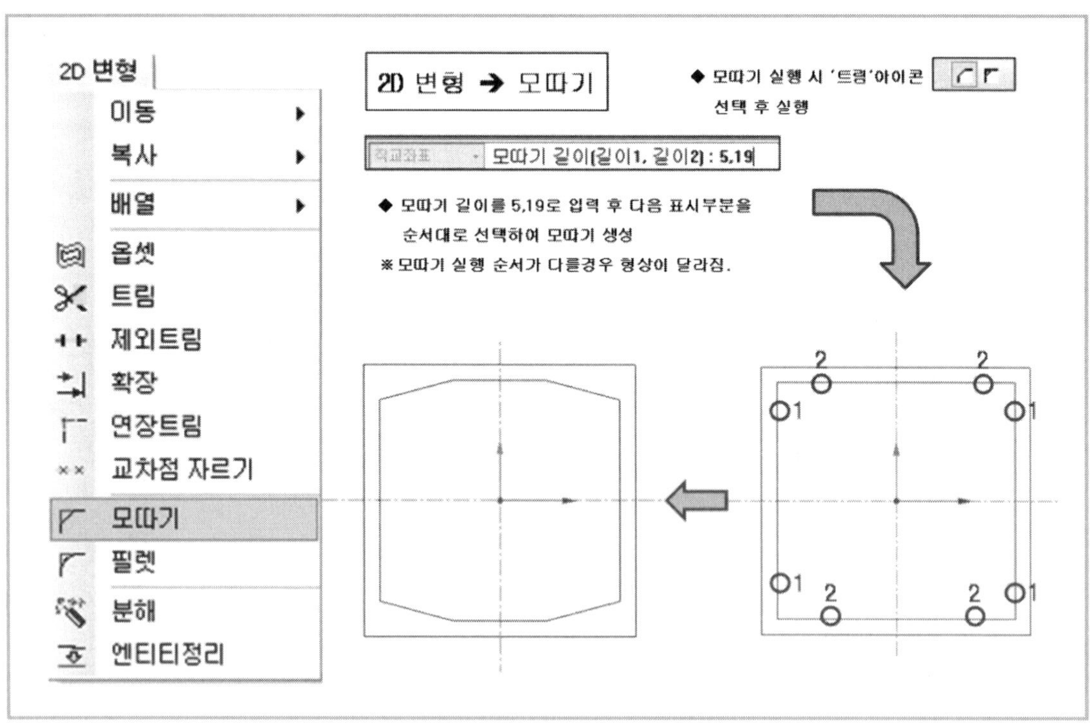

5. 파라메터 형상

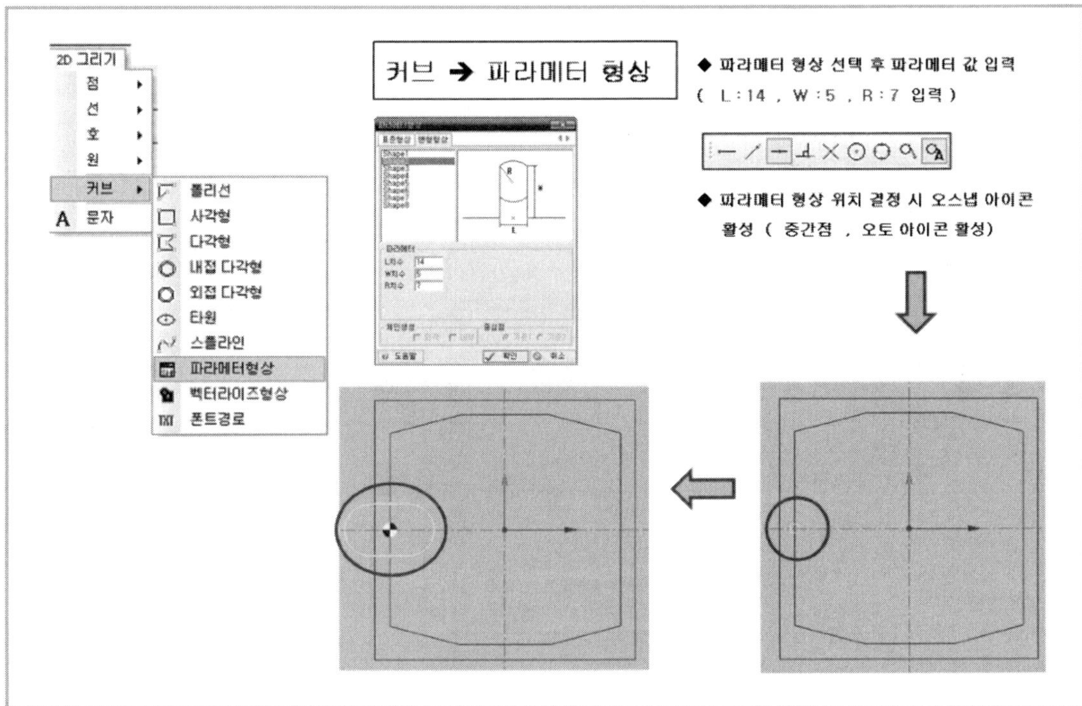
2D 그리기
점
선
호
원
커브
문자
폴리선
사각형
다각형
내접 다각형
외접 다각형
타원
스플라인
파라메터형상
벡터라이즈형상
폰트경로
커브 ➔ 파라메터 형상
◆ 파라메터 형상 선택 후 파라메터 값 입력
(L : 14 , W : 5 , R : 7 입력)
◆ 파라메터 형상 위치 결정 시 오스냅 아이콘
활성 (중간점 , 오토 아이콘 활성)

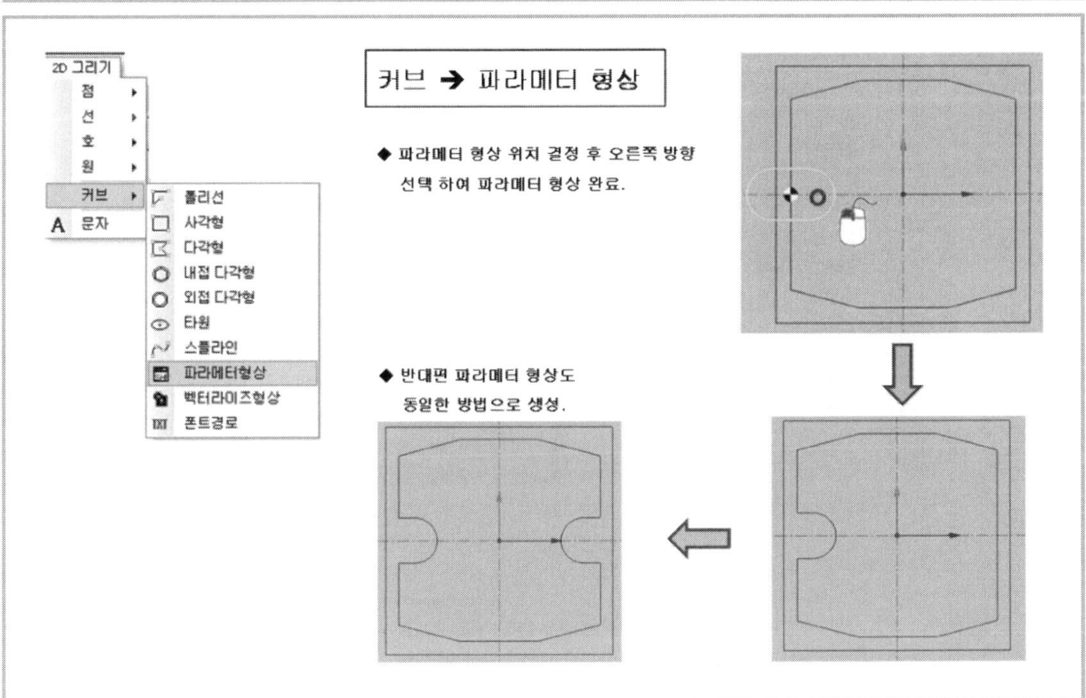
2D 그리기
점
선
호
원
커브
문자
폴리선
사각형
다각형
내접 다각형
외접 다각형
타원
스플라인
파라메터형상
벡터라이즈형상
폰트경로
커브 ➔ 파라메터 형상
◆ 파라메터 형상 위치 결정 후 오른쪽 방향
선택 하여 파라메터 형상 완료.
◆ 반대편 파라메터 형상도
동일한 방법으로 생성.

6. 형상 이동 및 형행성 생성

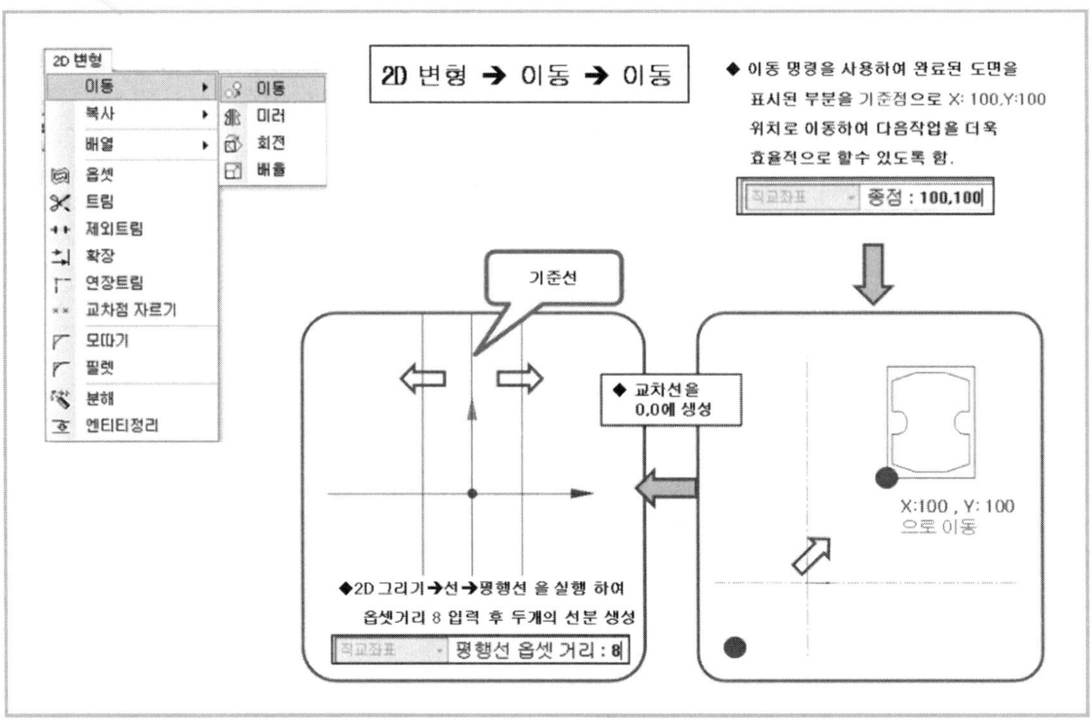

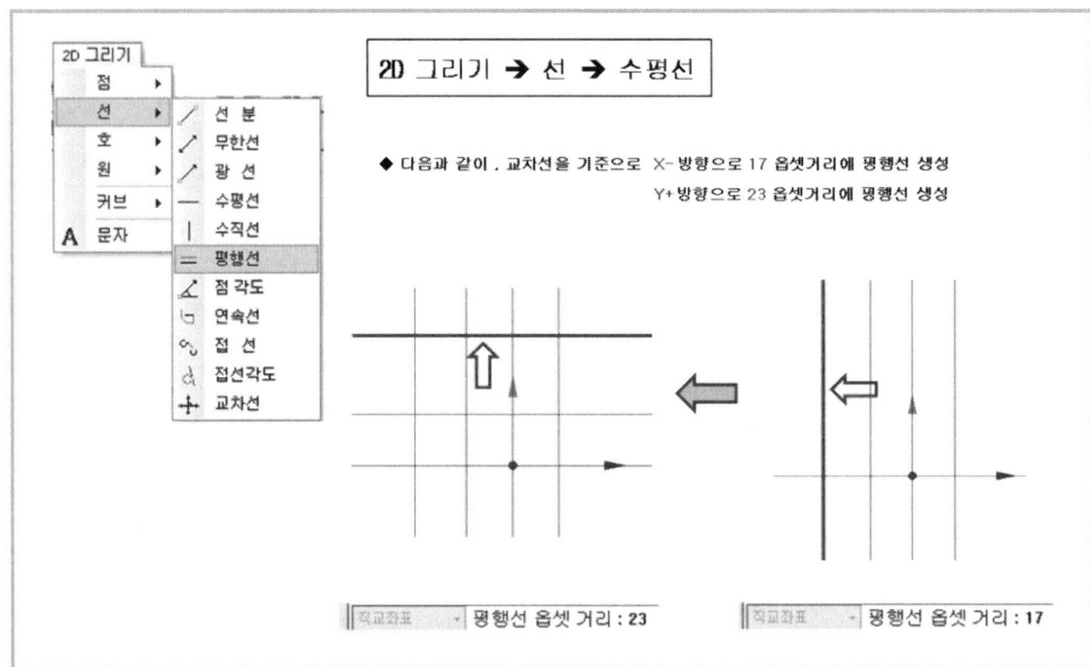

7. 트림

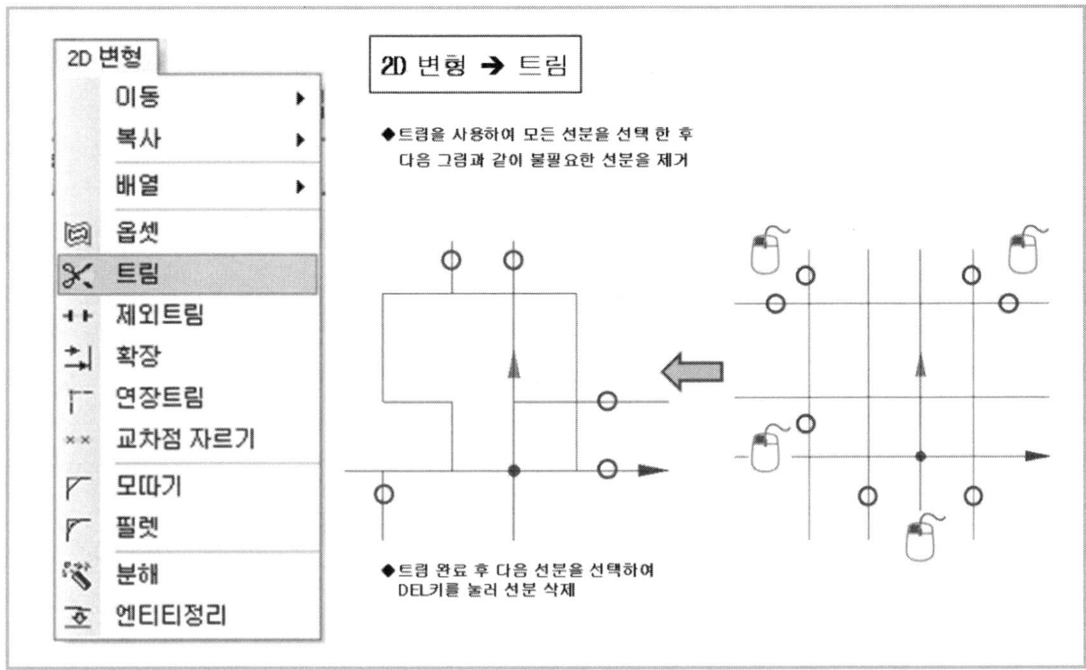

8. 원 생성 및 모따기/필렛

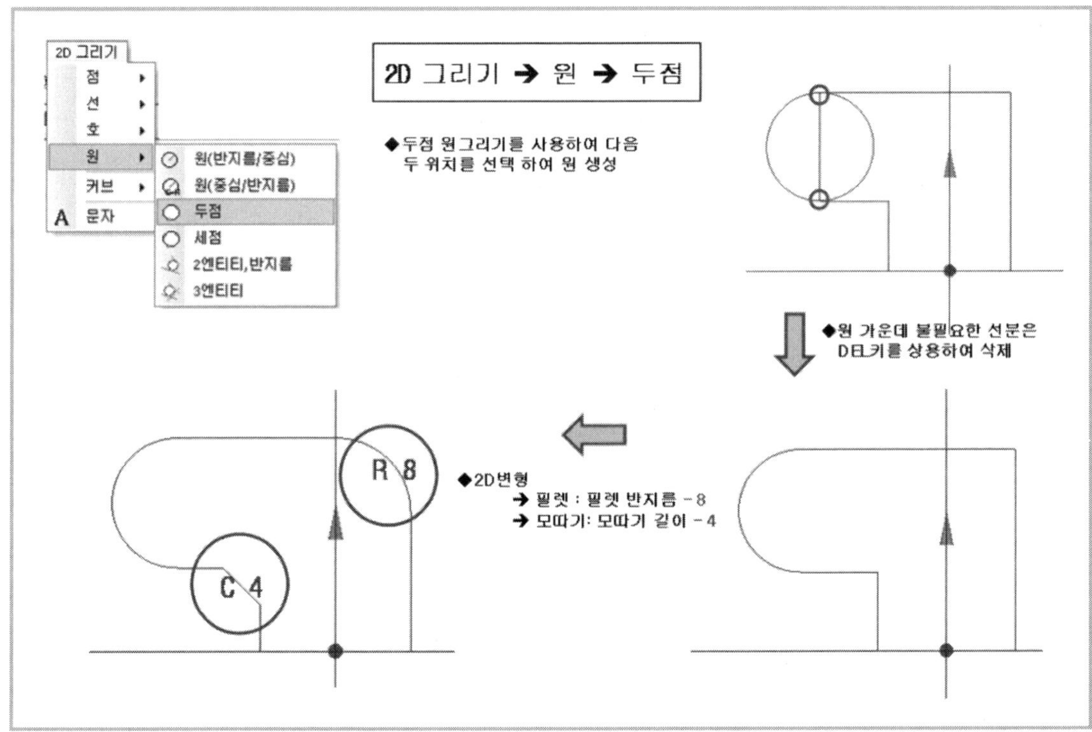

9. 원형 배열

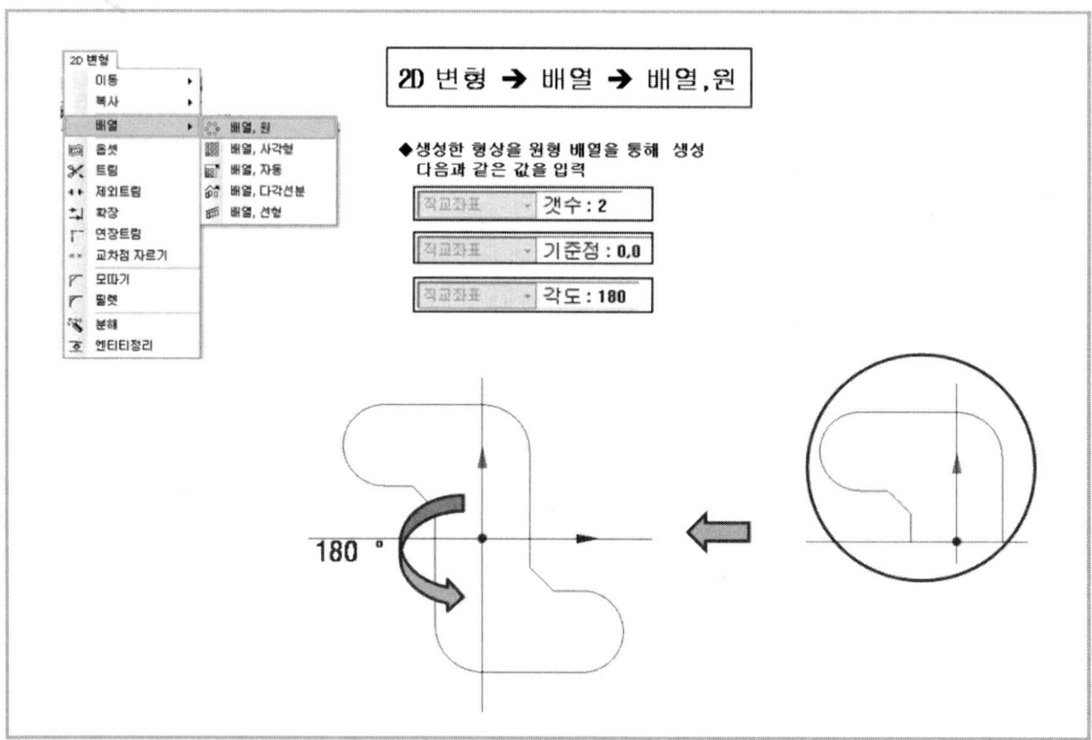

10. 원 생성(드릴 홀 생성)

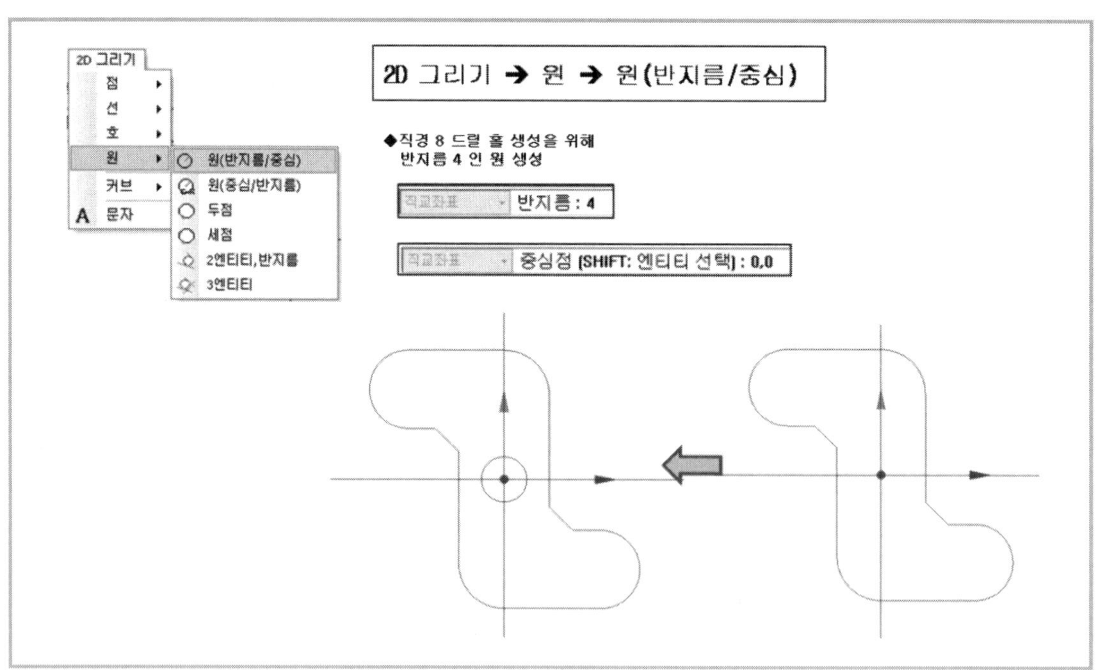

11. 형상 이동

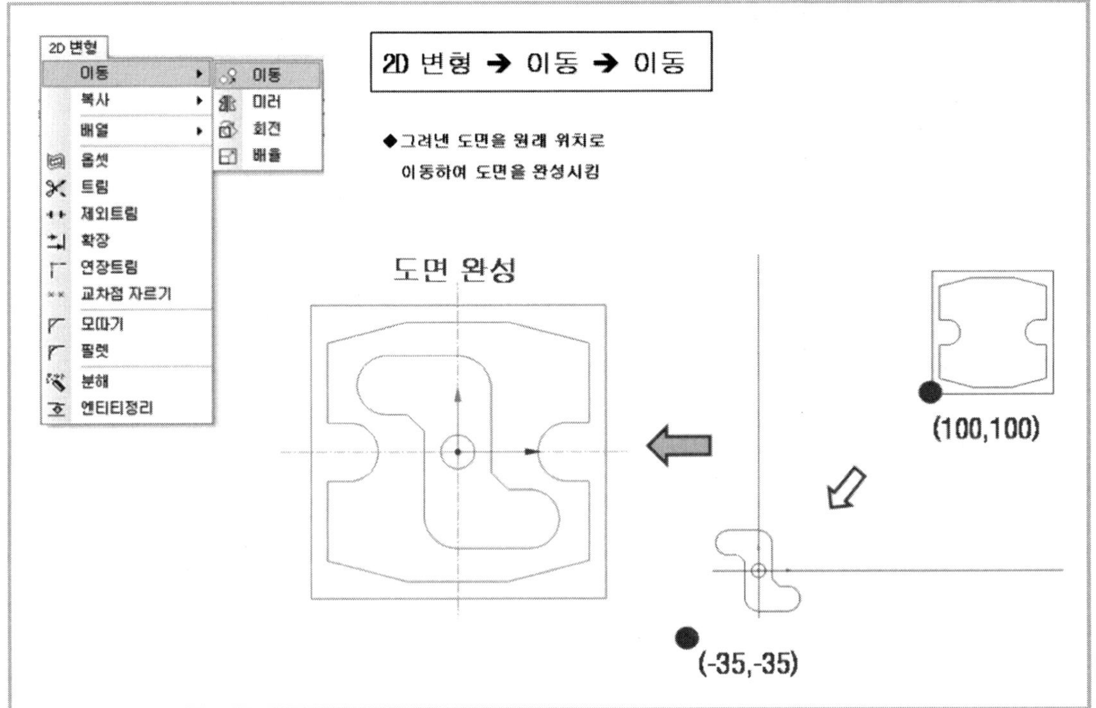
2D 변형
이동
복사
배열
옵셋
트림
제외트림
확장
연장트림
교차점 자르기
모따기
필렛
분해
엔티티정리
이동
미러
회전
배율
2D 변형 ➔ 이동 ➔ 이동
◆그려낸 도면을 원래 위치로
이동하여 도면을 완성시킴
도면 완성
(100,100)
(-35,-35)

2. CAD 따라하기 2

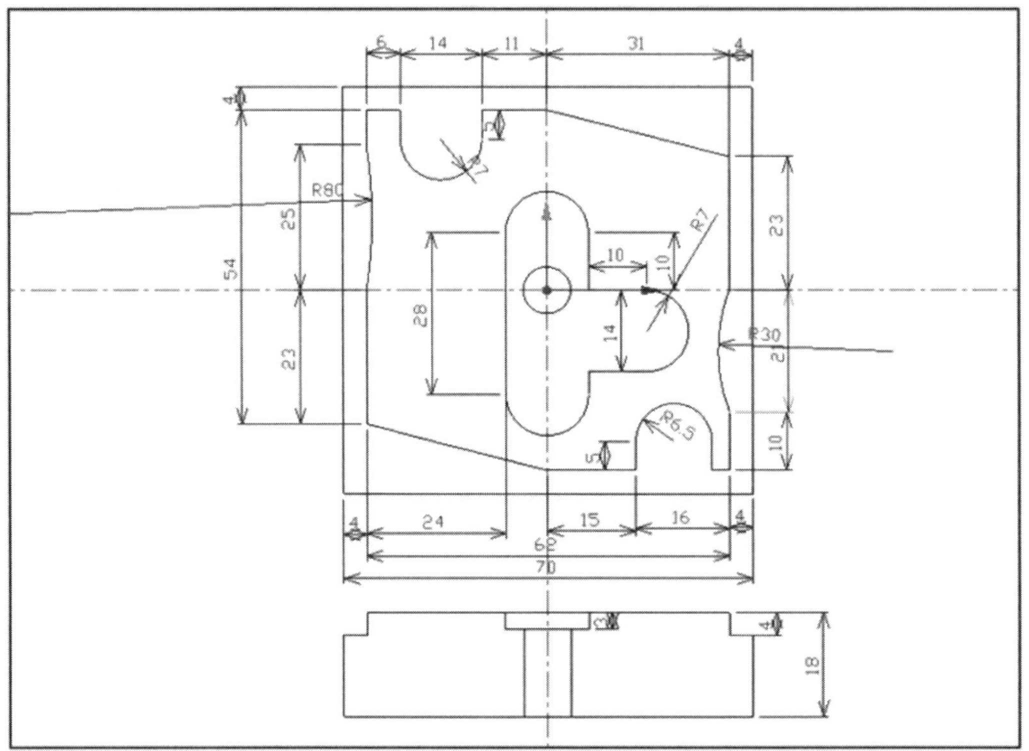
6
14
11
31
4
4
R7
R80
25
54
28
10
10
R7
23
14
R30
21
23
R6.5
5
10
4
24
15
16
4
60
70
3
4
18

1. 교차선분 생성

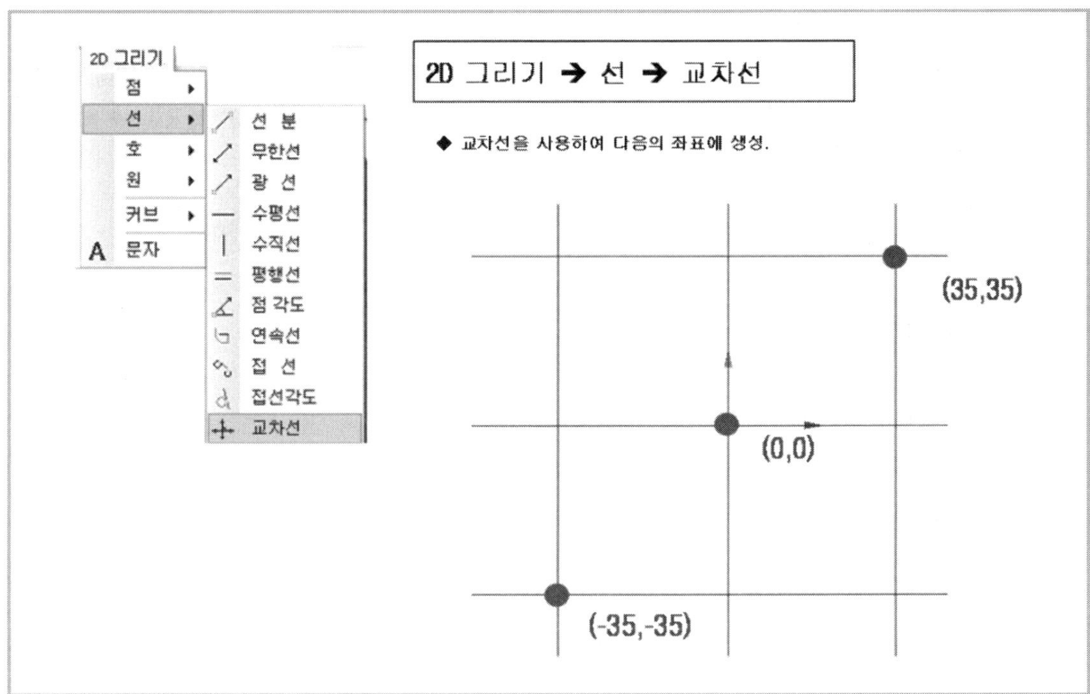

2. 선분 특성 변경

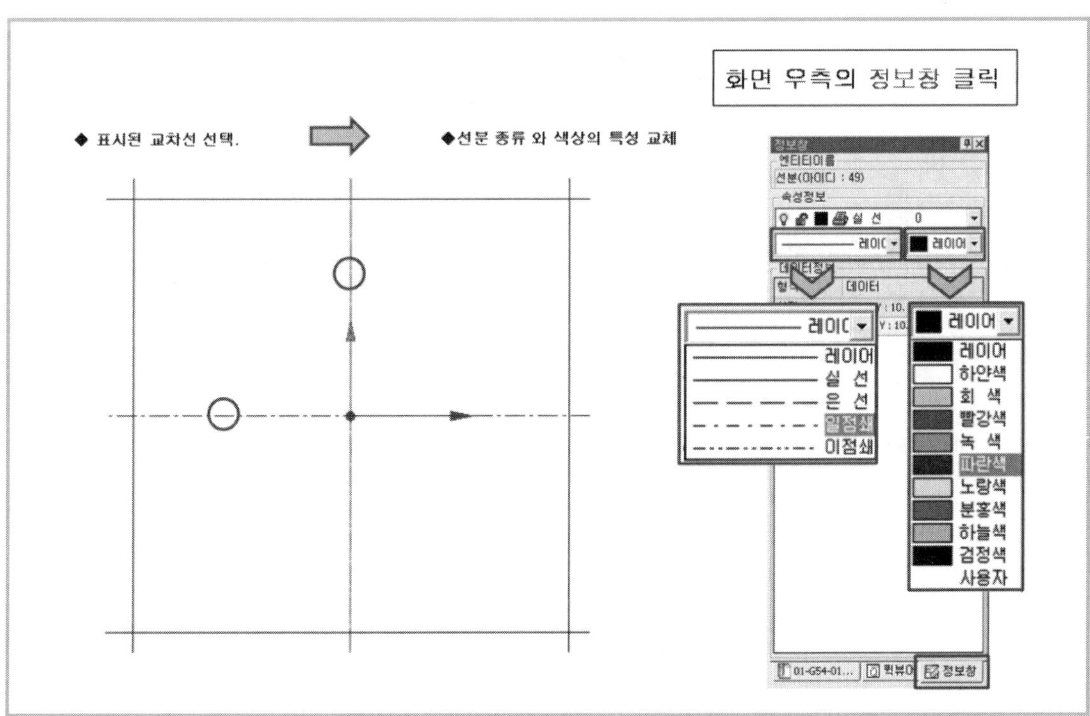

3. 트림으로 사각형 생성

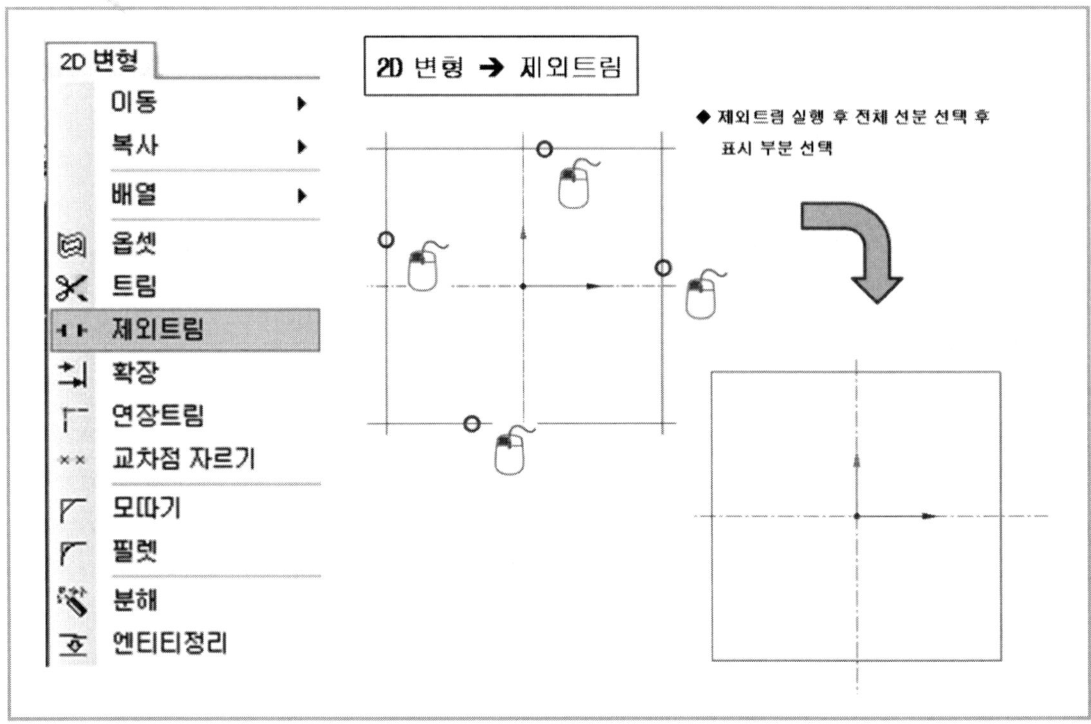

4. 내부 사각형 생성

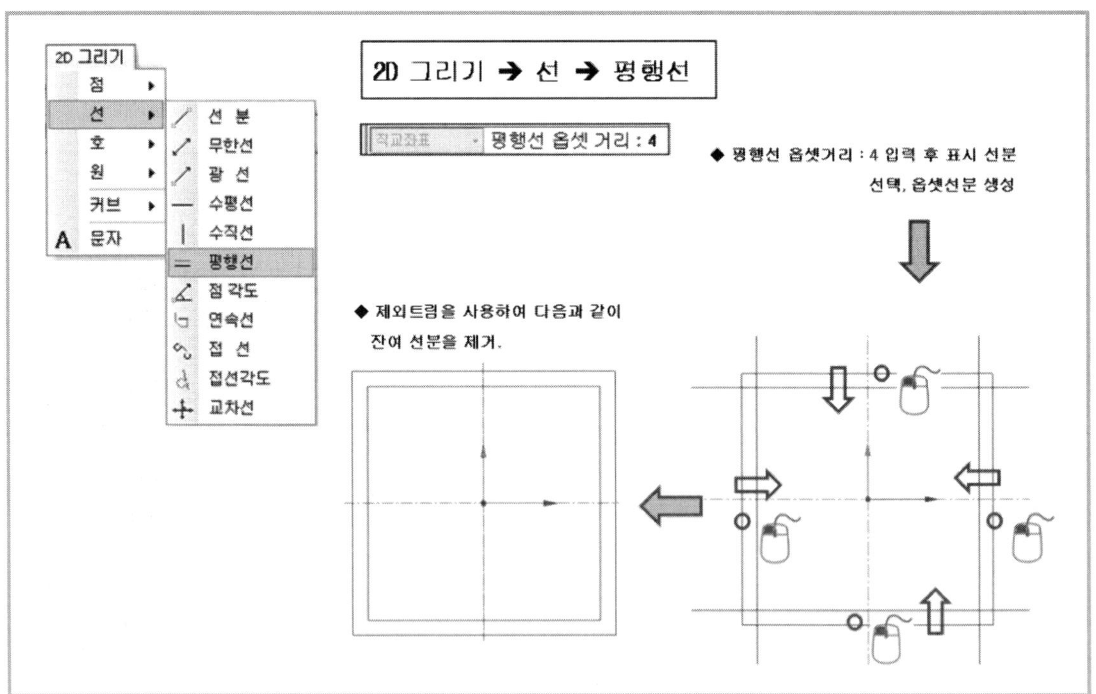

5. 모따기 생성

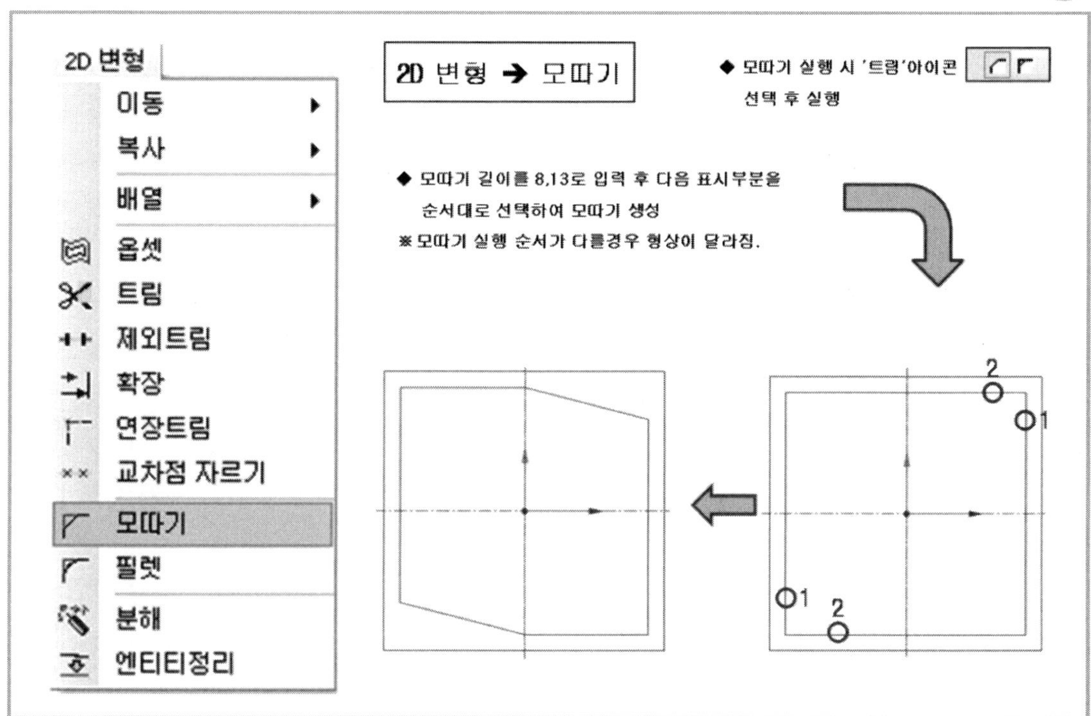

6. 평행선 생성

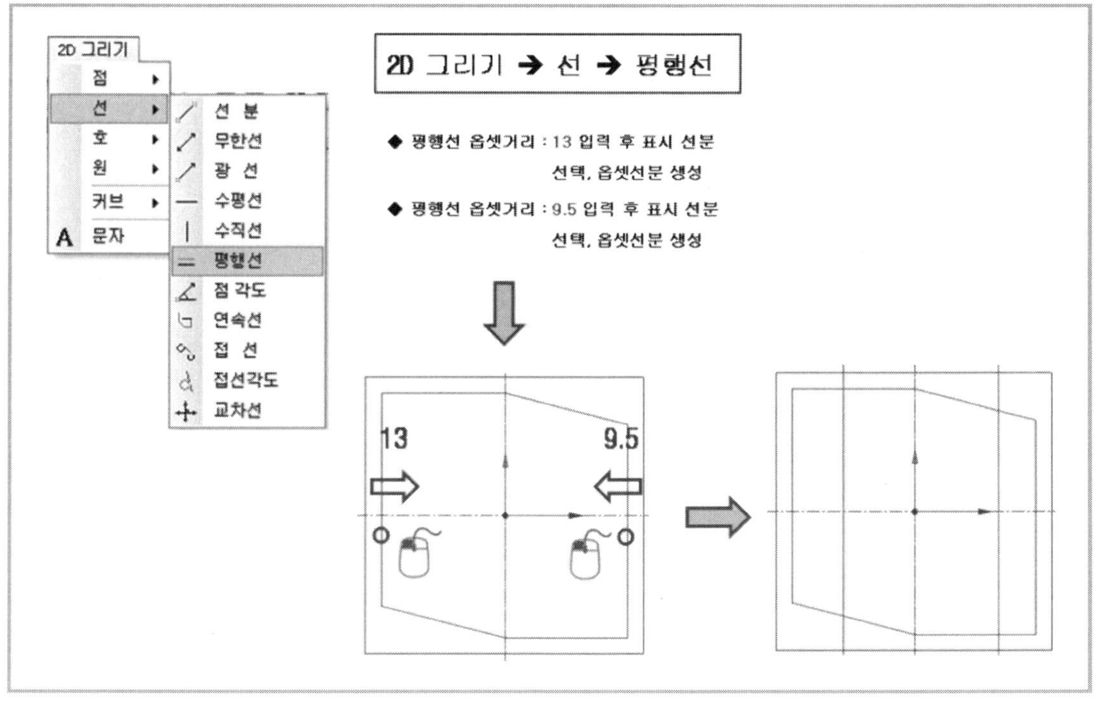

7. 파라메터 형상

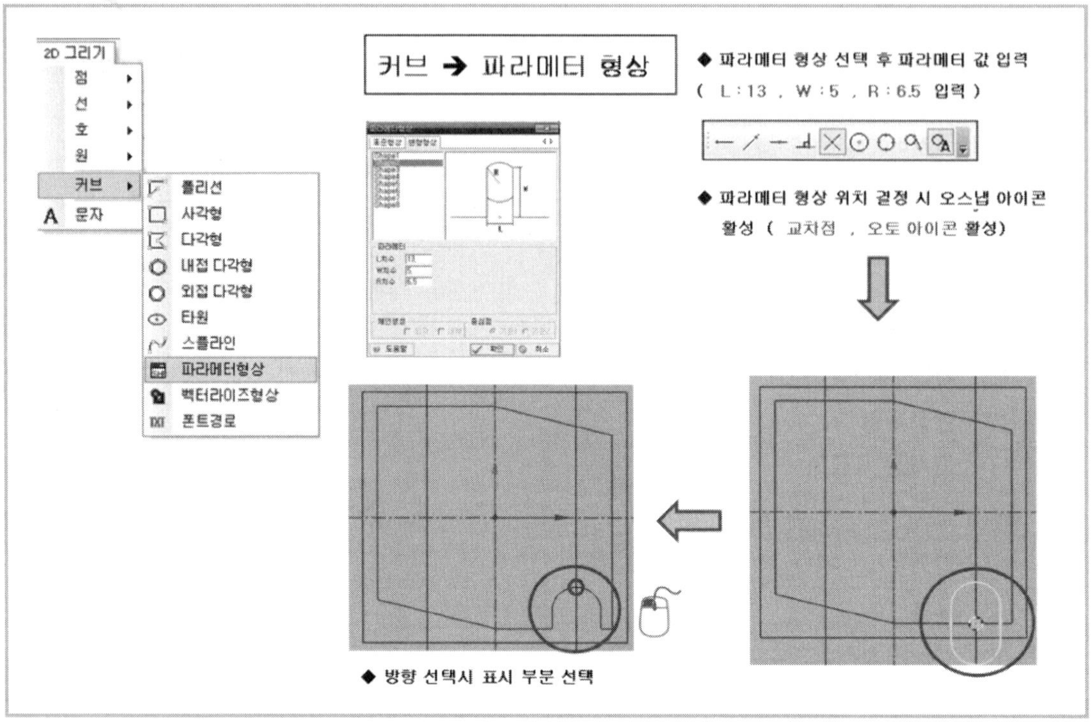

2D 그리기
점
선
호
원
커브
A 문자

폴리선
사각형
다각형
내접 다각형
외접 다각형
타원
스플라인
파라메터형상
벡터라이즈형상
폰트경로

커브 ➔ 파라메터 형상

◆ 파라메터 형상 선택 후 파라메터 값 입력
(L : 13 , W : 5 , R : 6.5 입력)

◆ 파라메터 형상 위치 결정 시 오스냅 아이콘 활성 (교차점 , 오토 아이콘 활성)

◆ 방향 선택시 표시 부분 선택

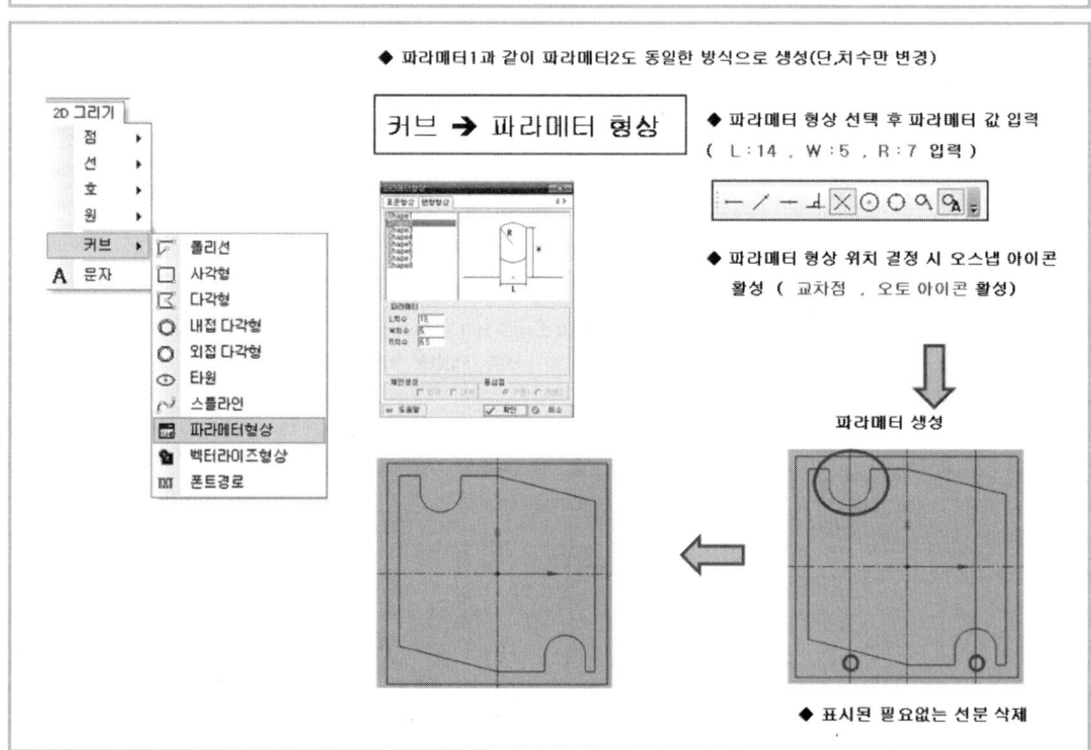

8. 원 생성

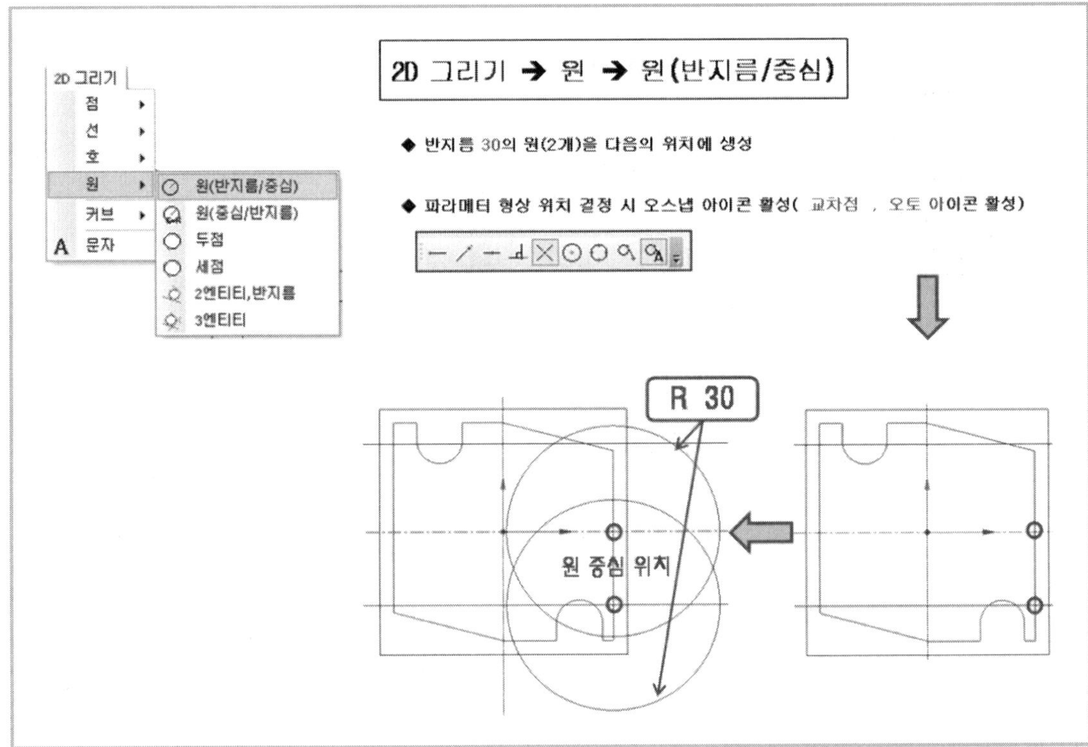
2D 그리기 → 원 → 원(반지름/중심)
◆ 반지름 30의 원(2개)을 다음의 위치에 생성
◆ 파라메터 형상 위치 결정 시 오스냅 아이콘 활성(교차점 , 오토 아이콘 활성)
2D 그리기
점
선
호
원
커브
문자
원(반지름/중심)
원(중심/반지름)
두점
세점
2엔티티,반지름
3엔티티
R 30
원 중심 위치

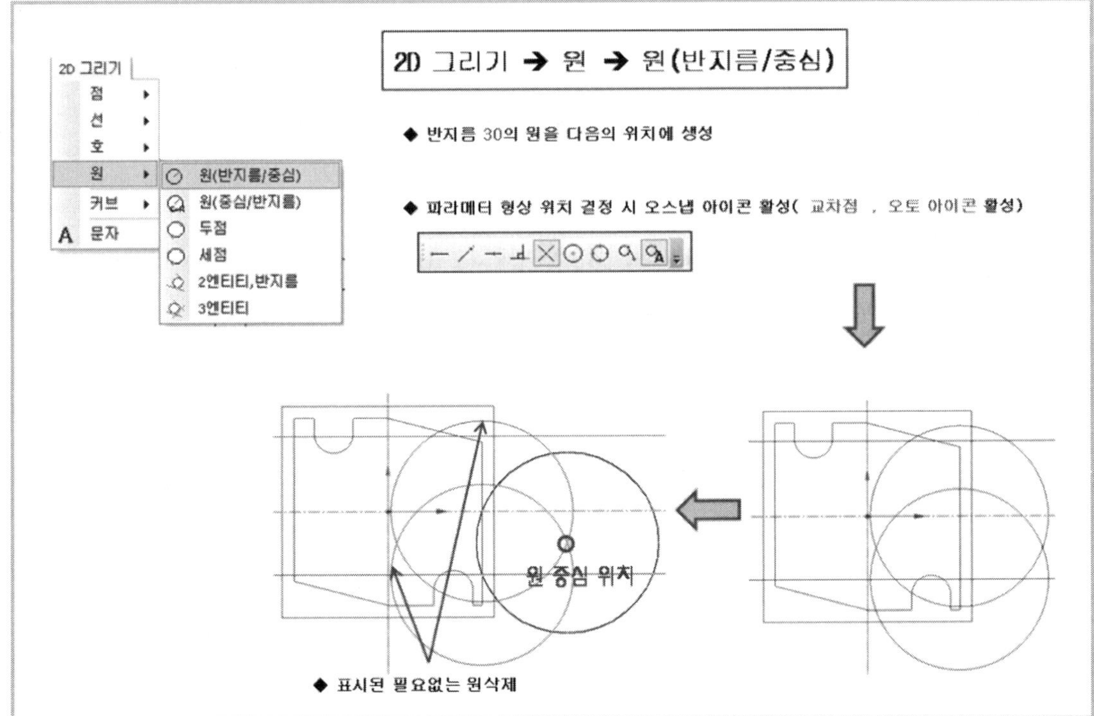
2D 그리기 → 원 → 원(반지름/중심)
◆ 반지름 30의 원을 다음의 위치에 생성
◆ 파라메터 형상 위치 결정 시 오스냅 아이콘 활성(교차점 , 오토 아이콘 활성)
2D 그리기
점
선
호
원
커브
문자
원(반지름/중심)
원(중심/반지름)
두점
세점
2엔티티,반지름
3엔티티
원 중심 위치
◆ 표시된 필요없는 원삭제

9. 트림

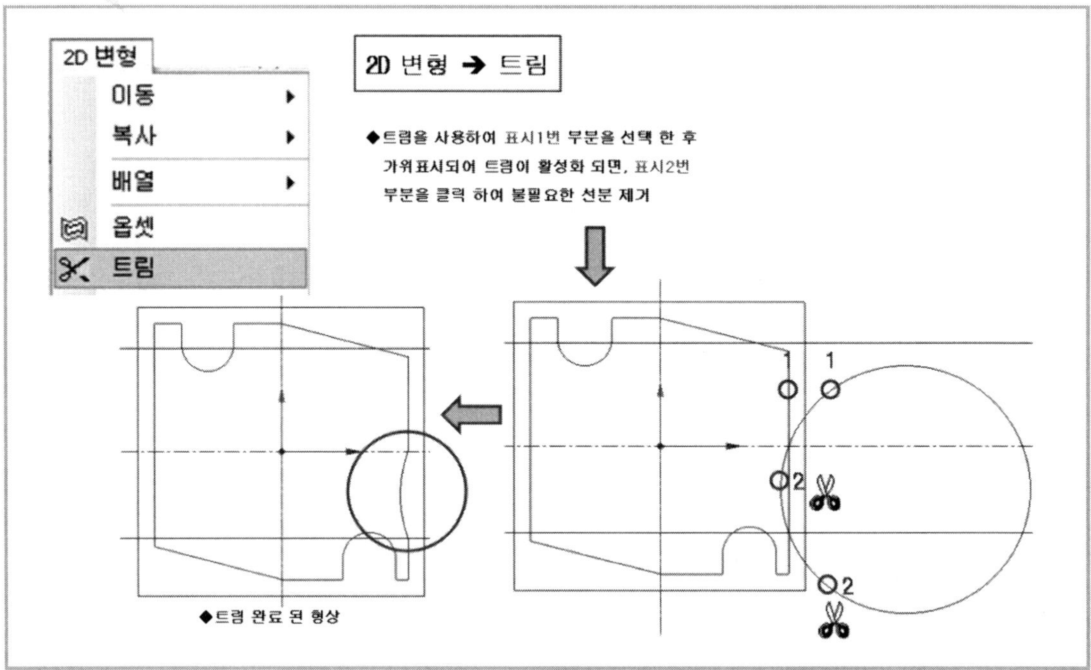
2D 변형
이동
복사
배열
옵셋
트림
2D 변형 ➔ 트림
◆트림을 사용하여 표시1번 부분을 선택 한 후
가위표시되어 트림이 활성화 되면, 표시2번
부분을 클릭 하여 불필요한 선분 제거
1
2
2
◆트림 완료 된 형상

10. 원 생성

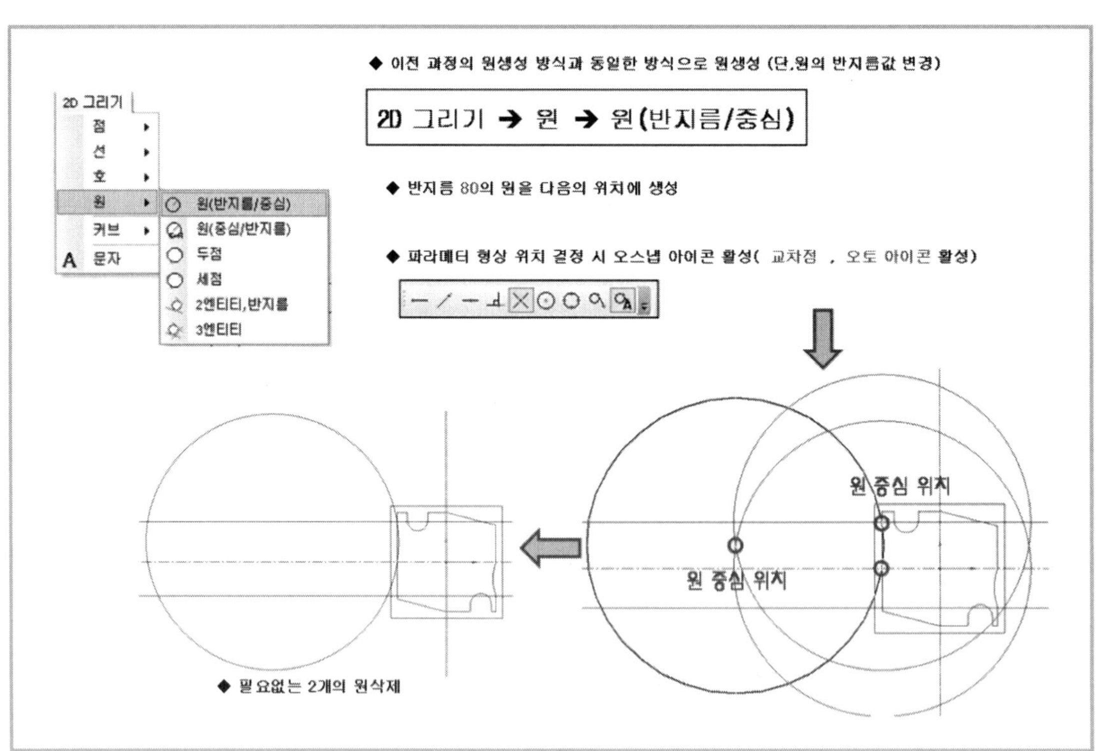
◆ 이전 과정의 원생성 방식과 동일한 방식으로 원생성 (단,원의 반지름값 변경)
2D 그리기
점
선
호
원
커브
문자
원(반지름/중심)
원(중심/반지름)
두점
세점
2엔티티,반지름
3엔티티
2D 그리기 ➔ 원 ➔ 원(반지름/중심)
◆ 반지름 80의 원을 다음의 위치에 생성
◆ 파라메터 형상 위치 결정 시 오스냅 아이콘 활성(교차점 , 오토 아이콘 활성)
원 중심 위치
원 중심 위치
◆ 필요없는 2개의 원삭제

11. 트림

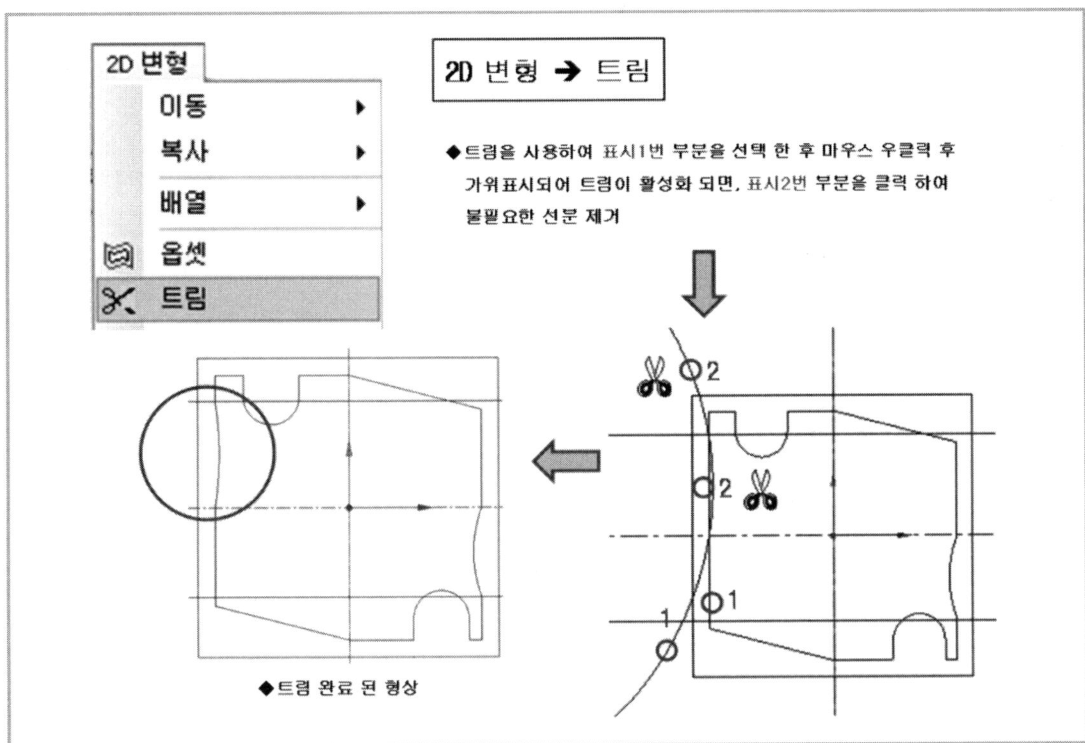

12. 평행선 생성

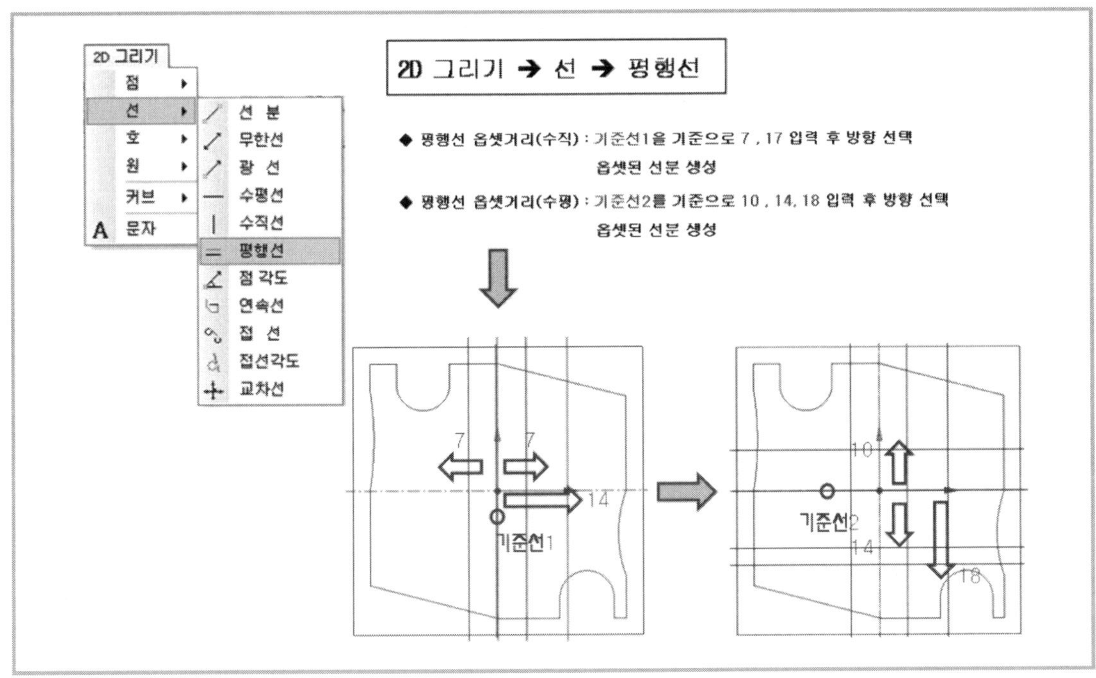

13. 트림 및 선 생성

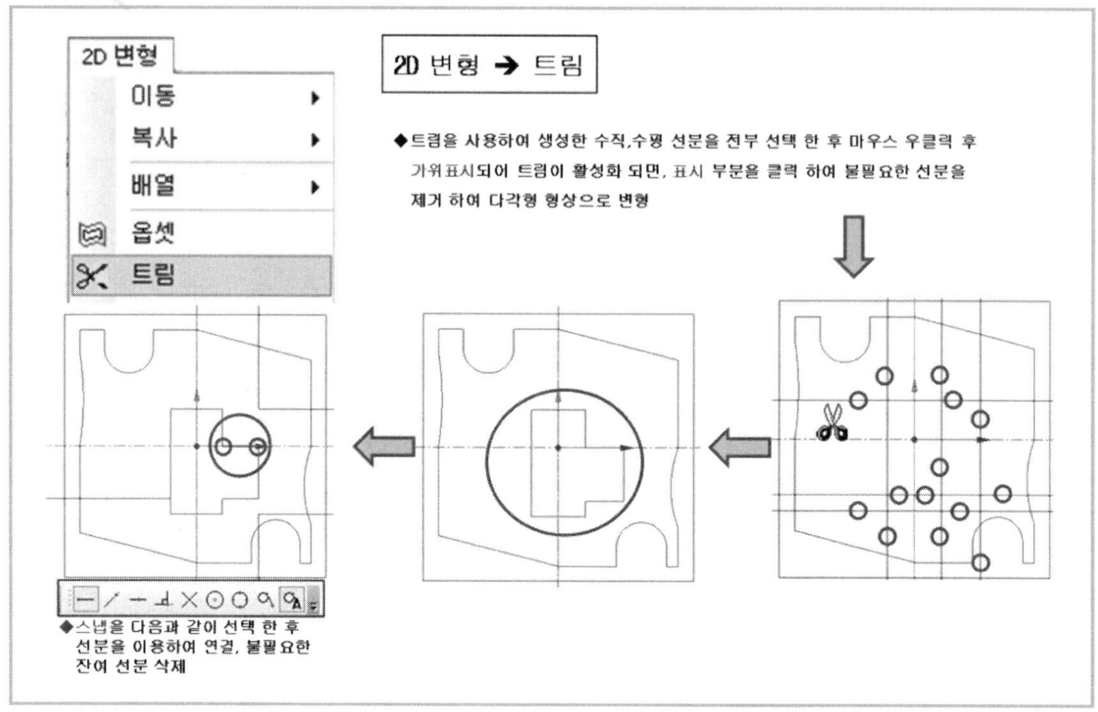

14. 원 생성 및 트림

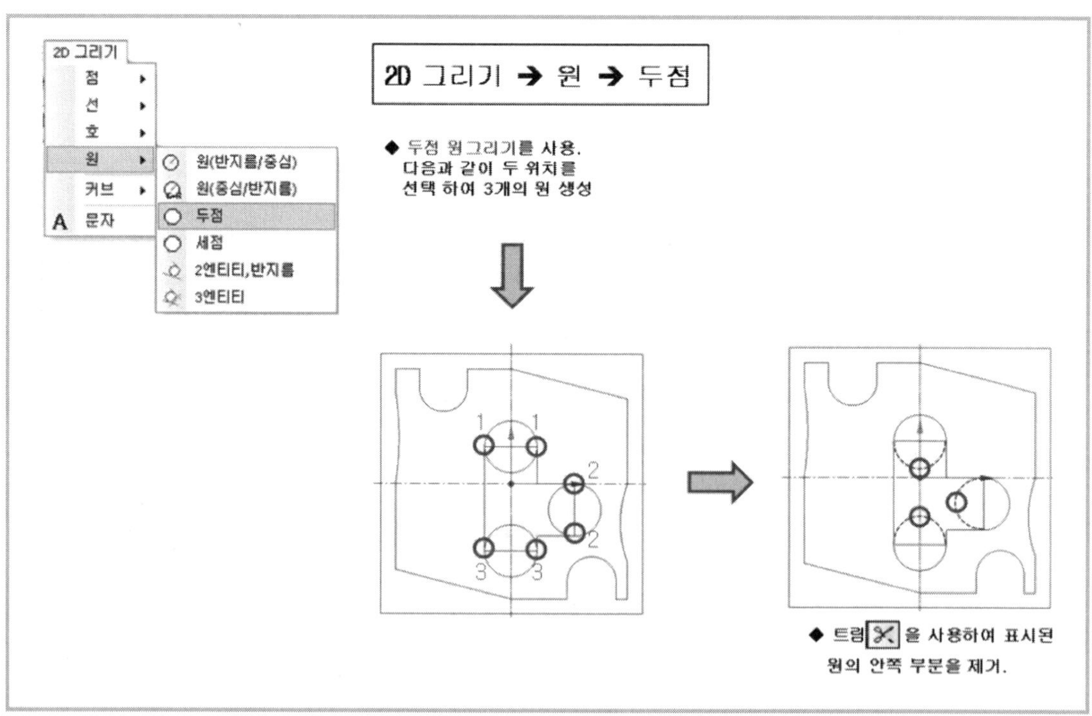

15. 선분 제거

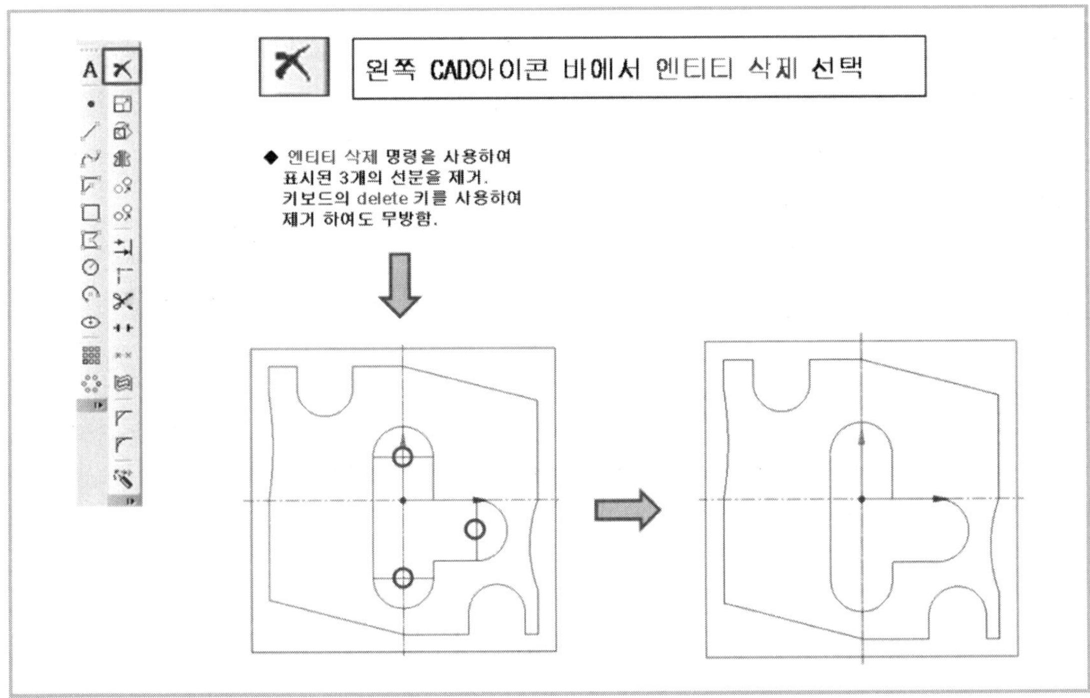

16. 원 생성

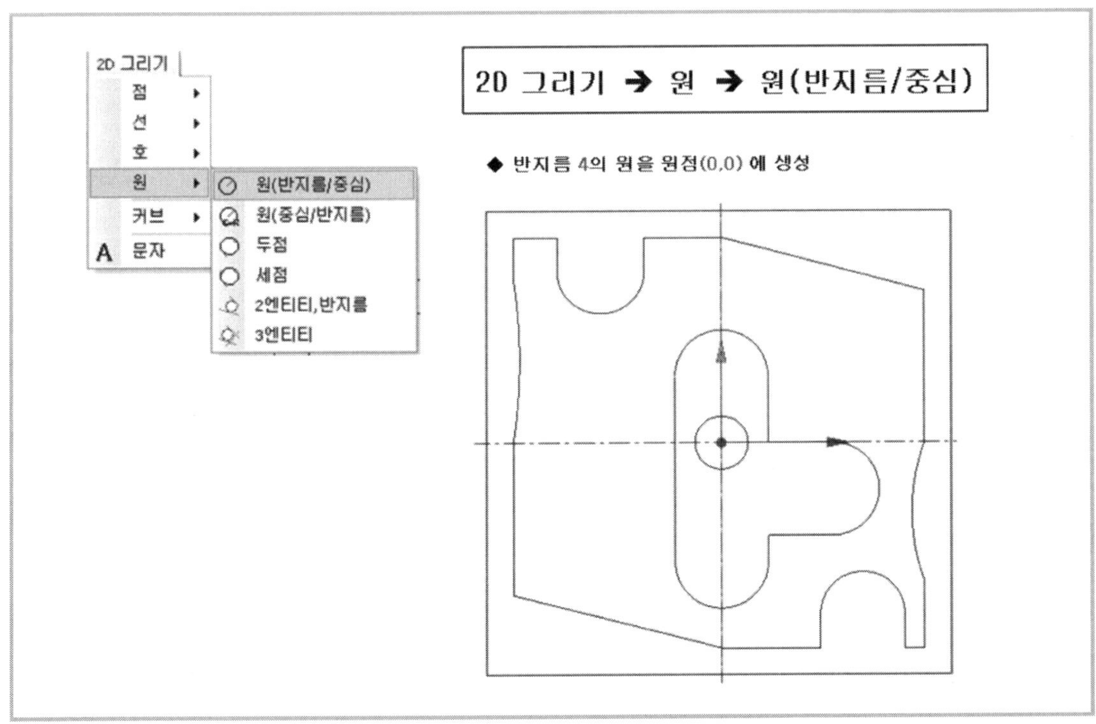

완성 도면

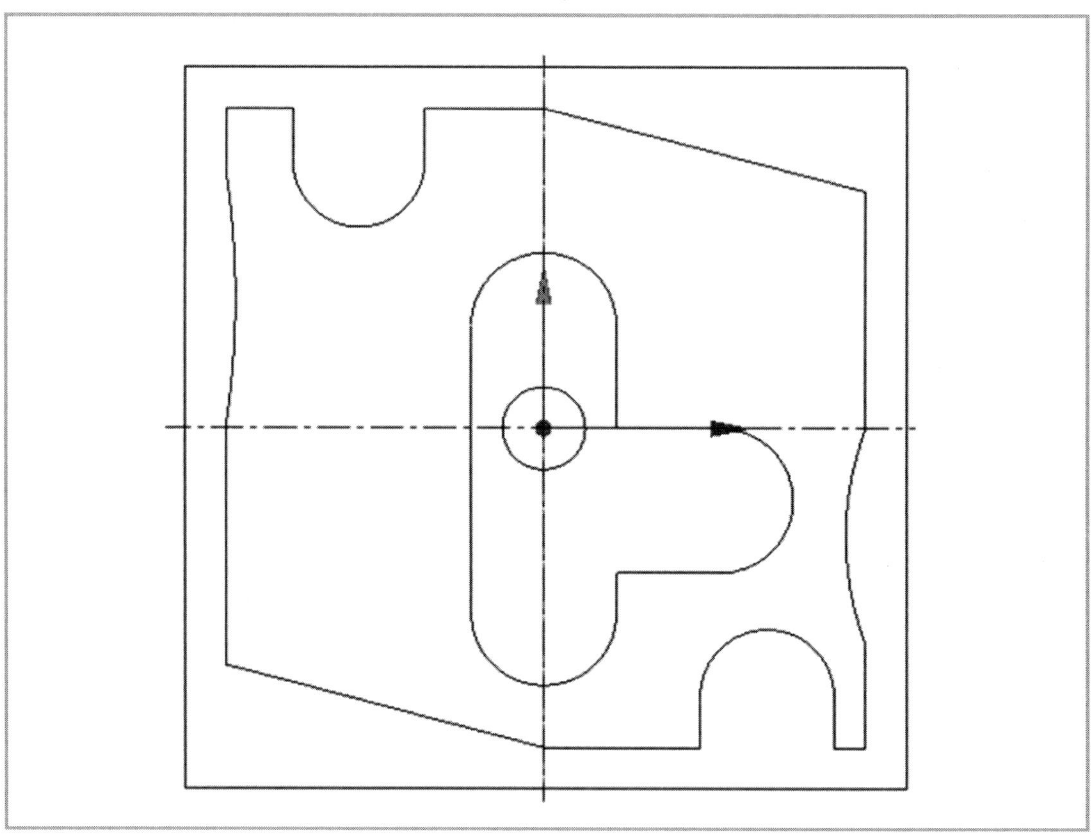

3. CAD 따라하기 3

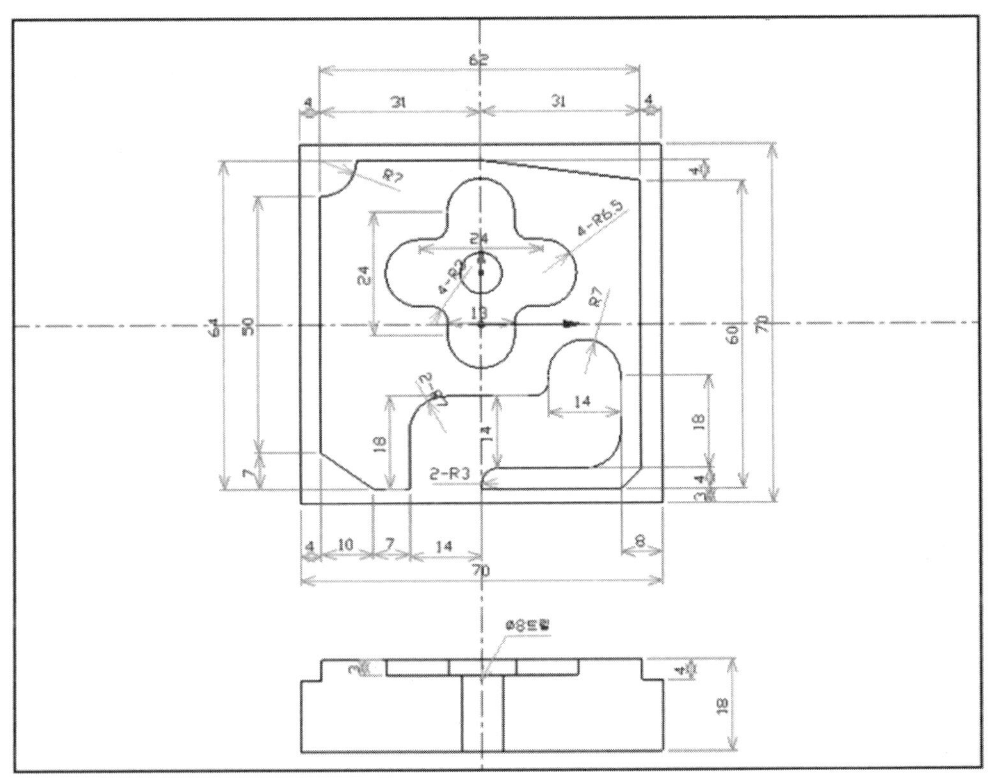
62
4
31
31
4
R7
4-R6.5
24
24
4-R2
13
R7
64
50
60
70
14
18
18
14
2-R3
7
4
3
4
4
10
7
14
70
8
Ø8드릴
3
4
18

1. 교차선분 생성

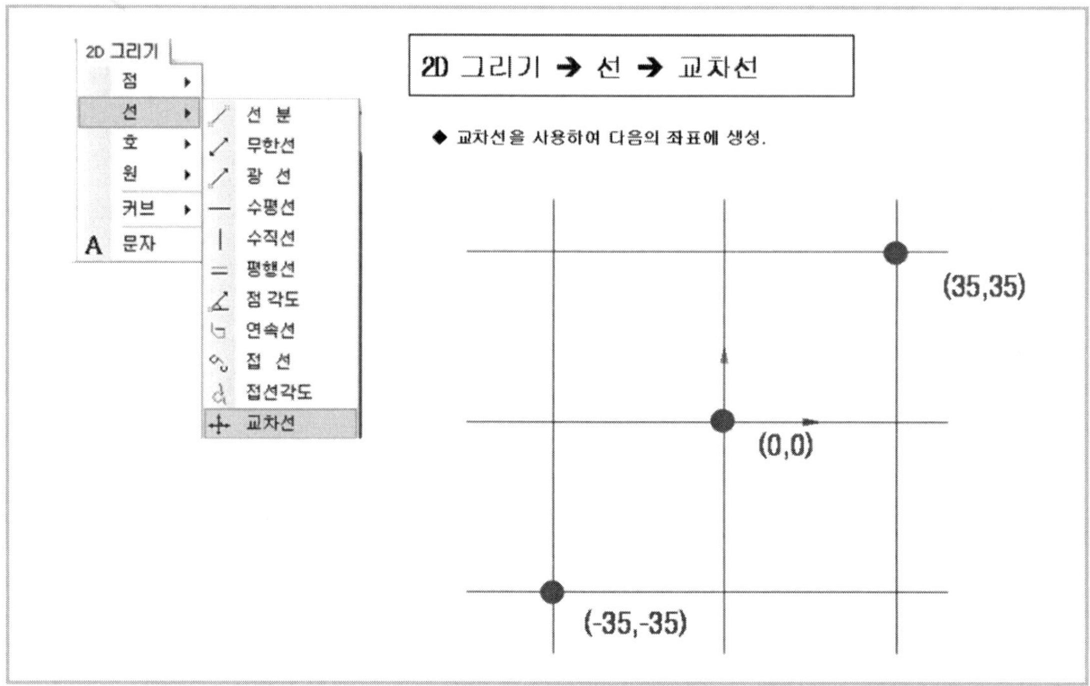

2. 선분 특성 변경

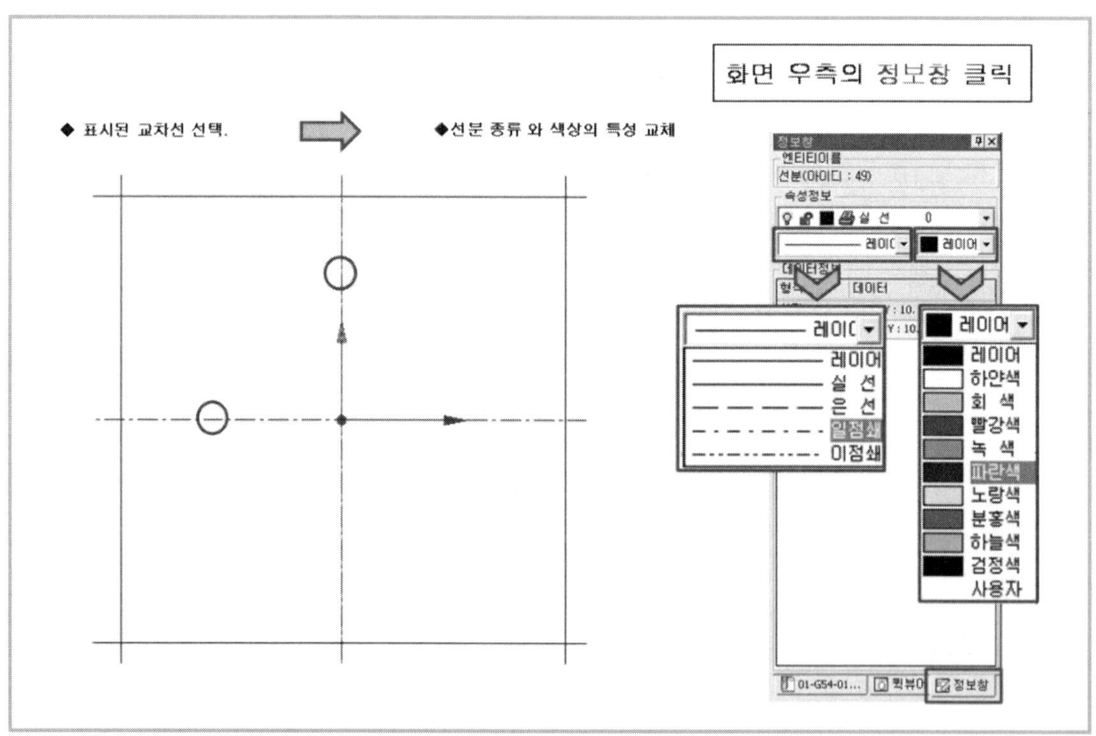

3. 트림으로 사각형 생성

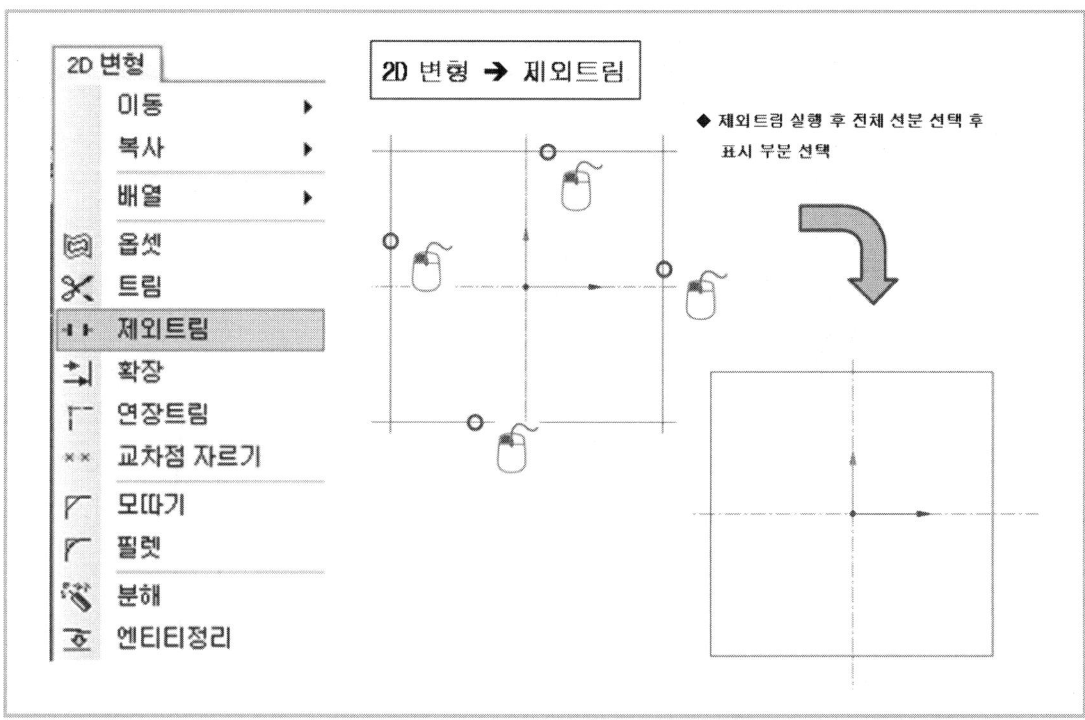

4. 내부 사각형 생성

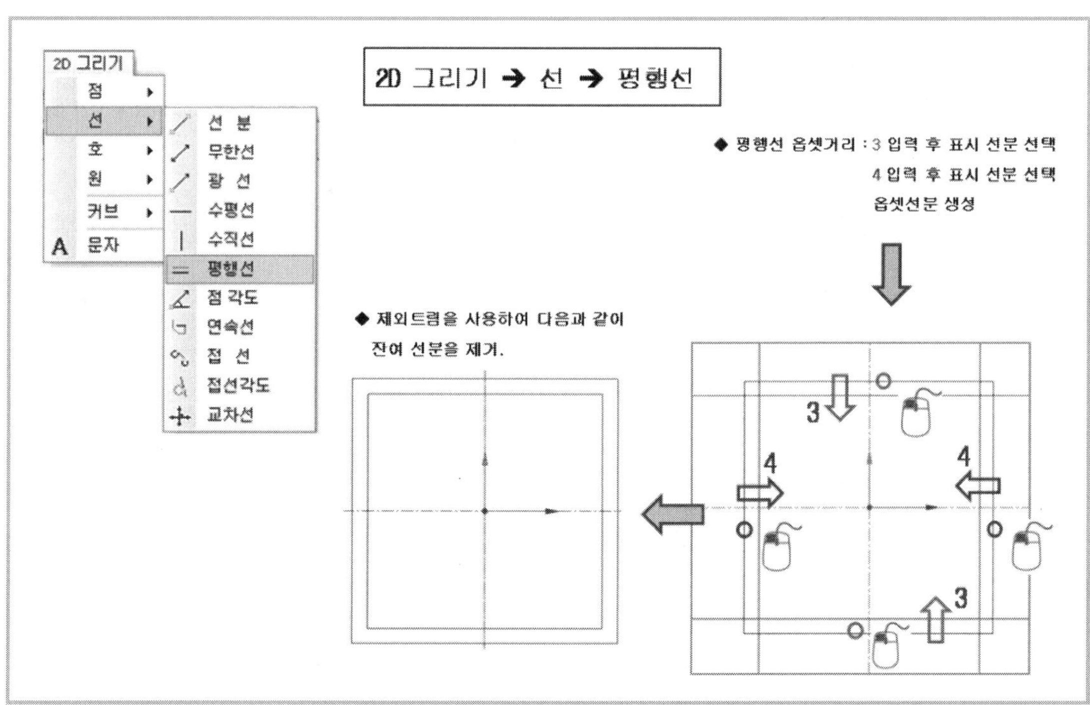

5. 평행선 생성

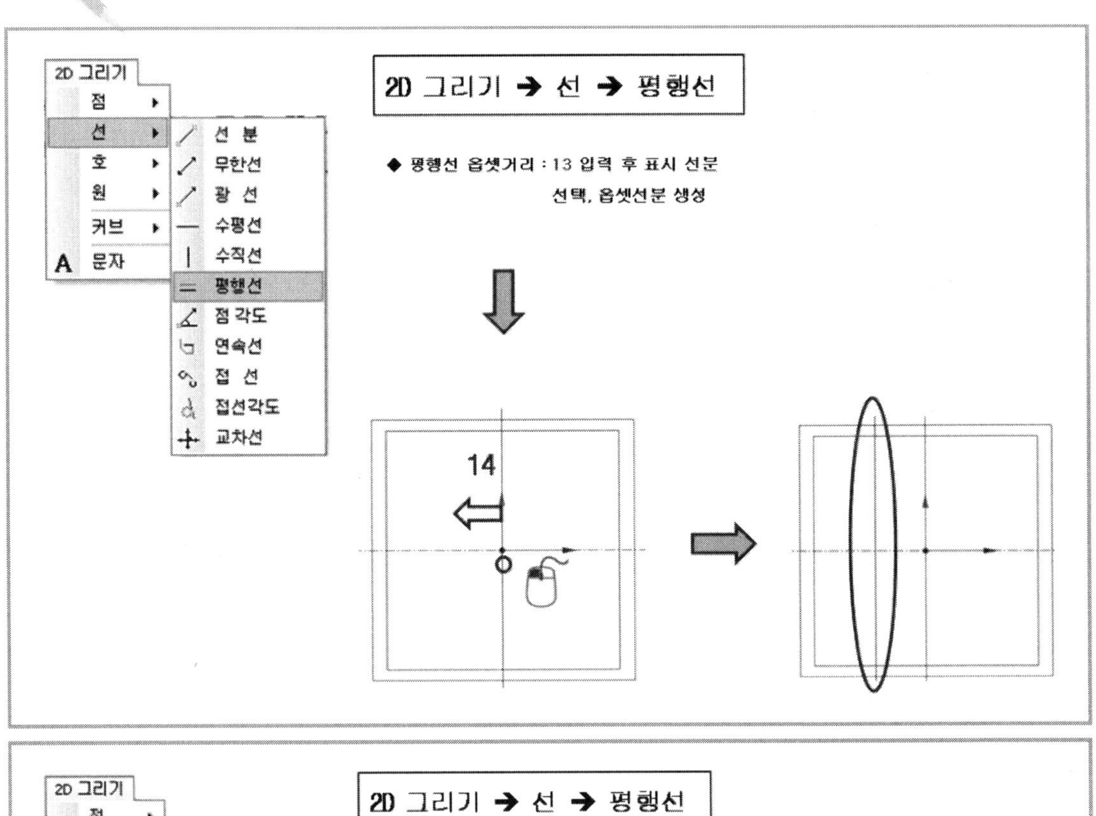
2D 그리기
점
선
호
원
커브
문자
선 분
무한선
광 선
수평선
수직선
평행선
점 각도
연속선
접 선
접선각도
교차선
2D 그리기 ➔ 선 ➔ 평행선
◆ 평행선 옵셋거리 : 13 입력 후 표시 선분 선택, 옵셋선분 생성
14

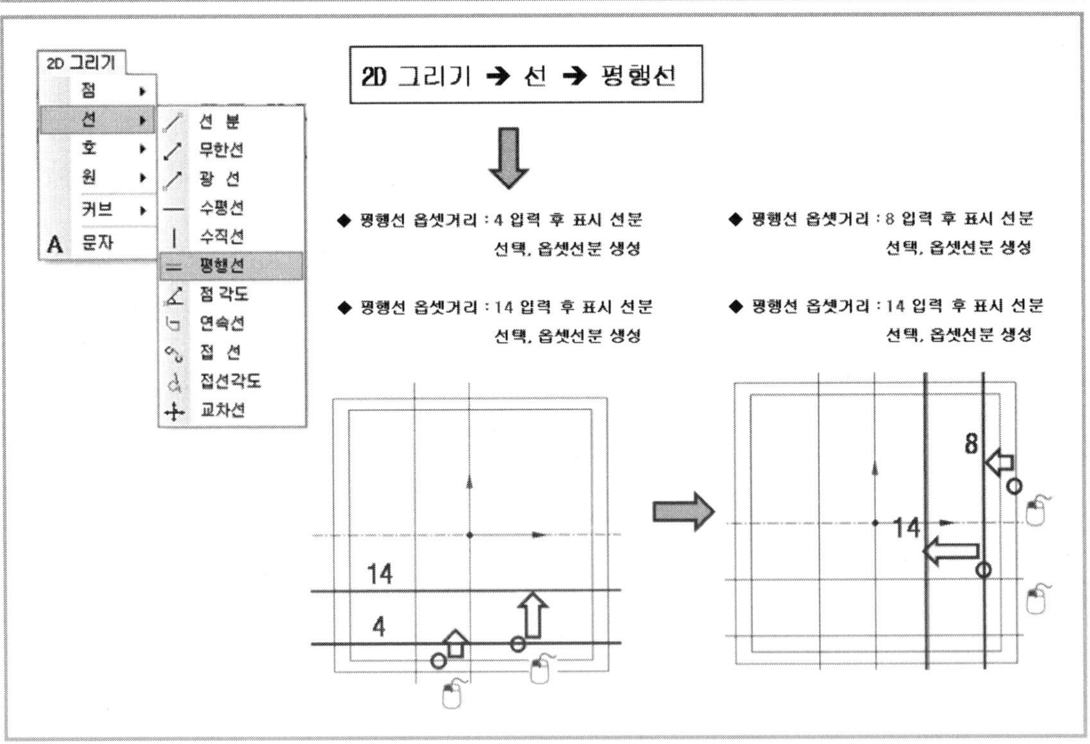
2D 그리기
점
선
호
원
커브
문자
선 분
무한선
광 선
수평선
수직선
평행선
점 각도
연속선
접 선
접선각도
교차선
2D 그리기 ➔ 선 ➔ 평행선
◆ 평행선 옵셋거리 : 4 입력 후 표시 선분 선택, 옵셋선분 생성
◆ 평행선 옵셋거리 : 14 입력 후 표시 선분 선택, 옵셋선분 생성
◆ 평행선 옵셋거리 : 8 입력 후 표시 선분 선택, 옵셋선분 생성
◆ 평행선 옵셋거리 : 14 입력 후 표시 선분 선택, 옵셋선분 생성
14
4
8
14

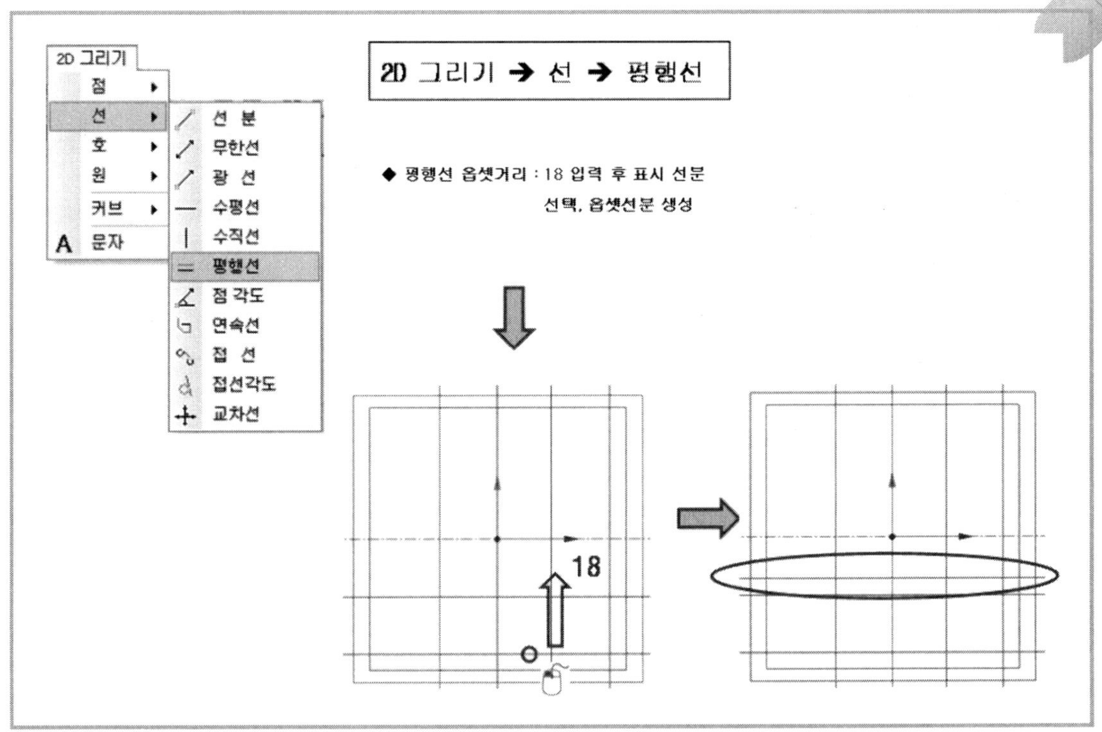
2D 그리기
점
선
호
원
커브
문자
선 분
무한선
광 선
수평선
수직선
평행선
점 각도
연속선
접 선
접선각도
교차선
2D 그리기 ➔ 선 ➔ 평행선
◆ 평행선 옵셋거리 : 18 입력 후 표시 선분
선택, 옵셋선분 생성
18

6. 트림

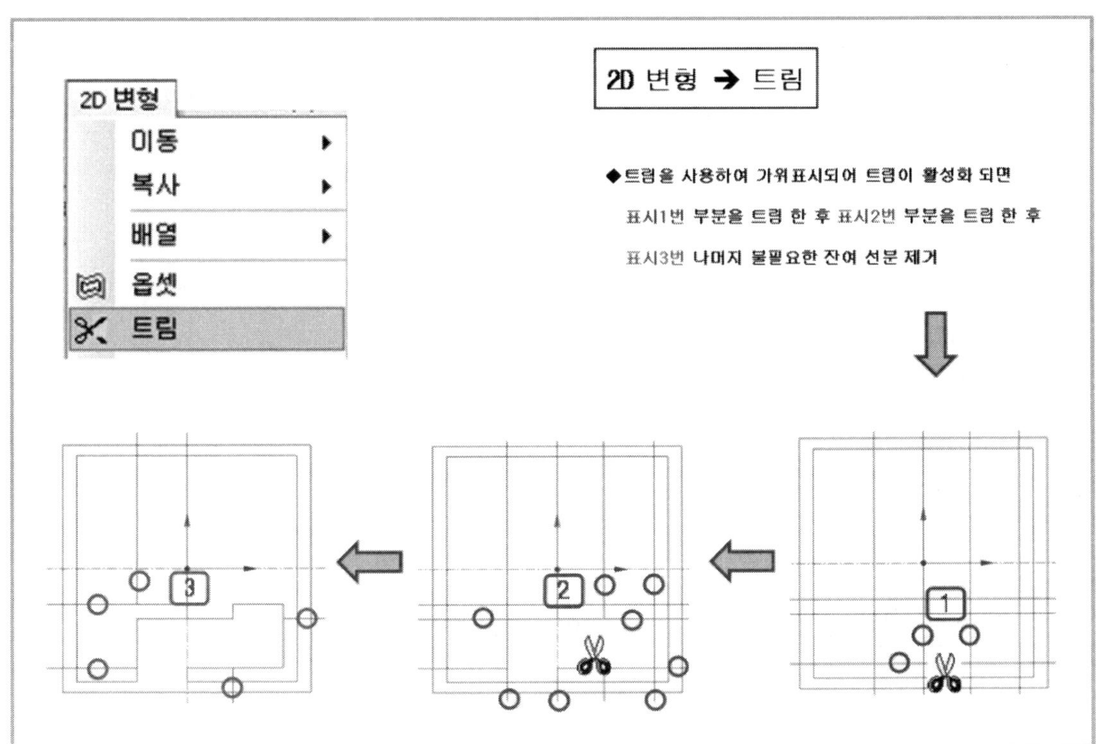
2D 변형
이동
복사
배열
옵셋
트림
2D 변형 ➔ 트림
◆트림을 사용하여 가위표시되어 트림이 활성화 되면
표시1번 부분을 트림 한 후 표시2번 부분을 트림 한 후
표시3번 나머지 불필요한 잔여 선분 제거
3
2
1

7. 원 생성 및 트림

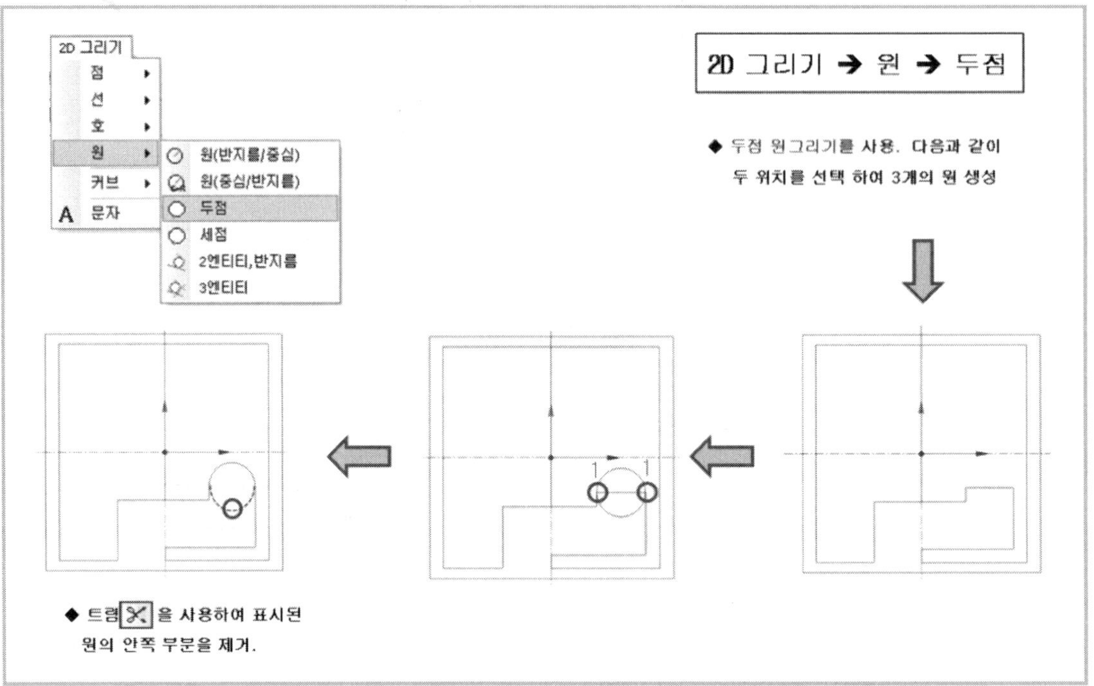

8. 필렛 생성

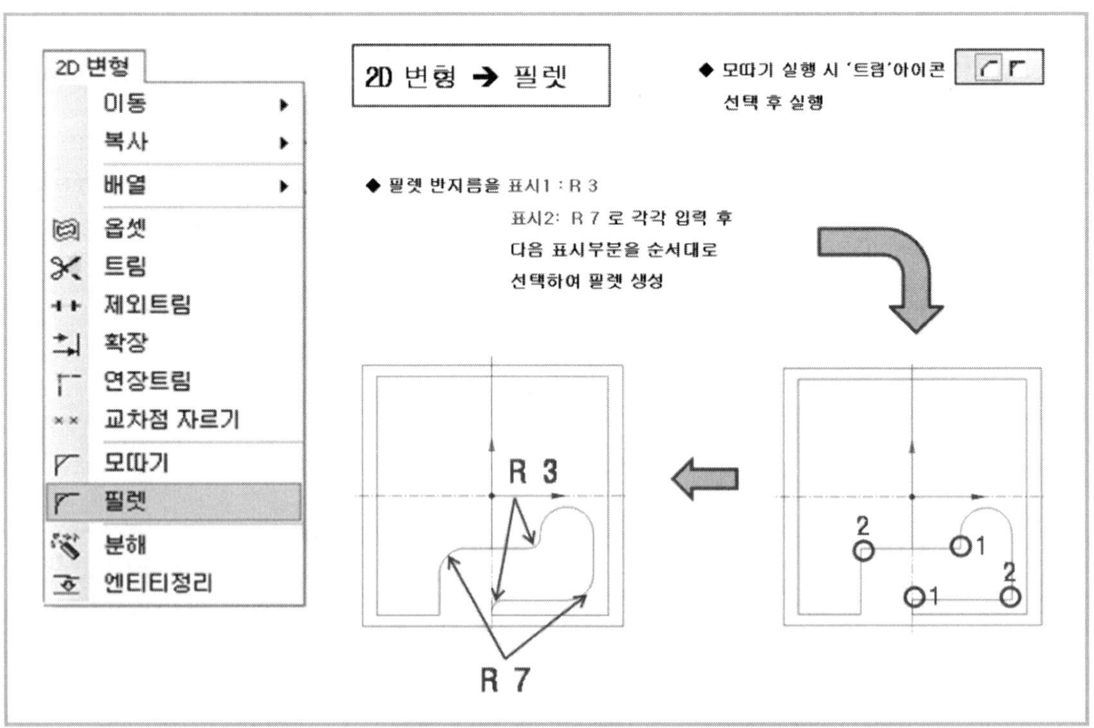

9. 평행선 생성

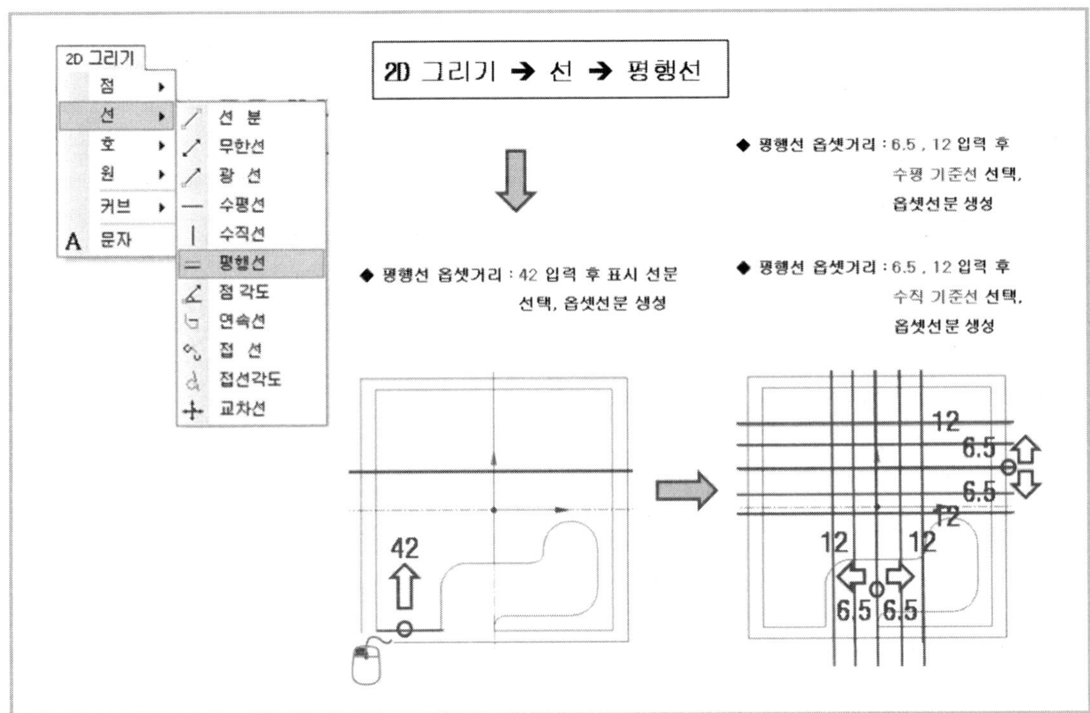
2D 그리기
점
선
호
원
커브
문자
선 분
무한선
광 선
수평선
수직선
평행선
점 각도
연속선
접 선
접선각도
교차선
2D 그리기 → 선 → 평행선
◆ 평행선 옵셋거리 : 42 입력 후 표시 선분 선택, 옵셋선분 생성
◆ 평행선 옵셋거리 : 6.5 , 12 입력 후 수평 기준선 선택, 옵셋선분 생성
◆ 평행선 옵셋거리 : 6.5 , 12 입력 후 수직 기준선 선택, 옵셋선분 생성
42
12
6.5
6.5
12
12
12
6.5
6.5

10. 트림

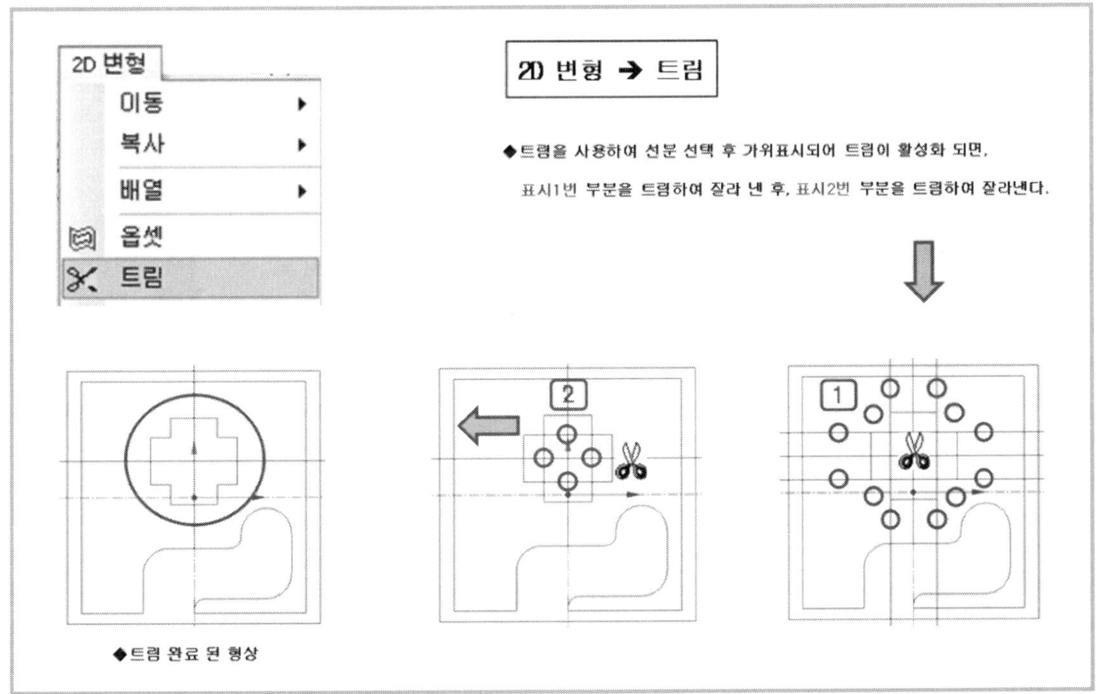
2D 변형
이동
복사
배열
옵셋
트림
2D 변형 → 트림
◆트림을 사용하여 선분 선택 후 가위표시되어 트림이 활성화 되면,
표시1번 부분을 트림하여 잘라 낸 후, 표시2번 부분을 트림하여 잘라낸다.
2
1
◆트림 완료 된 형상

11. 원 생성 및 트림

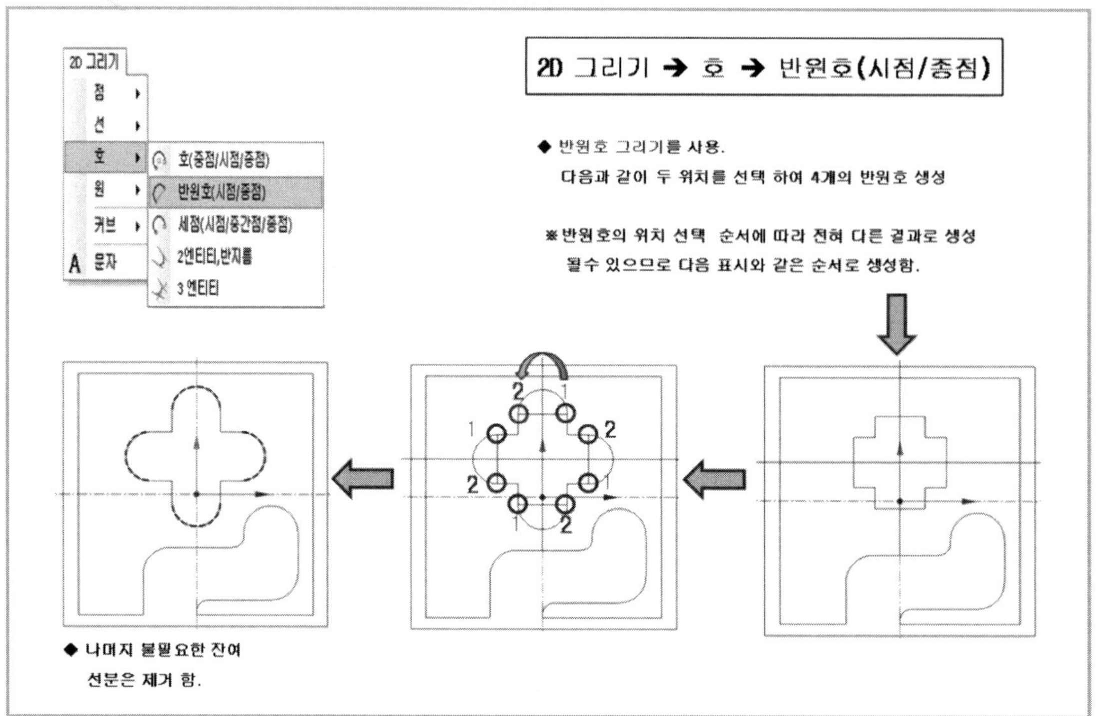

12. 모따기 생성

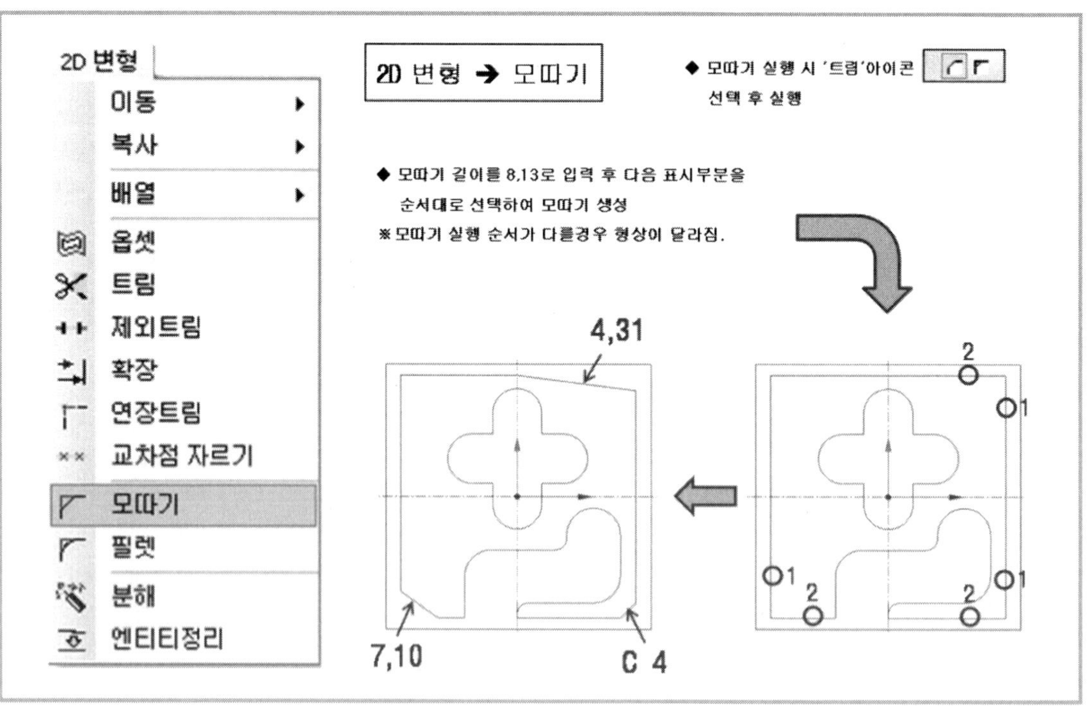

13. 원 생성 및 트림

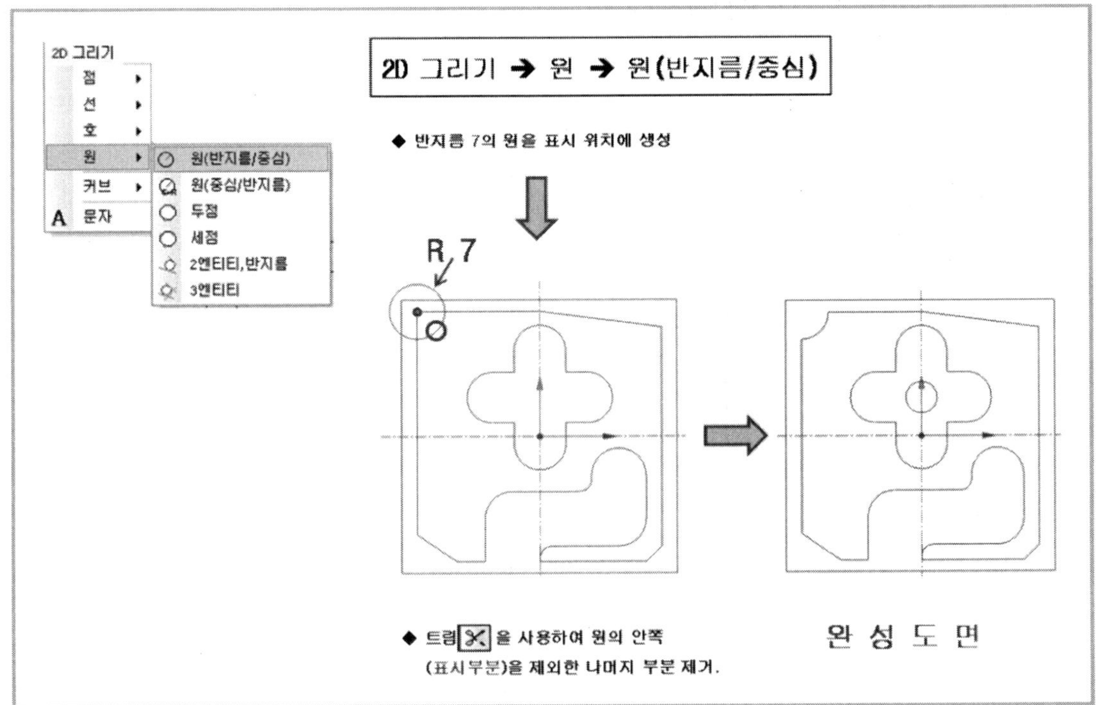
2D 그리기
점
선
호
원
커브
문자
원(반지름/중심)
원(중심/반지름)
두점
세점
2엔티티,반지름
3엔티티
2D 그리기 → 원 → 원(반지름/중심)
◆ 반지름 7의 원을 표시 위치에 생성
R 7
◆ 트림 을 사용하여 원의 안쪽
(표시부분)을 제외한 나머지 부분 제거.
완 성 도 면

4. QuickMill 따라하기

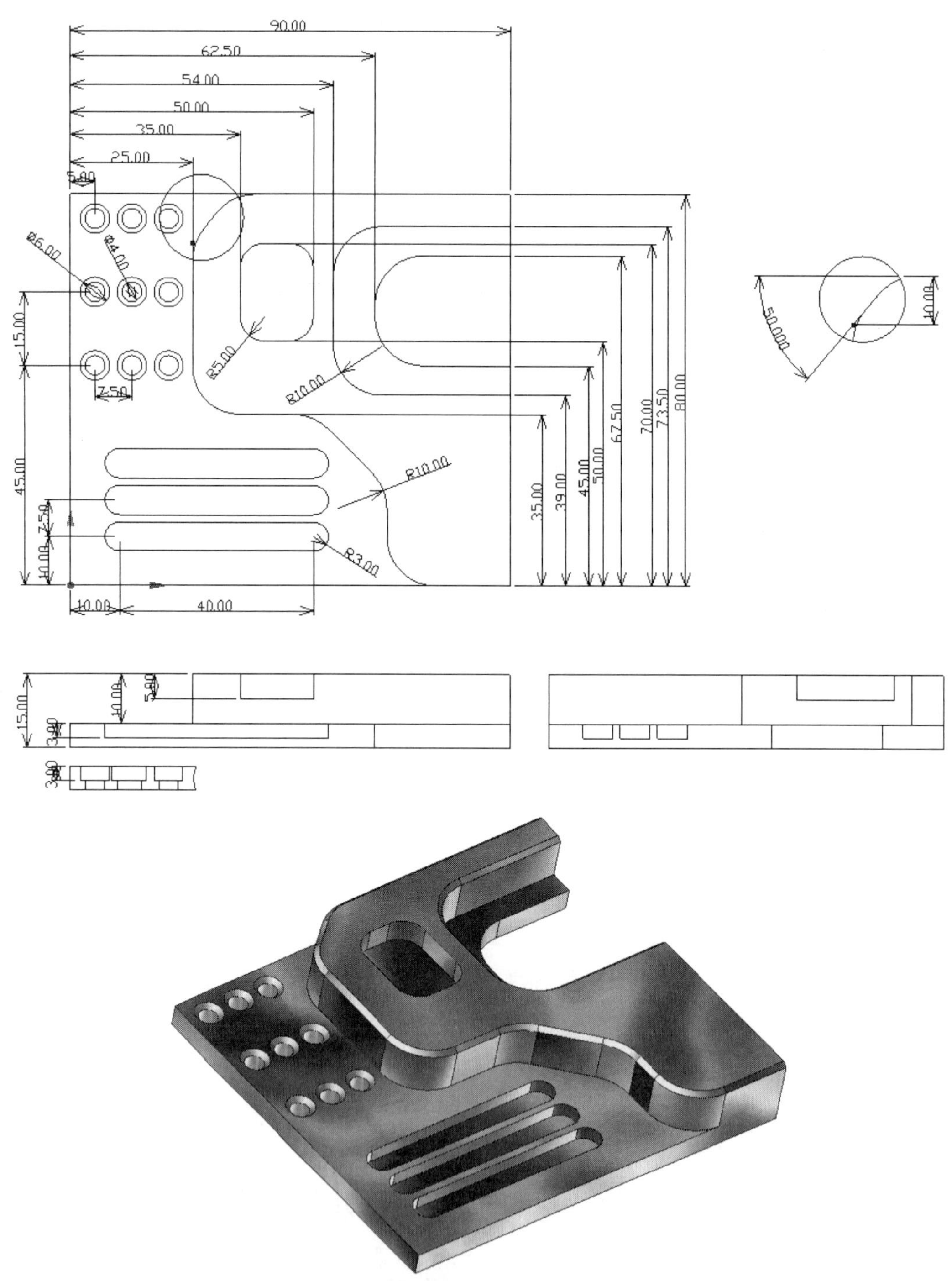

01 풀다운 메뉴에서

2D그리기 ⇒ 커브 ⇒ 사각형

모든 명령 실행(선택, 클릭)은 마우스 좌측버튼 이용

명령 창에 수치 입력 후 실행(다음명령) 마우스 오른쪽 버튼선택

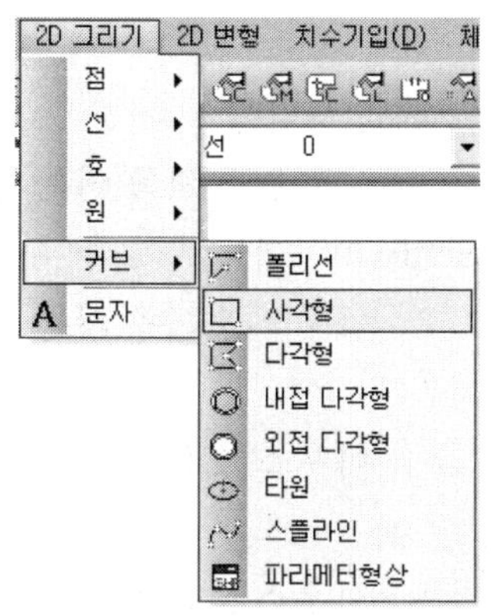

02 화면 아래 명령어창에서

① 코너 반지름 입력 : 0

0을 입력하고 Enter

② 사각형의 시점 입력 : X=0 Y=0

0,0을 입력하고, Enter 키

③ 사각형의 종점 입력 : X=90,Y80

90,80를 입력하고, Enter 키

④ 90,80 사각형을 그린다.

사각형을 선택해서 분해한다.

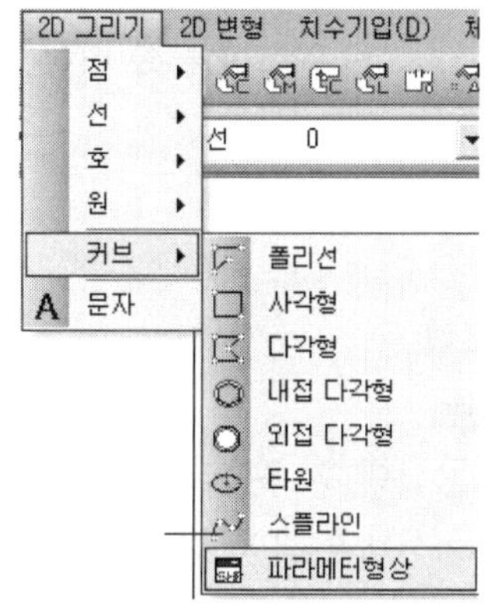

03 풀다운 메뉴에서

2D그리기 ⇒ 커브 ⇒ 파라메터형상

파라메트릭 형상에서

표준형상 ⇒ SlotRect 클릭

- W치수 : 46입력
- H치수 : 6입력
- 중심점 : 기준2 선택
- 입력 후 확인 클릭
- 위치 : X10, Y10

  10,10 Enter
- 마우스 오른쪽 버튼 클릭

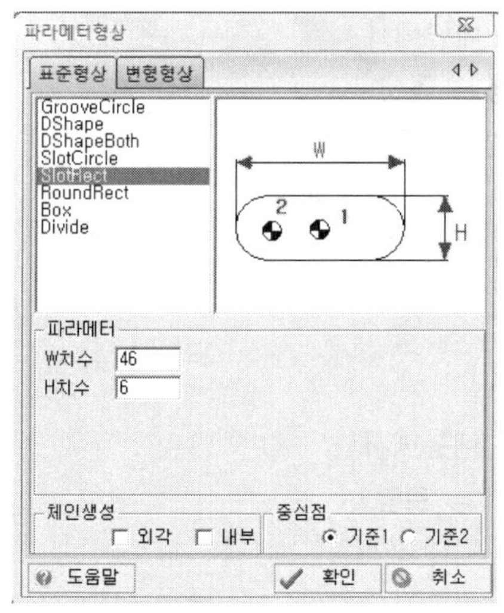

04 풀다운 메뉴에서

2D변형 ⇒ 배열 ⇒ 배열,사각형

마우스 왼쪽 버튼 클릭

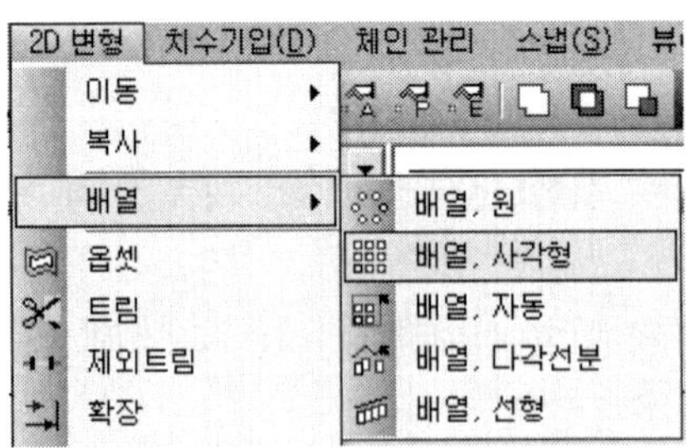

- 엔티티 선택 : SlotRect선택

  마우스 오른쪽 버튼 클릭
- 가로 개수 : 1

  마우스 오른쪽 버튼 클릭
- 세로 개수 : 3

  마우스 오른쪽 버튼 클릭
- 가로길이 또는 기준점 : 0

  마우스 오른쪽 버튼 클릭
- 세로길이 : 7.5

  마우스 오른쪽 버튼 클릭

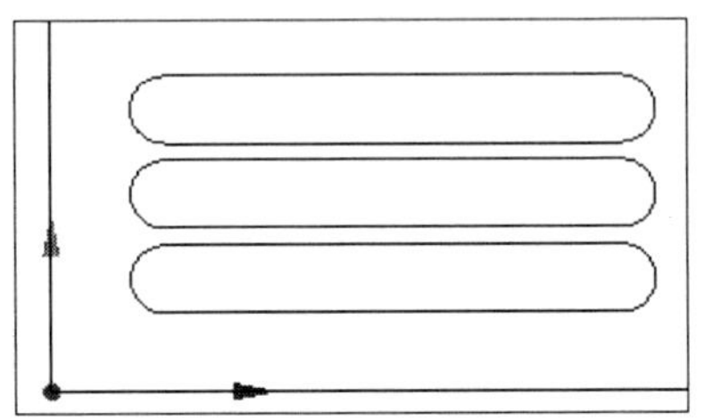

05 풀다운 메뉴에서

2D변형 ⇒ 옵셋

옵셋 증분 : 25 입력

옵셋 개수 : 1 Enter

엔티티선택 : □ ①선택 후 우측 선택

□ ②선택후 좌측 선택

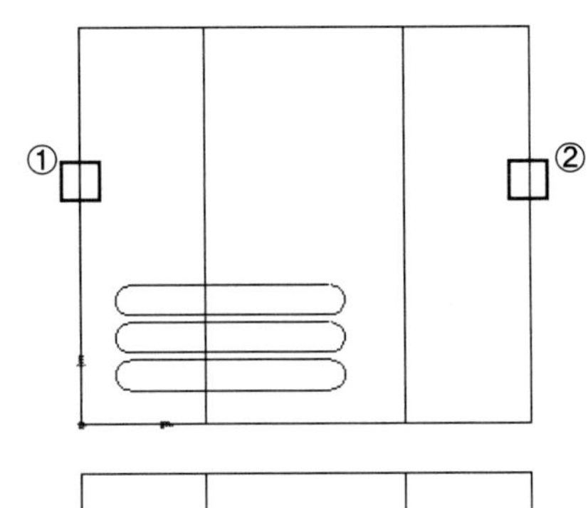

06 풀다운 메뉴에서

2D변형 ⇒ 옵셋

옵셋 증분 : 35 입력 Enter

옵셋개수 : 1 입력 Enter

엔티티 단일 선택 : □ 선택

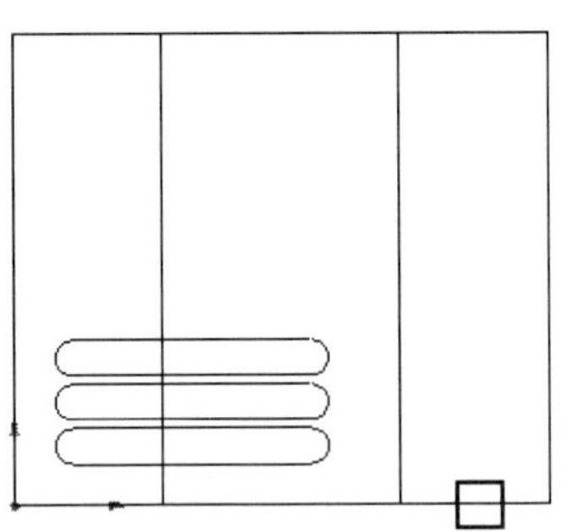

07 풀다운 메뉴에서

2D변형 ⇒ 트림

엔티티 단일 선택 : □ 선택

마우스 왼쪽버튼 클릭

Trim할 엔티티 선택 : ⬭ 자를 부분선택

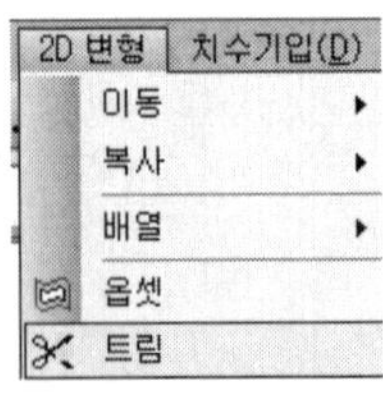

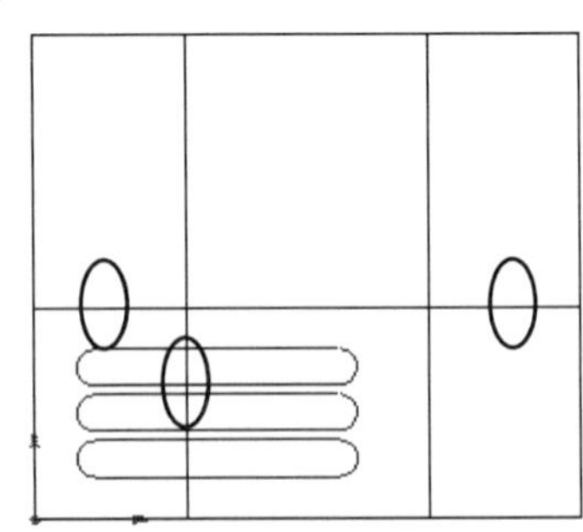

08 풀다운 메뉴에서

2D변형 ⇒ 모따기

모따기 길이(길이1,길이2) : 15입력

15 입력 Enter

첫번째 엔티티 선택 : □ 선 선택

두번째 엔티티 선택 : □ 선 선택

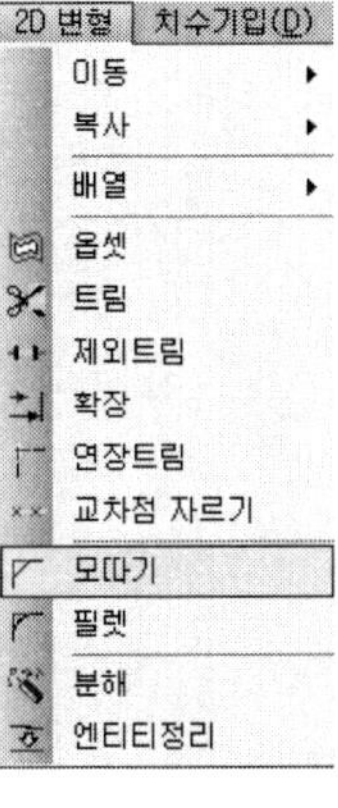

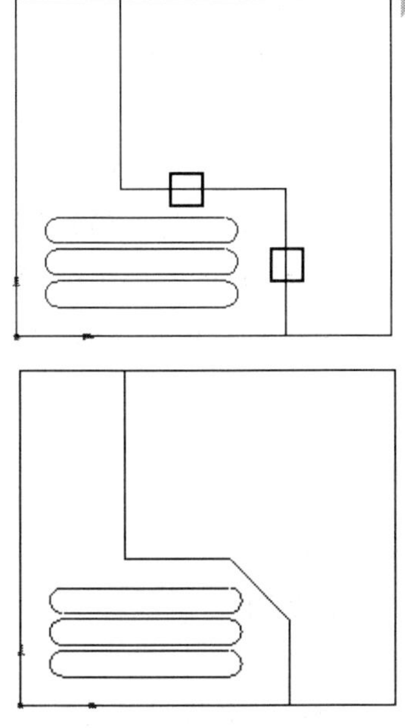

09 풀다운 메뉴에서

2D그리기 ⇒ 선 ⇒ 점 각도

점 각도 시점 : X25, Y70 입력

방향벡터(각도) : 50입력

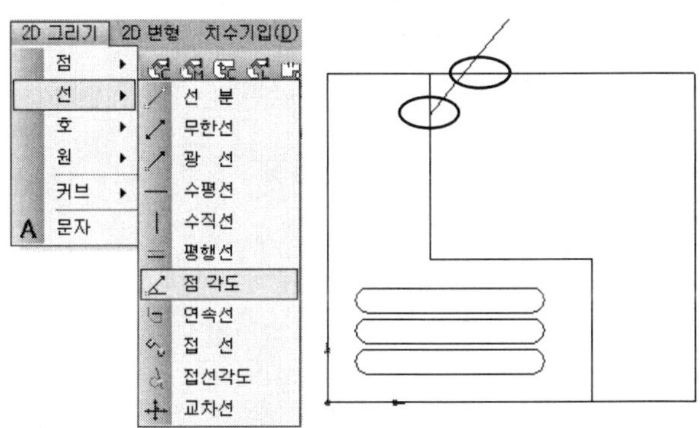

10 풀다운 메뉴에서

2D변형 ⇒ 트림

엔티티 선택 : 모든 엔티티 선택

마우스 왼쪽버튼 클릭

Trim할 엔티티 선택 :

⬭ 자를 부분선택

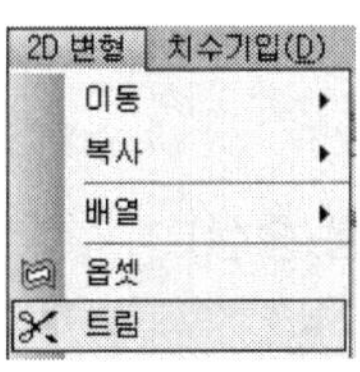

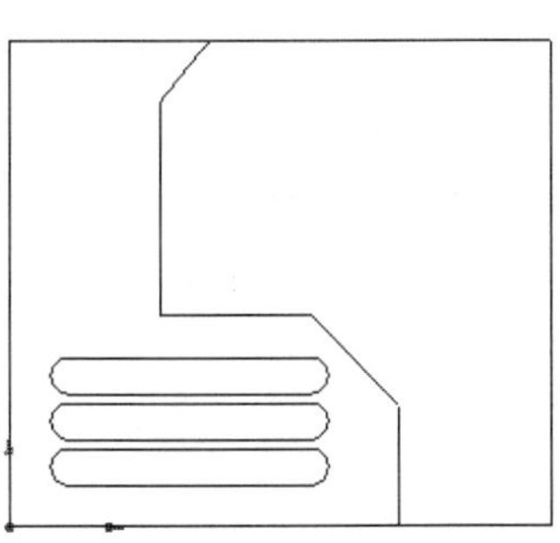

11 풀다운 메뉴에서

2D그리기 ⇒ 커브 ⇒ 사각형

코너 반지름 : 10 입력 Enter

사각형의 시점 : X54, Y39

사각형의 종점 : X90, Y73.5

사각형의 시점 : X62.5 Y45

사각형의 종점 : X90, Y67.5

Esc 종료 후

□ 선택하고 Delete

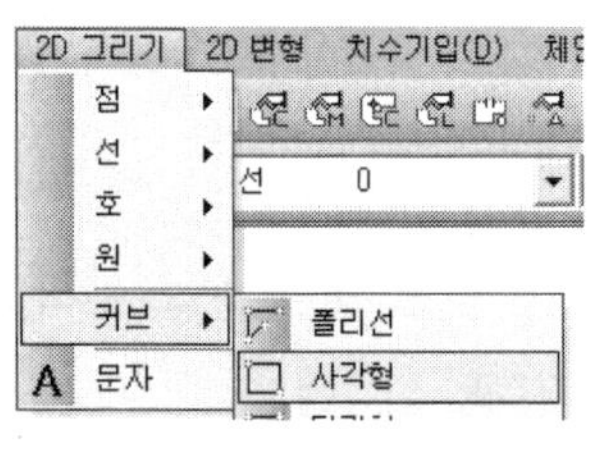

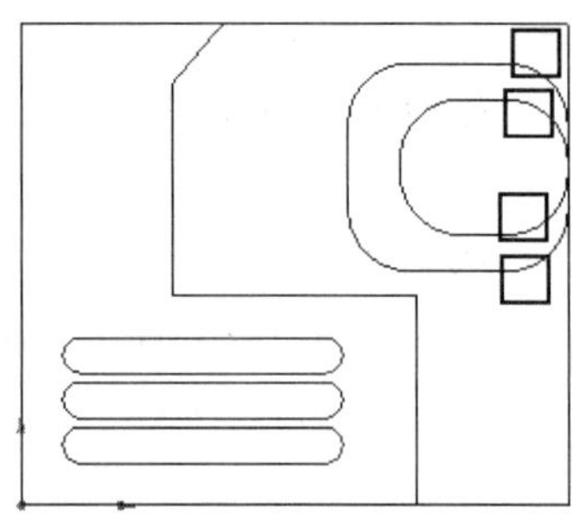

12 풀다운 메뉴에서

2D변형 ⇒ 확장

엔티티 선택 : □ 선택

오른쪽 마우스 선택

연장할 엔티티 선택 : ⬭ 선택

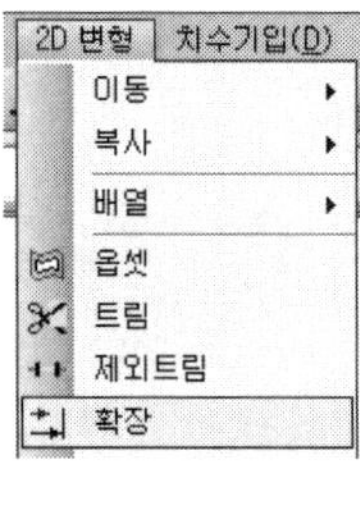

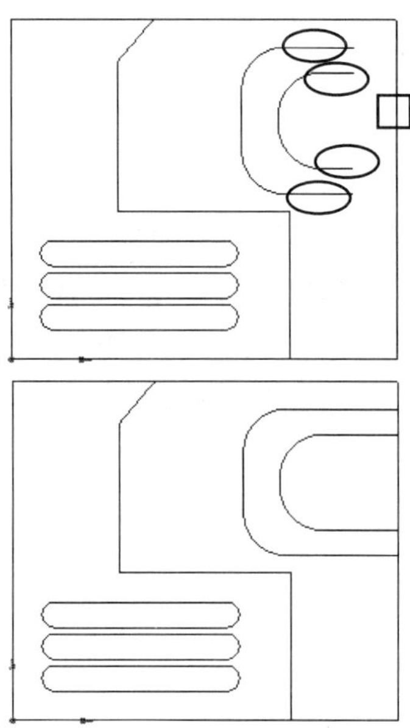

13 풀다운 메뉴에서

2D그리기 ⇒ 원 ⇒ 원(반지름/중심)

반지름 : 2입력 Enter

중심점(SHIFT : 엔티티 선택) : X5, Y45입력

마우스 오른쪽버튼 클릭 :

반지름 : 3입력 Enter

중심점(SHIFT : 엔티티 선택) : X5, Y45입력

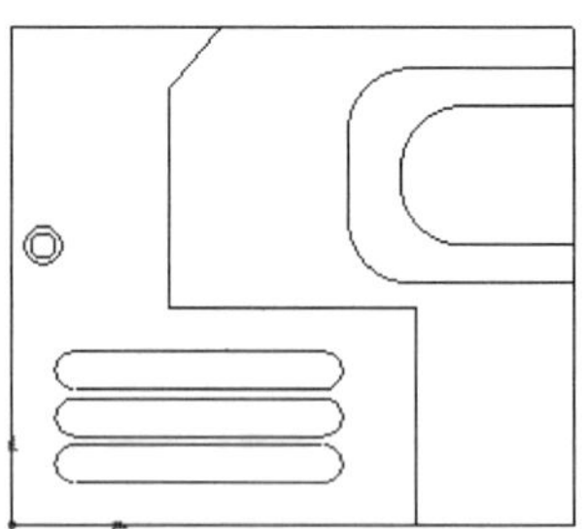

14 풀다운 메뉴에서
2D변형 ⇒ 배열 ⇒ 배열, 사각형
엔티티 선택 : 반지름 2,4 선택
마우스 오른쪽버튼 클릭
가로 개수 : 3 입력 Enter
세로 개수 : 3 입력 Enter
가로 개수 또는 기준점 : 7.5 Enter
세로 길이 : 15 Enter

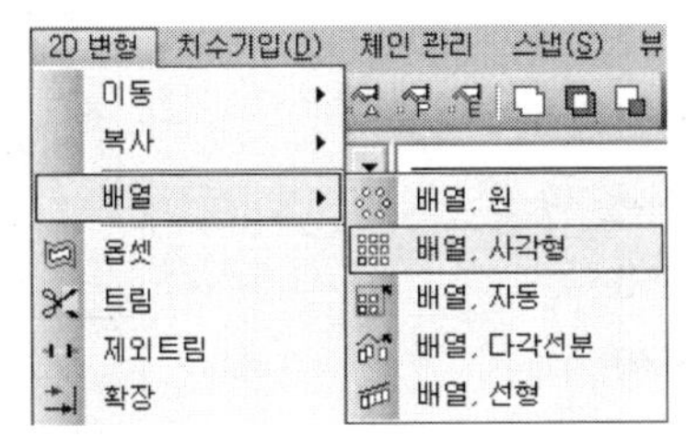

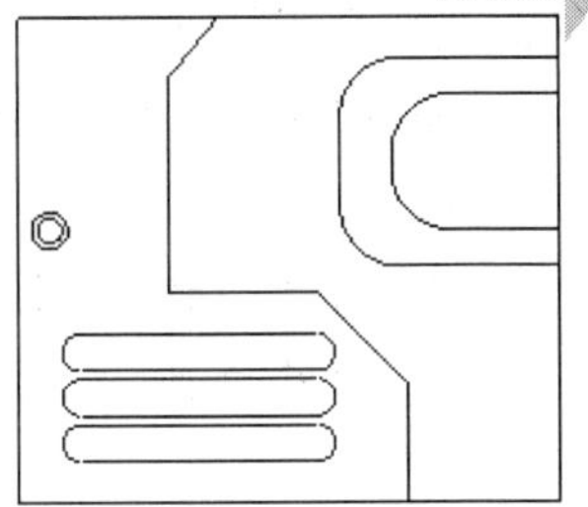

15 풀다운 메뉴에서
2D변형 ⇒ 필렛
명령창에 [아이콘] 트림 선택
필렛 반지름 입력 : 10 Enter
엔티티 선택 : R10의 필렛 에지 선택
선택 ⬭

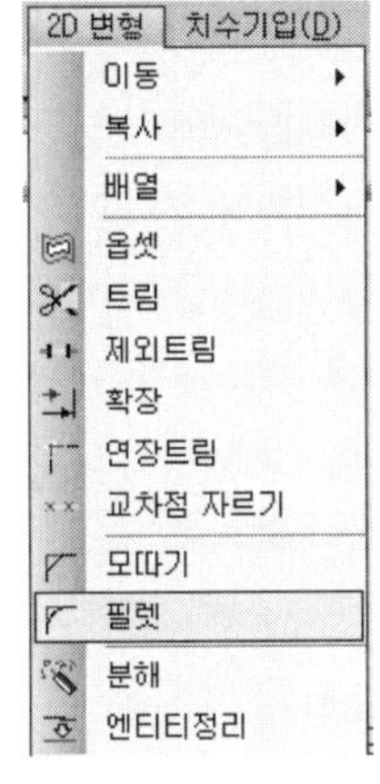

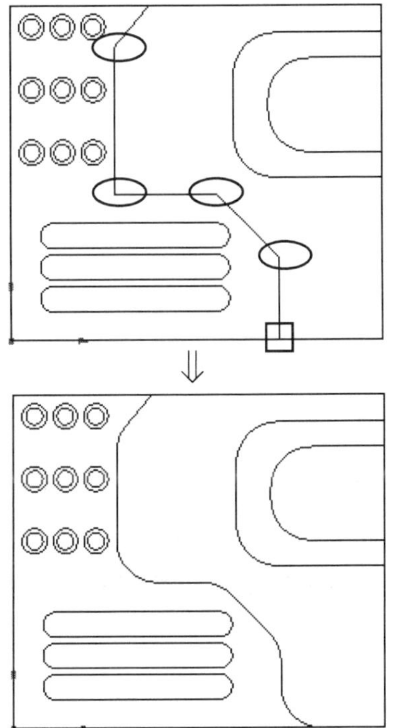

위의 필렛 작업 후 다음 □ 부분은 명령창에 [아이콘]
보존 선택하고 필렛을 한다.
필렛 반지름 입력 : 10 Enter
엔티티 선택 : R10의 필렛 에지 선택

필렛을 하면 ⬭ 부분을 트림한다.

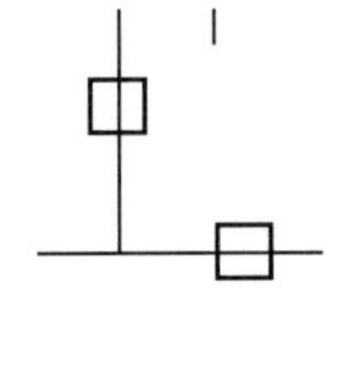

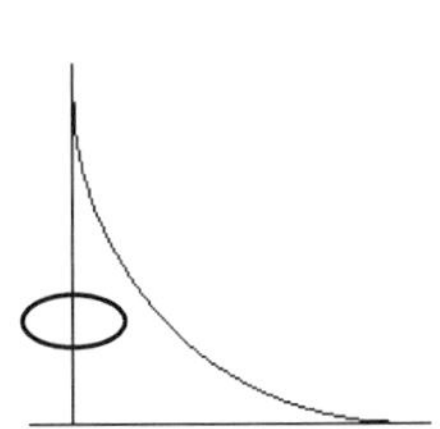

16 풀다운 메뉴에서

2D그리기 ⇒ 커브 ⇒ 사각형

코너 반지름 : 5 입력 Enter

사각형의 시점 : X35, Y50

사각형의 종점 : X50, Y70

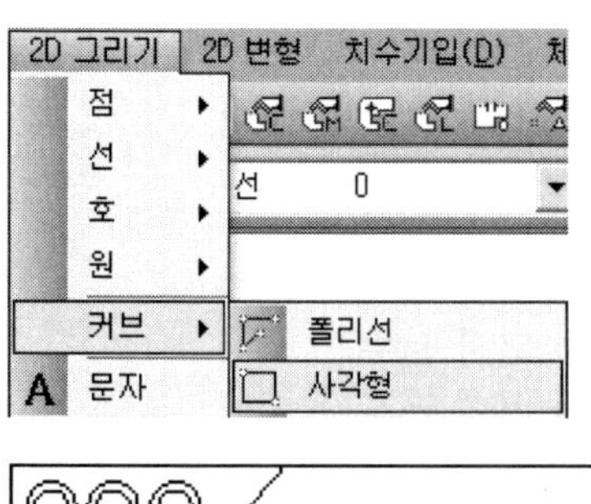

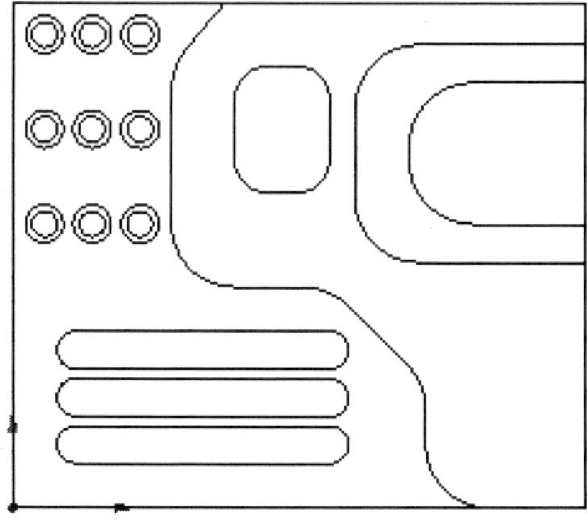

가공

17 풀다운 메뉴에서

체인관리 ⇒ 커브 체인 ⇒ 커브 선택

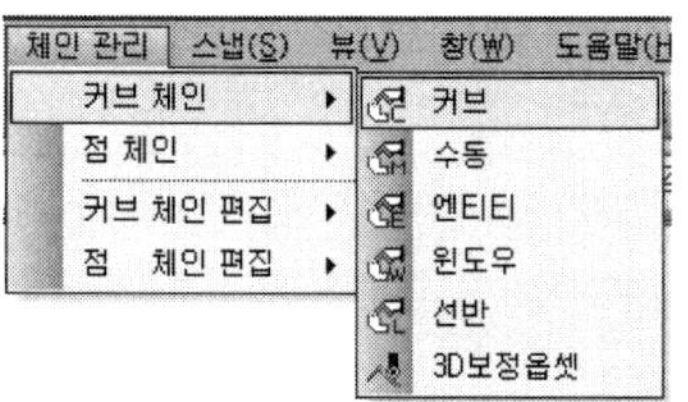

18 커브 선택 후 가공할 선을 선택한다. 옆의 그림에서 화살표 가운데에 점이 가공 시점이다.

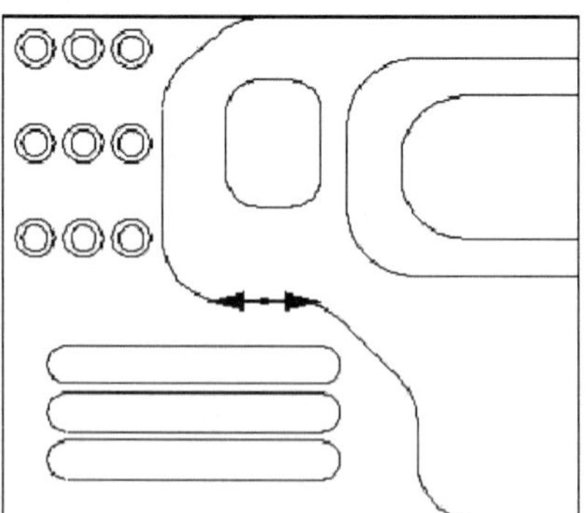

19 체인 그리기

①

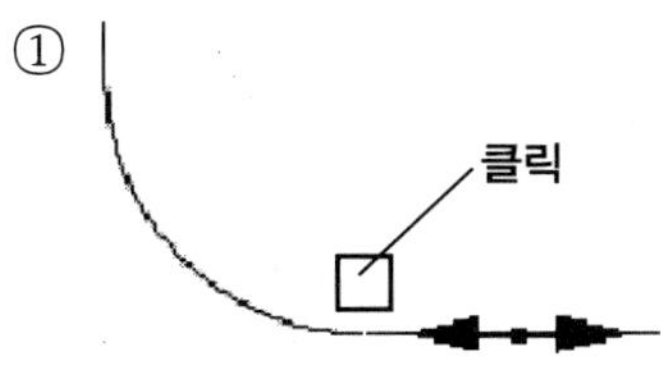

②

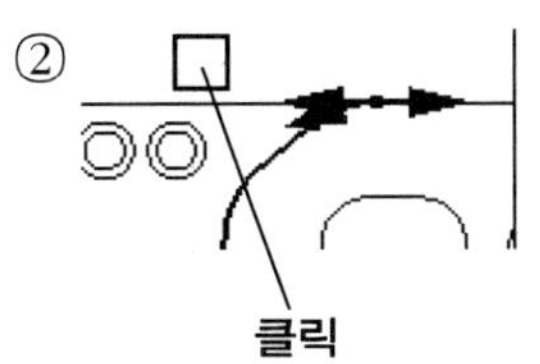

③

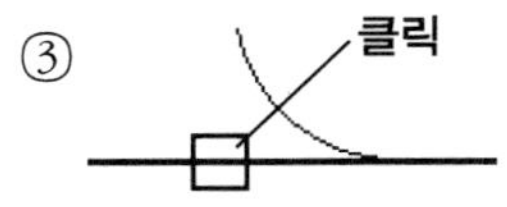

④ 화살표 클릭(다음 화살표 도 클릭) 후 마우스 오른쪽 버튼클릭

가공체인 완성

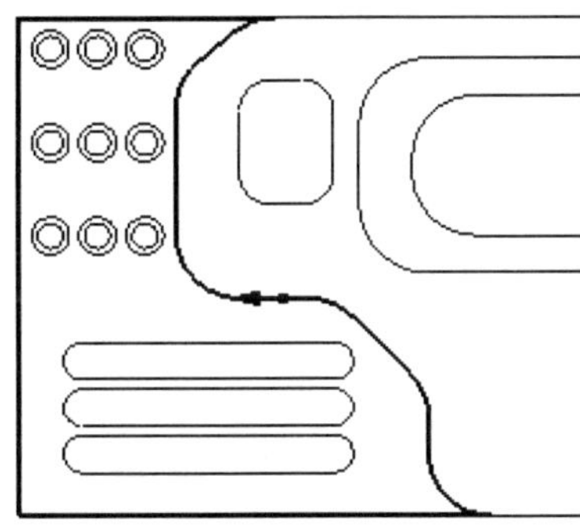

20 풀다운 메뉴에서

커브 체인 편집 ⇒ **체인열기** 선택

체인 시점 엔티티 선택 : □ 선택

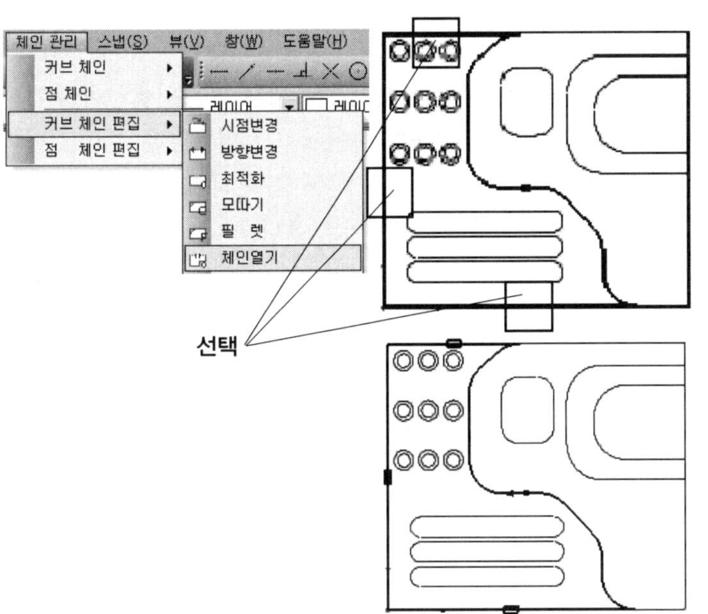

21 NC공정창에서 [icon] 열린 포켓공정 아이콘 클릭

오픈포켓타입 – 스파이얼 선택

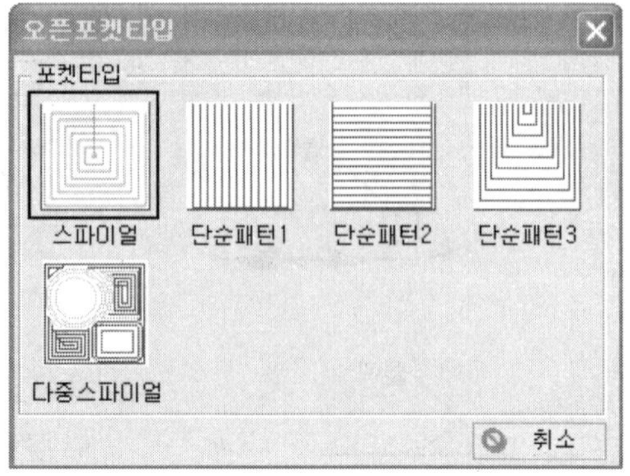

오픈포켓공정

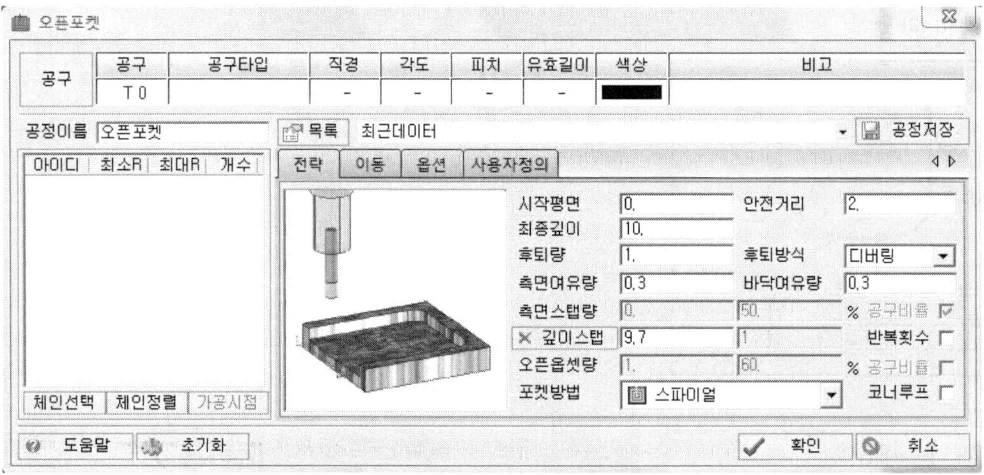

① 오픈포켓은 옵셋포켓의 전략에서 오픈옵셋량이 추가되어 있다.

② 오픈옵셋량 : 공구가 체인열기로 열어놓은 쪽으로 나가는 양이다.

③ 체인을 선택하고 전략, 이동, 옵션의 조건을 입력 후 확인 클릭

④ NC공정창에 프로그램이 나온다.

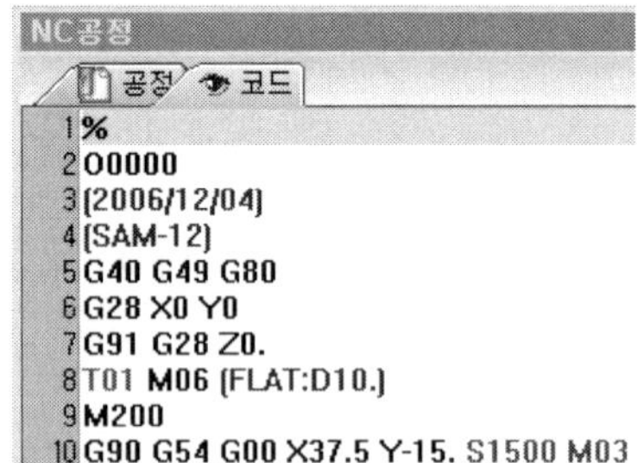

22 풀다운 메뉴에서
체인관리 ⇒ 커브 체인 ⇒ 커브 선택
풀다운 메뉴에서
스냅 ⇒ 끝점 클릭

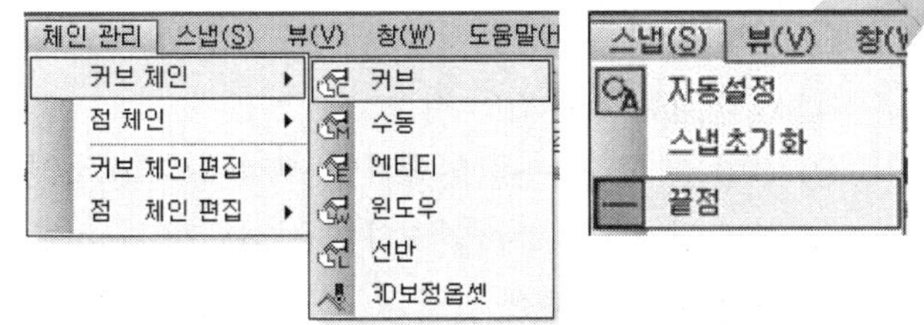

23 0체인 생성
클릭 후 마우스 오른쪽버튼 클릭

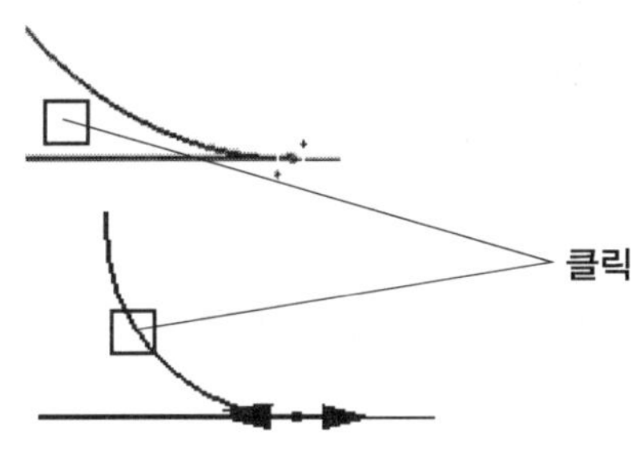

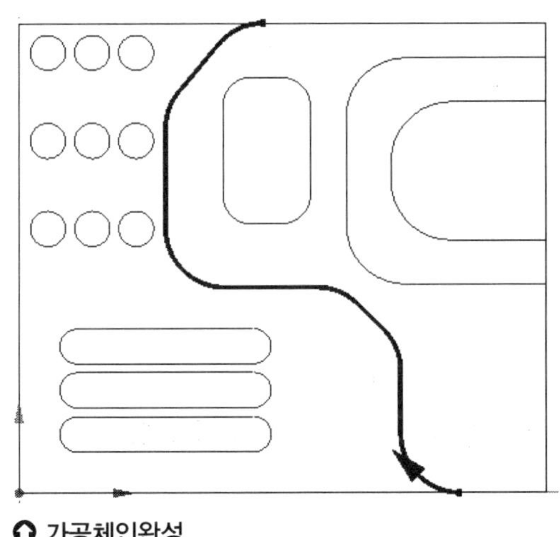

가공체인완성

24 윤곽가공

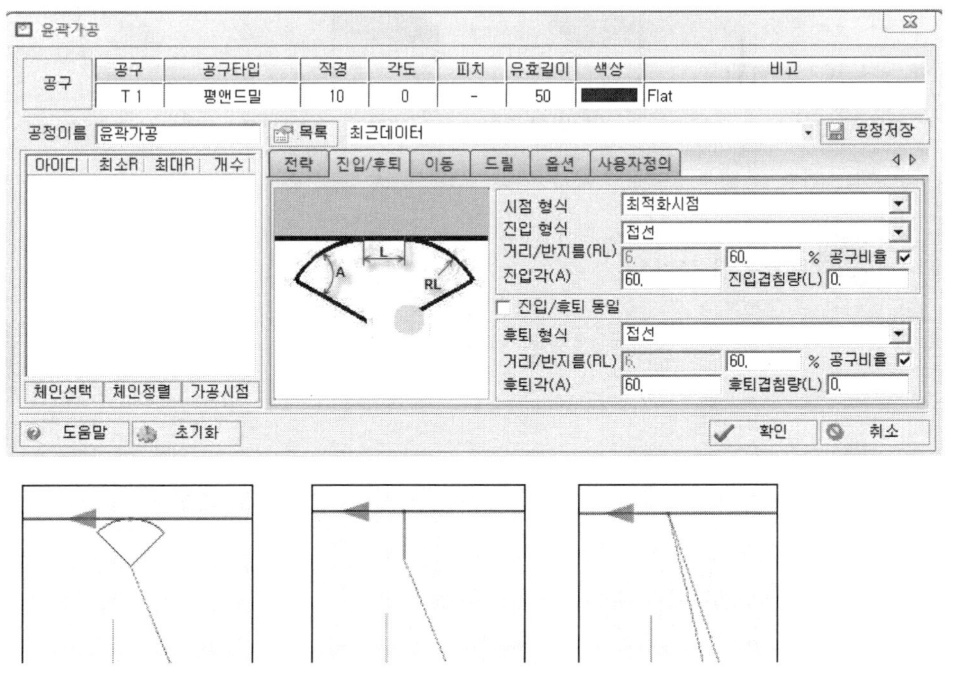

접선 적용　　수직 적용　　방향 적용

① 거리/반지름 : 접선에서 공구가 진입할 때의 반지름

② 진입 각 : 공구 진입 각

③ 진입 겹 침량 : 1을 입력하면 시점에서 1mm떨어진 부분에서 진입한다.

④ 후퇴 겹 침량 : 1을 입력하면 시점에서 1mm를 지나친 부분까지 가공한다.

⑤ 전략,진입/후퇴를 입력 후 확인을 클릭한다.

⑥ NC공정 창 프로그램이 나온다.

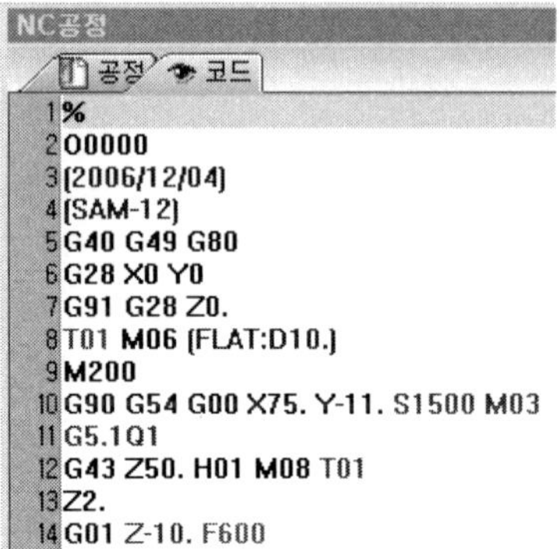

25 풀다운 메뉴에서

체인관리 ⇒ 커브 체인 ⇒ 커브 선택

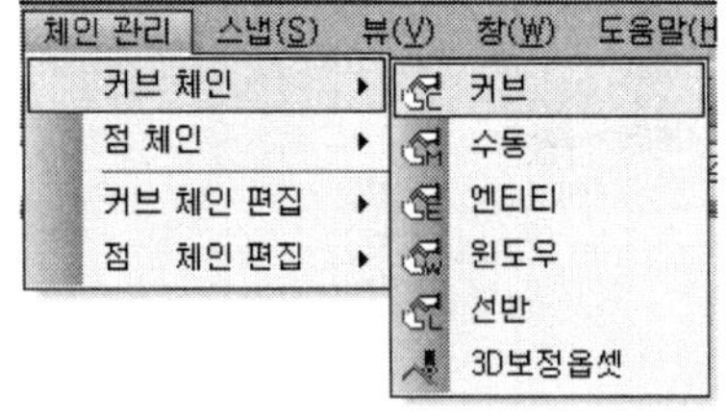

체인 그리기

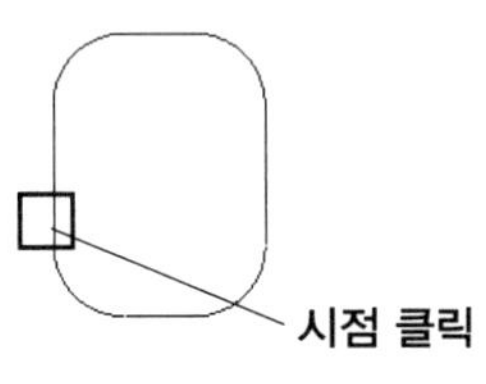

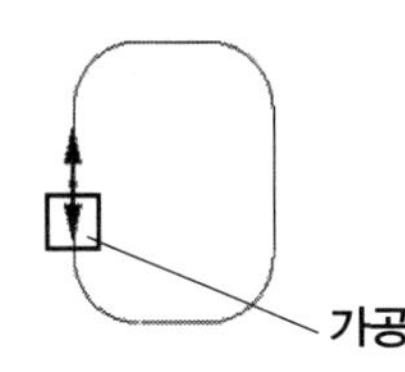

NC가공창에서 포켓공정 클릭.

스파이얼 클릭

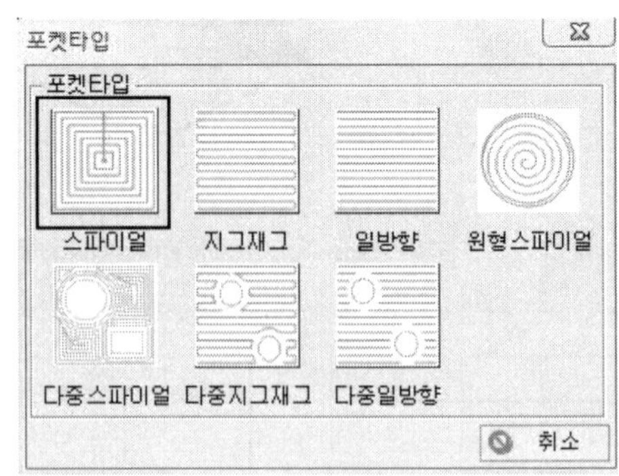

26 옵셋포켓

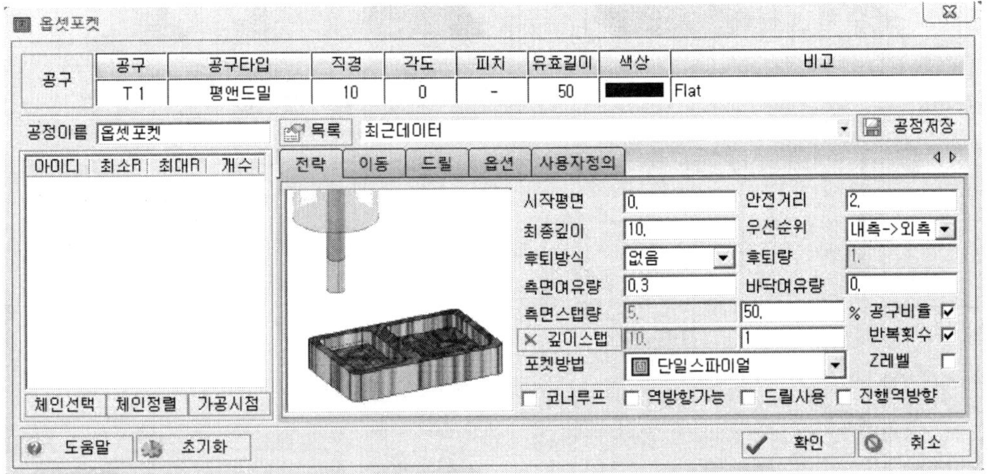

전략, 이동, 옵션 입력 후 확인 클릭
NC공정창에 프로그램이 나온다.

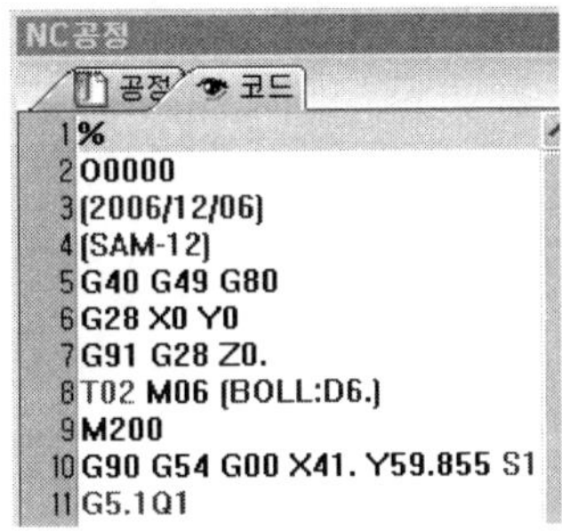

27 풀다운 메뉴에서
체인관리 ⇒ 커브 체인 ⇒ 커브 선택

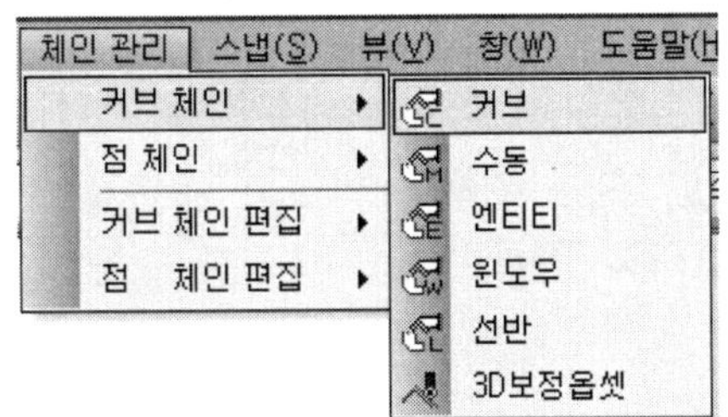

28 체인생성

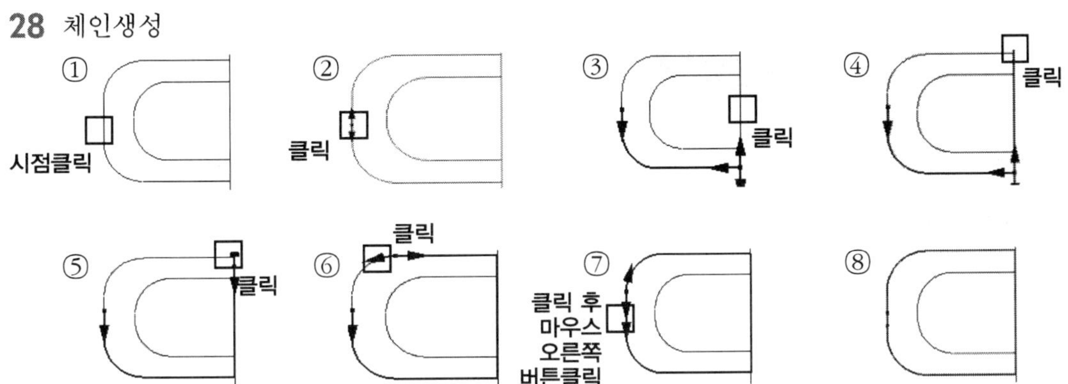

29 풀다운 메뉴에서

체인관리 ⇒ 커브 체인 편집 ⇒ 체인 열기

체인의 열린부분을 선택

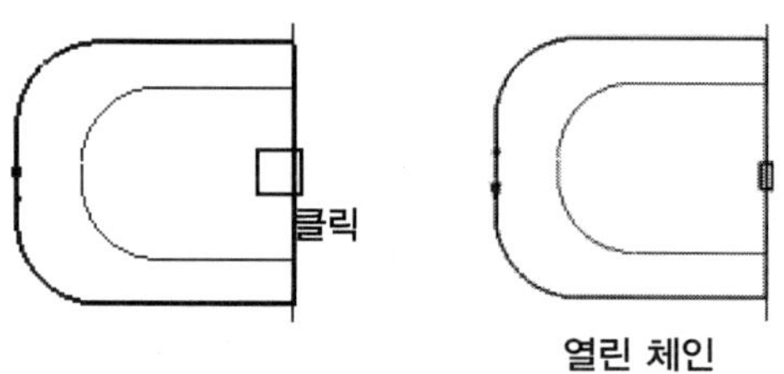

NC가공창에서 열린포켓공정 클릭.

단순패턴3 클릭

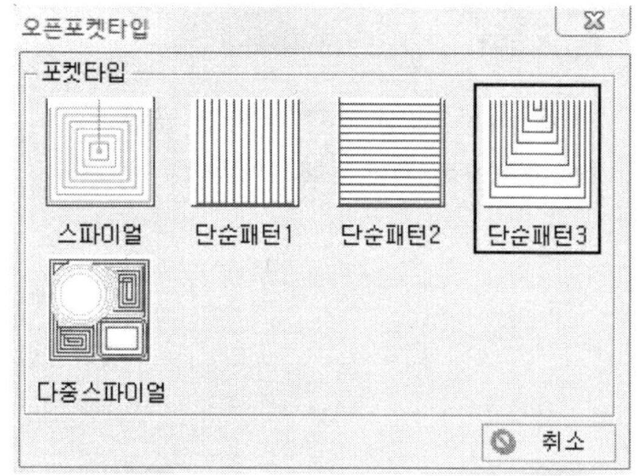

30 오픈 포켓

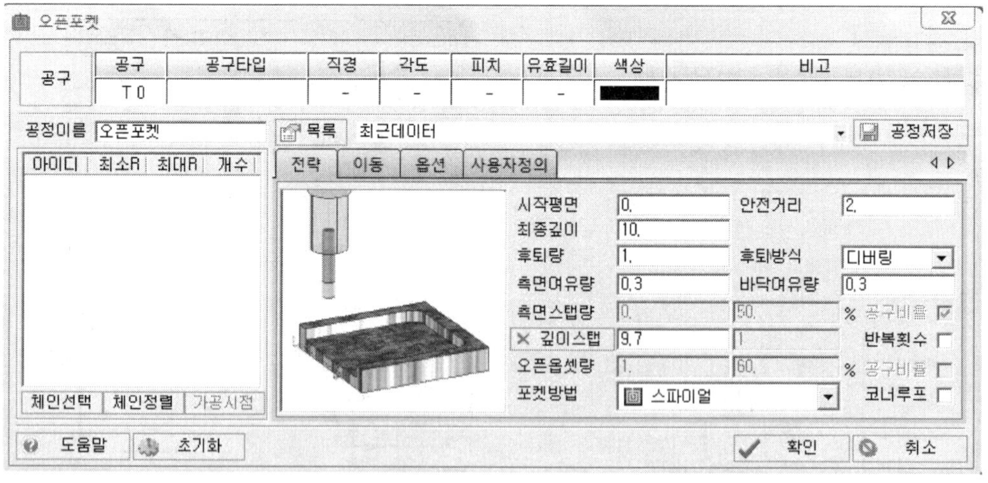

전략, 이동, 옵션 입력 후 확인 클릭.

NC공정창에 프로그램이 나온다.

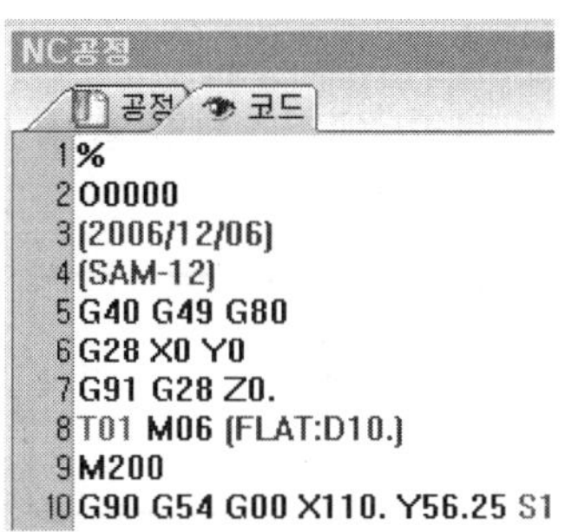

31 풀다운 메뉴에서

체인관리 ⇒ 커브 체인 편집 ⇒ 체인 열기

환경 창에서 캠적용체인감추기 체크.
(열린 포켓에서 체인이 중복되는 부분이 있으므로 가공된 체인인 감추기 한다.)
체인생성 후 다시 원래대로 만든다.

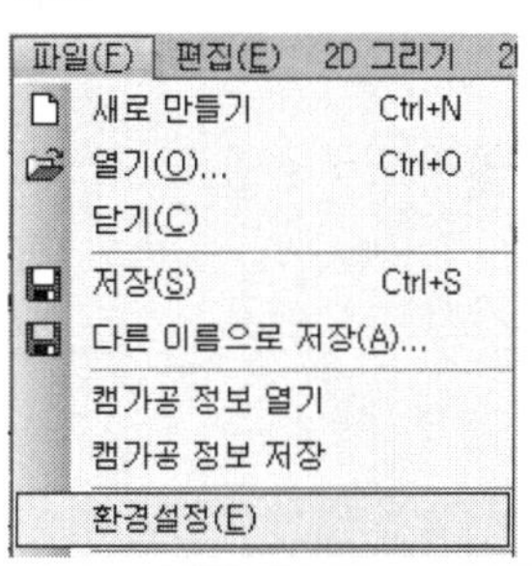

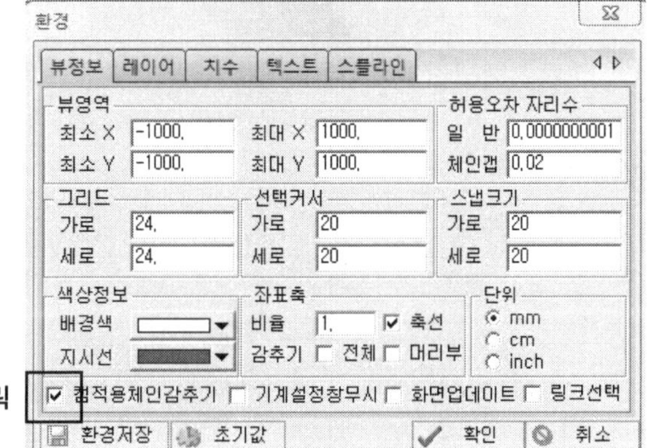

32 체인생성

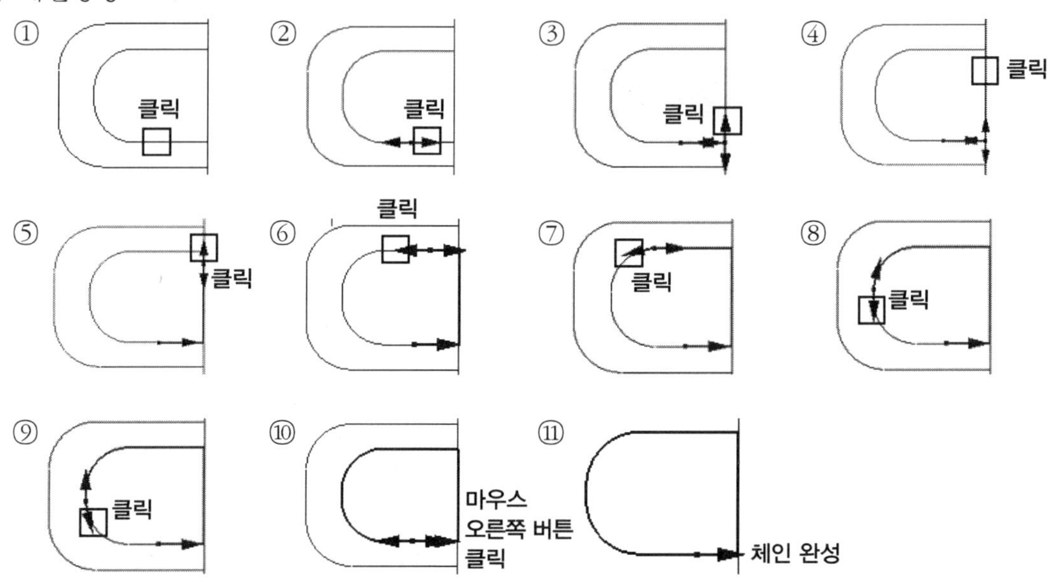

33 풀다운 메뉴에서

체인관리 ⇒ 커브 체인 편집 ⇒ 체인 열기

체인의 열린부분을 선택 :

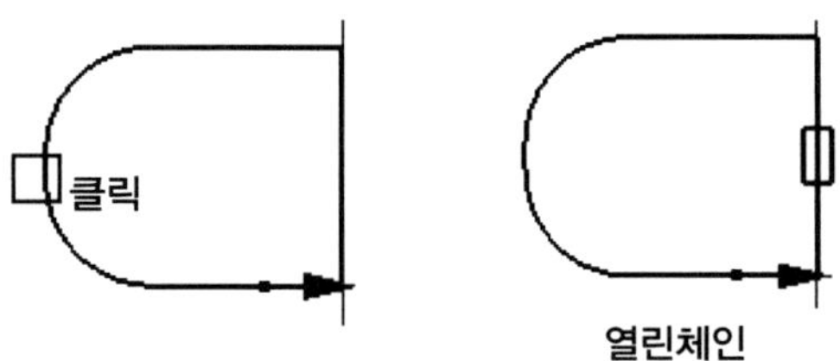

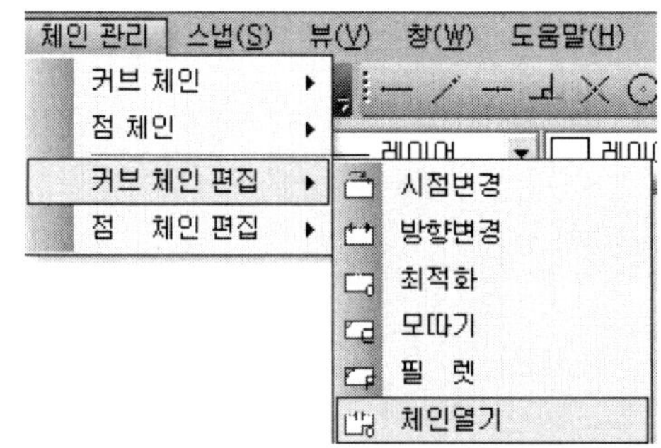

NC가공창에서 열린포켓공정 클릭.

단순패턴3 클릭

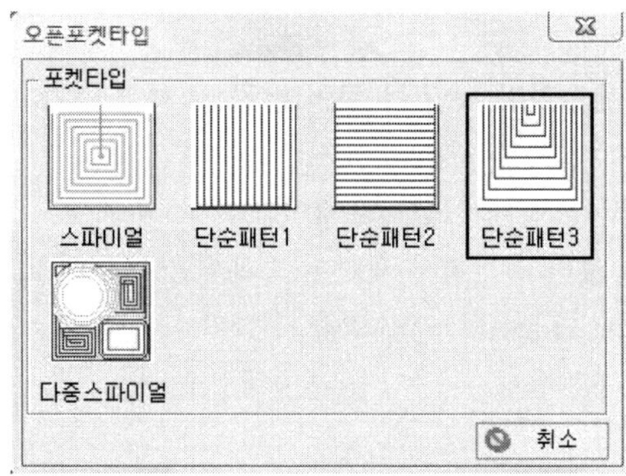

34 오픈 포켓

전략, 이동, 옵션 입력 후 확인 클릭

NC공정창에 프로그램이 나온다.

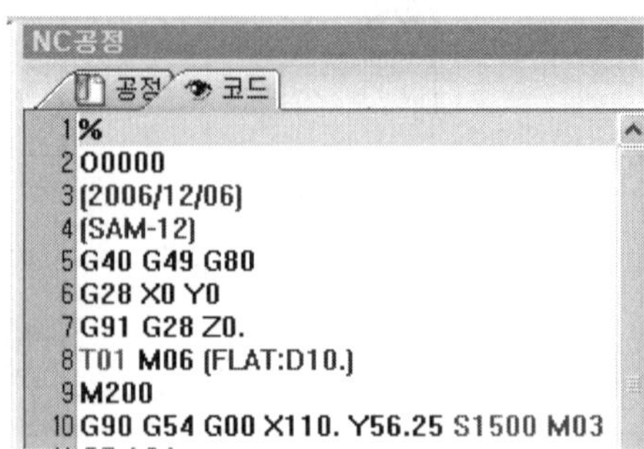

35 체인생성(3개 동일)

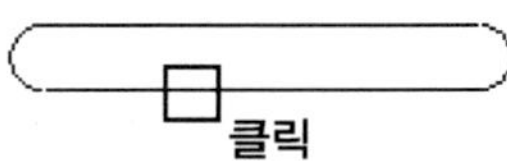

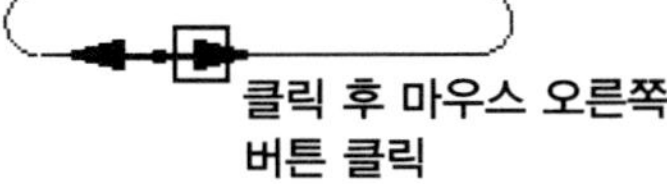

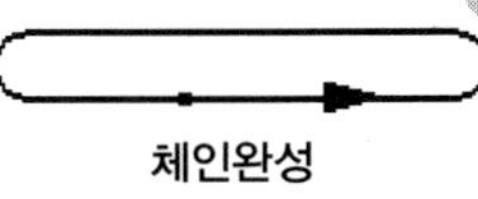

36 옵셋포켓

전략, 이동, 옵션 입력 후 확인 클릭.

NC공정창에 프로그램이 나온다.

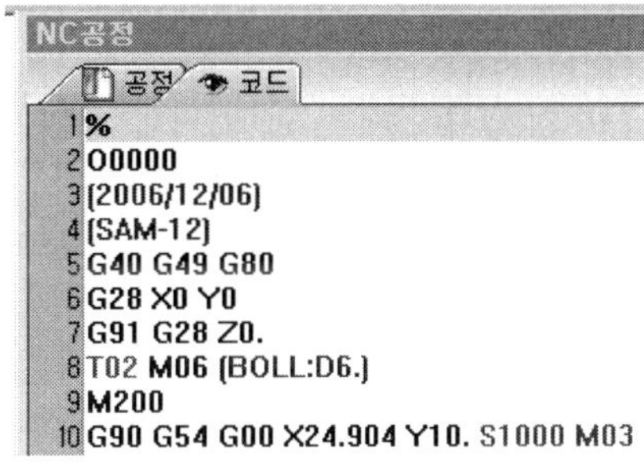

37 점 체인생성

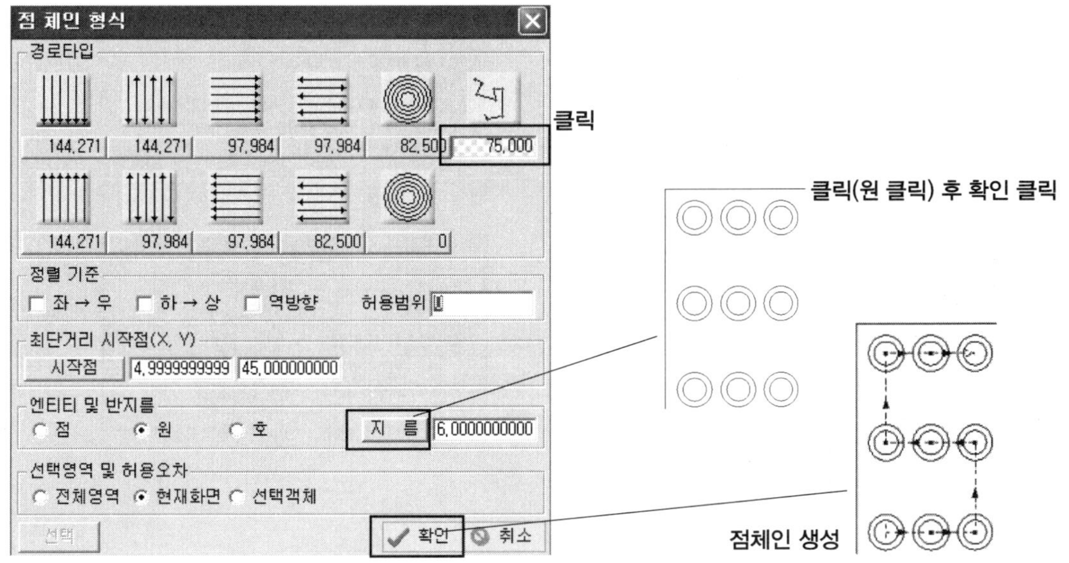

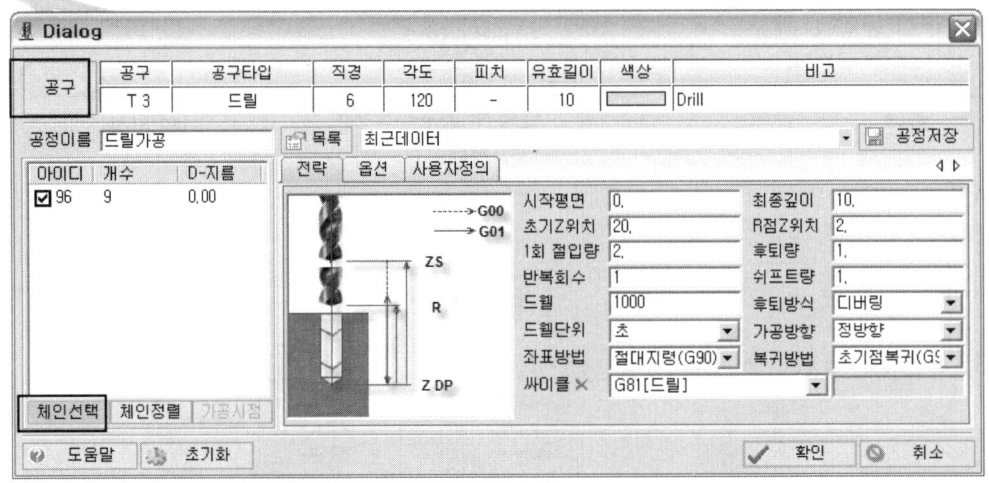

공구 선택, 체인 선택, 전략설정 후 확인한다.

사이클에 대한 이해가 부족하다면, **[사용안함]**을 사용해도 가공이 가능하다.
후퇴방식을 이용해서, 사이클가공처럼 가공할 수 있다.

※ 사이클	후퇴방식
G81 (드릴사이클)	없음
G83 (심공드릴사이클)	디버링
G73 (고속심공사이클)	칩브레이커

NC공정창에 프로그램이 나온다.

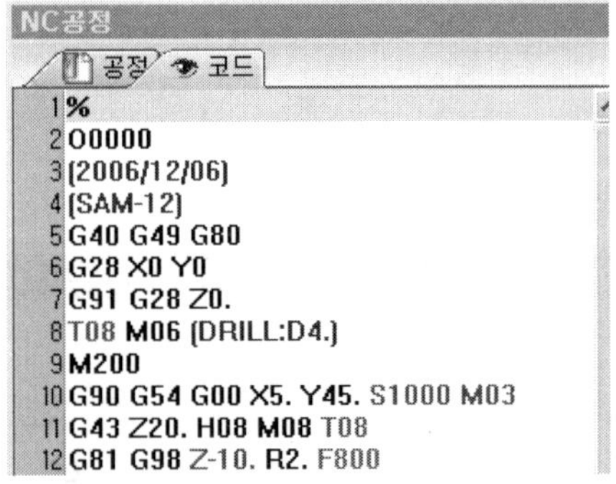

38 풀다운 메뉴에서
커브체인 ⇒ 엔티티 클릭
엔티티 선택 : 지름6 원 선택

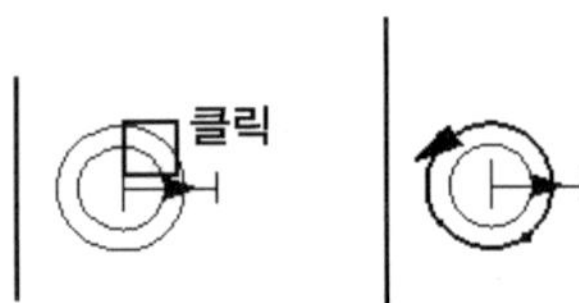

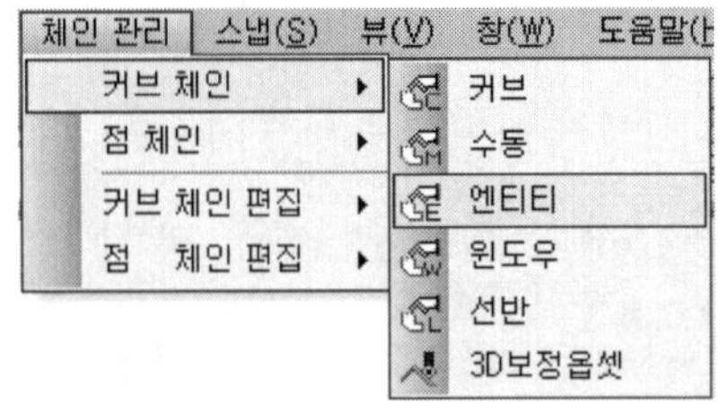

NC가공창에서 [아이콘] 포켓공정 클릭.
원형스파이얼 클릭

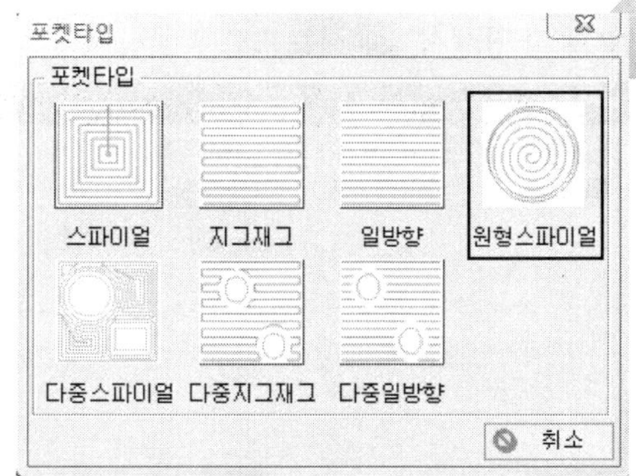

39 원형스파이얼포켓

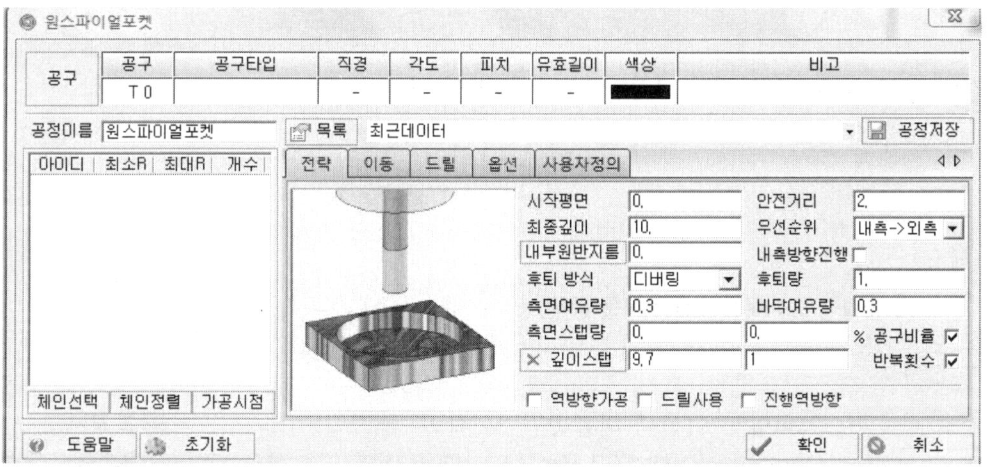

내부원 반지름

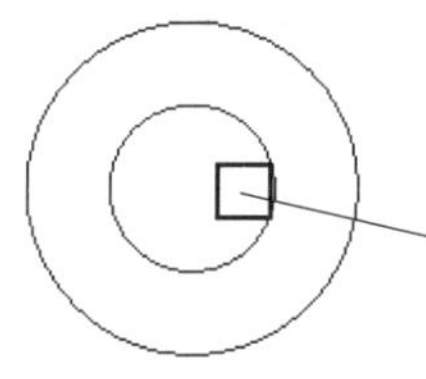

원의 반지름이므로 그림을 그리지 않고 반지름만 입력하면 보스가 남는다.

전략 입력 확인.
NC공정창에 프로그램이 나온다.

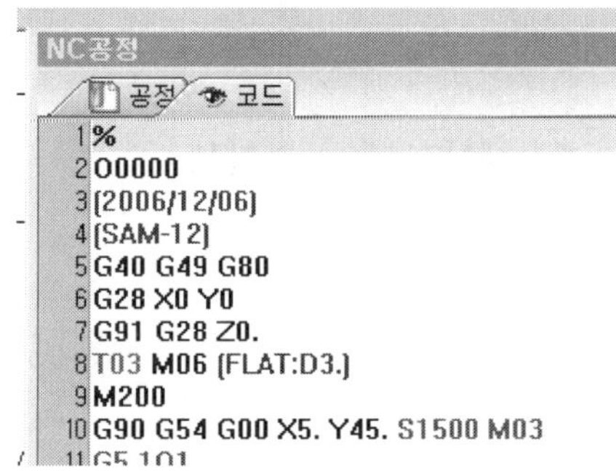

NC공정 창에서 서브프로그램 클릭

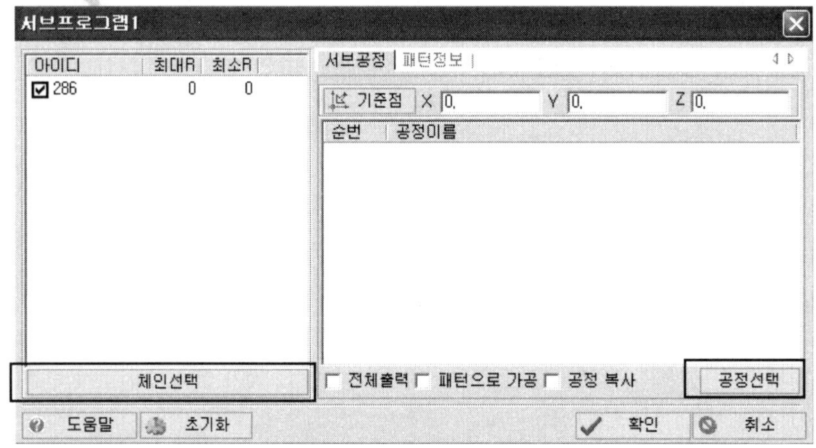

체인선택 클릭 ⇒ 드릴작업에서 생성한 점(가공) 체인 선택

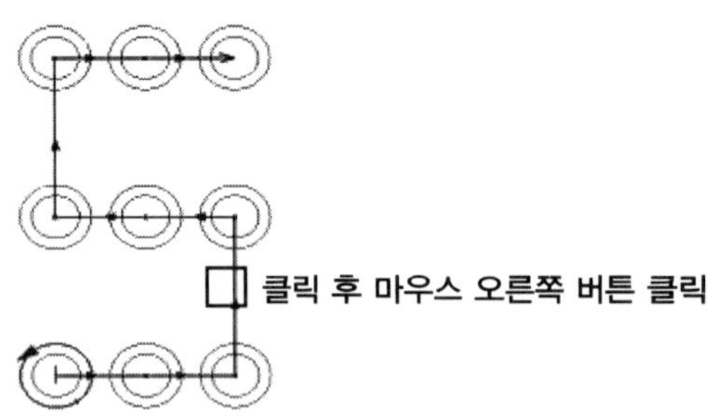

공정선택 ⇒ 9 원스파이얼포켓1선택(더블클릭) ⇒ 확인

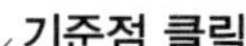

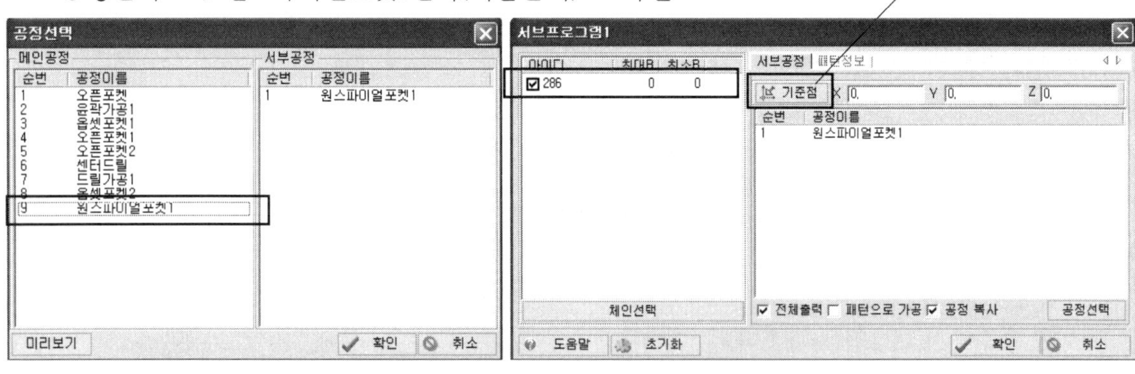

풀다운 메뉴에서 **스냅** ⇒ **중심점**

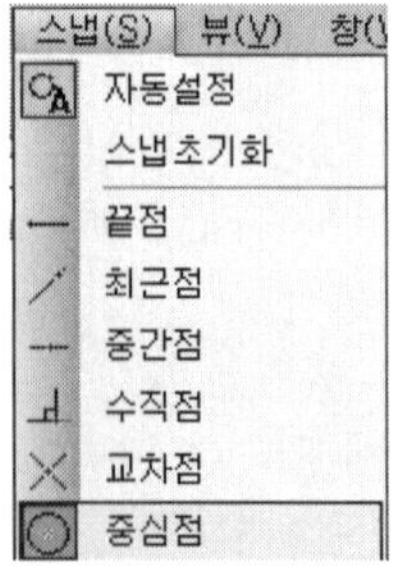

NC공정창에서 와이어시뮬레이션 클릭

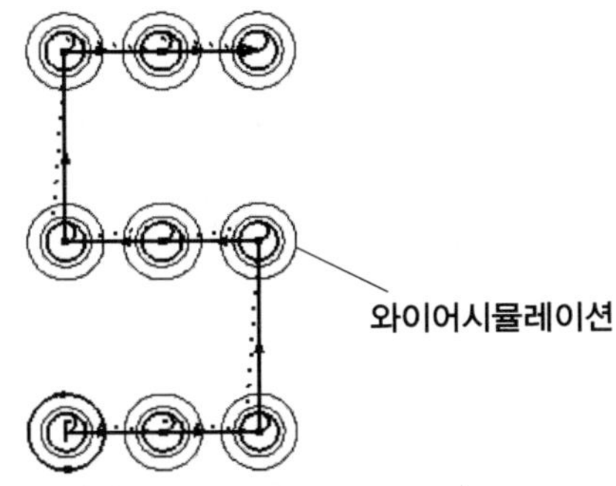

NC공정창에 코드출력 클릭
(전체프로그램이 나온다.)

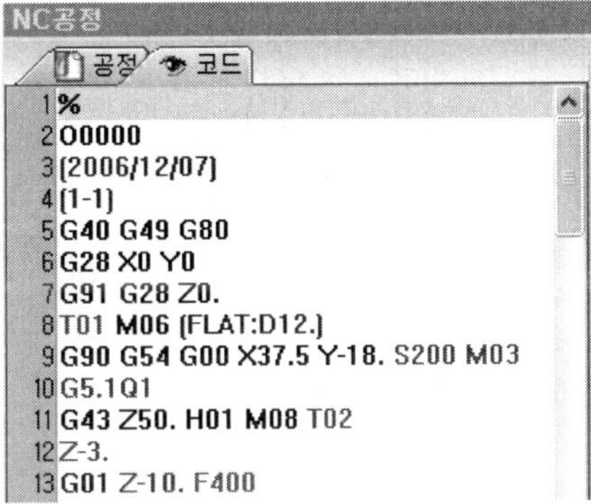

NC공정창에 NC - 저장 클릭

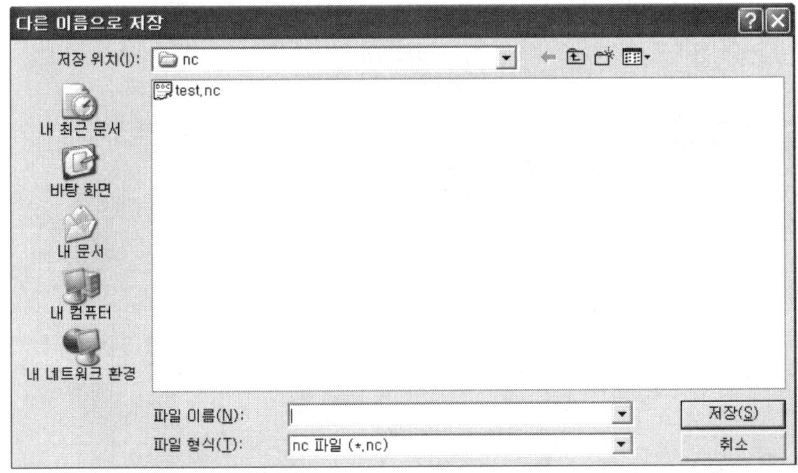

파일 경로와 **이름**을 입력과 저장을 선택

5. QuickMill 따라하기(5면 가공기)

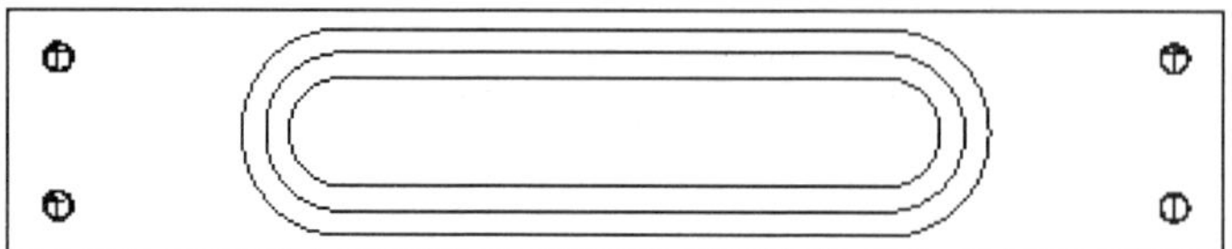

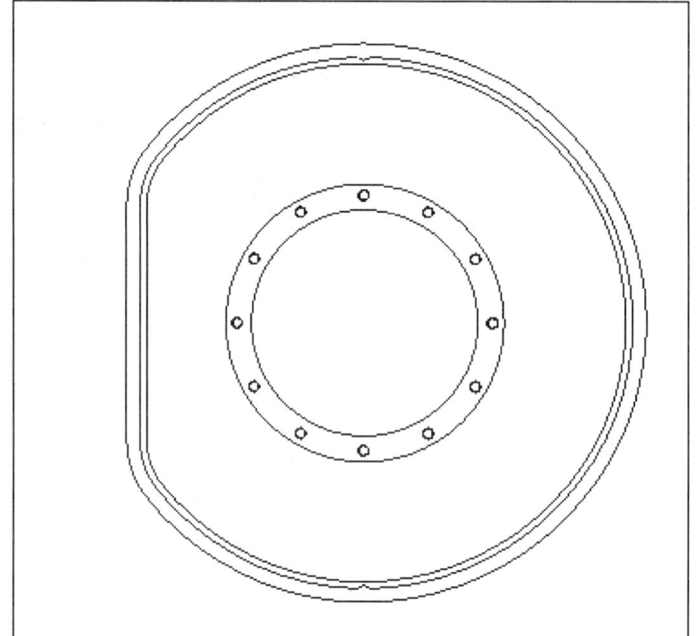

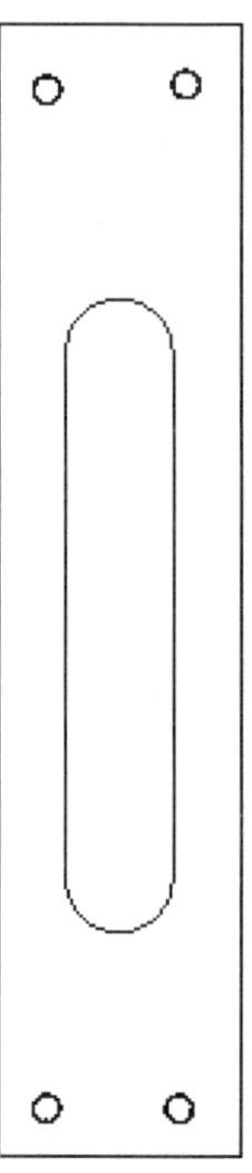

1. CAD 정면도 그리기

01 사각형 아이콘 선택
코너 R 0입력 한다.

02 사각형의 시점 0,0

직교좌표 사각형의 시점 : 0,0

03 사각형 종점 500,500

직교좌표 사각형의 종점 : 500,500

04 원 선택. 반지름 205 입력

직교좌표 반지름 : 205

05 중심점 250,250 입력

중심점 (SHIFT: 엔티티 선택) : 250,250

06 선그리기 선택
수직선 선택 97 입력

직교좌표 수직선 시점 : 97

07 트림으로 선을 정리 한다.
필렛으로 R값 50입력 한다.
다음과 같이 그림을 그린다.

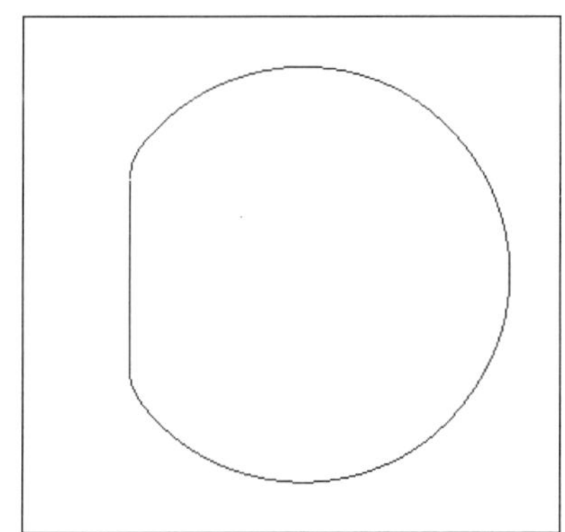

08 원 선택
반지름 83 입력
중심점 250,250 입력
반지름 102 입력
중심점 250,250 입력
반지름 4 입력
중심점 163,236입력
원에 배열 원을 12개로 복사한다.

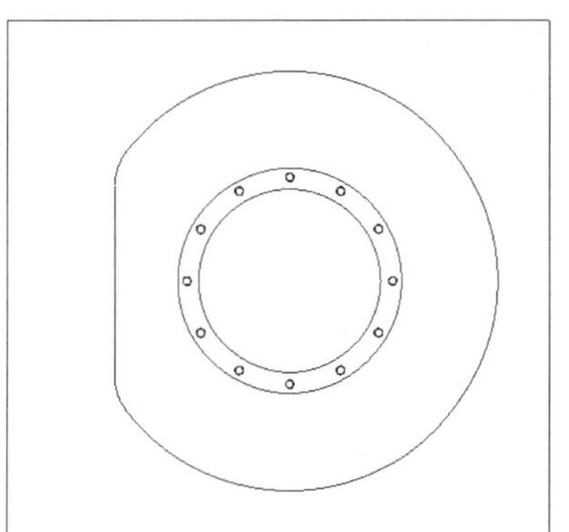

2. 우측면도 및 다른 뷰 그리기

01 원점 이동으로 임의의 위치에 이동을 한다.

사각형 아이콘 선택. 코너 R 0입력 한다

02 각형의 시점 0,0

03 사각형 종점 500,100

04 파라메터형상 선택

SloRect 선택

W치수 : 220

H치수 : 44

기준점 : 기준2를 선택을 한다.

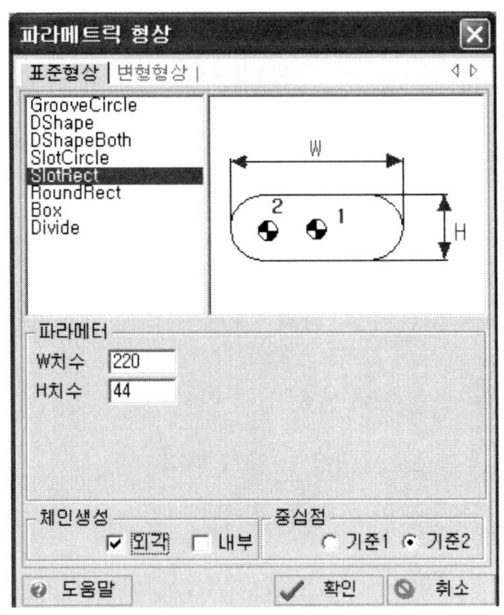

05 위치를 136.5,50입력

06 선택. R 6 입력 좌표 20,20 입력

07 배열, 사각형 선택

가로개수 2 세로개수 2

가로치수 453 세로치수 60 입력

08 같은 치수로 좌측면도 그린다. 정면과 배면을 같은 치수로 그리고 파라메타 형상을 W : 210,H : 44로 그린다. 좌표 141.5,50 입력 한다.

09 메인 프로그램 선택 원점 추가

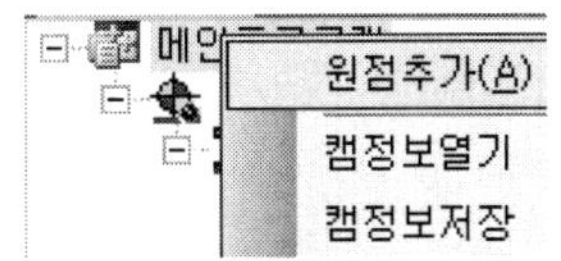

10 ❶번 생성을 선택하고 위치를 클릭하여 임의의 위치에 클릭을 한다.

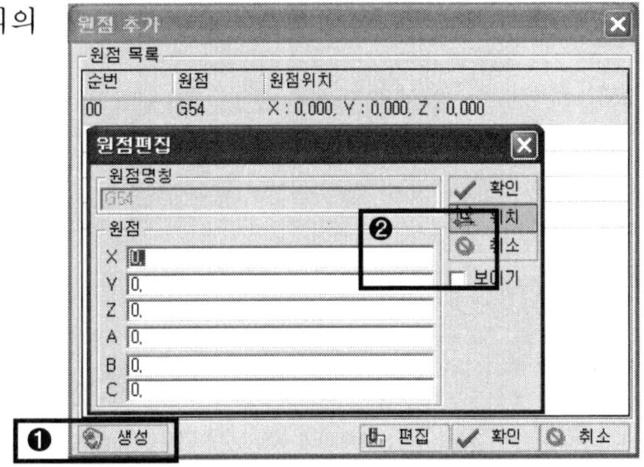

11 다음과 G55를 생성을 한다.

12 좌측면, 상부, 하부를 (G56, G57, G58) 등의 순서로 생성을 한다.

13 G54를 선택 하여 원점 설정선택

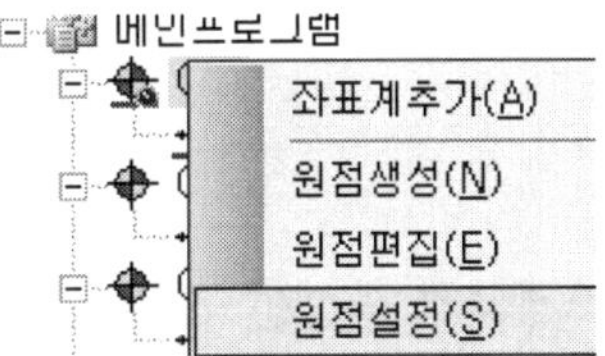

14 각각의 좌표계에서 직교좌표계를 더블클릭하여 뷰포트를 변경을 한다.

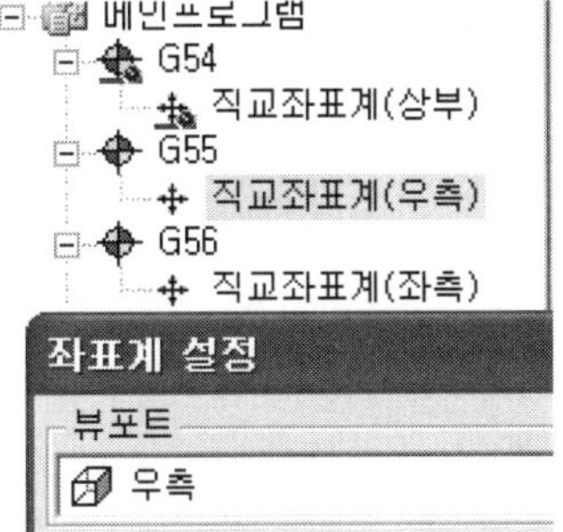

3. 상부 가공

01 커브체인으로 체인 생성을 한다.

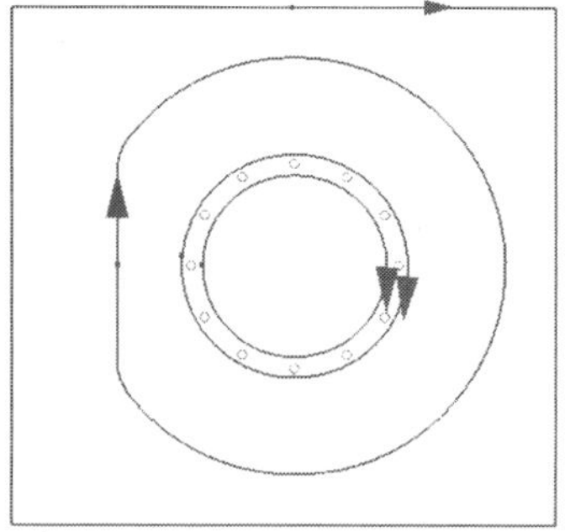

02 포켓가공 선택

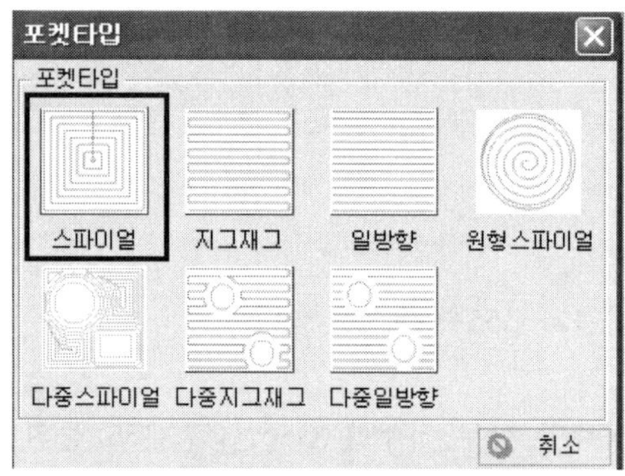

03 공구 T01에 50엔드밀 선택

04 최종깊이 73 입력

깊이 스탭 5 입력

체인을 선택하고 확인.

시작평면	0.	안전거리	
최종깊이	73	우선순위	
후퇴방식	칩브레이커	후퇴량	
측면여유량	0.3	바닥여유량	
측면스탭량	25.	50.	
× 깊이스탭	5	15	

05 다음과 같이 공구경로가 생성이 된다.

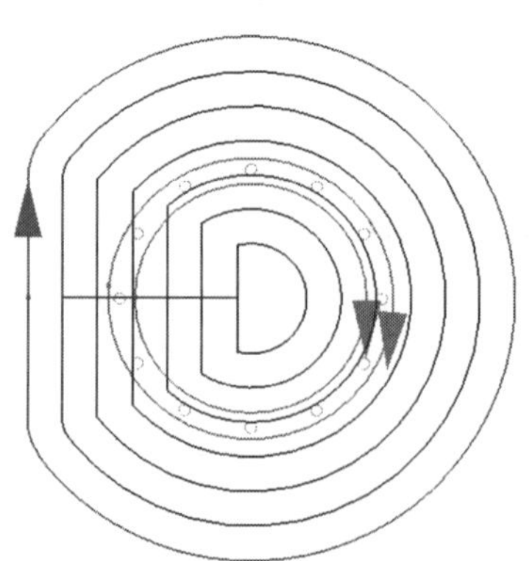

06 포켓 가공을 선택
원스파이얼 가공선택
T01공구선택
시작평면 −73
최종깊이 13 입력
체인선택 후 확인

시작평면	-73		안전거리	2.
최종깊이	13		우선순위	내측->외측
내부원반지름	0.		내측방향진행	☐
후퇴 방식	없음		후퇴량	1.
측면여유량	0.3		바닥여유량	0
측면스텝량	25.	50	% 공구비율	☑
× 깊이스텝	6.5	2	반복횟수	☑

☐ 역방향가 ☐ 드릴사용

07 다음과 같이 R102 각공을 하고
R83도 같은 방법으로
시작평면 : −86
최종깊이 14.5입력

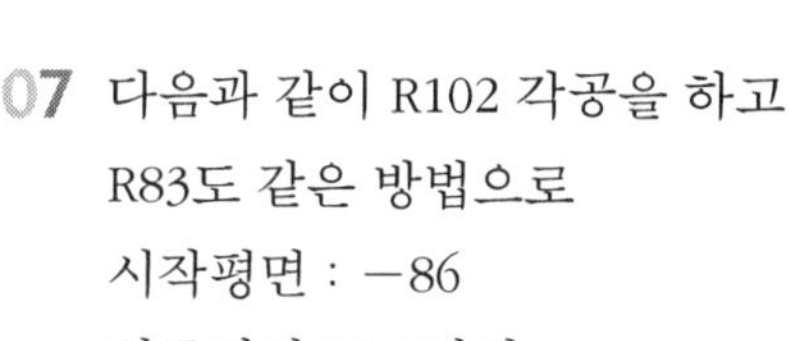

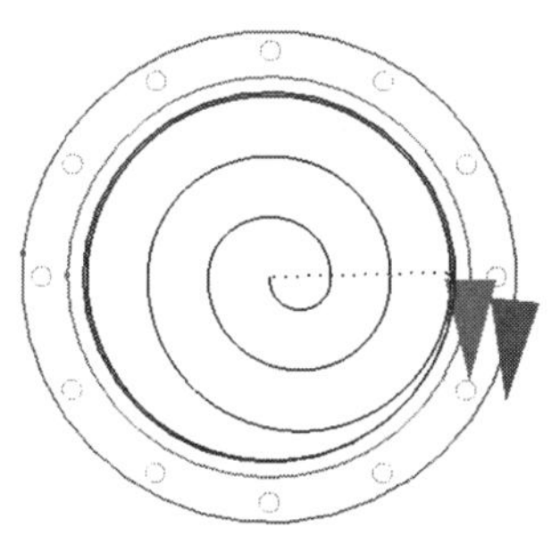

08 점 체인 선택 후 R4 점체인 생성

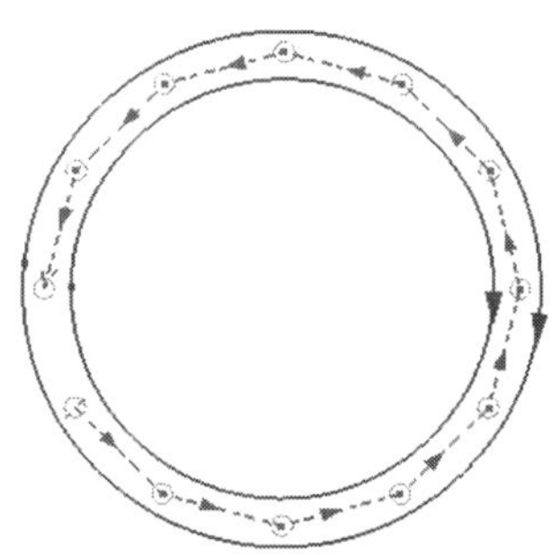

09 드릴가공 선택
T02 D8 드릴 선택
시작평면 -86
최종깊이 15 입력 후 확인

시작평면	-86	최종깊이	15
초기Z위치	20.	R점Z위치	2.
1회 절입량	2.	후퇴량	1.
반복회수	1	쉬프트량	1.
드웰	1000	후퇴방식	디버링
드웰단위	초	가공방향	정방향
좌표방법	절대지령(G90)	복귀방법	초기점복
× 싸이클	G83[심공 드릴]		

- 메인프로그램
  - G54
    - 직교좌표계(상부)
      - 옵셋포켓(T01_FL
      - 원스파이얼포켓1(
      - 원스파이얼포켓2(
      - 드릴가공1(T02_Dr

4. 우측면과 좌측면가공

01 G55 원점 설정 선택 하여 활성화

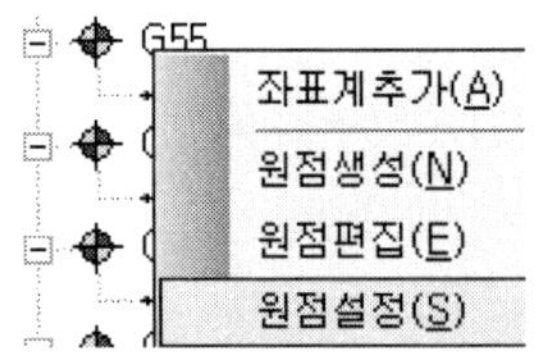

02 커브체인으로 체인 생성을 한다.

점 체인 선택 후 R4 점체인 생성

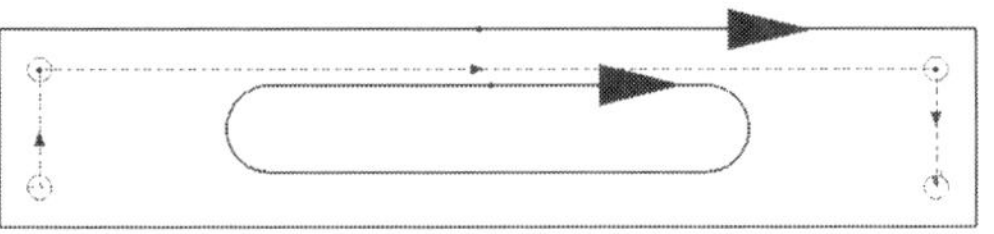

03 포켓가공 선택

04 공구 T03에 40엔드밀 선택

시작평면 : 0

최종깊이 : 93.6

깊이 스탭 5 입력

체인을 선택하고 확인.

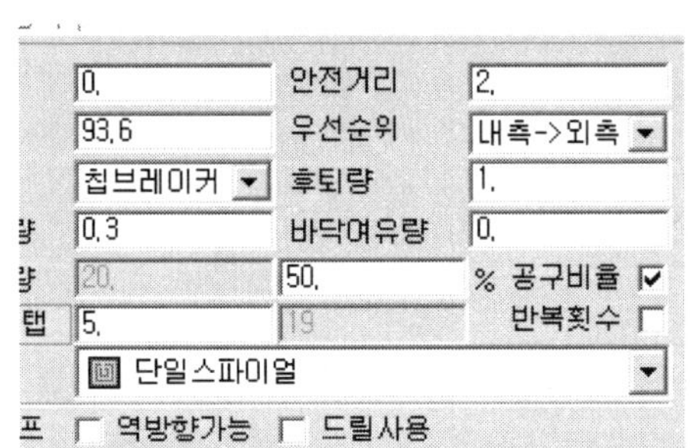

05 드릴가공 선택

T06 D12 드릴 선택

시작평면 0

최종깊이 20 입력 후 확인

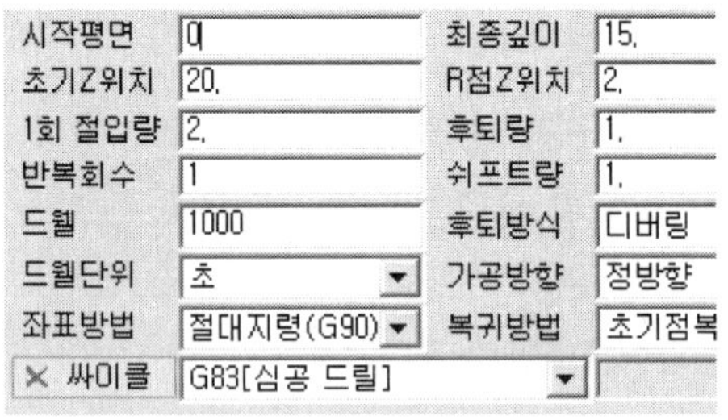

06 포켓 가공과 드릴 가공을 선택

복사하여 좌측면 G56에 붙이기를 한다.

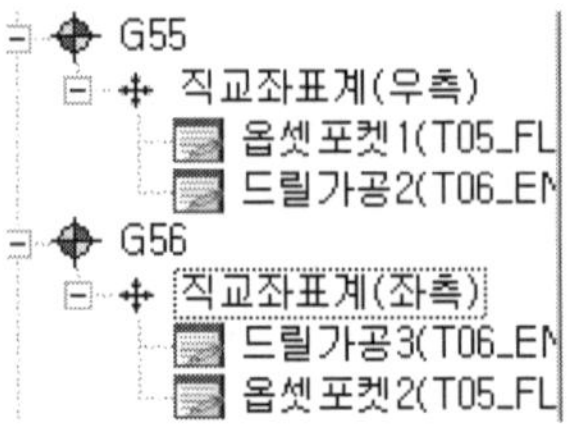

5. 정면과 배면가공

01 G57 원점 설정 선택 하여 활성화

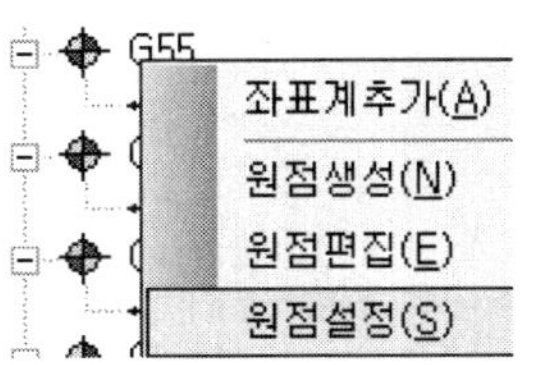

02 커브체인으로 체인 생성을 한다.

점 체인 선택 후 R4 점체인 생성

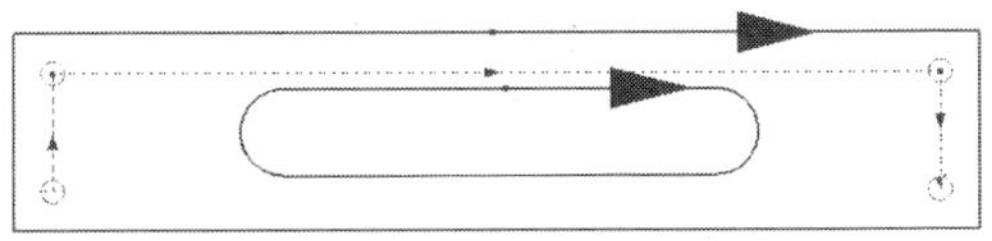

03 포켓가공 선택

04 공구 T03에 40엔드밀 선택

시작평면 : 0

최종깊이 : 93.6

깊이 스텝 5 입력

체인을 선택하고 확인.

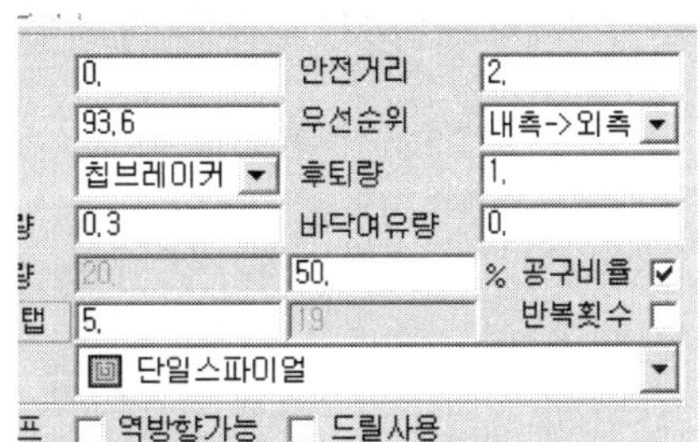

05 드릴가공 선택

T06 D12 드릴 선택

시작평면 0

최종깊이 20 입력 후 확인

시작평면	0	최종깊이	15.
초기Z위치	20.	R점Z위치	2.
1회 절입량	2.	후퇴량	1.
반복회수	1	쉬프트량	1.
드웰	1000	후퇴방식	디버링
드웰단위	초	가공방향	정방향
좌표방법	절대지령(G90)	복귀방법	초기점복
싸이클	G83[심공 드릴]		

06 포켓 가공과 드릴 가공을 선택

복사하여 좌측면 G58에 붙이기를 한다.

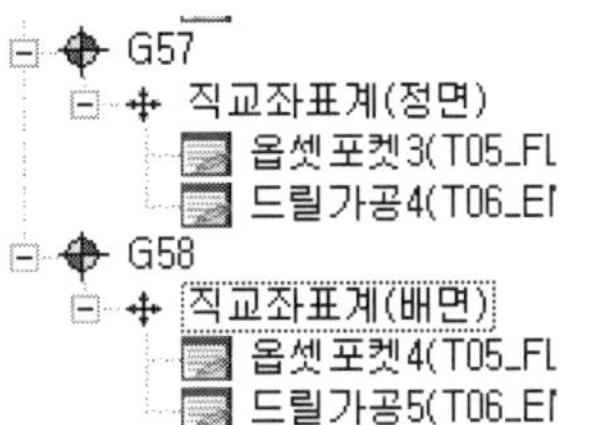

6. G코드 출력

01 메인 프로 그램을 더블 클릭

02 포스트 읽기를 클릭 한 후
프로그램 이름을 입력을 한다.

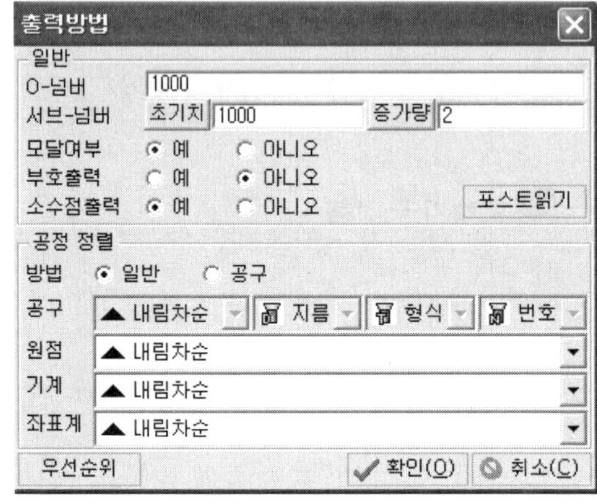

03 코드 출력을 선택 하여 코드 출력을 한다.

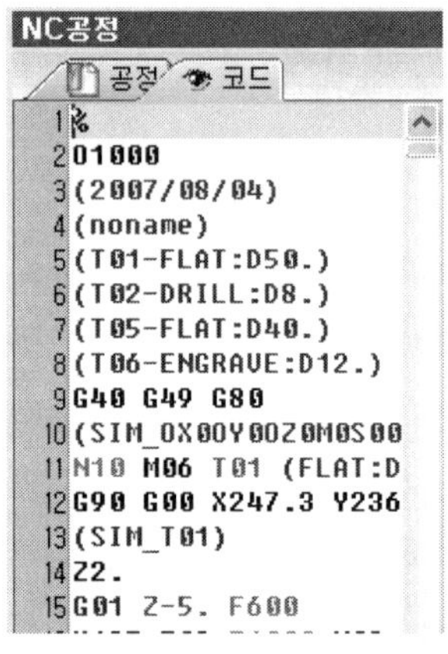

04 NC 데이터 저장

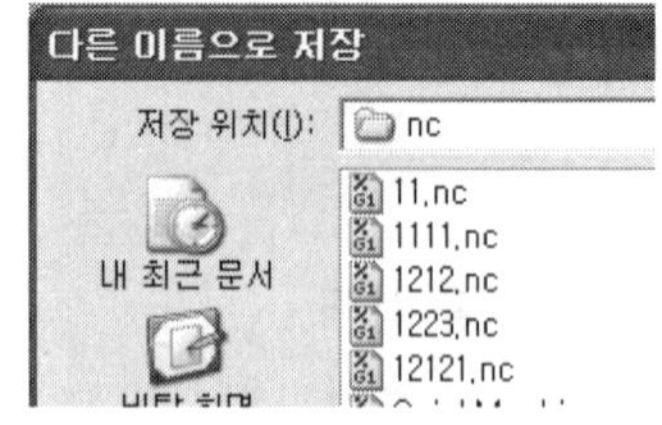

완성 가공

Quick
CAD-CAM

07 Chapter CAM 기능 소개 (Turn)

1. 황삭 공정

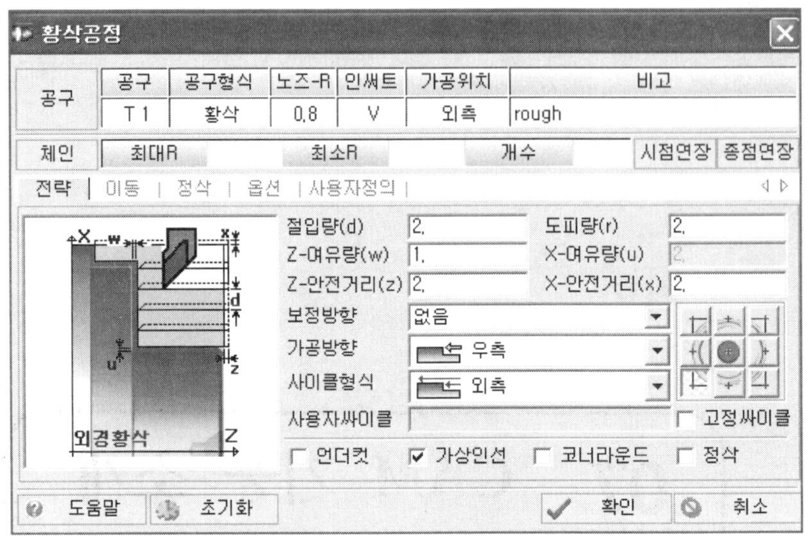

전략

① **절입량**(d) : 황삭가공시 1회 절입 깊이

② **도피량**(r) : 절입 후 복귀시 도피량

③ **Z - 여유량**(w) : Z 여유량

④ **X - 여유량**(u) : X 여유량

⑤ **Z - 안전거리** : Z축 소재 진입시 안전거리

⑥ **X - 안전거리** : X축 소재 진입시 안전거리

⑦ **보정방향** :
- 없음 : 인선 R보정 사용 안함.
- 왼쪽 : G41 보정방향 사용
- 오른쪽 : G42 보정방향 사용

⑧ **가공방향** : 가공 진행 방향

⑨ **사이클 형식** : 외측, 내측, 외측면, 내측면을 선택하여 가공의 형식 선택
사이클 형식을 선택하면 가상인선 방향이 변경이 된다.

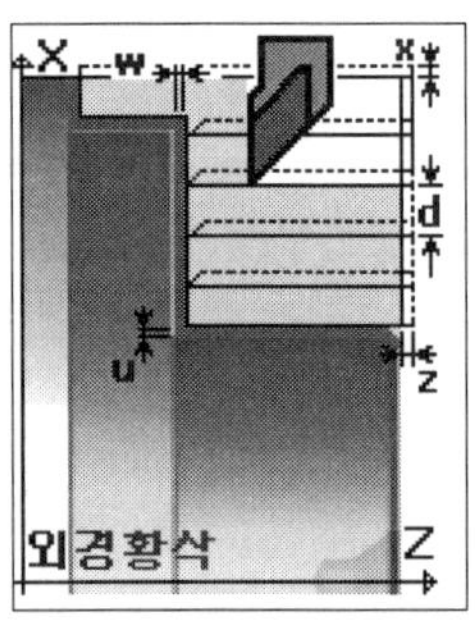

[외측]

[내측]

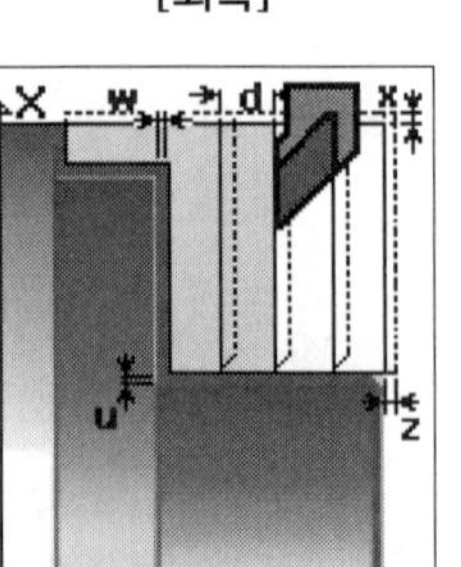
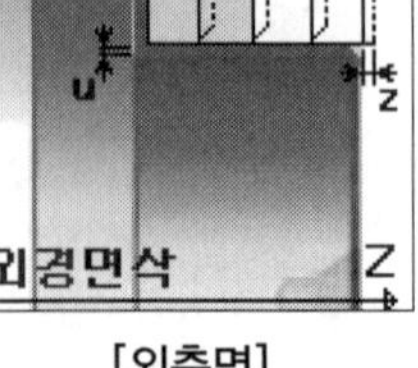

[외측면]

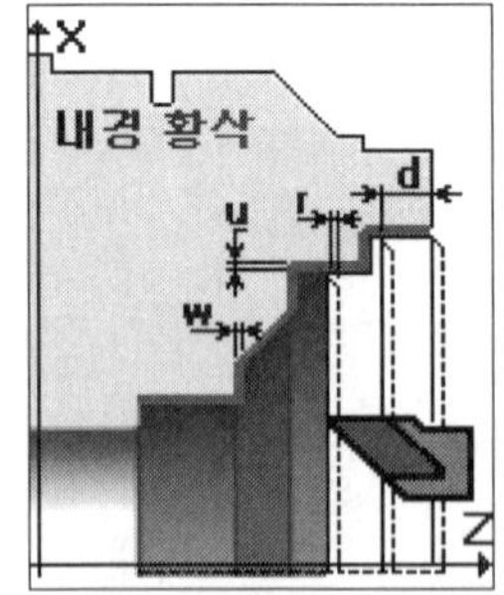

[내측면]

⑩ 가상인선

• 가상인선은 컨트롤러에서 보정을 사용을 하지 않고 프로그램상에서 좌표를 계산해 준다.

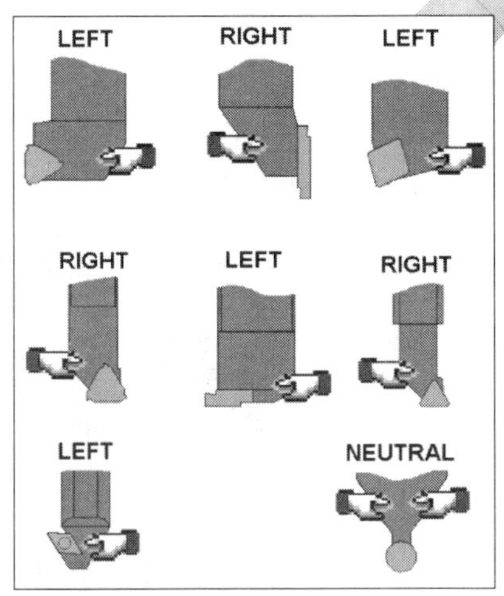

• 공구 진행 형식에 따른 구분

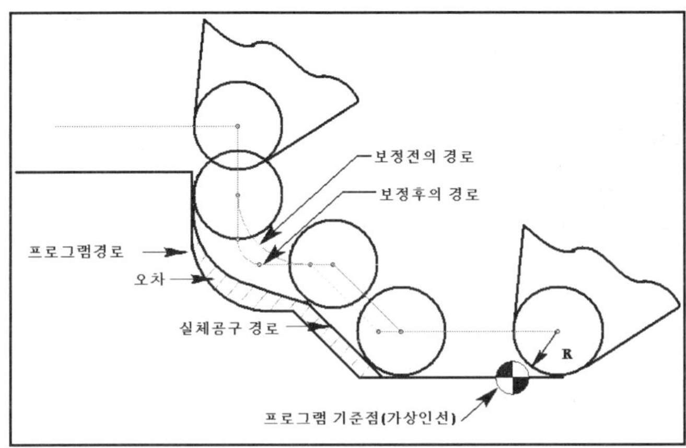

주) 공구의 선단이 외관상으로는 예리하나 실제의 공구선단은 반지름 r인 원호로 되어 있으며 이를 인선반지름이라 하며 테이퍼 절삭이나 원호보간의 경우에는 그림과 같이 인선반지름에 의한 오차가 발생하게 된다. 이러한 인선반지름에 의한 가공경로 오차량을 보정하는 기능으로 임의의 인선반지름을 가지는 특정공구의 가공경로 및 방향에 따라 자동 보정하여 주는 보정기능을 공구 반지름 보정이라 한다. 최근의 CNC 장치는 기능의 향상으로 CNC장치 내의 프로세서(processor)가 계산하여 자동으로 공구경로를 지정해 주기 때문에 이러한 오차는 프로그래머가 별도로 계산하여 프로그램할 필요가 없다.

• 공구의 내측, 외측 작업 공구 구분

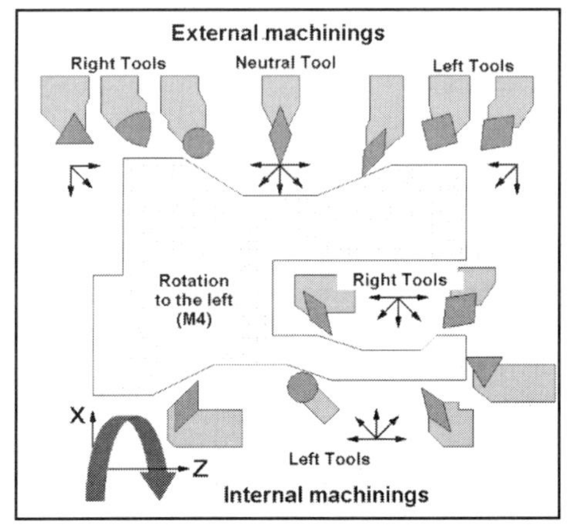

• 공구의 구동 제어 점(인선방향)

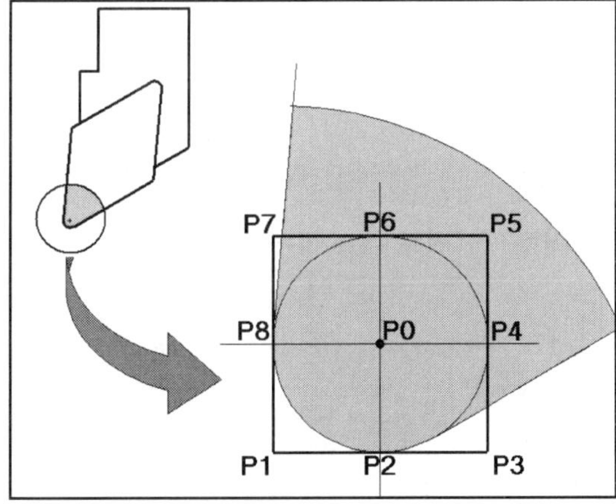

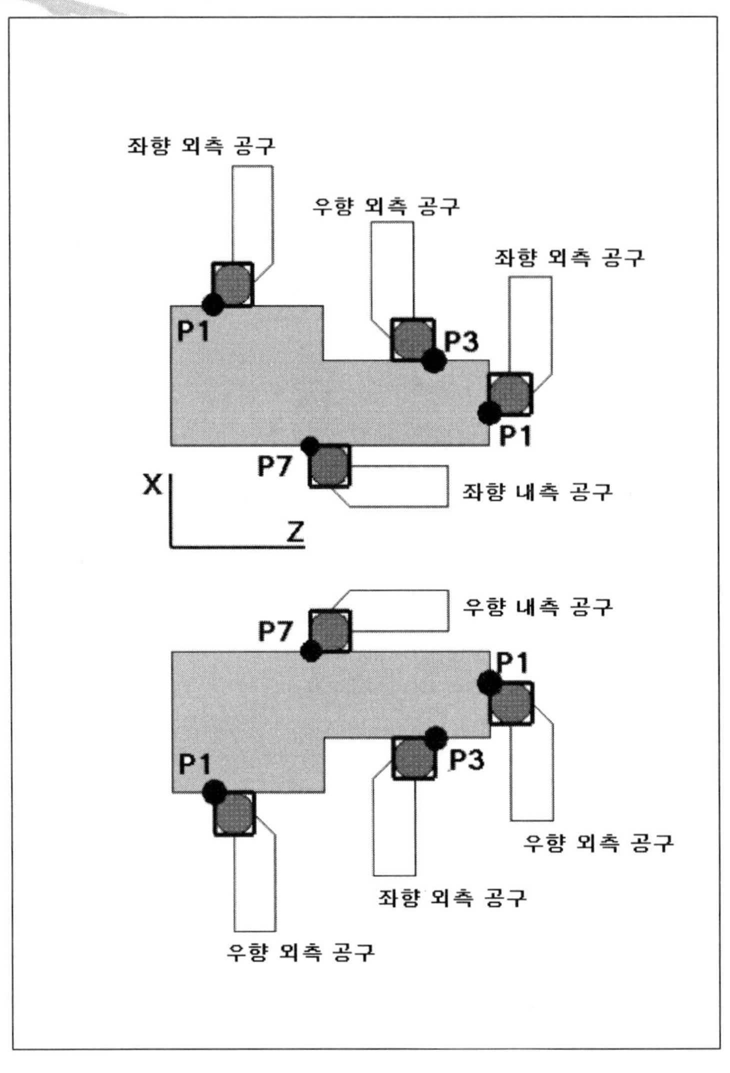

☐ 언더컷 ☐ 가상인선 ☐ 코너라운드 ☐ 정삭싸이클

⑪ **언더컷** : 인써트 각도에 따라 소재로 진입할 수 있는 범위에서 가공을 체크

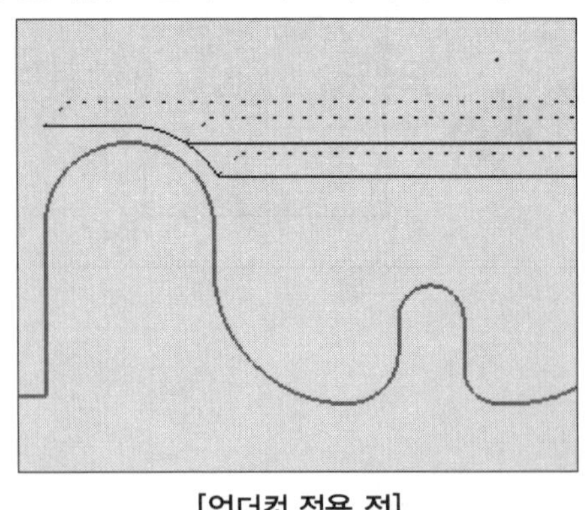

[언더컷 적용 전]

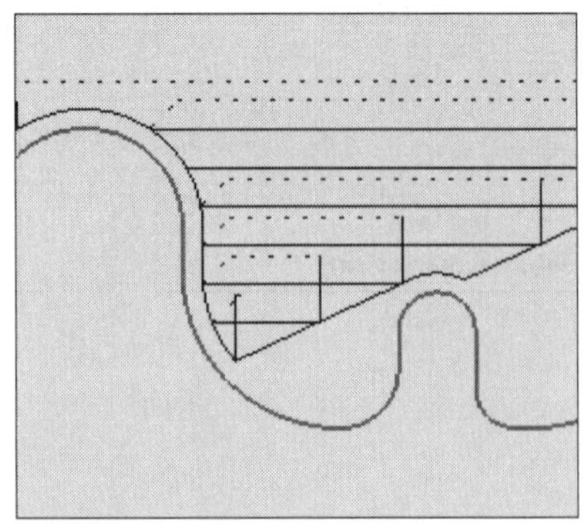

[언더컷 적용 후]

⑫ **코너 라운드** : 부품의 직각 부분을 R 가공으로 자동 공구경로 생성한다.

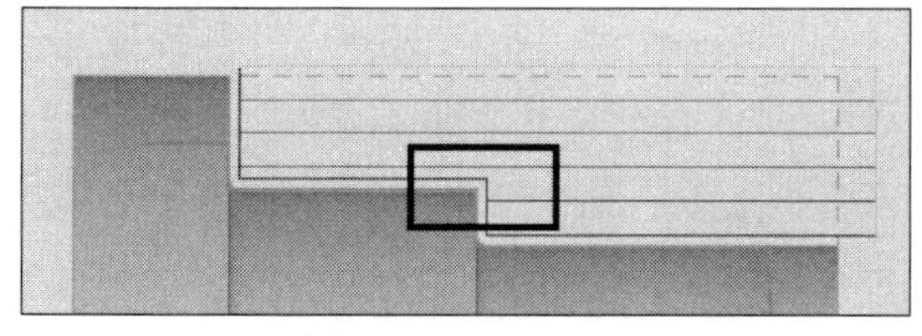

[코너라운드 적용 전]

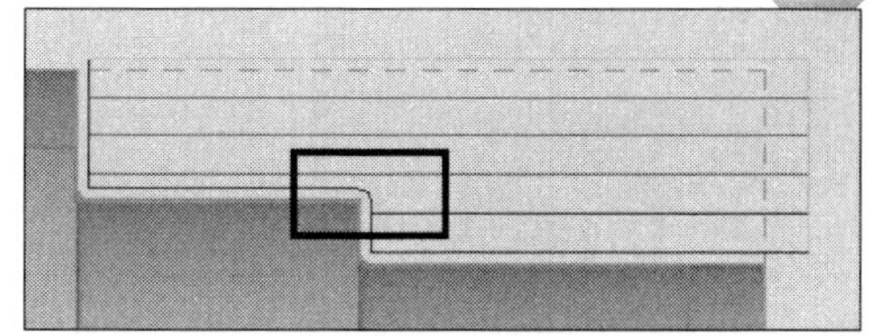

[코너라운드 적용 후]

이동

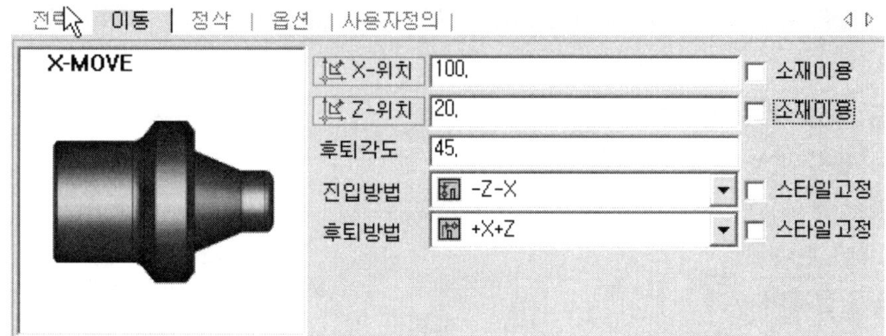

① **소재이용** : 소재이용을 체크하면 CAM환경설정에 **소재설정** 창에서 소재의 크기를 설정하면 후퇴시 소재 외측으로 복귀를 한다.

소재이용을 사용하지 않을 경우 X-위치를 선택하면 CAD 화면상에 마우스로 클릭하여 복귀 위치를 선택한다.

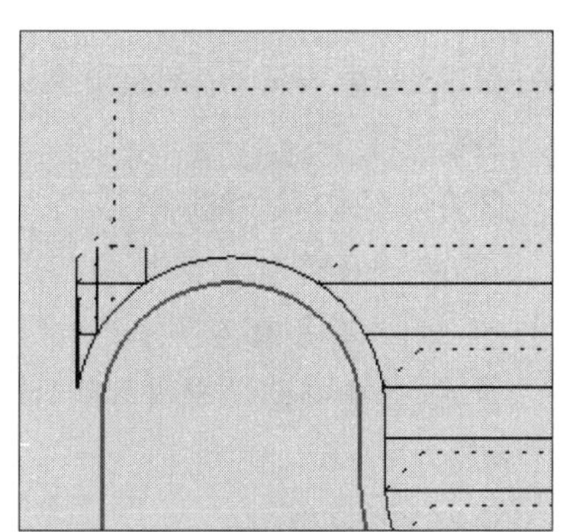

② **진입/후퇴 방법**

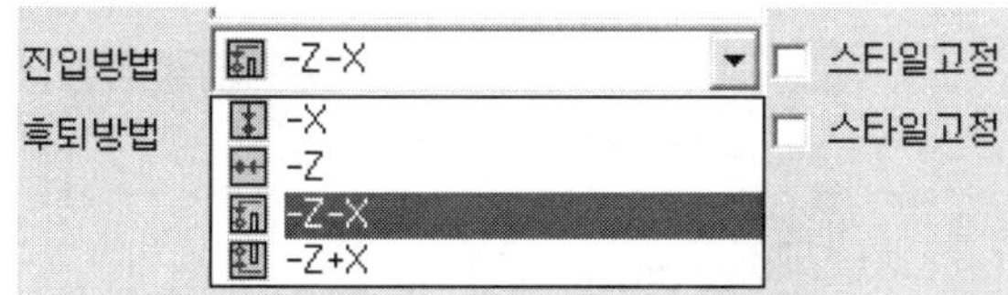

공구의 진입/후퇴 방법을 작업자가 선택할 수 있는 기능 입니다.

③ **후퇴각** : 가공이 끝나고 복귀시 급속 후퇴하는 각도

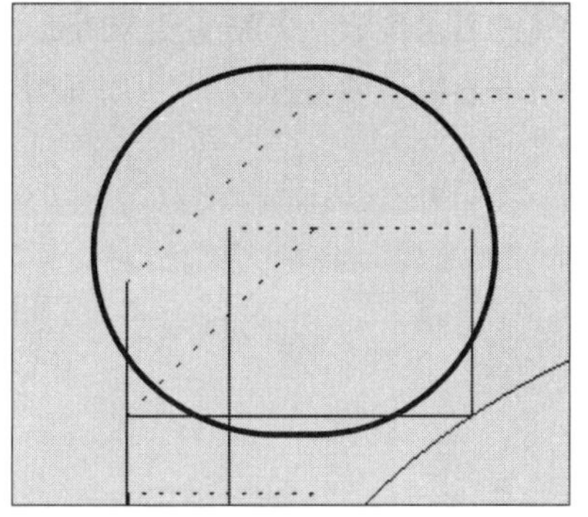

옵션

전략 | 이동 | 옵션 | 사용자정의 |

가공/스핀들 속도 200. 최대스핀들속도 1000.
이동 속도 - Z 0.1 이동 속도 - X 0.2
원호 피드률 90. % 0.090 세부조건 ☑ 50. % 반지름 < 4. 0.050
주속일정제어 ⊙ 가공속도 ○ 스핀들속도
피드레이트 ⊙ 단위/회전 ○ 단위/분
스핀들 방향 ⊙ 시계 방향 ○ 반시계 방향
공정 주석

도움말 초기화 확인 취소

① **가공/스핀들 속도** : **주속 일정제어** 또는 **주속 일정제어 무시**를 사용할 경우의 값
주속 일정제어를 사용할 경우 다음 공식에 의해 스핀들 속도가 제어 된다.
G96 – 주속 일정제어
G97 – 주속 일정제어 무시

$$N = \frac{1,000 \times V}{\pi \times D}$$

(N : 회전수, V : 절삭속도, D : 직경)

② **최대스핀들 속도** : 스핀들의 최대 회전수지정할 경우 사용한다.
G50에 입력되는 S값이다.
G50은 좌표계 설정 및 최대 스핀들 지정이다. 주속 일정제어를 사용할 경우 스핀들의 속도가 무한정 올라갈 수 있기 때문에 최대 스핀들 속도를 지정한다.

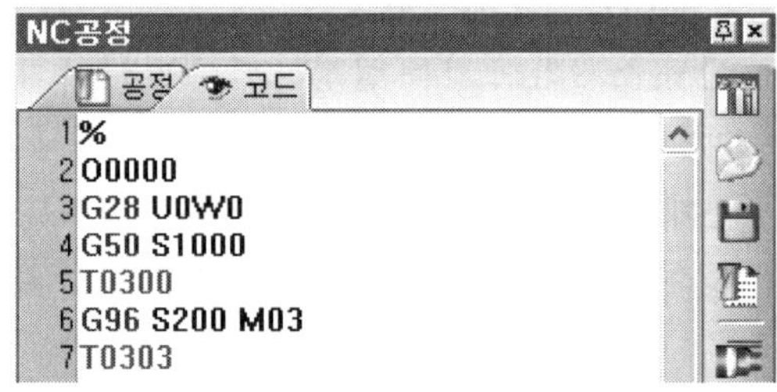

③ **주속 일정제어**

- **가공속도** : 주속 일정제어를 사용할 경우
- **스핀들 속도** : 주속 일정제어 무시로 사용할 경우

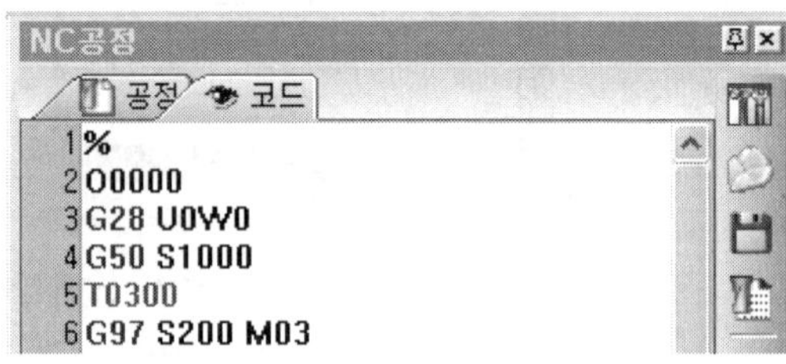

정삭

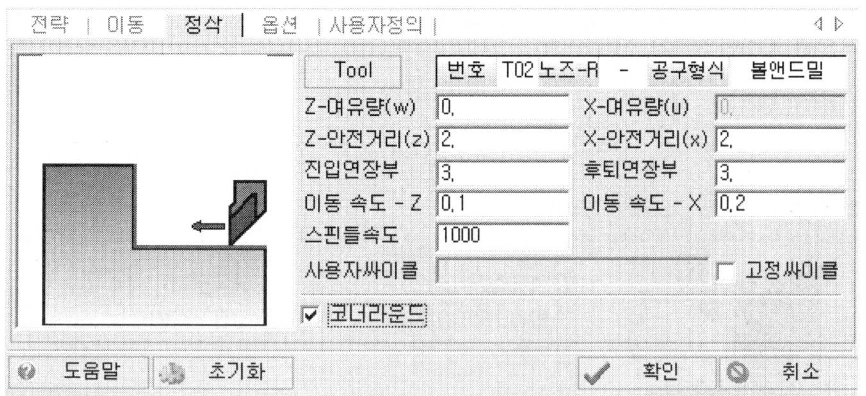

전략에서 정삭체크

Tool 클릭 공구선택을 한다.

정삭 가공은 황삭 후 전삭을 동시에 가공하는 가공으로 싸이클은 자원하지 않는다.

세부 내용은 아래 정삭가공 참조 (P-75)

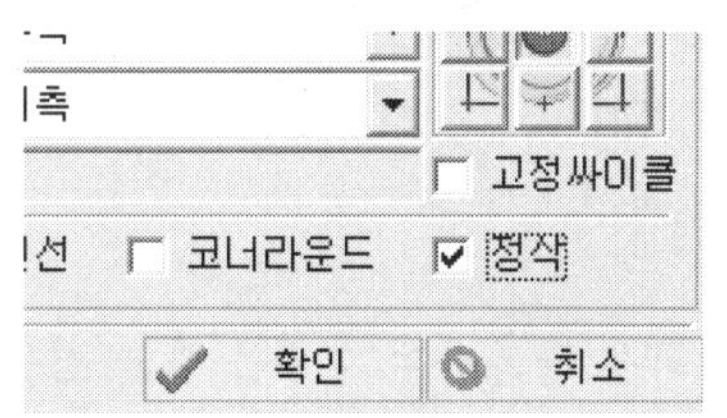


```
Z1.
G71 U2. R2.
G71 P20 Q30 U0.4 W0.2 F0.2
N20 G00 X62.555
G01 Z-49.563
N30 X92.371 Z-58.171
G00 X200. Z150.
M09
T0100
G28 U0 W0
T0300
G96 M03
T0303
G70 P20 Q30 F0.15
G00 Z2.
```

2. 모방황삭 공정

전략

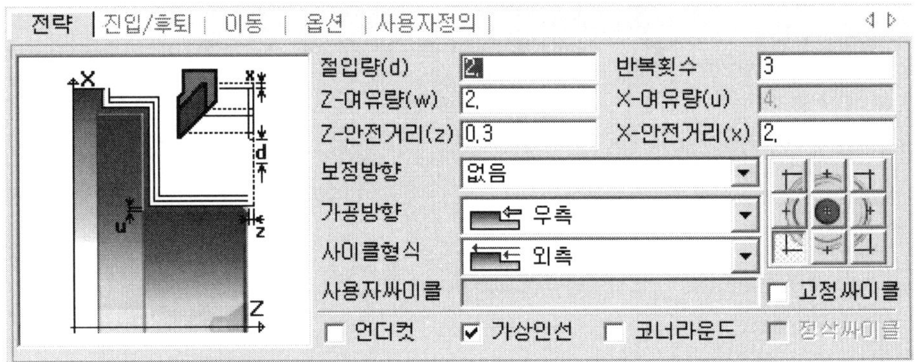

모방가공은 윤곽을 반복하여 가공을 하는 경우 사용한다. 반복 횟수는 몇 번의 반복으로 가공할 것인지 지정한다.

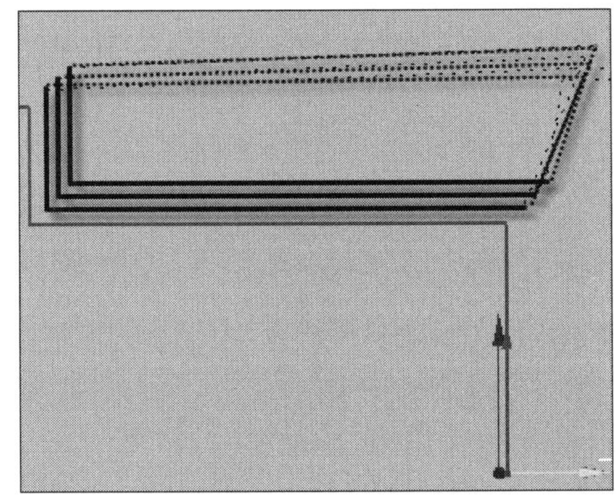

진입/후퇴

전략 | 진입/후퇴 | 이동 | 옵션 | 사용자정의

EXTEND

진입방법
겹침량 1.
진입각도 0. 진입반지름 3.
진입길이 1.

후퇴방법
겹침량 1.
후퇴각도 0. 후퇴반지름 3.
후퇴길이 1.

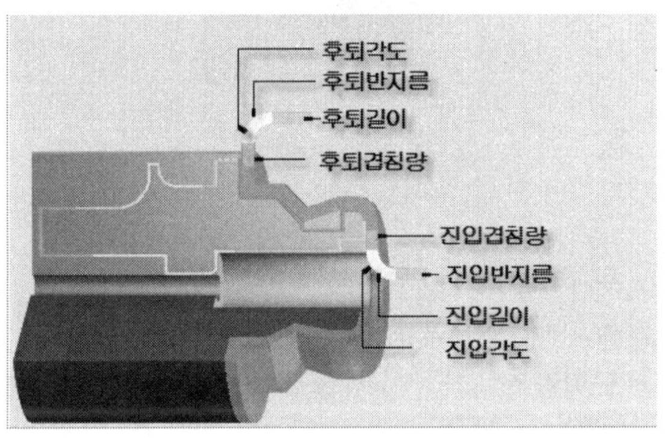

① **진입길이** : 진입하기 전 연장길이
② **진입각도** : 진입반지름 생성 각도
③ **집입반지름** : 원호진입할 경우
④ **진입겹침량** : 진입하는 처음 엔티티의 연장길이

후퇴부분도 진입과 동일내용

3. 그루부 공정

전략

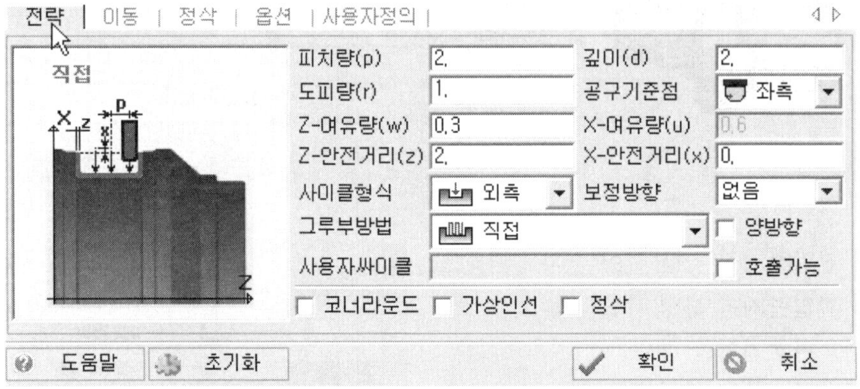

① **피치량(p)** : Z축으로 가공되는 피치

② **깊이(d)** : X축으로 가공되는 피치

③ **도피량(r)** : 가공이 최정점에 도달하여 후퇴하는 거리

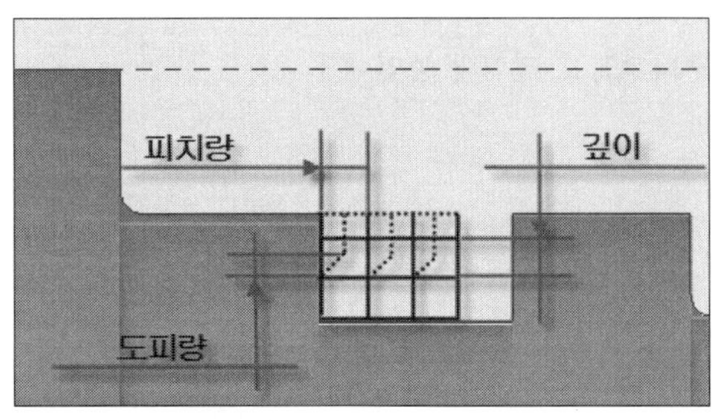

④ **공구기준점** : 그루부공구 기준이 되는 위치

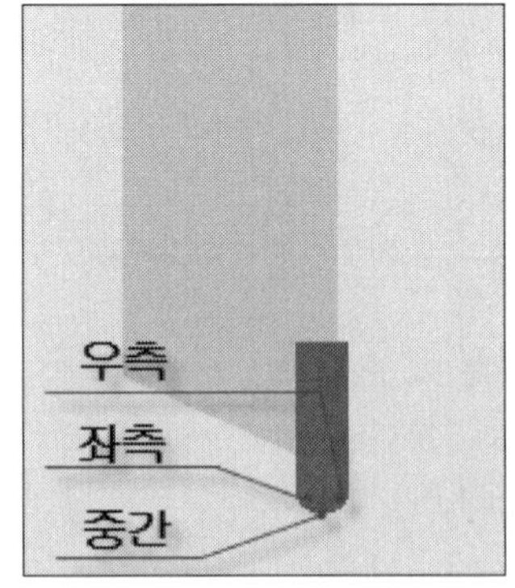

⑤ 그루부방법

• Z레벨 [Z레벨]

Z스텝과 X스텝을 동시에 제어할 수 있는 가공

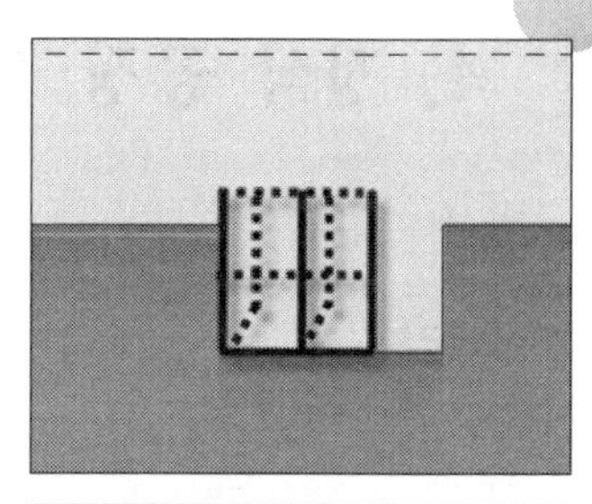

• 직접 [직접]

그루부 공구가 가공최종점 도달 후 Z로 이동하는 가공

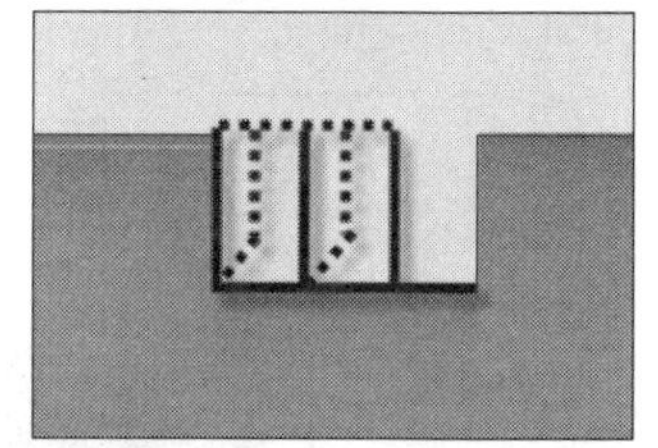

• W 형식 [W형식]

공구가 깊이 진입 후 Z로 절삭하는 방식

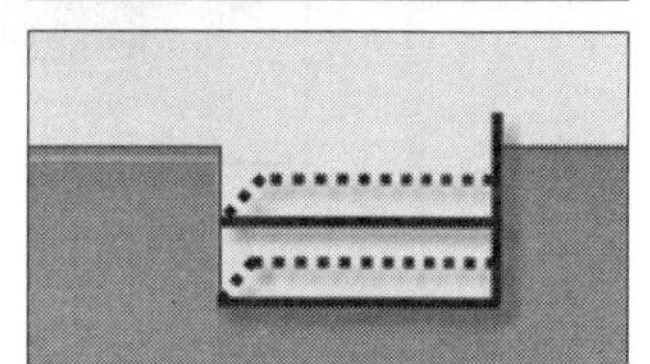

• S 형식 [S형식]

지그재그 가공

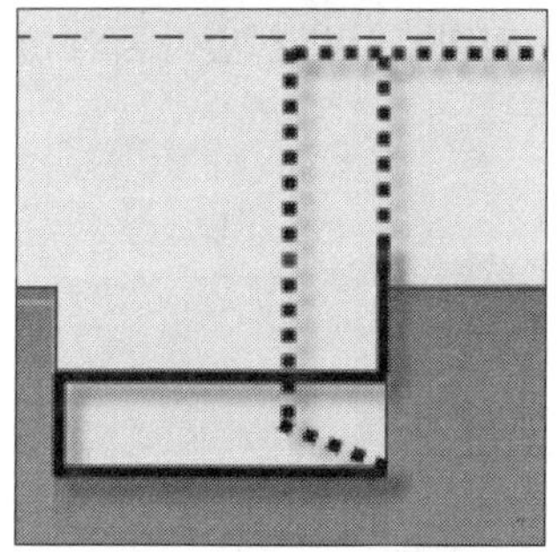

• Z 형식 [Z형식]

S형식처럼 지그재그로 가공을 하지만 XZ가 동시에 가공되는 형식

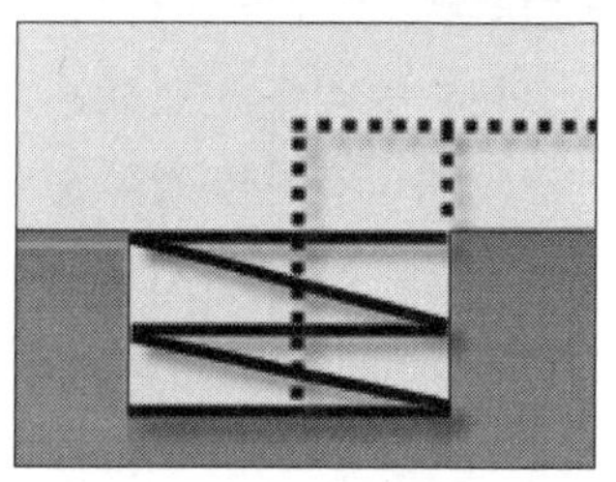

• O링 형식 [O링형식]

O링 홈을 가공할 경우

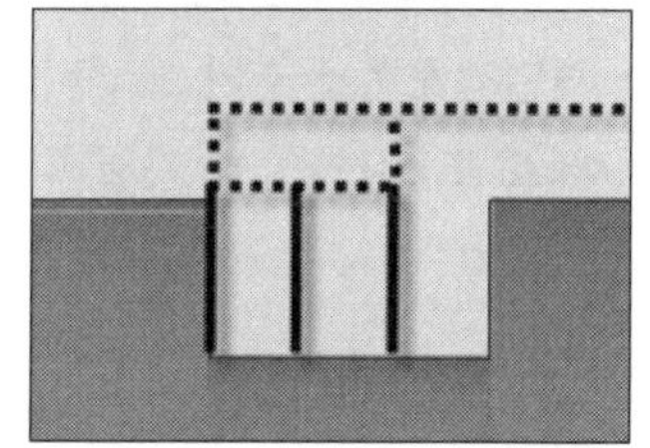

4. 정삭 공정

전략

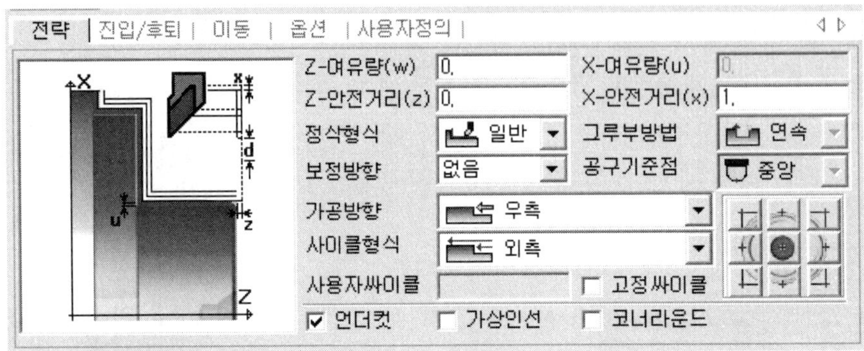

① 정삭형식

- **일반** : 일반 선반가공의 정삭 처럼 가공하는 방식

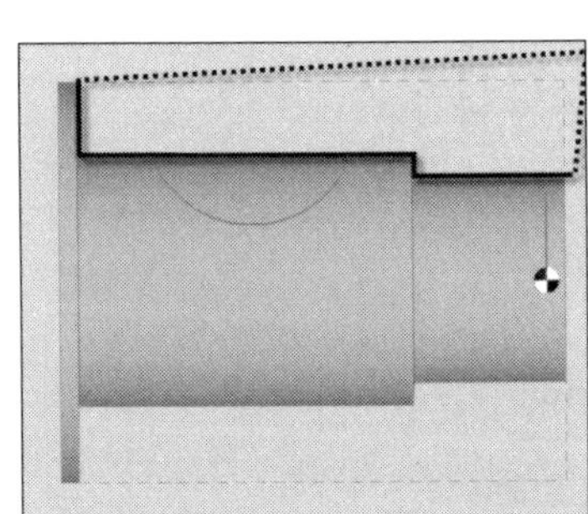

- **그루부** : 그루부 가공의 정삭방식
  그루부 방식을 선택하면 그루부 방법을 선택할 수 있다.
  – 연속 : 홈가공 정삭을 한 방향으로 가공하는 방식
  – 측면/측면 : 중간을 나누어 가공하는 방식

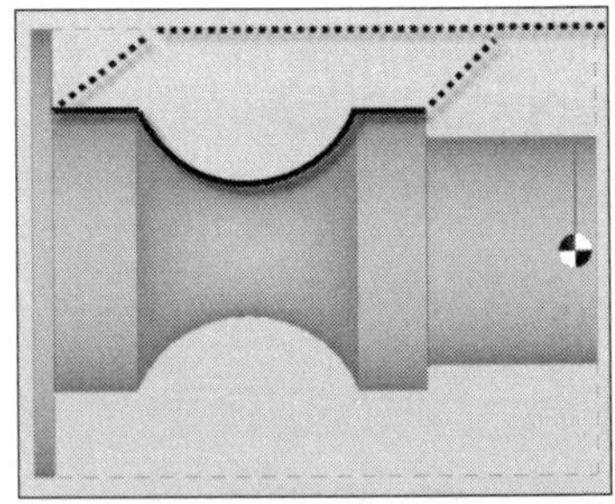

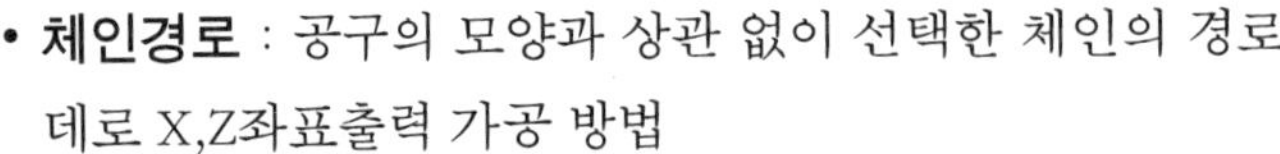

- **체인경로** : 공구의 모양과 상관 없이 선택한 체인의 경로데로 X,Z좌표출력 가공 방법

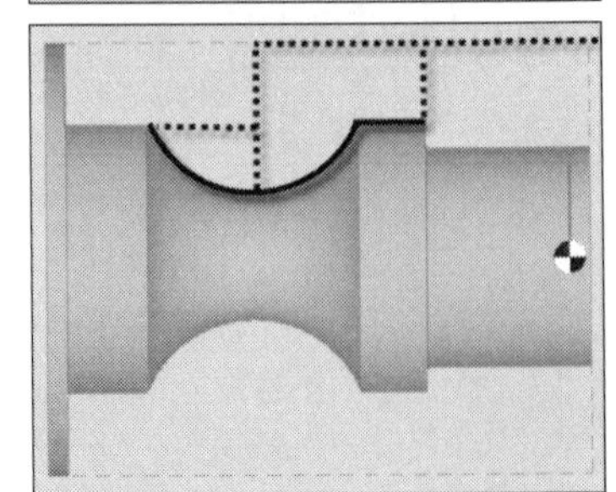

5. 나사 공정

전략

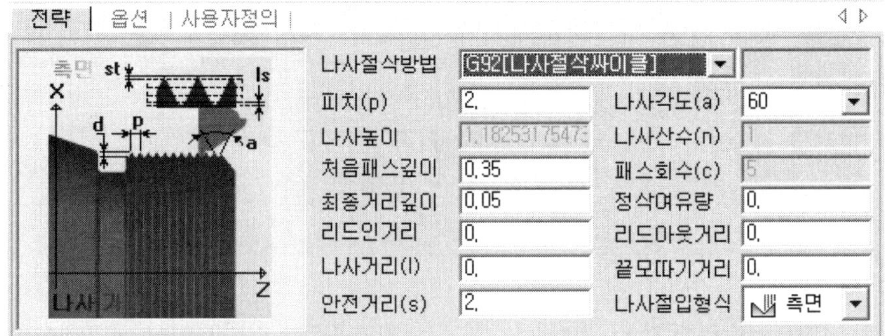

① **나사절삭방법** : 나사가공 사이클 선택

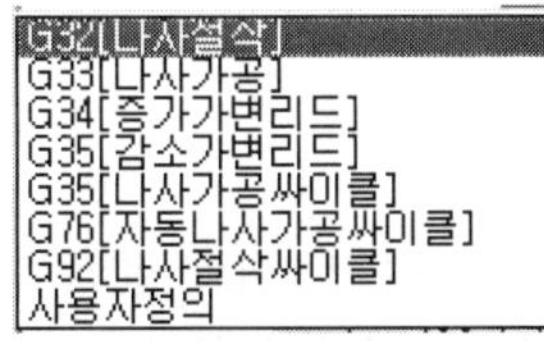

② **피치** : 나사산과 나사산의 거리

③ **나사각도** : 나사의 절입각도

④ **나사높이** : 피치와 각도에 의해 자동 기입

⑤ **처음패스깊이** : 최초 절입량 ("나사가공 절입 조건표" 참고)

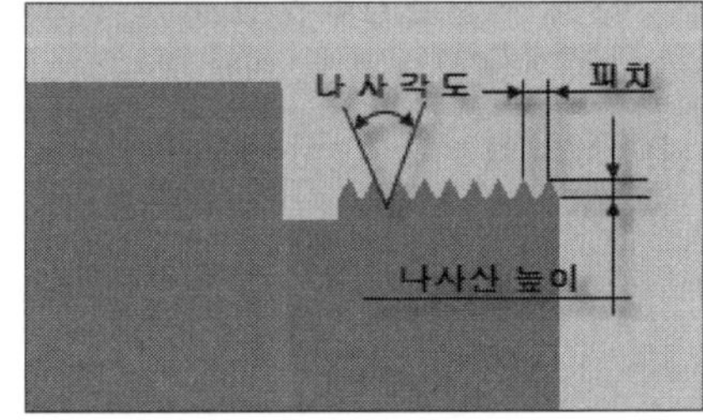

⑥ **최종거리깊이** : 최종 절입량 또는 최소 절입량

⑦ **정삭여유량** : 정삭가공 여유량

⑧ **리드인거리** : 진입 연장거리

⑨ **리드아웃거리** : 후퇴 연장거리

⑩ **나사거리** : 나사부 가공길이 (0일 경우, 실제 엔티티의 거리)

⑪ **끝모따기거리** : 나사의 불완전 나사부거리

⑫ **안전거리** : 소재에서 X축으로 떨어진 거리

⑬ **나사절입방법**

- 측면 : 나사산의 오른쪽을 기준으로 절입하는 방식
- 증분 : 나사산의 중앙으로 절입하는 방식
- 반경향 : 나사산의 오른쪽과 왼쪽을 변경하며 가공하는 방식
- 반대측면 : 나사산의 왼쪽을 기준으로 절입하는 방식

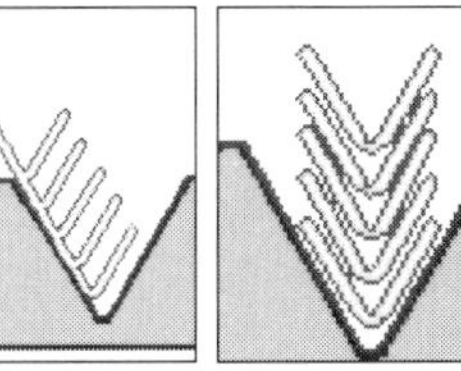
[측면]

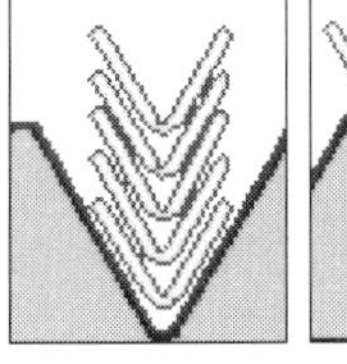
[증분]

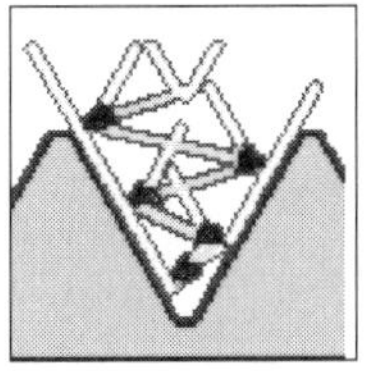
[반경향]

[반대 측면]

6. 드릴 가공

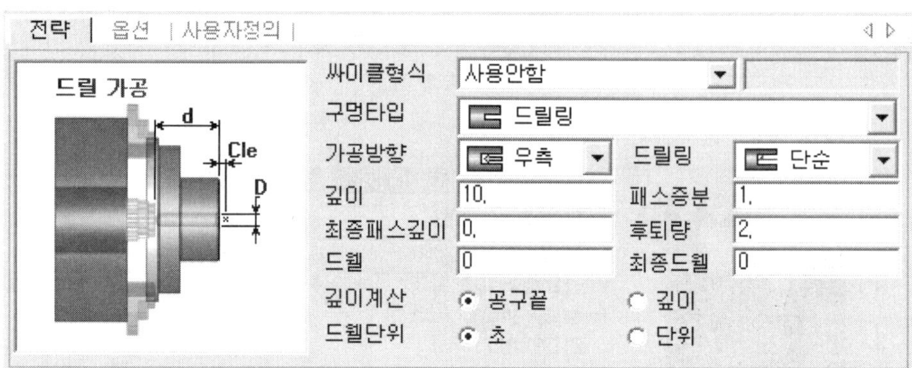

① **사이클 형식** : 사이클 사용할 경우
② **구멍타입** : 센터, 드릴링, 탭 중 선택
③ **가공 방향**
④ **드릴링**
- 단순 : 최종가공 깊이까지 1회에 절입 디버링
  : 절입 후 안건거리까지 후퇴 후 가공
- 칩브레이커 : 절입가공 후 증분 후퇴하는 방식

⑤ **깊이** : 0점에서의 가공 깊이
⑥ **패스증분** : 디버킹이나 칩브레이커를 사용을 할 경우 1회 절입량
⑦ **최종패스깊이** : 마지막 가공 스텝
⑧ **후퇴량** : 칩브레이커를 사용할 경우 증분 후퇴량
⑨ **드웰** : 1회절입 후 정지시간
⑩ **최종드웰** : 마지막 깊이 도달 후 정지 시간
⑪ **깊이계산** : 공구끝-드릴공구의 끝날
깊이 - 드릴의 직선구간
⑫ **드웰단위** : 정지시간의 단위

7. 파팅 공정

전략

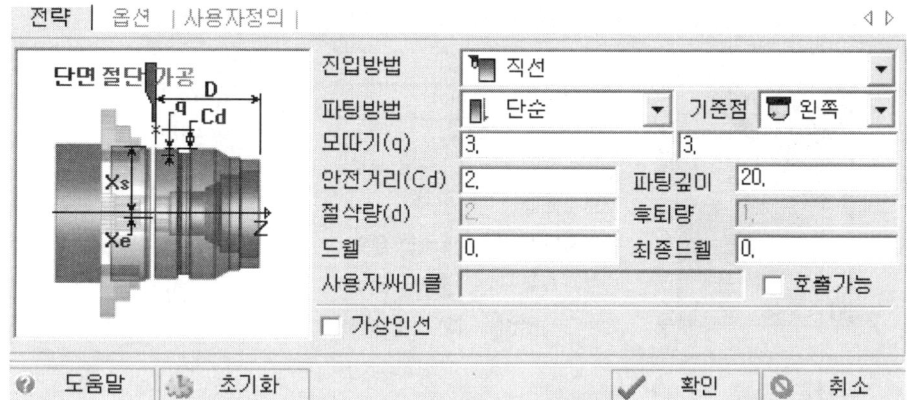

① **진입방법**

- 직선 [직선] : 시작부에 직선으로 진입
- 모따기 [모따기] : 시작부에 모따기를 하며 진입
- 필렛 [필렛] : 시작부에 필렛을 하며 진입

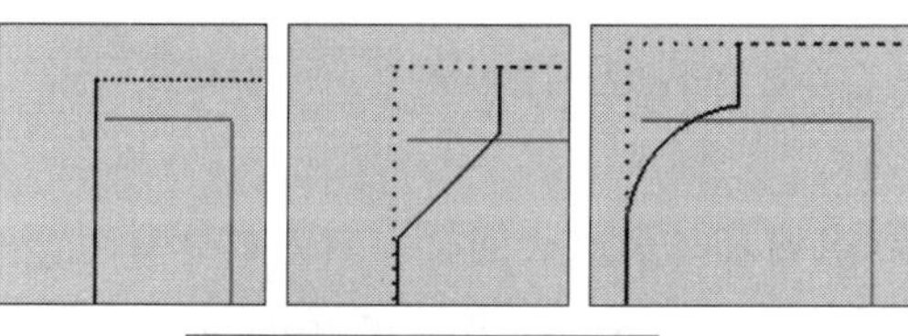

② **기준점** : 가공위치의 기준점

③ **파팅방법** : 단순, 디버링, 칩브레이커 등으로 되어 있다.

④ **파팅깊이** : 가공깊이

⑤ **안전거리** : 소재에서의 안전거리

⑥ **절삭량** : 1회 절입량

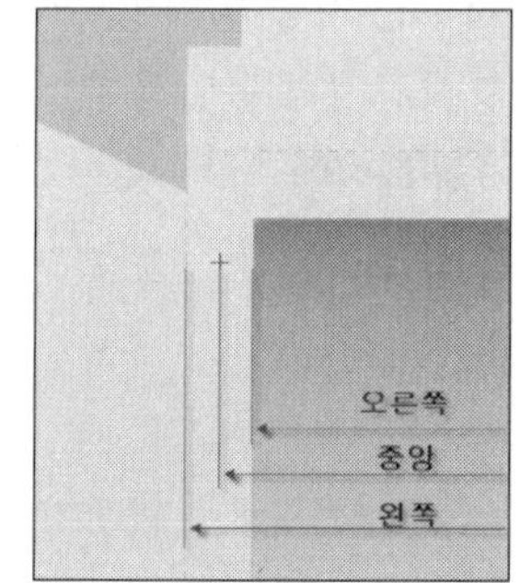

위치 선택 방법

① **위치** : CUTOFF할 위치 지정

② 위치를 클릭하면 CAD 화면에 표시

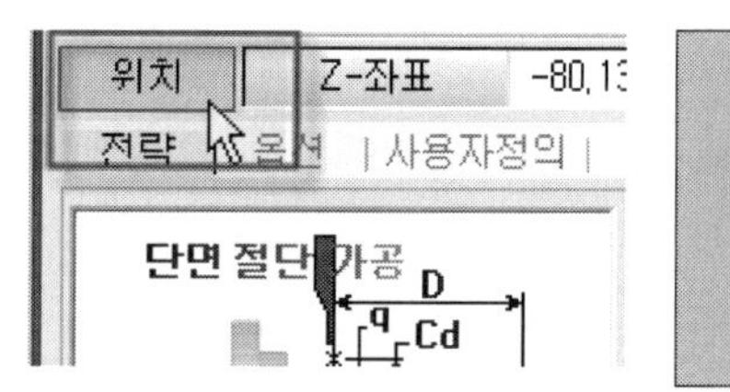

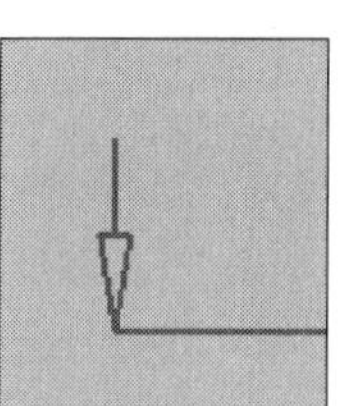

8. 주물황삭 공정

전략

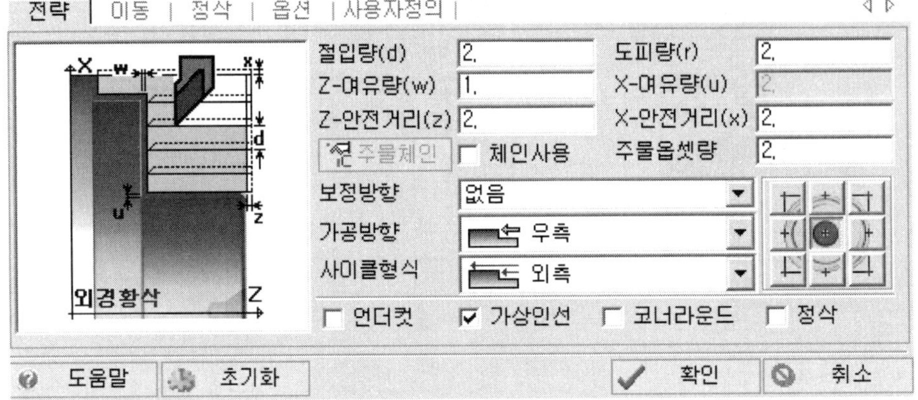

주물체인 ☑ 체인사용 주물옵셋량 2.

주물 형상의 임의의 체인을 선택하여 불필요 한 황삭 가공 공정을 줄여주는 가공 방법입니다.

가공 방법은 황삭공정과 동일하며, 임의의 주물 체인과 실제적으로 가공하여야 하는 체인 사이를 황삭공정에 의해 가공하는 방법입니다.

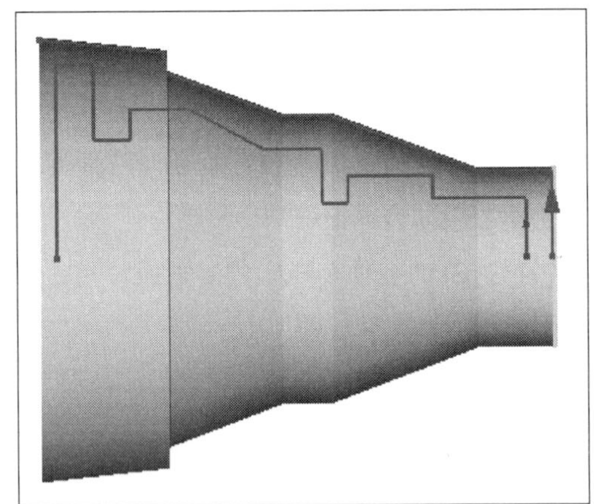

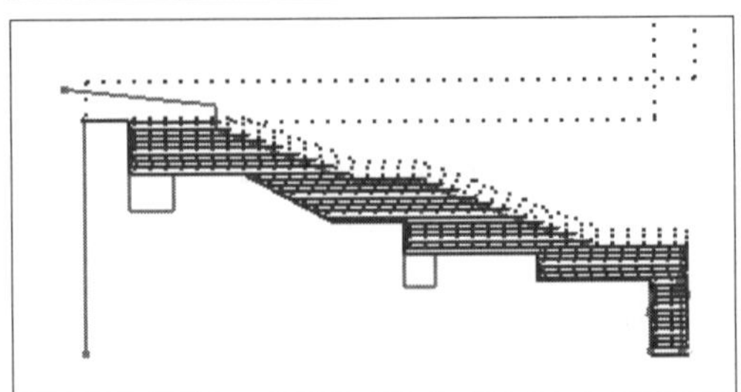

9. 팩 공정

 전략 

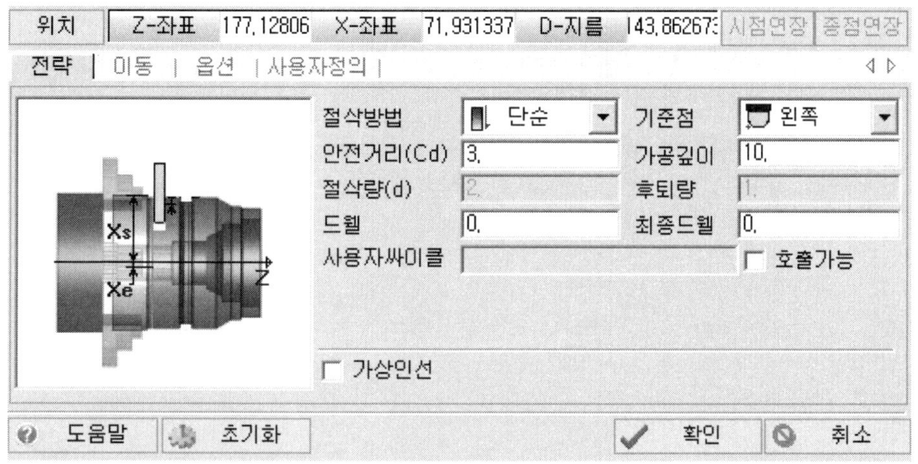

팩공정은 파팅공정과 동일한 가공 방법이나 그루브 공구를 사용하여 공구 이동없이 가공 깊이량만 조절하여 홈 가공을 하는 가공 공정입니다.

주로 사용하는 가공 예로는 공구의 모양과 치수에 의한 홈 가공에 많이 사용됩니다.

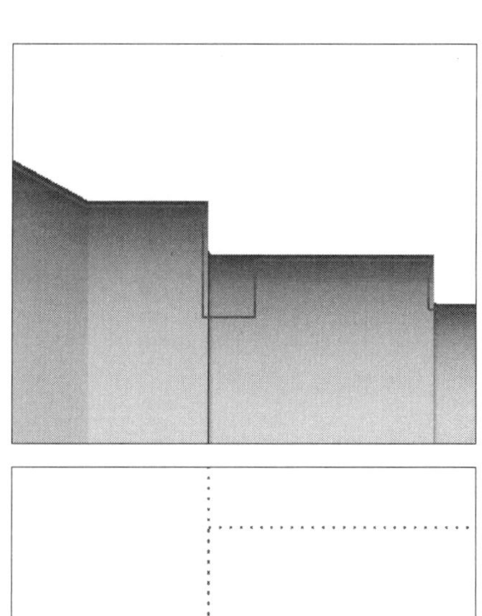

절삭방법

단순 / 디버링 / 칩브레이커

Quick
CAD-CAM

08 따라하기 예제 (Turn)

Chapter

Quick-CAD/CAM을 활용한 빠르고 쉬운 CNC 가공 기술

1. QuickTurn 따라하기 1

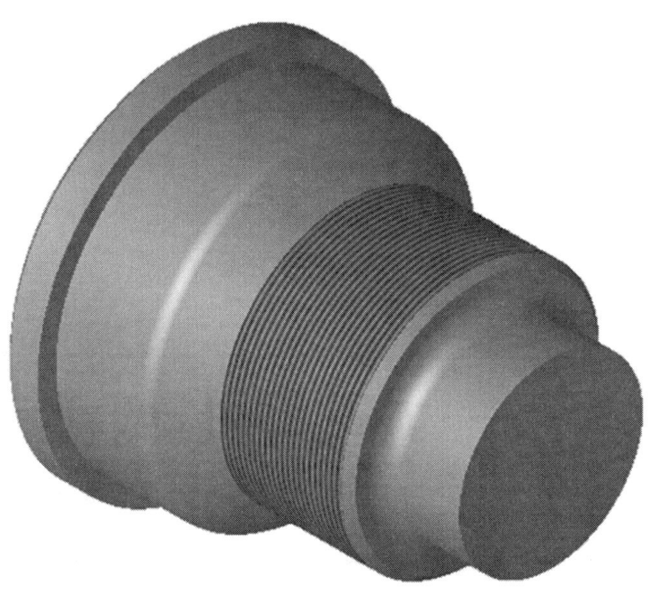

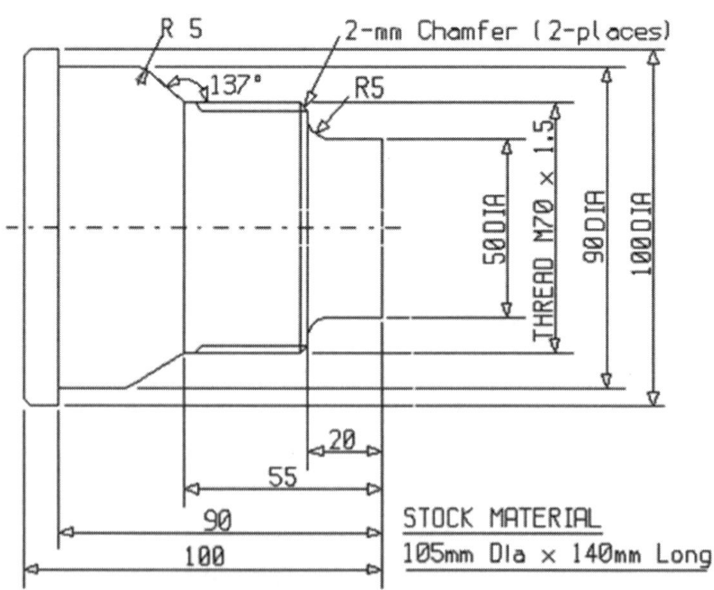

1. 윤곽선 생성

01 선반체인으로 윤곽 생성

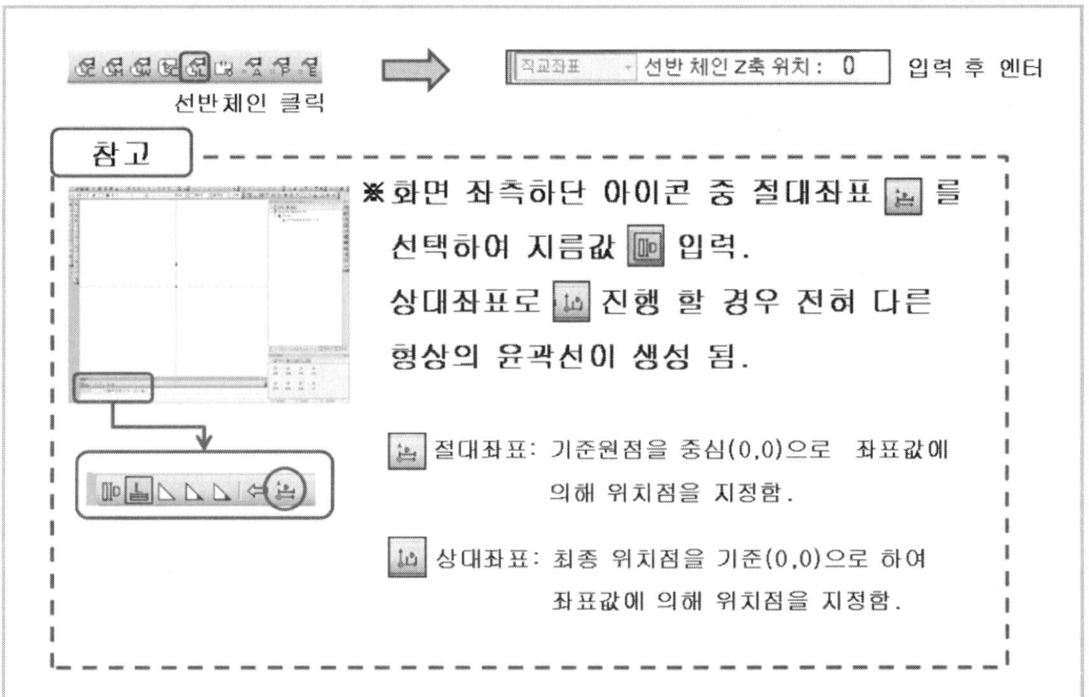

02

절대좌표를 선택한 상태에서 그림과 같은 순서로 지름, 길이, 지름·각도 값을 입력하여 윤곽 형상 생성. < 시작점은 원점(0,0)부터 >

03 체인편집(모따기)

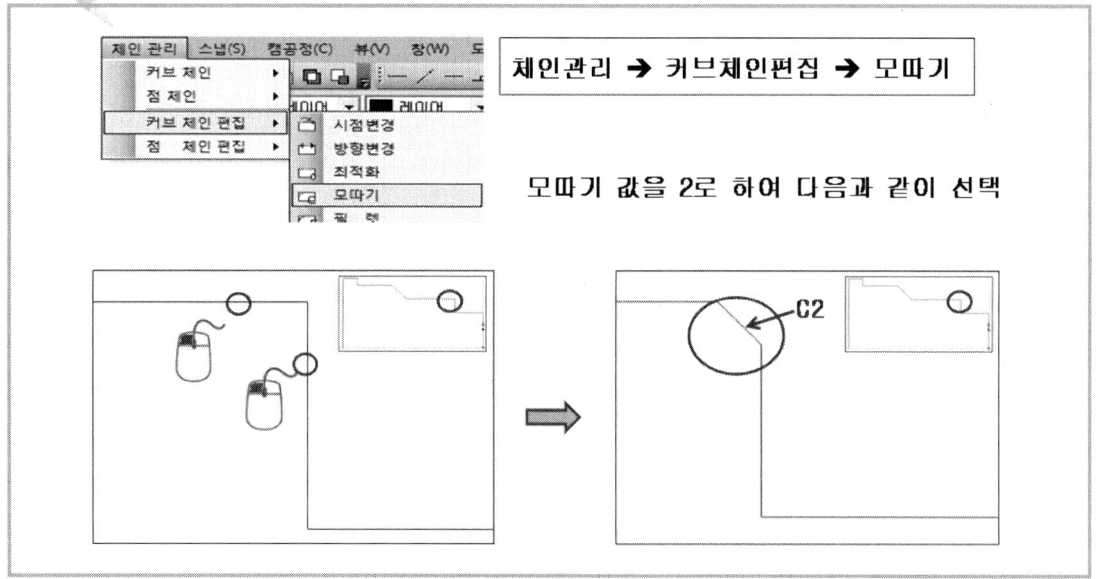

04 체인편집(필렛)

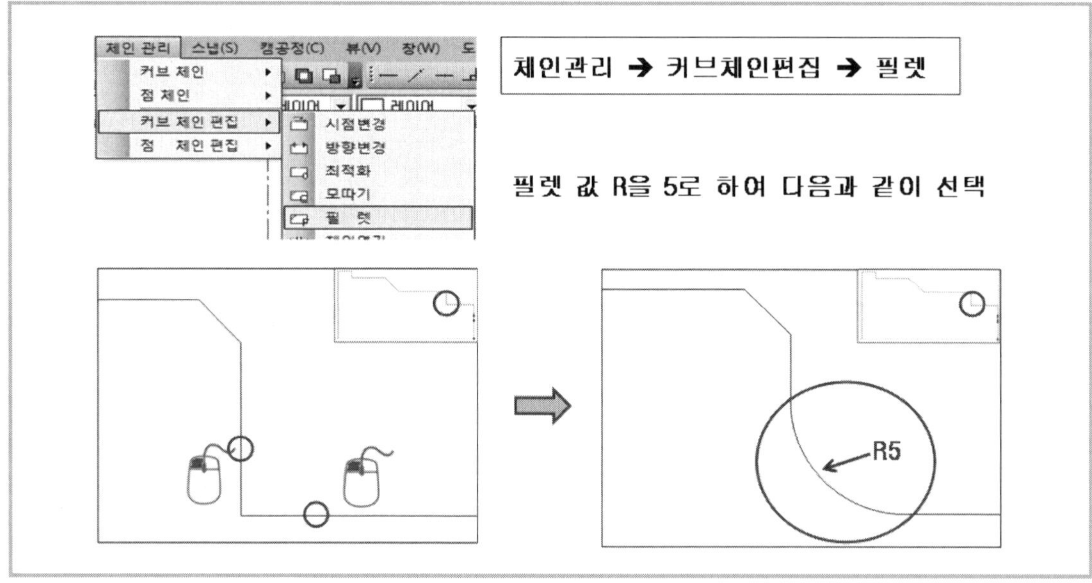

05 체인편집(필렛)

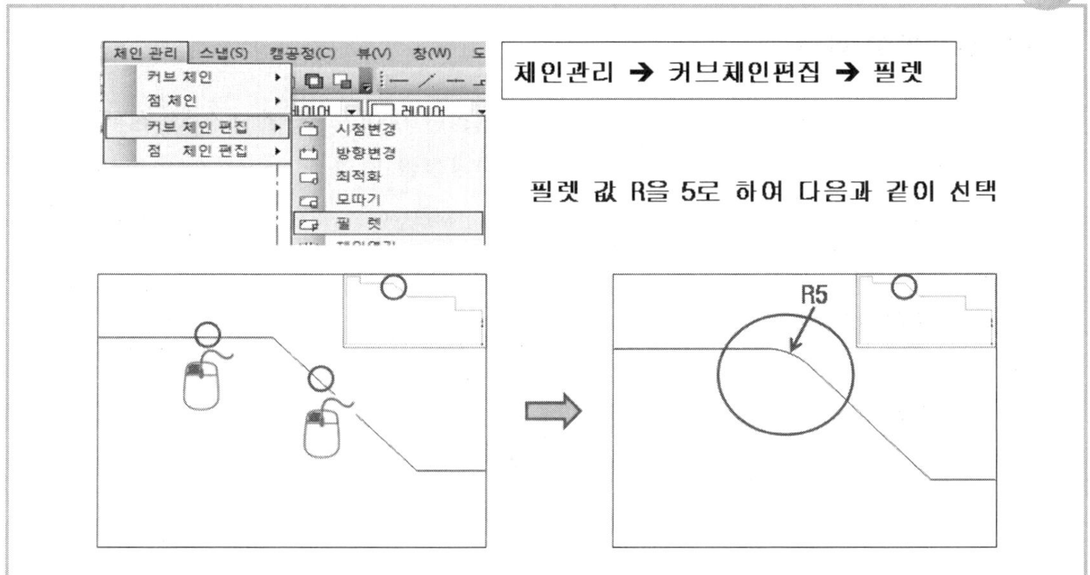

06 체인편집

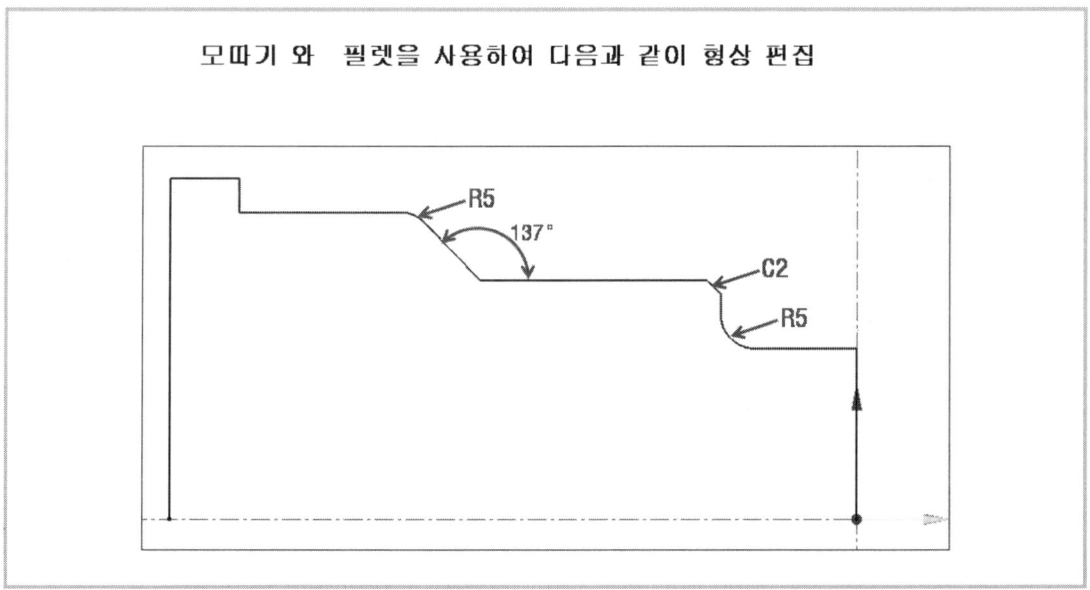

2. NC 환경설정

01 NC 환경설정 변경

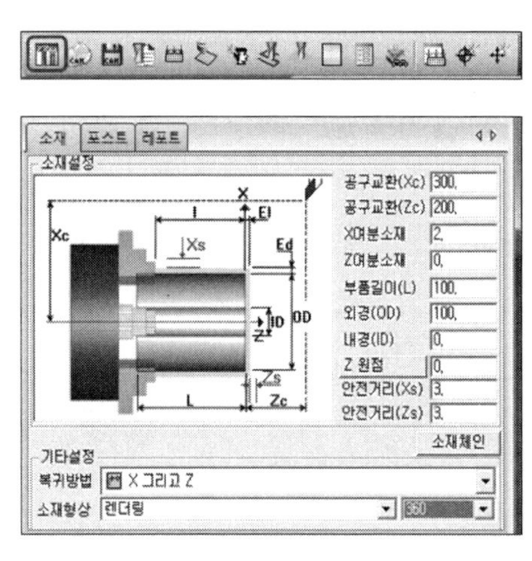

우측상단 아이콘 중 캠환경 선택하여 NC환경설정 변경

- ▶공구교환(Xc) : 공구교환 X축 위치
- ▶공구교환(Zc) : 공구교환 Z축 위치
- ▶X 여분소재 : X축 소재 여유량
- ▶Z 여분소재 : Z축 소재 여유량
- ▶부품길이(L) : 실제 부품 길이
- ▶외경(OD) : 실제 부품 외경
- ▶Z 원점 : 소재의 Z 원점
- ▶공구안전거리(Xs) : 공구 초기진입 시 소재에서 떨어진 X축 거리
- ▶ 공구안전거리(Zs) : 공구 초기진입 시 소재에서 떨어진 Z축 거리

02 NC 환경설정 변경

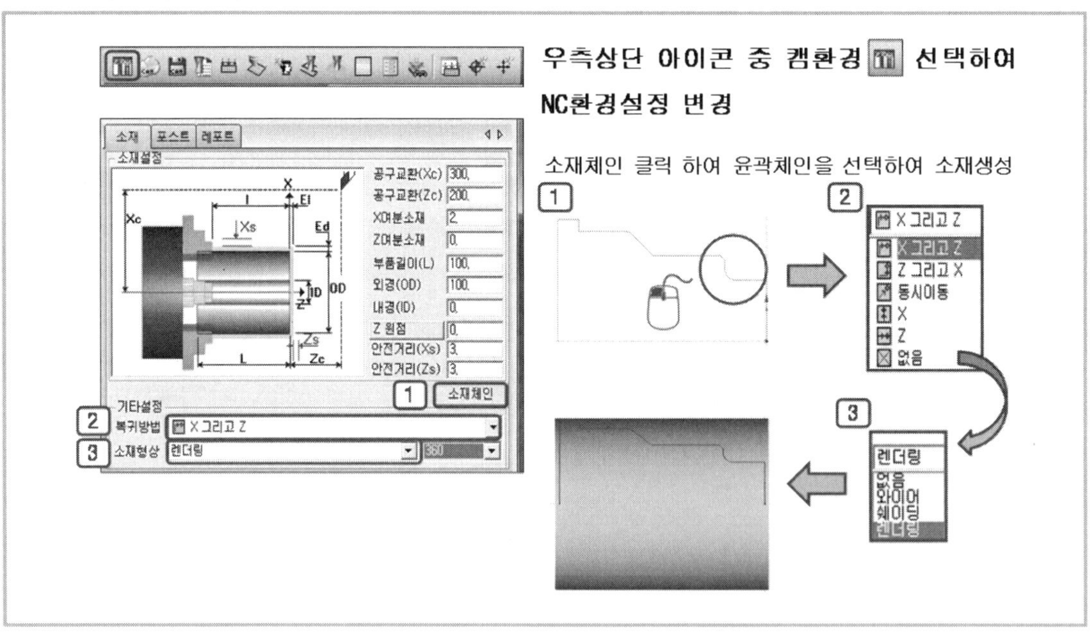

3. 절삭공구 선택

01 공구매거진 변경

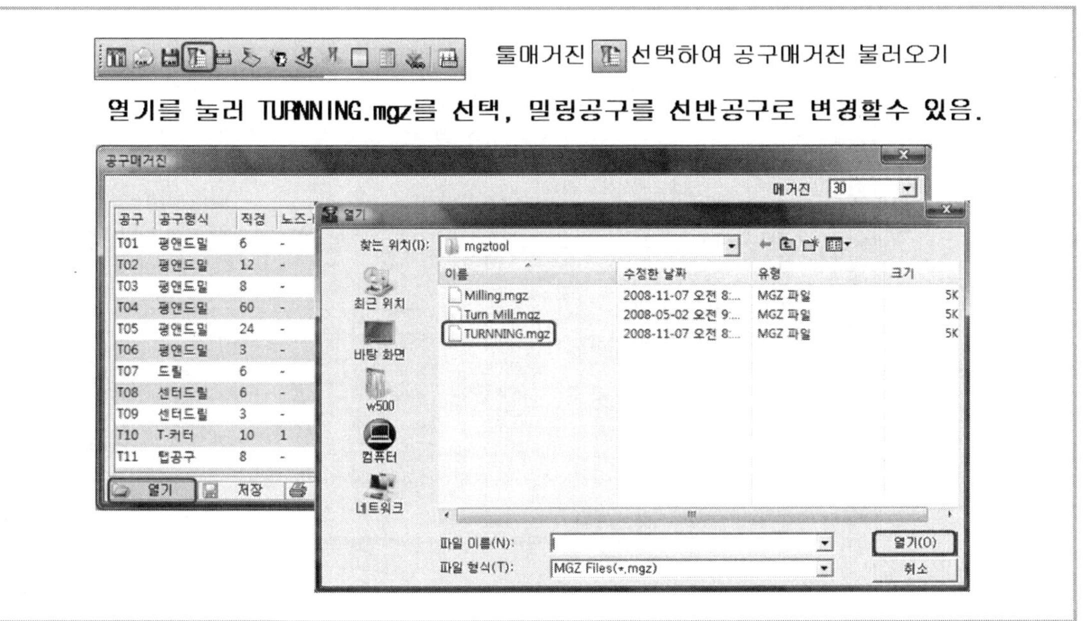

02 공구 편집 및 설정

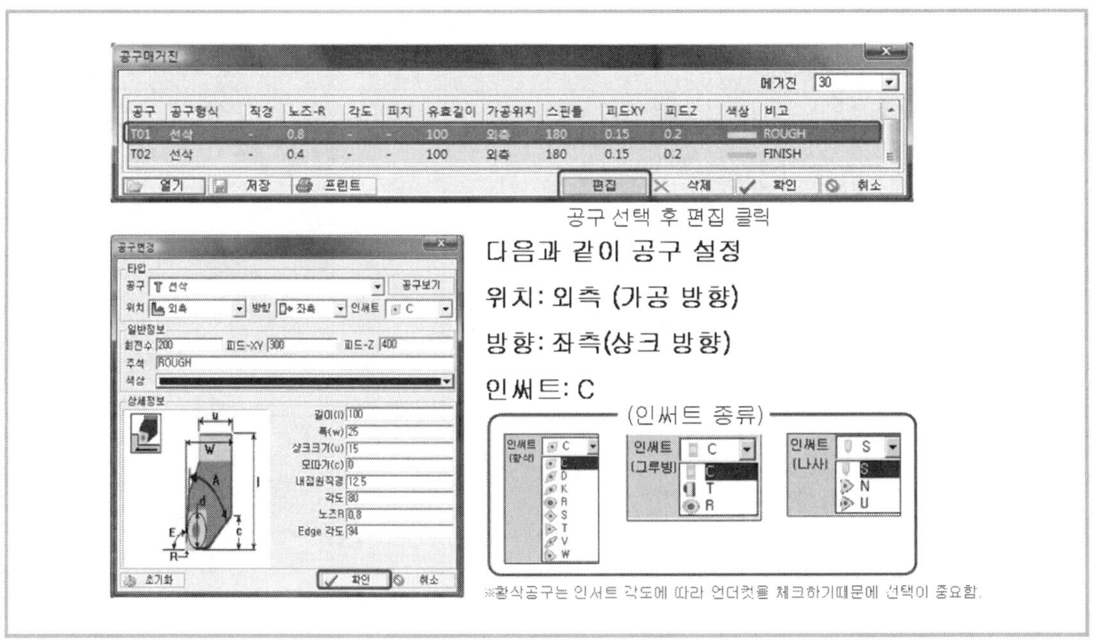

4. 절삭가공

01 황삭가공(공구선택)

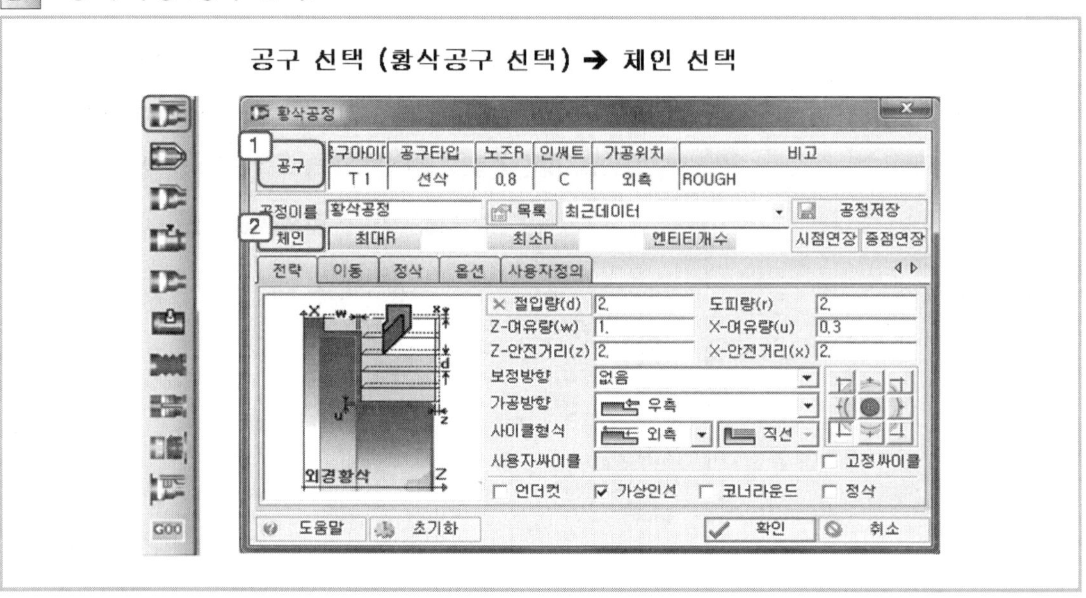

02 황삭가공(공구선택)

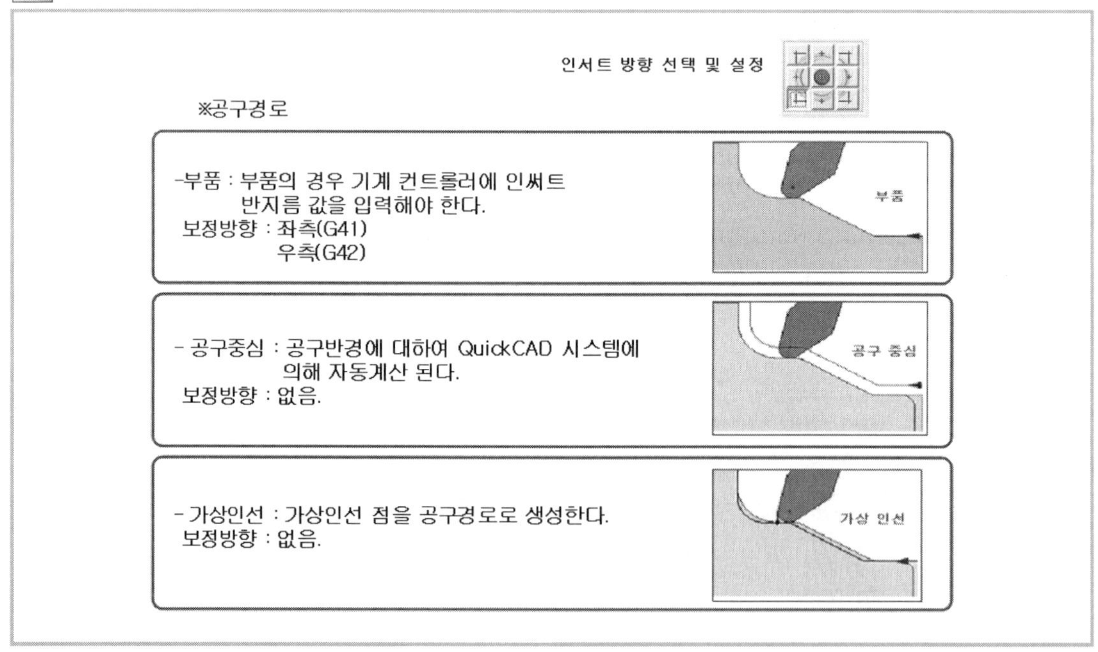

03 황삭가공(체인선택)

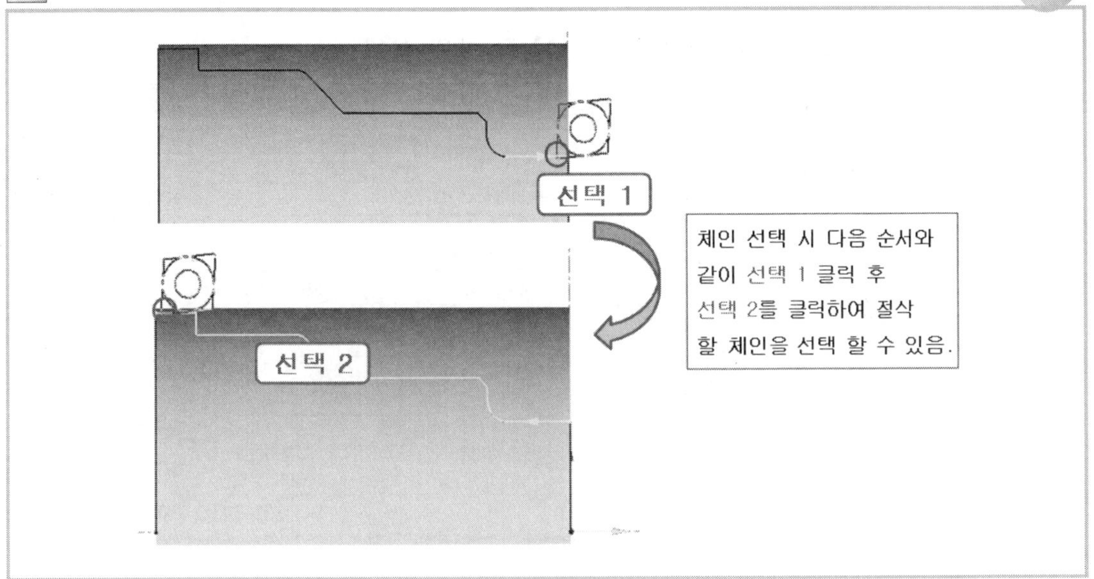

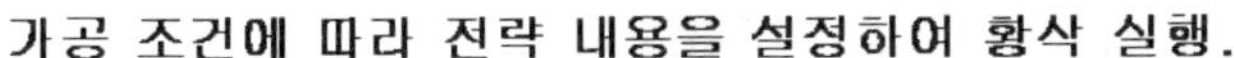

04 황삭가공(전략설정)

가공 조건에 따라 전략 내용을 설정하여 황삭 실행.

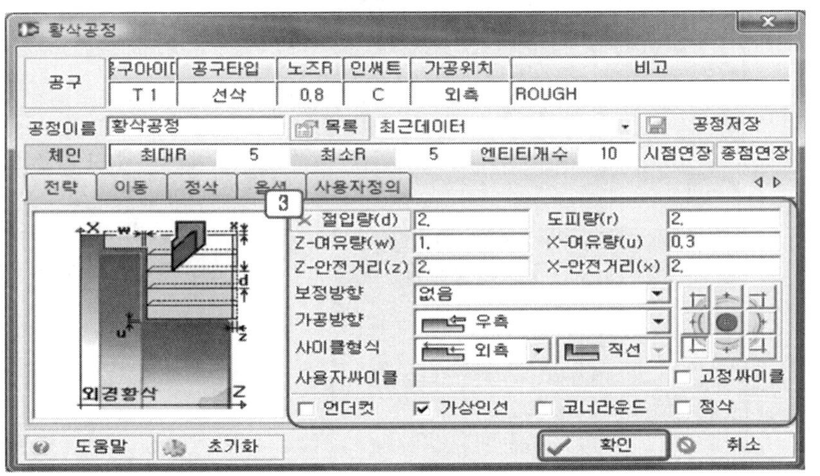

모든 설정 완료 후 확인 버튼 클릭

05 정삭가공(공구선택)

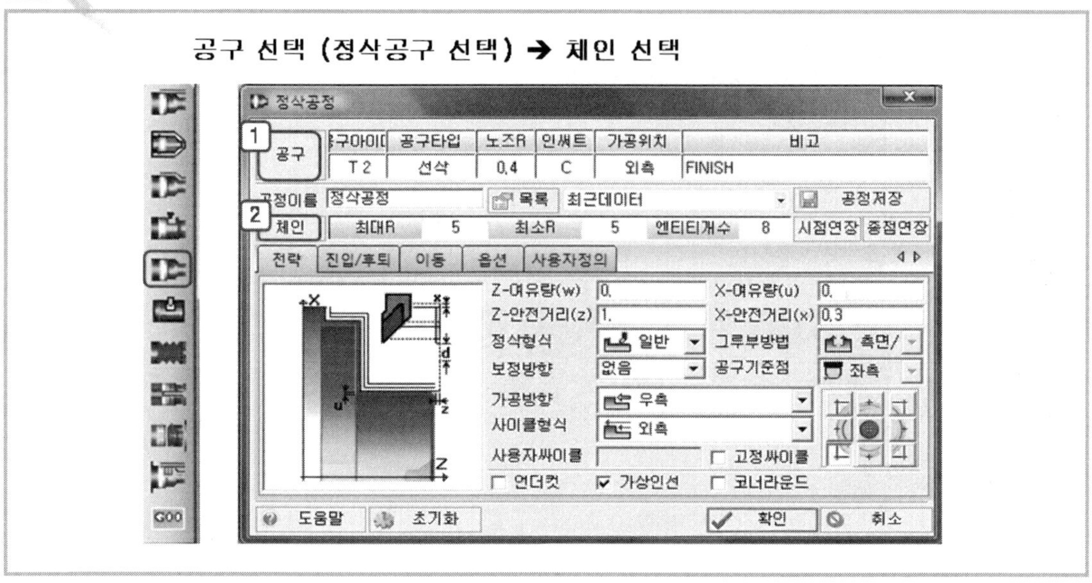

06 정삭가공(체인선택)

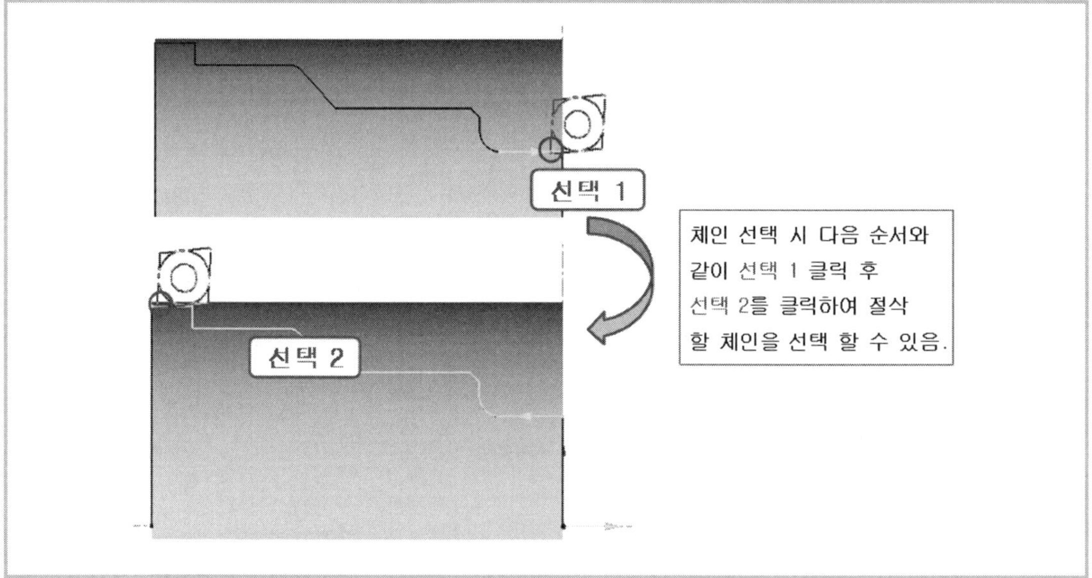

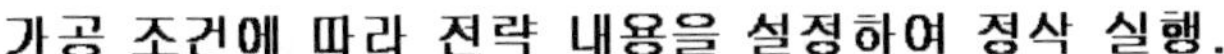

07 정삭가공(전략설정)

가공 조건에 따라 전략 내용을 설정하여 정삭 실행.

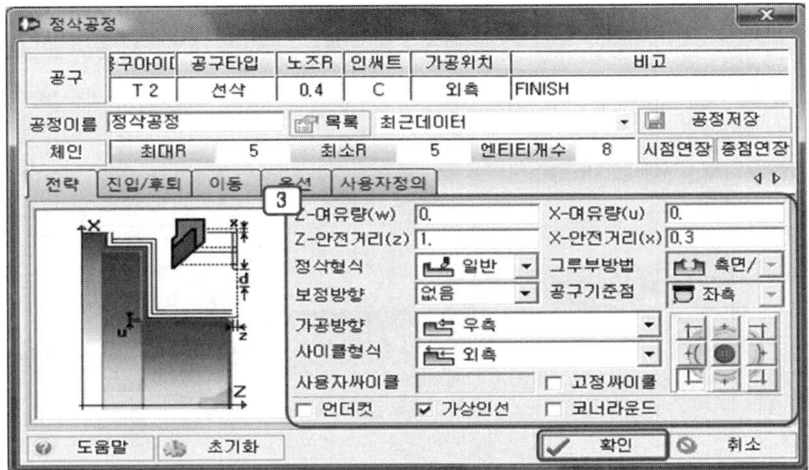

모든 설정 완료 후 확인 버튼 클릭

08 나사가공(공구선택)

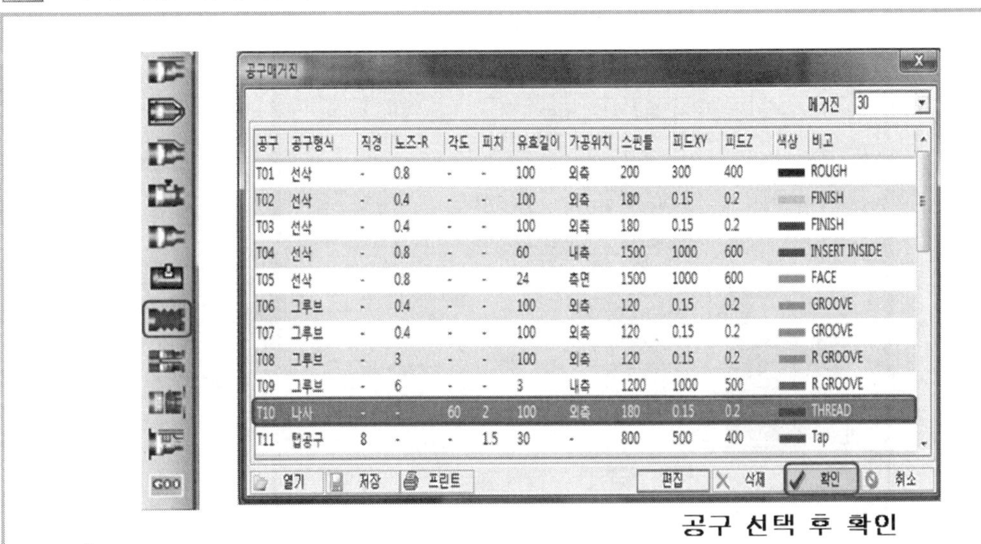

공구	공구형식	직경	노즈-R	각도	피치	유효길이	가공위치	스핀들	피드XY	피드Z	색상	비고
T01	선삭	-	0.8	-	-	100	외측	200	300	400		ROUGH
T02	선삭	-	0.4	-	-	100	외측	180	0.15	0.2		FINISH
T03	선삭	-	0.4	-	-	100	외측	180	0.15	0.2		FINISH
T04	선삭	-	0.8	-	-	60	내측	1500	1000	600		INSERT INSIDE
T05	선삭	-	0.8	-	-	24	측면	1500	1000	600		FACE
T06	그루브	-	0.4	-	-	100	외측	120	0.15	0.2		GROOVE
T07	그루브	-	0.4	-	-	100	외측	120	0.15	0.2		GROOVE
T08	그루브	-	3	-	-	100	외측	120	0.15	0.2		R GROOVE
T09	그루브	-	6	-	-	3	내측	1200	1000	500		R GROOVE
T10	나사	-	-	60	2	100	외측	180	0.15	0.2		THREAD
T11	탭공구	8	-	-	1.5	30	-	800	500	400		Tap

공구 선택 후 확인

09 나사가공(공구선택)

공구 선택 후 나사 공정 설정 중 체인 선택

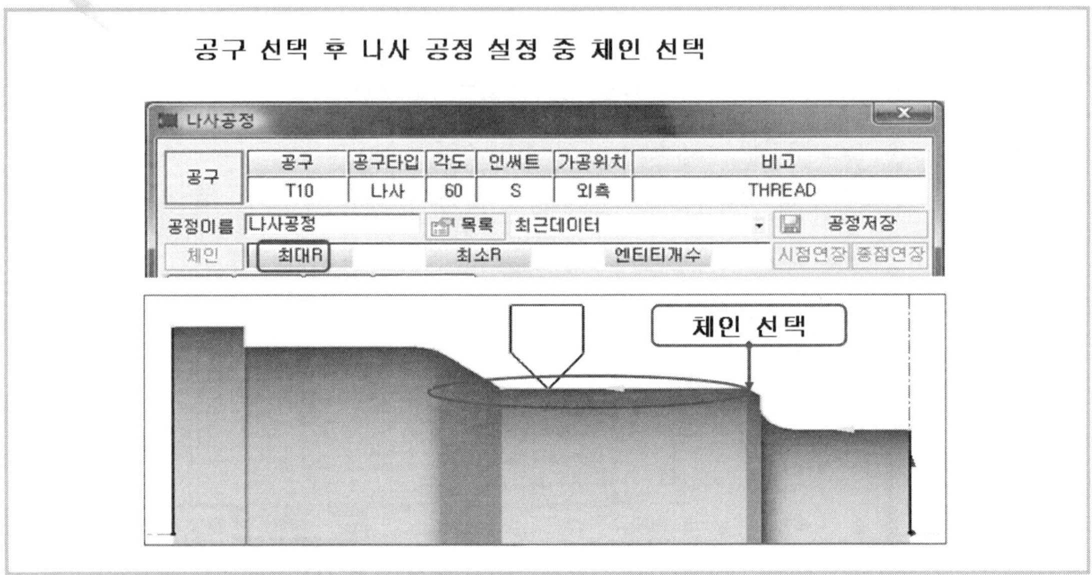

10 나사가공(공구선택)

전략 내용 설정 후 확인. 나사 가공 실행.

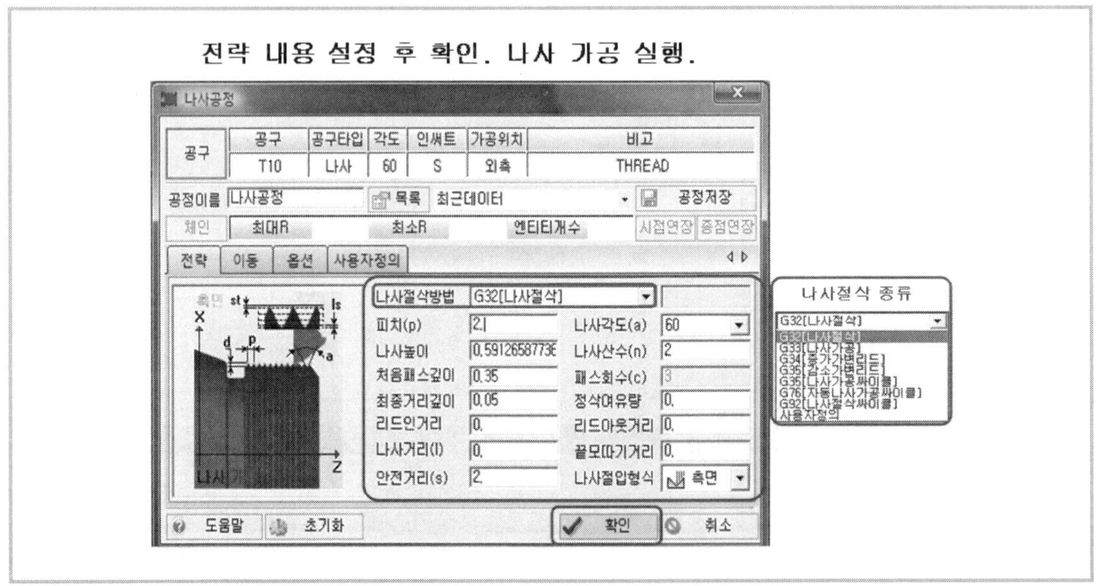

5. NC 데이터 출력

01 NC 데이터 출력

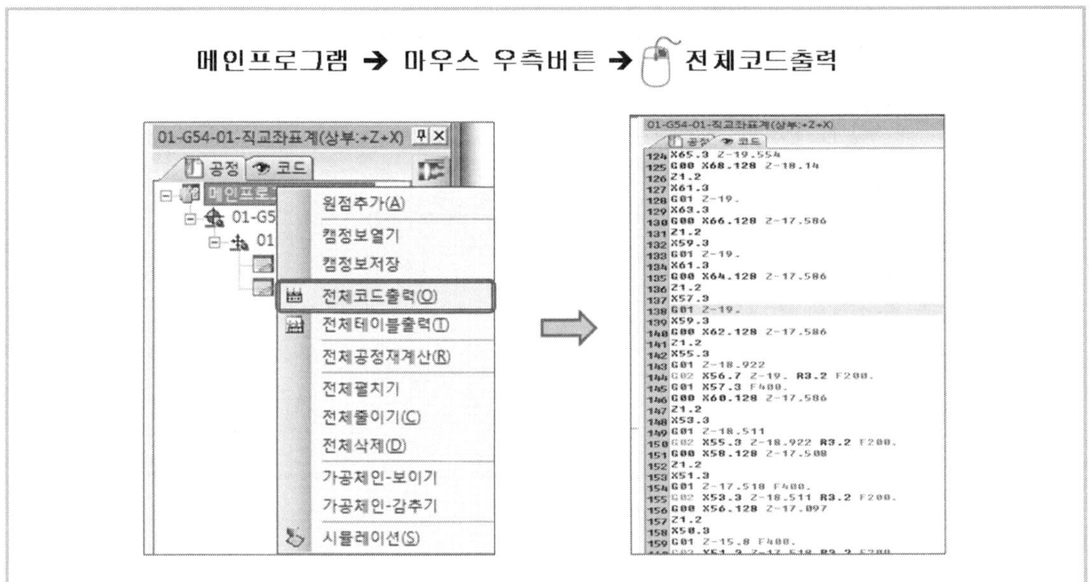

02 NC 데이터 저장

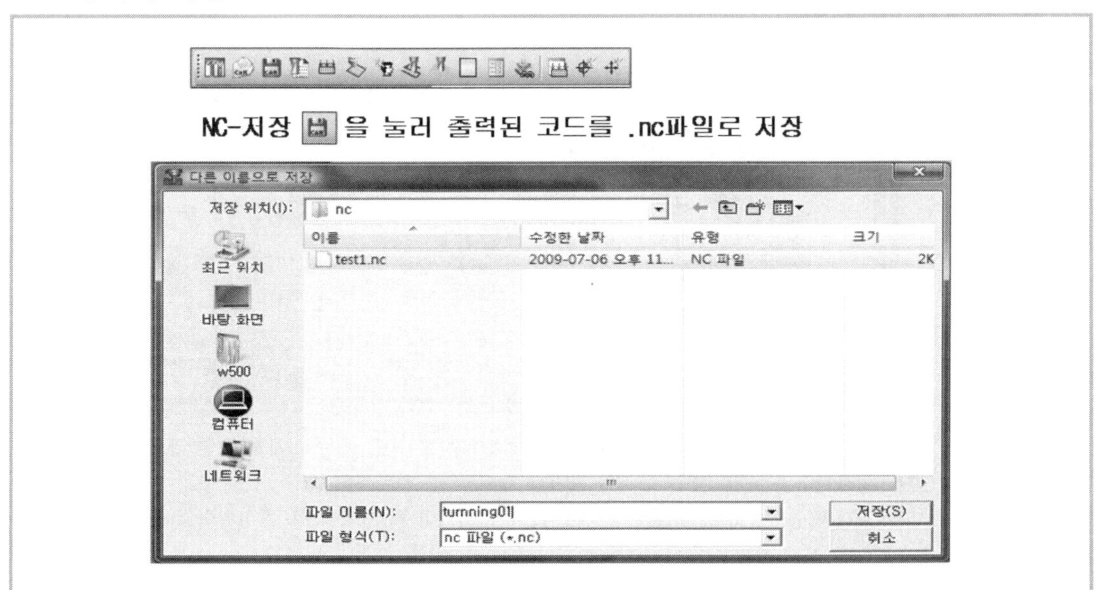

03 NC 데이터 확인

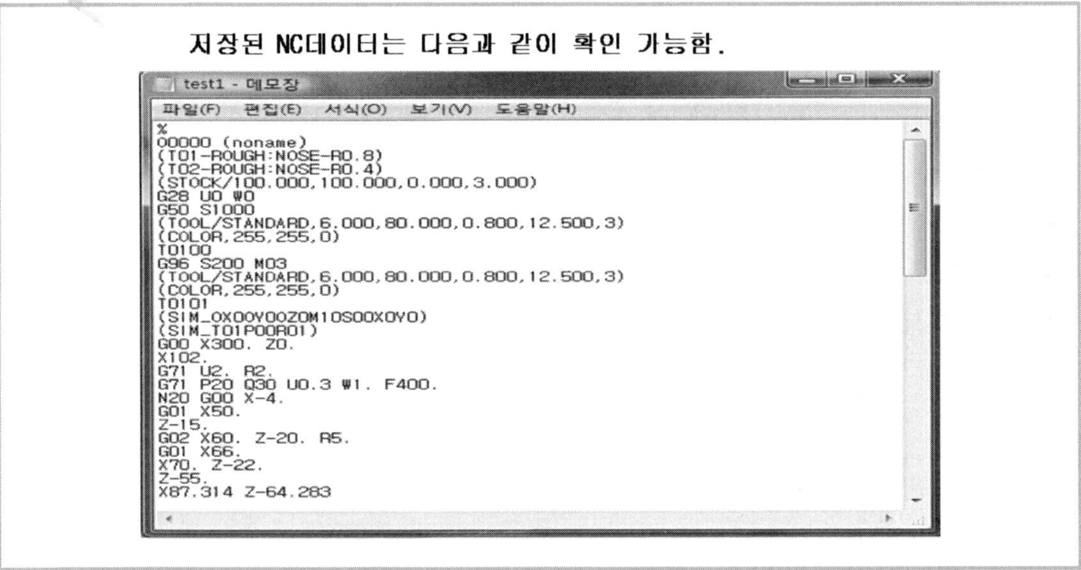

저장된 NC데이터는 다음과 같이 확인 가능함.

test1 - 메모장

파일(F) 편집(E) 서식(O) 보기(V) 도움말(H)

```
%
O0000 (noname)
(T01-ROUGH:NOSE-R0.8)
(T02-ROUGH:NOSE-R0.4)
(STOCK/100.000,100.000,0.000,3.000)
G28 U0 W0
G50 S1000
(TOOL/STANDARD,6.000,80.000,0.800,12.500,3)
(COLOR,255,255,0)
T0100
G96 S200 M03
(TOOL/STANDARD,6.000,80.000,0.800,12.500,3)
(COLOR,255,255,0)
T0101
(SIM_OX00Y00Z0M10S00X0Y0)
(SIM_T01P00R01)
G00 X300. Z0.
X102.
G71 U2. R2.
G71 P20 Q30 U0.3 W1. F400.
N20 G00 X-4.
G01 X50.
Z-15.
G02 X60. Z-20. R5.
G01 X66.
X70. Z-22.
Z-55.
X87.314 Z-64.283
```

6. 참고사항

01 가공 경로 출력 방식

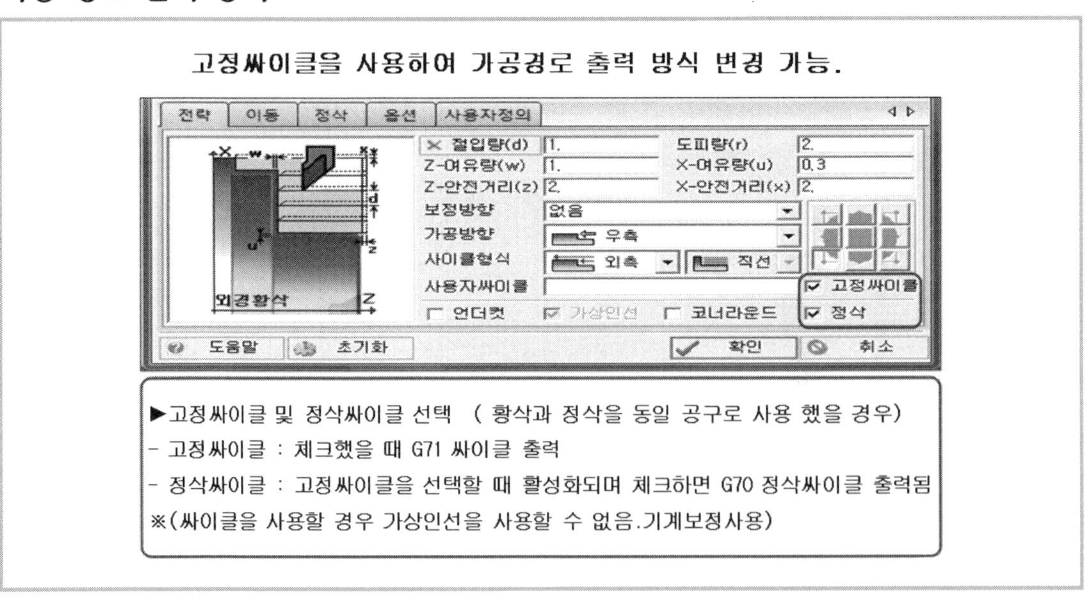

고정싸이클을 사용하여 가공경로 출력 방식 변경 가능.

►고정싸이클 및 정삭싸이클 선택 (황삭과 정삭을 동일 공구로 사용 했을 경우)

- 고정싸이클 : 체크했을 때 G71 싸이클 출력
- 정삭싸이클 : 고정싸이클을 선택할 때 활성화되며 체크하면 G70 정삭싸이클 출력됨

※(싸이클을 사용할 경우 가상인선을 사용할 수 없음.기계보정사용)

02 가공 경로 출력 방식

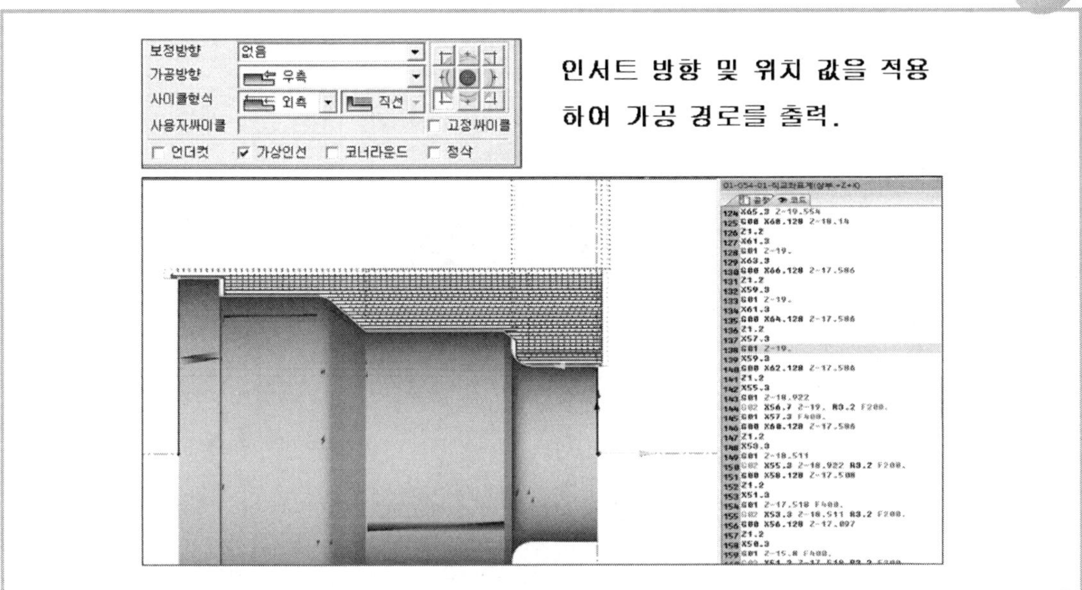

인서트 방향 및 위치 값을 적용하여 가공 경로를 출력.

03 가공 경로 출력 방식

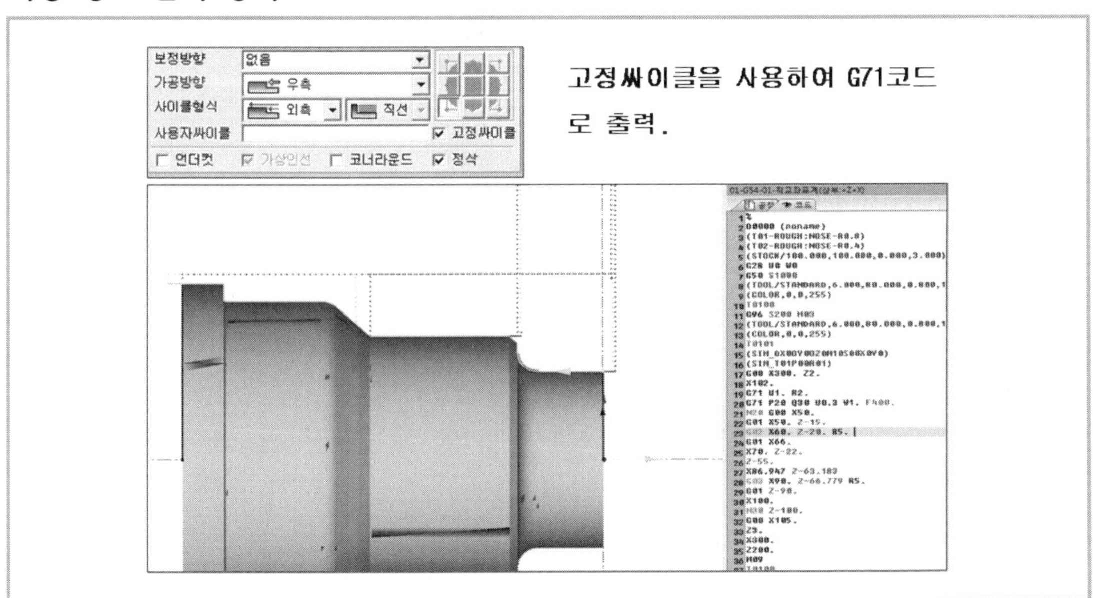

고정싸이클을 사용하여 G71코드로 출력.

완성 도면

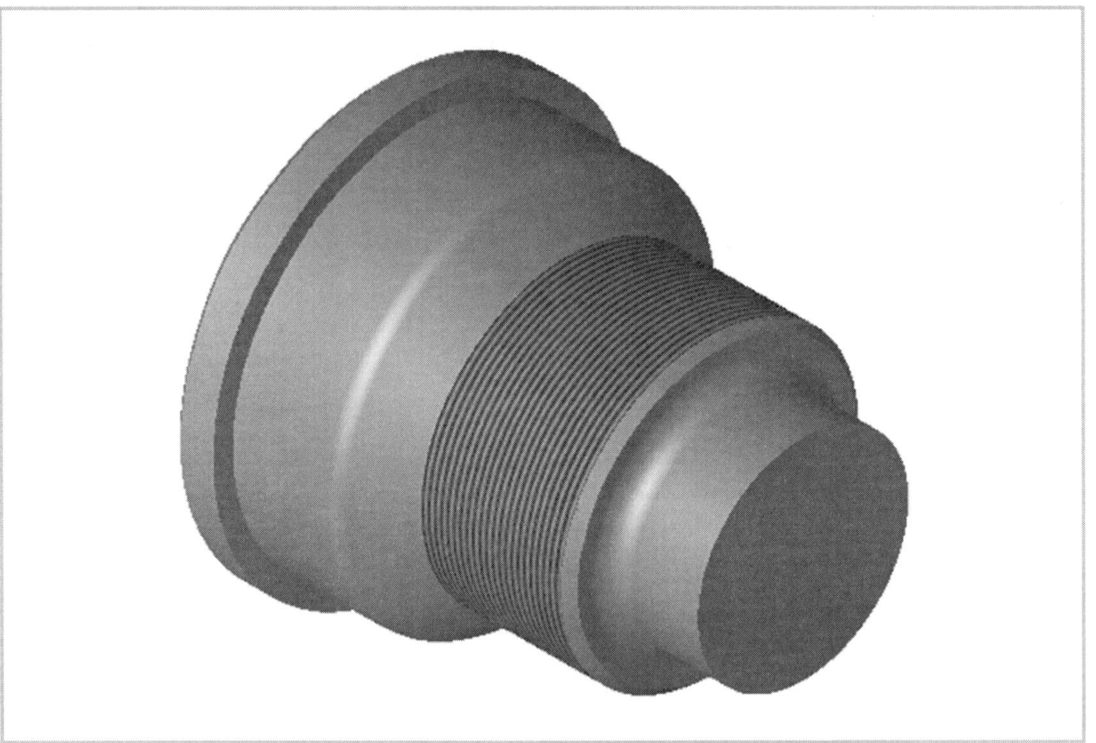

2. QuickTurn 따라하기 2

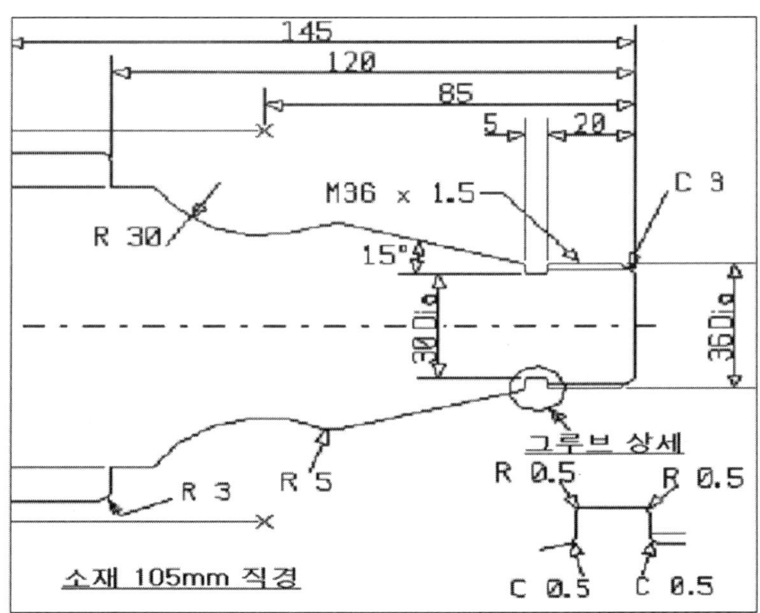

1. 윤곽선 생성

01 선반체인으로 윤곽 생성

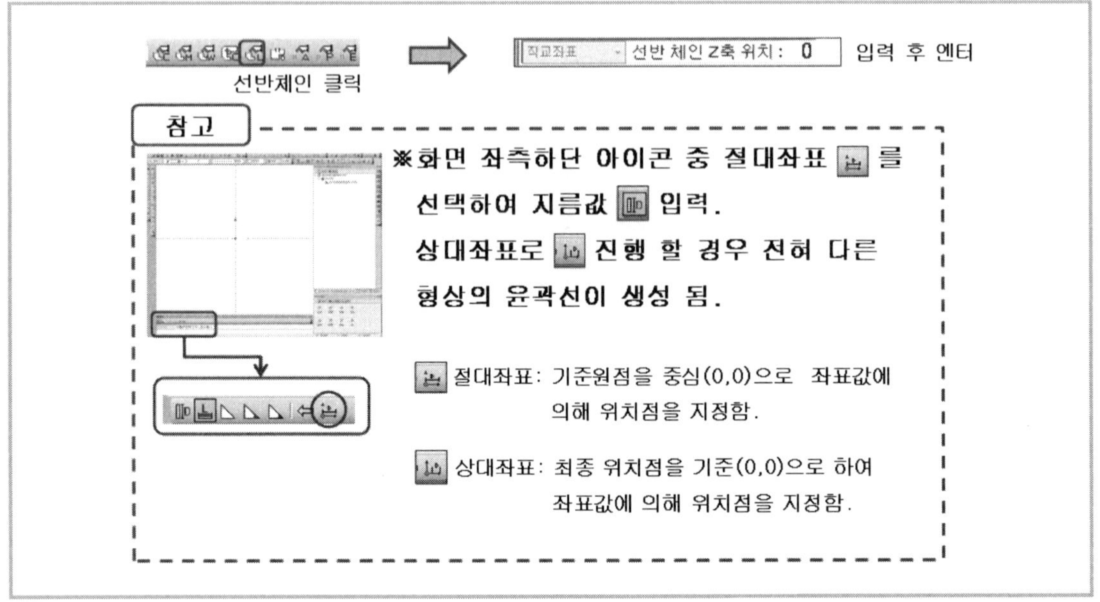

02

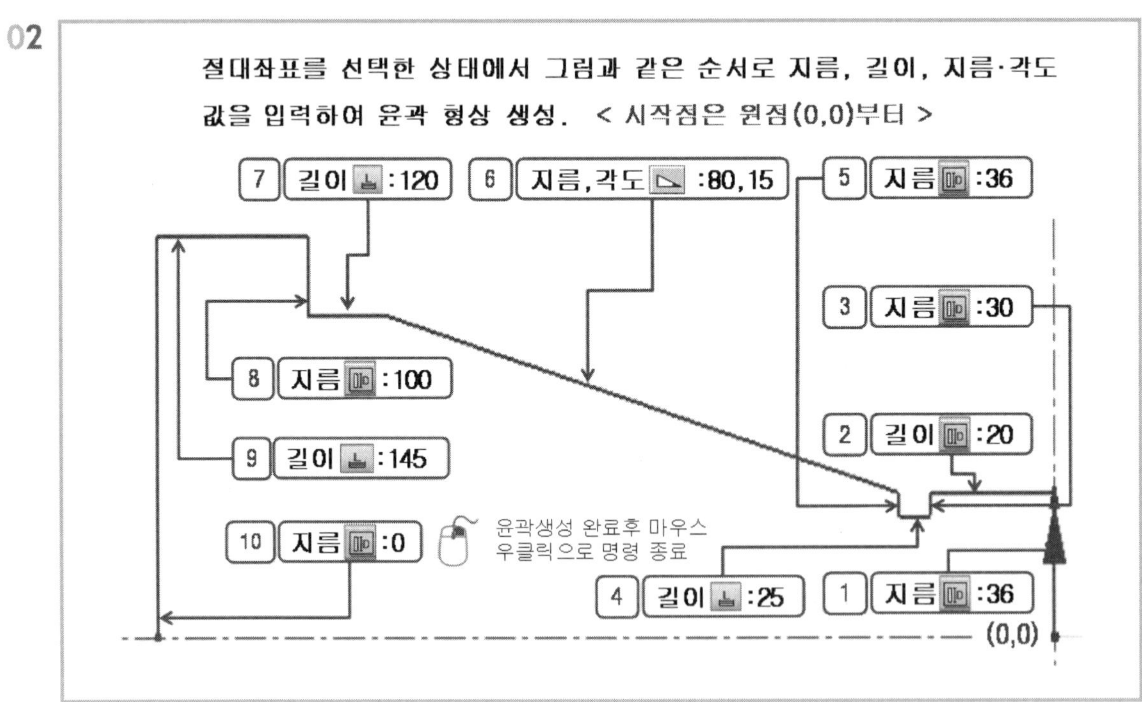

03 홀생성(원 그리기)

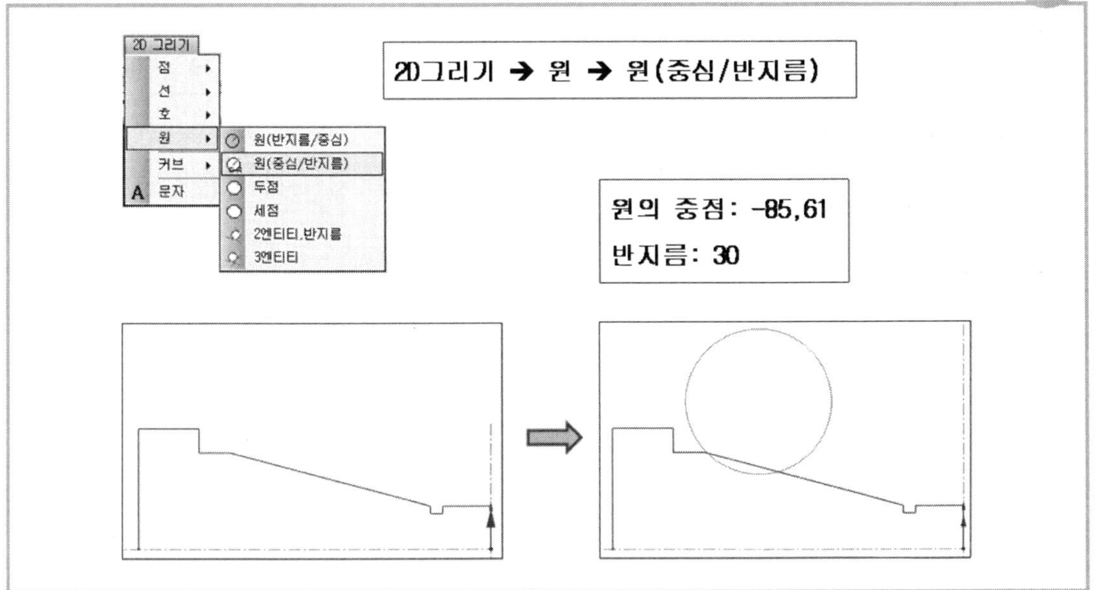

04 체인편집(체인엔티티 결합)

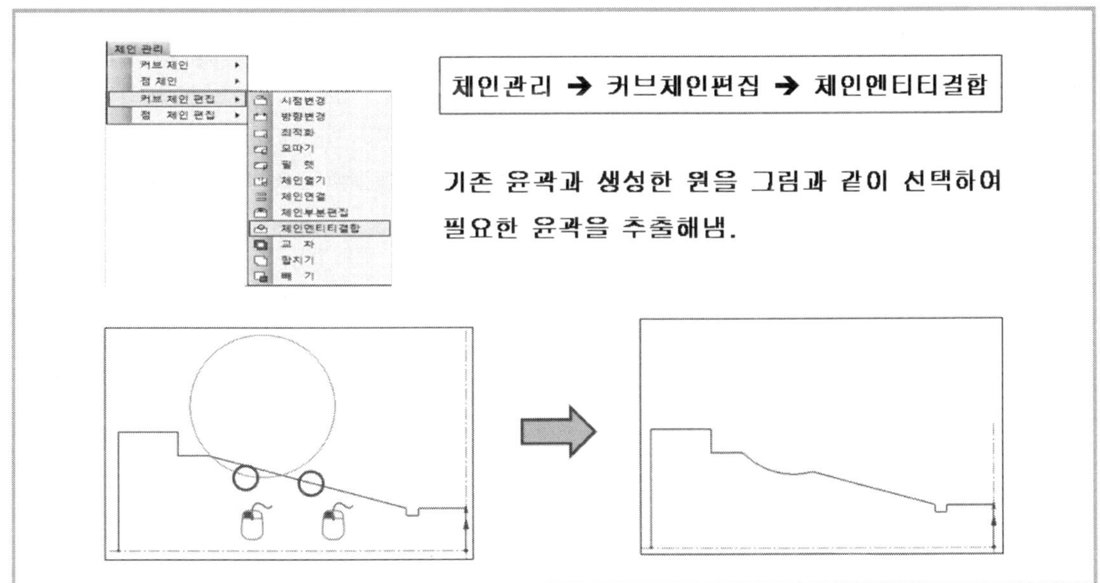

05 체인편집(모따기)

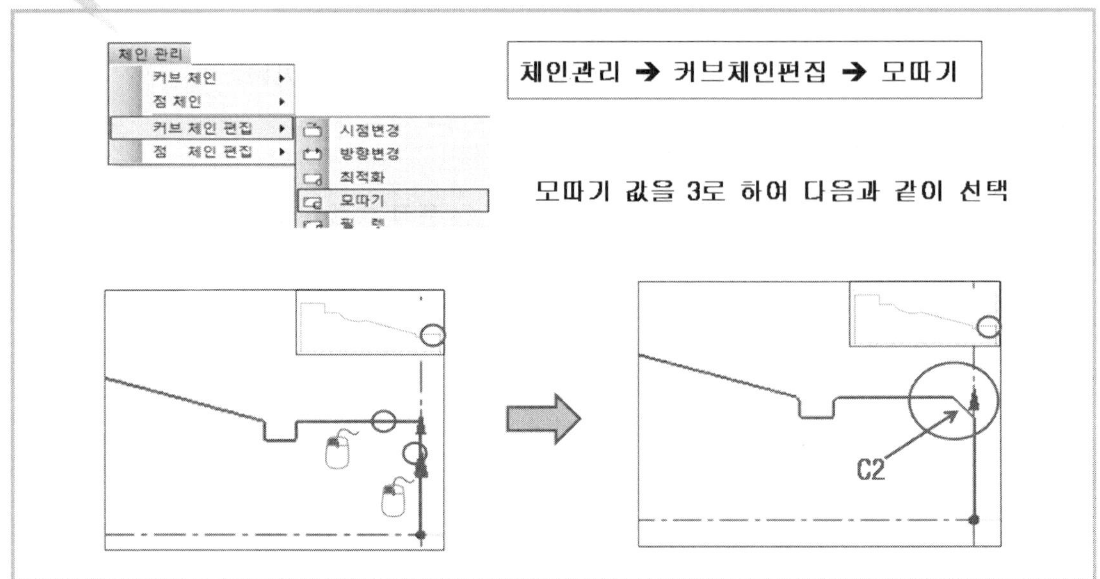

06 체인편집(모따기)

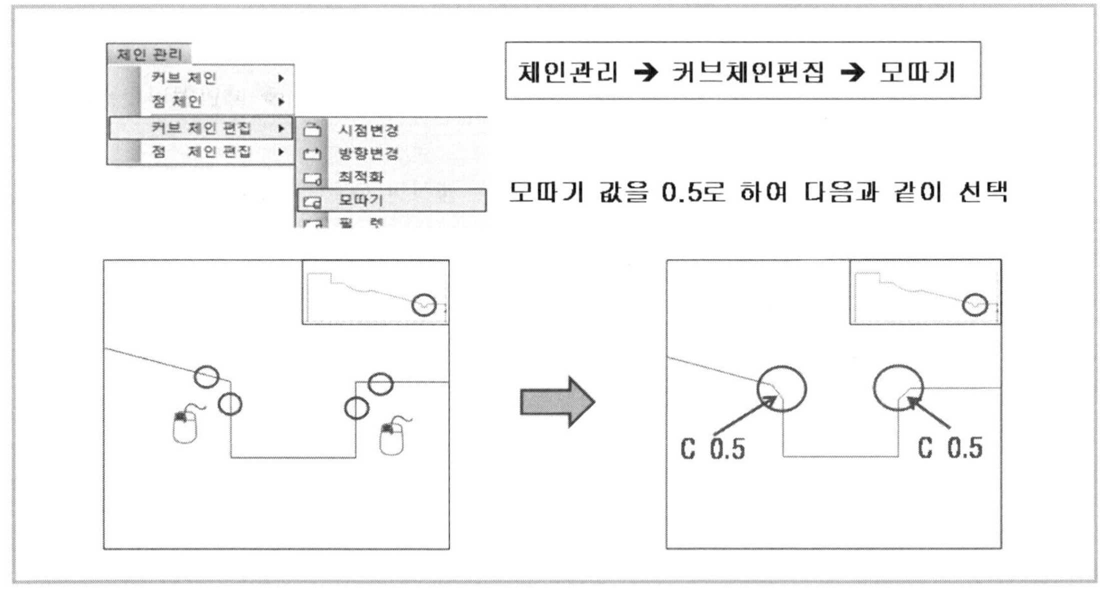

07 체인편집(필렛)

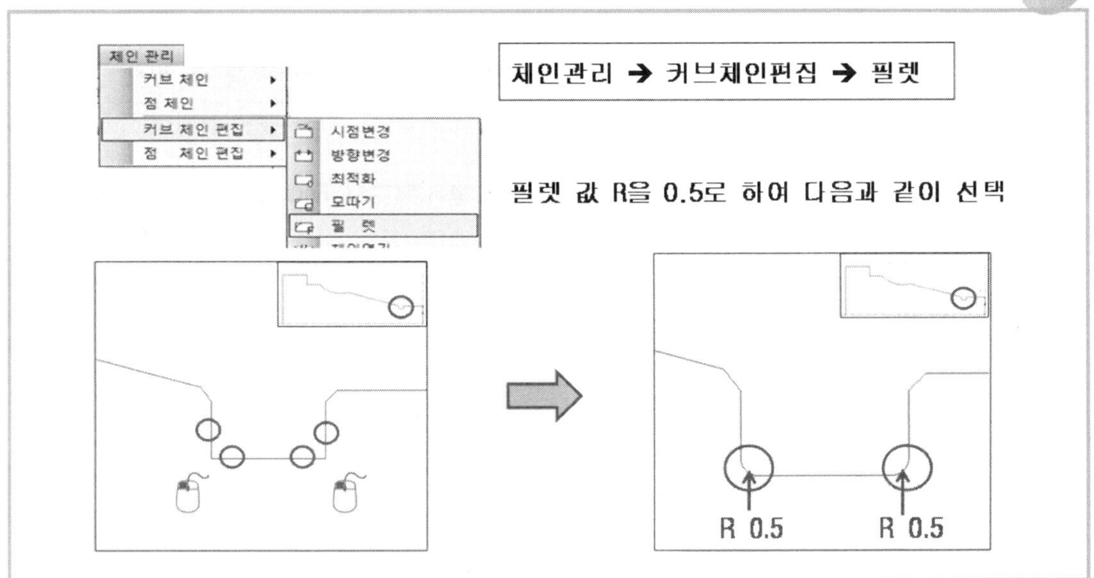

08 체인편집(필렛)

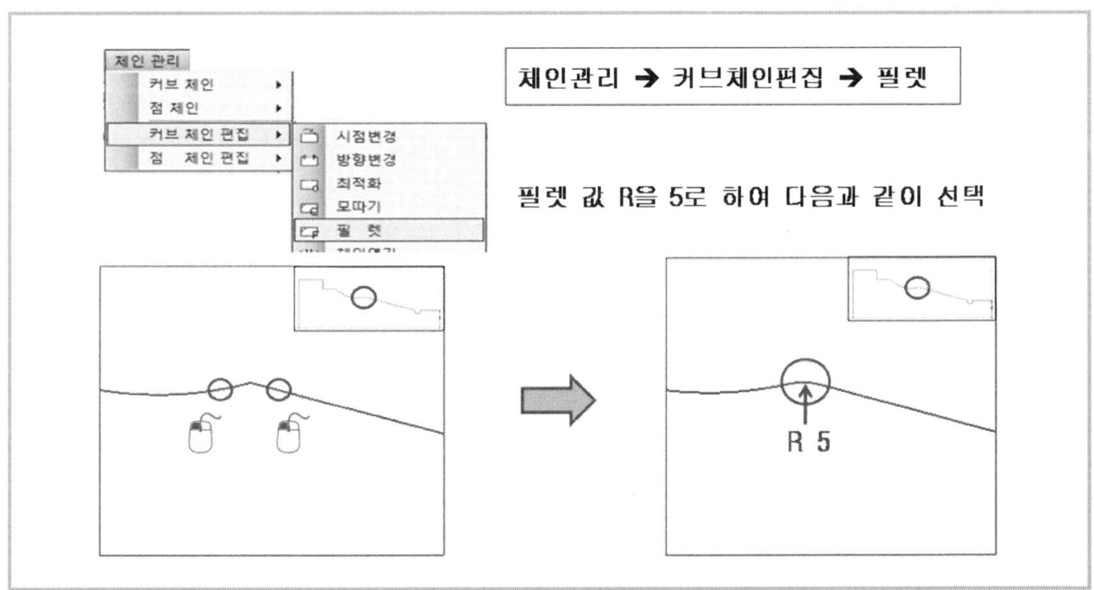

09 체인편집(필렛)

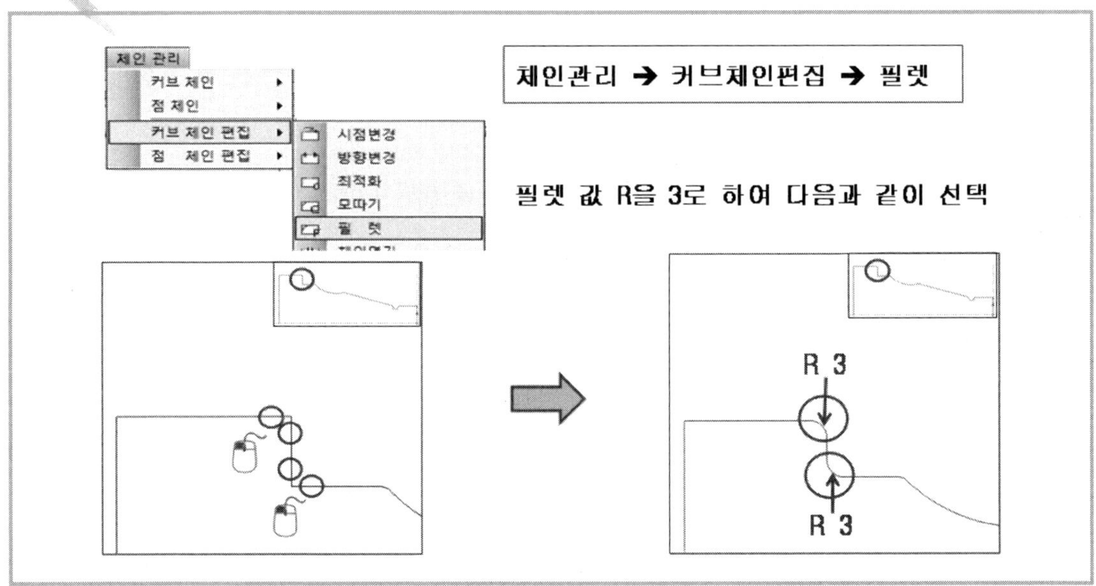

10 체인편집

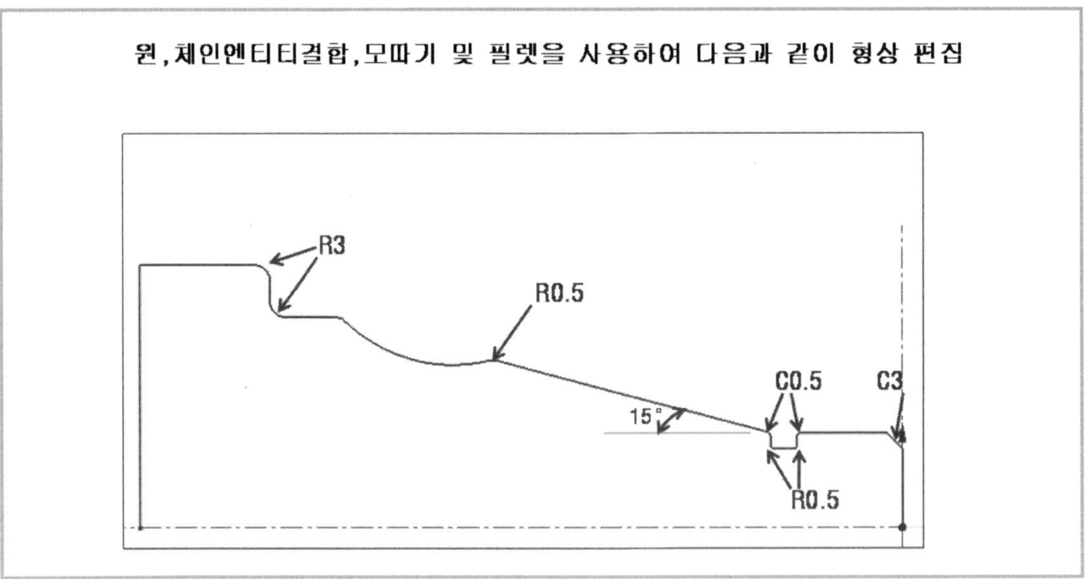

2. NC 환경설정

01 NC 환경설정 변경

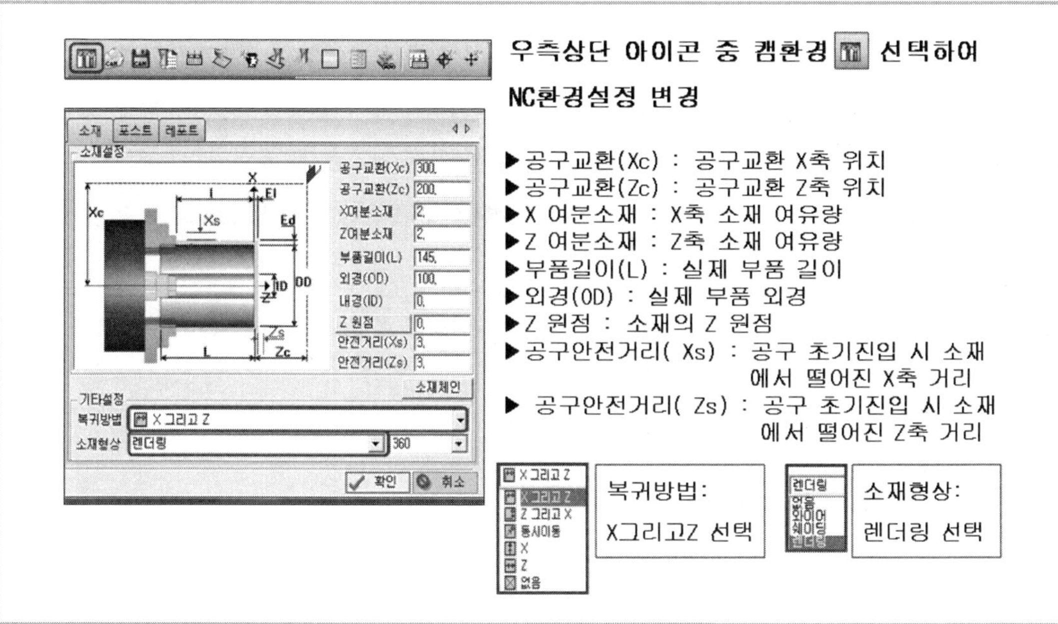

02 NC 환경설정 변경

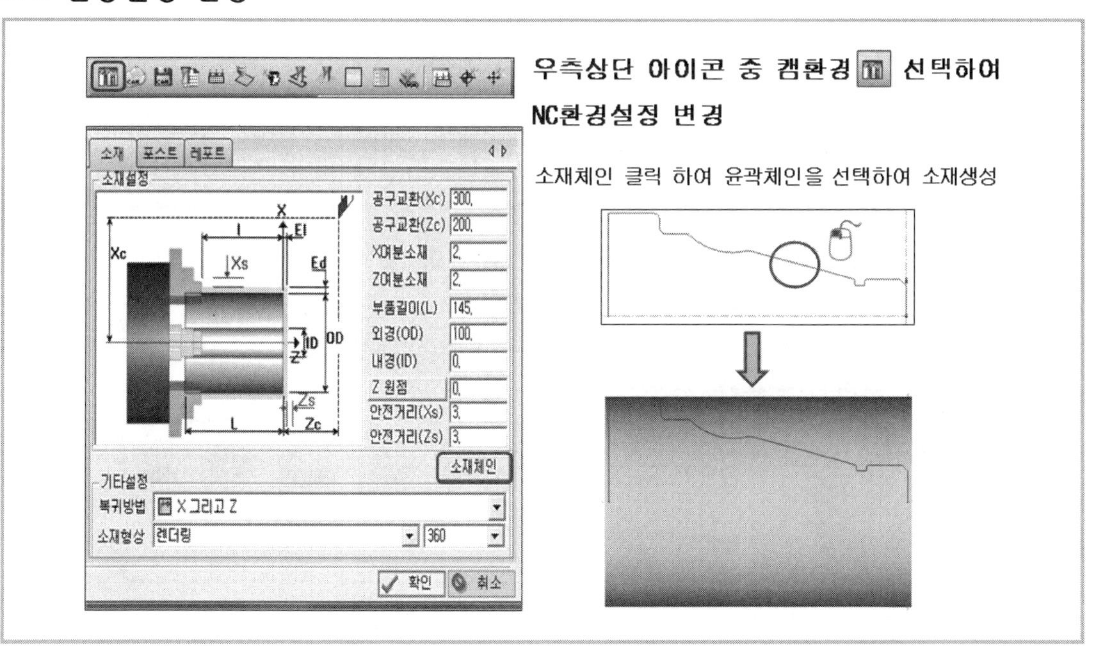

3. 절삭공구 선택

01 공구매거진 변경

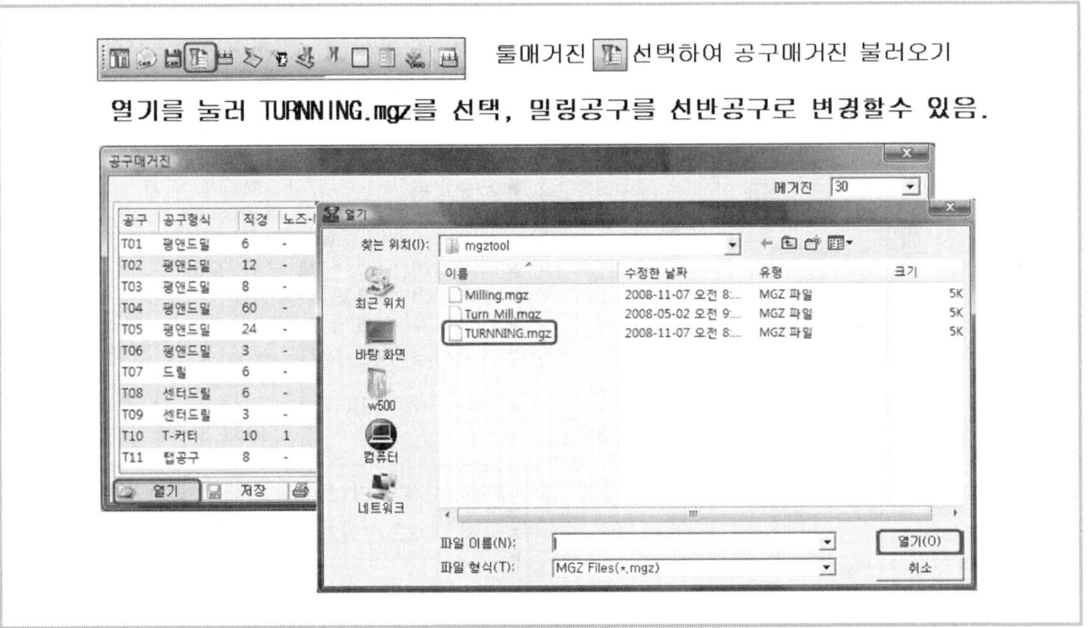

02 공구 편집 및 설정

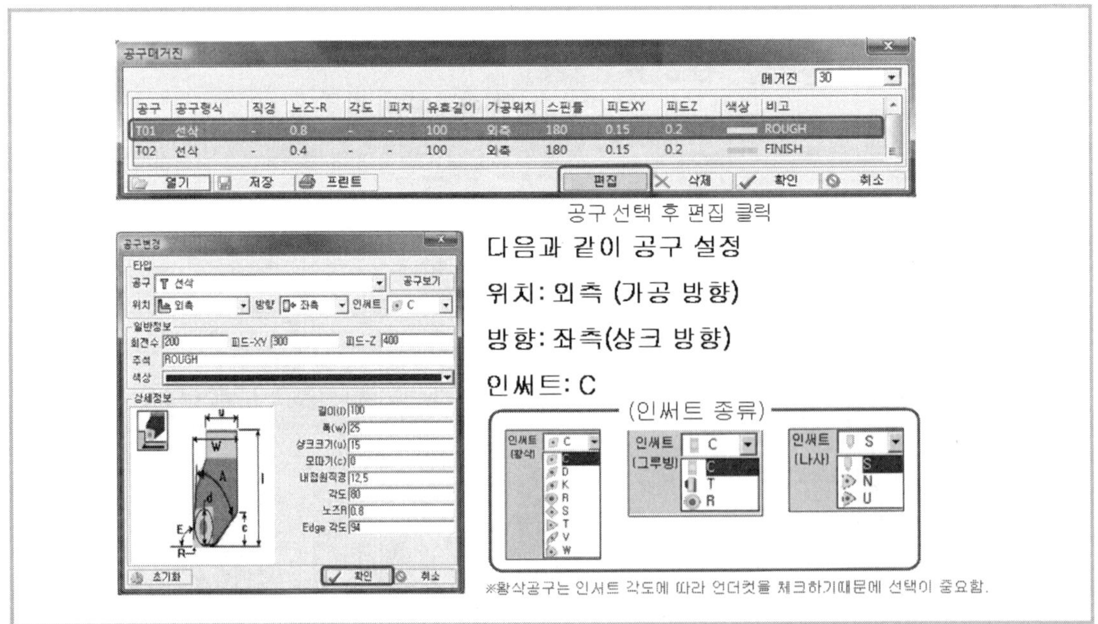

4. 절삭가공

01 황삭가공 - 1(공구선택)

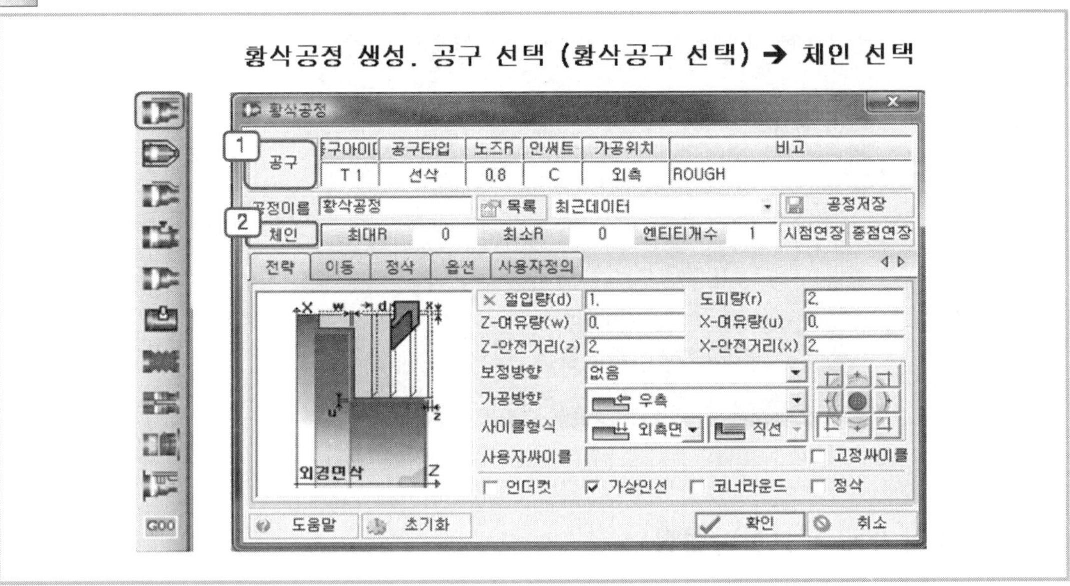

02 황삭가공 - 1(공구선택)

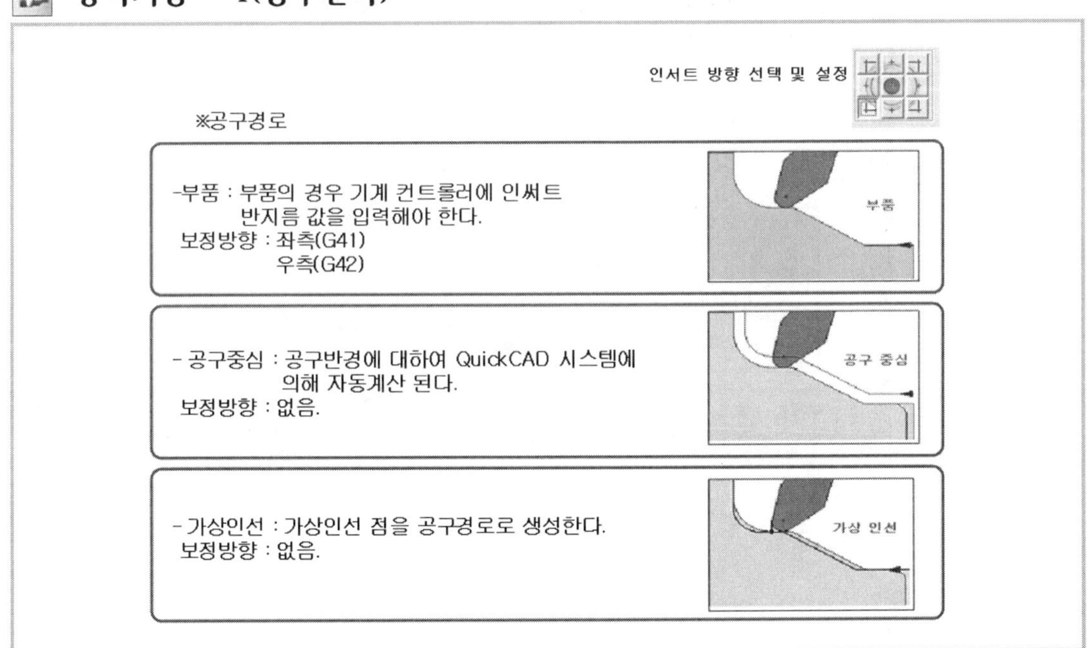

03 황삭가공 - 1(체인선택)

표시 부분 체인을 선택.

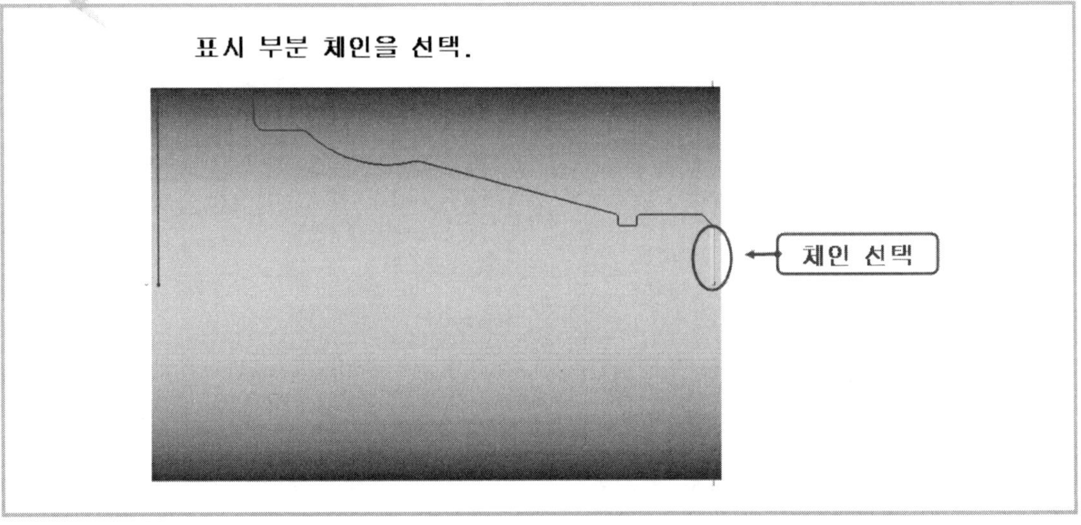

04 황삭가공 - 1(전략설정)

가공 조건에 따라 전략 내용을 설정하여 황삭 실행.

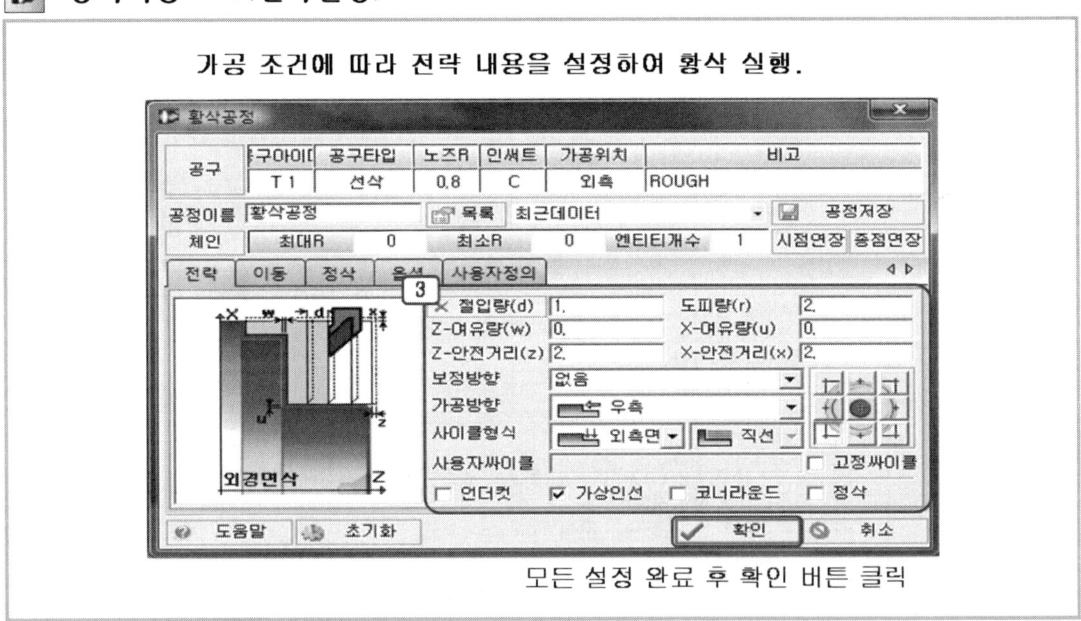

모든 설정 완료 후 확인 버튼 클릭

05 황삭가공 - 2(공구선택)

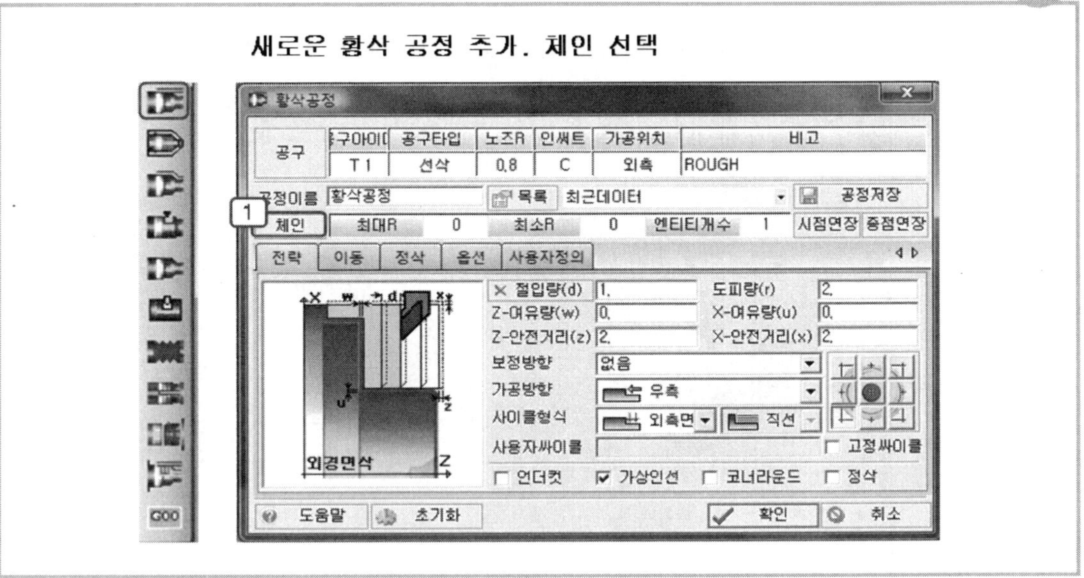

06 황삭가공 - 2(체인선택)

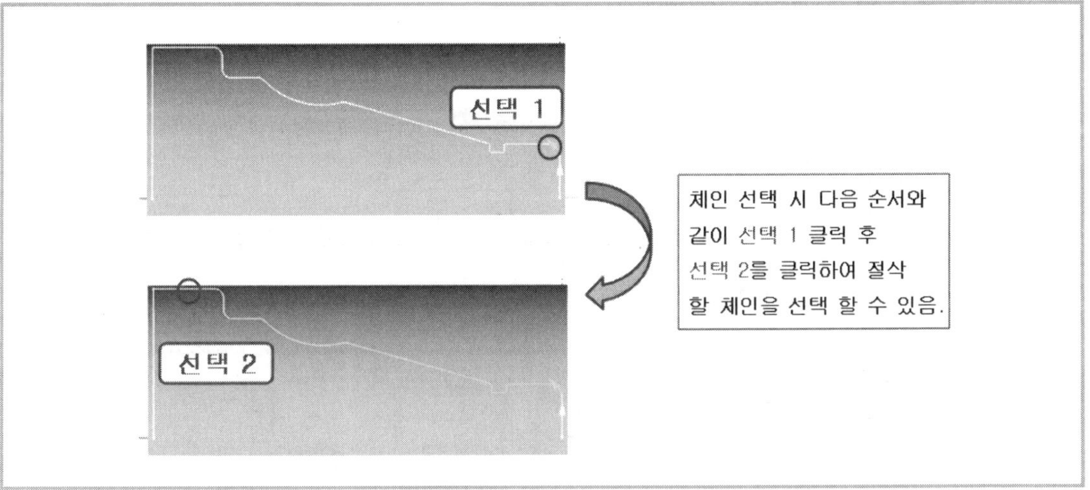

07 황삭가공 - 2(전략설정)

가공 조건에 따라 전략 내용을 설정하여 황삭 실행.

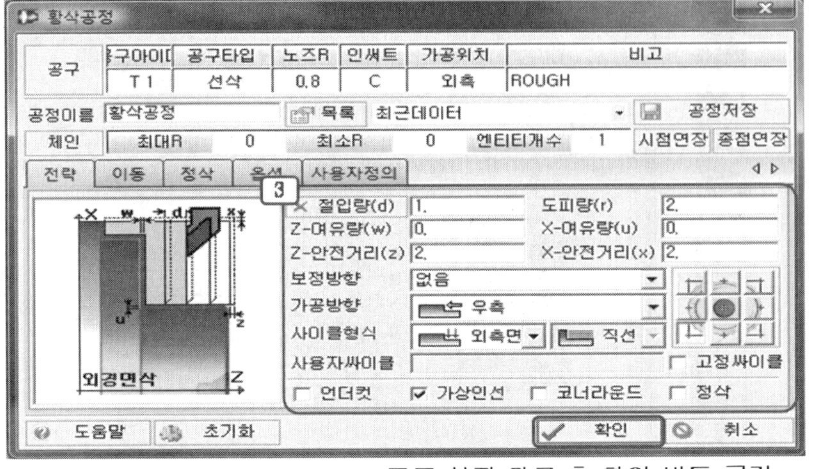

모든 설정 완료 후 확인 버튼 클릭

08 황삭가공 - 3(공구선택)

황삭 공정 추가. 공구 인서트를 R로 변경.

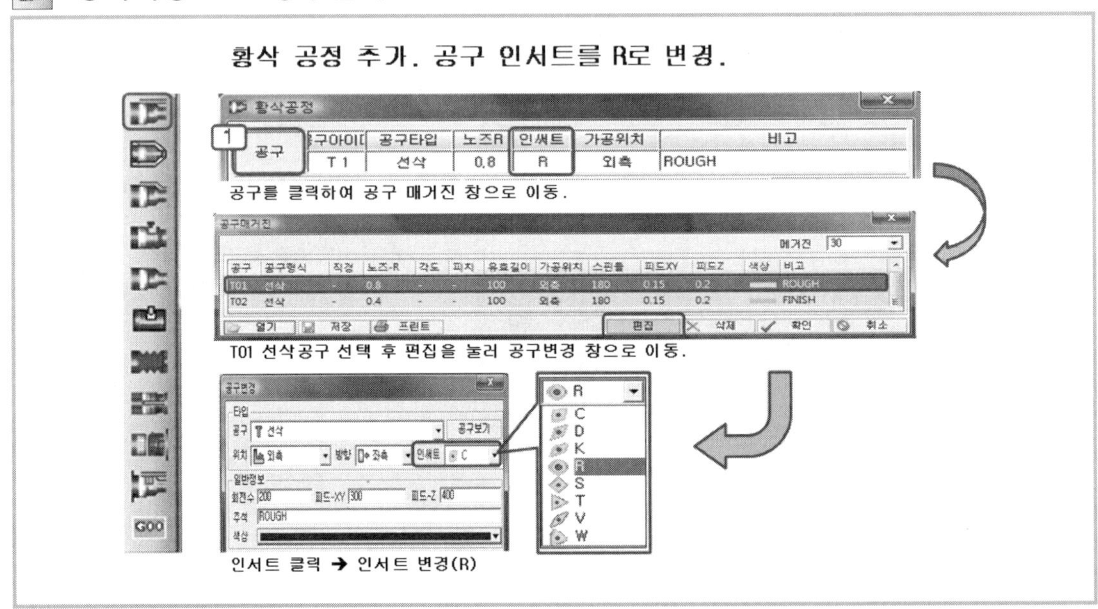

09 황삭가공 - 3(공구선택)

공구 변경(인서트 R) 후 체인 선택

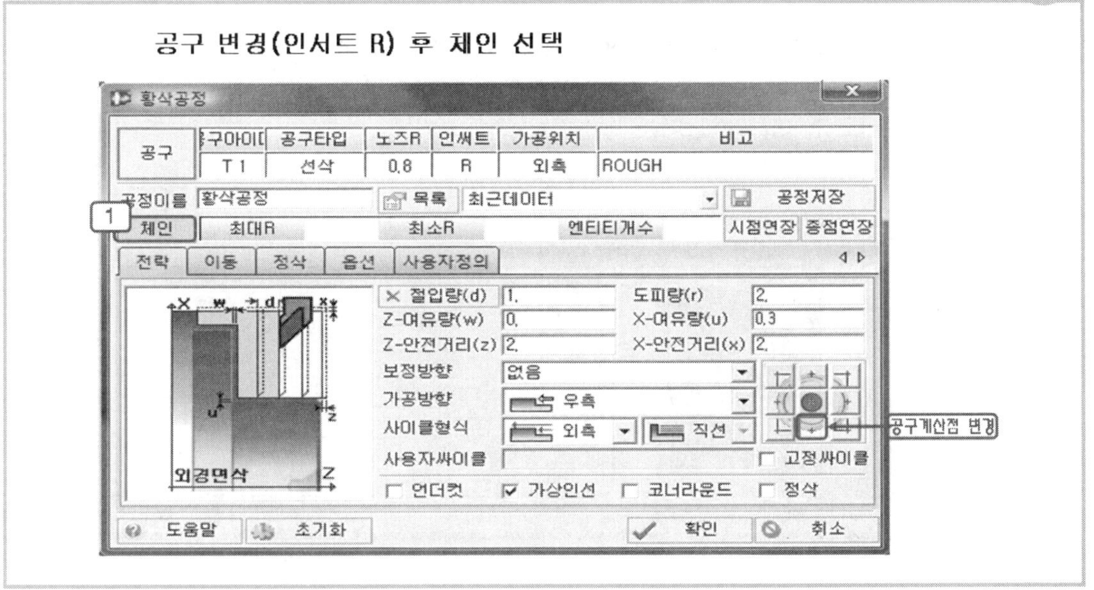

10 황삭가공 - 3(체인선택)

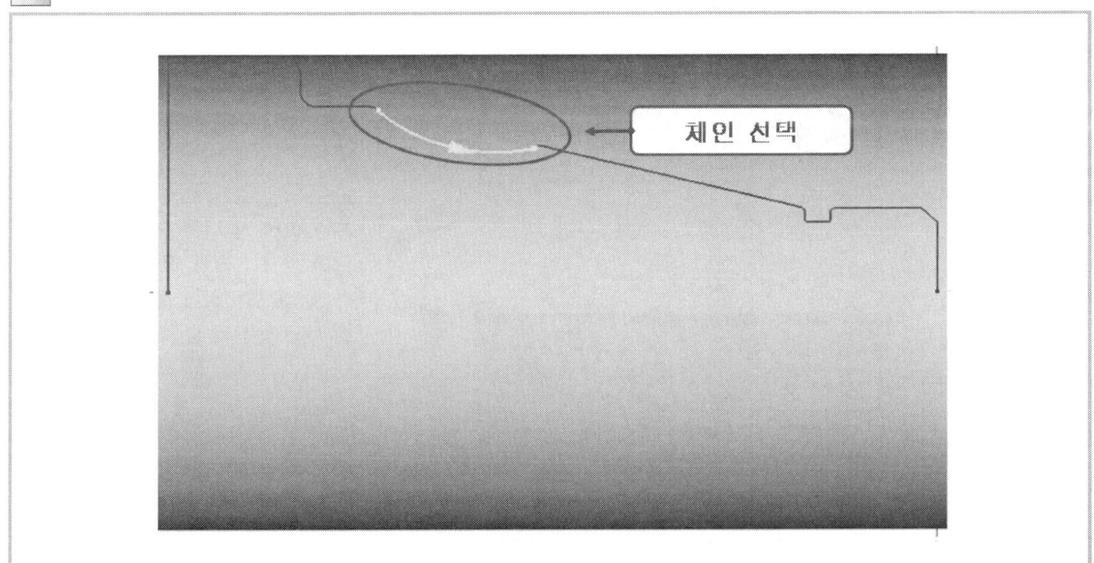

11 황삭가공 - 3(전략설정)

가공 조건에 따라 전략 내용을 설정하여 황삭 실행.

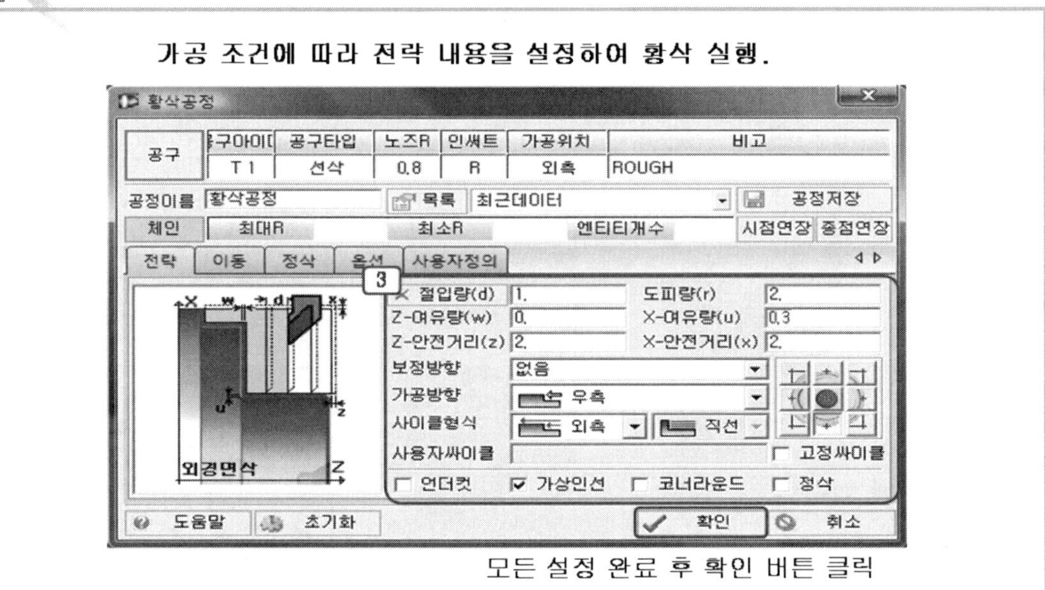

모든 설정 완료 후 확인 버튼 클릭

12 정삭가공 - 1(체인선택)

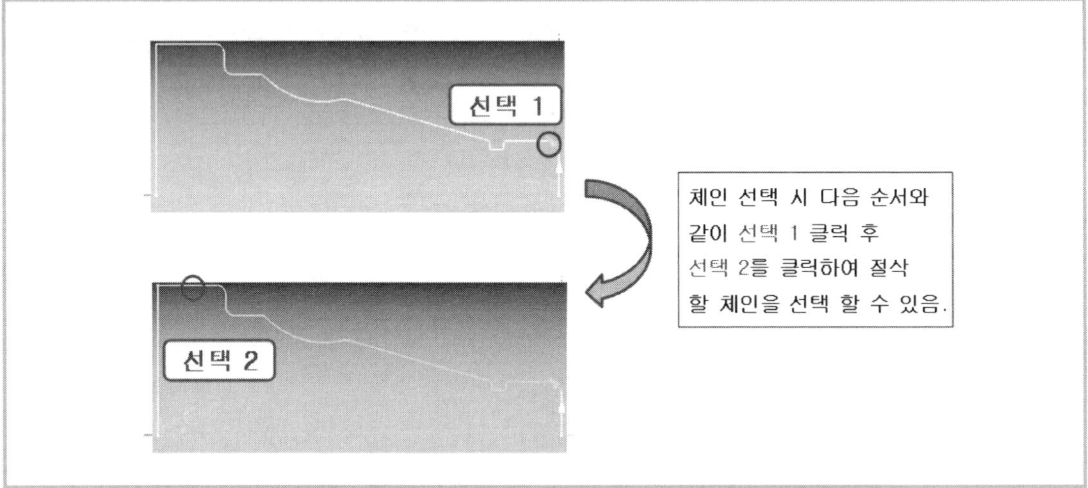

체인 선택 시 다음 순서와 같이 선택 1 클릭 후 선택 2를 클릭하여 절삭할 체인을 선택 할 수 있음.

13 정삭가공 - 1(전략설정)

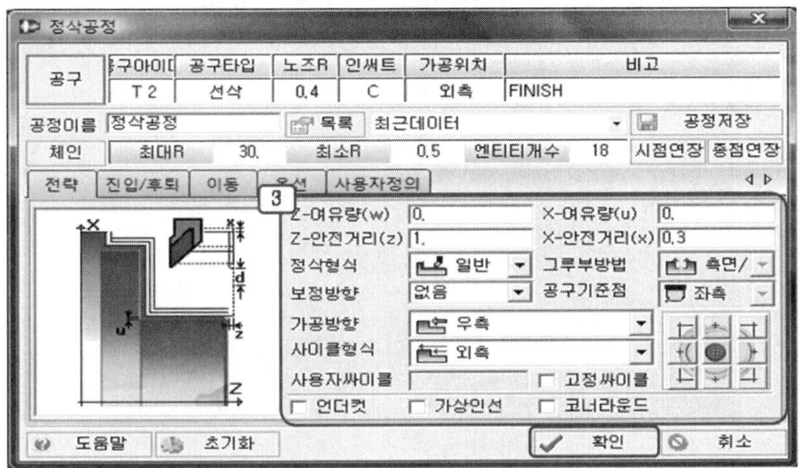

모든 설정 완료 후 확인 버튼 클릭

14 정삭가공 - 2(공구선택)

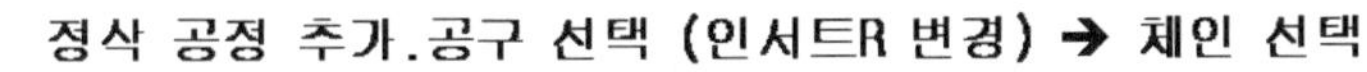

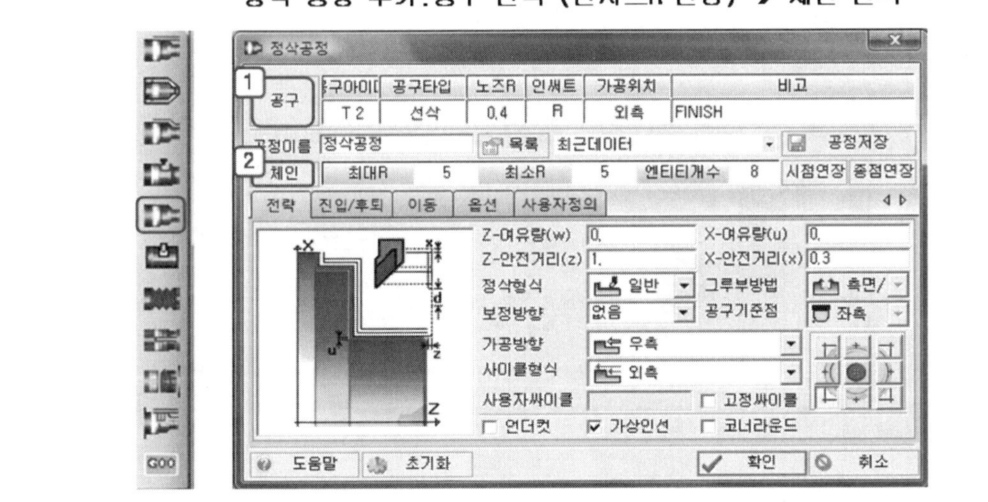

15 정삭가공 - 2(체인선택)

16 정삭가공 - 2(전략설정)

가공 조건에 따라 전략 내용을 설정하여 정삭 실행.

모든 설정 완료 후 확인 버튼 클릭

17 그루브가공(전략설정)

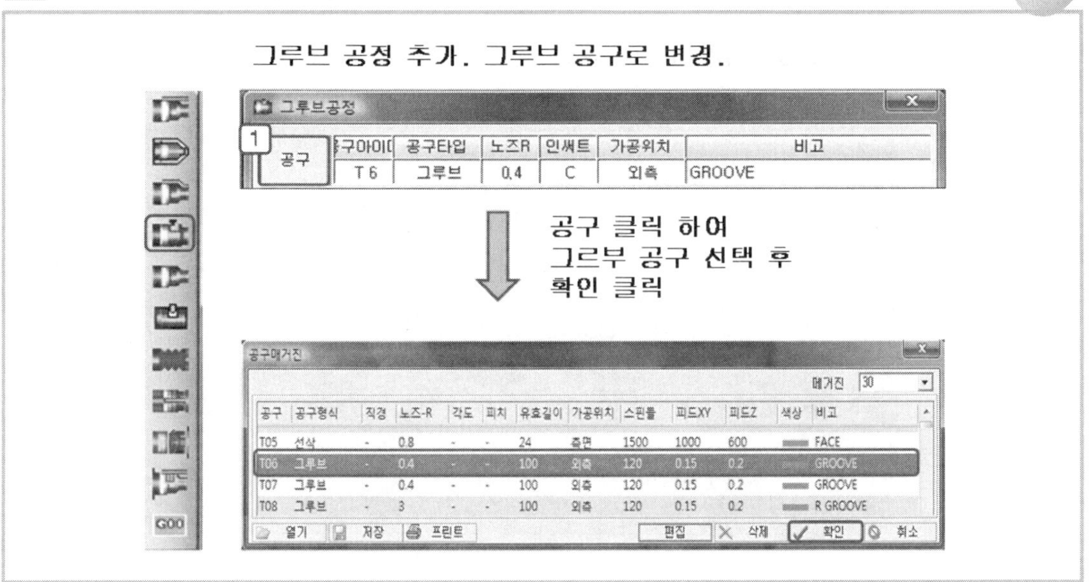

18 그루브가공(전략설정)

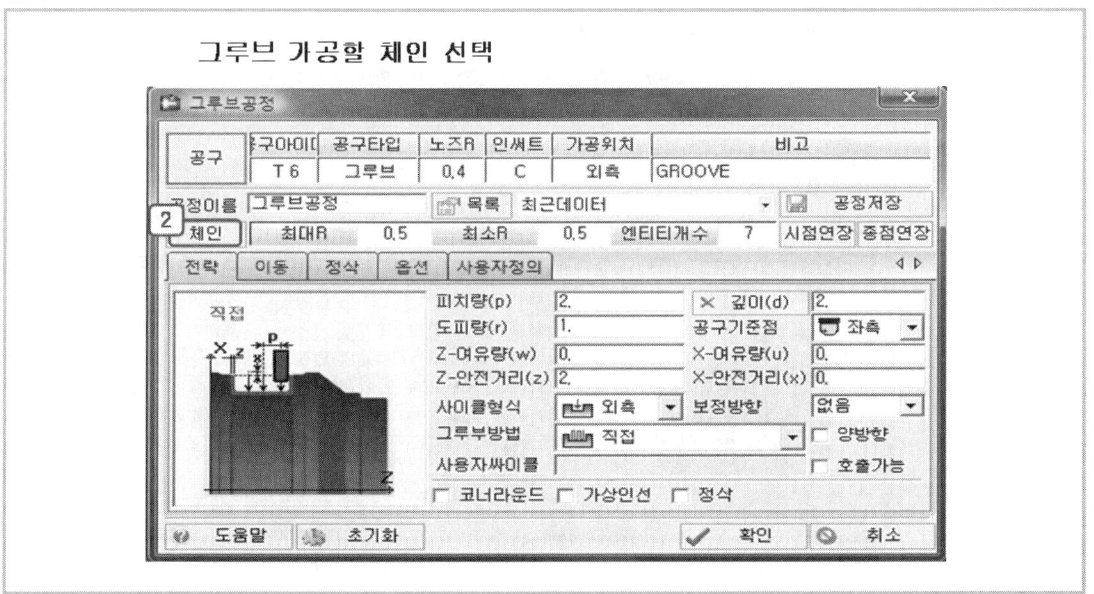

19 그루브가공(전략설정)

그림과 같이 그루브 체인 선택

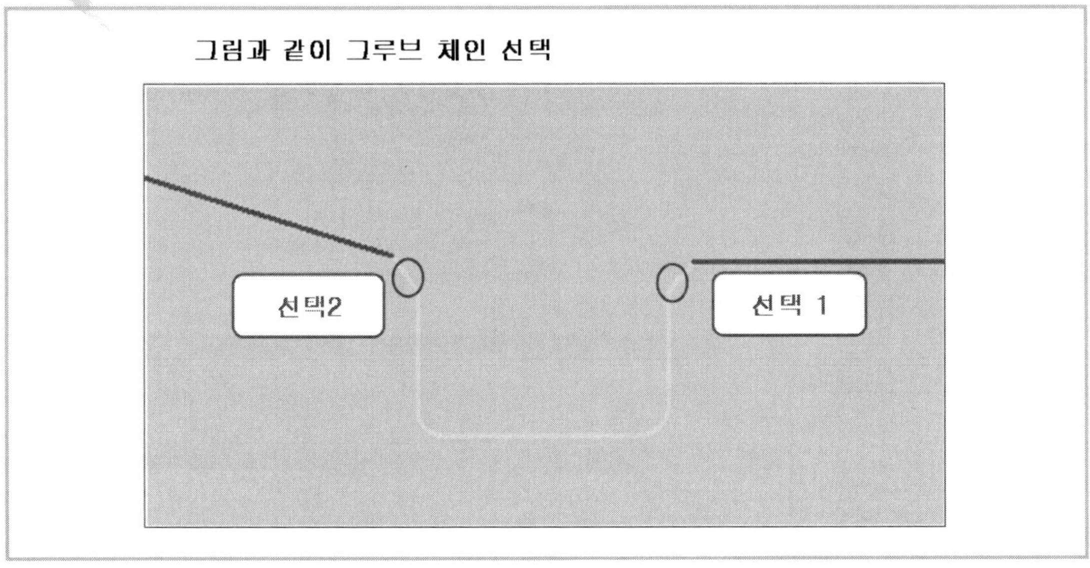

20 그루브가공(전략설정)

그루브 가공할 체인 선택

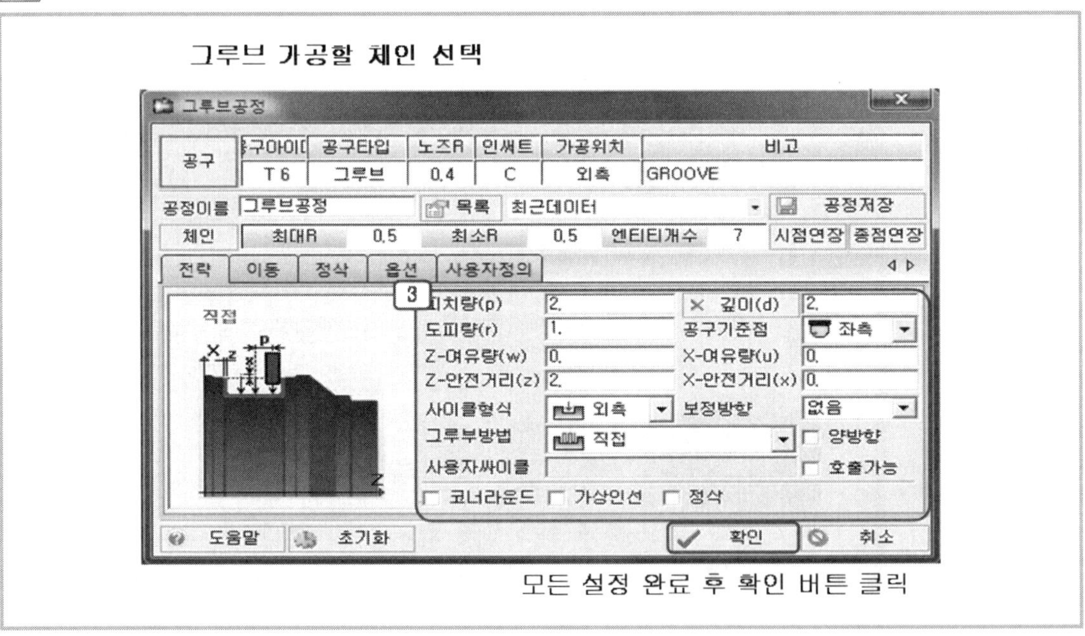

21 나사가공(공구선택)

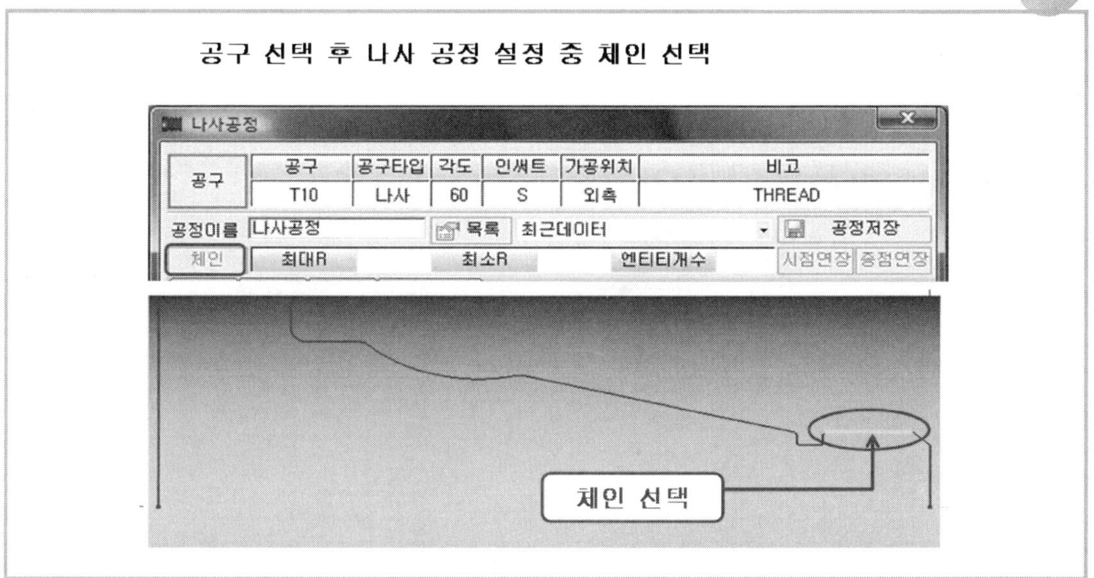

22 나사가공(공구선택)

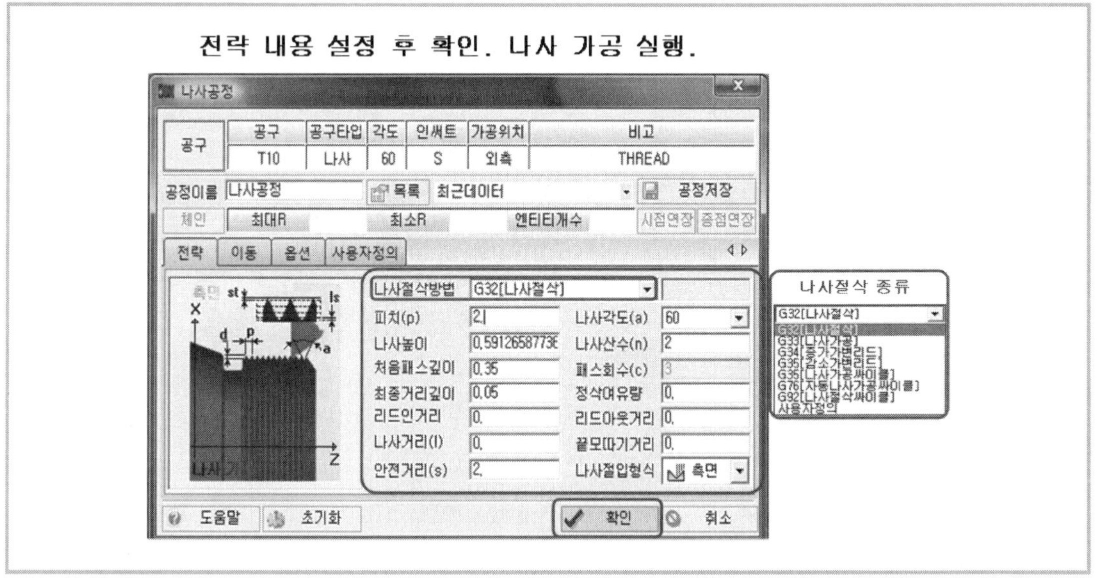

5. NC 데이터 출력

01 전체공정 코드 출력

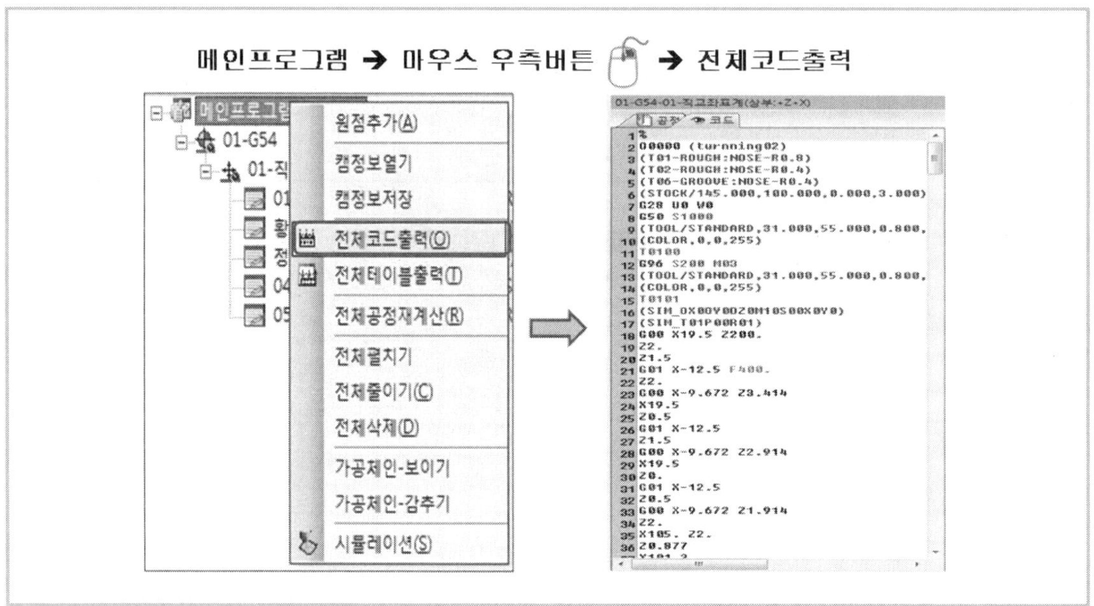

02 NC 데이터 저장

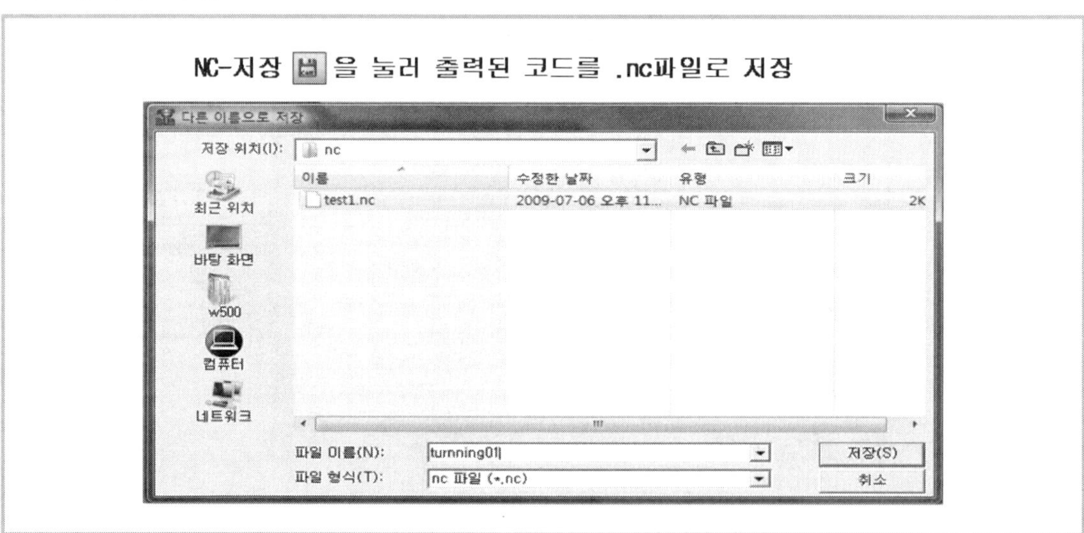

03 NC 데이터 확인

저장된 NC데이터는 다음과 같이 확인 가능함.

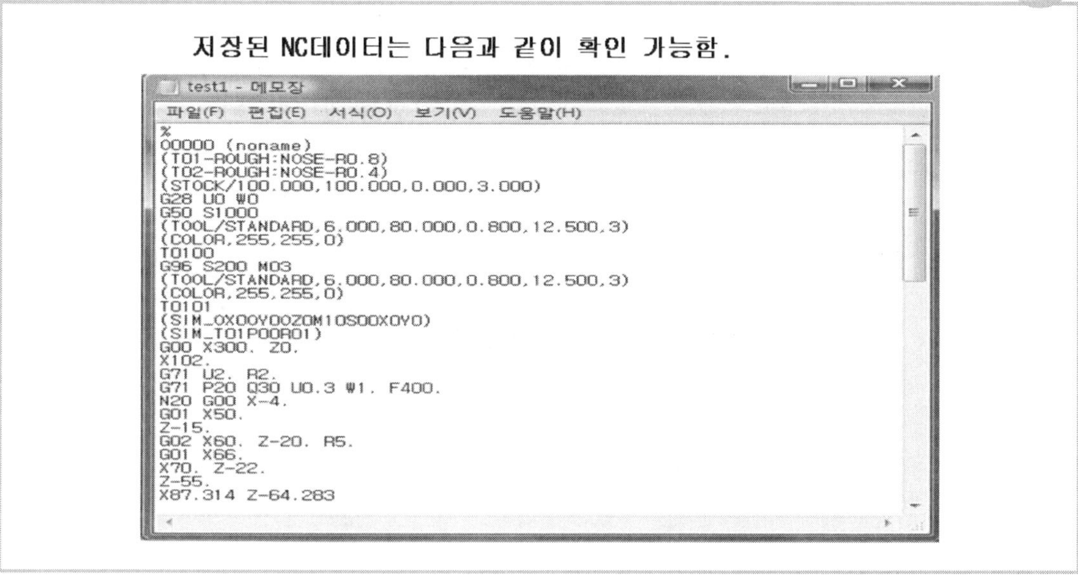

6. 참고사항

01 가공 경로 출력 방식

고정싸이클을 사용하여 가공경로 출력 방식 변경 가능.

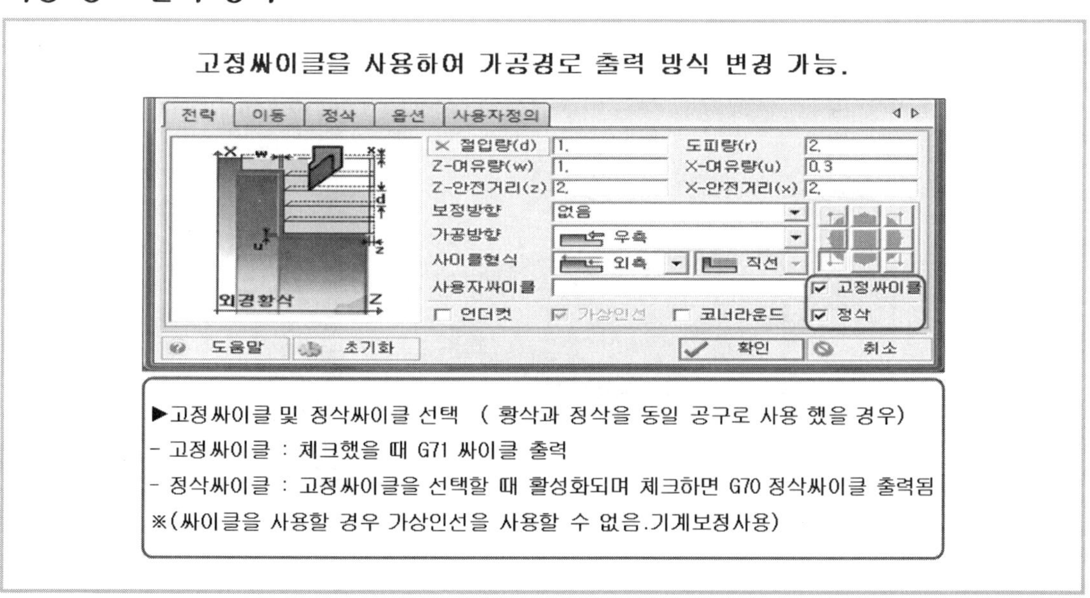

▶고정싸이클 및 정삭싸이클 선택 (황삭과 정삭을 동일 공구로 사용 했을 경우)

- 고정싸이클 : 체크했을 때 G71 싸이클 출력
- 정삭싸이클 : 고정싸이클을 선택할 때 활성화되며 체크하면 G70 정삭싸이클 출력됨

※(싸이클을 사용할 경우 가상인선을 사용할 수 없음.기계보정사용)

02 가공 경로 출력 방식

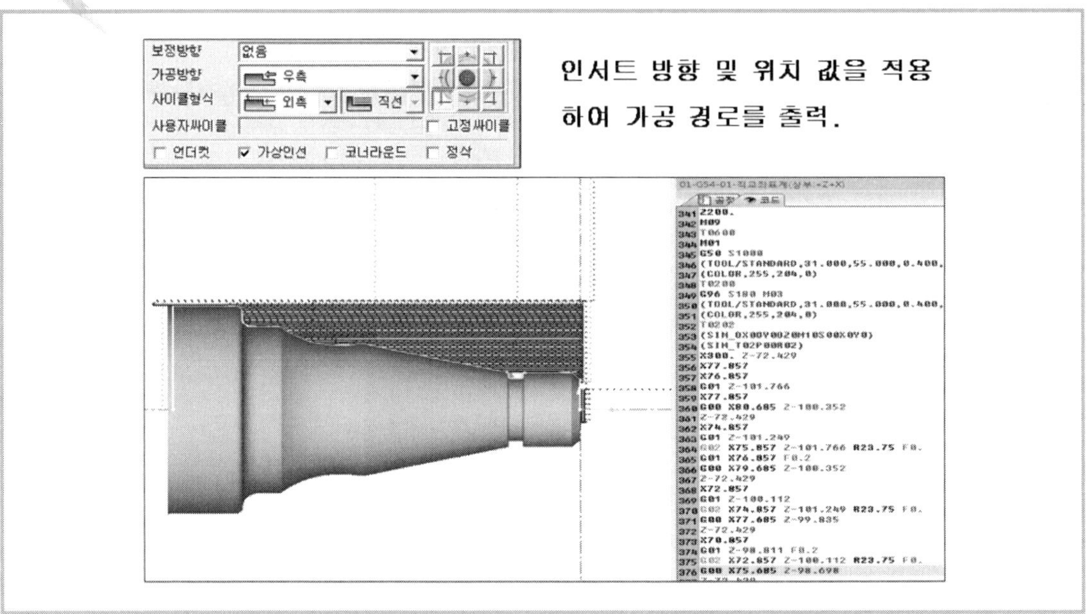

03 가공 경로 출력 방식

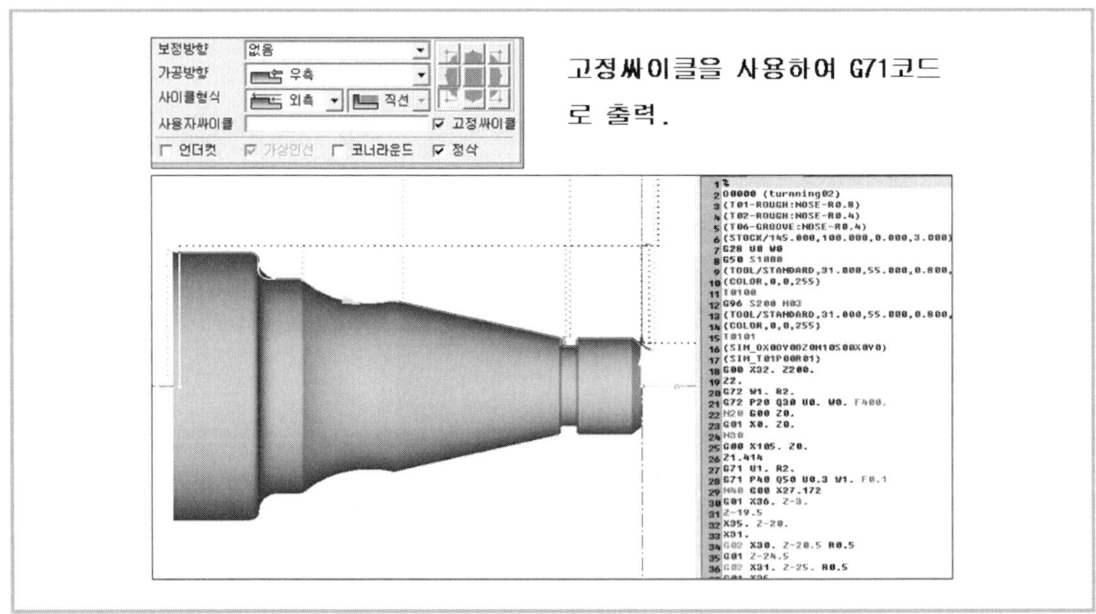

완성 도면

Quick CAD-CAM

3. QuickTurn 따라하기 3

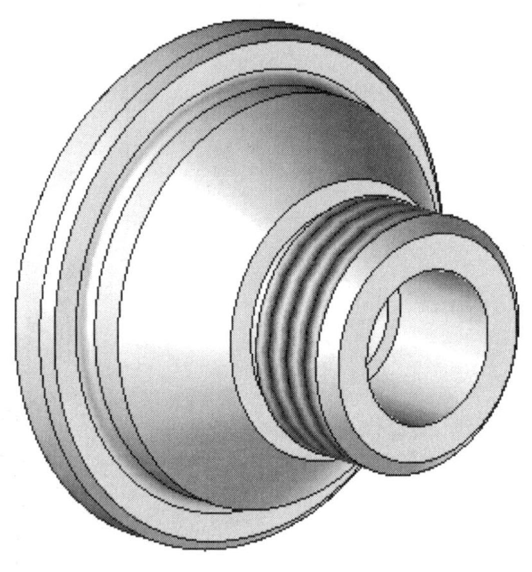

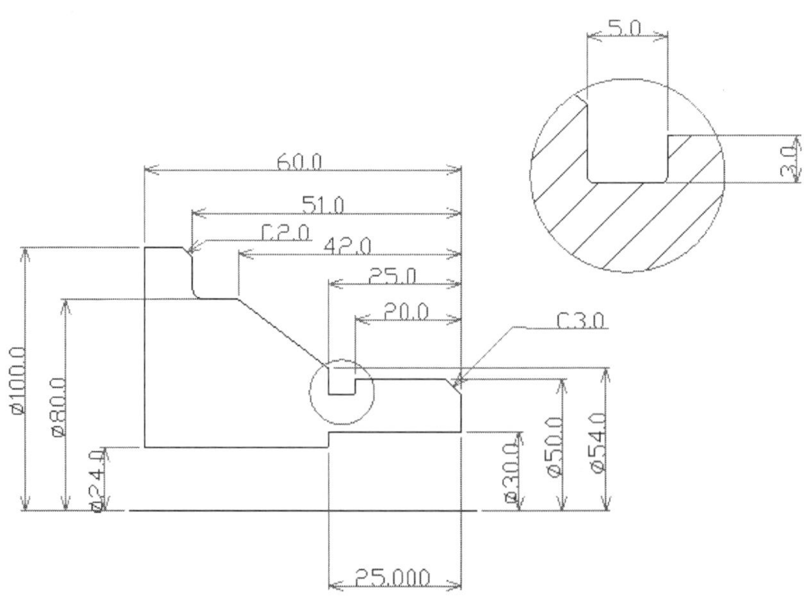

1. 커브체인 만들기

01 불필요한 객체 숨기기

우측 밑쪽의 뷰 제어창에서 시각화를 활성화 한 뒤 치수를 선택한다.(치수, 문자 등 가공시 불편한 것들을 숨길 수 있다. 치수 뿐 아니라 나머지 원하는 다른 선들도 숨길수 있다. 임의의 선들은 선택 후 숨기기를 클릭 하면 숨길 수 있다.)

뷰제어창
뷰어 시각화 선택
점 선분 다각선분
다각형 원 원호
타원 타원호 스플라인
닫힌체인 열린체인 점체인
치수 문자
숨기기 해제 상세옵션

02 엔티티 정리

2D 변형의 엔티티 정리를

엔티티정리 선택 후, 확인한다.

- 불필요한 겹침 선이 있으면 가공 시 불편하기 때문에, 겹쳐 있는 선을 하나로 합쳐 주는 작업이다.
- 적용오차 e-6은 소수점 6자리까지의 어긋나 있는 선들은 다 하나로 합쳐 준다는 의미이다.

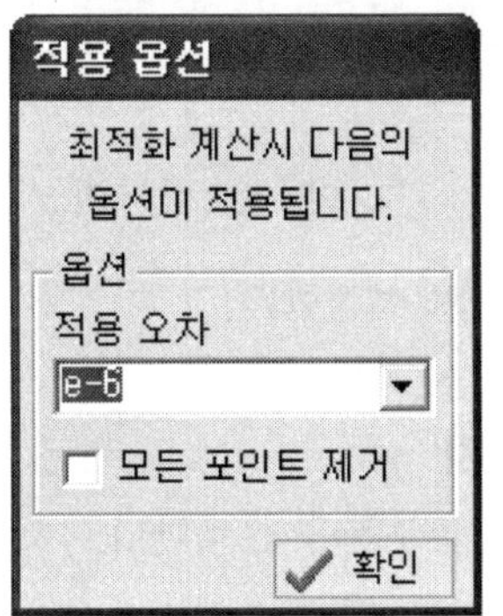

03 원점 이동 점 잡기

직선을 선택 한 후 [F7] 키를 누른다.

스페이스 바를 누른 후 스냅을 끝점 으로 설정한다.

G54를 쉽게 잡기 위한 준비 작업 이다.

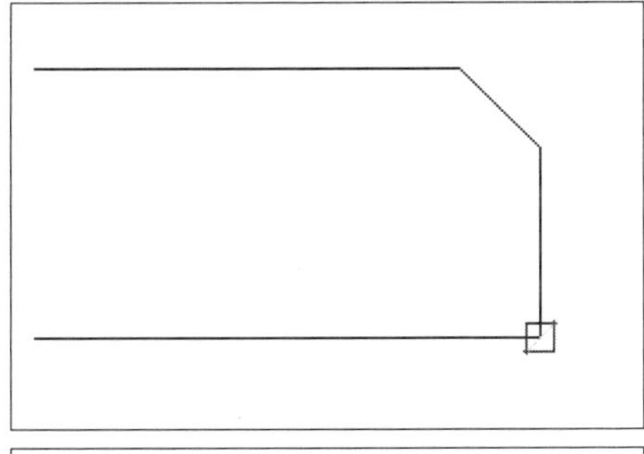

부품의 가장 끝단을 선택한 후 밑 쪽으로 내려서 중심선을 지나는 선을 긋는다.

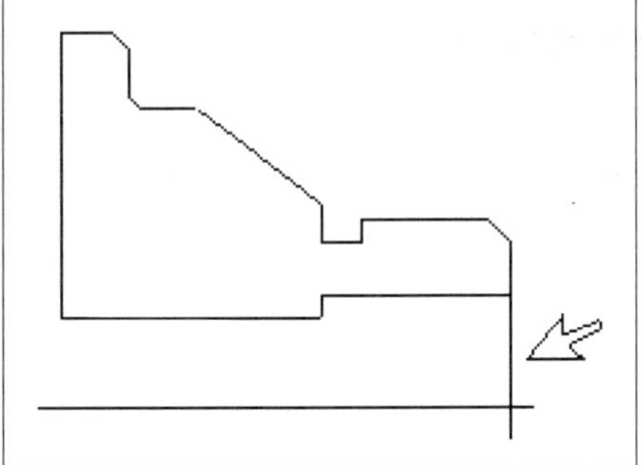

04 원점이동

풀다운 메뉴 뷰 밑의 원점이동을 선택 한다.

[원점이동]

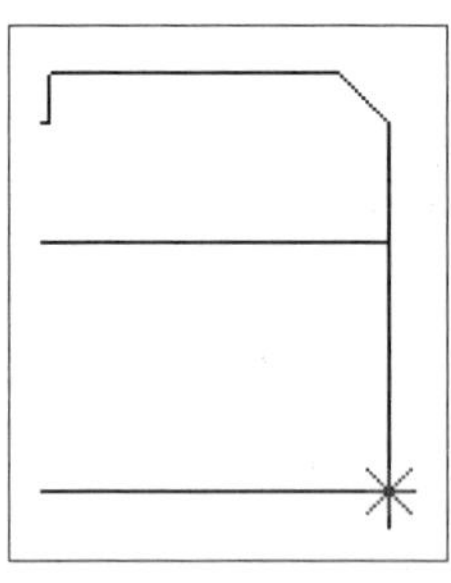

스페이스 바를 누른 후 스넵을 교차점 으로 바꾼다. G54의 원하는 위치를 클릭 후 ESC 키를 누른다.

05 선분 삭제

원점을 잡기 위해 그린 보조선을 선택 후 엔티티삭제 를 클릭한다. 부품과 관련 없는 보조선들이 있다면 축과 붙어 있다면 선택 후 지운다.

06 커브 체인

풀다운 메뉴의 체인 관리의 커브체인의 커브 [커브] 를 선택한다. 스페이스 바를 누른 후 스넵을 끝점 으로 설정한다.

07 커브체인 그리기

부품의 왼쪽 아래 끝부분을 선택한다.

붉은 색으로 2방향의 화살표가 생성된다. 원하는 쪽의 방향을 클릭한다.

08 커브체인 완성

방향을 선택 하면 노란 색으로 가상의 체인이 만들어 진다. 오른쪽 클릭을 하면 붉은 화살교가 없어지면서 체인이 완성된다.

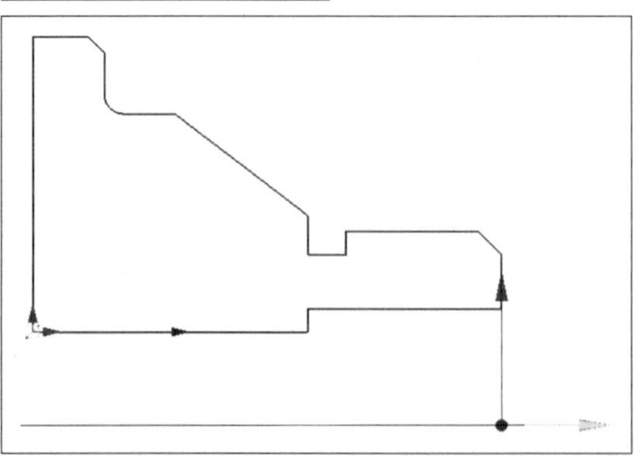

09 환경설정

캠 환경설정 [아이콘]을 선택한다. 캠 환경 설정 창에서 소재체인 [소재체인]을 선택한다.

10 체인 인식

그려놓은 체인을 선택한다.
체인 선택 후 오른쪽 클릭 한다.
X, Z의여분소재를 원하는 만큼 입력한다.
캠환경 설정 창에서 소재형상을 렌더링으로 바꾼 후 확인 한다.

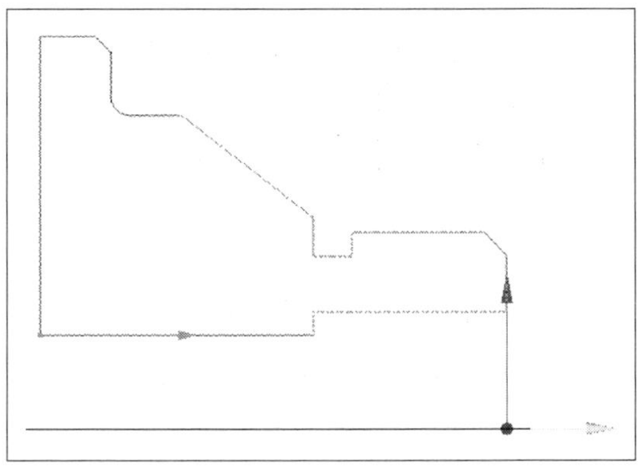

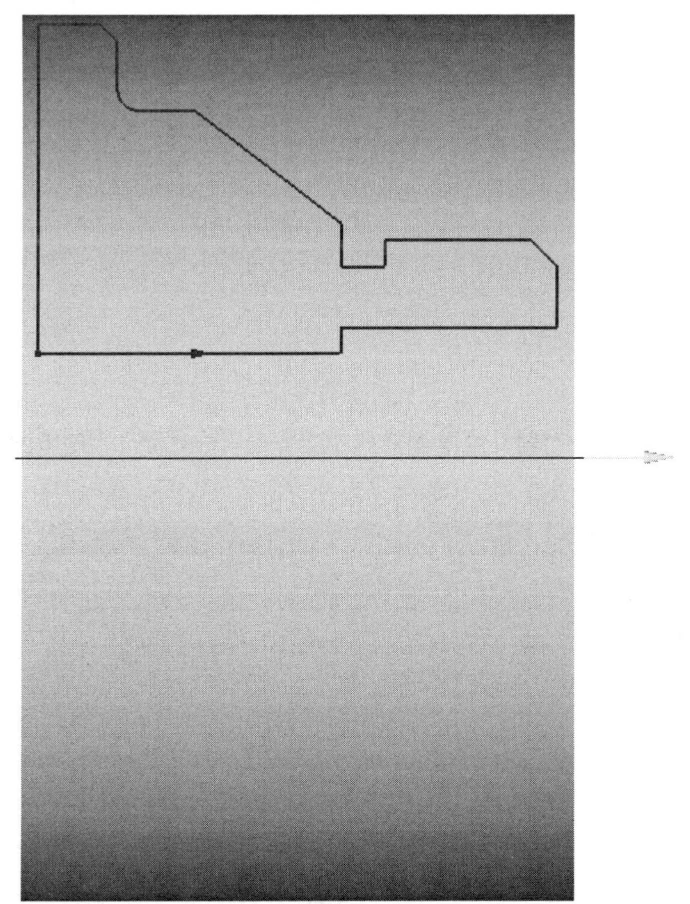

2. NC 코드 만들기

01 NC 환경설정

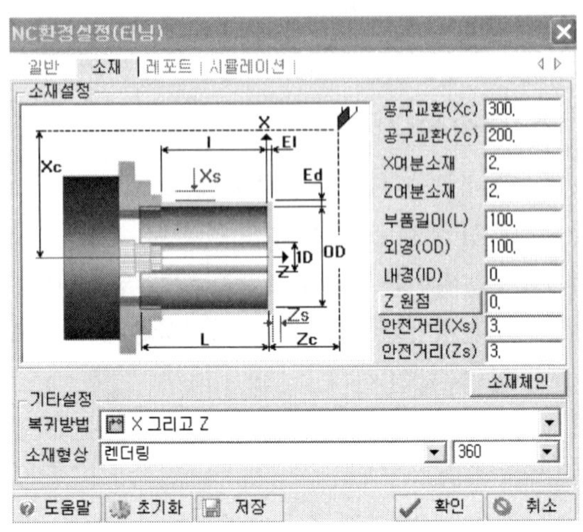

① **공구교환(Xc)** : 공구교환 X축 위치

② **공구교환(Zc)** : 공구교환 Z축 위치

③ **X 여분소재** : X축 소재 여유량

④ **Z 여분소재** : Z축 소재 여유량

⑤ **부품길이(L)** : 실제 부품 길이

⑥ **외경(OD)** : 실제 부품 외경

⑦ **Z 원점** : 소재의 Z 원점

⑧ **공구안전거리(Xs)** : 공구 초기진입 시 소재에서 떨어진 X축 거리

⑨ **공구안전거리(Zs)** : 공구 초기진입 시 소재에서 떨어진 Z축 거리

⑩ **공구복귀방법** : 복귀 형식을 설정 한다.

⑪ **소재형상** : 없음 · 와이어 · 쉐이딩 · 렌더링

02 터렛설정

① NC 창

② 공구 를 **추가** 또는 **선택**하여 창 하단에 편집을 클릭하여 공구 설정(**터렛경로**를 클릭하여 저장한 터렛을 사용 할 수 있다.)

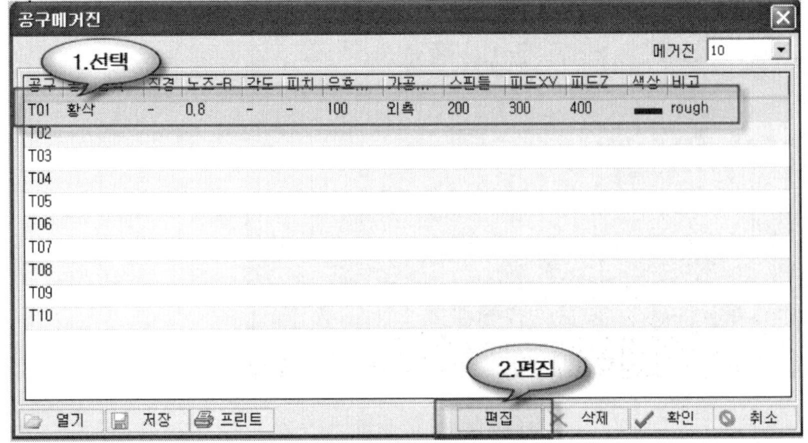

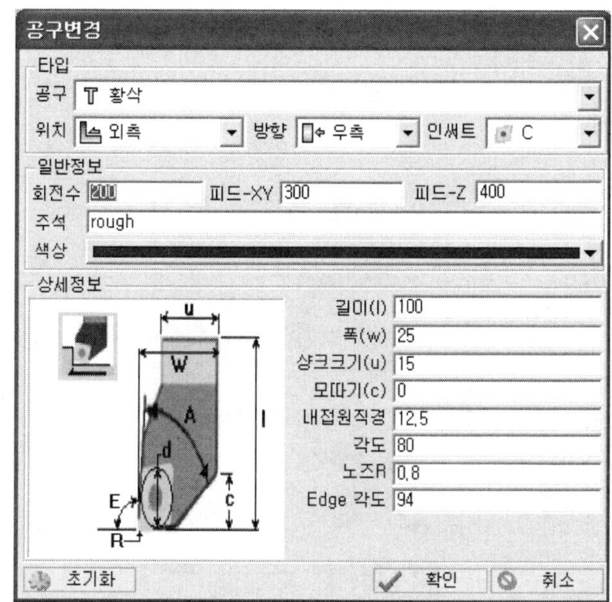

③ 공구(황삭, 그루빙, 나사, 센터, 드릴, 탭) 설정. 밀링공구와 같이 되어 있기 때문에 선반공구만 선택한다.

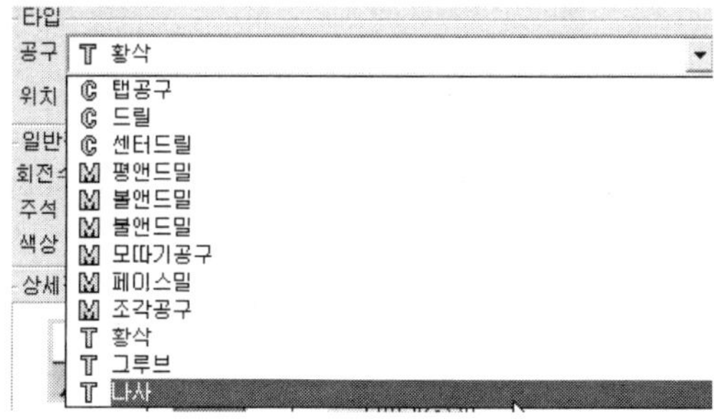

④ **위치(외측, 내측, 면) 설정** : 가공방향 설정

⑤ **방향(좌측, 우측) 설정** : 샹크 방향 설정

⑥ **인써트 형식 선택**

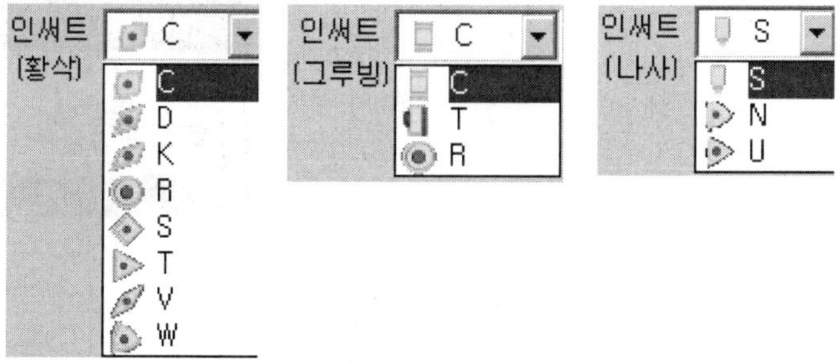

⑦ 황삭공구는 **인써트의 각도**에 따라서 언더컷을 체크를 하기 때문에 중요하다.

03 면삭가공

NC 창에서 **터닝**가공 황삭아이콘 클릭

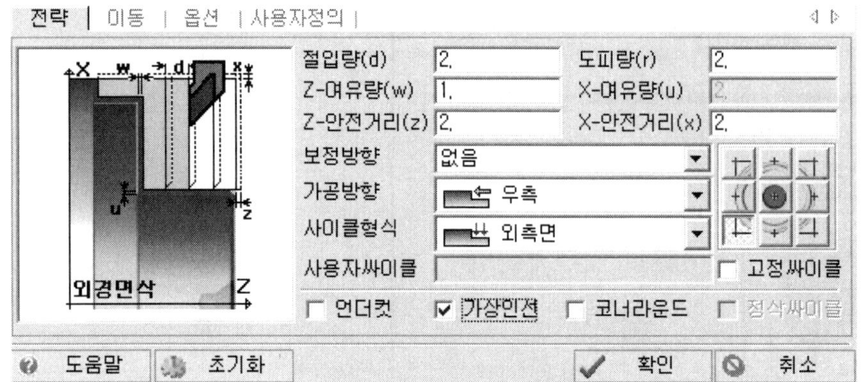

① **체인선택**

- 체인선택 클릭

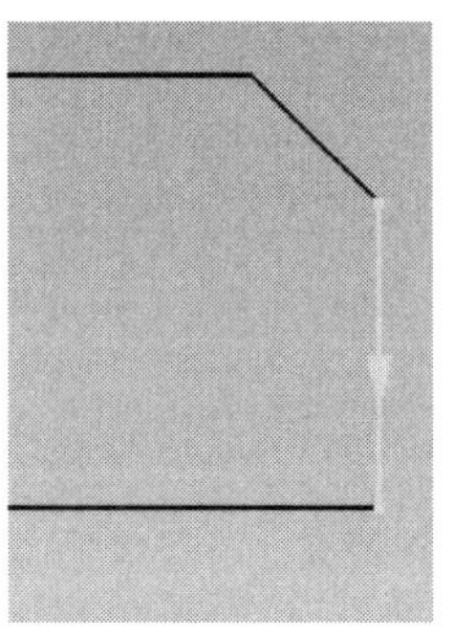

- 체인 시점 선택 : 단면 작업할 부분의 체인 선택
- 마우스 우측버튼 클릭(선택 종료)

② **공구선택**

- 공구 클릭하여 공구 선택

③ **공구경로 선택**

- 가상인선 체크
- 인선 R 방향 설정

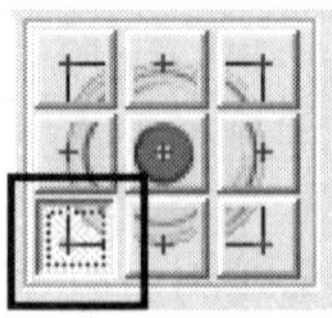

• 공구경로

– **부품** : 부품의 경우 기계 컨트롤러에 인써트 반지름 값을 입력해야 한다.
⇒ 보정방향 : 좌측(G41), 우측(G42)

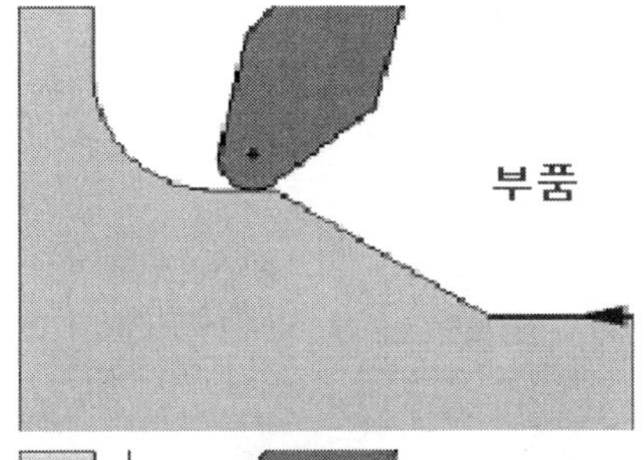

– **공구중심** : 공구반경에 대하여 QuickCAD 시스템에 의해 자동계산 된다.
⇒ 보정방향 : 없음.

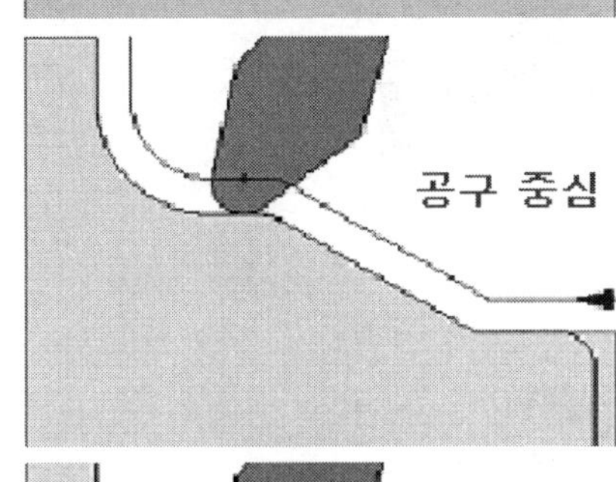

– **가상인선** : 가상인선 점을 공구경로로 생성한다.
⇒ 보정방향 : 없음.

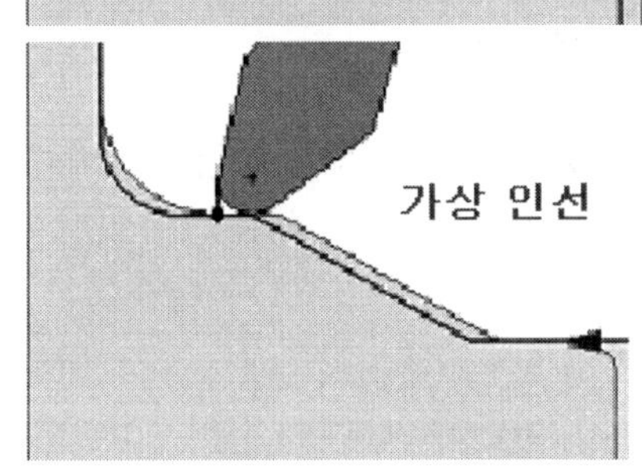

④ 시점, 종점 연장 시점연장 종점연장

시점 연장 또는 종점 연장을 클릭한다. 시점과 종점을 원하는 위치까지 연장할 수 있다.

⑤ 전략, 옵션, 이동에서 가공 조건 입력 후 확인한다.

04 황삭가공

NC 창에서 황삭아이콘 클릭

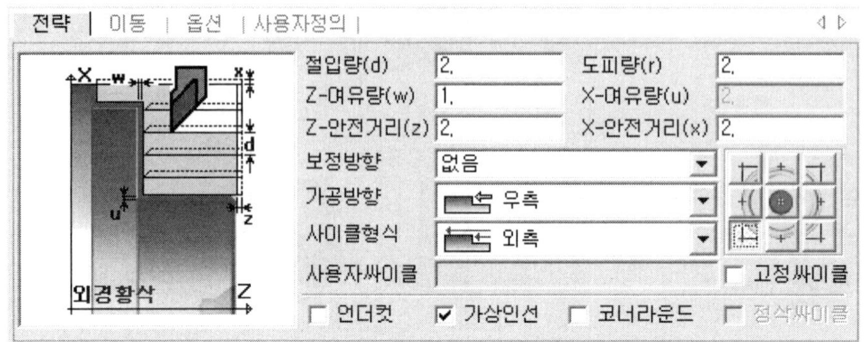

① **체인선택**

- **체인선택** 클릭

- **체인 시점** 선택 : 황삭 작업할 시작 부분의 체인 선택

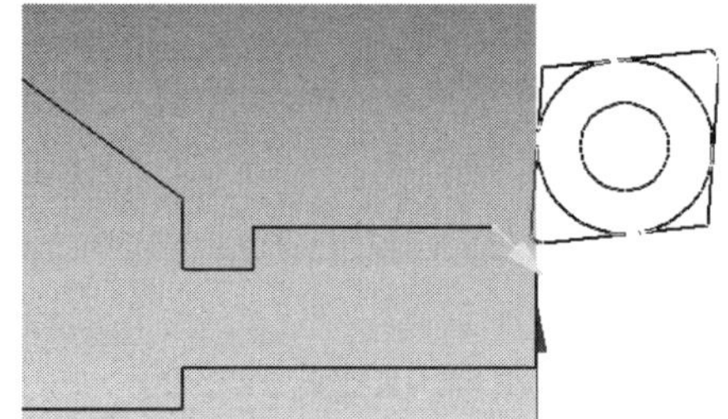

- **체인 종점** 선택 : 황삭 작업 끝부분의 체인 선택
- 마우스 우측버튼 클릭(선택 종료)

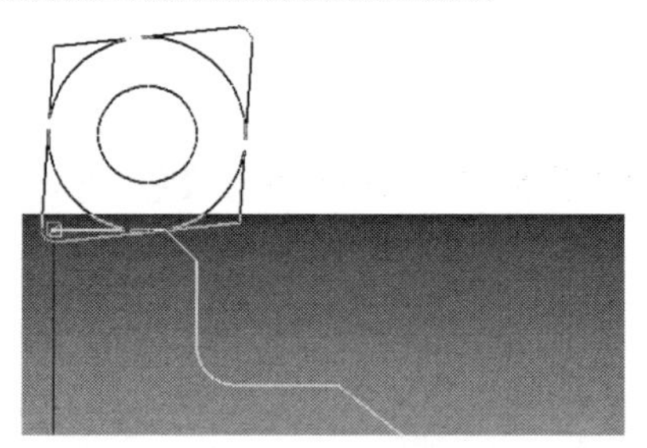

② **공구선택 및 공구경로 선택**

- **공구** 클릭하여 공구 선택
- **가상인선** 체크

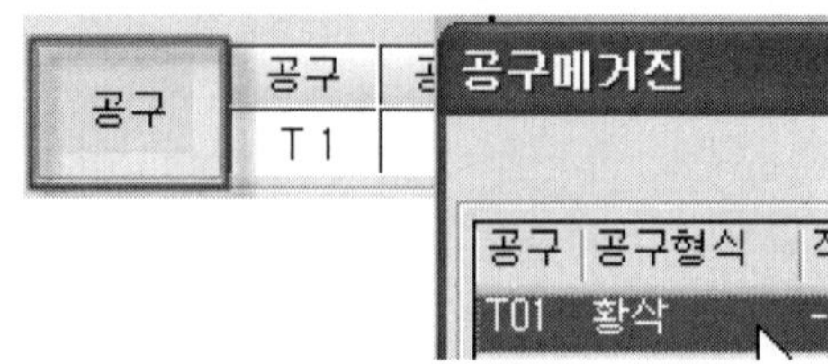

③ **가공전략 및 옵션**

- 위의 면삭내용과 같이 **전략**과 **옵션** 설정
  싸이클 형식 : **외측** 선택

- 고정싸이클 선택(**황삭과 정삭을 동일 공구로 사용 했을 경우**)
  고정싸이클 : 체크했을 때 G71 싸이클 출력

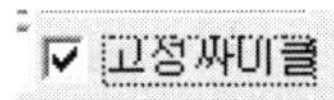

- **확인** 클릭(싸이클을 사용할 경우 **가상인선**을 사용할 수 없습니다. **기계보정사용**)

④ **전략, 옵션, 이동에서 가공 조건 입력 후 확인한다.**

05 그루브 가공

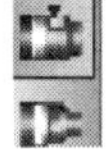

NC 창에서 **그루부** 가공 아이콘 선택

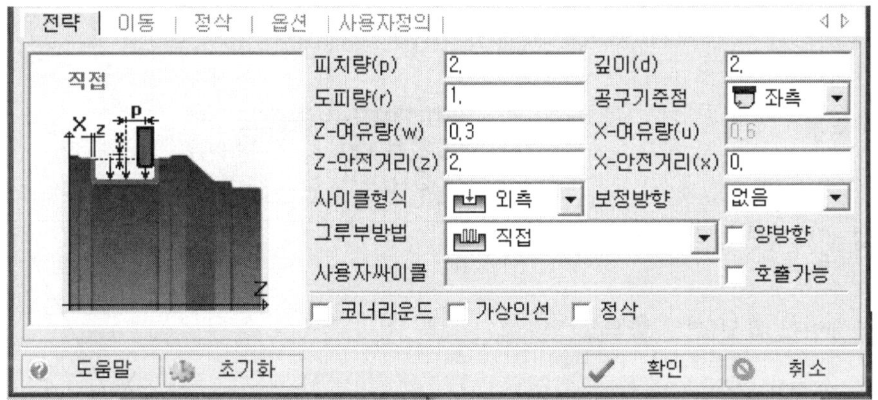

① **체인선택**

- 체인 클릭
- 체인 **시점** 선택 : 황삭작업 할 시작 부분의 체인 선택
- 체인 **종점** 선택 : 황삭작업 끝부분의 체인 선택
- 마우스 우측버튼 클릭(선택 종료)

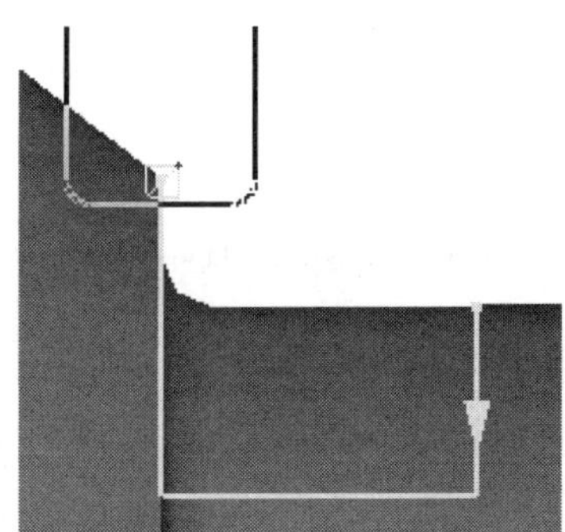

② **가공전략**

- **기준점** : 공구에서 가공의 기준이 되는 점

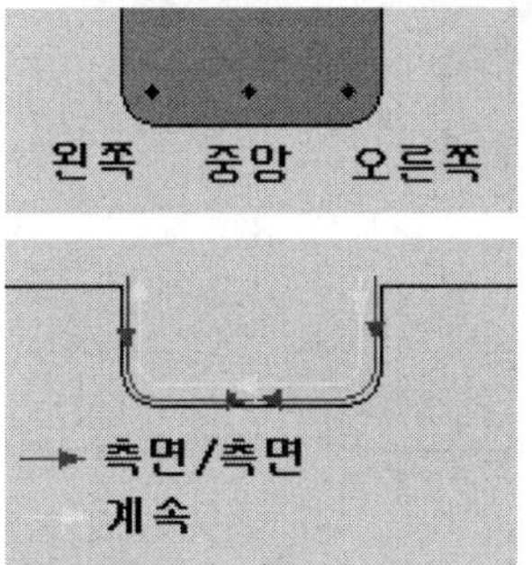

- **전략**과 **옵션**을 설정 후 **확인** 클릭

③ **전략, 옵션, 이동에서 가공 조건 입력 후 확인한다.**

06 나사가공

NC창에서 나사가공 아이콘 선택

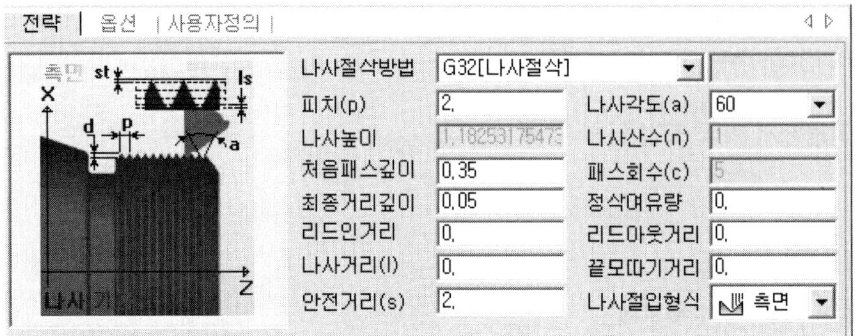

① **체인선택**

- 체인선택 클릭

- 체인 **시점** 선택 : 단면 작업할 부분의 체인 선택
- 마우스 우측버튼 클릭(선택 종료)

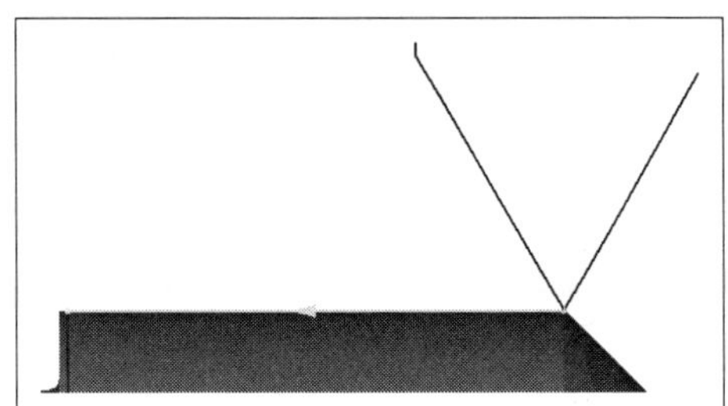

② **전략, 옵션, 이동에서 가공 조건 입력 후 확인한다.**

07 드릴 가공

NC창에서 드릴가공 아이콘 선택

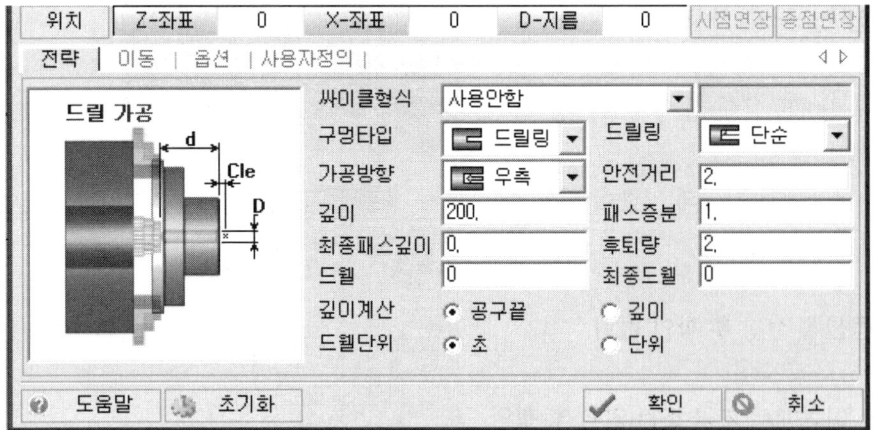

① **위치선택**

- 위치 선택
- 위치 선택 드릴 진입 시점 선택
- 0,0 을 입력해 진입 시점을 잡는다.

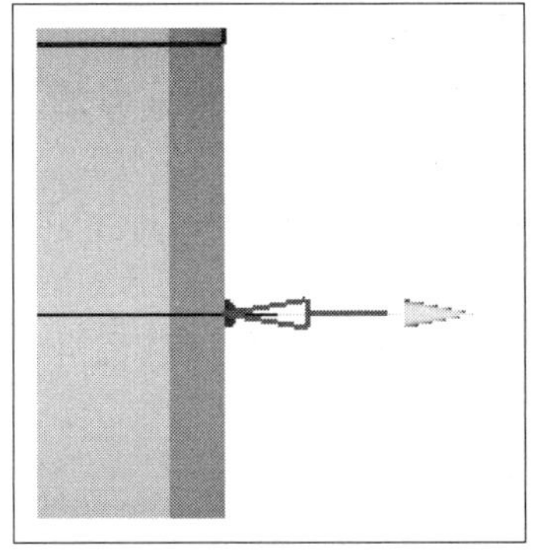

② **전략, 옵션, 이동에서 가공 조건 입력 후 확인 한다.**

08 내경가공

NC 창에서 황삭 아이콘 선택 (공구는 내측 공구로 변경)

① **체인선택**

- **체인선택** 클릭
- **체인 시점** 선택 : 내경 작업할 시작 부분의 체인 선택

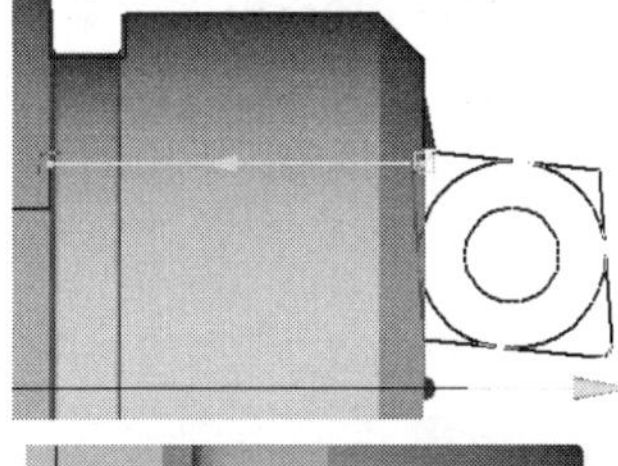

- **체인 종점** 선택 : 내경 작업 끝부분의 체인 선택
- 마우스 우측버튼 클릭(선택 종료)

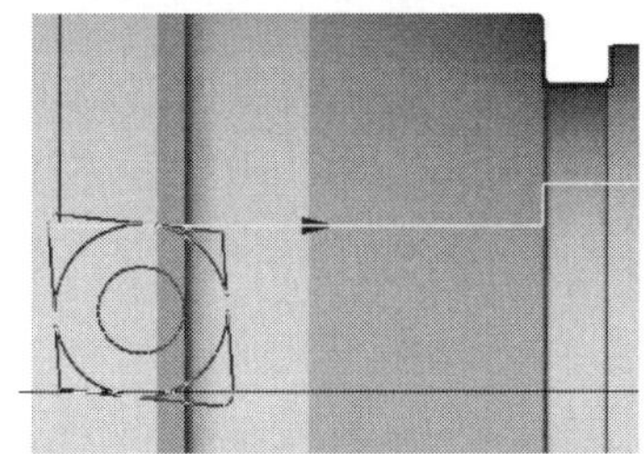

② **가공전략 및 옵션**

가공방향 우측
사이클형식 내측면

- 위의 황삭내용과 같이 **전략**과 **옵션** 설정
  싸이클 형식 : **내측** 선택
- **X-안전거리** 는 -값으로 입력해야 한다.

③ **전략, 옵션, 이동에서 가공 조건 입력 후 확인 한다.**

09 NC 데이터 저장

① 메인프로그램 오른쪽 클릭

② **전체코드출력** 클릭

③ **저장** 아이콘 클릭

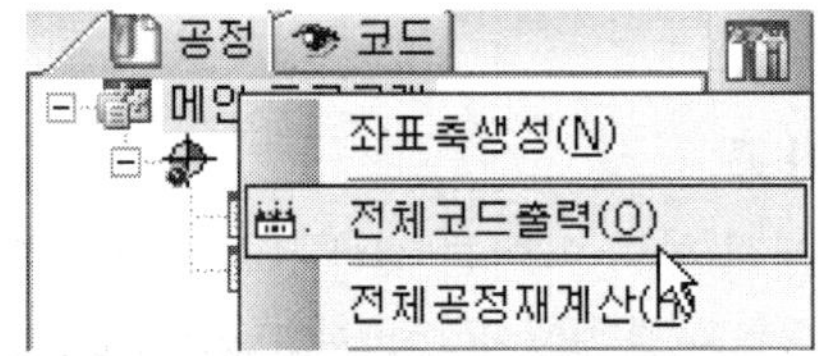

④ 파일 이름을 입력하고 **저장(S)** 을 클릭

⑤ NC파일 저장 경로, 이름 등을 설정한 후 확인 한다.

4. QuickTurn 따라하기 4

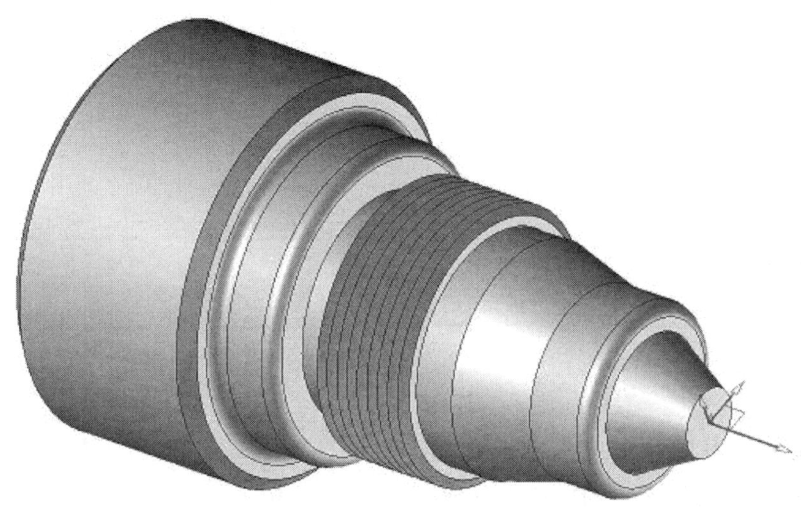

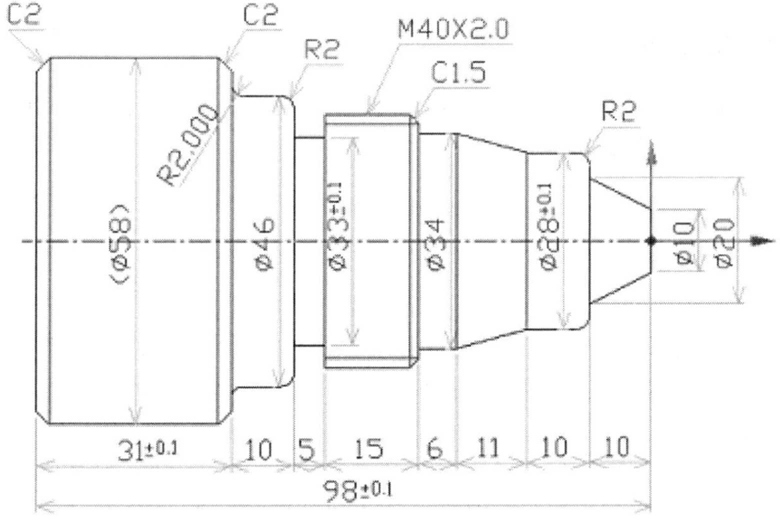

1. 커브체인 만들기

01 불필요한 객체 숨기기

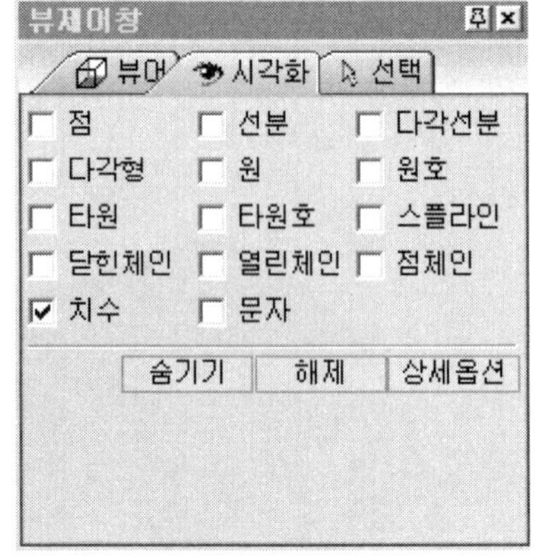

우측 밑쪽의 뷰 제어창에서 시각화를 활성화 한 뒤 치수를 선택한다.(치수, 문자 등 가공시 불편한 것들을 숨길 수 있다. 치수 뿐 아니라 나머지 원하는 다른 선들도 숨길 수 있다. 임의의 선들은 선택후 숨기기를 클릭 하면 숨길 수 있다.)

02 엔티티 정리

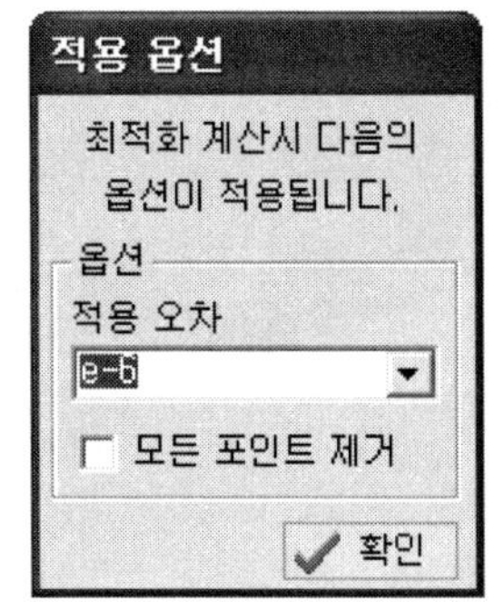

2D 변형의 엔티티 정리를 [엔티티정리] 선택 후, 확인한다.

- 불필요한 겹침 선이 있으면 가공 시 불편하기 때문에, 겹쳐 있는 선을 하나로 합쳐 주는 작업이다.
- 적용오차 e-6은 소수점 6자리까지의 어긋나 있는 선 들은 다 하나로 합쳐 준다는 의미이다.

03 원점 이동 점 잡기

직선을 선택 한 후 [F7] 키를 누른다. 스페이스 바를 누른 후 스넵을 끝점 으로 설정한다. G54를 쉽게 잡기 위한 준비 작업이다.

부품의 가장 끝단을 선택한다.

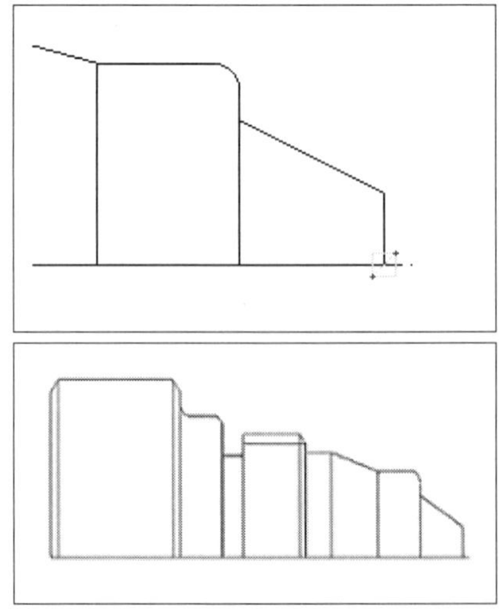

04 원점이동

풀다운 메뉴 뷰 밑의 원점이동을 선택한다.

원점이동

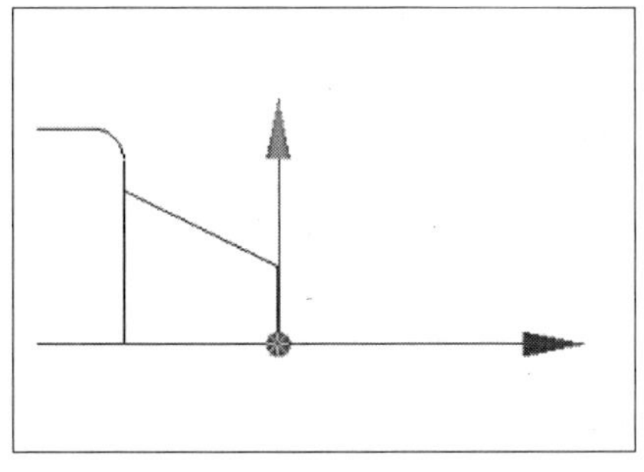

스페이스 바를 누른 후 스넵을 교차점 으로 바꾼다.

G54의 원하는 위치를 클릭 후 ESC 키를 누른다.

05 선분 삭제

원점을 잡기 위해 그린 보조 선을 선택 후 엔티티삭제 를 클릭한다. 부품과 관련 없는 보조 선들이 있다면 축과 붙어 있다면 선택 후 지운다.

06 커브 체인

풀다운 메뉴의 체인 관리의 커브체인의 커브 커브 를 선택한다. 스페이스 바를 누른 후 스넵을 끝점 으로 설정한다.

07 커브체인 그리기

부품의 왼쪽 아래 끝부분을 선택 한다.

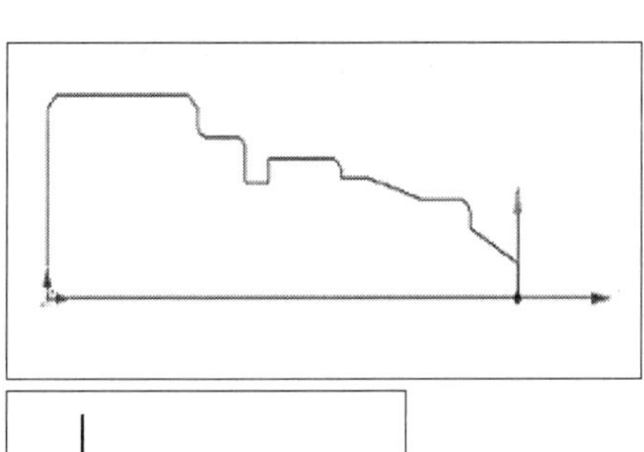

붉은 색으로 2방향의 화살표가 생성 된다. 원하는 쪽의 방향을 클릭 한다.

08 커브체인 완성

방향을 선택하면 노란 색으로 가상의 체인이 만들어진다. 오른쪽 클릭을 하면 붉은 화살교가 없어지면서 체인이 완성 된다.

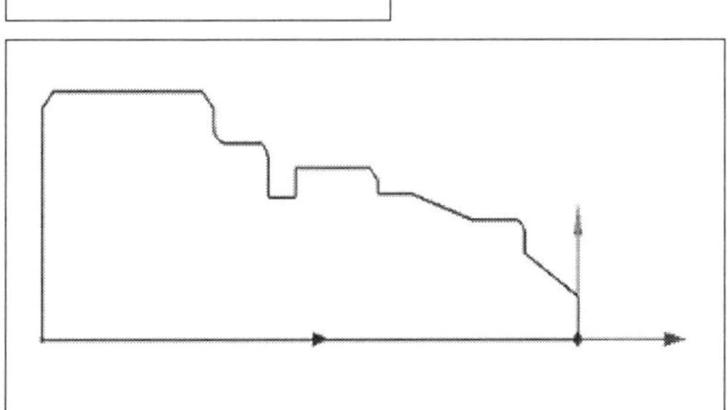

09 환경설정

캠 환경설정 을 선택한다. 캠 환경 설정 창에서 소재체인 소재체인 을 선택한다.

10 체인 인식

그려놓은 체인을 선택한다.

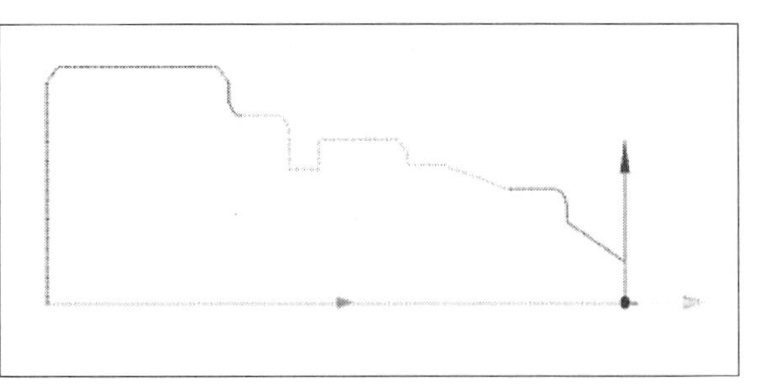

체인 선택 후 오른쪽 클릭 한다.

X, Z의 여분소재를 원하는 만큼 입력한다.

캠환경 설정 창에서 소재형상을 렌더링으로 바꾼 후 확인 한다.

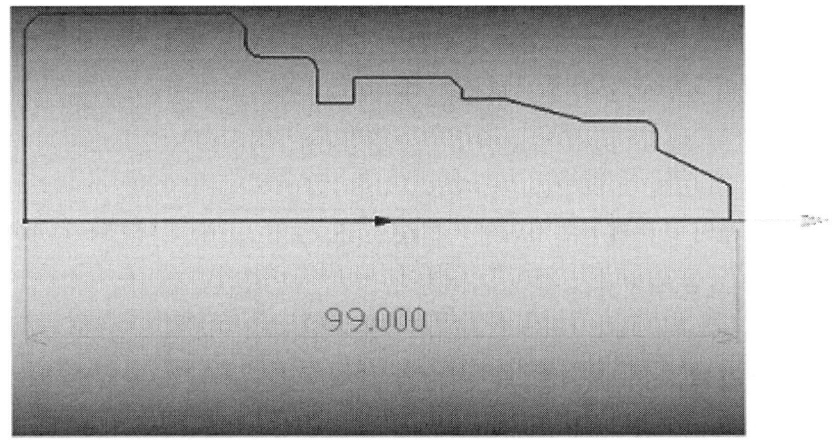

2. NC 코드 만들기

01 NC 환경설정

① **공구교환(Xc)** : 공구교환 X축 위치
② **공구교환(Zc)** : 공구교환 Z축 위치
③ **X 여분소재** : X축 소재 여유량
④ **Z 여분소재** : Z축 소재 여유량
⑤ **부품길이(L)** : 실제 부품 길이
⑥ **외경(OD)** : 실제 부품 외경
⑦ **내경(ID)** : 실제 부품 내경
⑧ **Z 원점** : 소재의 Z 원점
⑨ **안전거리(Xs)** : 공구 초기진입 시 소재에서 떨어진 X축 거리
⑩ **안전거리(Zs)** : 공구 초기진입 시 소재에서 떨어진 Z축 거리
⑪ **공구복귀방법** : 복귀 형식을 설정 한다.
⑫ **소재형상** : 없음 · 와이어 · 쉐이딩 · 렌더링

02 터렛설정

① NC 창 

② 공구 를 **추가** 또는 선택하여 창 하단에 **편집**을 클릭하여 공구 설정(**확인**을 클릭하여 저장한 공구를 사용 할 수 있다.)

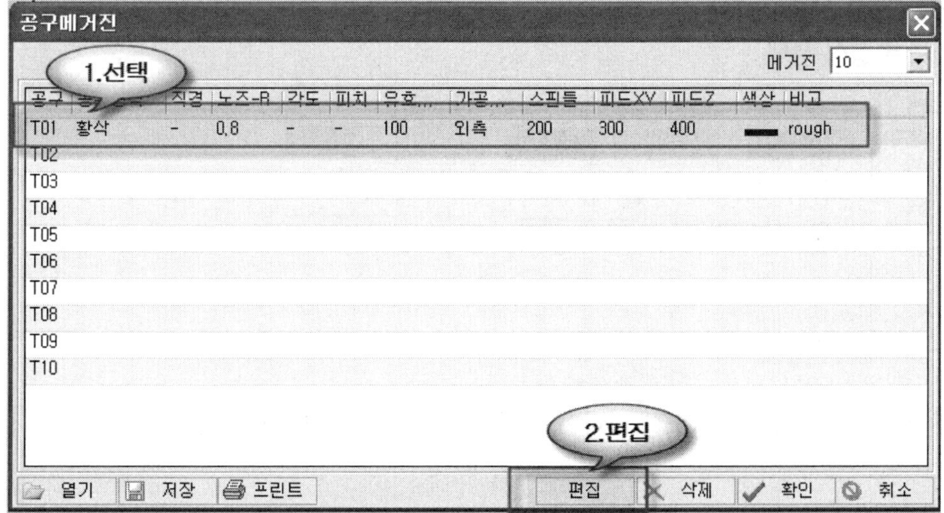

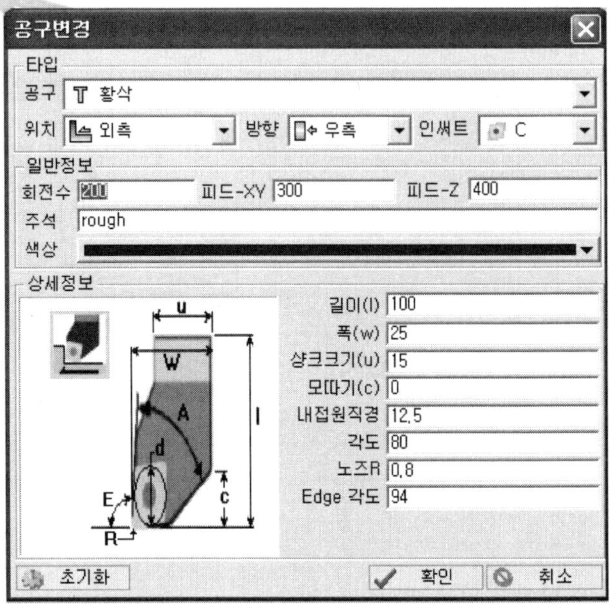

③ 공구(황삭, 그루빙, 나사, 센터, 드릴, 탭) 설정. 밀링공구와 같이 되어 있기 때문에 선반공구만 선택한다.

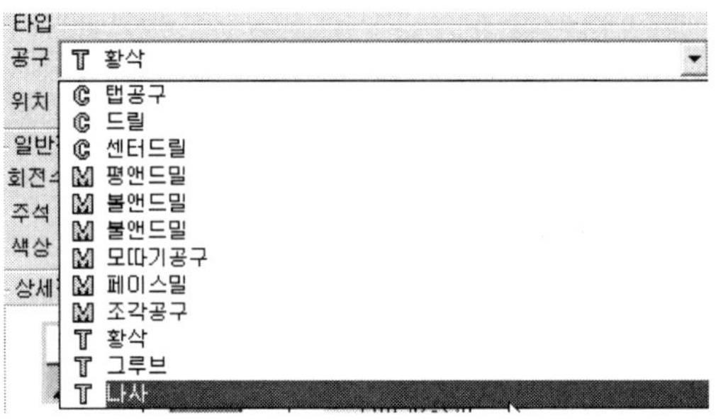

④ **위치(외측, 내측, 면) 설정** : 가공방향 설정

⑤ **방향(좌측, 우측) 설정** : 샹크 방향 설정

⑥ **인써트 형식 선택**

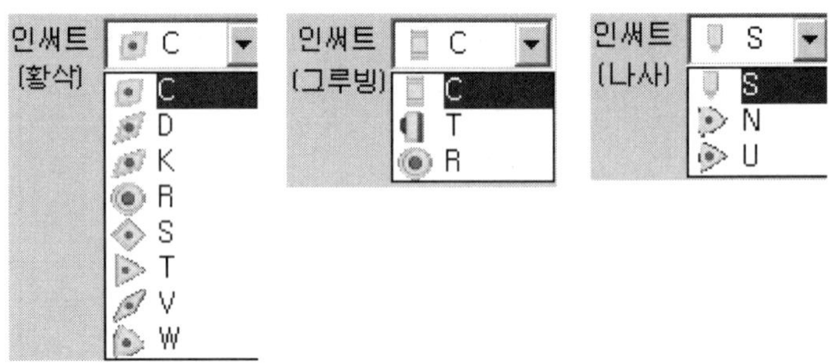

⑦ 황삭공구는 **인써트의 각도**에 따라서 언더컷을 체크를 하기 때문에 중요하다.

03 면삭가공

NC 창에서 **터닝**가공 황삭아이콘 클릭

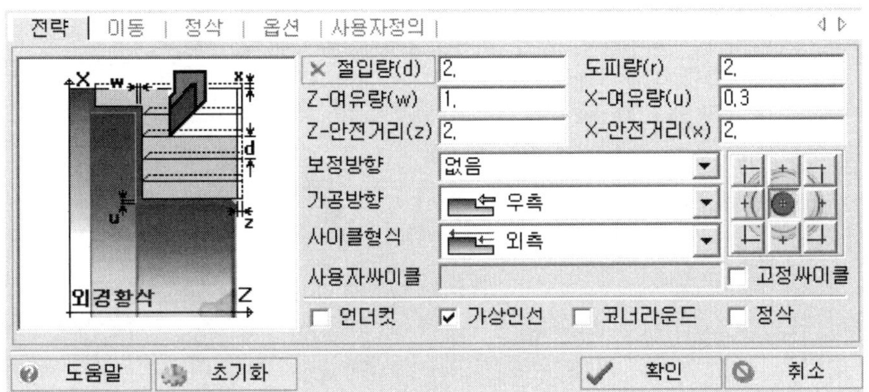

① 체인선택

- 체인선택 클릭

- 체인 시점 선택 : 단면 작업할 부분의 체인 선택
- 마우스 우측버튼 클릭(선택 종료)

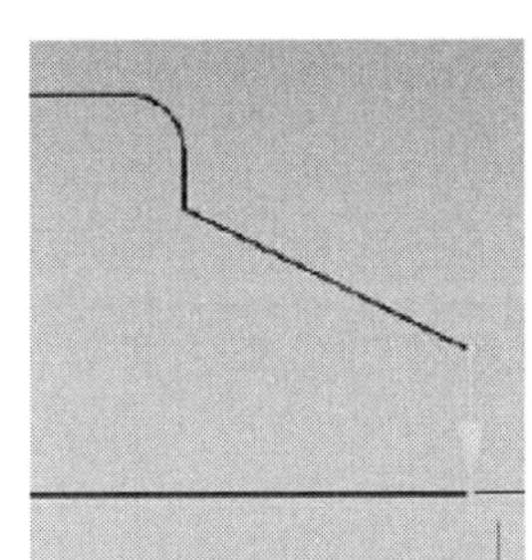

② 공구선택

- 공구 클릭하여 공구 선택

③ 공구경로 선택

- 가상인선 체크
- 인선 R 방향 설정

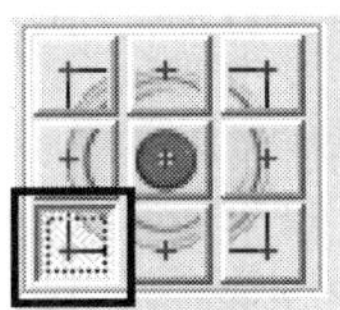

• **공구경로**

– **부품** : 부품의 경우 기계 컨트롤러에 인서트 반지름 값을 입력해야 한다.
⇒ 보정방향 : 좌측(G41), 우측(G42)

– **공구중심** : 공구반경에 대하여 QuickCAD 시스템에 의해 자동계산 된다.
⇒ 보정방향 : 없음.

– **가상인선** : 가상인선 점을 공구경로로 생성한다.
⇒ 보정방향 : 없음.

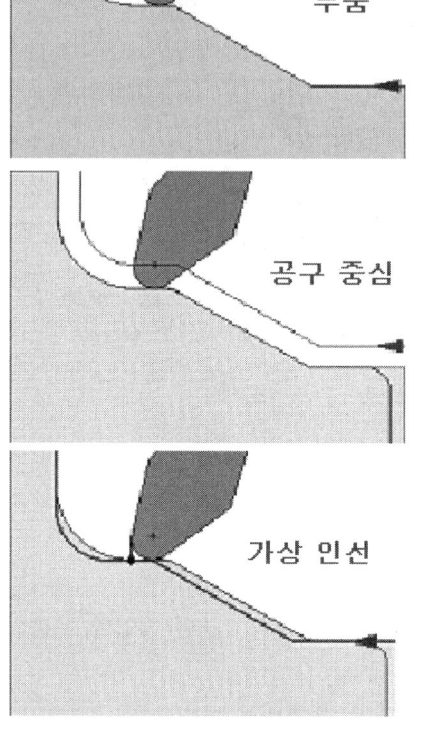

④ 시점, 종점 연장

시점연장 종점연장 | 시점 연장 또는 종점 연장을 클릭한다. 시점과 종점을 원하는 위치까지 연장할 수 있다.

⑤ 전략, 옵션, 이동에서 가공 조건 입력 후 확인한다.

04 황삭가공

NC창에서 황삭아이콘 클릭

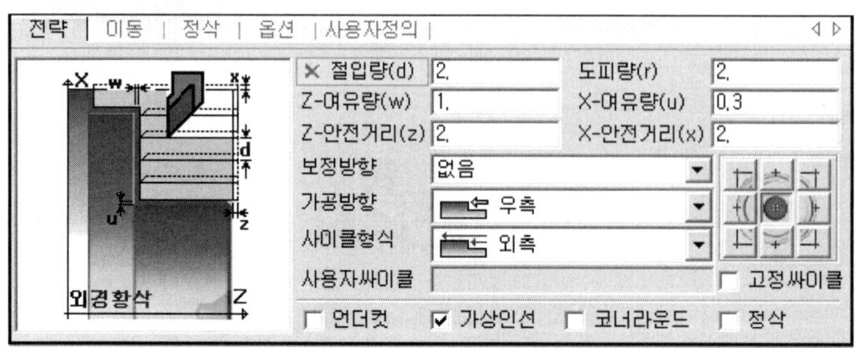

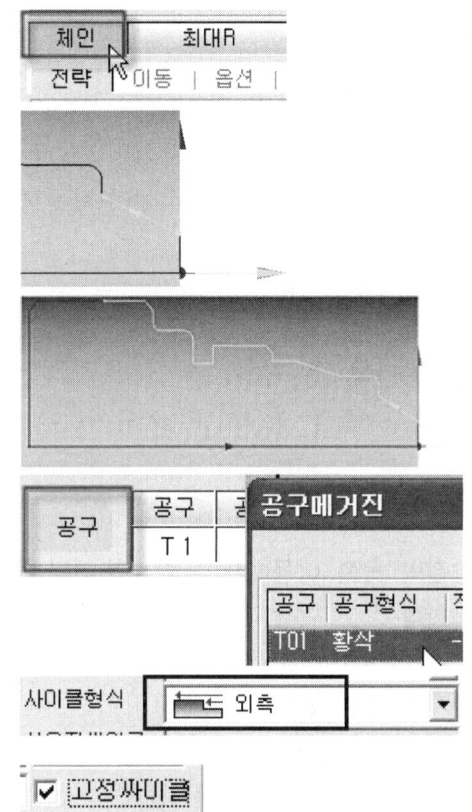

① **체인선택**

- **체인선택** 클릭
- **체인 시점** 선택 : 황삭 작업할 시작 부분의 체인 선택
- **체인 종점** 선택 : 황삭 작업 끝부분의 체인 선택
- 마우스 우측버튼 클릭(선택 종료)

② **공구선택 및 공구경로 선택**

- **공구** 클릭하여 공구 선택
- **가상인선** 체크

③ **가공전략 및 옵션**

- 위의 면삭내용과 같이 **전략**과 **옵션** 설정
  싸이클 형식 : **외측** 선택
- 고정싸이클 선택(**황삭과 정삭을 동일 공구로 사용 했을 경우**)
  고정싸이클 : 체크했을 때 G71 싸이클 출력
- **확인** 클릭(싸이클을 사용할 경우 **가상인선**을 사용할 수 없습니다. **기계보정사용**)

④ **전략, 옵션, 이동에서 가공 조건 입력 후 확인 한다.**

05 그루브 가공

NC 창에서 **그루부** 가공 아이콘 선택

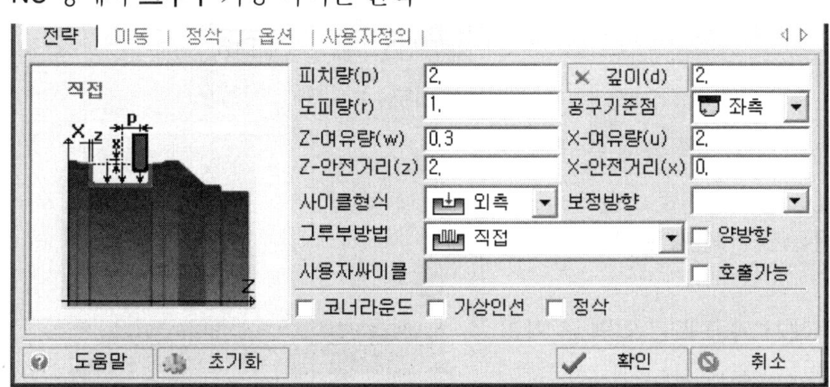

① **체인선택**

- 체인 클릭
- 체인 **시점** 선택 : 황삭작업 할 시작 부분의 체인 선택
- 체인 **종점** 선택 : 황삭작업 끝부분의 체인 선택
- 마우스 우측버튼 클릭(선택 종료)

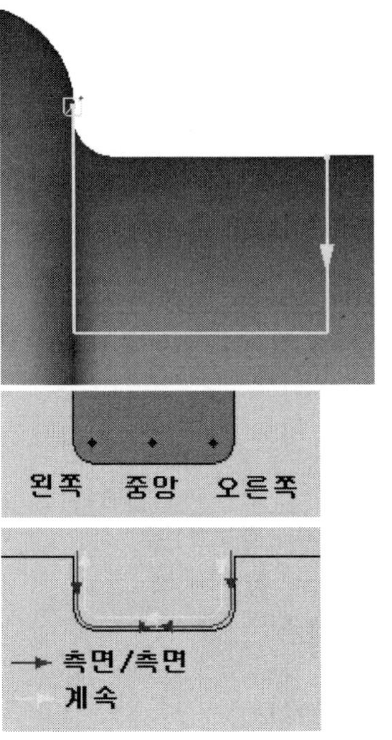

② **가공전략**

- **공구기준점** : 공구에서 가공의 기준이 되는 점
- **전략**과 **옵션**을 설정 후 **확인** 클릭

③ **전략, 옵션, 이동에서 가공 조건 입력 후 확인한다.**

06 나사가공 

NC창에서 나사가공 아이콘 선택

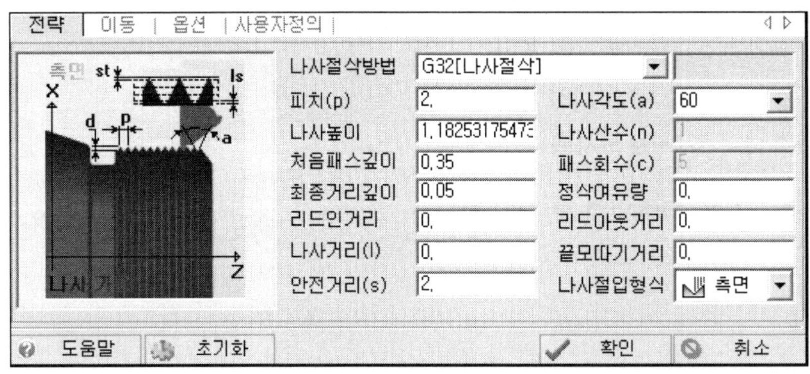

① **체인선택**

- 체인선택 클릭

- 체인 **시점** 선택 : 단면 작업할 부분의 체인 선택
- 마우스 우측버튼 클릭(선택 종료)

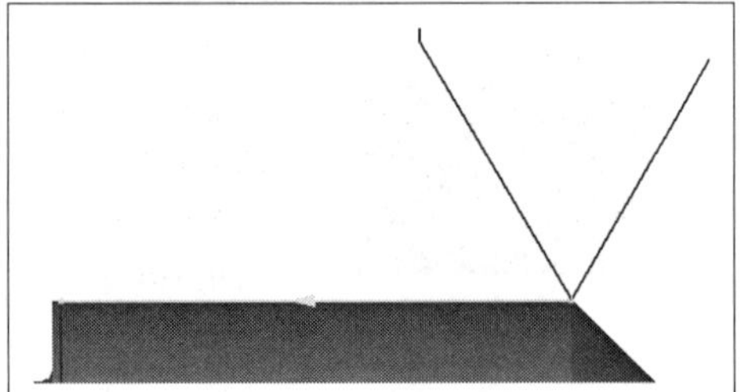

② **전략, 옵션, 이동에서 가공 조건 입력 후 확인한다.**

07 NC 데이터 저장

① 메인프로그램 오른쪽 클릭

② **전체코드출력** 클릭

③ **저장** 아이콘 클릭

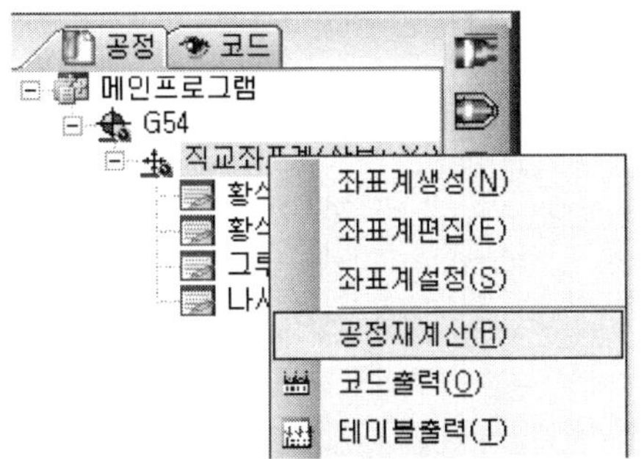

④ 파일 이름을 입력하고 **저장(S)** 을 클릭

⑤ NC파일 저장 경로, 이름 등을 설정한 후 확인 한다.

Quick
CAD-CAM

09 Chapter QuickTurnMill

1. QuickTurnMill 따라하기 1

개요 : 기본 2D밀링 가공의 가공방법을 이용하여 가공.
원통면의 전개 도면을 생성
전개되어있는 선을 이용하여 4축의 가공 툴을 생성하게 됩니다.
가공이 2D 밀링을 기본으로 하여 기존 사용자

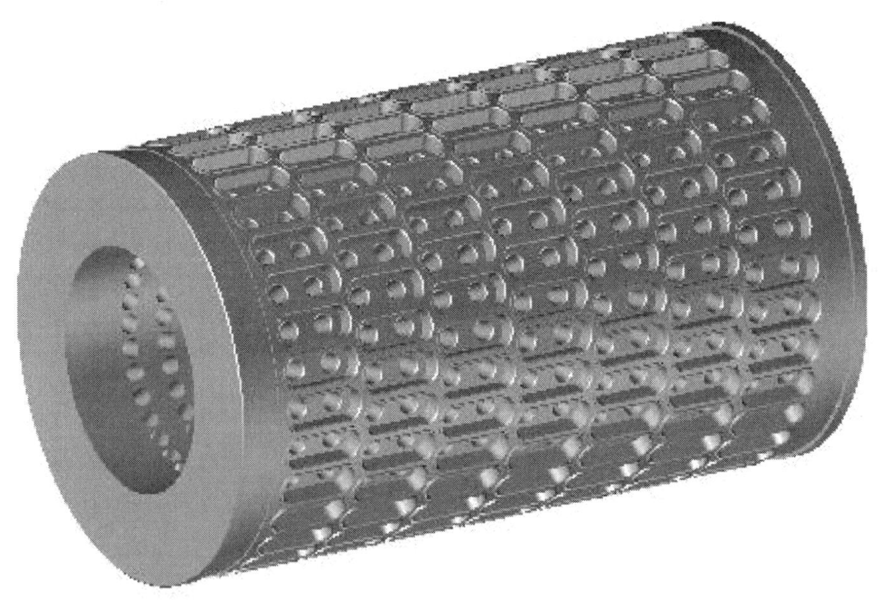

1. QuickTurn-Mill 시작

01 프로그램 QuickCAD-CAM V7.1.0.0 Software을 실행합니다.

02 메인 기계선택 창에서 턴밀을 선택합니다.

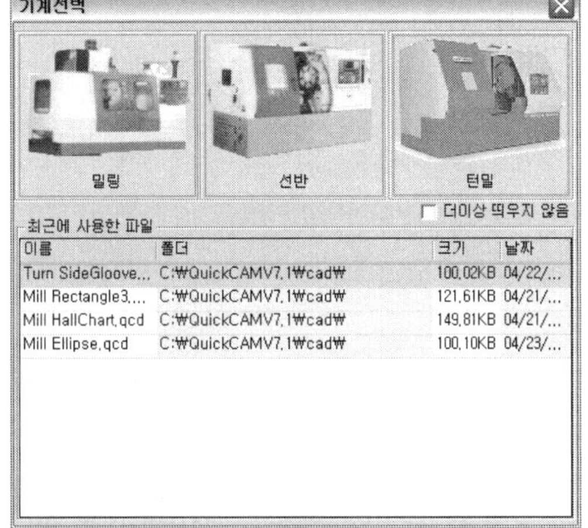

① 좌표계 설정 창이 생성되면 ZY평면(밀링)을 선택합니다.

② 지름입력란에 150
길이 입력란에 250
을 입력하고 확인을 클릭합니다.

실린더 좌표계 생성된 상태
실린더 좌표계 아래에 빨간색의 선이 활성화 되어있음을 나타냅니다.

03 풀 다운 메뉴의 파일 - 열기를 선택 4축 밀링.DWG파일을 선택 합니다.

04 다음과 같이 화면에 롤 현상의 도면이 나타납니다.

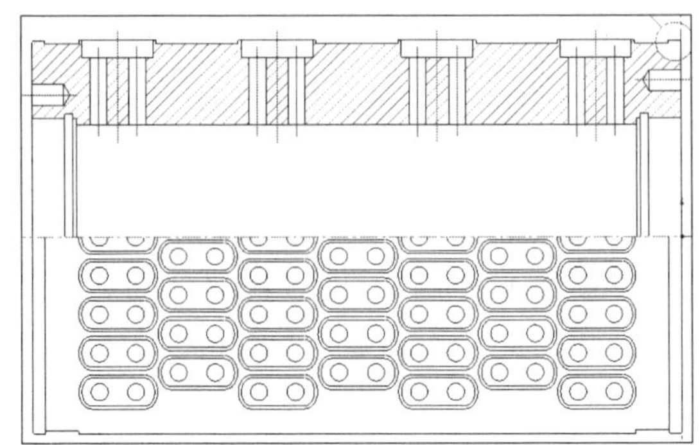

05 필요한 선을 남기고 나머지 선들은 선택하여 삭제 명령어를 이용하여 삭제합니다.
(가공에 필요한 두 줄을 제외하고 나머지를 선택 삭제)

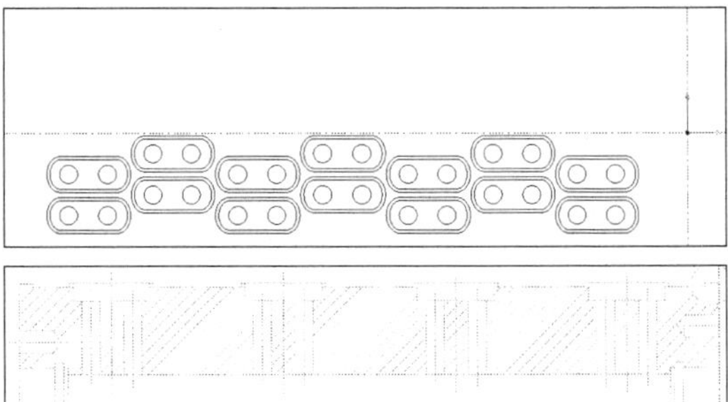

➲ 삭제되고 남은 선

06 전개도면을 생성하기 위해 반복되는 형상을 복사해야 합니다. 복사하기 위해 풀다운 메뉴의 2D 변형 - 배열- 배열, 사각형을 선택

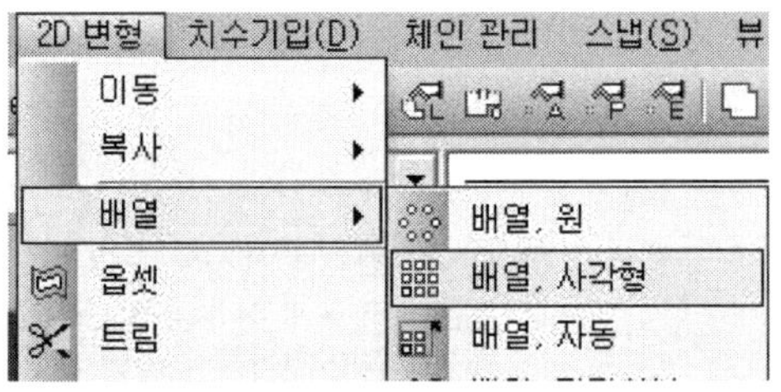

① 복사 엔티티 선택이라는 명령어가 명령어 표시줄에 나타납니다. 복사할 엔티티를 다음과 같이 선택합니다.

복사 엔티티 선택 :

② 복사할 엔티티를 전부 선택한 후 오른쪽 마우스를 클릭합니다.

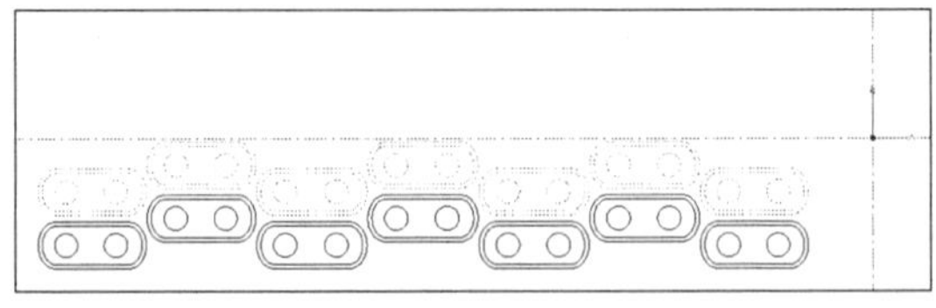

③ 가로개수를 입력하는 란에 1을 입력하고 엔터
세로개수를 입력하는 란에 5를 입력하고 엔터

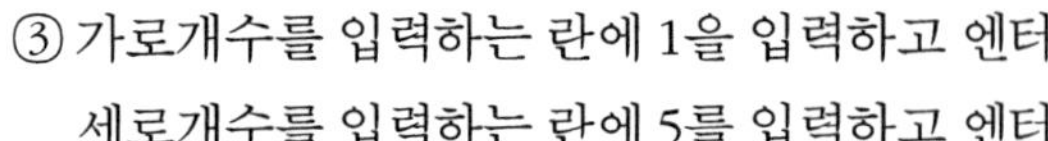

가로 갯수 : 1
세로 갯수 : 5

④ 원의 중심을 선택하기 위해 스냅 점을 이용합니다.

⑤ 가로 길이 또는 기준점을 선택명령어에서 기준점은 도면의 가장 좌측 아랫줄의 원 중심점을 선택

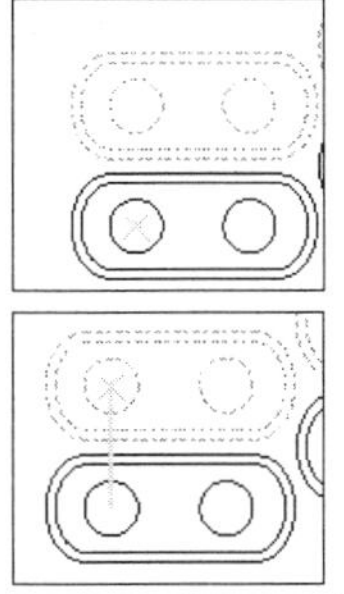

⑥ 종점은 도면의 가장 좌측 윗줄의 원 중심점을 선택

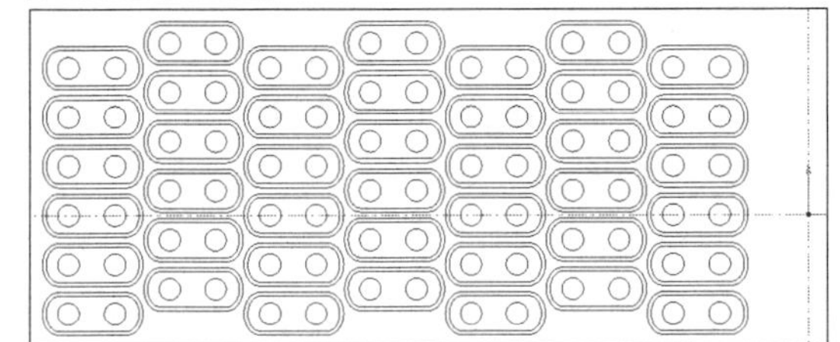

복사 배열된 선들

2. 드릴 체인 생성

01 드릴공정을 생성하기위해 드릴 체인(점체인)을 생성합니다.

02 풀 다운 메뉴의 체인관리 - 점체인 -자동을 선택합니다.

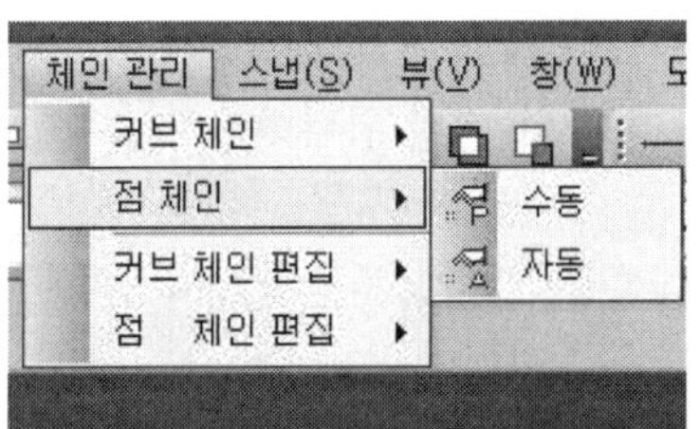

03 점 체인 형식 창이 생성이 되면 다음과 같이 설정을 합니다. (화면 안의 지름 6.5원에 대한 체인을 지그재그로 생성합니다.)

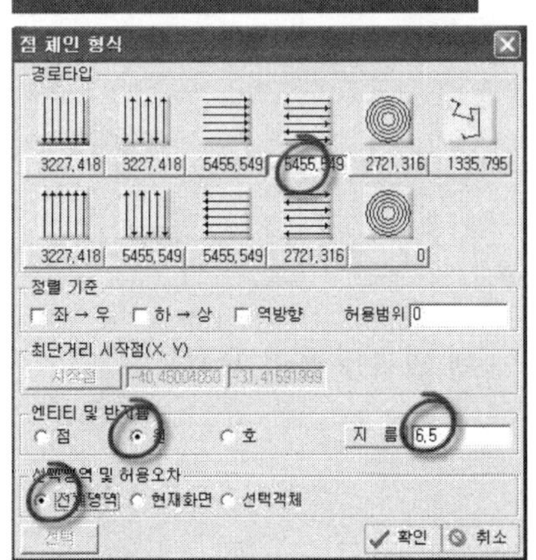

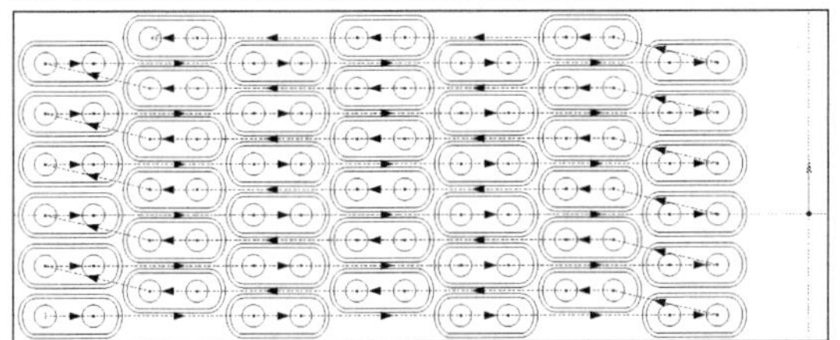

체인 생성 모습

3. 드릴 가공 생성

01 NC 공정창에서 우측 아이콘 중 드릴가공 아이콘을 선택.

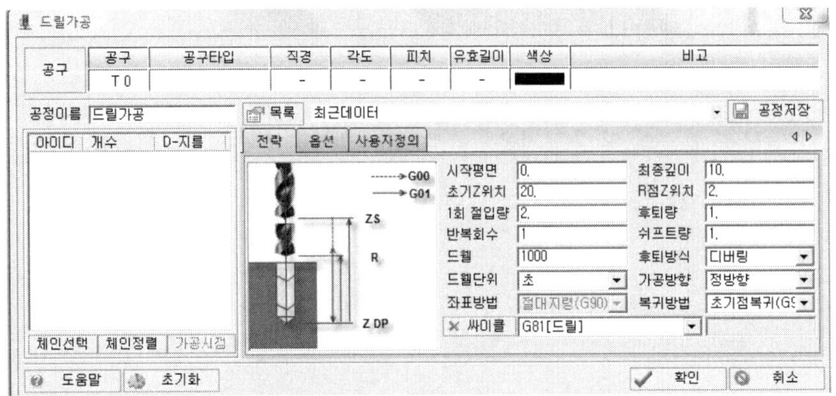

드릴가공에 관한 공정 생성 창이 생성됩니다.

공구	공구	공구형식	직경	각도	피치	유효길이	색상	
	T 7	탭공구	12	-	3	50		탭공구

02 공구를 선택하기 위해 공구 선택 아이콘을 클릭합니다.

03 공구 메거진 창이 생성 됩니다.

공구메거진   메거진 30

공구	공구형식	직경	노즈-R	각도	피치	유효길이	가공위치	스핀들	피드XY	피드Z	색상	비고
T01	평앤드밀	10	-	0	-	50	-	1500	1000	600		Flat
T02	평앤드밀	12	-	0	-	50	-	1500	1000	600		Flat
T03	평앤드밀	8	-	0	-	50	-	24000	200	100		Flat
T04	평앤드밀	60	-	0	-	50	-	1500	1000	600		Flat
T05	평앤드밀	24	-	0	-	50	-	1500	1000	600		Flat
T06	평앤드밀	3	-	0	-	50	-	10000	1000	500		Flat
T07	드릴	6	-	120	-	10	-	1000	800	800		Drill
T08	센터드릴	6	-	60	-	10	-	1200	1000	500		Center-Drill
T09	센터드릴	3	-	60	-	10	-	1200	1000	500		Center-Drill
T10	T-커터	10	1	-	-	3	-	1500	1000	500		T-Cutter
T11	탭공구	8	-	-	1.5	30	-	800	500	400		Tap

열기 저장 프린트 편집 삭제 확인 취소

04 T01을 선택 편집을 클릭합니다.

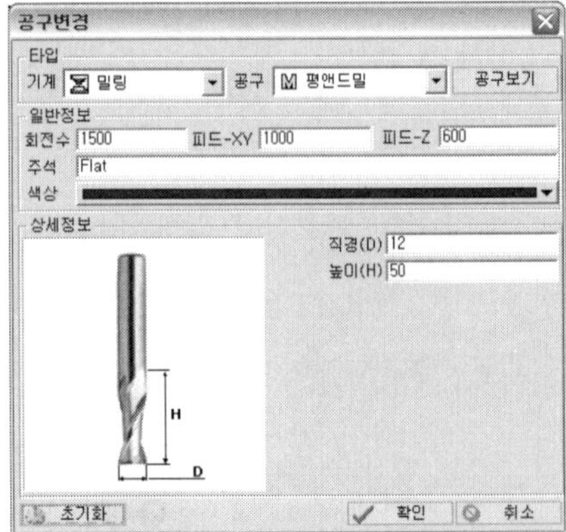

공구는 드릴공구를 선택합니다.

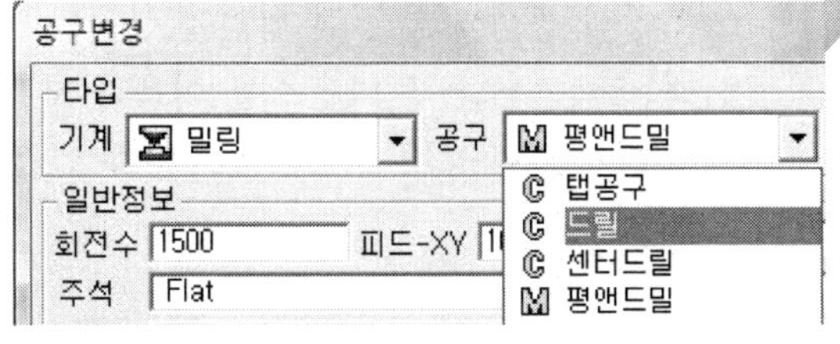

05 회전수와 피드XY, 피드Z값은 다음과 같이 입력합니다.

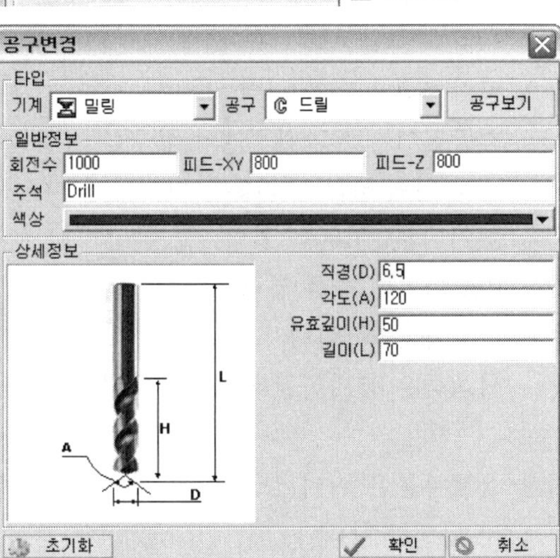

06 주석문에는 드릴 6.5를 입력합니다.

07 직경은 6.5를 입력하고 길이는 30을 입력합니다.

08 모든 입력이 끝나면 확인을 클릭합니다.

09 공구 메거진에 생성한 공구가 등록됩니다.

10 등록한 공구를 선택(T01)하고 확인을 클릭 합니다.

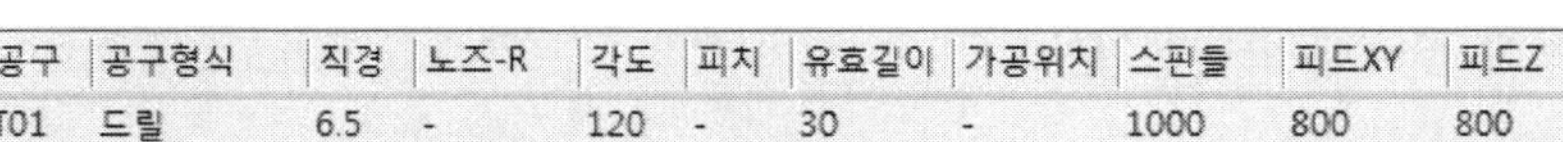

공구	공구형식	직경	노즈-R	각도	피치	유효길이	가공위치	스핀들	피드XY	피드Z
T01	드릴	6.5	-	120	-	30	-	1000	800	800

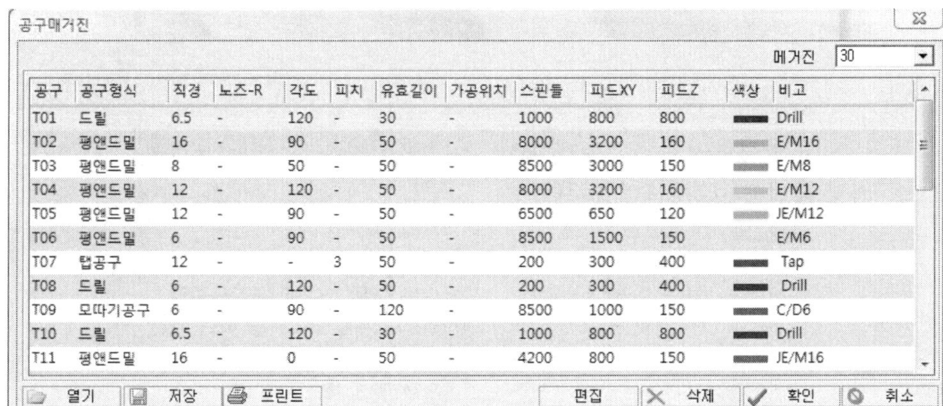

공구매거진

메거진 30

공구	공구형식	직경	노즈-R	각도	피치	유효길이	가공위치	스핀들	피드XY	피드Z	색상	비고
T01	드릴	6.5	-	120	-	30	-	1000	800	800		Drill
T02	평앤드밀	16	-	90	-	50	-	8000	3200	160		E/M16
T03	평앤드밀	8	-	50	-	50	-	8500	3000	150		E/M8
T04	평앤드밀	12	-	120	-	50	-	8000	3200	160		E/M12
T05	평앤드밀	12	-	90	-	50	-	6500	650	120		JE/M12
T06	평앤드밀	6	-	90	-	50	-	8500	1500	150		E/M6
T07	탭공구	12	-	-	3	50	-	200	300	400		Tap
T08	드릴	6	-	120	-	50	-	200	300	400		Drill
T09	모따기공구	6	-	90	-	120	-	8500	1000	150		C/D6
T10	드릴	6.5	-	120	-	30	-	1000	800	800		Drill
T11	평앤드밀	16	-	0	-	50	-	4200	800	150		JE/M16

열기 저장 프린트 편집 삭제 확인 취소

11 공구가 공정창에 등록됩니다.

12 공정창 좌측에 체인선택 아이콘을 선택합니다.

13 CAD창의 생성해 놓은 점 체인을 선택합니다. 선택 후에는 오른쪽 마우스를 이용하여 확인을 해야 다시 드릴 공정 창으로 돌아올 수 있습니다.

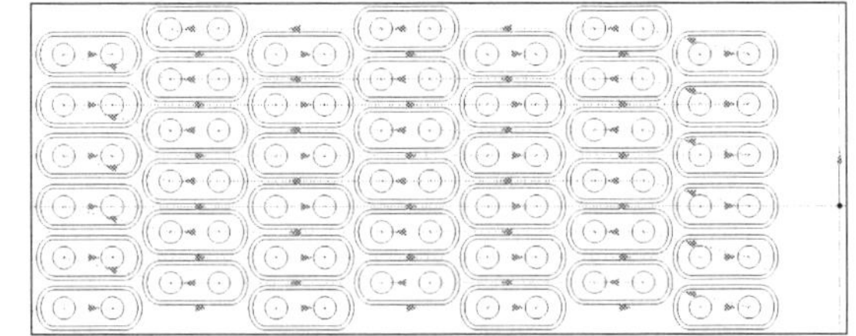

14 시작평면은 75를 입력
최종깊이는 시작위치에서 정수값으로 입력 하므로 35를 입력
초기위치는 100을 입력
R점 위치는 77을 입력
절입량은 4를입력
싸이클은 83싸이클을 사용합니다.

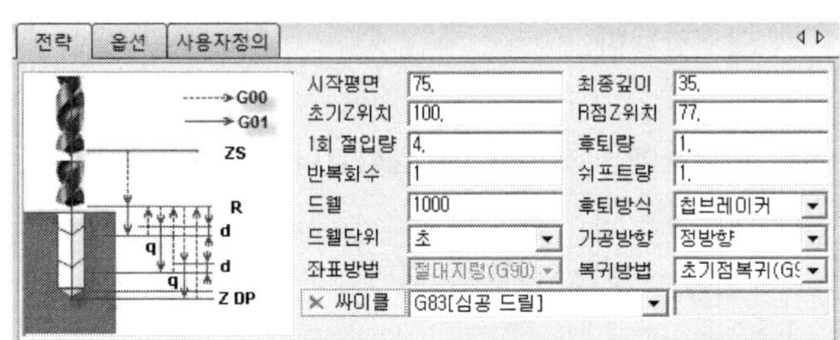

15 옵셋부분은 이미 공구 입력 시에 맞춰놓았으므로 확인만 합니다.

16 전략과 옵션모두 수정이 끝나면 확인을 클릭하여 공정을 실행합니다.

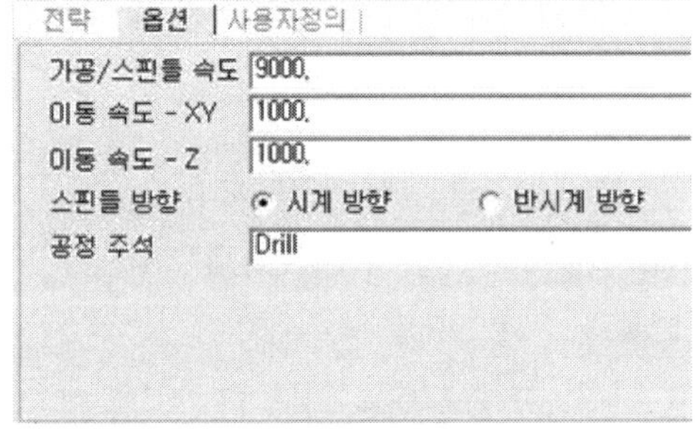

17 공정이 실행된 후 NC공정창에 G코드가 생성됩니다. 코드는 바로 확인해 보실 수 있습니다.

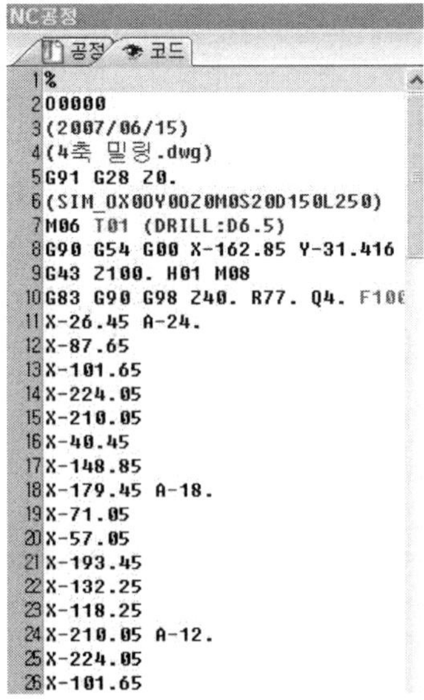

4. 4축포켓 가공생성

01 윤곽 가공을 위해서 체인을 생성하여야 합니다.

02 커브체인을 쉽게 생성하기 위해서 우측 ,NC공정창 아래 부분에 있는 뷰제어 창을 이용합니다. 뷰제어 창을 이용하여 원과 체인을 숨깁니다.

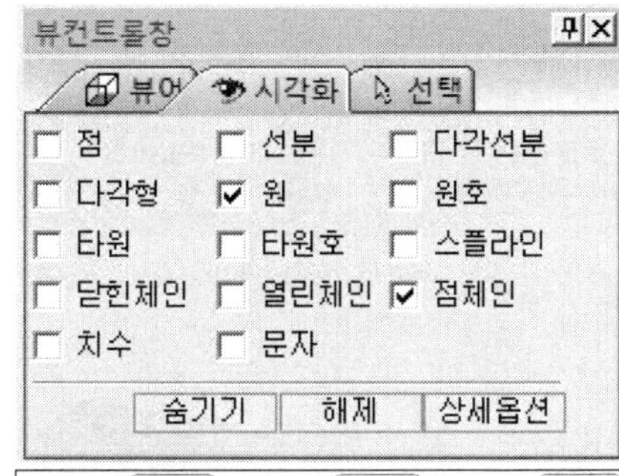

◯ 원과 점체인이 숨겨지고 남은 외각 윤곽커브

04 남은 선들에 대해서 커브 체인을 생성해 줍니다.

05 풀 다운 메뉴의 체인관리 – 커브체인 – 윈도우 체인을 선택

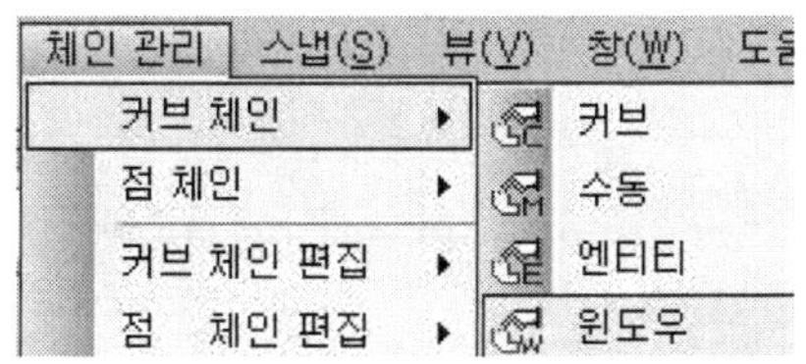

06 엔티티를 선택명령어가 명령어 줄에 출력됩니다.
CAD창에 있는 커브 선들을 마우스 드레그를 이용하여 체인을 생성해 줍니다.

엔티티 선택(윈도우체인) :

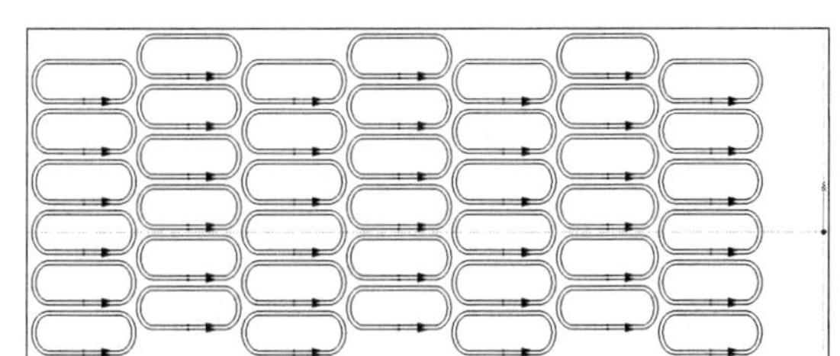

◯ 체인 생성 후

07 포켓가공을 하기 위해서 우측NC 공정창에서 포켓 가공 아이콘을 선택합니다.

08 다음과 같이 포켓 가공 타입창이 생성됩니다.

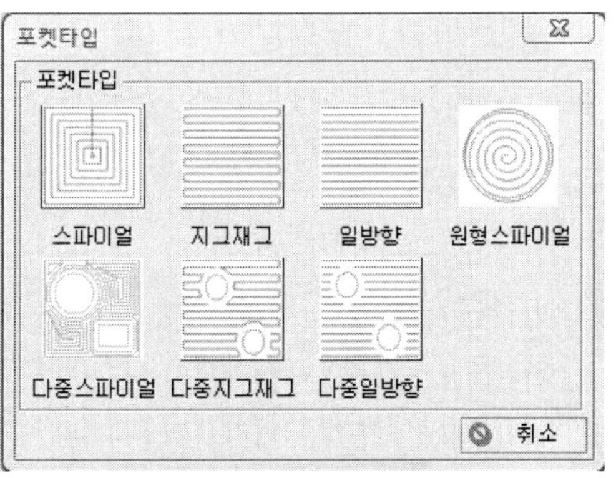

09 스파이럴 타입을 선택하면 포켓 가공 공정 창으로 진행됩니다.

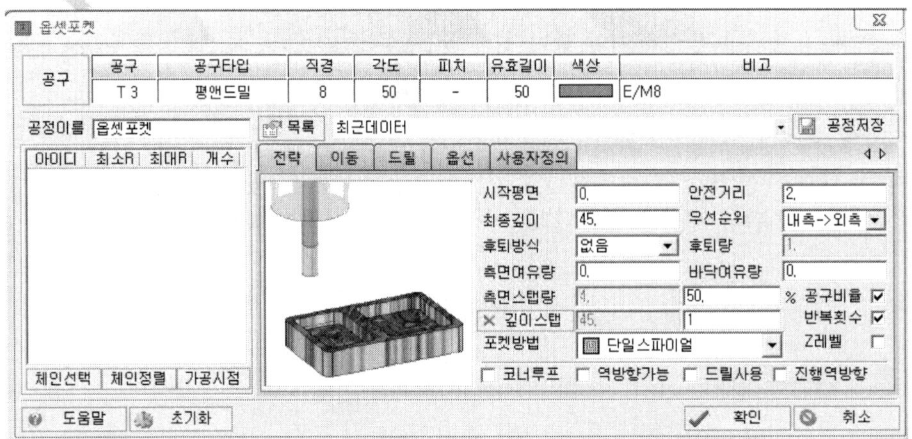

10 공구를 선택하기 위해 공구 선택 아이콘을 클릭합니다.

11 공구 매거진창이 출력됩니다.

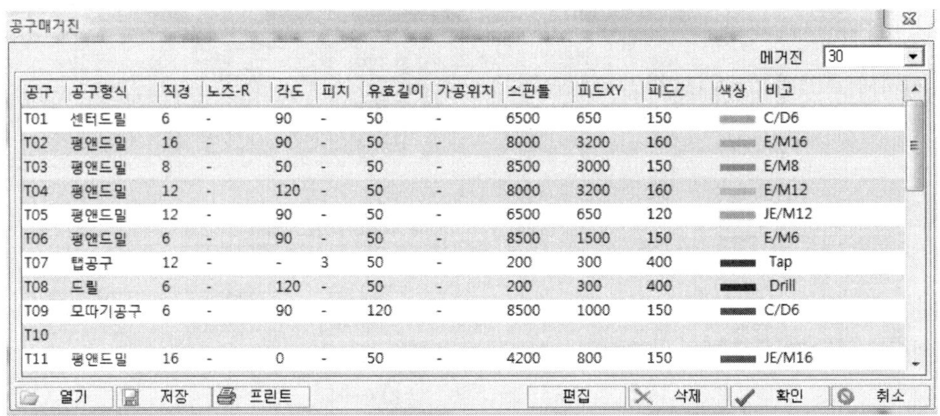

공구	공구형식	직경	노즈-R	각도	피치	유효길이	가공위치	스핀들	피드XY	피드Z	색상	비고
T01	센터드릴	6	-	90	-	50	-	6500	650	150		C/D6
T02	평앤드밀	16	-	90	-	50	-	8000	3200	160		E/M16
T03	평앤드밀	8	-	50	-	50	-	8500	3000	150		E/M8
T04	평앤드밀	12	-	120	-	50	-	8000	3200	160		E/M12
T05	평앤드밀	12	-	90	-	50	-	6500	650	120		JE/M12
T06	평앤드밀	6	-	90	-	50	-	8500	1500	150		E/M6
T07	탭공구	12	-	-	3	50	-	200	300	400		Tap
T08	드릴	6	-	120	-	50	-	200	300	400		Drill
T09	모따기공구	6	-	90	-	120	-	8500	1000	150		C/D6
T10												
T11	평앤드밀	16	-	0	-	50	-	4200	800	150		JE/M16

12 T02공구를 선택 편집을 클릭합니다.
공구 변경 창이 출력됩니다.

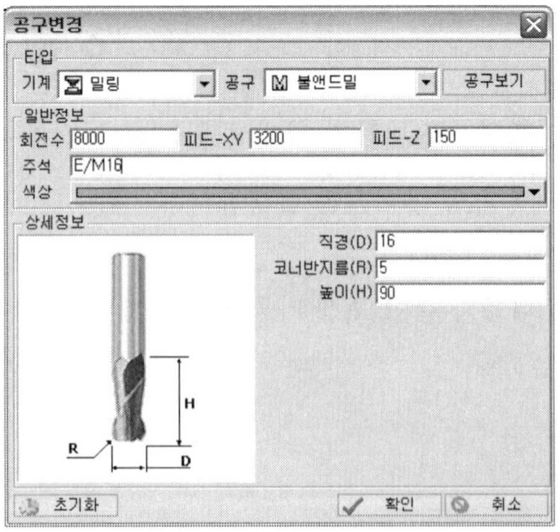

13 공구는 평앤드밀을 선택합니다.
회전수는 8500을 입력
피드XY, 피드Z는 500을 입력
직경은 8을 입력합니다.

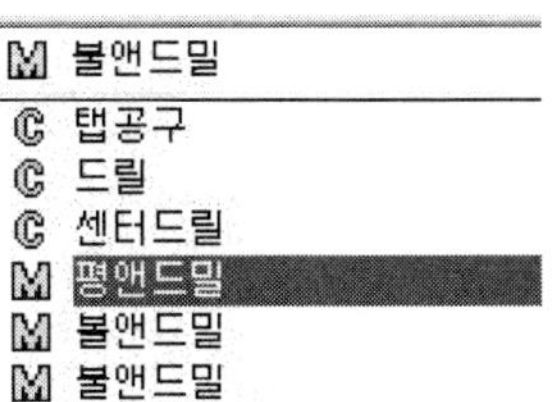

14 다음과 같이 변경이 끝나면 확인을 클릭합니다.

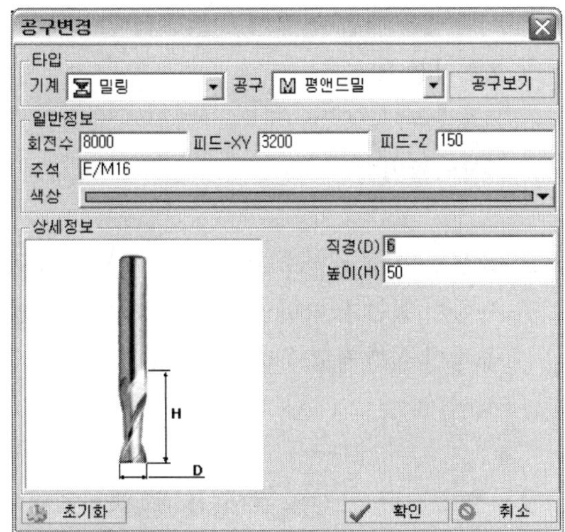

15 포켓 고정창 에서 좌측의 체인선택 아이콘을 클릭합니다.
체인은 내측체인만을 선택합니다.

➲ 체인을 선택한 화면

아이디	최대R	최소
☑ 1679	2,78	6,9
☑ 1680	2,78	6,9
☑ 1681	2,78	6,9
☑ 1682	2,78	6,9
☑ 1683	2,78	6,9
☑ 1684	2,78	6,9
☑ 1691	2,78	6,9
☑ 1692	2,78	6,9
☑ 1693	2,78	6,9

체인선택 | 체인정렬 | 가공시점

➲ 선택 체인이 등록되어 있는 화면

16 공정 전략탭은 다음과 같이 수정합니다.
시작평면 75
안전거리 5
최종깊이 6.5
측면 여유량 0.3을 입력합니다.

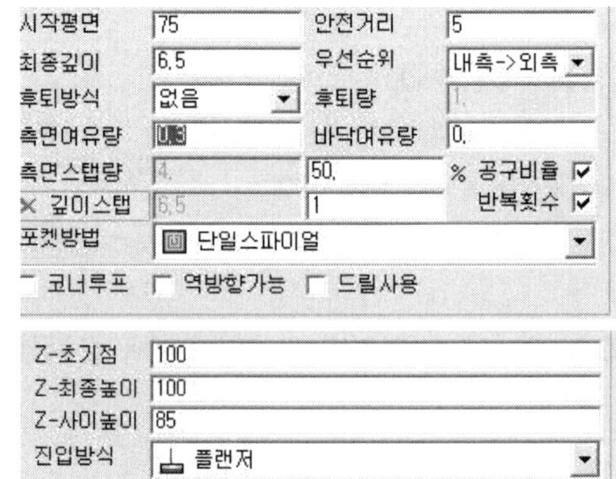

17 이동탭을 다음과 같이 수정합니다.
Z초기점 100
Z최종높이100
Z사이높이85

18 옵션탭은 공구정보를 가지고 로드되므로 바뀐 사항이 있는지 확인만 한 후 확인을 클릭합니다. 공정이 실행되고 우측의, NC공정창에 코드가 생성됩니다.

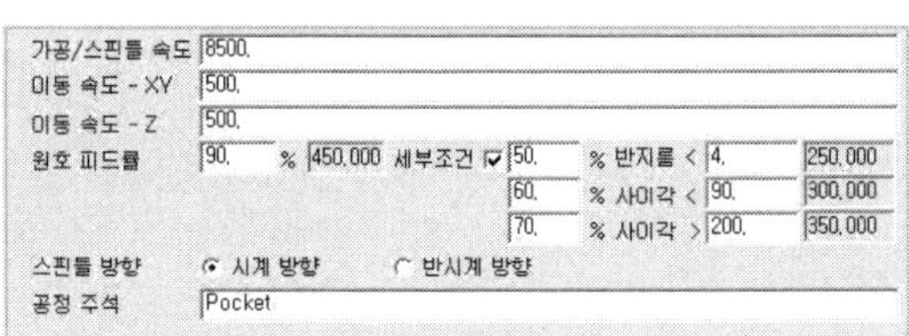

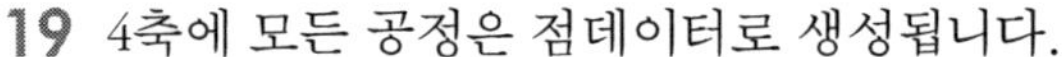

19 4축에 모든 공정은 점데이터로 생성됩니다.

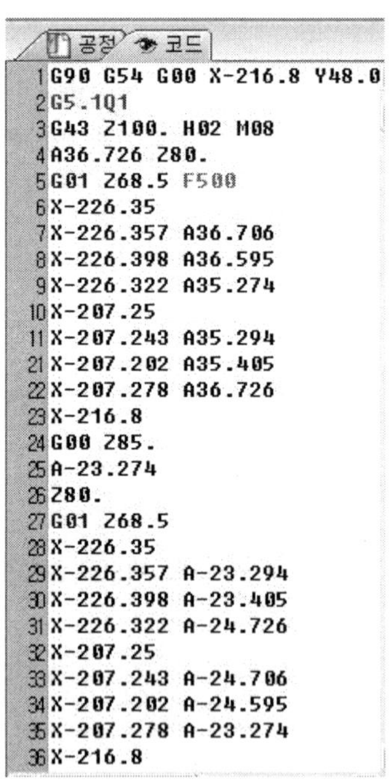

5. 4축 윤곽가공 생성

01 윤곽 가공을 하기위해서 우측 NC공정창에서 윤곽가공 아이콘을 선택 클릭합니다.

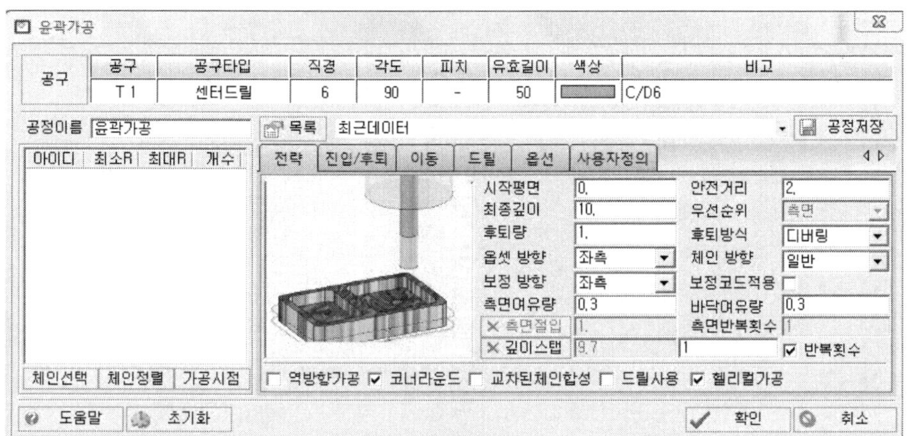

02 공구선택 아이콘을 클릭

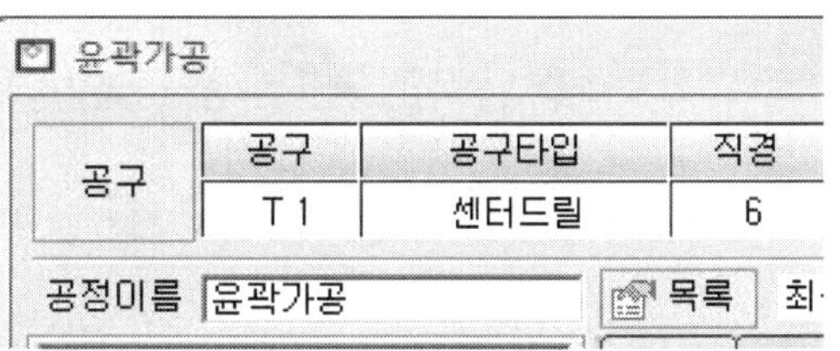

03 T03번을 선택 편집을 클릭
공구변경 창을 다음과 같이 수정합니다.
공구 평앤드밀
회전수 9000
피드XY 650
피드Z 650
직경은 6
높이 50

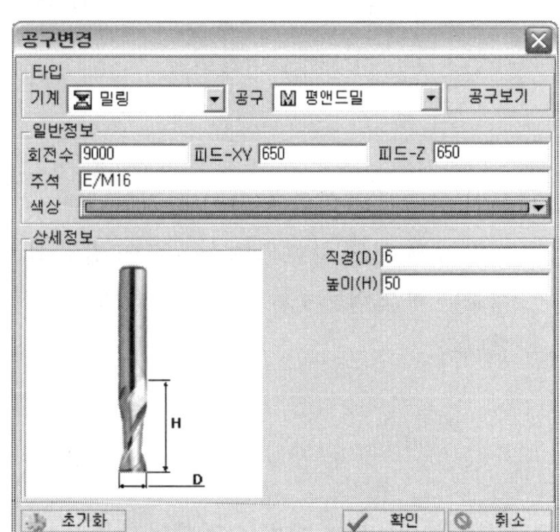

04 수정 완료하면 확인을 클릭합니다.

05 포켓 고정창에서 좌측의 체인선택 아이콘을 클릭합니다.
체인은 내측체인만을 선택합니다.

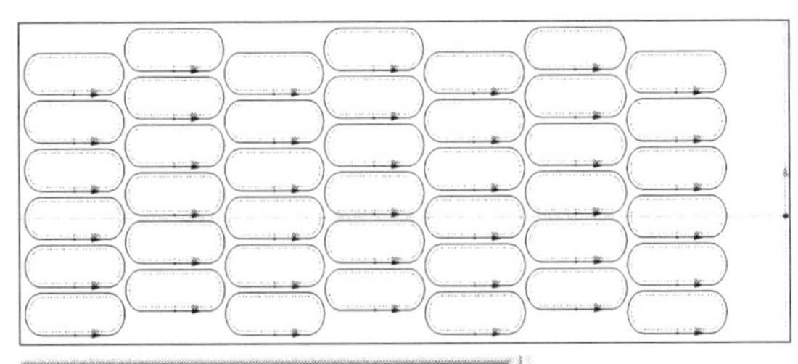

체인을 선택한 화면

아이디	최대R	최소
☑ 1679	2.78	6.9
☑ 1680	2.78	6.9
☑ 1681	2.78	6.9
☑ 1682	2.78	6.9
☑ 1683	2.78	6.9
☑ 1684	2.78	6.9
☑ 1691	2.78	6.9
☑ 1692	2.78	6.9
☑ 1693	2.78	6.9

체인선택 | 체인정렬 | 가공시점

선택 체인이 등록되어 있는 화면

06 공정 전략탭은 다음과 같이 수정합니다.
시작평면 75
안전거리 5
최종깊이 6.5
측면 여유량 0.3을 입력합니다.

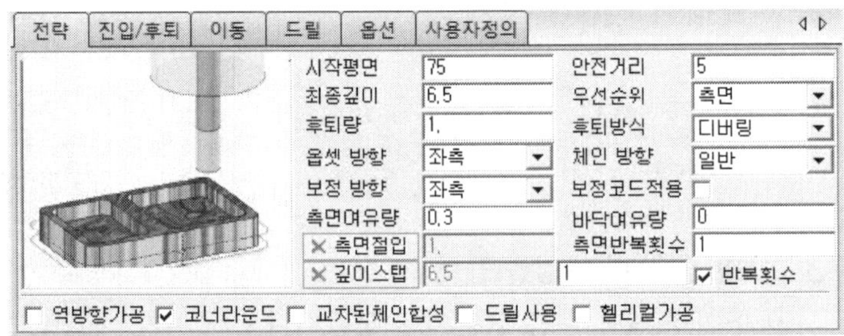

07 진입 후퇴탭은 다음과 같이 설정합니다.
진입 후퇴 모두 접선으로 설정하여 방향 또는 수직보다 부드러운 4축 윤곽 정삭을 할 수 있도록 합니다.

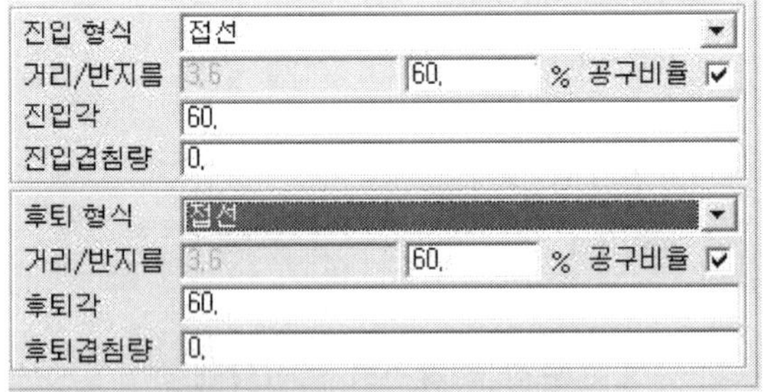

08 이동탭을 다음과 같이 수정합니다.
Z초기점 100
Z최종높이100
Z사이높이85

- Z-초기점 100
- Z-최종높이 100
- Z-사이높이 85
- 진입방식 플랜저
- 진행각도 10.
- 헬리컬피치 2.
- 헬리컬직경 6.6 110. % 공구비율
- 직선보간 가공시점적용

09 옵션탭은 공구정보를 가지고 로드되므로 바뀐 사항이 있는지 확인만 한 후 확인을 클릭합니다.

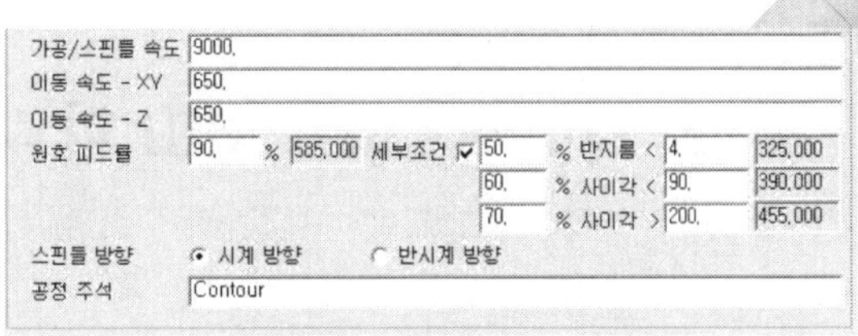

가공/스핀들 속도 9000.
이동 속도 - XY 650.
이동 속도 - Z 650.
원호 피드률 90. % 585.000 세부조건 ☑ 50. % 반지름 < 4. 325.000
60. % 사이각 < 90. 390.000
70. % 사이각 > 200. 455.000
스핀들 방향 ◉ 시계 방향 ○ 반시계 방향
공정 주석 Contour

10 공정이 실행되고 우측의,NC공정창에 코드가 생성됩니다.

11 4축에 관한 모든 코드는 점데이타로 생성됩니다.

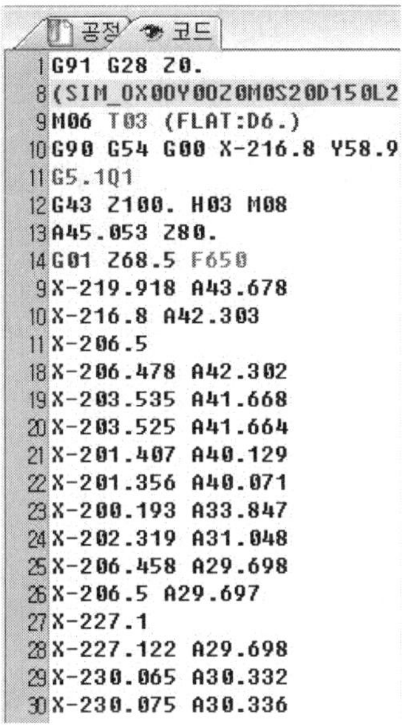

공정 코드

```
G91 G28 Z0.
(SIM_0X00Y00Z0M0S20D150L2
M06 T03 (FLAT:D6.)
G90 G54 G00 X-216.8 Y58.9
G5.1Q1
G43 Z100. H03 M08
A45.053 Z80.
G01 Z68.5 F650
X-219.918 A43.678
X-216.8 A42.303
X-206.5
X-206.478 A42.302
X-203.535 A41.668
X-203.525 A41.664
X-201.407 A40.129
X-201.356 A40.071
X-200.193 A33.847
X-202.319 A31.048
X-206.458 A29.698
X-206.5 A29.697
X-227.1
X-227.122 A29.698
X-230.065 A30.332
X-230.075 A30.336
```

2. QuickTurn Mill 따라하기 2

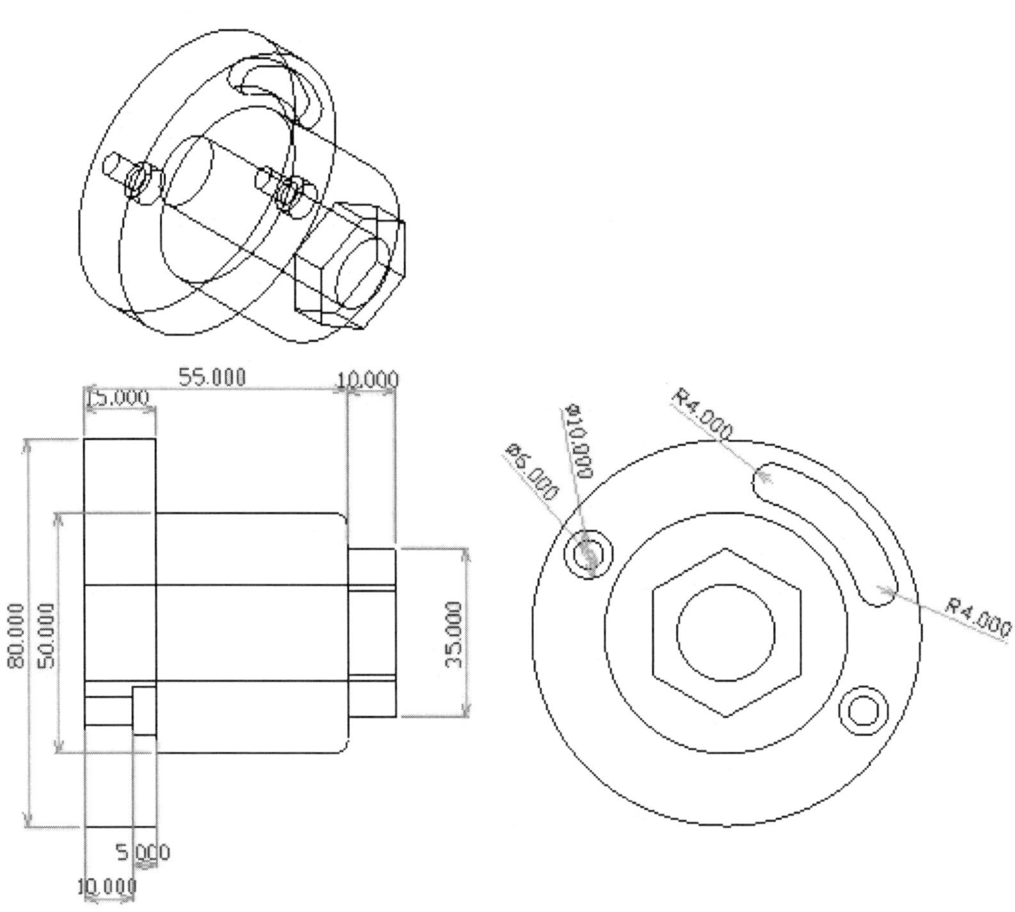

01 기계선택에서 터닝 선택
지름 "80"
길이 "100" 입력

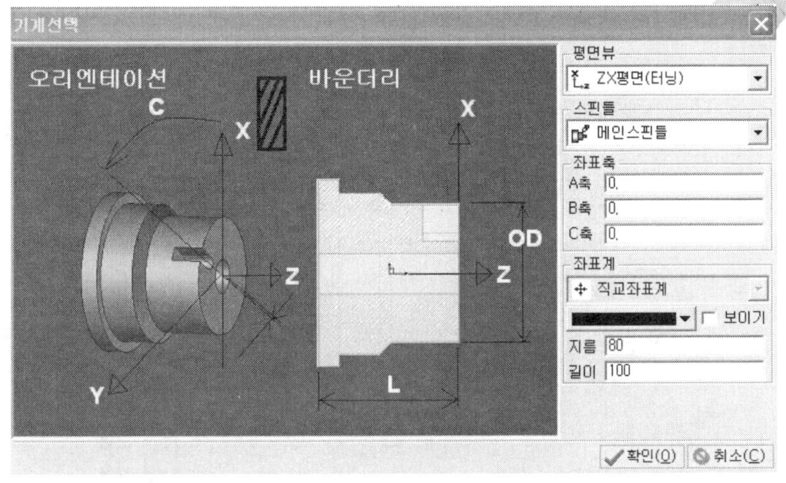

선반작업

02 2D 그리기 〉 선 〉 수평선 실행

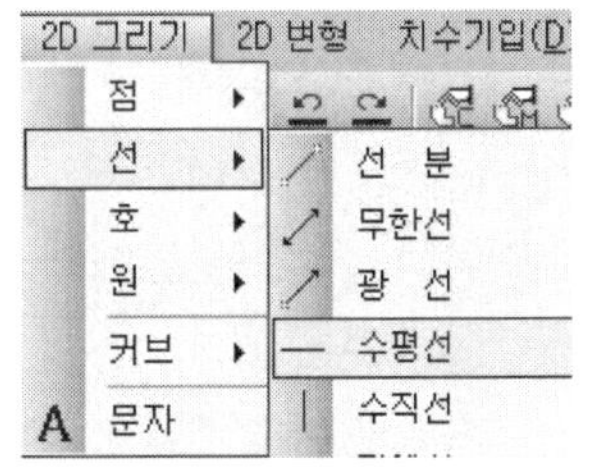

03 수평선시점 값에
17.5엔터, 25,엔터 40,엔터 입력

04 수직선시점 값에
0,엔터 −10,엔터 −50,엔터 −65엔터

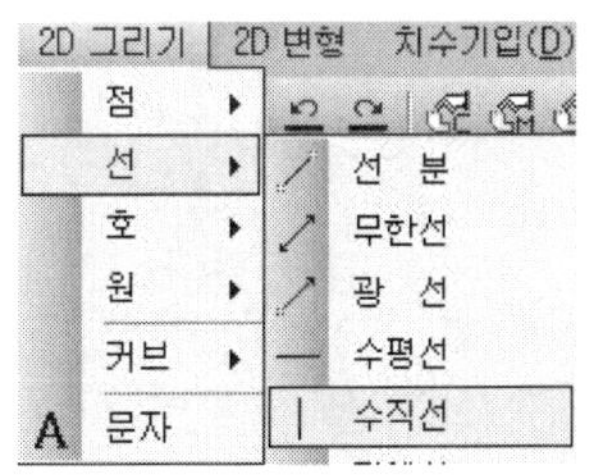

05 실행하면 다음과 같이 수직, 수평선이 그려질 것입니다.

06 마우스로 드레그 하여 모두 선택

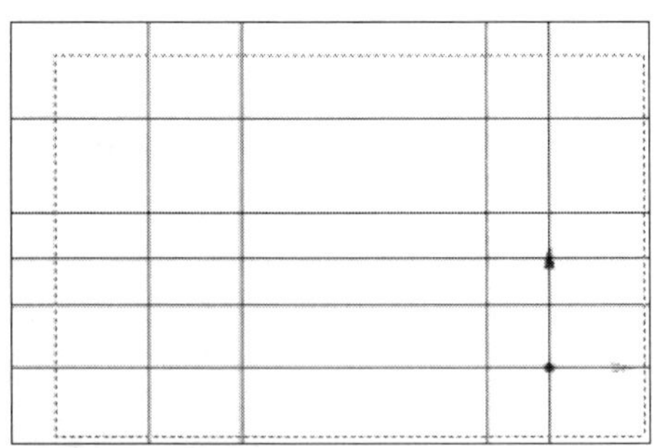

07 2D변형 〉 트림 선택

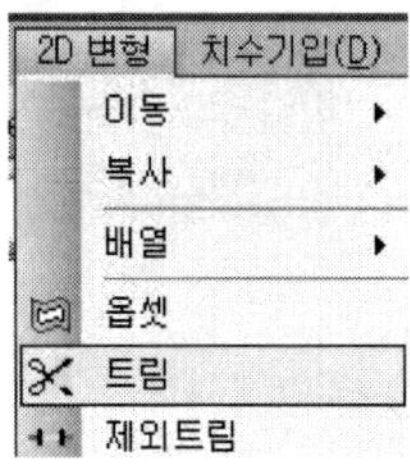

08 트림 명령으로 선을 정리
(Qucik -CAM 의 트림명령은 오토캐드 와 똑같다)

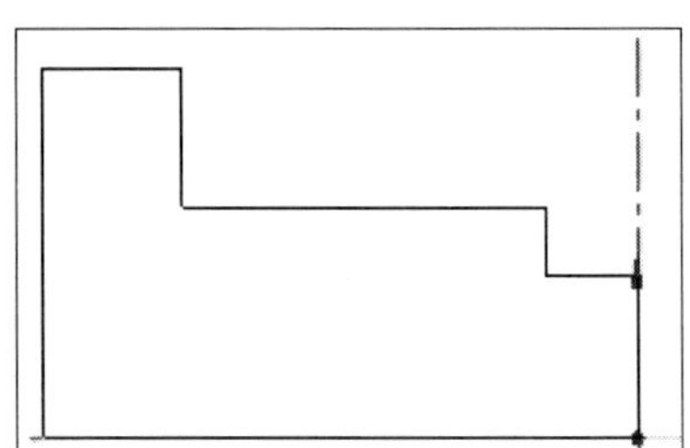

09 2D 변형 〉 필렛 실행

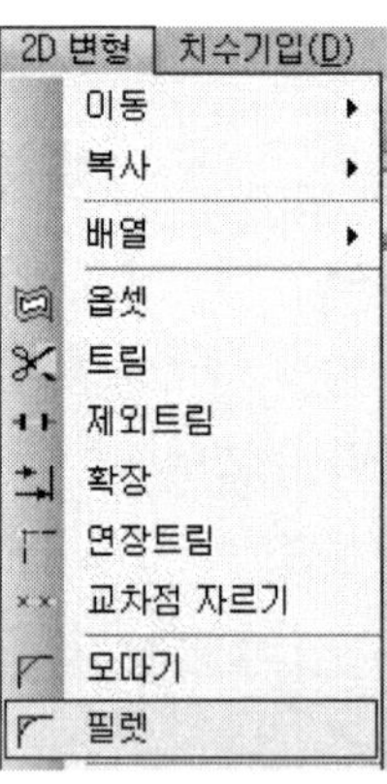

10 필렛 반지름 3입력

11 입력후 그림에 표시된 곳 클릭

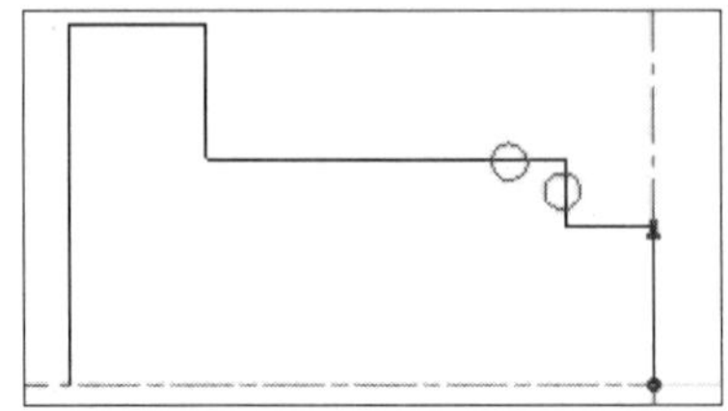

12 선반 그림 완성

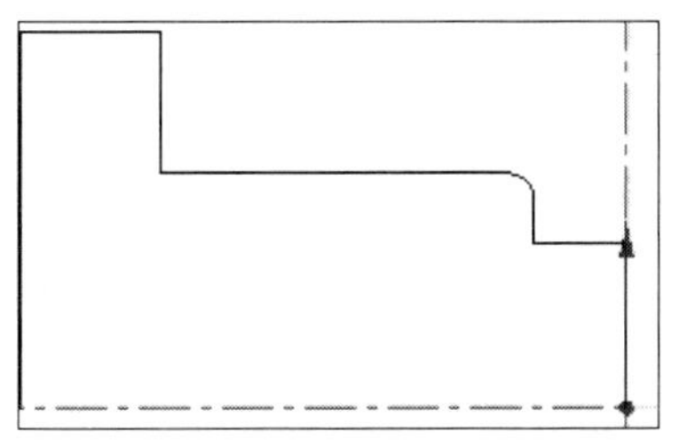

13 체인관리 〉 커브체인 〉 커브 선택

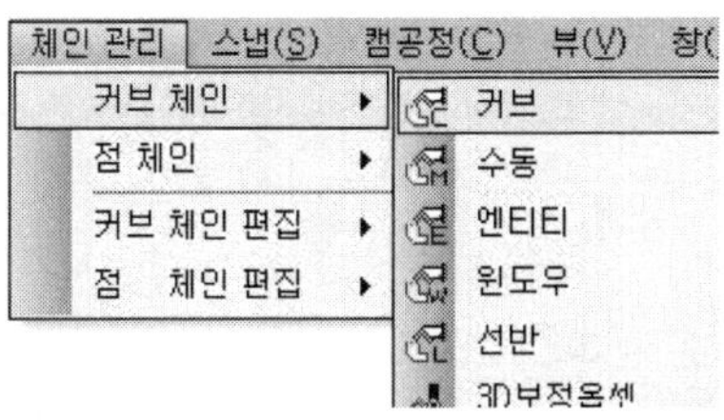

14 시점 선택에서

15 화살표 부분 선택

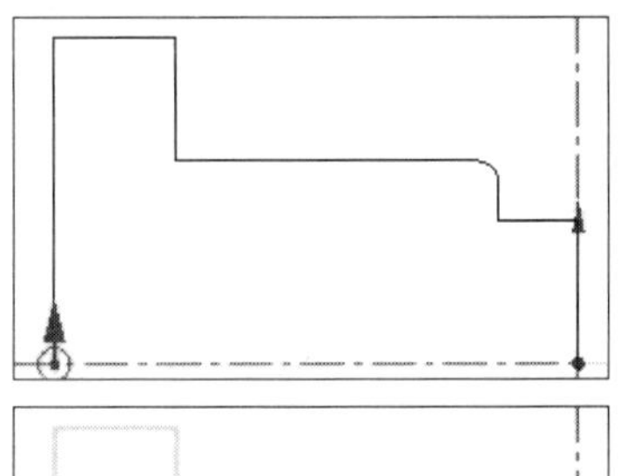

16 체인이 노란색으로 되면 오른쪽버튼 클릭

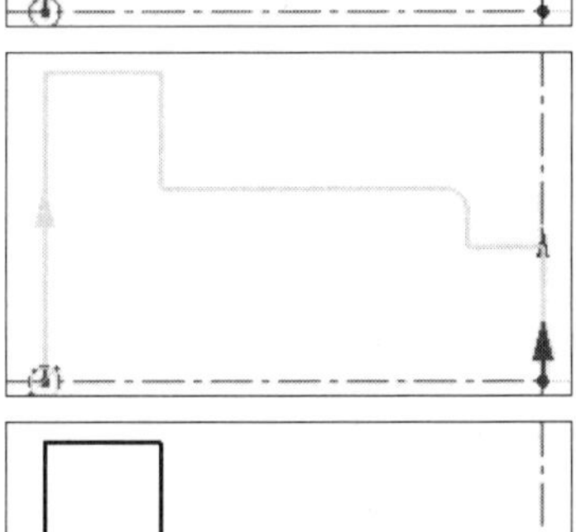

17 체인 완료

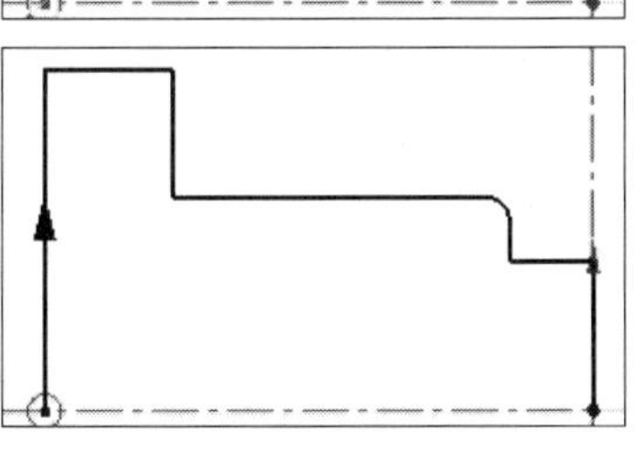

18

환경설정을 다음과 같이 셋팅

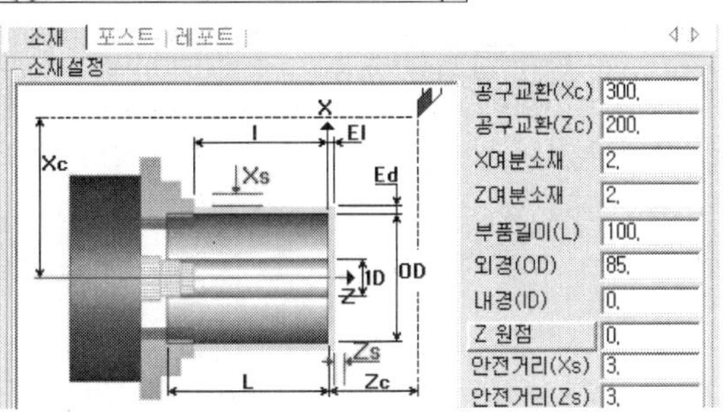

19 캠공정〉 선반〉 황삭공정 클릭

20 황삭 공정 전략부분을 다음과 같이 셋팅
셋팅 후 왼쪽 위에 공구 클릭

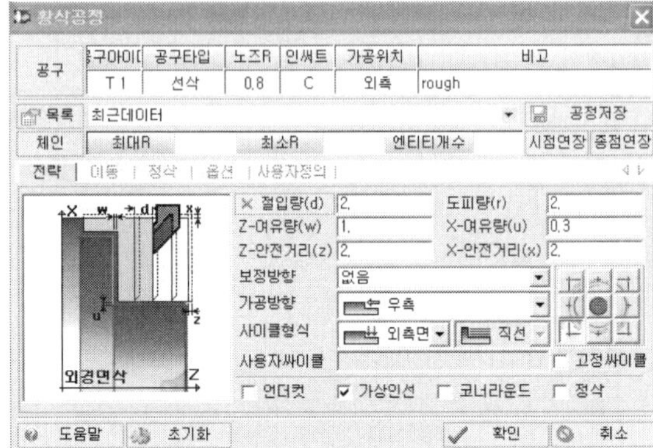

21 T01 클릭후 편집 클릭

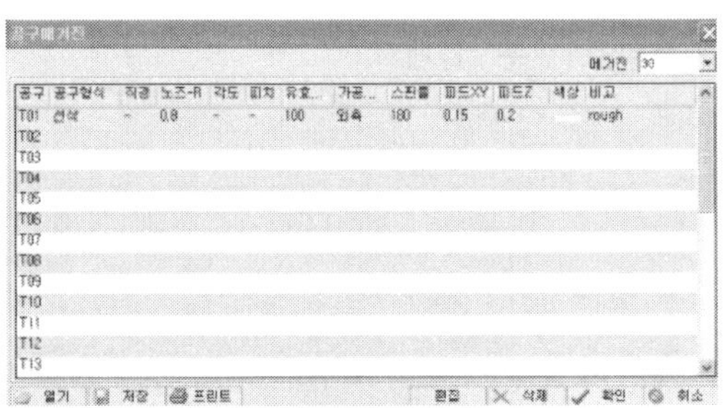

22 다음과 같이 셋팅
(실제 사용하는 공구 노즈R
Edge각도 등 똑같이 셋팅해야함)

현재 인써트 C 타입에 노즈R 0.8
황삭용 공구를 생성한것임

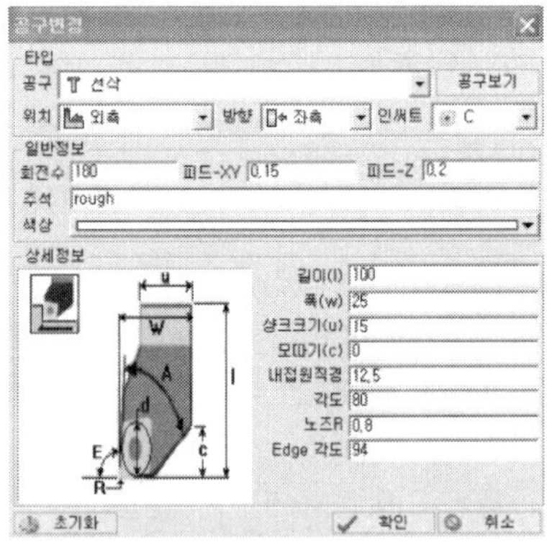

23 1번 공구 생성후 확인 클릭

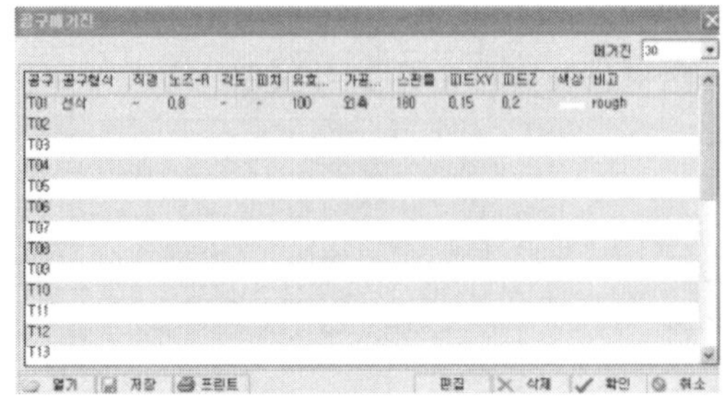

24 왼쪽 중간에 체인 클릭

25 면삭 가공을 실행할 부위 선택 후 오른쪽 버튼 클릭

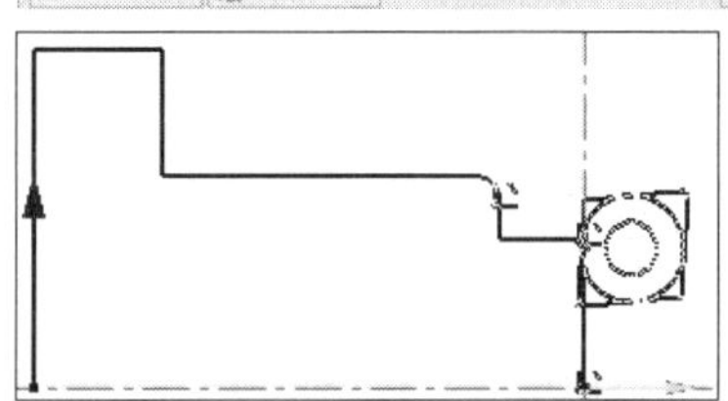

26 시점 연장 클릭

27 소재 형상 보다 높은 곳에서 가공이 시작되는 기능 그림 같이 더 끌어내서 왼쪽 클릭
확인 후 오른쪽 클릭

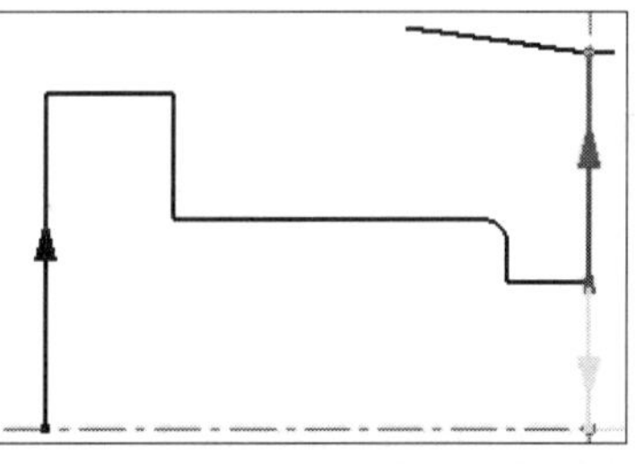

28 전략에서 Z-여유량 0셋팅,
X-여유량 0셋팅

사이클 형식 "외측면"

29 와이어 시뮬을 누르면
공구 경로를 그래픽으로 표현된다.
(현재 출력된 G 코드를 출력)

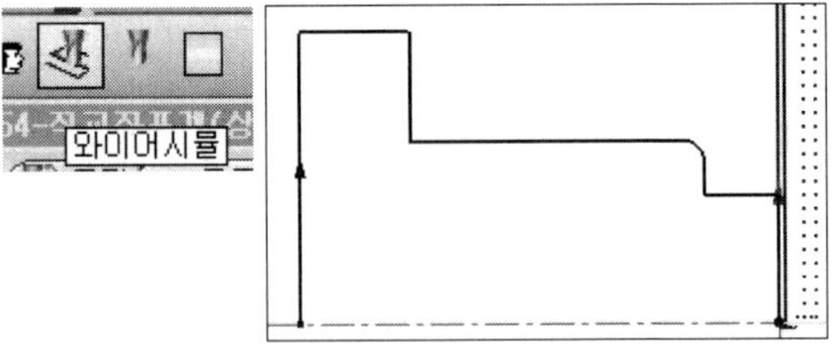

30 황삭 공정 다시 클릭
전략에서 Z-여유량 "0.3"셋팅,
X-여유량 "0.3"셋팅

사이클 형식 "외측"

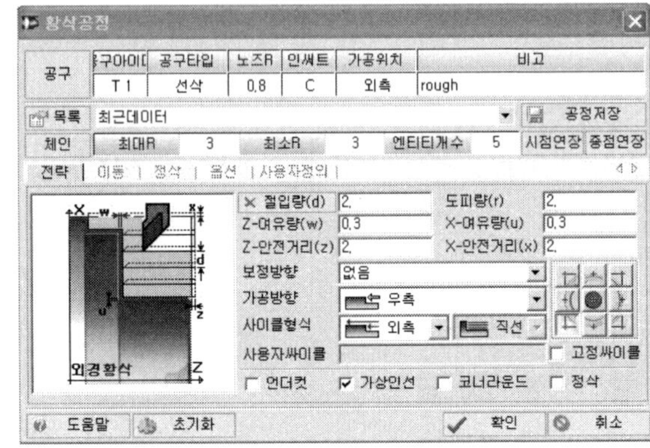

31 체인 선택후

그림과 같이 가공영역 클릭

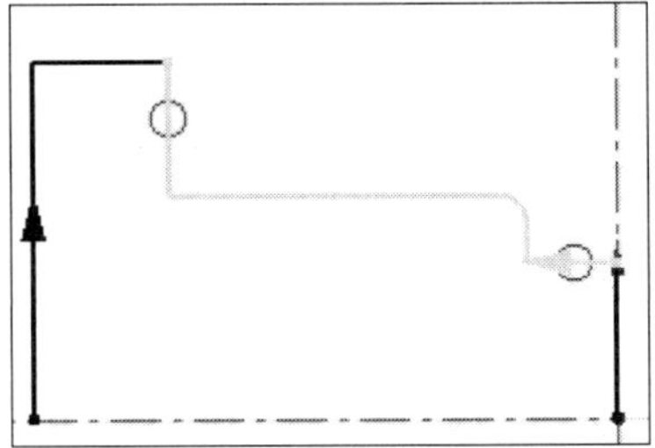

32 와이어 시뮬을 누르면
공구 경로를 그래픽으로 표현된다.
(현재 출력된 G 코드를 출력)

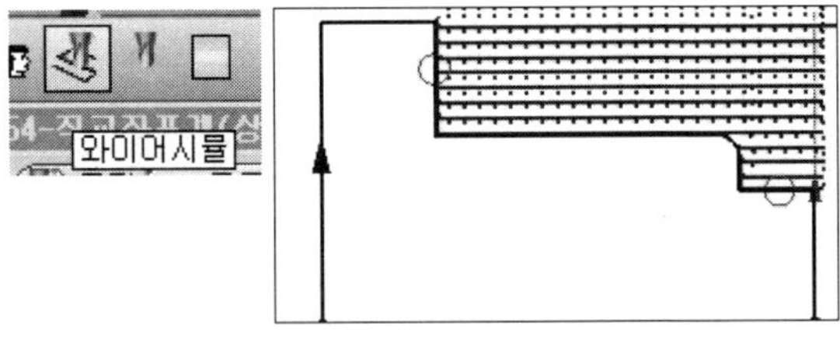

33 캠공정 〉 선반 〉 정삭공정 클릭

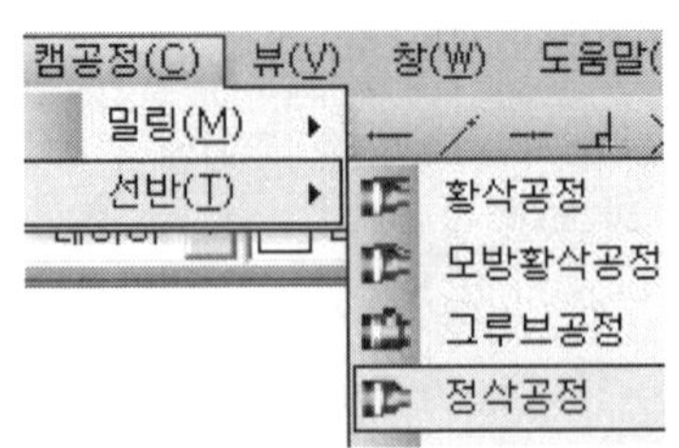

34 위와 같은 경로로 노즈R 0.3 인서트 D T02 정삭 공구 생성

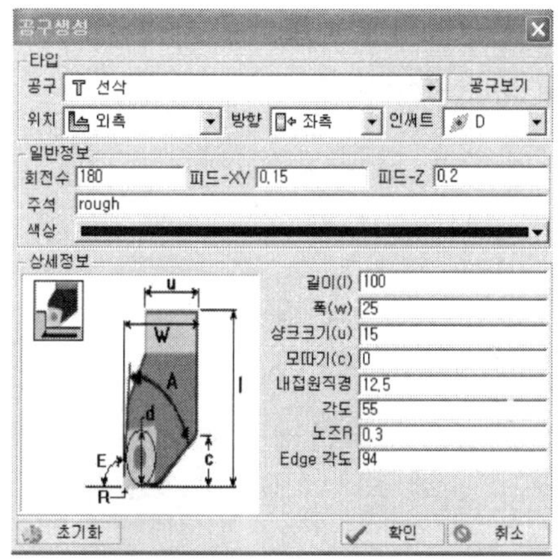

35 다음과 같이 전략 부분 셋팅
Z - 여유량 "0"
X - 여유량 "0"
가상인선 체크

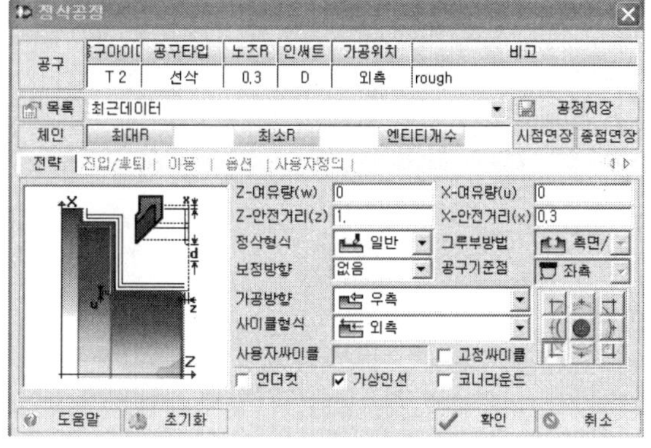

36 체인 선택 후
그림과 같이 가공영역 클릭

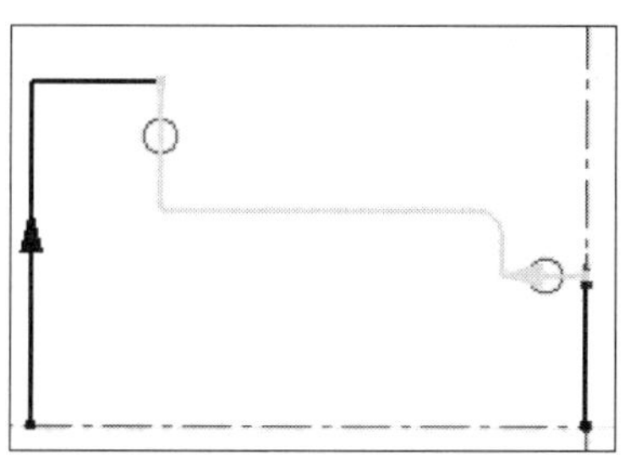

37 와이어 시뮬을 누르면
공구 경로를 그래픽으로 표현된다.
(현재 출력된 G 코드를 출력)

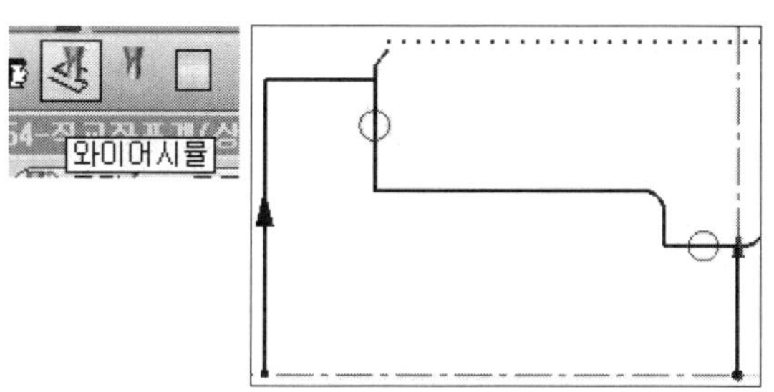

38 메인 프로그램에서 마우스 오른쪽버튼 누른 후 전체공정 재계산 클릭

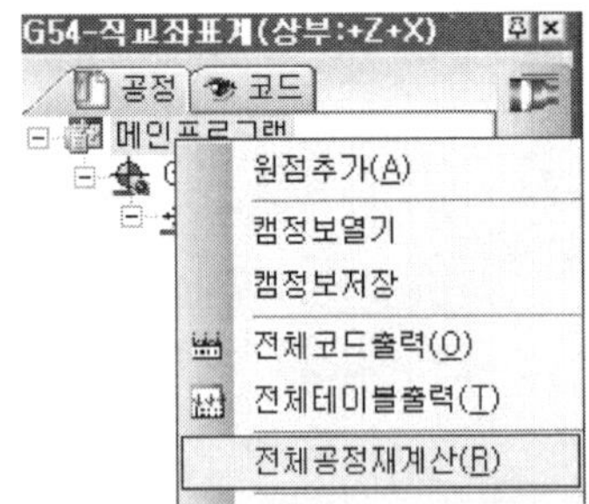

39 와이어 시뮬을 누르면 공구 경로를 그래픽으로 표현된다.(현제 출력된 G 코드를 출력)

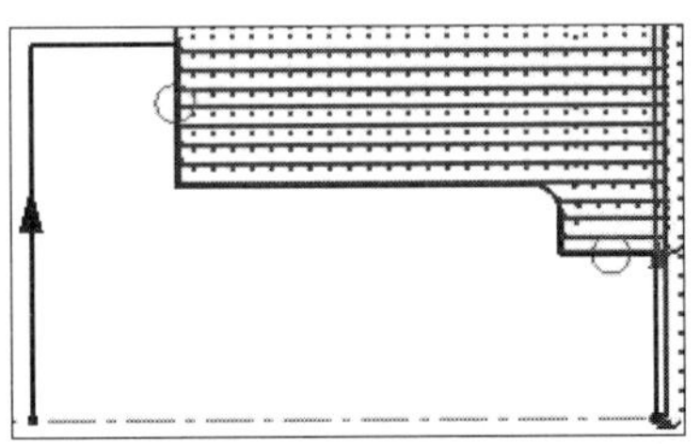

40 캠공정 〉 선반 〉 드릴공정 클릭

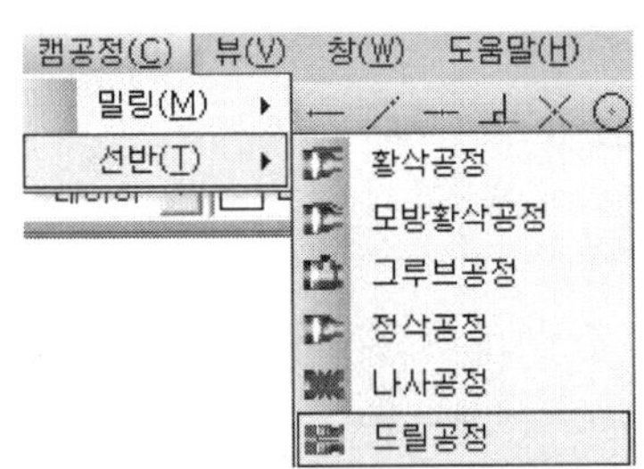

41 위와 같은 경로로 직경 20
T03 드릴 공구 생성

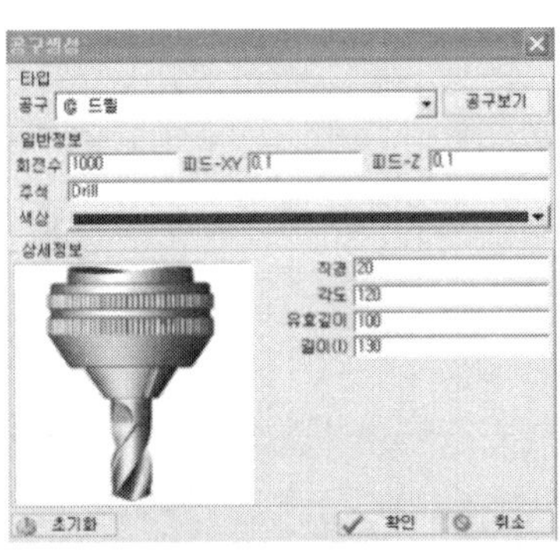

42 다음과 같이 셋팅 후 확인클릭

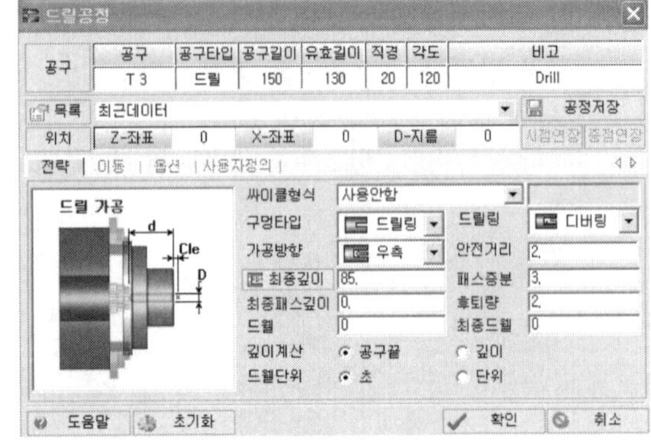

43 와이어 시뮬을 누르면 공구 경로를 그래픽으로 표현된다.
(현제 출력된 G 코드를 출력)

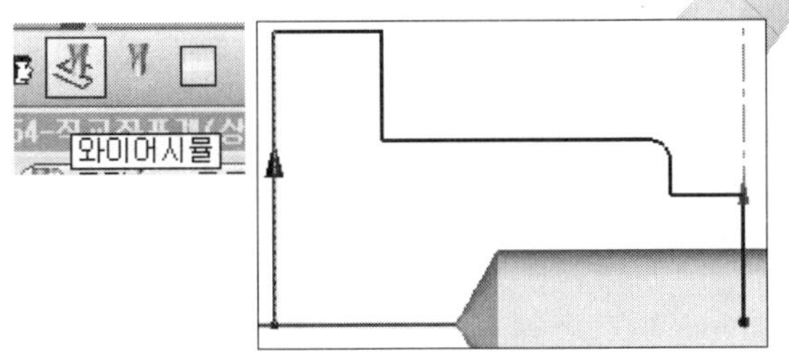

44 G54 부분에서 오른쪽 버튼클릭
기계 추가 클릭

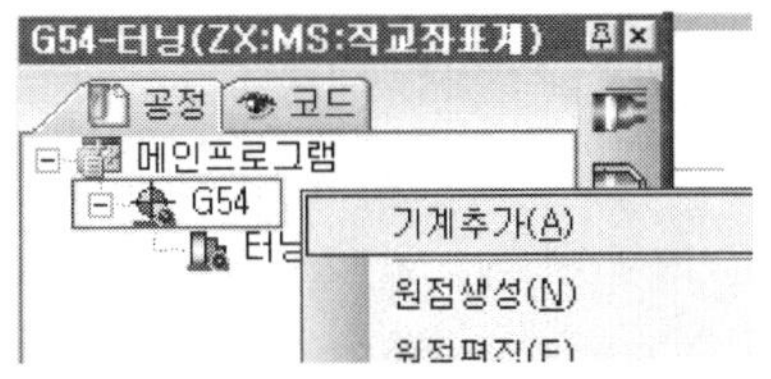

45 그림과 같이 셋팅 후 확인

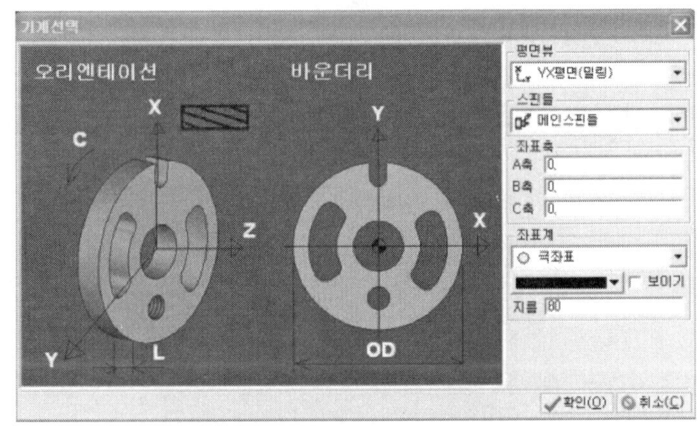

46 2D그리기 〉 커브 〉 내접다각형

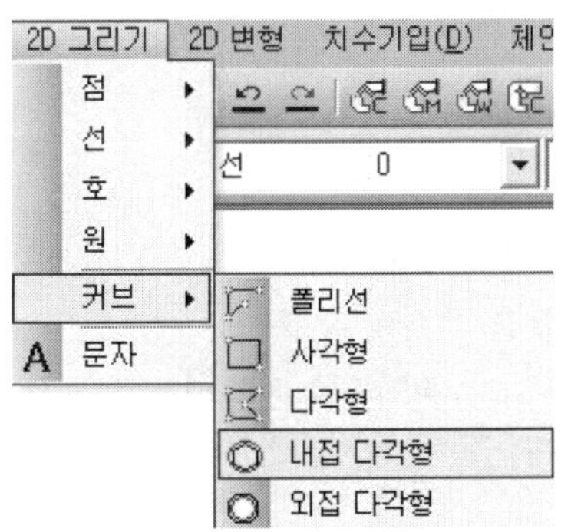

47 내접다각형 꼭지점 개수 “6”

48 내접 다각형 중심 “0,0”

49 종점/ 반지름 "35/2"

50 꼭지점 시작각도 "90"

51 육각 다각형 완성

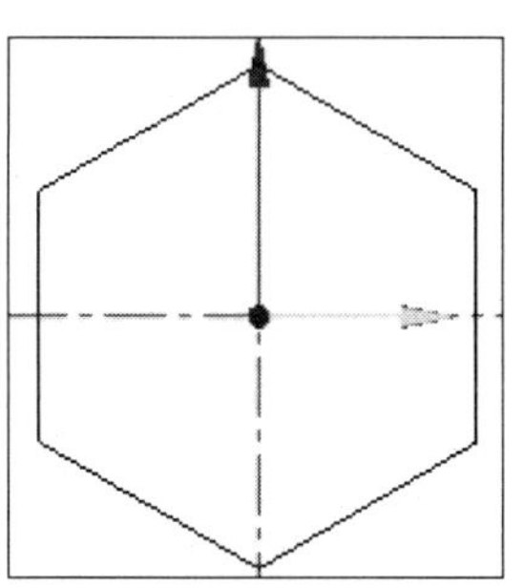

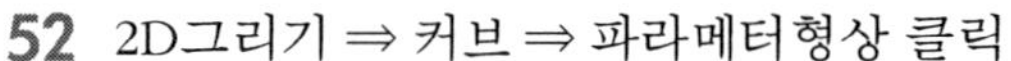

52 2D그리기 ⇒ 커브 ⇒ 파라메터형상 클릭

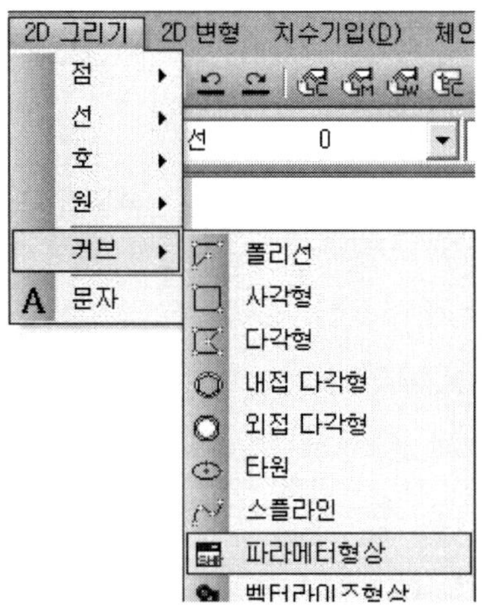

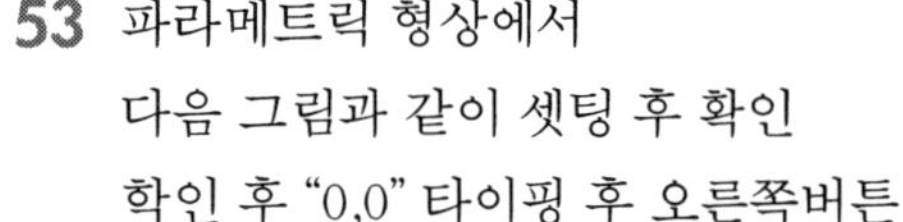

53 파라메트릭 형상에서
다음 그림과 같이 셋팅 후 확인
확인 후 "0,0" 타이핑 후 오른쪽버튼

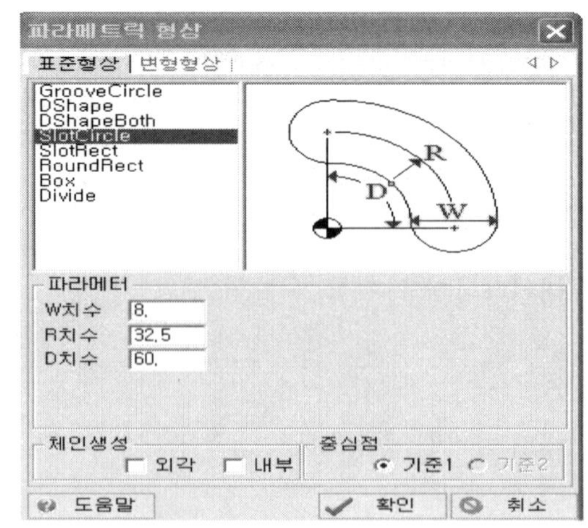

54 다음과 같이 그림이 완성된다.

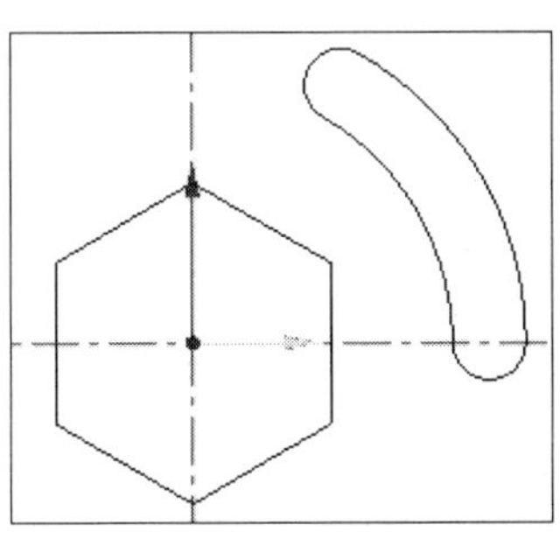

55 화면에 보이는 곳 선택 후

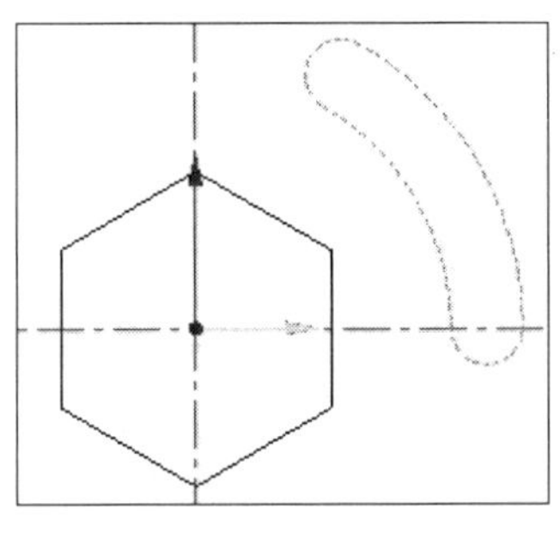

56 2D변형 ⇒ 이동 ⇒ 회전 선택

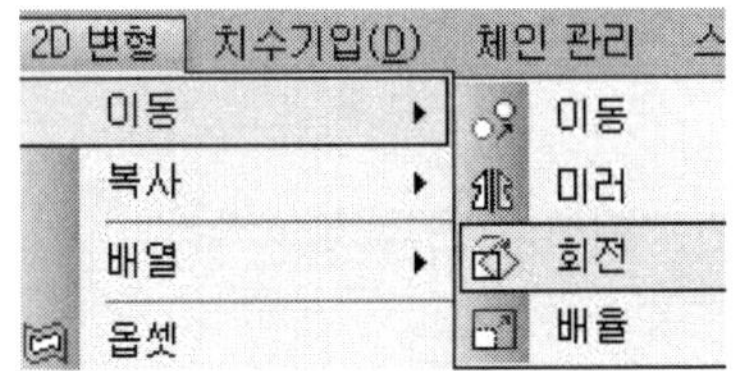

57 회전[변경]기준점 "0,0"

58 각도 "15"

59 다음과 같이 그려진다.

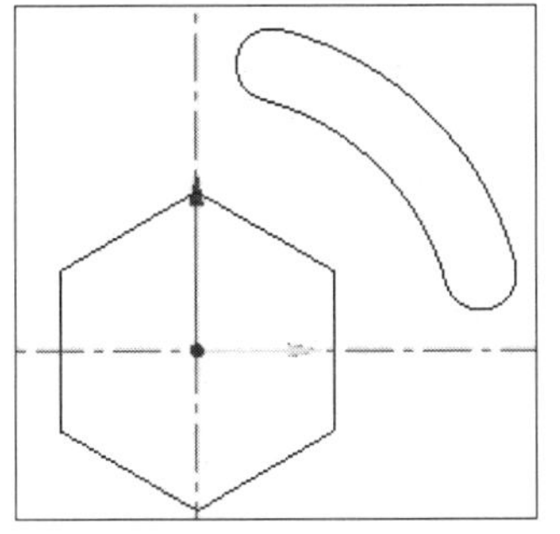

60 체인관리 ⇒ 점체인 ⇒ 수동 클릭

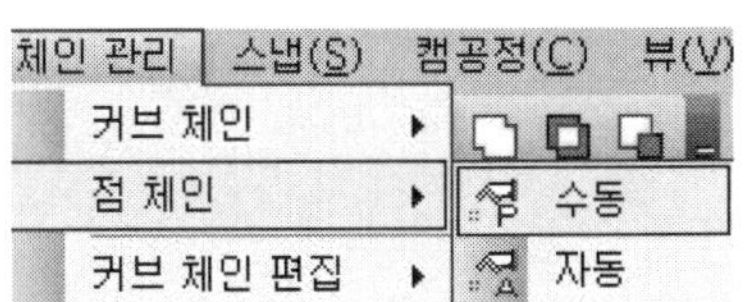

61 점체인 시점 "−28.1,16.2"

명령어
직교좌표 점체인 시점 : -28.1,16.2

62 점체인 다음 점 "28.1,−16.2"
엔터 후 오른쪽버튼

명령어
직교좌표 점체인 다음점 : 28.1,-16.2

63 체인관리 ⇒ 커브체인 ⇒ 커브 선택

체인 관리 스냅(S) 캠공정(C) 뷰(V) 창(
커브 체인 ▸ 커브
점 체인 ▸ 수동
커브 체인 편집 ▸ 엔티티

64 체인 시점 엔티티 선택에서 그림에 보이는 곳 선택

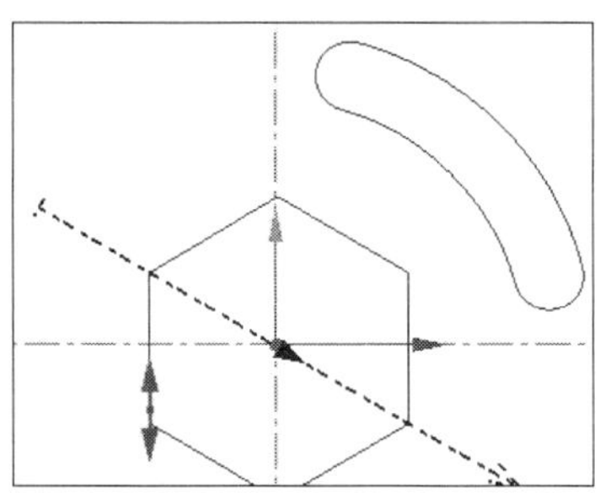

65 체인 방향 선택에서 붉은 화살표 선택
선택 후 오른쪽버튼

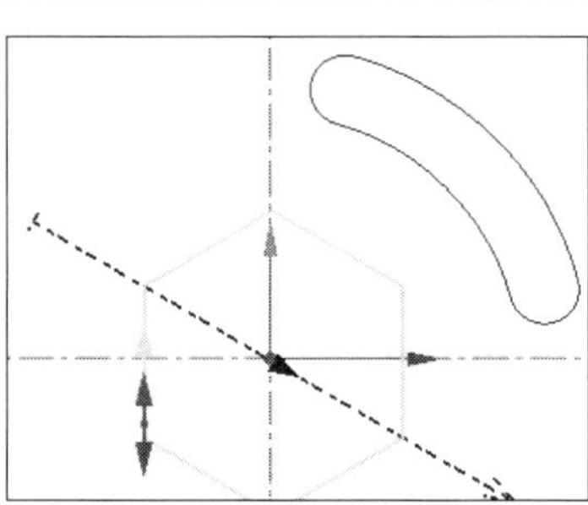

66 다음과 같이 체인이 만들어진다.

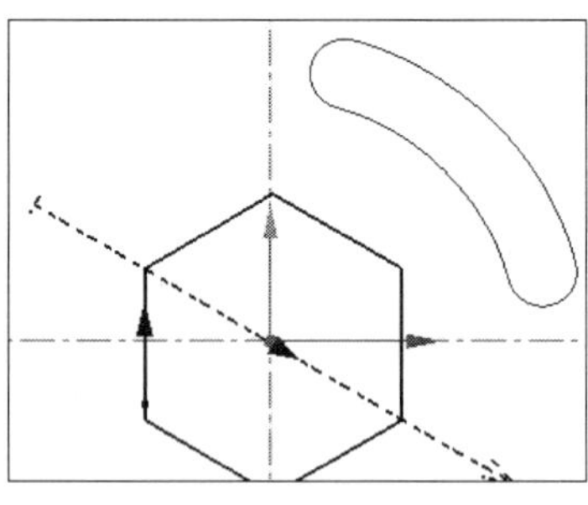

67 위쪽도 같은 방법으로 만든다.

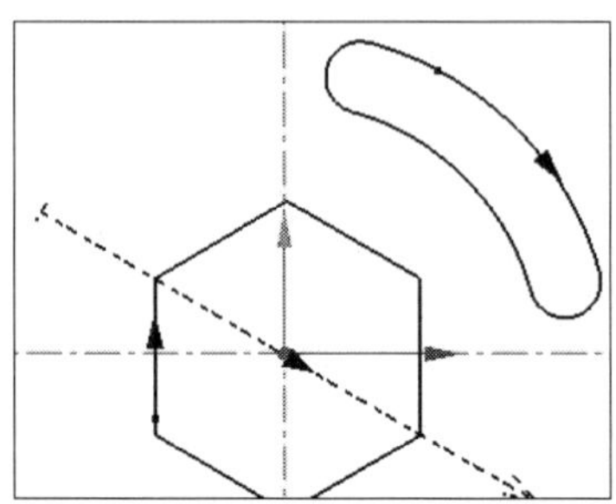

68 다음과 같이 육각형 선택

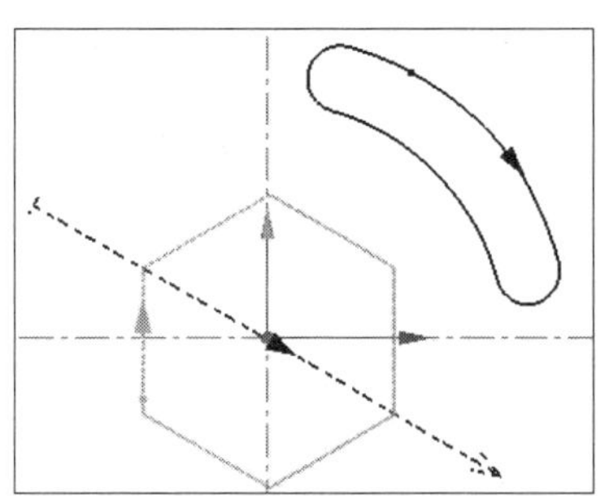

69 캠공정 ⇒ 밀링 ⇒ 윤곽공정 선택

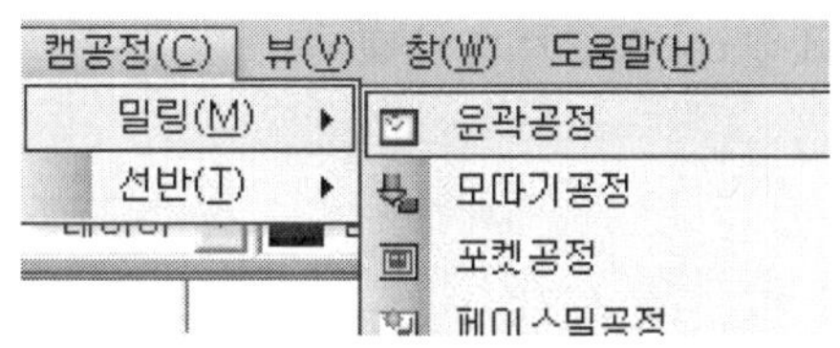

70 다음과 같이 윤곽공정
전략 부분 셋팅
최종깊이 "10"
깊이스텝 "4"
체인방향 "시계방향"
옵셋,보정방향 "좌측"

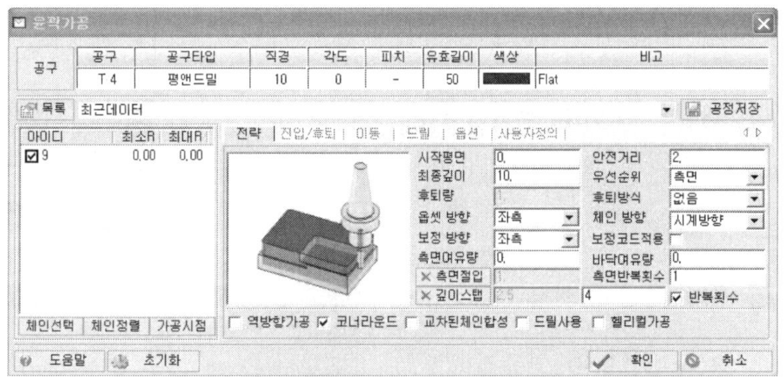

71 공구 버튼을 눌러
T04에 엔드밀 직경
10파이 생성

공구생성 후 확인

윤곽가공도 최종확인

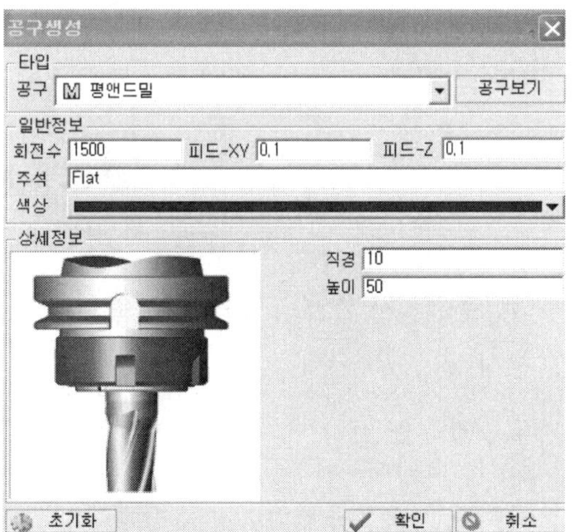

72 와이어 시뮬을 누르면 공구 경로를 그래픽으로 표현된다.(현제 출력된 G 코드를 출력)

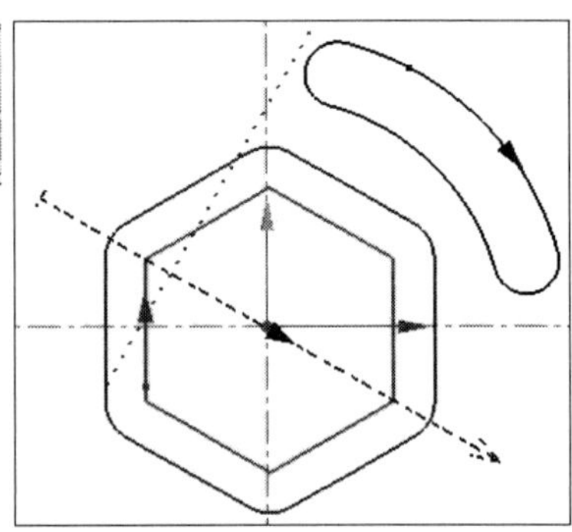

73 그림과 같이 위쪽 부분 선택

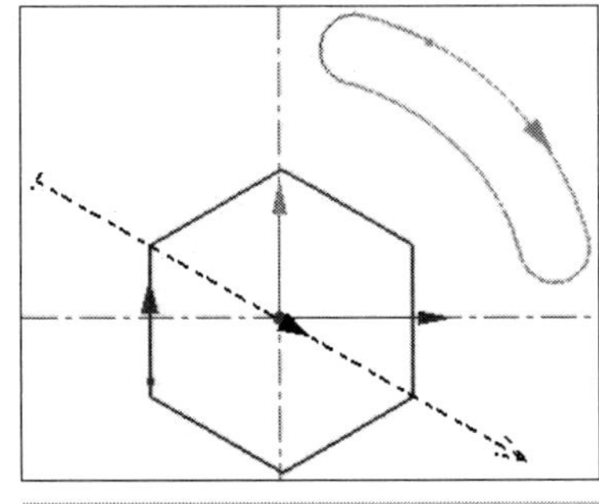

74 캠공정 ⇒ 밀링 ⇒ 윤곽공정 선택

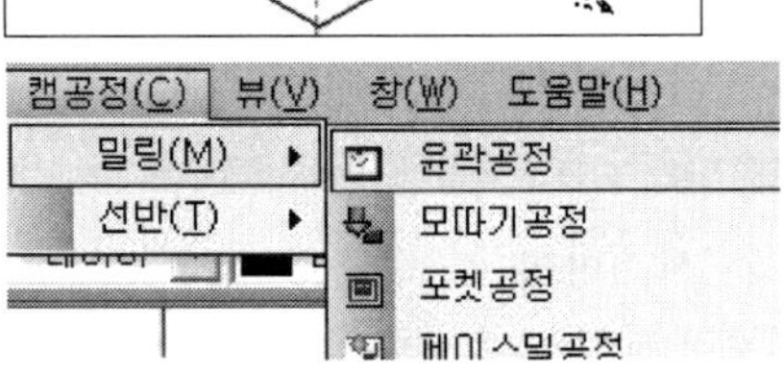

75 다음과 같이 셋팅

시작평면 "-50" 최종깊이"5"
체인방향 "반시계방향"
옵셋,보정 방향 "좌측"
깊이스텝"2"

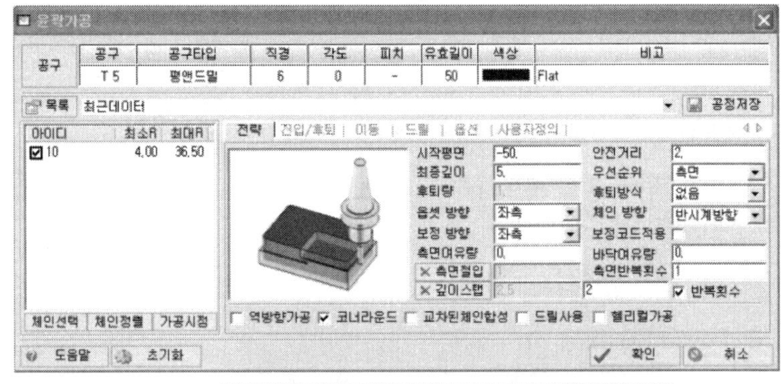

76 공구 버튼을 눌러
T04에 엔드밀 직경 10파이
생성

공구생성 후 확인

윤곽가공 도 최종확인

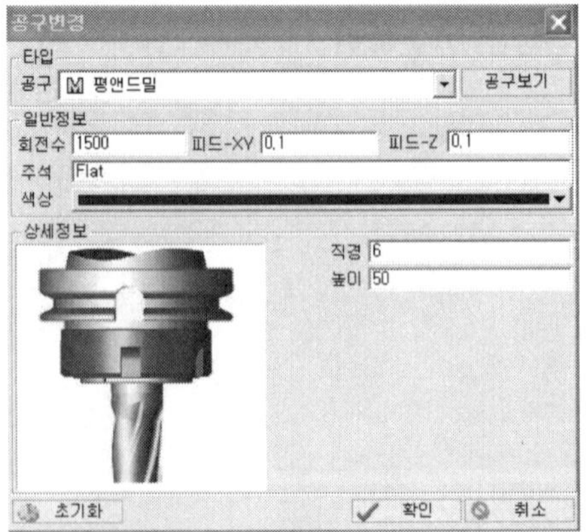

77 와이어 시뮬을 누르면 공구 경로를 그래픽으로 표현된다.(현제 출력된 G 코드를 출력)

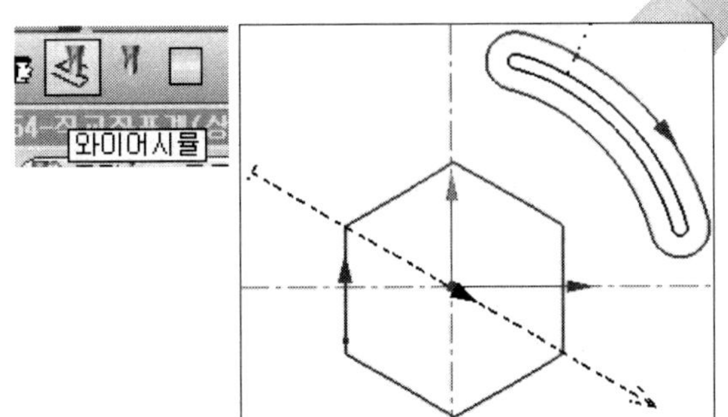

78 점체인 선택

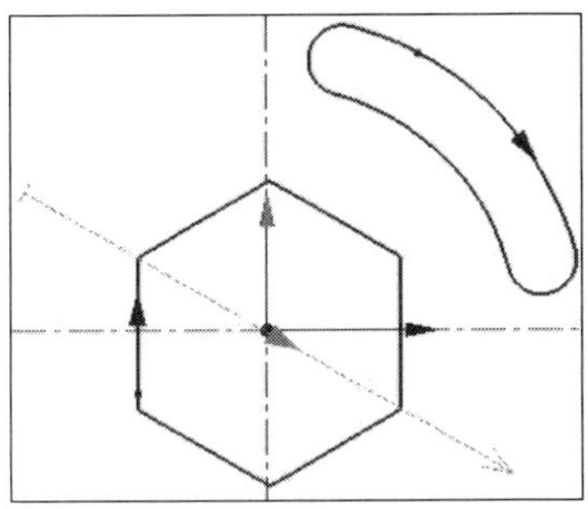

79 캠공정 ⇒ 밀링 ⇒ 드릴공정 선택

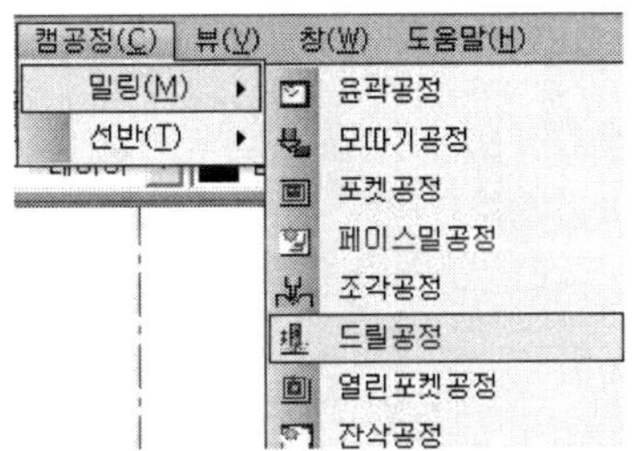

80 다음과 같이 셋팅
시작평면 "−50"
최종깊이 "18"
R점 Z위치 "−48"
1회절입량 "2"

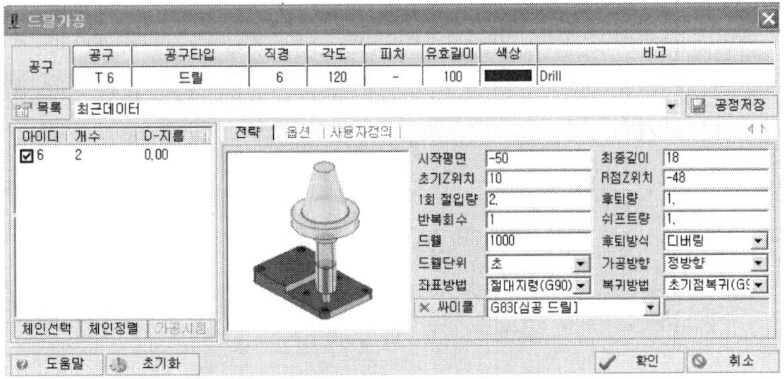

81 공구 버튼을 눌러
T06에 드릴 직경 6파이
생성

공구생성 후 확인

드릴가공도 최종확인

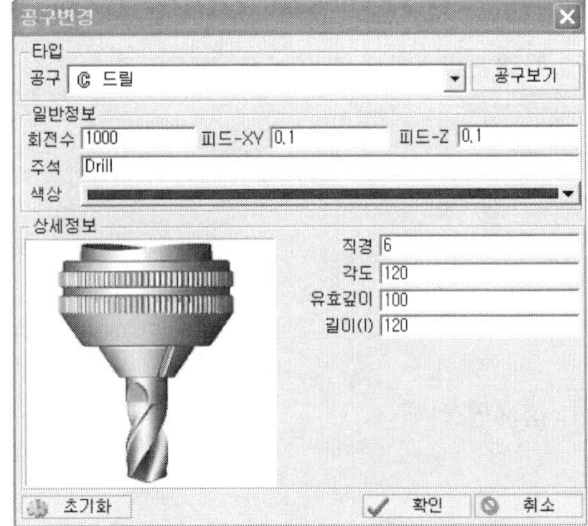

82 점체인 선택

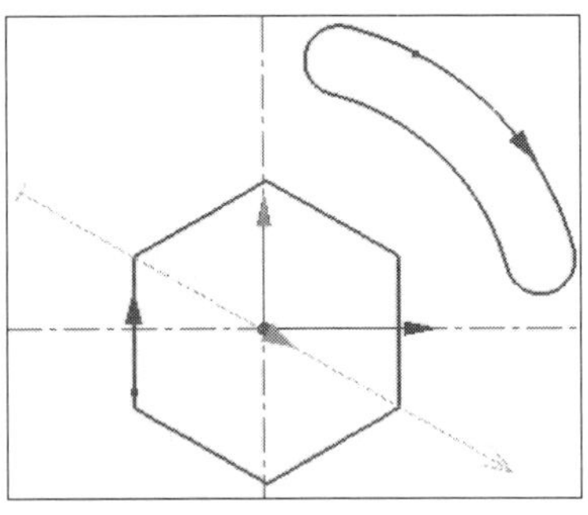

83 체인선택후
홀윤곽 공정 클릭

84 홀윤곽 공정
시작평면 "−50"
최종깊이 "5"
홀윤곽지름 "10"
공구는 T05선택 6파이
엔드밀 선택 후 확인

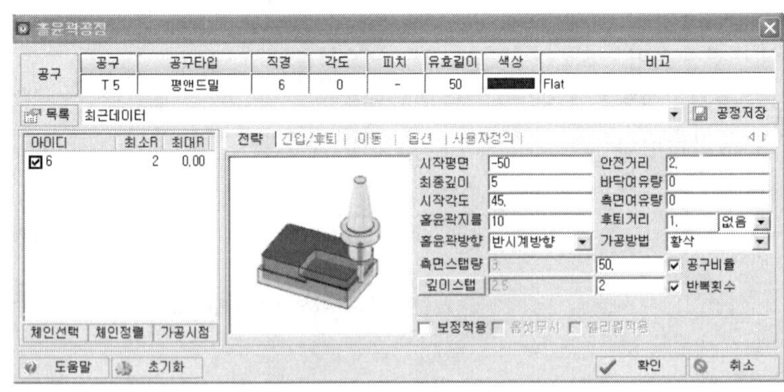

85 메인 프로그램에서
마우스 오른쪽버튼
누른후 전체공정 재계산 클릭

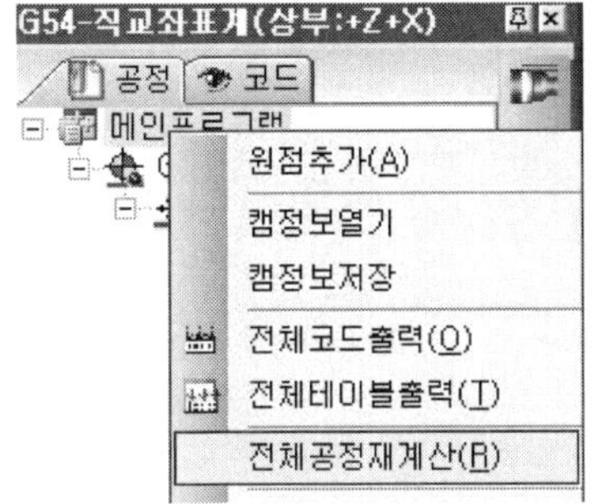

86 와이어 시뮬을 누르면
공구 경로를 그래픽으로 표현된다.
(현재 출력된 G 코드를 출력)

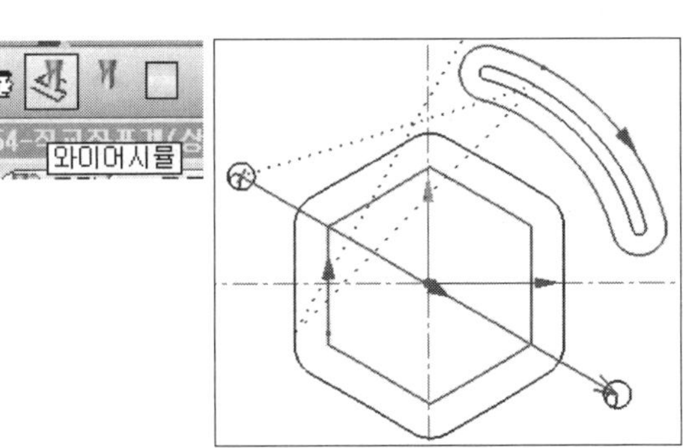

10 Chapter QuickCAD-CAM F&A

1. Quick Mill F&A

Frequently

1. 포켓할 때 가운데 보스를 남기고 싶어요.

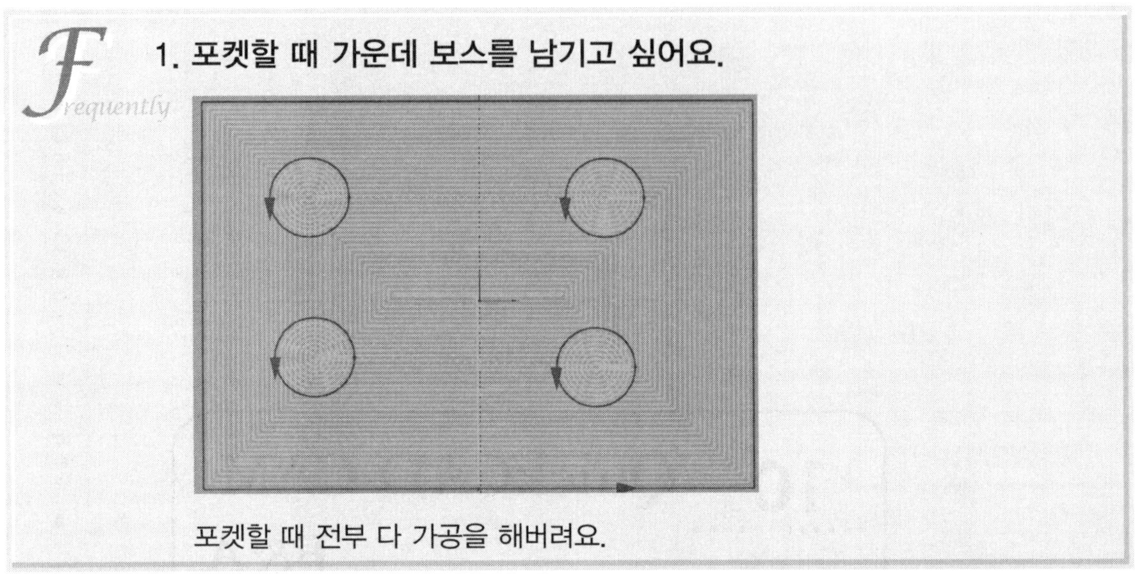

포켓할 때 전부 다 가공을 해버려요.

Answer

다중포켓을 사용하세요.

다음 프로세스를 사용하면

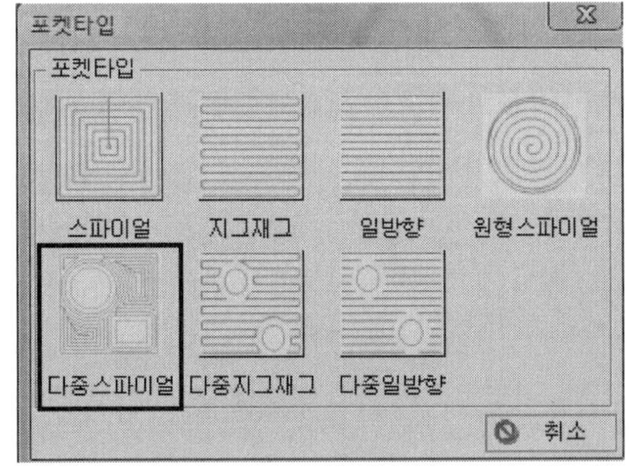

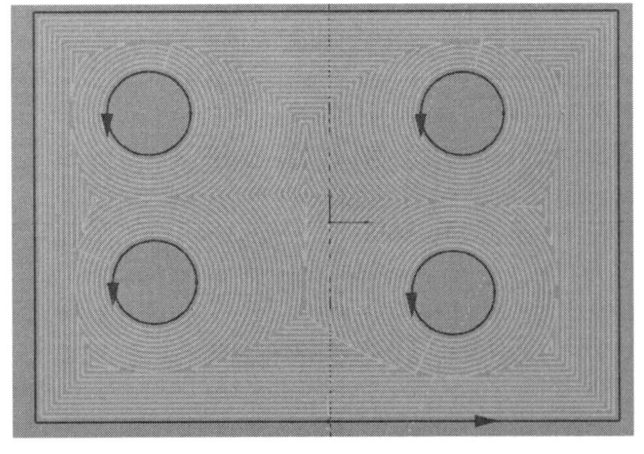

다음과 같이 큰 체인안에 어떠한 모양이든 체인이 있으면 그 체인은 가공을 안하고 보스로 남겨둡니다.

2. G54,G55 원점을 동시 작업하고 싶어요.

Frequently 바이스를 여러 개 셋팅하여 같은 재품을 동시에 작업하고 싶어요.

바이스 원점을 사용하세요.

Answer 이 명령을 사용하게 되면 같은 프로그램을 G54, G55 좌표로 각각프로그램이 생성이 됩니다.

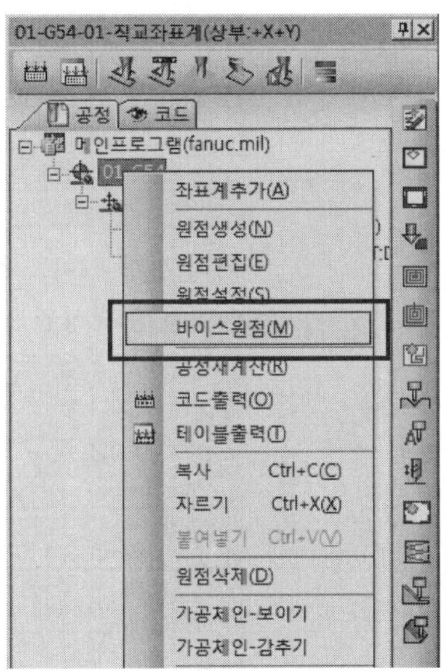

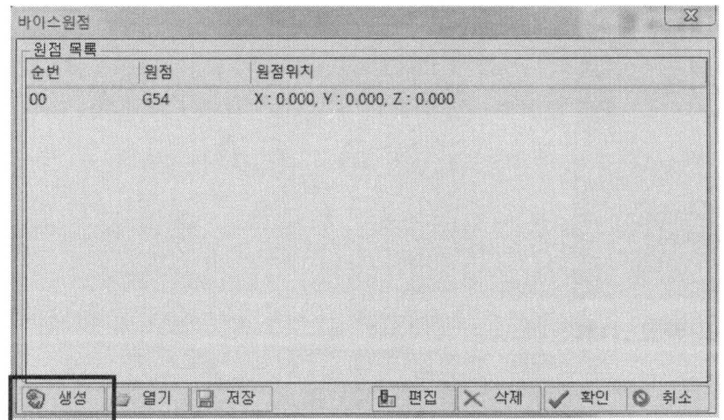

생성을 누른 다음

자신이 원하는 좌표를 입력합니다. (예 G55)

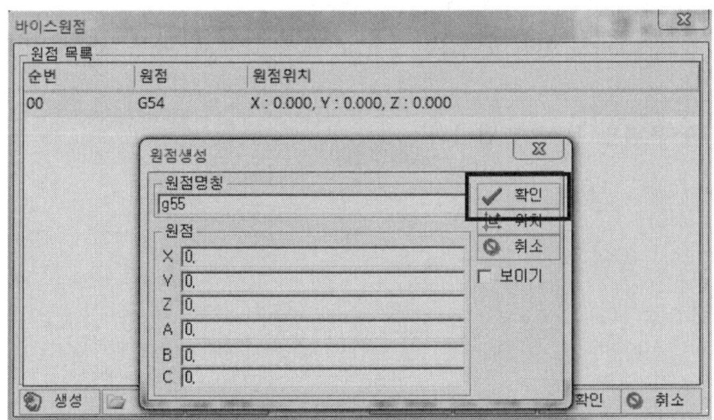

입력 후 확인

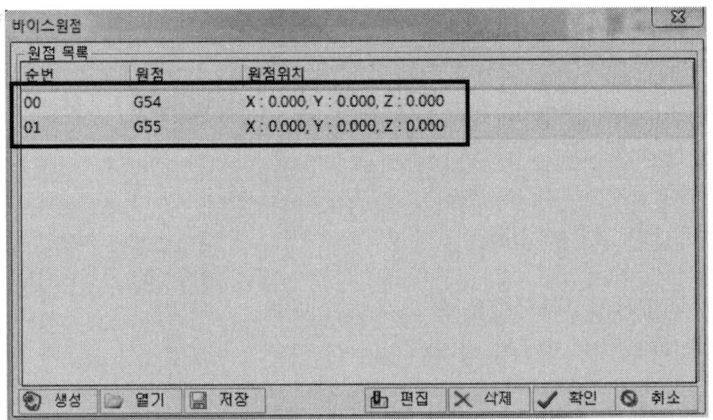

여러 개가 있어도 작업이 가능합니다. G54.1 같은 우는 그대로 입력하면 됩니다.
G55부분 생성된 곳을 선택 후 확인 하게 되면

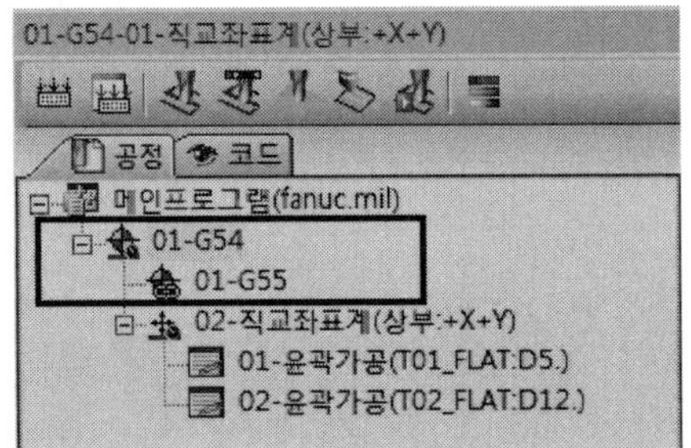

다음과 같은 모양이 생기면 완료입니다.

가공순서는

① G54 좌표에 1번공구로 윤곽가공을 한뒤 툴체인지 없이 바로 G55로 이동하여 윤곽가공을 합니다.
② 한 공구가 작업을 모두 끝낸 후
③ 툴 체인지 후 G54로 이동하여 2번 공구로 윤곽 가공 후 바로 G55로 이동하여 작업하게 됩니다.
④ 공정이 공구별로 묶이게 됩니다.

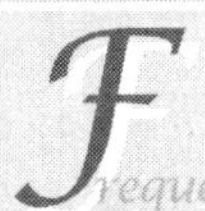

3. 원점을 변경하려면 어떻게 하나요?

Frequently 원점이 잘못되어 이동하고 싶은데 어떻게 하나요

Answer 원점이동 명령을 쓰세요.

다음 명령을 이용하여 원하는 위치에 원점변경이 가능합니다.

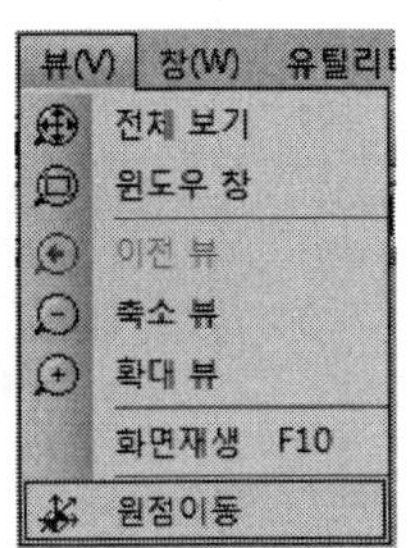

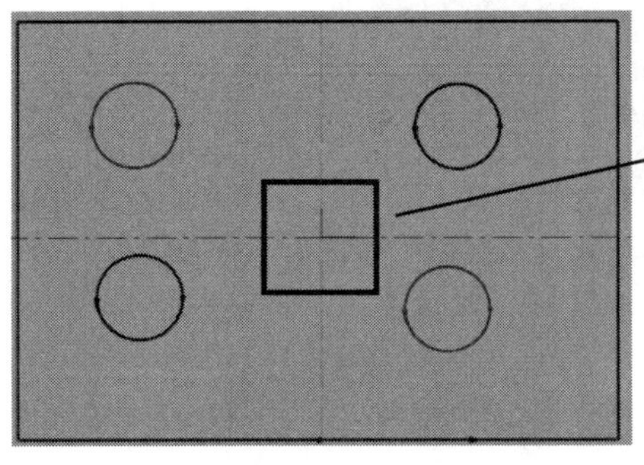

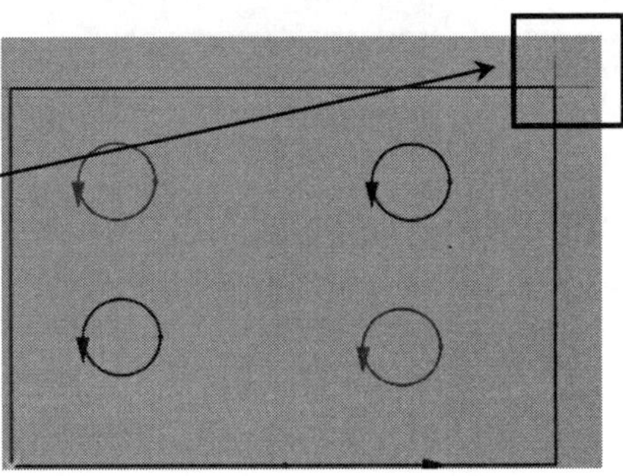

2. QuickViewer 단축키(Mill)

공구 리스트 및 공정별 가공 시간 Ctrl + T

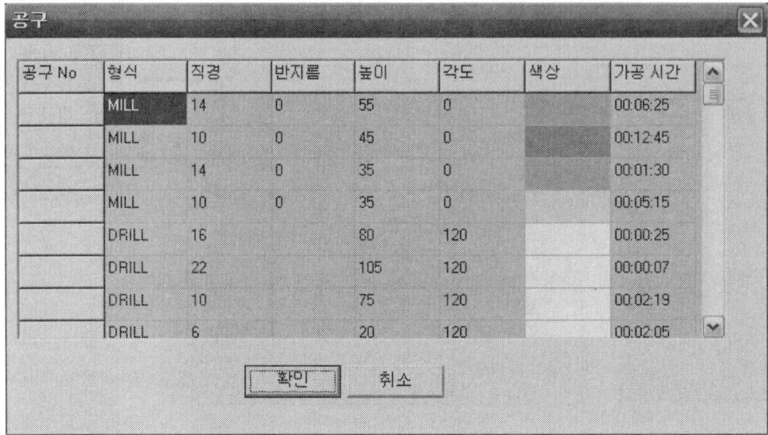

바꾸기 Ctrl + R

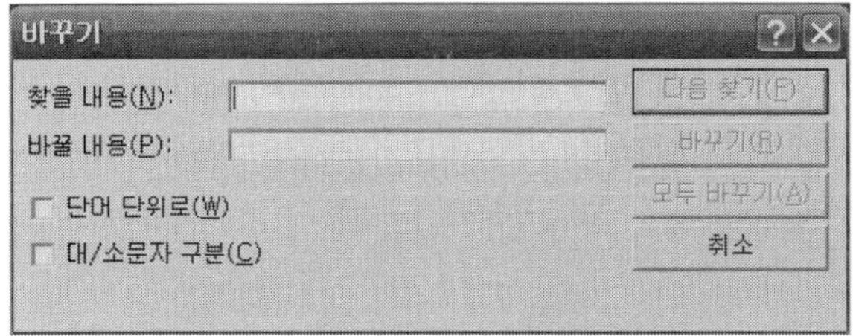

새로운 이름으로 저장 Ctrl + S

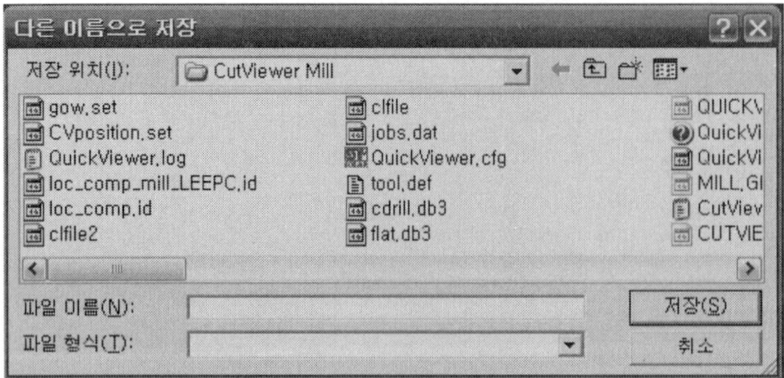

찾기 Ctrl + F

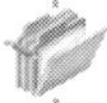

새로운 파일 Ctrl + N

Heidenhain TNC
Siemens SINUMERIK840D
Standard G-code

소프트웨어 사용자 등록 Alt + R

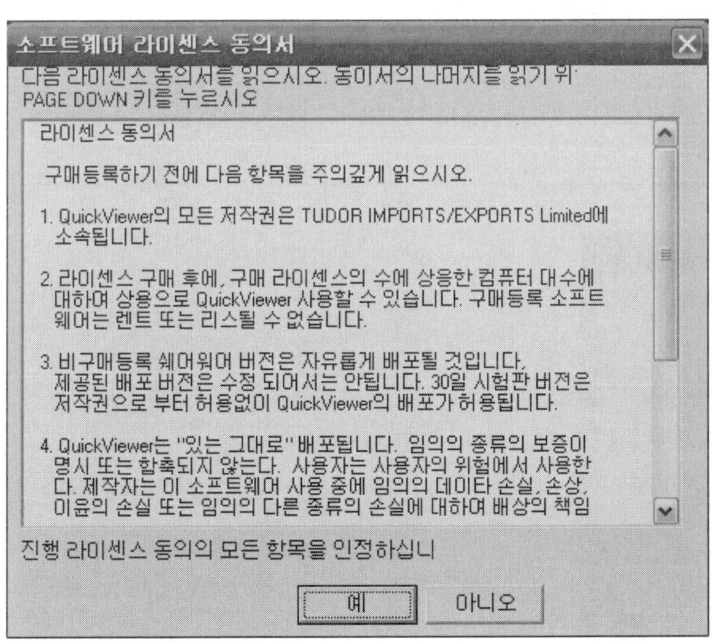

공구 등록 대화상자 Alt + T

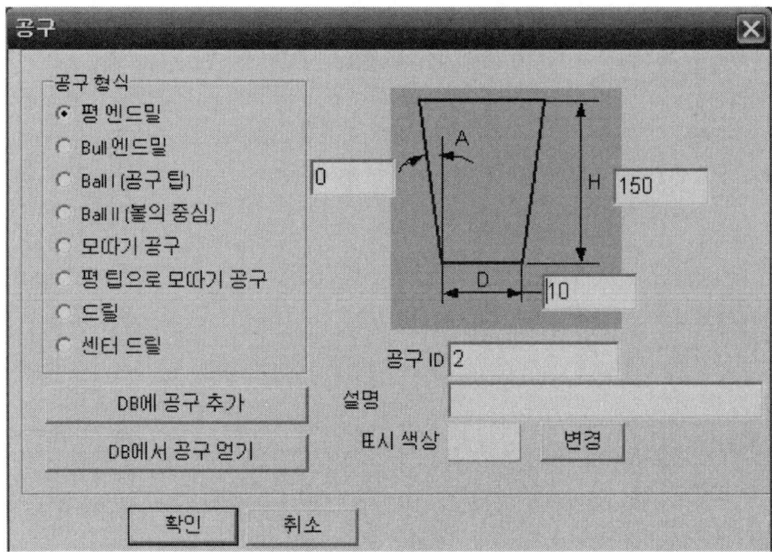

사이클 타임 엑셀 파일로 생성 Alt + I

소재 설정 Alt + S

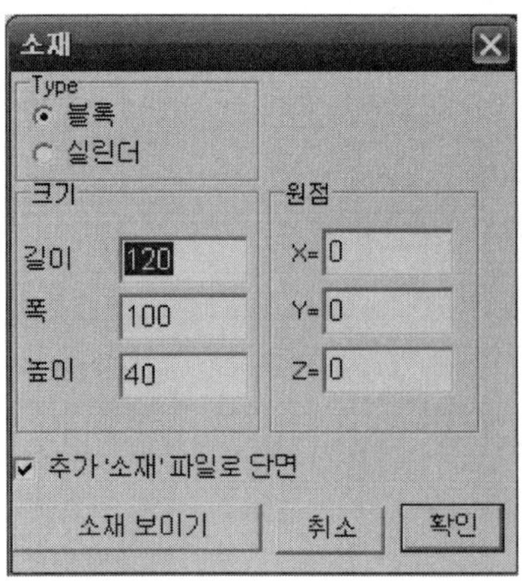

 파일 저장 관련 Alt + F4 

 기타 단축 키 

메뉴	단축 키
자르기(N)	Ctrl+X
복사(O)	Ctrl+C
붙이기(P)	Ctrl+V
찾기(Q)	Ctrl+F
교체(R)	Ctrl+R
재구축(S)	Ctrl+F9
커서로 구동(T)	F4
커서까지 재구축(U)	Ctrl+F4
자름점 토글(V)	F5
모든 자름점 클리어(W)	Ctrl+F5
소재 재정의(X)	Alt+S
인써트 공구 정의(Y)	Alt+T
파일 추가(Z)	

3. 가공 시뮬레이션 및 NC코드 수정(Mill)

가공 시뮬레이션

① Quick Viewer 아이콘을 바로가기 아이콘을 실행 합니다.

② 오른쪽과 같은 화면이 뜹니다.
시뮬을 보기 위한 NC파일을 열기 위해 '열기'를 클릭합니다.

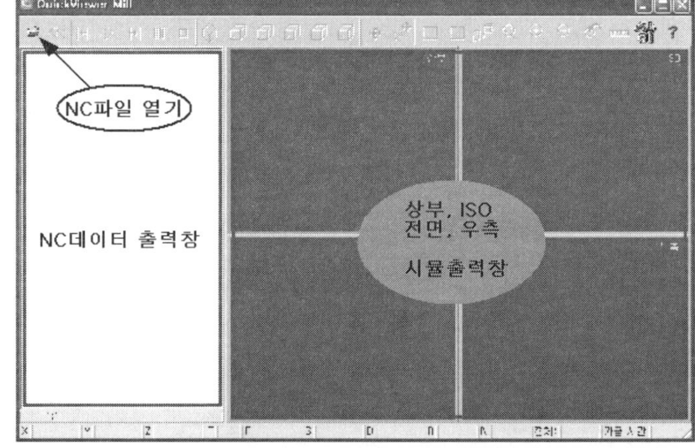

③ 원하는 NC 파일을 선택합니다.
NC 파일을 열 때 꼭 QuickCADCAM으로 작성한 파일이 아니더라도 열 수 있습니다.

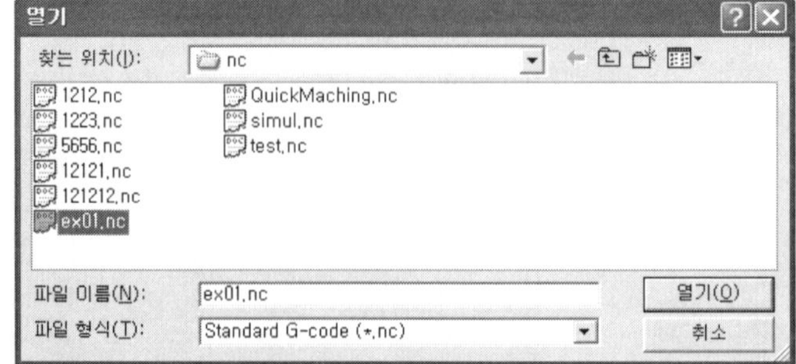

④ 만약 NC를 QuickCADCAM 에서 만들었다면 Viewer에서 필요한 정보를 주석문으로 표기 해주도록 되어 있습니다.

소재크기, G54의 위치, 공구형식과 직경 값 등이 주석문으로 작성되어 있습니다.

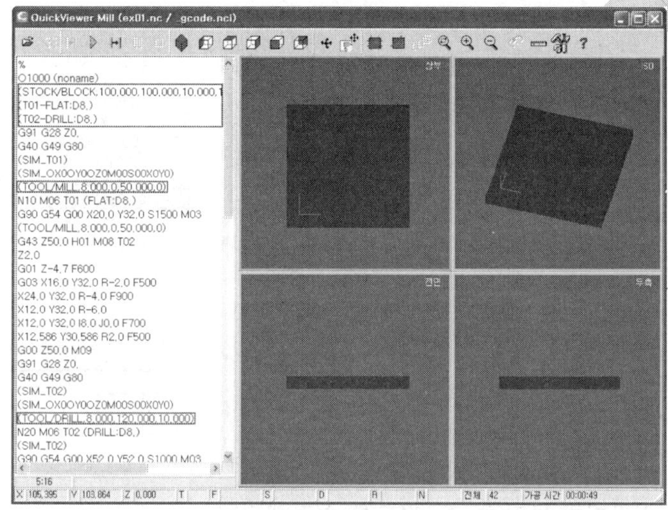

⑤ 구동버튼을 클릭하면 G코드에 의해서 공구가 움직이고, 가공 되는 형상을 볼 수 있습니다.

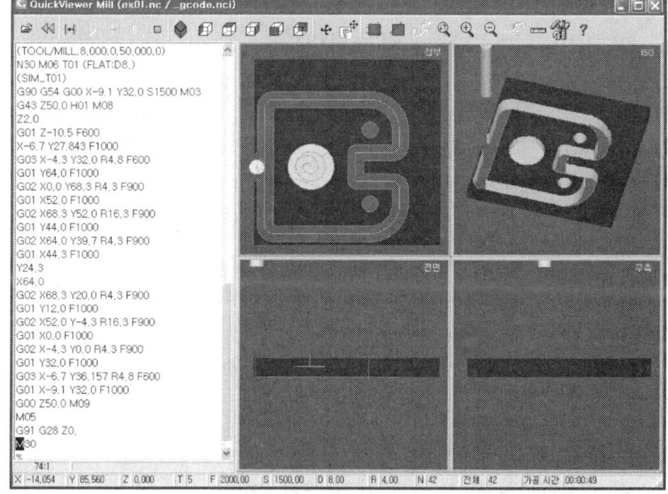

⑥ 만약 G코드의 충돌되는 부분이 있다면 그 부분에서 경고 창이 뜹니다.
시뮬이 끝난 후에 붉게 된 코드 부분을 찾으시면 쉽게 수정 하실 수 있습니다.

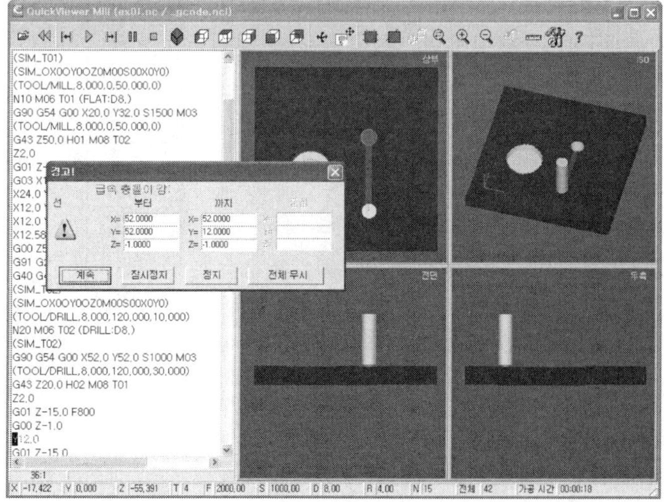

⑦ 이 코드는 공구가 안전높이 까지 완전히 뜨지 않고, Z-1.0 높이 까지 뜬 상태에서 Y축 급속 이송을 할 때 충돌이 일어나게 됩니다. 그래서 Y12.0 부분이 붉게 변하고, 경고 창이 뜨게 됩니다.

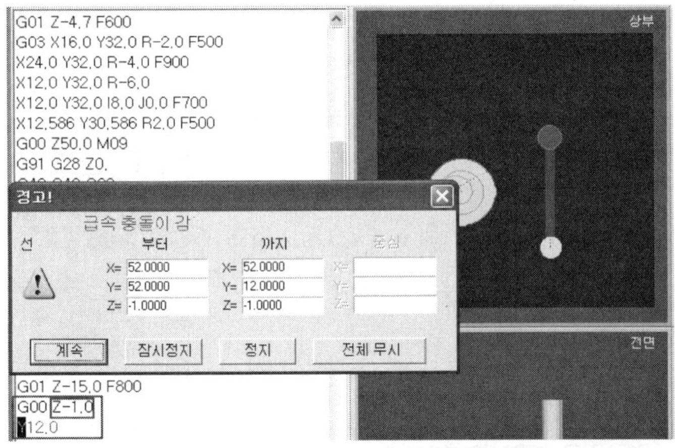

⑧ 정지를 클릭 한 후, 코드를 수정했습니다. Z2.0으로 바꿨지만 실행 버튼을 클릭 하면 다시 충돌이 체크됩니다. 처음에 코드를 인식 하기 때문에 계속 실행을 다시 해도 충돌체크가 됩니다.

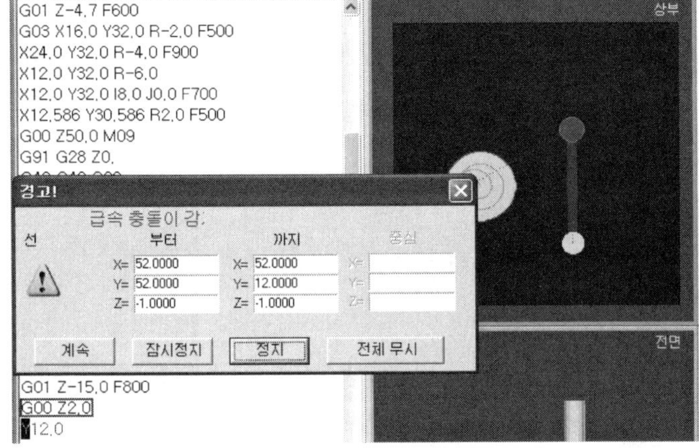

⑨ 코드를 수정 후 NC출력창 위에서 오른쪽 클릭을 하면 작은 창이 뜨는데, 재구축을 클릭합니다.
재구축을 클릭하면, 다시 코드를 인식하고, 재실행을 하게 됩니다.

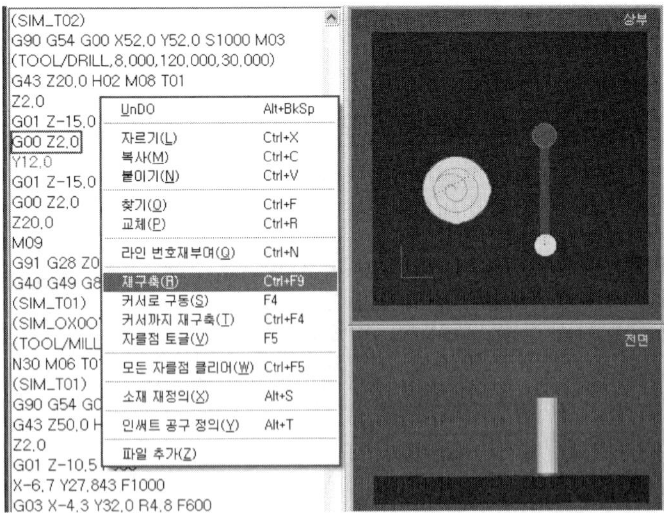

⑩ 재구축을 하게 되면, 다시 인식 후 실행하게 됩니다.

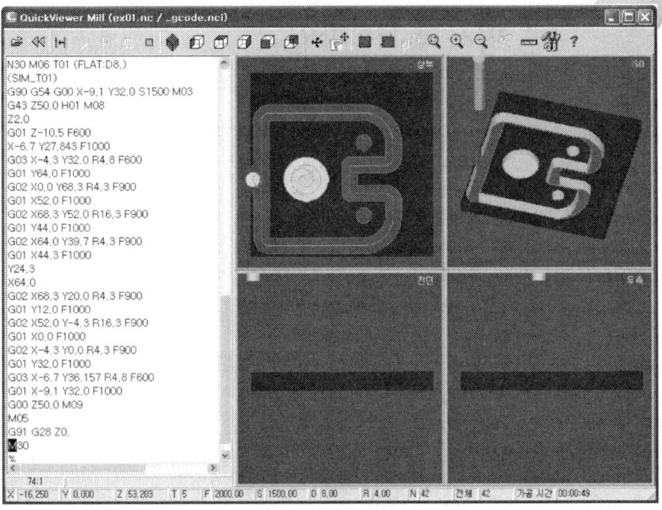

⑪ 경고창이 뜨는 대표적인 경우는, 공구날장 보다 깊이가 깊을 때 경고 창이 뜹니다.

TOOL/DRILL,8.000,120.000,10.000
위 주석문의 의미는
드릴의 직경8, 각도120, 날장10 이라는 뜻인데, 코드 상에 15깊이 까지 내려가서 경고창이 뜬 상태입니다.

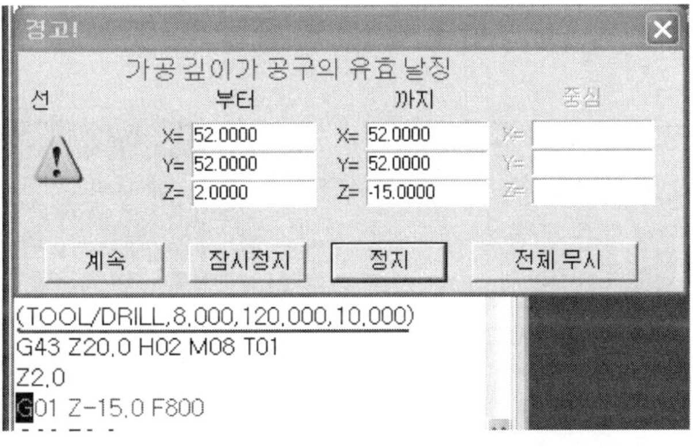

⑫ 또, 공구가 급속 이송 할 때 소재에 부딪치는 경우가 대표적이라고 할 수 있습니다.

소재의 윗면의 높이가 Z0.0으로 셋팅했는데, Z-1.0까지 뜬 상태에서 급속이송을 해서 경고창이 뜬 상태 입니다.

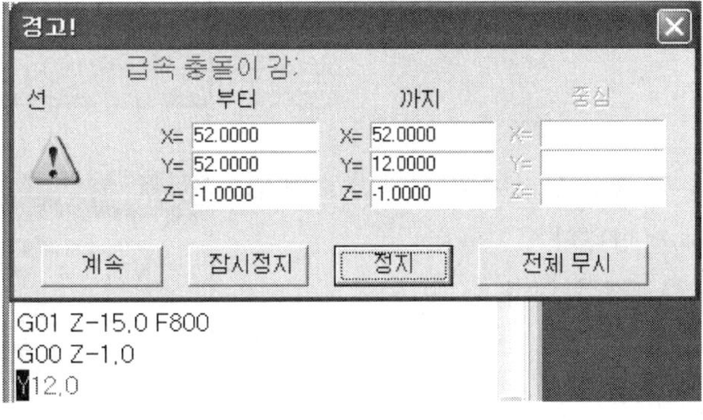

다른 형식의 NC파일

① QuickCADCAM이 아닌 CAM프로그램이나 아니면 타이핑해서 짠 NC 파일 이라면 시뮬시 할 때 필요한 공구, 소재크기 등이 없기 때문에 경고창이 뜹니다. M06 T01 이란 코드에서 공구가 필요 한데, T01을 프로그램 내에서 설정해 줘야 합니다.
Yes를 클릭합니다.

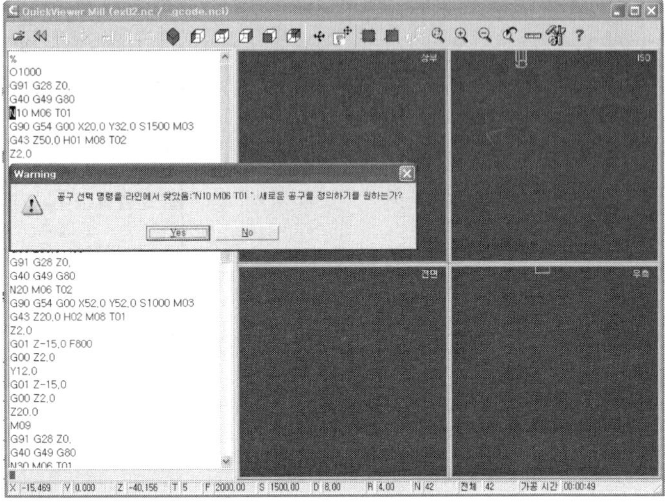

② 공구 설정 창이 뜹니다.
T01을 설정 값을 입력해 줍니다.
공구형식을 선택 한 후, 직경, 각도, 날장 등을 입력한 후 공구ID에 공구 번호를 입력해 줍니다.

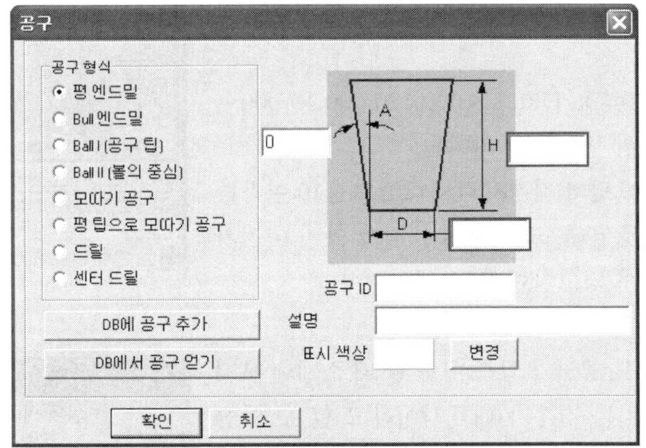

③ 사용될 공구 설정이 다 끝나면 소재 입력해야 합니다.
Yes를 클릭합니다.

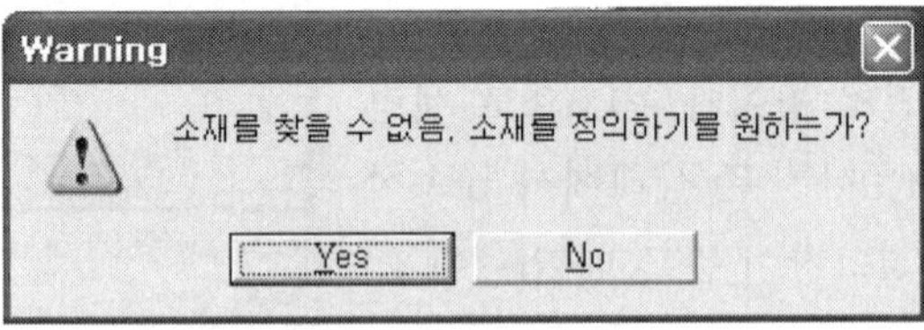

④ 공구 경로를 보여 주고 소재 크기를 입력할 수 있는 창이 뜹니다.

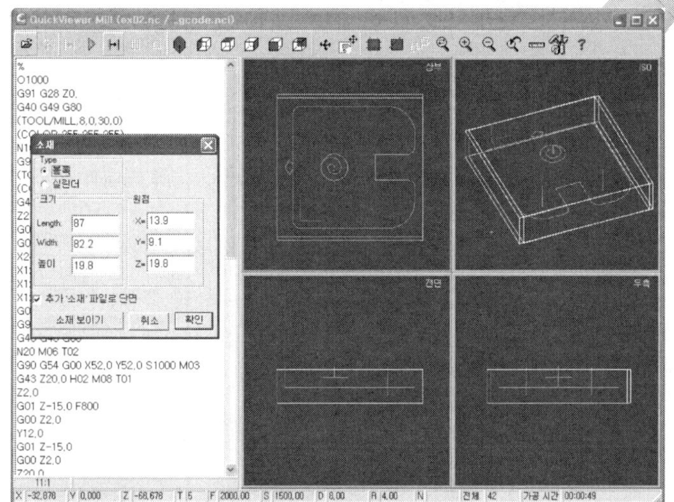

⑤ 우선 소재의 X, Y, Z의 크기를 입력 합니다.

원점은 소재의 -X 방향, -Y 방향, -Z 방향 모서리를 기준으로 원점 위치를 입력 합니다.
소재 위평면에 Z0.0을 셋팅 하려면 소재의 Z 높이와 동일하게 원점 Z를 입력합니다.

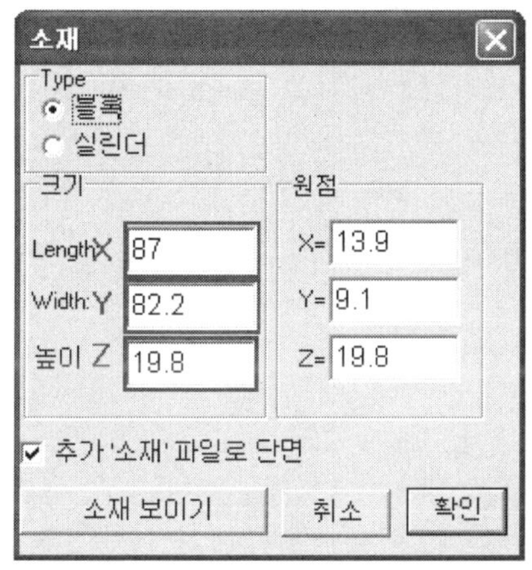

⑥ 크기와 원점을 입력 후 소재 보이기를 클릭하면 소재를 와이어 프레임으로 보여 줍니다. 수치를 다시 입력하고, 소재 보이기를 다시 입력해도 됩니다.
원하시는 소재와 원점을 셋팅 했으면 확인을 클릭합니다.

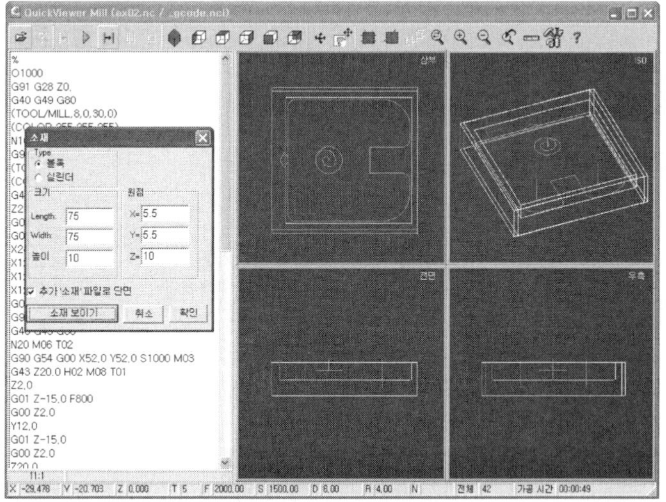

⑦ 가공이 잘 됐는지 확인 합니다. 충돌이 있는지 확인 합니다.

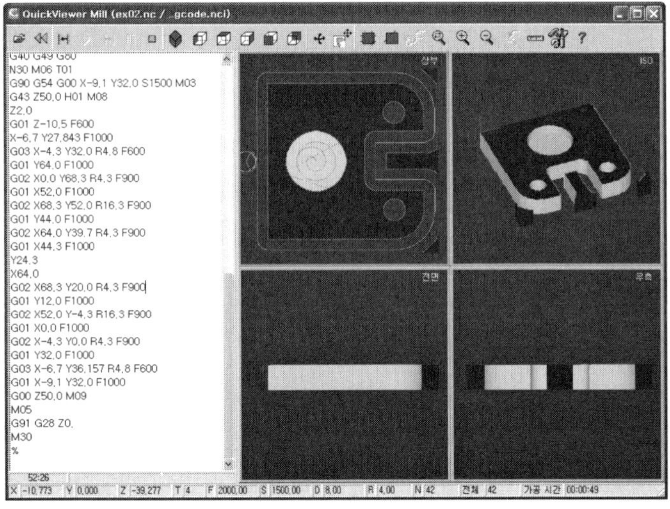

가공 확인

설정 아이콘을 클릭해서 설정창을 엽니다.

① 모드 : 솔리드 - 이동경로를 모두 보여줍니다.
터보 - 가공이 끝나거나, 충돌 생겼을 때 형상을 보여줍니다.

② 뷰의수 : 몇 개의 창으로 분할해서 볼지 설정 할 수 있습니다.

③ 드웰 : 공구의 움직임 속도를 조절합니다. 수치가 클수록 천천히 보여줍니다.

④ 공구뷰 : 공구를 솔리드 와 와이어로 설정해서 볼 수 있습니다.

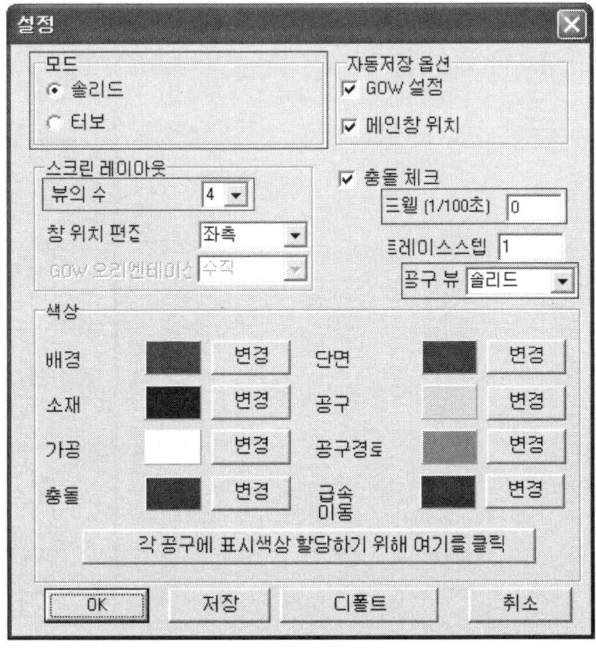

뷰어 아이콘을 이용해서 ISO창을 원하는 위치로 바꿀 수 있습니다.
아이콘은 좌측부터 /ISO/좌측면/상부/우측면/정면/후면/ 순서입니다.

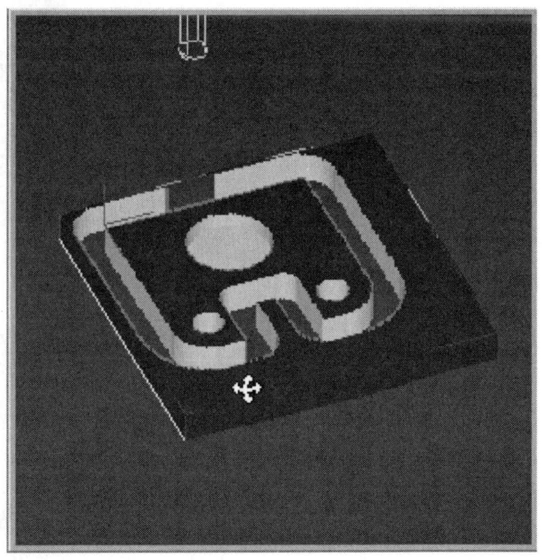

줌 아이콘을 이용해서 확대 축소 해서 볼 수도 있습니다. 줌아이콘은 모든 창에서 가능합니다.

회전이나 팬 기능을 이용해서 돌려가면서 가공 부품을 확인 할 수도 있습니다.

측정

① 측정 아이콘을 클릭해서 측정 창을 띄웁니다.

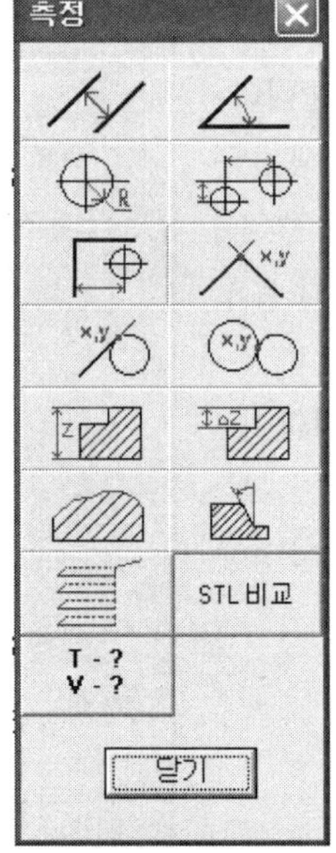

② '선사이 거리' 는 상부뷰에서 사용 하는 기능입니다.
상부뷰에서 평행한 선 2개를 차례로 선택 합니다.

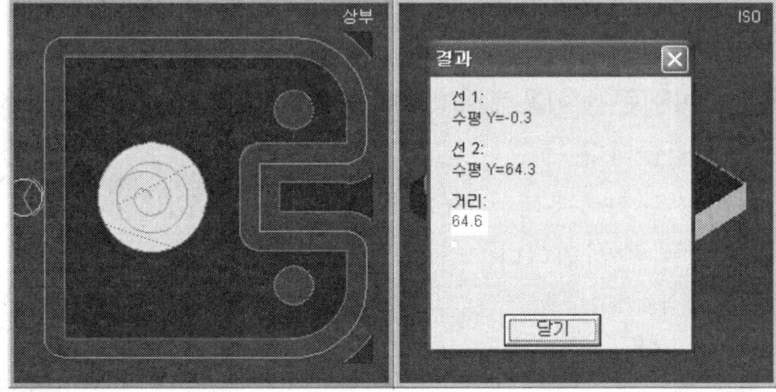

③ '각도'는 상부뷰에서 사용 하는 기능입니다.
상부뷰에서 선 2개를 차례로 선택 합니다.

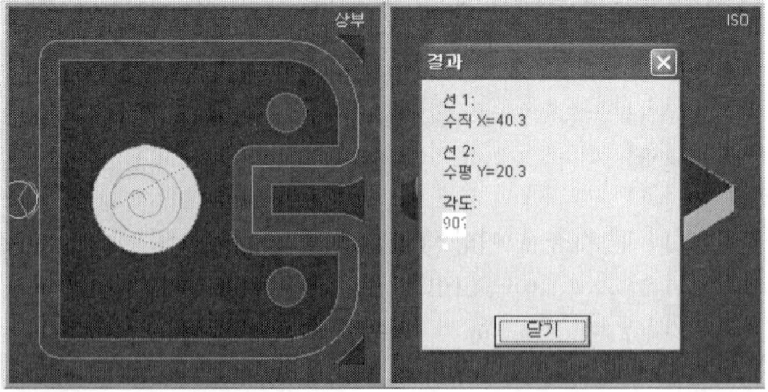

④ '원파라메타'는 상부뷰에서 사용하는 기능입니다.
상부뷰에서 원을 선택 합니다.
원이 아닌 호 도 측정 가능합니다.

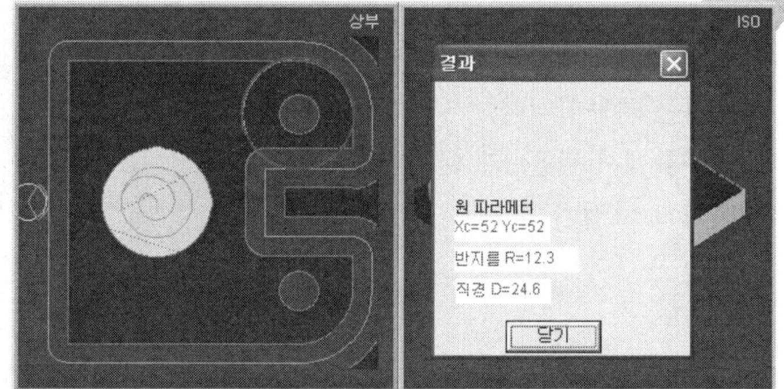

⑤ '중심사이거리'는 상부뷰에서 사용 하는 기능입니다.
상부뷰에서 원을 2개 클릭 합니다.
원이 아닌 호도 측정 가능합니다.

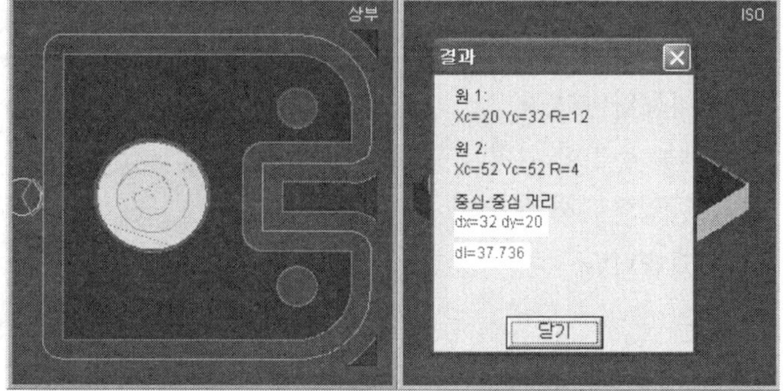

⑥ '선-선 교차점'은 상부뷰에서 사용 하는 기능입니다.
상부뷰에서 선 2개를 클릭합니다.

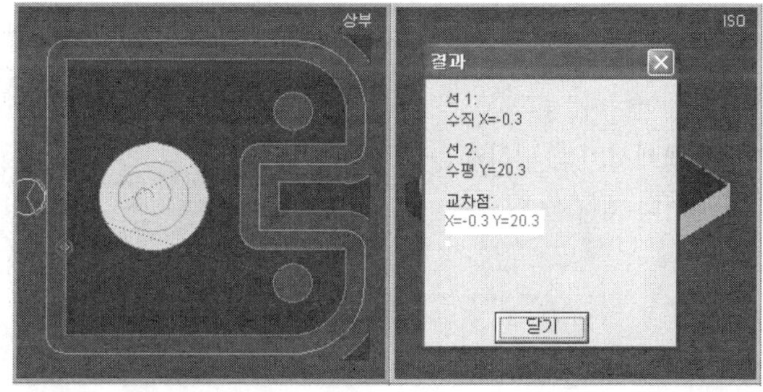

⑦ '선-원 교차점'은 상부뷰에서 사용하는 기능입니다.
상부에서 선, 원을 차례로 선택합니다.

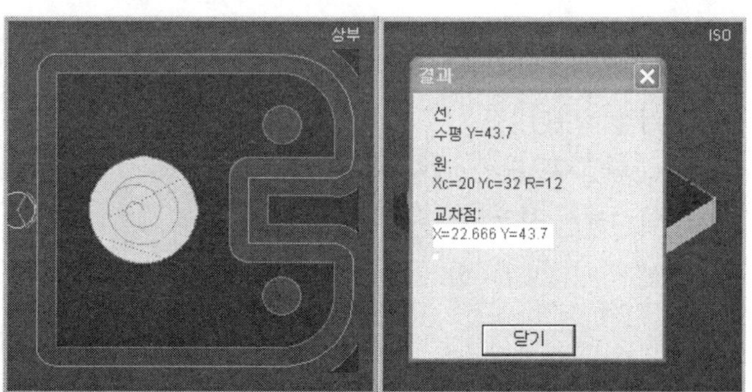

⑧ '원-원 교차점' 상부뷰에서 사용하는 기능입니다.
상부뷰에서 원을 2개 클릭합니다.
만약 교차점이 없으면 '교차점없음'이라고 뜹니다.

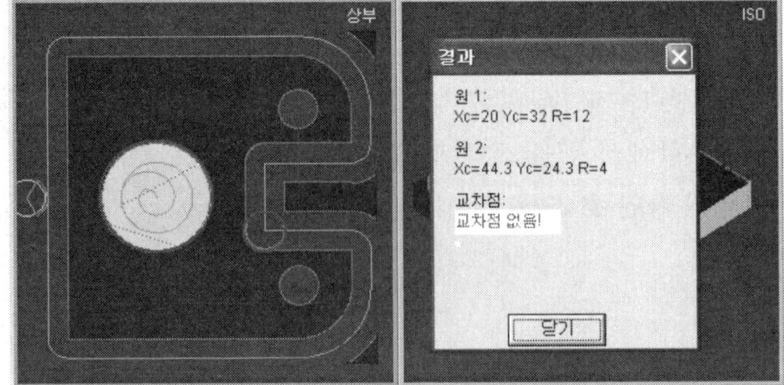

⑨ '두께'는 상부뷰에서 사용하는 기능입니다.
두께를 측정할 위치를 클릭 하거나, 좌표를 입력해서 부품의 두께를 측정할 수 있습니다.

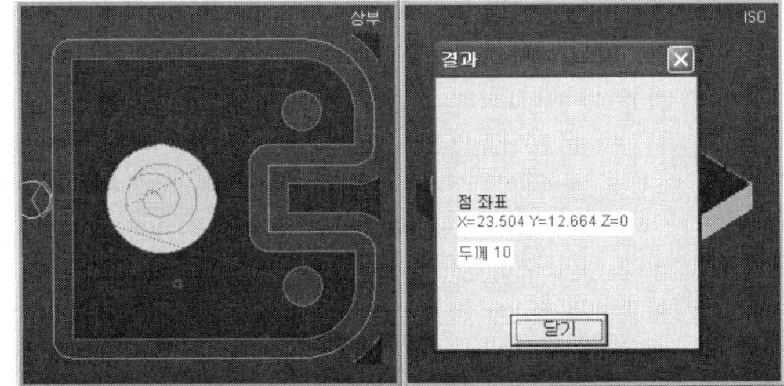

⑩ 'DZ'는 상부뷰에서 사용하는 기능입니다.
두께에서처럼 원하시는 2 부분을 클릭하거나 좌표를 입력합니다.

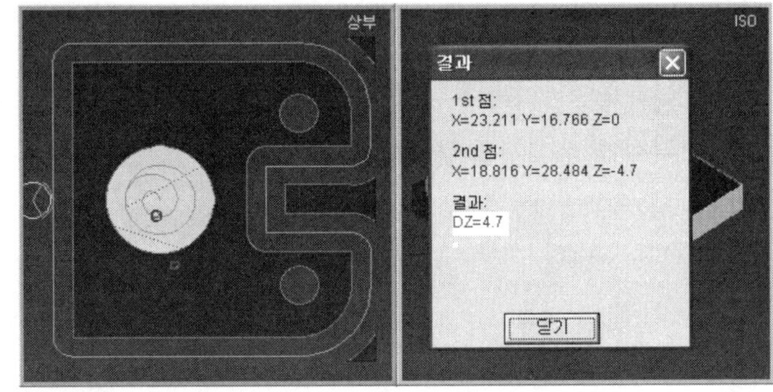

⑪ '단면'은 좌표값으로 사용하는 기능입니다.
2부분의 좌표 값을 입력 한 후 스텝값을 입력해서 사용합니다.

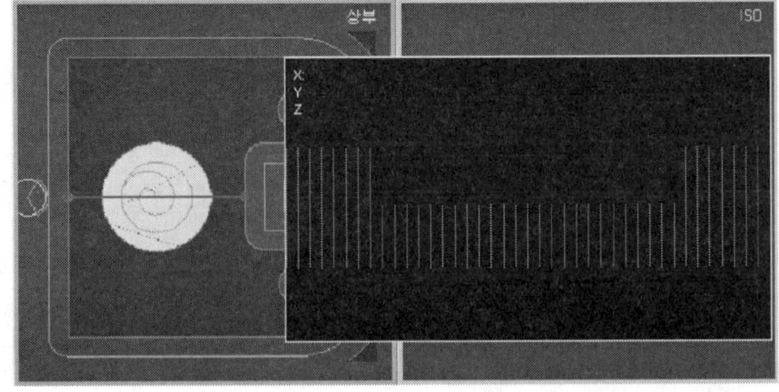

⑫ '공구경로정보'는 공구 이동 경로를 선택해서 사용하는 기능입니다.

⑬ T - ? V - ? '가공시간, 체적'을 클릭하면 현재 가공된 부품의 가공 시간과 체적 등의 정보가 뜹니다.

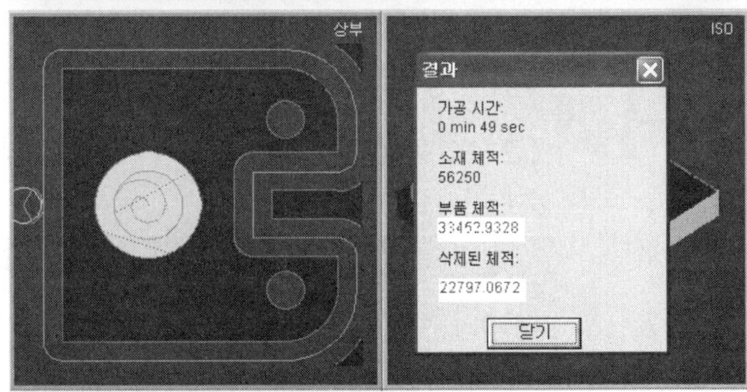

⑭ STL 비교 'STL 비교'는 3D 모델링이 있다면 비교 해 볼 수 있습니다.
확장자는 STL 이어야 합니다.
STL비교를 클릭 후 우측의 창이 뜨면 파일 열기를 클릭 해서 같은 형상의 stl 파일을 찾고, STL보이기와 시작을 클릭합니다.

⑮ In Tol 과 Out Tol에 수치를 입력해서 입력된 값보다 차이가 나는 부분을 색깔로 표기 해 줍니다.

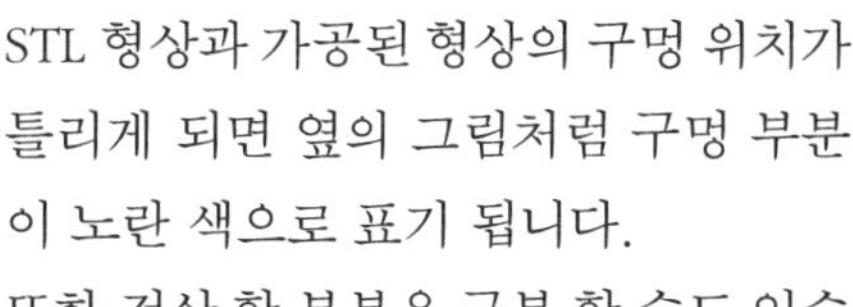

STL 형상과 가공된 형상의 구멍 위치가 틀리게 되면 옆의 그림처럼 구멍 부분이 노란 색으로 표기 됩니다.
또한 정삭 할 부분을 구분 할 수도 있습니다.

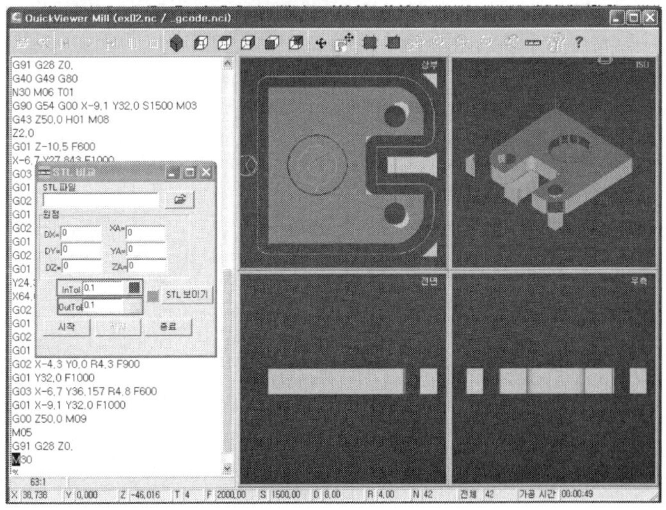

4. Quick Turn F&A

1. 만들어진 체인보다 연장 가공방법?

안전하게 가공하기 위해 생성된 체인보다 전에서부터 가공하고 싶어요.

시점연장기능을 사용하세요.

기존 체인을 생성한 것 에서 추가 체인을 그려줄 필요 없이 시점연장이란 기능으로 여유 있게 진입할 수가 있습니다.

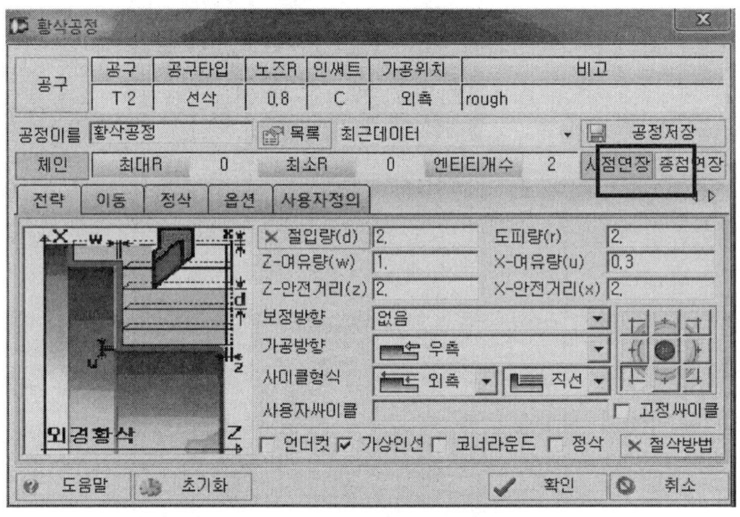

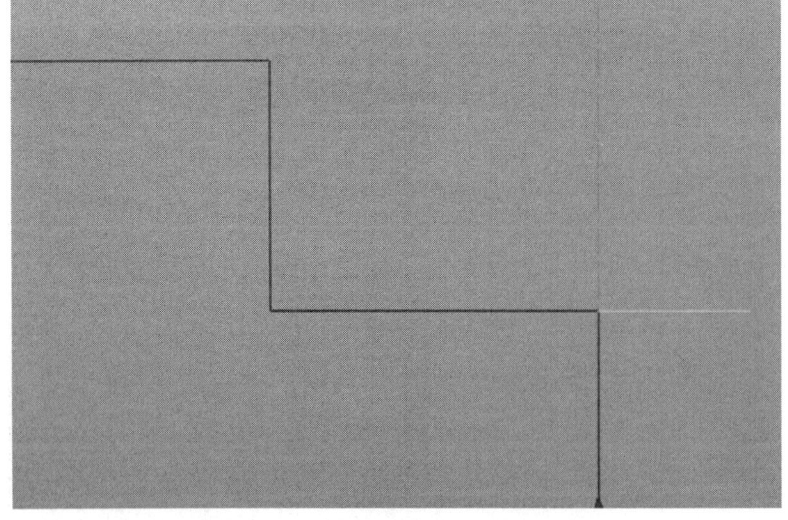

종점연장 기능을 사용하면 시점연장 기능과 같은 기능으로 종점 부분을 늘려주는 기능입니다.

2. 언더컷이 뭔가요?

Frequently 언더컷이 뭔가요?

공구 팁 타입별로 그 각만큼 아래로 가공되는 것입니다.

Answer 언더컷을 체크를 하게 되면 팁 각만큼 절입이 되게 됩니다.

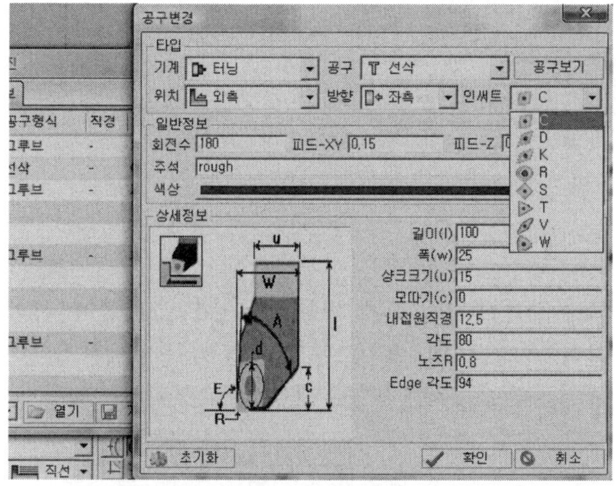

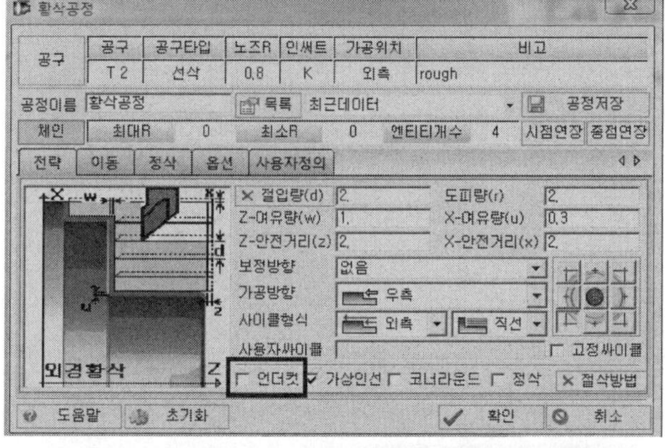

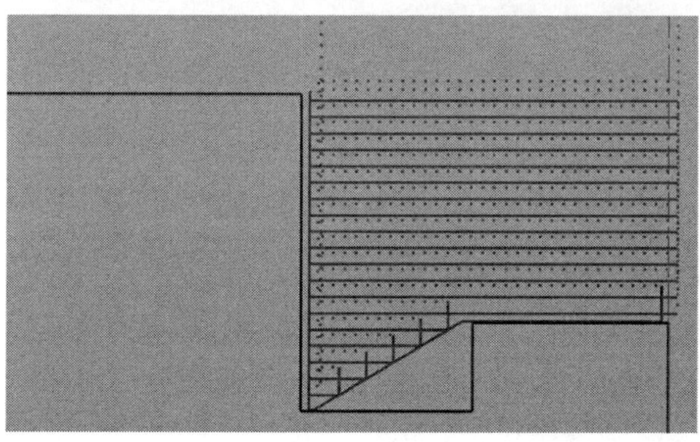

Frequently

3. 후퇴시 후퇴지점이 이상합니다.

후퇴시 후퇴지점이 이상합니다.

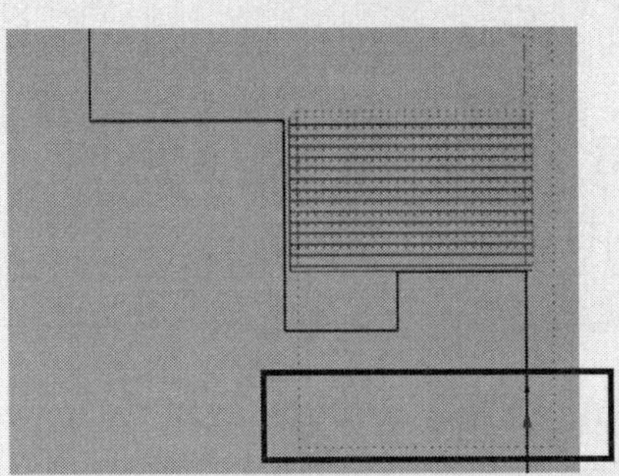

Answer

소재 셋팅을 해주세요.

캠환경 버튼을 누르면 다음과 같은 소재 셋팅 "NC환경설정" 창이 나타납니다.
이 부분에서 부품길이, 외경, 내경, 초기값으로 셋팅 되었기 때문입니다.

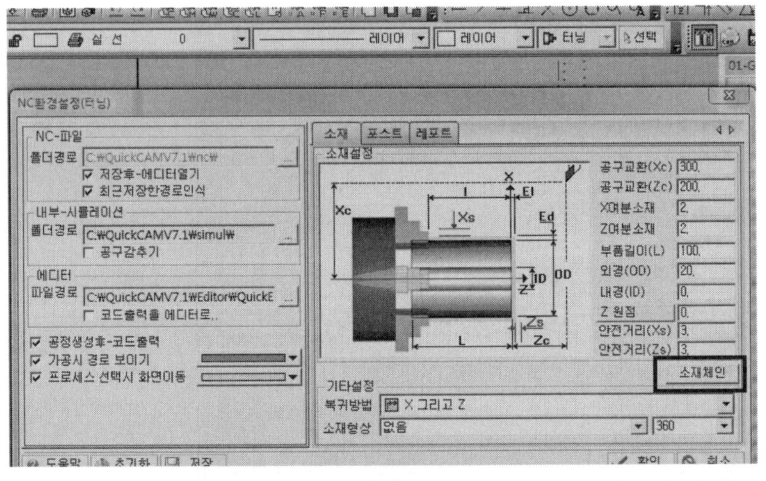

여기서 소재체인 선택 후 다음과 같이 블록을 잡아 선택하게 되면

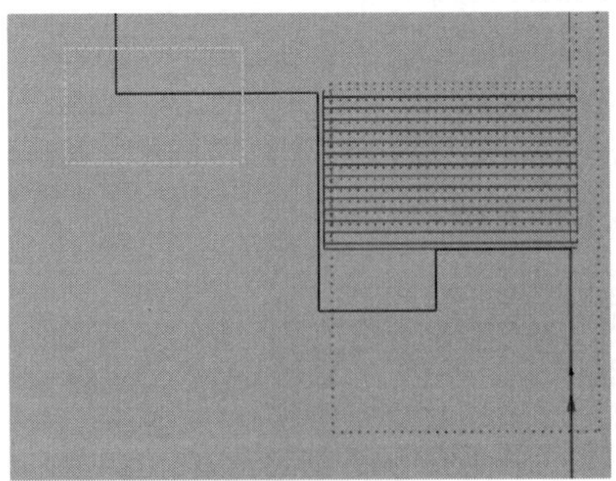

다음과 같이 가공 체인의 값이 입력 되게 됩니다.

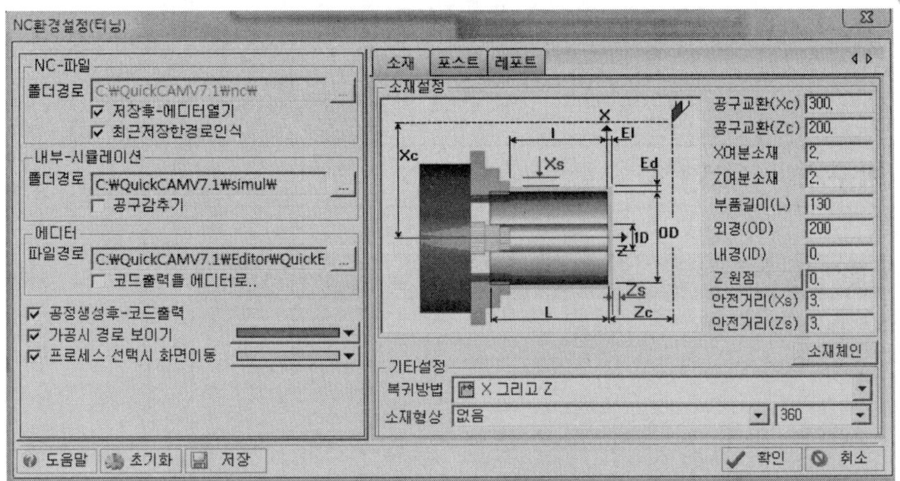

재계산을 실행하게 되면 다음과 같이 후퇴 값이 설정한 위치로 설정됩니다.

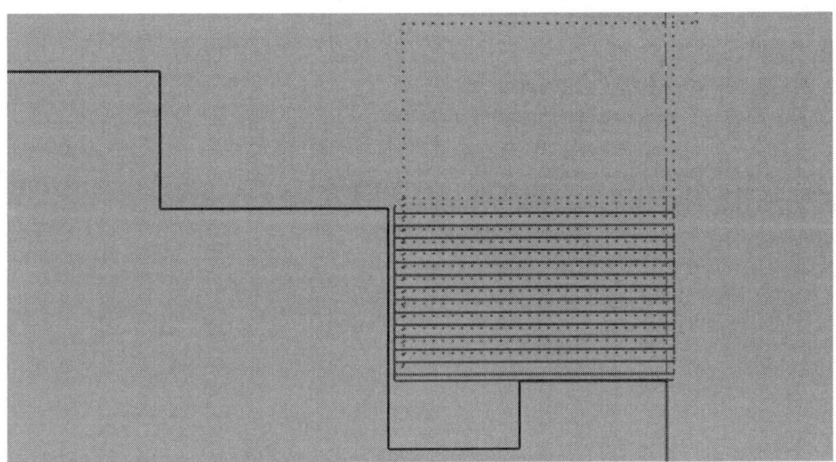

5. QuickViewer 단축키(Turn)

바꾸기 Ctrl + R

공구 등록 대화상자 Ctrl + T

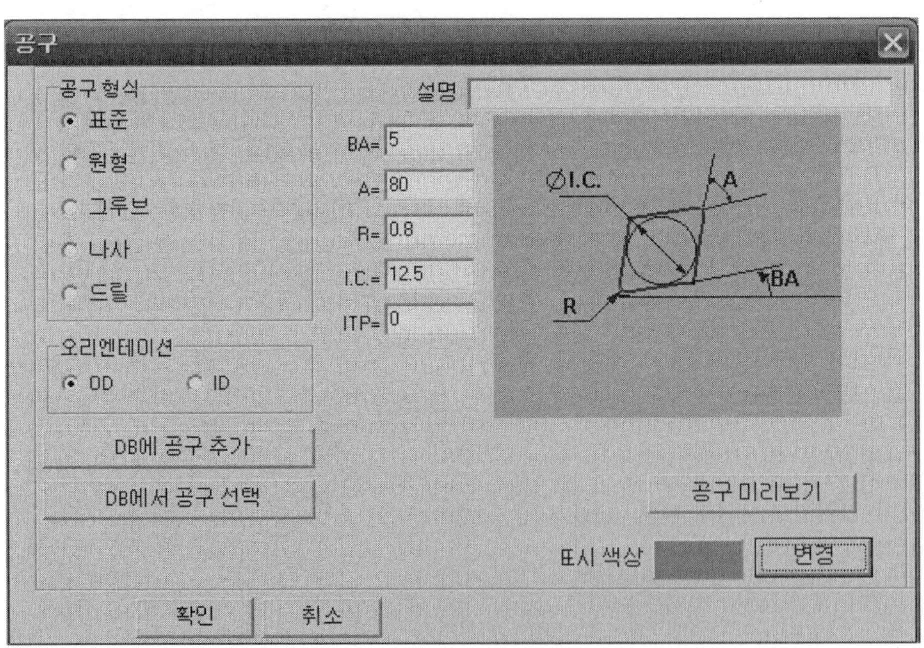

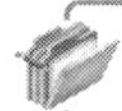

새로운 이름으로 저장 Ctrl + S

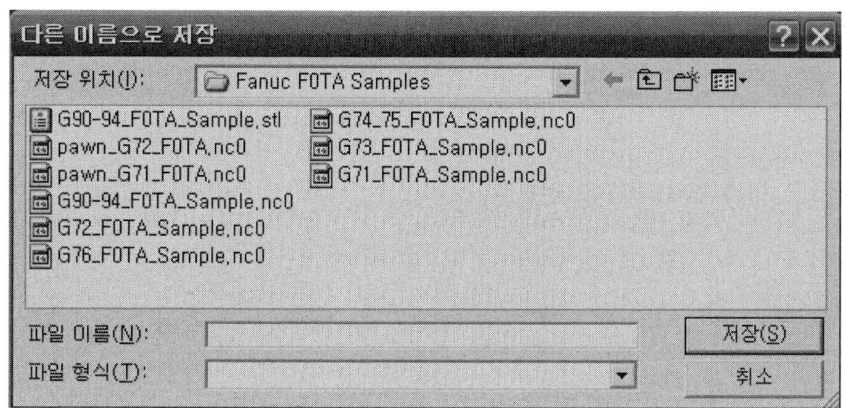

찾기 Ctrl + F

새로운 파일 Ctrl + N

- Fanuc F0TA
- Fanuc F10TA,F11TA
- Okuma
- Siemens SINUMERIK 840D
- Traub
- Standard G-code

소재 STL로 저장 Alt + E

소프트웨어 사용자 등록 Alt + R

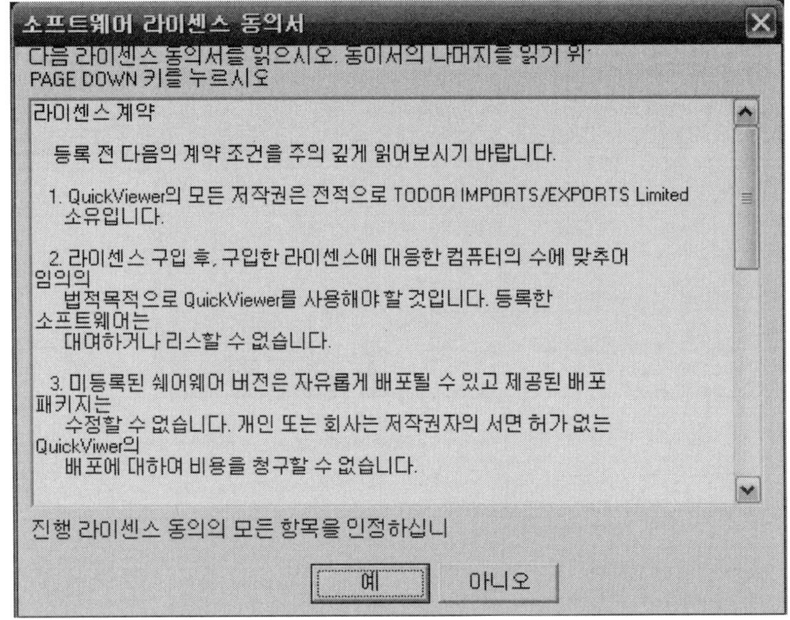

공구 등록 대화상자 Alt + T

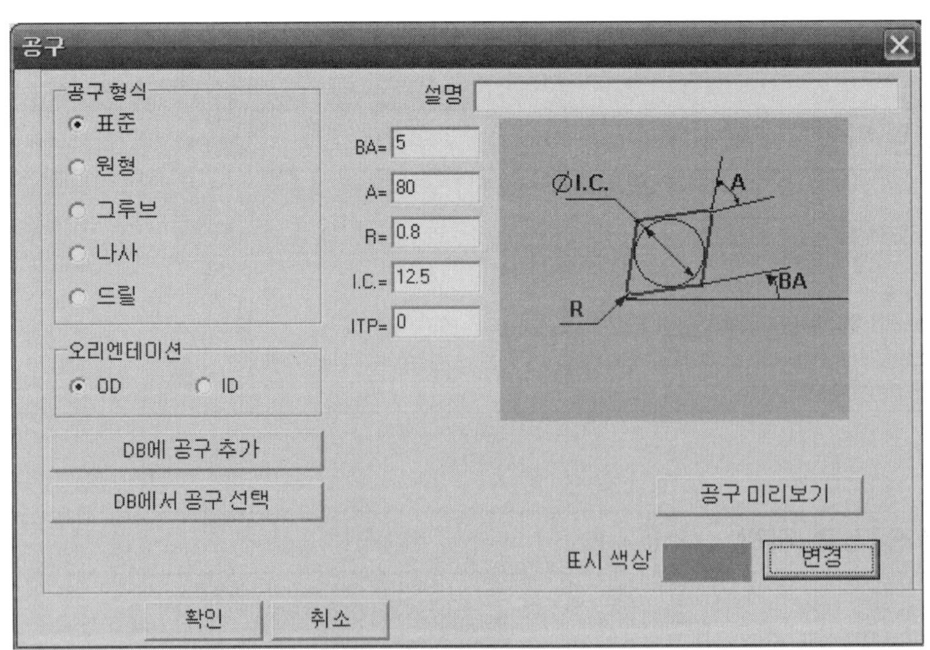

사이클 타임 엑셀 파일로 생성 Alt + I

새로운 이름으로 소재 저장 Alt + S

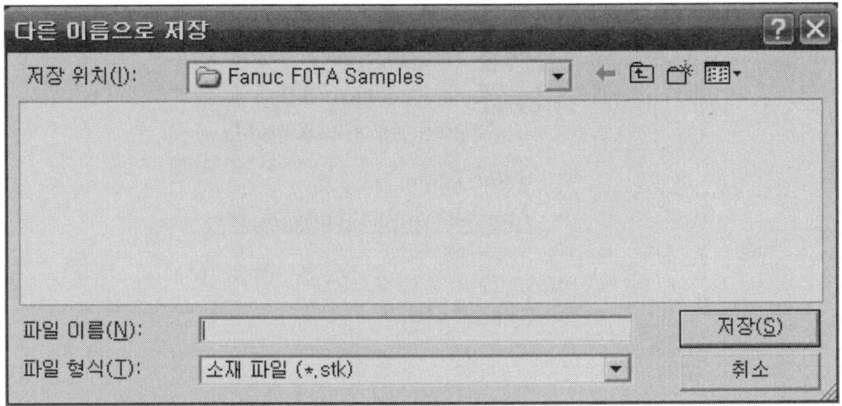

기타 단축 키

메뉴	단축 키
자르기(O)	Ctrl+X
복사(P)	Ctrl+C
붙이기(Q)	Ctrl+V
찾기(R)	Ctrl+F
교체(S)	Ctrl+R
재구동(T)	Ctrl+F9
커서까지 구동(U)	F4
커서까지 재구동(V)	Ctrl+F4
자르기점 토글(W)	F5
모든 자르기점 클리어(X)	Ctrl+F5
인써트 공구 정의(Y)	Alt+T
프로그램 인쇄(Z)	

6. 가공시뮬레이션 및 NC코드 수정(Turn)

가공시뮬레이션

① Quick Viewer 아이콘을 바로가기 아이콘을 실행 합니다.

② 오른쪽과 같은 화면이 뜹니다.
시뮬을 보기 위한 NC파일을 열기 위해 '열기'를 클릭합니다.

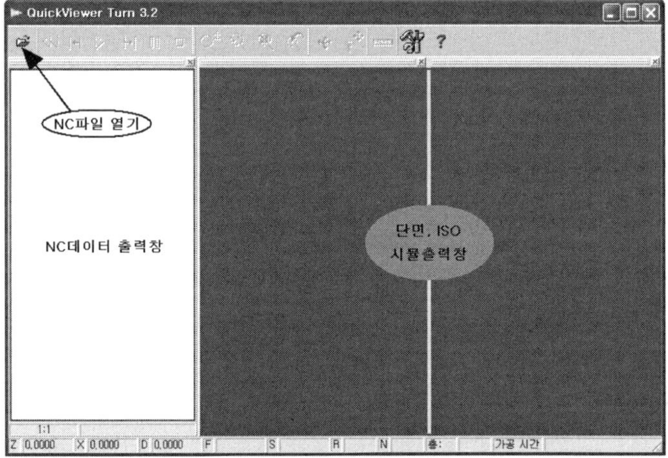

③ 원하는 NC 파일을 선택합니다.
NC 파일을 열 때 꼭 QuickCADCAM으로 작성한 파일이 아니더라도 열 수 있습니다.

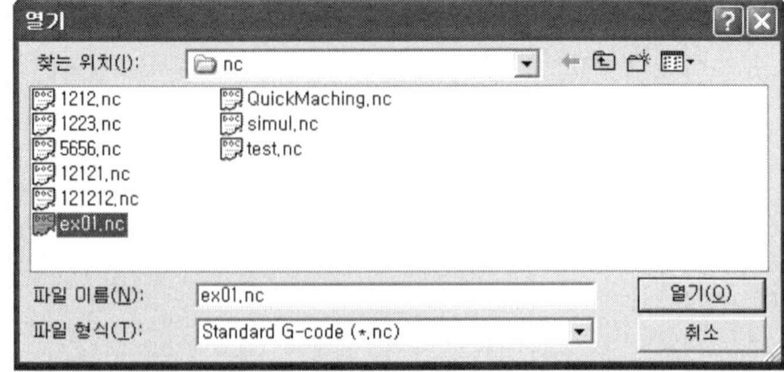

④ 만약 NC를 QuickCADCAM 에서 만들었다면 Viewer에서 필요한 정보를 주석문으로 표기 해주도록 되어 있습니다.

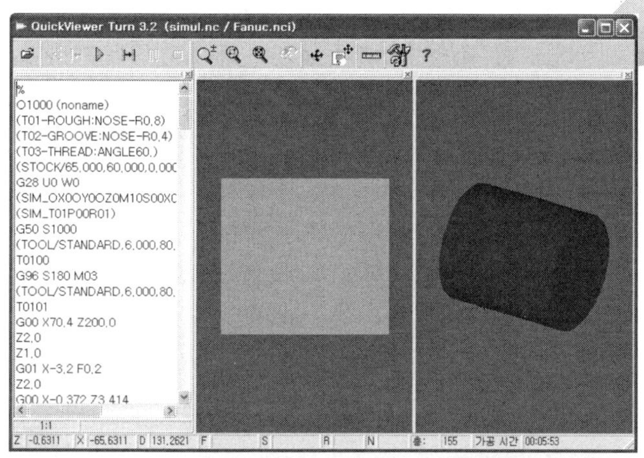

소재크기, G28의 위치, 공구형식과 노즈R값 등이 주석문으로 작성되어 있습니다.

⑤ 구동버튼을 클릭하면 G코드에 의해서 공구가 움직이고, 가공 되는 형상을 볼 수 있습니다.

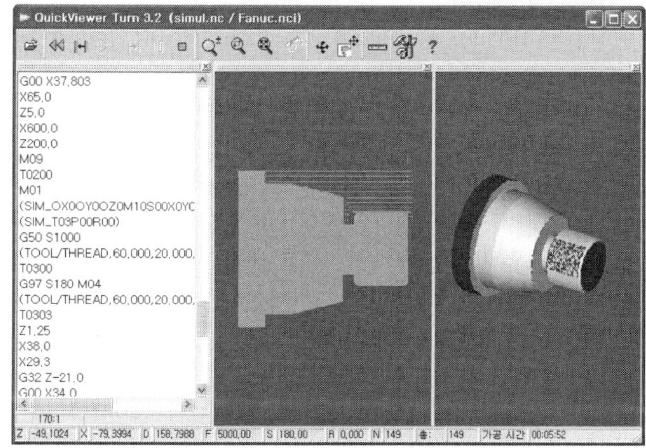

⑥ 가공 도중 충돌이 있을 경우 시뮬이 멈추면서 경고 창이 뜹니다.
멈춘 상태에서 정지 를 클릭 하고, 코드를 수정 합니다.

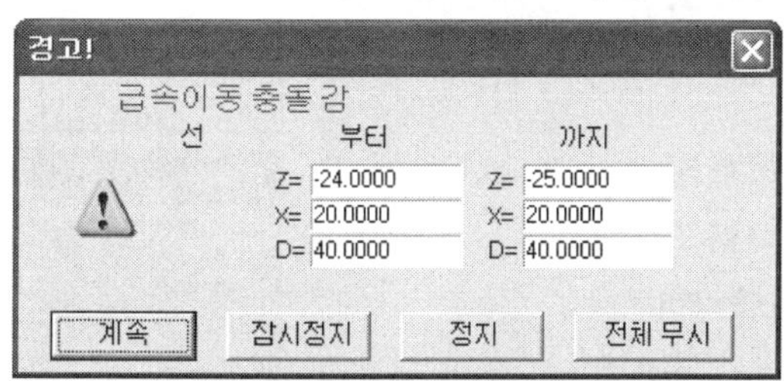

⑦ 정지를 클릭 한 후, 코드를 수정했습니다. X45.0으로 바꿨지만 실행 버튼을 클릭 하면 다시 충돌이 체크됩니다.
코드를 수정 후 NC출력창 위에서 오른쪽 클릭을 하면 작은 창이 뜨는데, 재구동을 클릭합니다.
재구축을 클릭하면, 코드를 다시 인식하고, 재실행을 하게 됩니다.

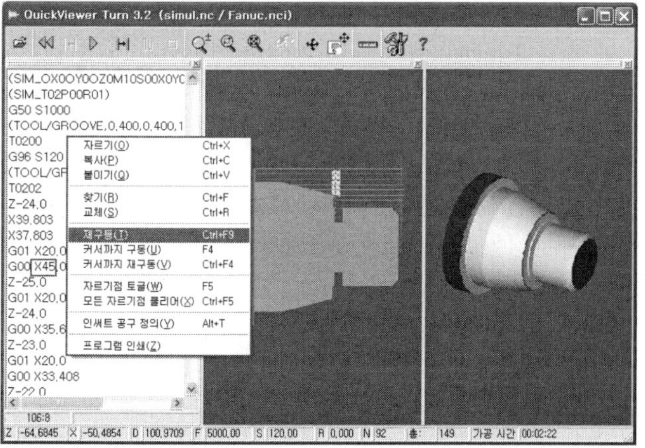

다른 형식의 NC파일

① QuickCADCAM이 아닌 CAM프로그램이나 아니면 타이핑해서 짠 NC 파일 이라면 시뮬시 할 때 필요한 공구, 소재크기 등이 없기 때문에 경고창이 뜹니다.
T0100 이란 코드에서 공구가 필요 한데, T01을 프로그램 내에서 설정해 줘야 합니다.
Yes를 클릭합니다.

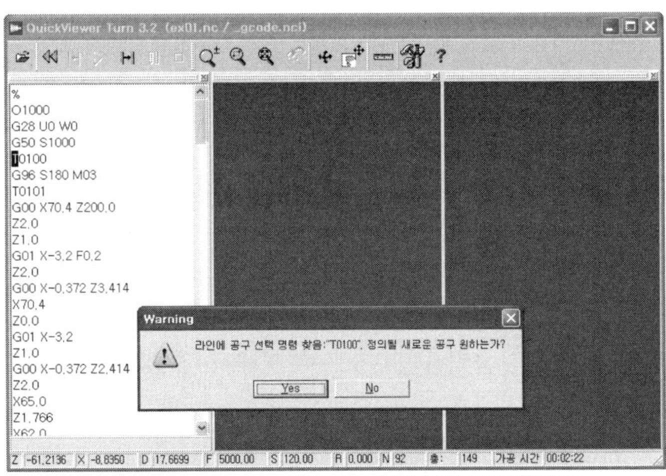

② 공구 설정 창이 뜹니다.
T01을 설정 값을 입력해 줍니다.

공구형식을 선택 한 후, 내부직경, 각도, 가상인선 등을 입력합니다.

ITP 는 가상인선 기준 위치입니다.

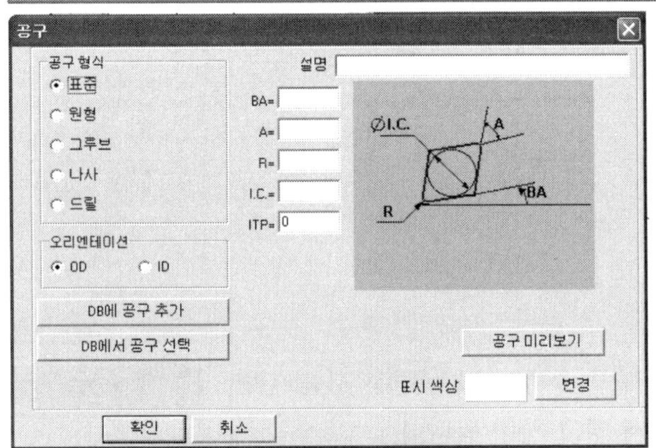

③ 사용될 공구 설정이 다 끝나면 소재 입력 해야 합니다.
Yes를 클릭합니다.

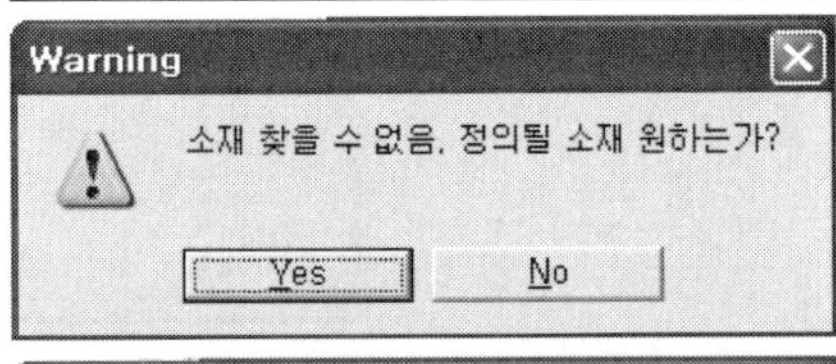

④ 실린더로 소재정의를 선택 하면 오른쪽 그림 같이 뜹니다.
소재의 직경, 길이, 내부직경, 원점까지의 간격 등을 입력해 줍니다.
수치 입력 후 소재 보이기를 하면 가공경로와 소재를 비교해 볼 수 있습니다.
입력 완료 후 확인 합니다.
시뮬을 보면서 충돌이 있는지 확인합니다.

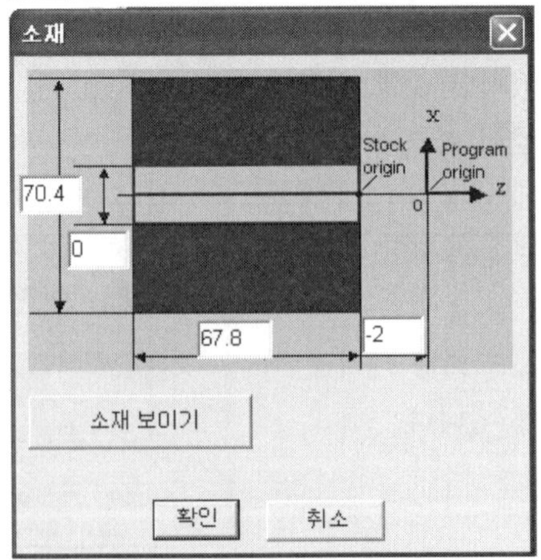

가공확인

설정 아이콘을 클릭해서 설정창을 엽니다.

① 모의가공 모드 :

에니메이트 : 이동경로를 모두 보여줍니다.

터보 : 가공이 끝나거나, 충돌이 생겼을 때 형상을 보여줍니다.

② 드웰 : 공구의 움직임 속도를 조절 합니다. 수치가 클수록 천천히 보여줍니다.

③ 축방향 : 보는 방향을 바꿀 수 있습니다.

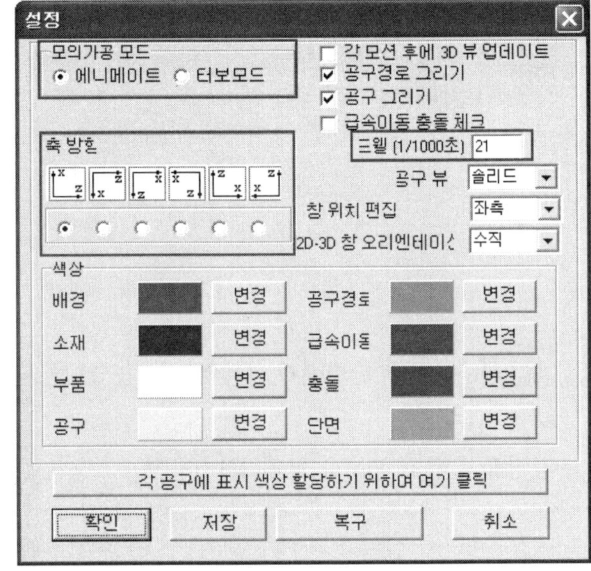

회전이나 팬 기능을 이용해서 돌려가면서 가공 부품을 확인 할 수도 있습니다.

줌 아이콘을 이용해서 확대 축소 해서 볼 수 도 있습니다. 줌아이콘은 모든 창에서 가능합니다.

측정

① 측정 아이콘을 클릭해서 측정 창을 띄웁니다.

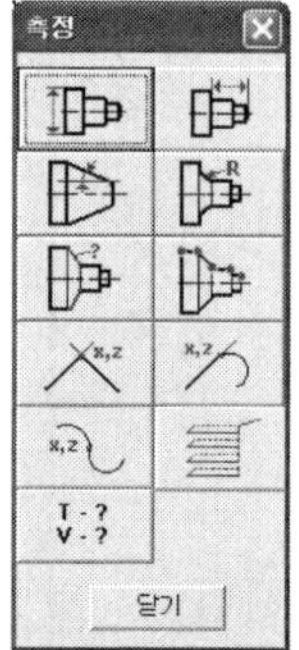

② '직경'은 단면에서 사용하는 기능입니다.
직경을 측정할 부분을 클릭 합니다.

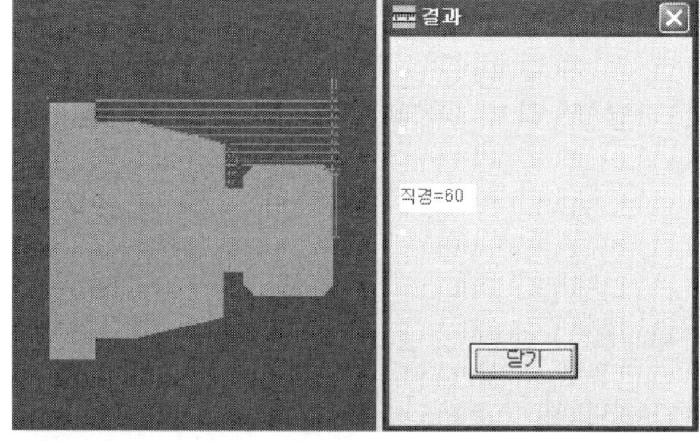

③ '선형거리'은 단면에서 사용하는 기능입니다.
측정할 직선 부분을 클릭합니다.

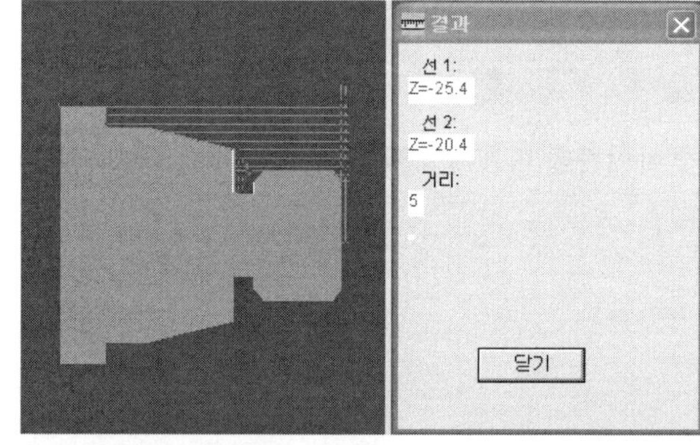

④ '각도'는 단면에서 사용하는 기능입니다.
측정할 부분을 클릭 하면, 축선 과의 각도를 측정합니다.

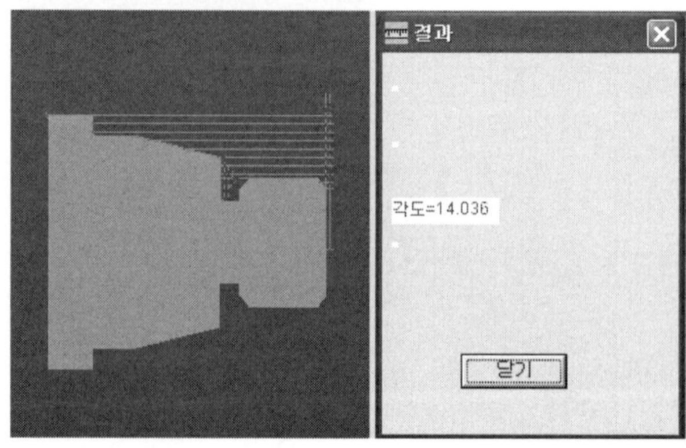

⑤ '호정보'는 단면에서 사용하는 기능입니다.
측정할 부분의 호를 클릭합니다.

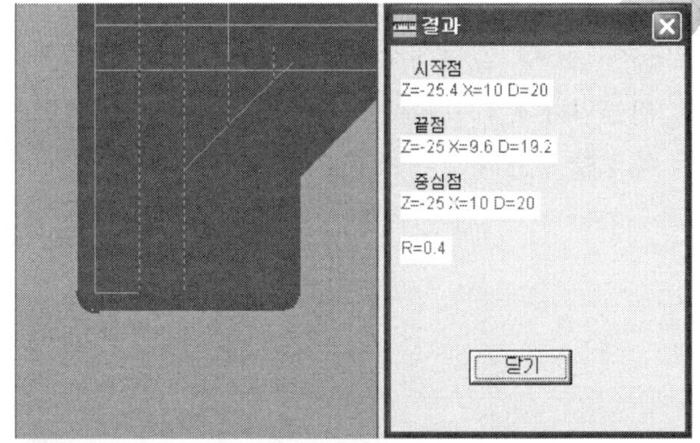

⑥ '선정보'는 단면에서 사용하는 기능입니다.
측정할 부분의 선을 클릭합니다.

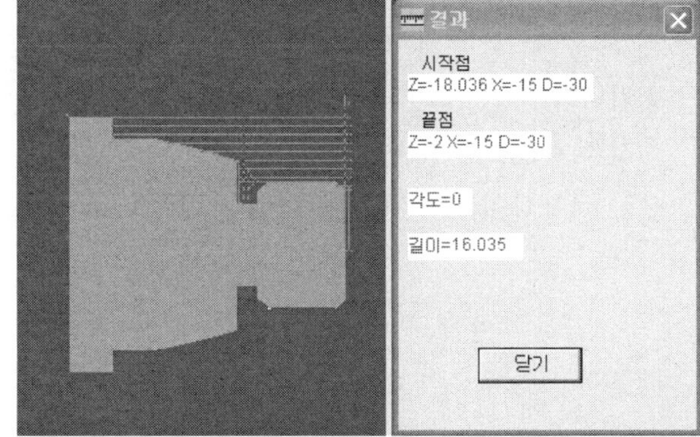

⑦ '정점정보'는 단면에서 사용하는 기능입니다.
측정할 부분의 점을 클릭합니다.

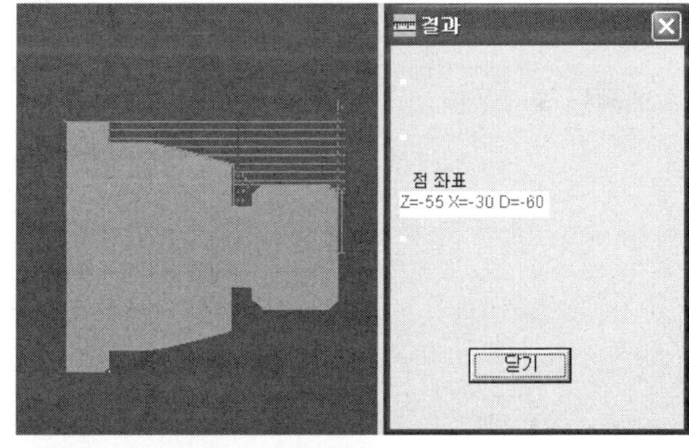

⑧ '선-선 교차점'은 단면에서 사용하는 기능입니다.
측정할 부분의 선을 2개 클릭합니다.

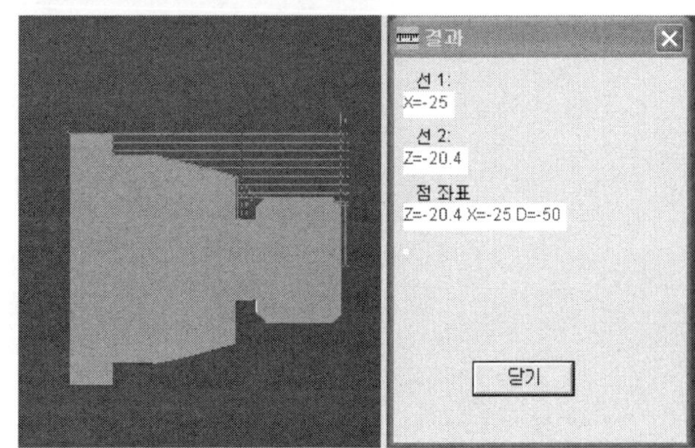

⑨ '선-호 교차점'은 단면에서 사용하는 기능입니다.
측정할 부분의 선과 호를 차례로 클릭합니다.

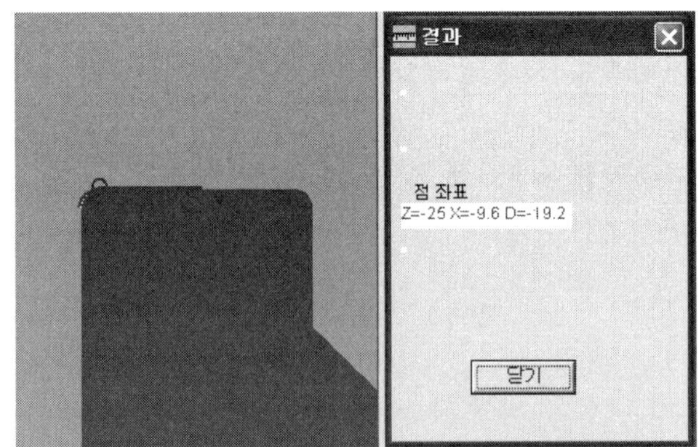

⑩ '원-원 교차점' 단면에서 사용하는 기능입니다.
측정할 호를 2개 클릭합니다.
만약 교차점이 없으면 '교차점없음'이라고 뜹니다.

⑪ '공구경로정보'는 공구 이동 경로를 선택해서 사용하는 기능입니다.

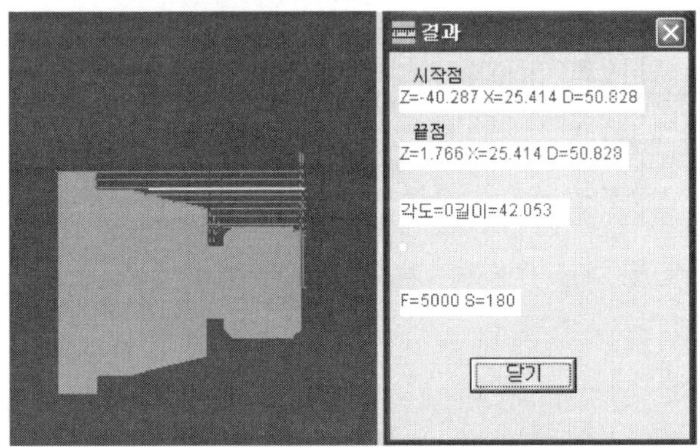

⑫ '가공시간, 체적'을 클릭하면 현재 가공된 부품의 가공 시간과 체적 등의 정보가 뜹니다.

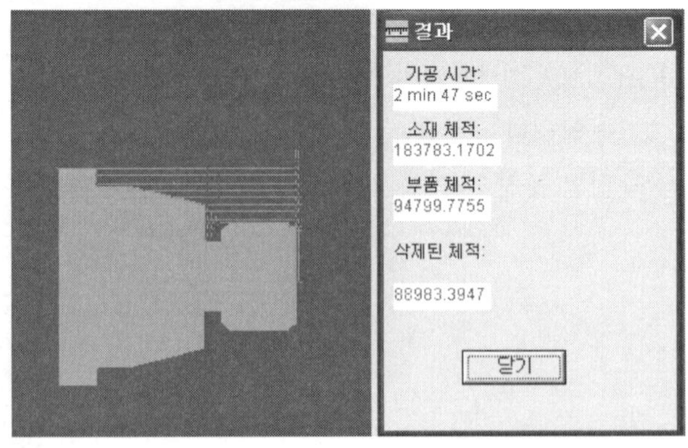

7. Quick Router F&A

1. 꼬인체인 가공

Frequently

가공을 하려고 엔티티를 선택하고 확인하면 아래 그림 같은 창이 뜨면서 가공이 안 됩니다.

적용안된체인
메세지
열린 체인이 존재합니다.
해결하시겠습니까? (1개)
연결 / 무시 / 삭제 / 취소 / 미리보기
체인

아이디	최소R	최대R	개수	길이
1	0.00	0.00	535	

연결방법 시점고정
선택시 화면이동
문제 위치로 이동 화면크기 10
도움말
전체체인
문제체인
선택체인

적용안된체인
메세지
꼬인 체인이 존재합니다.
해결하시겠습니까? (1개)
트림 / 무시 / 삭제 / 취소
체인

아이디	최소R	최대R	개수	길이
1	0.00	0.00	535	

선택시 화면이동
문제 위치로 이동 화면크기 10
도움말
전체체인
문제체인
선택체인

Answer

도면에 문제가 있을 경우입니다.

① 작아서 안보일 수 있지만, 꼬이거나 연결되어 있지 않은 경우 가공이 불가능하기에 이런 메시지 창이 출력 됩니다.

② 다음 그림을 가공 하려고 합니다. 편집의 열린 커브 체크를 이용합니다.
❶, ❷번의 동그라미 부분이 눈에 보이진 않지만 문제 되는 부분입니다.

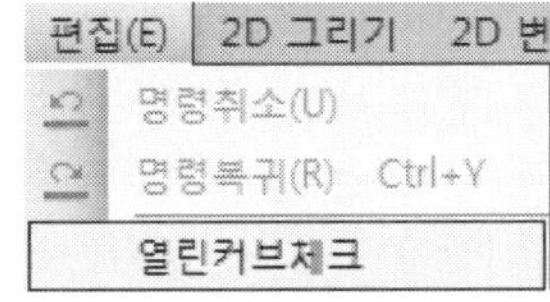

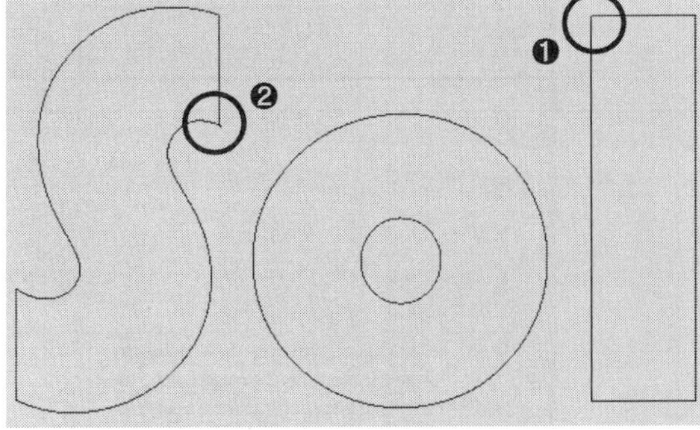

③ 각 문제 되는 부분의 확대 뷰입니다.

❶번 같은 경우는 열린 커브부분 이었고, ❷번의 경우는 꼬인 커브부분 이었습니다.

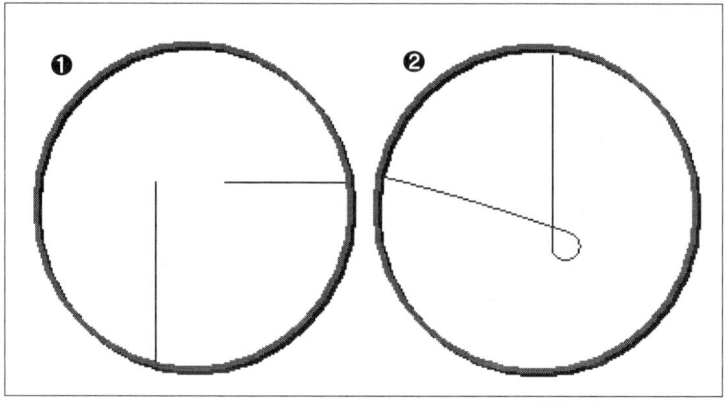

④ 가공을 하려면 아래 같은 그림이 뜨게 됩니다.

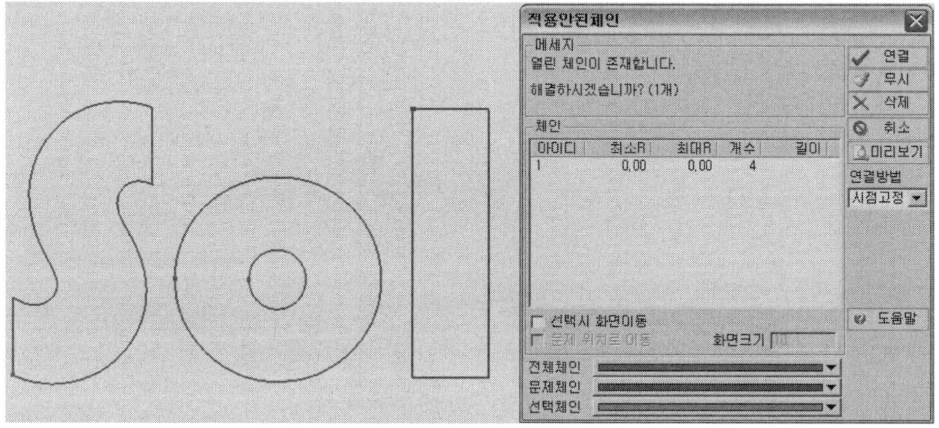

⑤ 아이디 부분을 선택하면 선택된 체인이 초록색으로 바뀌면서 선택되었음을 표기합니다. 수정을 원하는 체인이 맞다면 연결을 클릭하시면, 체인을 연결 후 가공하실 수 있습니다.

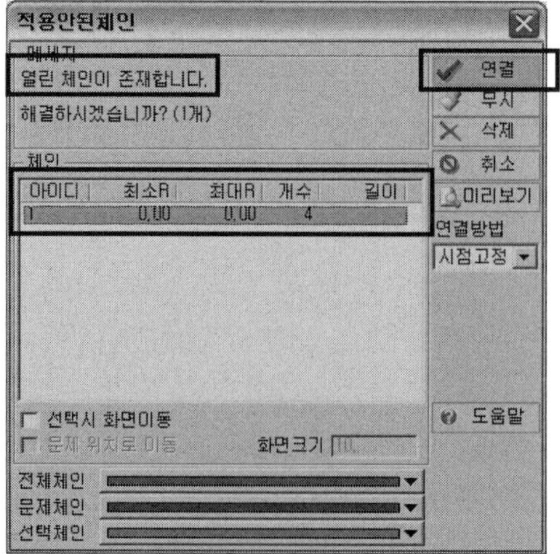

⑥ 아이디 부분을 선택하면 선택된 체인이 초록색으로 바뀌면서 선택되었음을 표기합니다. 수정을 원하는 체인이 맞다면 트림을 클릭하시면, 체인을 연결 후 가공하실 수 있습니다.

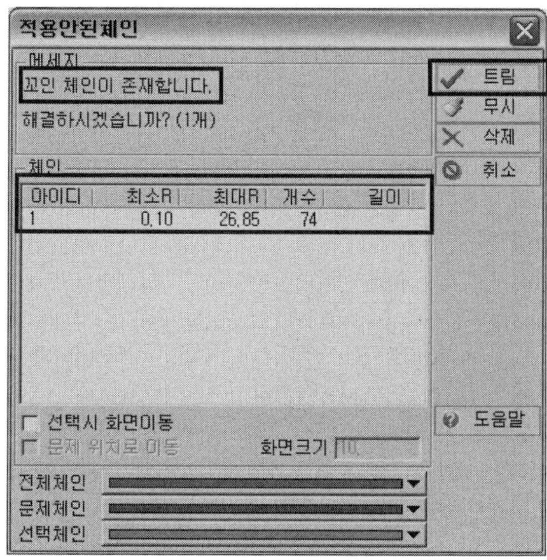

※ 서로 비슷한 모양의 창이 뜨기 때문에, 같은 창이 2번 뜨는 걸로 보이실 수 있는데, 열린 체인과, 꼬인 체인의 수정이 각각 뜨기 때문입니다. 만약 수정할 유형이 하나뿐이라면 한 번에 수정 후 코드가 생성 됩니다.

2. 체인방향이 뭔가요?

Frequently

일반이랑 반시계방향 이랑 계층CCW가 다 똑같은거 같은데 뭐가 다른 거죠?

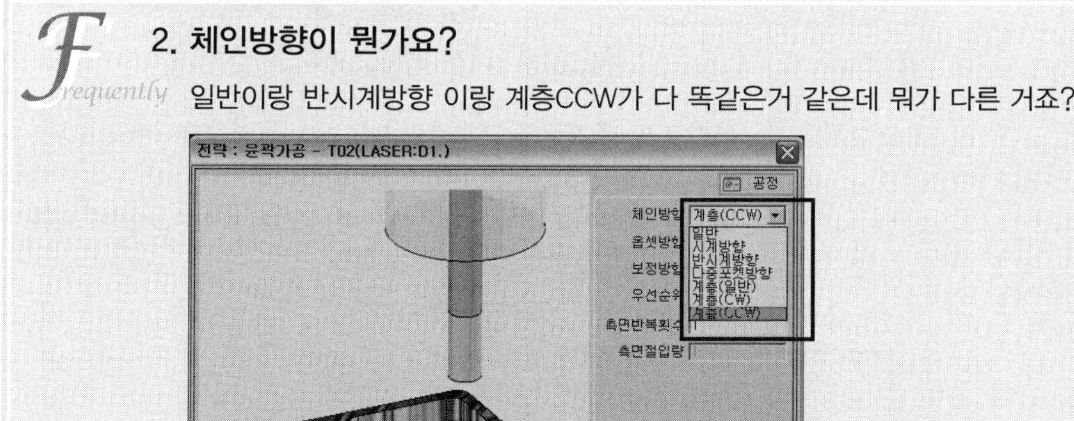

내외측 가공에서 차이가 있습니다.

① 밑의 그림처럼 내, 외측이 구분되는 형상에서 차이를 보입니다.

② 일반일 경우는 가공 경로가 수정하지 않을 경우 반 시계 방향으로 가공 됩니다.

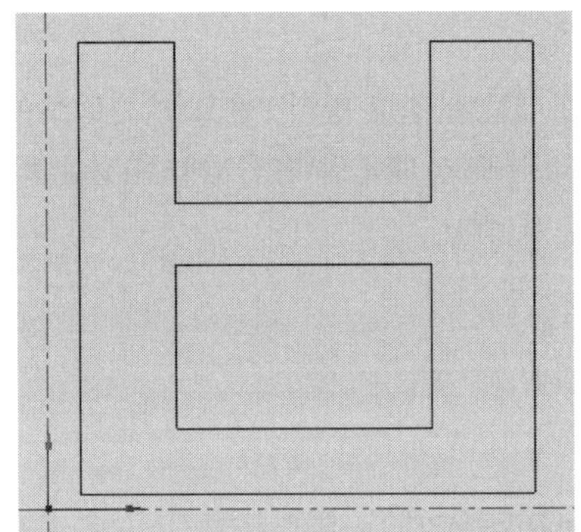

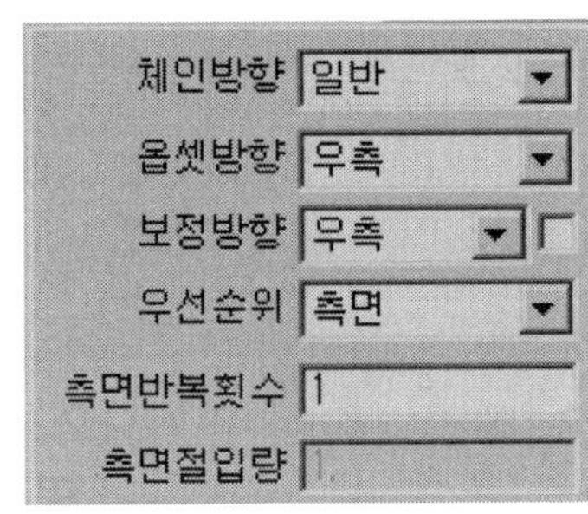

왼쪽 그림을 가공하려고 할 때 오른쪽 그림처럼 세팅 하도록 하겠습니다.

③ 일반이나 반 시계 방향일 경우 공구의 움직이는 방향이 반 시계 방향으로 진행 됩니다.
그때 공구의 위치가 우측이면 그림과 같이 움직입니다.
원하는 윤곽 선의 우측으로 옵셋 되어 가공 됩니다.

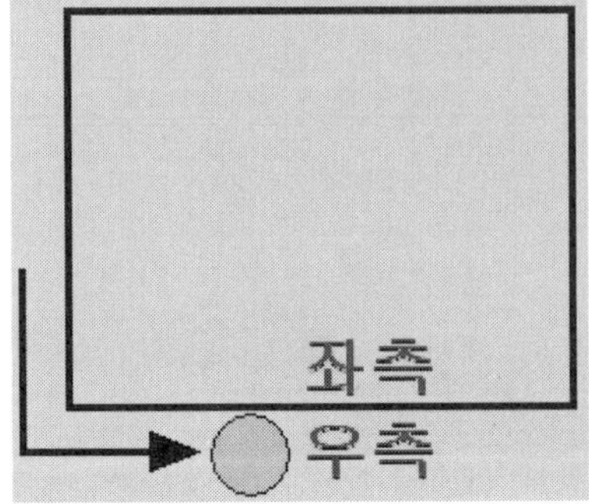

④ 결과적으로 아래 그림과 같이 내,외측 모두 외측을 가공하게 됩니다.

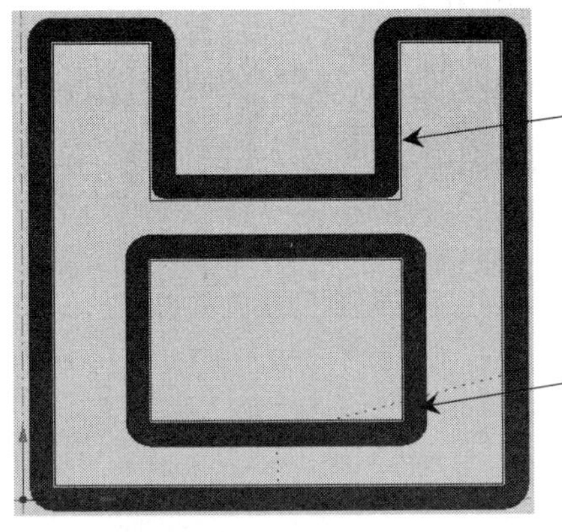

외측 가공시 반 시계방향에 우측으로 가공하면 외곽을 가공하게 됩니다.

내측 가공시 반 시계방향에 우측으로 가공하면 외곽을 가공 하게 됩니다.

※ 외측만 가공할 경우는 별 이상 없이 가공할 수 있지만, 내측이 있을 경우는 원치 않는 가공이 됩니다.

만약 시계방향에 우측으로 가공 조건을 바꾼 후 가공 한다면 내,외측 모두 내측을 가공하게 됩니다.

⑤ 내측과 외측의 가공방향이 바뀐다면, 내,외측을 서로 구분하며 가공 할 수 있습니다. 이럴 때 사용하는게 계층(CCW)입니다.

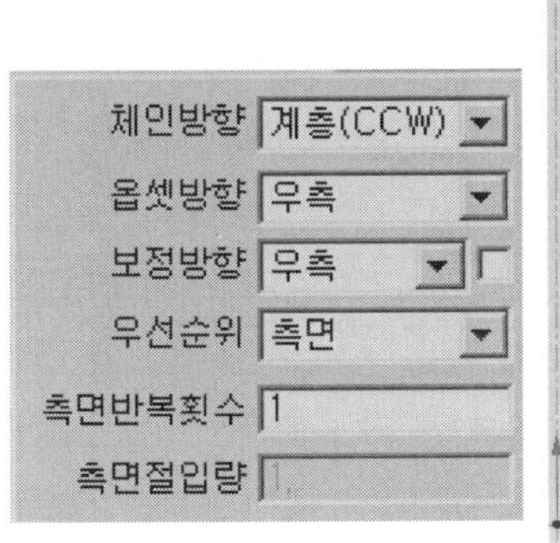

왼쪽의 조건으로 가공 하게 되면, 오른쪽 그림과 같은 결과물이 나옵니다.

3. 진입위치에서 가공이 이상합니다.

가공 시작할 때 바로 시작 했으면 하는데 가공 전에 이상한 경로가 있습니다.

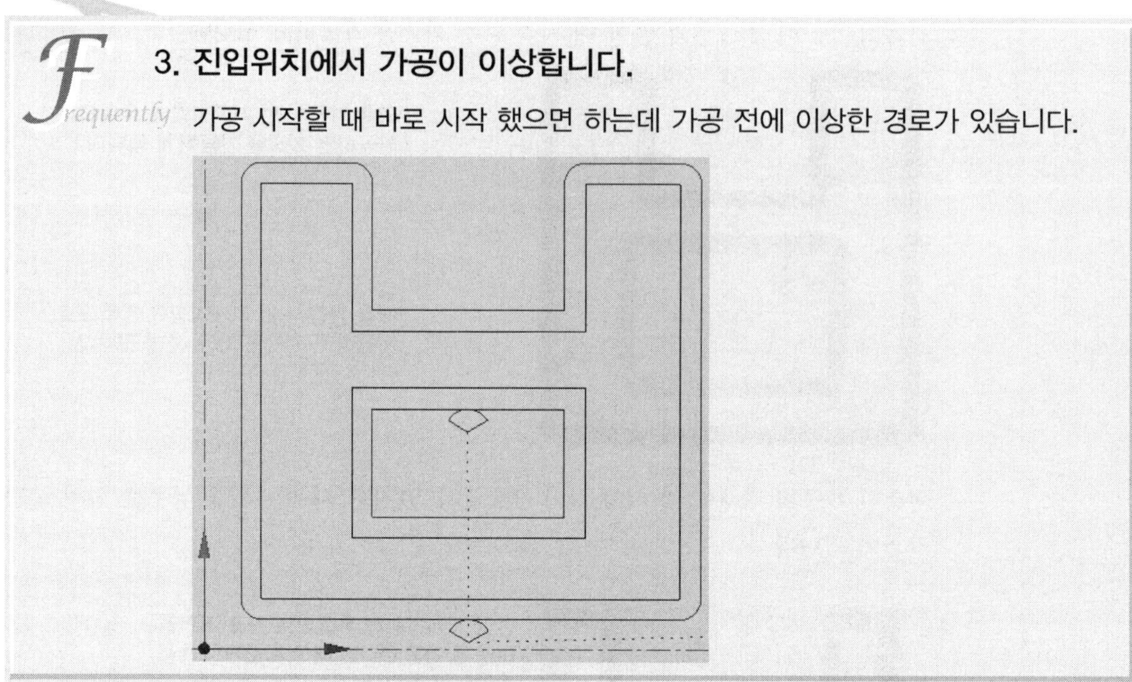

진입/후퇴 설정 부분입니다.

① 부품 가공시 그냥 진입하면 문제가 되는 부분에서 진입 전 모션을 설정 할 수 있습니다.

② 진입 형식을 방향, 수직, 접선 등 3가지를 선택해서 가공 할 수 있습니다.

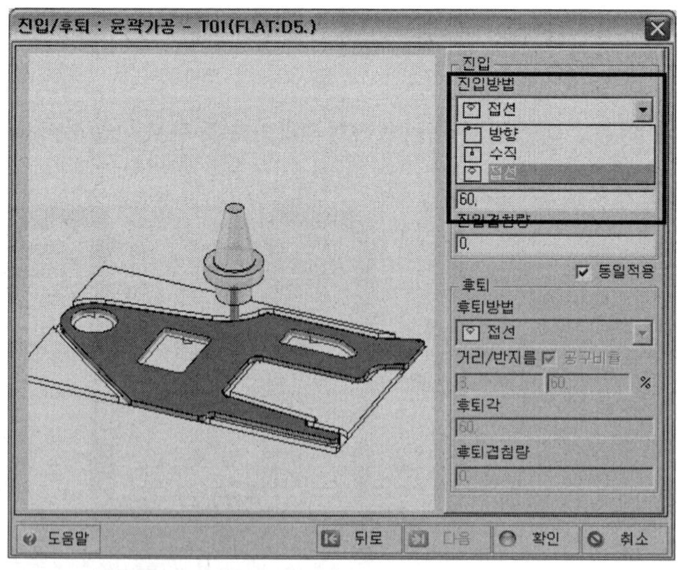

③ 방향일 경우 진입 겹침량만 적용됩니다.
방향일 경우 옵셋 없이 보정만 사용하면 시작부분에서 과 절삭이 됩니다.

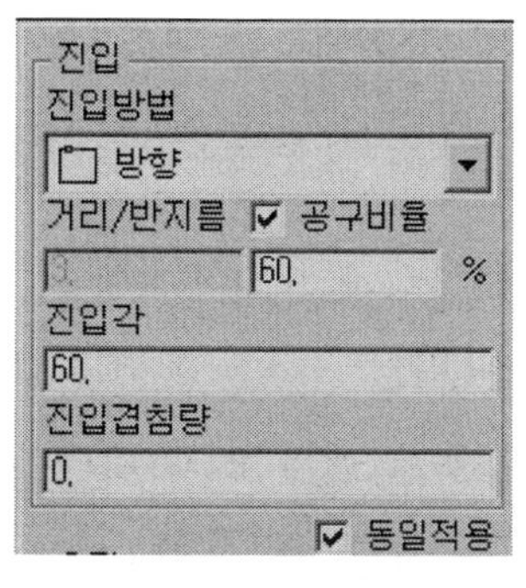

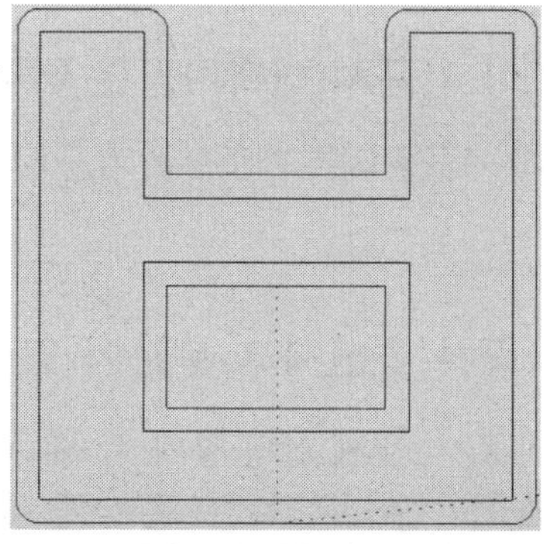

진입 겹침량을 입력하시면 시작위치와 종료 위치를 연장해서 가공할 수 있습니다. 거리/반지름과 진입각은 적용되지 않습니다.

④ 수직일 경우 진입 겹침량과 거리/반지름만 적용 됩니다.

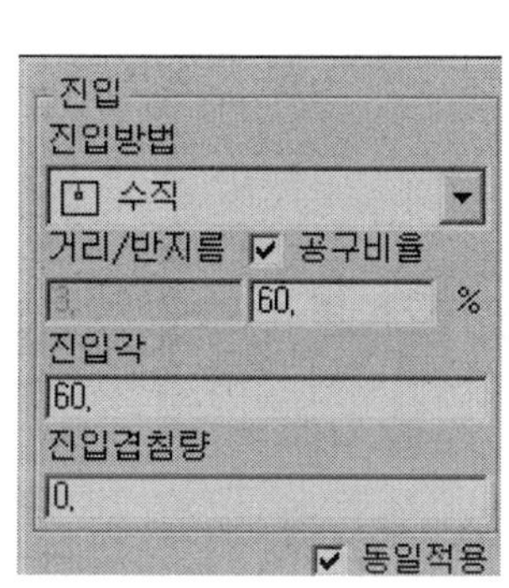

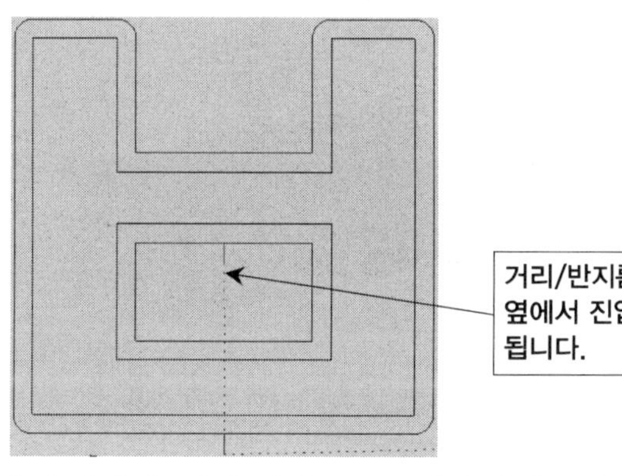

진입 겹침량은 방향과 마찬가지 입니다. 거리/반지름은 그림과 같이 적용 됩니다. 진입 각은 적용되지 않습니다.

⑤ 접선일 경우 거리/반지름, 진입각, 진입겹침량 모두 적용 됩니다.
(예제의 그림은 접선의 적용경우 였습니다.)

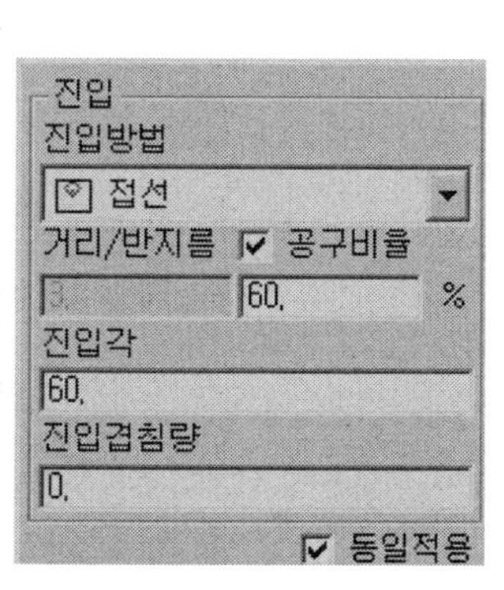

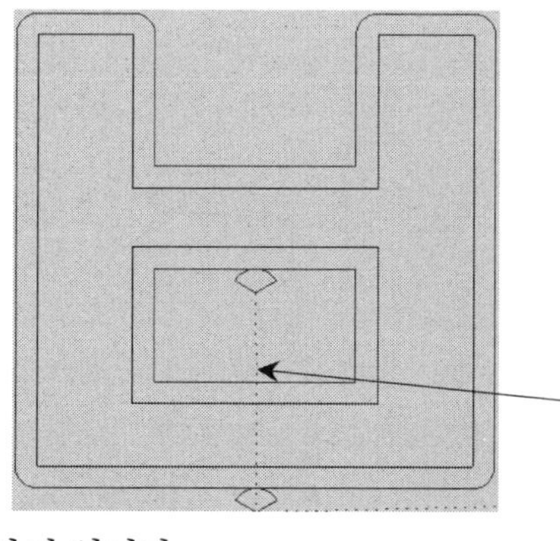

진입겹침량은 방향과 마찬가지 입니다.
거리/반지름과 진입각은 그림과 같이 적용 됩니다.

4. 프라즈마 가공시 내측가공은 어떻게 하죠?

requently 프라즈마 가공을 내측 기준으로 가공 하려고 하는데, 외측으로만 가공 가능한 건가요?

내측 가공시 옵션체크 부분이 있습니다.

nswer 레이져 가공시 3번째 설정 창에서 [내측 ⇒ 외측] 체크 하는 부분이 있습니다.

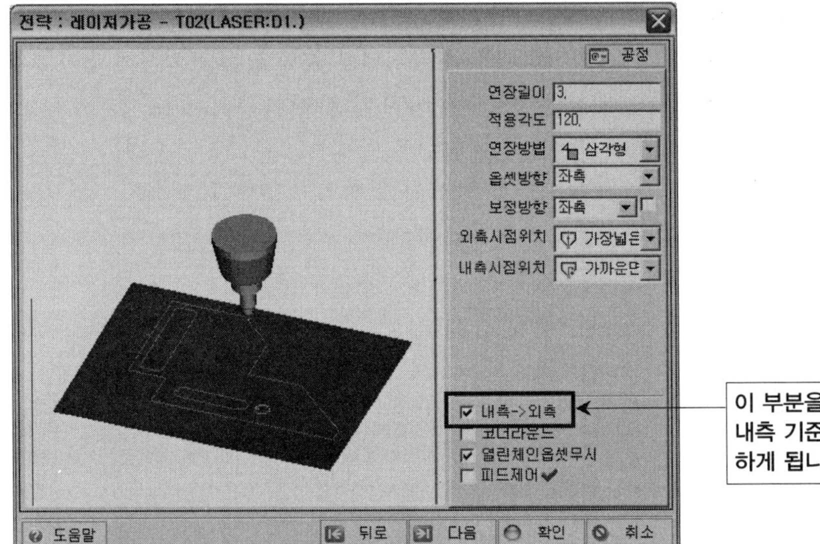

이 부분을 체크하시면 내측 기준으로 가공 하게 됩니다.

8. 공통 F&A

1. 예전에 사용하던 코드가 안나옵니다.

코드가 얼마전에 사용하던 코드와 다르게 나와서 기계가공이 안됩니다.

포스트가 바뀌었을 수 있습니다.

① 포스트 파일 설정이 바뀌었을 수 있습니다.

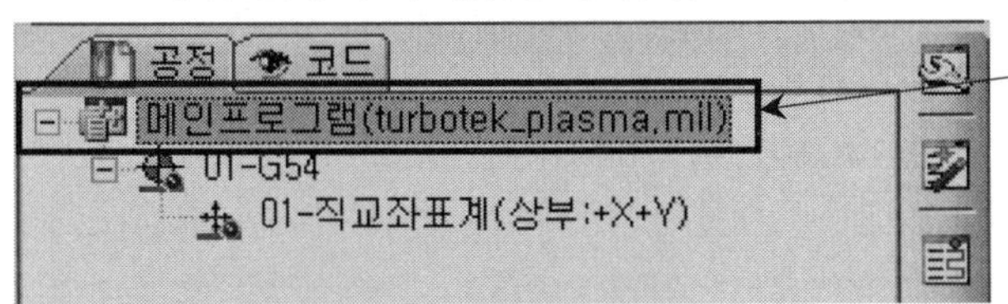

이 부분의 포스트 이름이 사용하시는 포스트가 맞는지 확인합니다.

② G코드 형식이 특별한 경우는 각 업체 이름으로 포스트를 저장해 드립니다. 그 외의 경우는 컨트롤러가 어떤 기종인지 파악 후 콘트롤러에 맞는 포스트를 선택 합니다.

③ 캠 환경을 선택해서 원하는 포스트로 변경 합니다.

이 부분을 클릭해 캠 환경을 엽니다.

이 부분을 클릭해 포스트 폴더를 엽니다.

④ 폴더에 들어간 후, PP폴더 하부 안에서 포스트를 찾아서 사용 하시면 됩니다.

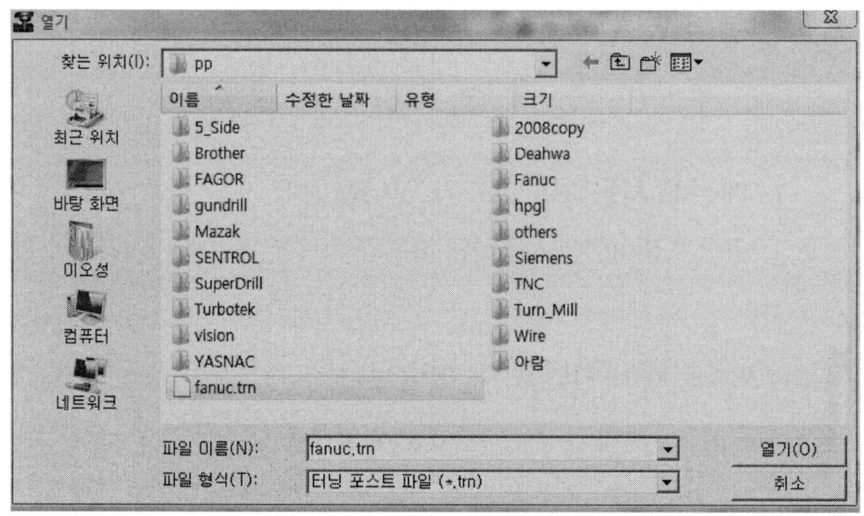

초기 셋팅값은 fanuc.trn (화낙)으로 되어있습니다.

2. 창 정렬하기가 너무 어려워요.

Frequently

마우스를 잘못 드레그하여 창이 이상해졌습니다.

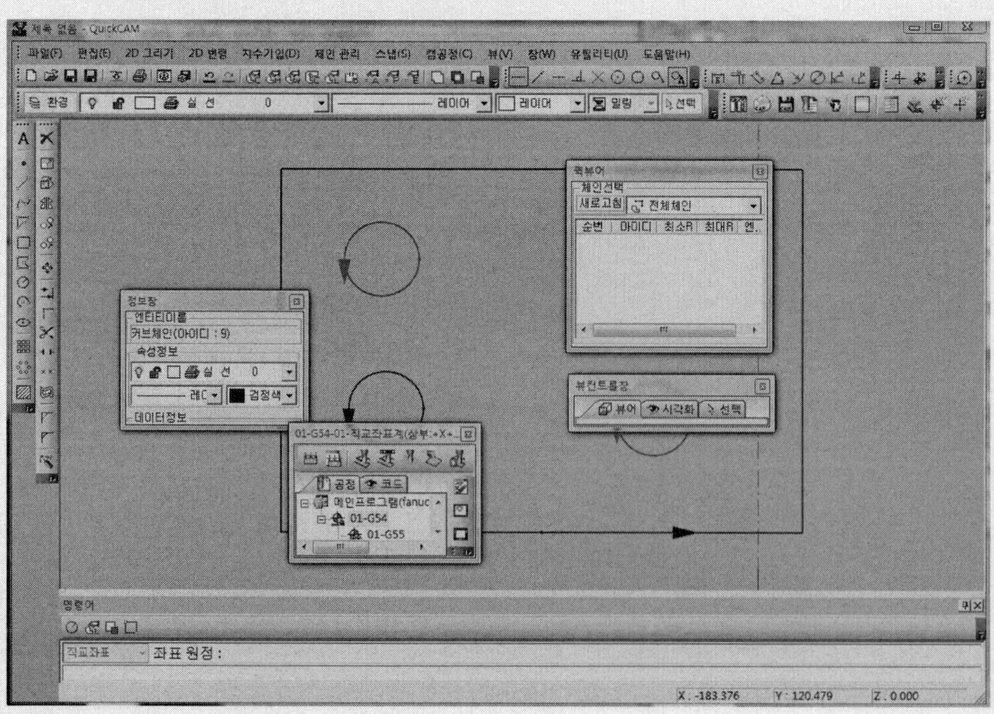

자동 창 정렬 기능이 있습니다.

풀다운 매뉴에서 "초기화면" 을 클릭하시면 정상으로 돌아옵니다.

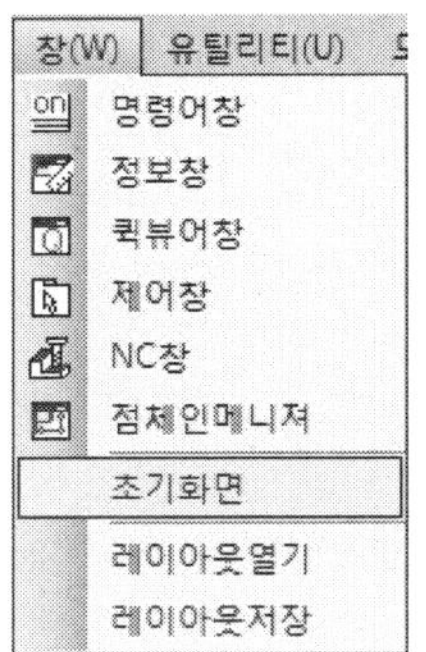

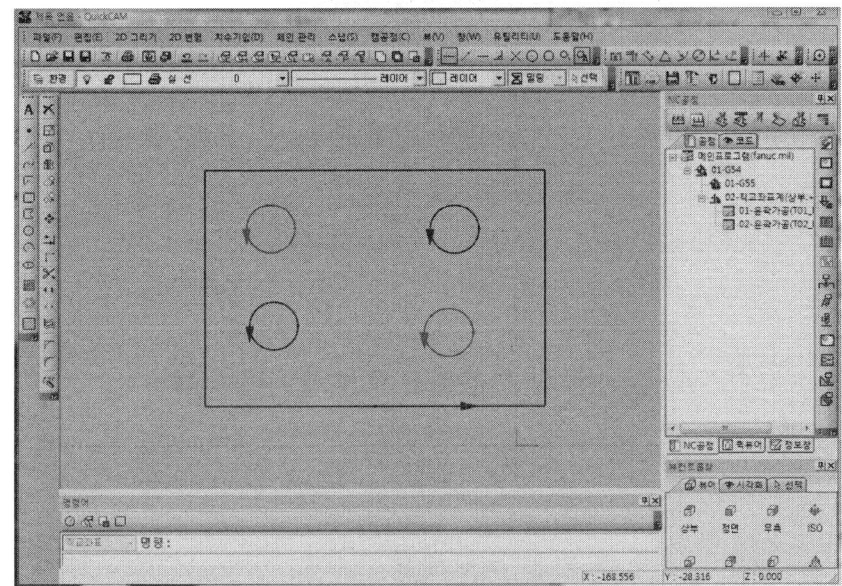

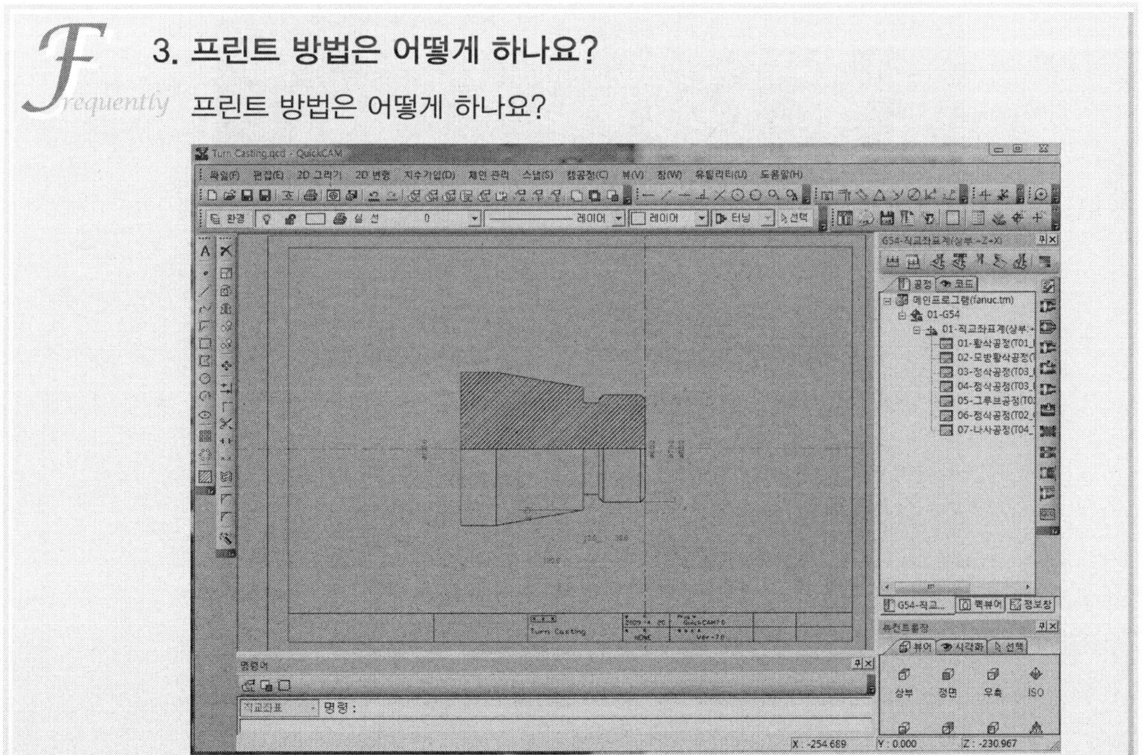

3. 프린트 방법은 어떻게 하나요?

프린트 방법은 어떻게 하나요?

프린트는 현재 화면에 보이는 부분만 가능합니다.

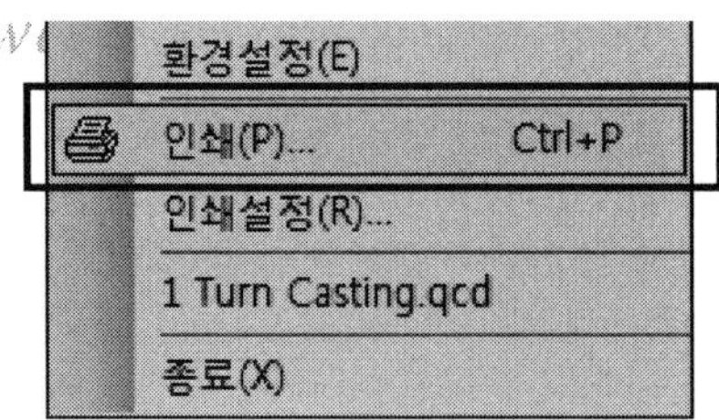

4. 선색상 및 선종류는 어떻게 바꾸나요?

선 색상 및 선 종류는 어떻게 바꾸나요?

F2 번 키를 누르세요.

색상변경 및 선 종류를 바꿀 엔티티를 선택 후에 F2번 키를 누르세요. 원하는 색상으로 변경 가능합니다.

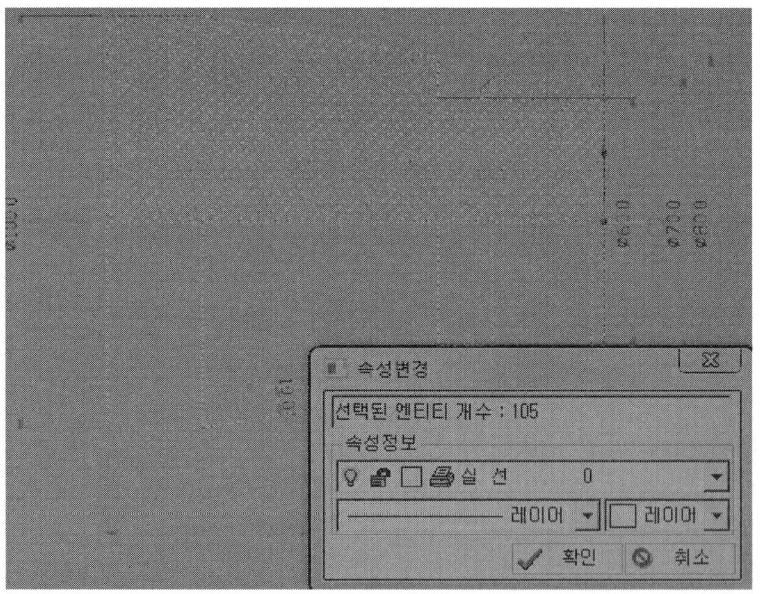

5. 단축키 설정은 없나요?

requently 단축키 설정을 어떻게 하나요.

PGP 파일 편집을 하세요.

nswer 퀵캐드캠에 있는 모든 명령어를 사용자가 원하는 대로 만들어드립니다.

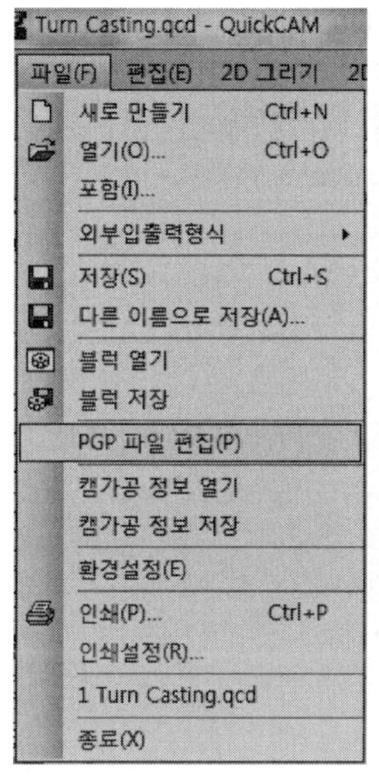

PGP 편집

파일경로

C:₩QuickCAMV7.1₩PGP₩default.pgp

아이디	명령어	단축키
2011	선분을그리기	L
2012	무한선그리기	XL
2013	광선그리기	RAT
2014	점광선그리기	LP
2015	수평무한선그리기	LY
2016	수직무한선그리기	LX
2017	접선각도그리기	CL
2018	평행선그리기	OL
2019	접선라인그리기	CL
201A	연속선그리기	PL
201B	교차선그리기	WL
2021	중심원그리기	C
2022	두점원그리기	C2
2023	세점원그리기	C3
2024	2엔티티R원그리기	TC
2025	3엔티티원그리기	
2026	중심-반지름	CC
2031	반시계중심호그리기	A
2032	시계방향중심호그리기	A1
2033	세점호그리기	A2
2034	2엔티티R호그리기	TTC
2035	3엔티티호그리기	TTA
2036	반원호그리기	

백업 편집 확인 취소

6. 컴퓨터를 포맷했는데 재설치는 어떻게 하나요?

requently 컴퓨터가 이상이 있어서 포맷을 했는데 재설치는 어떻게 하나요?

재설치는 설치씨디를 이용하여야 합니다.

nswer 프로그램을 구매시 Quick CAD-CAM 설치 CD를 재공해 드립니다.
CD를 PC에 삽입하면 다음과 같은 자동실행창이 실행됩니다.

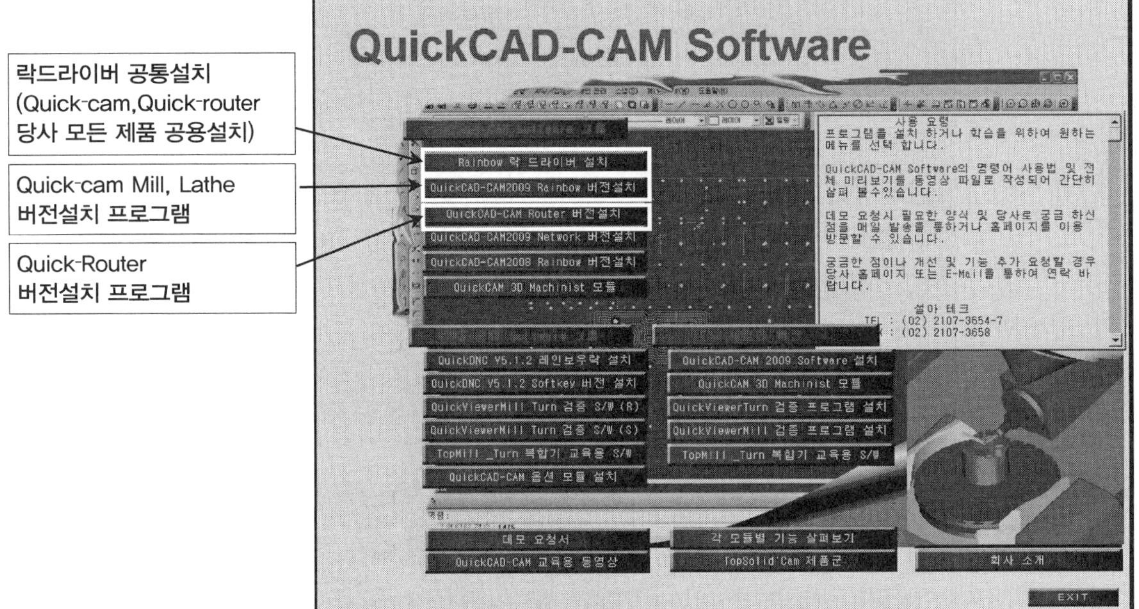

구매하신 프로그램에 따라 설치 파일이 틀립니다.

설치 순서는 다음과 같습니다.

① 락드라이버 설치

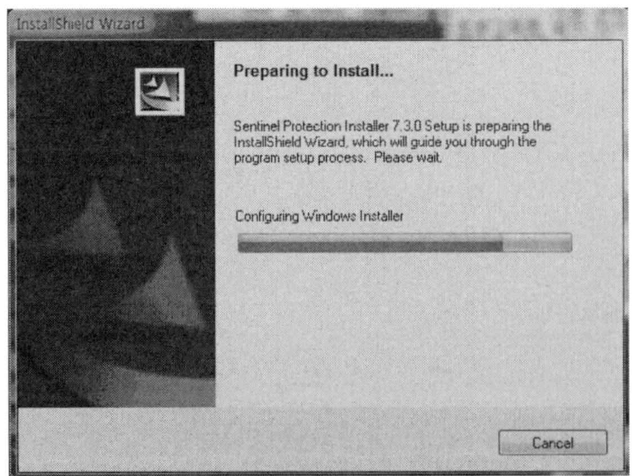

다음과 같은 설치 메뉴가 실행이 되는데 next만 누르세요. 설치가 완료됩니다.

② 각 설치 파일 설치

Quick Router 사용자는 클릭, "Quick CAD-CAM Router버전설치"버튼을 누릅니다.

ⓐ 여기서 "다음" 버튼

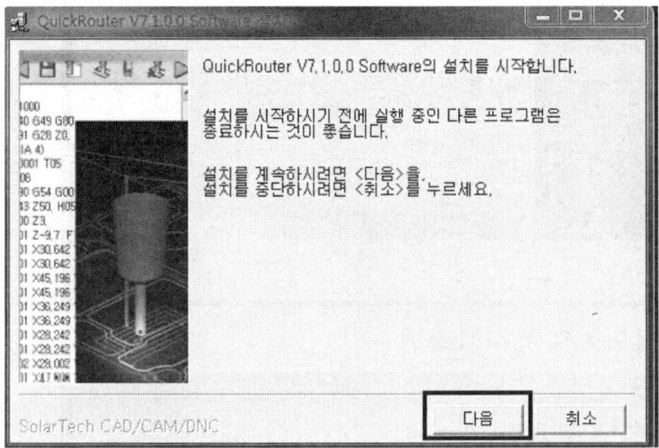

ⓑ "동의함" 선택 후 "다음"

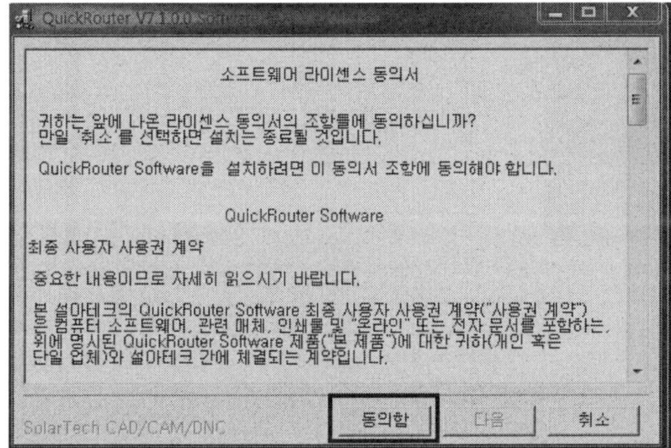

ⓒ 설치 경로 선택 후 "설치시작"

기본 경로는 c : ₩QuickRouterv7.1 입니다.

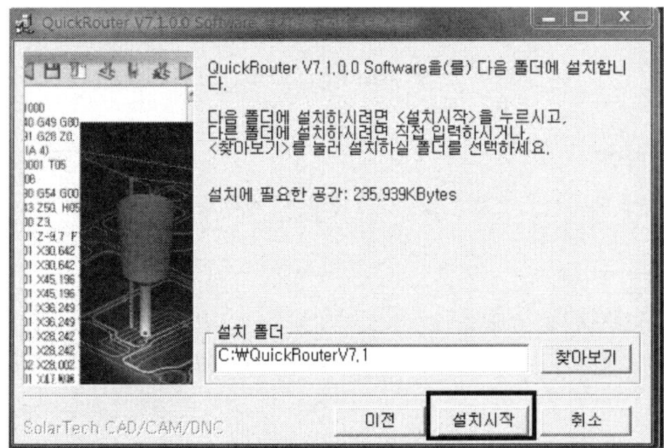

ⓓ 설치 중 화면..

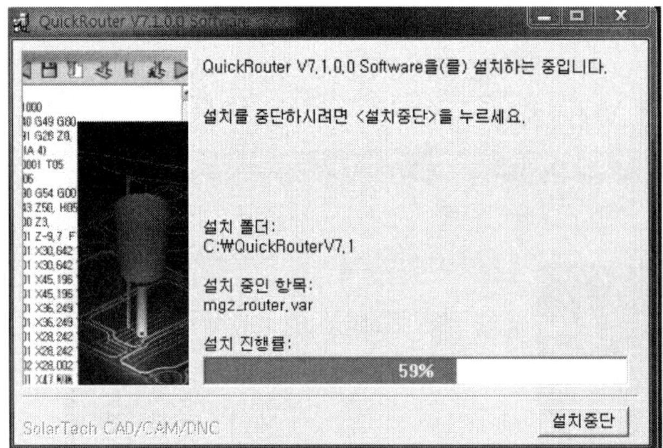

ⓔ 성공적으로 설치 완료화면

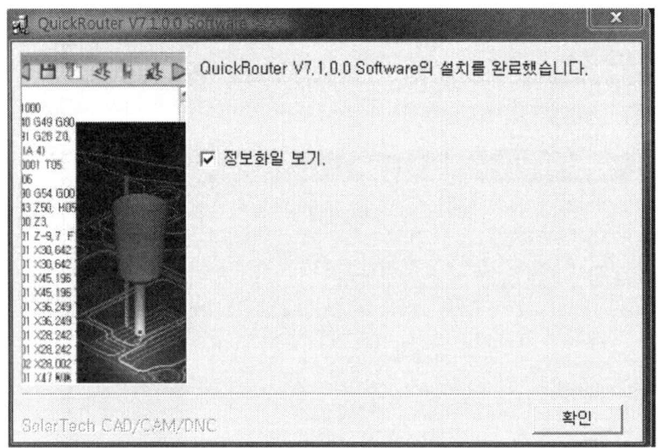

ⓕ 설치 완료 후 락드라이버를 보시면 번호가 있습니다.
(락키 usb모양으로 생겼음)
[예] sn0011 이런 식으로 숫자+영문조합
4자리 숫자가 있습니다.

③ 라이선스 파일을 설치 폴더에 붙여 넣어야 합니다.
다음 파일을 기본루트 C : ₩QuickRouterv7.1 에 넣어 놓으면 됩니다.

참고 포맷시 주의점 포스트 백업

포스트란? 업체당 기계에 최적화된 G코드를 생성시켜주는 형식파일(업체 기계마다 다를 수 있습니다.)
기본 제공된 포스트는 FANUC 기본 포스트입니다.
기존 셋팅 포스트를 납품 초기에 업체에 최적화되게 맞추어 드립니다.
그 파일을 기존 다른 저장장치에 복사 후 포맷을 한 다음에 붙여 넣는 형식으로 하시면 됩니다.
다음 폴더를 통째로 복사합니다.
Quick cad-cam 기준 "C : ₩QuickCAMV7.1₩pp"
Quick Router 기준 "C : ₩QuickRouterV7.1₩pp"

4. 프로그램 설치 후 실행이 안됩니다.

설치프로그램 실행하고, 락도 꽂았는데 아래 그림이 뜨면서 실행이 안됩니다.

락 드라이버를 설치하지 않으셨습니다.

① CD 넣은 후 자동 실행 되는 화면에서 [Rainbow 락드라이버] 를 설치하셔야 합니다.

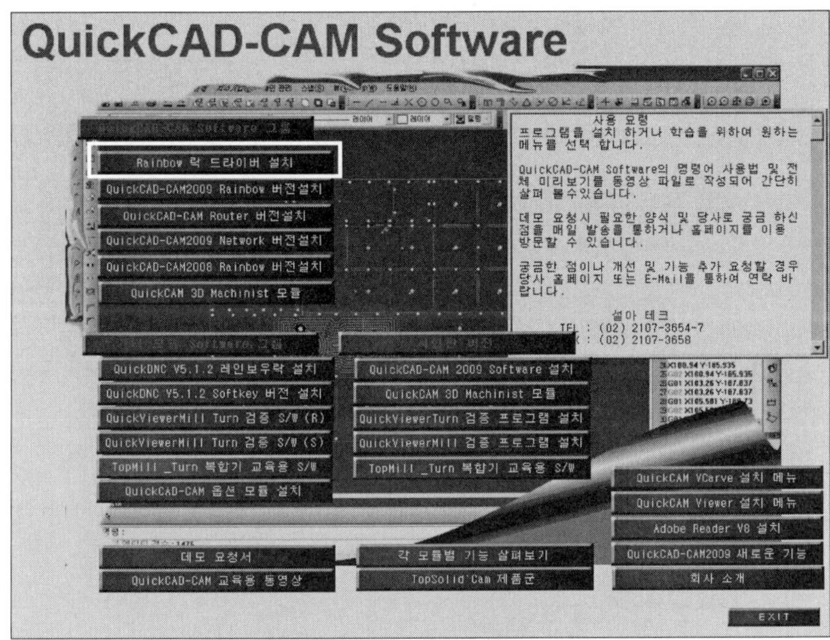

② 설치후 다시 실행 하면 밑의 그림이 뜰 수 있습니다.

위 그림에서 보면 licence000C.snc 파일이 필요하다는 메시지입니다.
락과 호환되는 파일입니다. 백업 받아 두신 파일에서 찾아서 위 경로에 넣으시면 됩니다. 이 파일이 없으시면 연락 주시면, 메일로 보내드립니다.

7. 몇 개의 가공이 한 코드로 안나오나요?

가공공정을 몇 개 생성 했는데, 하나의 코드로 뭉쳐서 출력할 수는 없나요?

좌표계에서 코드 출력을 합니다.

① 아래 그림과 같이 여러 개의 공정을 생성했을 경우 하나의 코드로 출력하는 방법입니다.

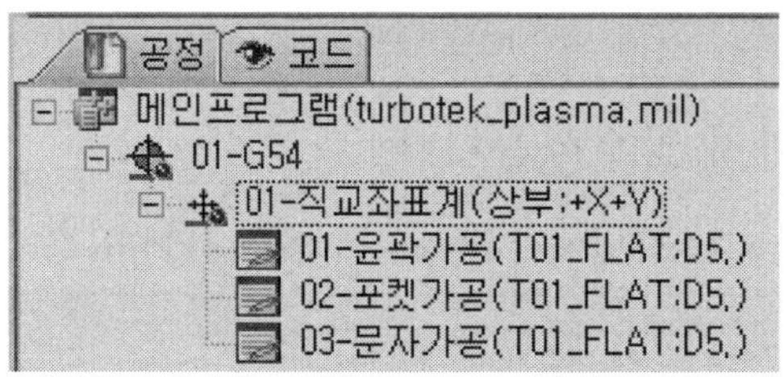

② 메인프로그램, 01-G54, 직교좌표계 셋중 하나를 선택합니다.

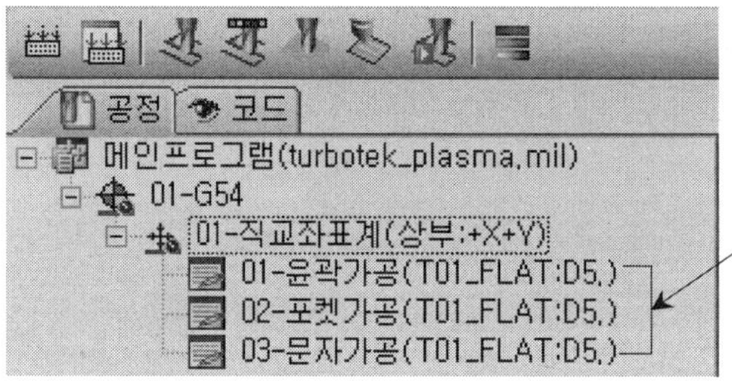

가공 3가지는 모두 직교좌표계에 포함됩니다.
직교좌표계는 G54에 포함 됩니다.
G54는 메인프로그램에 포함 됩니다.즉, 셋 중 하나의 코드출력을 하면 모든 코드를 출력할 수 있습니다.

③ 직교 좌표계를 선택후 코드출력을 클릭합니다. 전체 공정의 코드가 출력 됩니다.

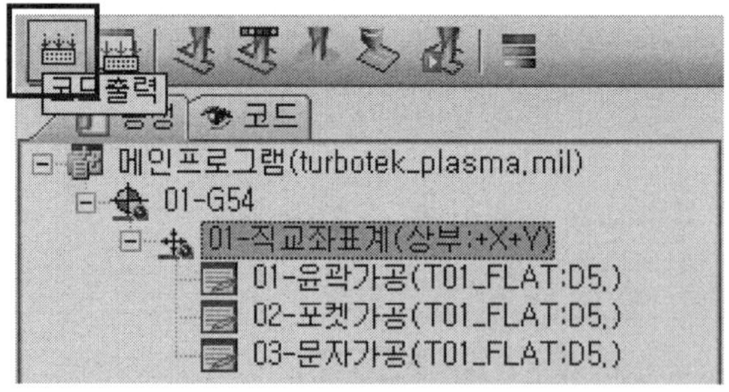

11 Chapter 부　록

B-1 RS-232 통신관련 자료(Fanuc DB25 시그널 설명)

시그널 명칭	핀 #	I/O	설 명
SD	2	O	데이터 송신 ; Sending Data (Tx)
RD	3	I	데이터 수신 ; Receiving Data (Rx)
RTS	4	O	송신 요청(Request To Send) : 이 시그널은 NC가 데이터 송신을 시작할 때와 전송이 끝날 때 온으로 설정된다. 전송 종료에서는 off로 됨
CTS	5	I	송신 클리어(Clear To Send) : 이 시그널과 DSR 시그널이 하이로 설정될 때, NC는 SD로부터 데이터를 송신할 수 있다. 이 시그널이 로우로 설정되면, NC는 두 개 이상의 문자가 보내진 후 송신을 중단할 것이다. 시그널이 사용하지 않으면 5에서 4로 점프
DSR	6	I	데이터 설정 준비(Data Set Ready) : 외부 장치가 이 시그널을 하이로 설정하는 데 필요한 운용이 준비된다. 이 시그널은 데이터 전송하는 동안에 언제든지 로우로 간다면, NC 알람 86이 발생한다. 시그널이 사용하지 않으면 6에서 20으로 점프
SG	7	-	시그널 그라운드(Signal Ground)
CD	8	I	캐리어 감지(Carrier Detect) : 시그널이 DTR에 반드시 연결되어 있어야 한다. 케이블에서 8에서 20으로 점프
DTR	20	O	데이터 터미널 준비(Data Terminal Ready) : 이 시그널은 NC가 운용이 준비됐을 때 온으로 설정된다.
PWR	25	O	+24VDC 파워 출력 : 연결시 주의
FG	1	-	프레임 그라운드 : 이것은 전기적으로 NC 캐비닛 그라운드를 사용자의 외부 장치의 그라운드에 연결한다. [주의] 그라운드가 장치 사이에 다른 전위라면, 장비에 데미지 및 전기 쇼크가 발생할 수 있다. 모든 장비가 적절히 그라운드 되어야 한다. 그라운드 루프를 피하기 위해 CNC 사이드에만의 프레임 그라운드 연결을 권장한다.

Fanuc 시리얼 케이블 정보

25 Pin Connector	PC-25 Pin Connector	25 Pin Connector	PC-9 Pin Connector
SG 7	7 SG	SG 7	5 SG
SD 2	2 SD	SD 2	2 RD
RD 3	3 RD	RD 3	3 SD
RS 4	4 RS	RS 4	7 RS
CS 5	5 CS	CS 5	8 CS
DR 6	6 DR	DR 6	6 DR
CD 8	8 CD	CD 8	1 CD
ER 20	20 ER	ER 20	4 ER

1. 하드웨어 핸드쉐이킹으로 연결

NC 컨트롤		컴퓨터		
DB25M		DB25F	DB9F	
SD 2	………	RD 3	RD 2	
RD 3	………	SD 2	SD 3	
SG 7	………	SG 7	SG 5	⇐ 시그널 그라운드
RTS 4	………	CTS 5	CTS 8	
CTS 5	………	RTS 4	RTS 7	
DSR 6	………₩			
DTR 20	………/			
CD 8	………/			

NB : Fanuc CNC는 Pin 25 = +24VDC 를 가지고 있다.

2. 소프트웨어 핸드 쉐이킹으로 연결

NC 컨트롤		컴퓨터		
DB25M		DB25F	DB9F	
SD 2	………	SD 3	RD 2	
RD 3	………	RD 2	SD 3	
SG 7	………	SG 7	SG 5	
RTS 4	………	RTS 4	RTS 7	⇐ CNC에서 4 에서 5로 점프, 여기서 가장 중요한 부분이다.
CTS 5	………	CTS 5	CTS 8	
DSR 6	………	DSR 6	DSR 6	
DTR 20	………	DTR 20	DTR 4	⇐ Fanuc CNC 측면에는 Pins 6, 8 & 20 점프가 필요하고 또는 그렇지 않으면 "86 CD 알람" 을 얻게 된다.
CD 8	………			

ISO 테이프 코드 챠트

Character	8 7 6 5 4 3 2 1	DEC	HEX	ASC	Meaning
0		48	30	48	Number 0
1		177	B1	49	Number 1
2		178	B2	50	Number 2
3		51	33	51	Number 3
4		180	B4	52	Number 4
5		53	35	53	Number 5
6		54	36	54	Number 6
7		183	B7	55	Number 7
8		184	B8	56	Number 8
9		57	39	57	Number 9
A		65	41	65	Address A
B		66	42	66	Address B
C		195	C3	67	Address C
D		68	44	68	Address D
E		197	C5	69	Address E
F		198	C6	70	Address F
G		71	47	71	Address G
H		72	48	72	Address H
I		201	C9	73	Address I
J		202	CA	74	Address J
K		75	4B	75	Address K
L		204	CC	76	Address L
M		77	4D	77	Address M
N		78	4E	78	Address N
O		207	CF	79	Address O
P		80	50	80	Address P
Q		209	D1	81	Address Q
R		210	D2	82	Address R
S		83	53	83	Address S
T		212	D4	84	Address T
U		85	55	85	Address U
V		86	56	86	Address V
W		215	D7	87	Address W
X		216	D8	88	Address X
Y		89	59	89	Address Y
Z		90	5A	90	Address Z
DEL		255	FF		Delete (Cancel erroneous hole)
NUL		0	00	0	No Data
BS		136	88	8	Back Space
HT		9	09	9	Tabulator
LF		10	0A	10	End Of Block
CR		141	8D	13	Carriage Return
SPACE		160	A0	32	Space
%		165	A5	37	Absolute Rewind Stop
(		40	28	40	Control Out (Start of comment)
)		169	A9	41	Control In (End of comment)
+		43	2B	43	Plus Sign
-		45	2D	45	Minus Sign
:		58	3A	58	Assumed as Program Number in ISO
/		175	AF	47	Optional Block Skip
.		46	2E	46	Decimal Point
#		163	A3	35	Sharp
$		36	24	36	Dollar Symbol
&		166	A6	38	Ampersand
'		39	27	39	Apostrophe
*		170	AA	42	Asterisk
,		172	AC	44	Comma
;		187	BB	59	Semicolon
<		60	3C	60	Left Angle Bracket
=		189	BD	61	Equal Sign
>		190	BE	62	Right Angle Bracket
?		63	3F	63	Question Mark
@		192	C0	64	Commerical AT Mark
"		34	22	34	Quotation Mark
[		219	DB	91	Left Bracket
]		93	5D	93	Right Bracket
DC1		17	11	17	Control Code Tape Reader Start (XON)
DC2		18	12	18	Control Code Tape Punch Designation
DC3		145	91	19	Control Code Tape Reader Stop (XOFF)
DC4		20	14	20	Control Code Tape Punch Release

EIA 테이프 코드 챠트

Character	8	7	6	5	4	3	2	1	DEC	HEX	ASC	Meaning
0			●						32	20	48	Number 0
1								●	01	01	49	Number 1
2							●		02	02	50	Number 2
3				●			●	●	19	13	51	Number 3
4						●			04	04	52	Number 4
5				●		●		●	21	15	53	Number 5
6				●		●	●		22	16	54	Number 6
7						●	●	●	07	07	55	Number 7
8					●				08	08	56	Number 8
9				●	●			●	25	19	57	Number 9
a (A)		●	●					●	97	61	65	Address A
b (B)		●	●				●		98	62	66	Address B
c (C)		●	●	●			●	●	115	73	67	Address C
d (D)		●	●			●			100	64	68	Address D
e (E)		●	●	●		●		●	117	75	69	Address E
f (F)		●	●	●		●	●		118	76	70	Address F
g (G)		●	●			●	●	●	103	67	71	Address G
h (H)		●	●		●				104	68	72	Address H
i (I)		●	●	●	●			●	121	79	73	Address I
j (J)		●		●				●	81	51	74	Address J
k (K)		●		●			●		82	52	75	Address K
l (L)		●					●	●	67	43	76	Address L
m (M)		●		●		●			84	54	77	Address M
n (N)		●				●		●	69	45	78	Address N
o (O)		●				●	●		70	46	79	Address O
p (P)		●		●		●	●	●	87	57	80	Address P
q (Q)		●		●	●				88	58	81	Address Q
r (R)		●			●			●	73	49	82	Address R
s (S)			●	●			●		50	32	83	Address S
t (T)			●				●	●	35	23	84	Address T
u (U)			●	●		●			52	34	85	Address U
v (V)			●			●		●	37	25	86	Address V
w (W)			●			●	●		38	26	87	Address W
x (X)			●	●		●	●	●	55	37	88	Address X
y (Y)			●	●	●				56	38	89	Address Y
z (Z)			●		●			●	41	29	90	Address Z
DEL	●	●	●	●	●	●	●	●	255	FF		Delete (Cancel erroneous hole)
NUL									0	00	0	No Data
BS			●		●		●		42	2A	8	Back Space
Tab			●	●	●	●	●		62	3E	9	Tabulator
EOB or CR	●								128	80	10	End Of Block
ER					●		●	●	11	0B		End of Record - Absolute Rewind Stop
SPACE				●					160	10	32	Space
%		●		●	●		●	●	91	5B	37	Percent Sign
(				●	●		●		26	1A	40	Control Out (Start of comment)
)		●			●		●		74	4A	41	Control In (End of comment)
+		●	●	●					112	70	43	Plus Sign
-		●							64	40	45	Minus Sign
:											58	N/A
/			●	●				●	49	31	47	Optional Block Skip
.		●	●		●		●	●	107	6B	46	Decimal Point
#											35	N/A
$											36	N/A
&					●	●	●		14	0E	38	Ampersand
'											39	N/A
*											42	N/A
,			●	●	●		●	●	59	3B	44	Comma
;											59	N/A
<											60	N/A
=											61	N/A
>											62	N/A
?											63	N/A
@											64	N/A
"											34	N/A
[											91	N/A
]											93	N/A
DC1				●				●	17	11	17	Control Code Tape Reader Start (XON)
DC2				●			●		18	12	18	Control Code Tape Punch Designation
DC3	●			●				●	145	91	19	Control Code Tape Reader Stop (XOFF)
DC4				●		●			20	14	20	Control Code Tape Punch Release

Fanuc 0 M/T 모델 C 시리얼(RS232) 연결 가이드

Fanuc 0-C 컨트롤러는 2개의 RS-232 인터페이스를 갖고 있다. 인터페이스 번호 1 (M5) 은 외부 DB25 암놈 연결기에 배선하거나 빌트인 테이프 리더 인터페이스(4800 보드에) 배선할 수 있다. 인터페이스 번호 2(M74)는 옵션이고 외부 DB25 암놈 연결기에 배선할 수 있다. 보드레이트와 기타 파라메터는 NC 파라메터에서 설정된다(아래 그림 참조). 케이블과 시그널 설명에 대해서는 Fanuc RS232 통신 페이지에서 한다.

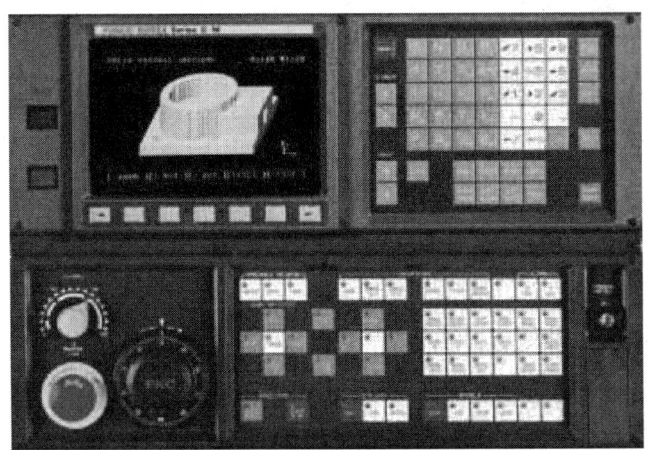

1. 적용가능 메모리 카드 (0-C 및 0-4PC)

메모리 카드	A16B-1212-0210	아날로그 스핀들
(MEM-A3)	A16B-2201-0103	아날로그 스핀들
	A16B-1212-0215	16 bit, 시리얼 스핀들
	A16B-1212-0216	32 bit, 시리얼 스핀들
	A16B-2201-0101	32 bit, 시리얼 스핀들

샘플 "C" 소프트웨어 버전 : 460,462,465,660,662,690,665,880,135…

Fanuc 0M & 0L Memory Card (A16B-1212-0210)

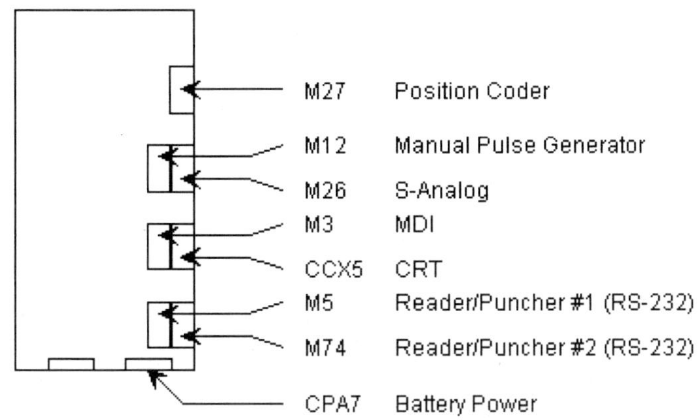

2. 통신 파라메터

설정 화면에서 다음과 같이 설정 :

TVON = 0

ISO = 1

I/O = 0 (포트 1 사용하면), I/O = 2 (포트 2사용하면)

PWE = 1

TAPEF = 0

CNC파라메터	포트 1(M5)	포트 2(M74)
0002	1xxxxxx1	--
0050	--	1xxxxxx1
0038	01xxxxxx	xx01xxxx
0552	10	--
0253	--	10

※ 이 파라메터가 이 포트에 영향 없음을 의미.

"x" 이 비트는 "상관없음" 설정임을 의미. 1 또는 0이 OK이다.

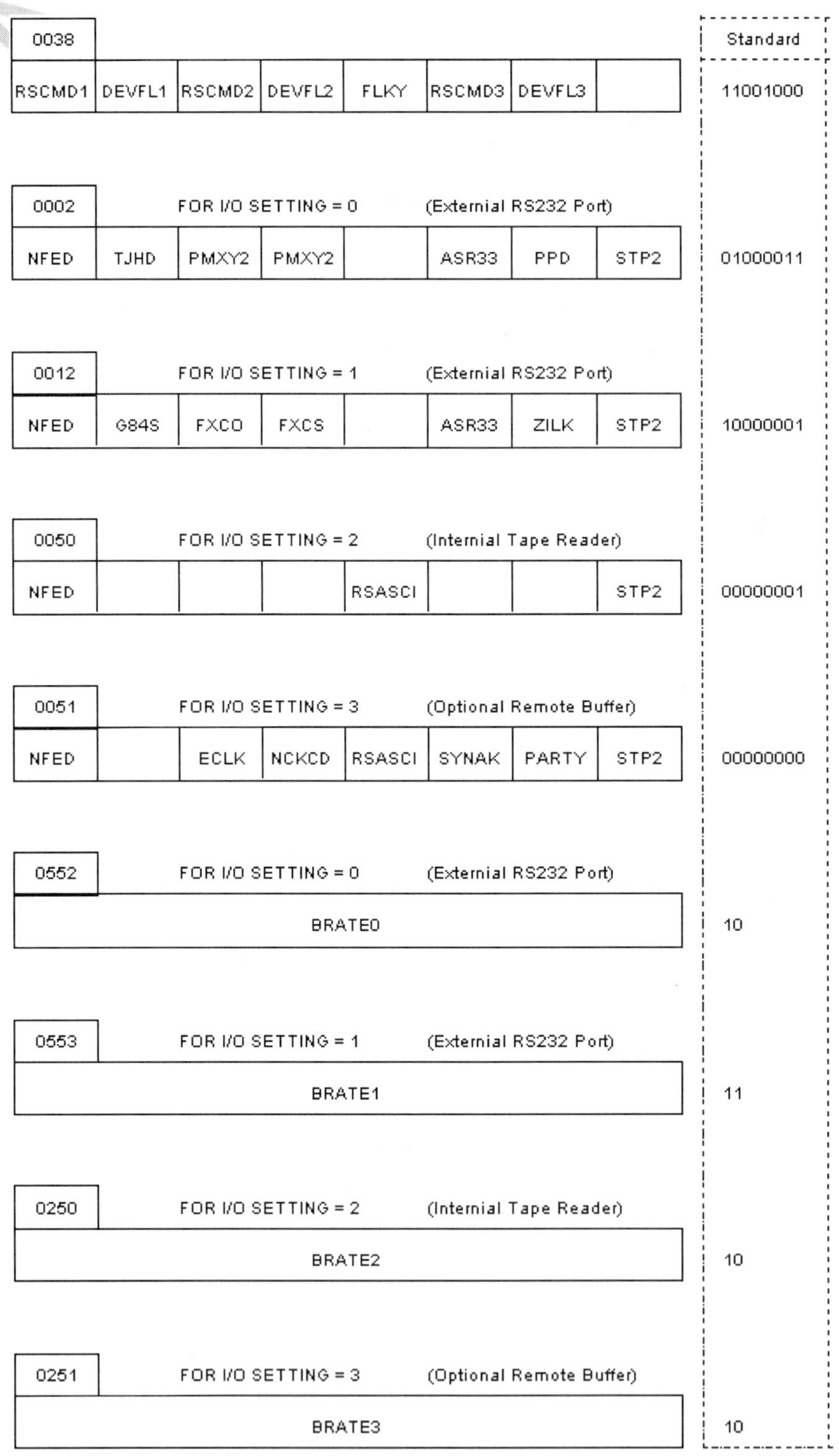

0038								Standard
RSCMD1	DEVFL1	RSCMD2	DEVFL2	FLKY	RSCMD3	DEVFL3		11001000

0002	FOR I/O SETTING = 0 (Externial RS232 Port)							
NFED	TJHD	PMXY2	PMXY2		ASR33	PPD	STP2	01000011

0012	FOR I/O SETTING = 1 (Externial RS232 Port)							
NFED	G84S	FXCO	FXCS		ASR33	ZILK	STP2	10000001

0050	FOR I/O SETTING = 2 (Internial Tape Reader)							
NFED				RSASCI			STP2	00000001

0051	FOR I/O SETTING = 3 (Optional Remote Buffer)							
NFED		ECLK	NCKCD	RSASCI	SYNAK	PARTY	STP2	00000000

0552	FOR I/O SETTING = 0 (Externial RS232 Port)	
BRATE0		10

0553	FOR I/O SETTING = 1 (Externial RS232 Port)	
BRATE1		11

0250	FOR I/O SETTING = 2 (Internial Tape Reader)	
BRATE2		10

0251	FOR I/O SETTING = 3 (Optional Remote Buffer)	
BRATE3		10

[주의] 여기서 보오드레이트 디폴트는 4800 (10) 이다. E,7,2 프로토콜을 가짐.

RSCMD1	DEVFL1	I/O DEVICE TO BE USED
0	0	Bubble Cassette
0	1	Floppy Cassette
1	0	RS232, PPR
1	1	New Interface

SETTING VALUE	BAUD RATE
1	50
2	100
3	110
4	150
5	200
6	300
7	600
8	1200
9	2400
10	4800
11	9600
*12	*19200

*19200 Baud is for I/O #2 & #3 Only!

STP2	NUMBER OF STOP BITS
0	1 Stop Bit
1	2 Stop Bits

NFED	FEED CODE OUTPUT
0	Feed Is Output
1	Feed Is Not Output

[파라메터 2 주의]

3. 편칭 순서

① 편치 NC 파라메터 - 편집 모드, PARAM 화면, EOB + OUTPUT/START

② 편치 PC 파라메터 - 편집 모드, DGNOS 화면, OUTPUT/START

③ 편치 모든 프로그램 - 편집 모드, PRGRM 화면, 0-9999, OUTPUT/START

④ 공구 옵셋 - 편집 모드, OFFSET 화면, OUTPUT/START

4. 리딩 순서

① 로드 NC 파라메터 - 편집 모드, PARAM 화면, EOB + INPUT

② 로드 PC 파라메터 - 편집 모드, DGNOS 화면, INPUT

③ 로드 모든 프로그램 - 편집 모드, PRGRM 화면, INPUT

④ 로드 공구 옵셋 - 편집 모드, OFSET 화면, INPUT

5. 삭제 순서

① 모든 메모리 삭제 - PWE = 1로 RESET + DELETE 키 누르며 Power On

② 파라메터 삭제 - PWE = 1로 RESET 키로 Power On

③ 프로그램 삭제 - PWE = 1로 DELETE 키로 Power On

[주의] PWE = SETTING 페이지에 파라메터 8000.0에서 파라메터 작성 가능 비트

6. 표준 Fanuc 시리얼 포트 : (DB-25 Female & Honda)

25 Pin Connector	PC-25 Pin Connector	25 Pin Connector	PC-9 Pin Connector
SG 7	7 SG	SG 7	5 SG
SD 2	2 SD	SD 2	2 RD
RD 3	3 RD	RD 3	3 SD
RS 4	4 RS	RS 4	7 RS
CS 5	5 CS	CS 5	8 CS
DR 6	6 DR	DR 6	6 DR
CD 8	8 CD	CD 8	1 CD
ER 20	20 ER	ER 20	4 ER

1 = 프레임 그라운드　　6 = 데이터 설정 준비

2 = 전송 데이터　　7 = 시그날 그라운드

3 = 데이터 수신　　8 = 캐리어 감지

4 = 송신 준비　　20 = 오류 (데이터 터미널 준비)

5 = 송신 클리어　　25 = +24 Volts

DB25의 일반적 소프트웨어 핸드쉐이킹 케이블 구성은 4&5 점프(또는 하드웨어 핸드쉐이킹이 권장한 방법으로 가능하다면)에 2,3 크로스 연결 & 7직선 연결 되고, 결국 콘트롤측만 핀 6,8&20이 점프된다.

Fanuc 혼다 컨넥터 (M5 또는 M74) 는 다음과 같이 배선된다 :

9 = 전송 데이터　　17 = GND

8 = 수신 데이터　　10 = FG 또는 쉴드

20 = RTS　　14 = +24VDC

19 = CTS

5 = DTR ----₩

18 = DSR ----| ⇐ **86CD 알람을 막기 위해 점프 또는 명백히 할 수 있다.**

16 = CD ----/

DB25의 일반적 소프트웨어 핸드쉐이킹 케이블 구성은 4&5 점프(또는 하드웨어 핸드쉐이킹 라인 선호되면 사용됨)에 2,3 크로스 배선 & 7 직선 연결로 된다, 결국 컨트롤 측에만 핀 6,8&20 점프로 한다.

7. Fanuc ISO 프로토콜 : (E,7,x)

Fanuc 컨트롤러에 대한 표준 프로토콜은 4800 또는 9600 보드, "Even 패리티", "7 데이터 비트"와 DC1-4 코드(XON/XOFF, PUNCH ON/OFF)를 사용하는 "1 또는 2 정지 비트" 이다. 위의 파라메터를 참조.

8. Fanuc 0의 모델 형식 결정

Fanuc 0 시리즈 CNC 컨트롤러 버전 결정을 위해, 마스터 보드 번호와 소프트웨어 버전을 체크한다. 마스터 보드 번호는 메인 써킷 보드의 왼쪽 상부에서 나와 있다. 보통 첨부된 자손 카드를 가지고 있는 컨트롤 캐비닛에 장착되어 있다. "A02B-????-????" 번호와 혼동하지 말아야 한다. 이것은 Fanuc의 일련 번호이고 보통 마스터보드 위의 스티커에 나와있다.

사용자는 E-정지 활성(눌린 버튼)이 있는 컨트롤 powering-up에 의해 소프트웨어 버전을 결정할 수 있다. 컨트롤은 소프트웨어 버전 화면(화면의 오른쪽 하부 코너, 사용자는 서보 버전 번호도 볼 수 있다)에 달려 있어야 한다.

9. Fanuc 0 DNC 드립-피이드 주의

대부분의 공작 기계 제작자들은 드립 피이드 모드(스위치 또는 유지 릴레이 세트의 "오토"모드 또는 "테이프"모드라 불리움)로 구동하기 위한 CNC 능력이 가능했다. 사용자가 Diagnostics 영역의 "DNCI" 비트를 "1"로 가게 할 수 있다면 각각의 라인이 직접 실행된 이 모드에서 사용자의 기계가 어떤 길이의 운영 파일을 지원하는지를 결정할 수 있다. "DNCI"비트는 G127.5(또는 Diagnostics 비트 127 = xx1x xxxx)이다. 만약 스위치를 가지고 있다면, 릴레이를 유지(Diagnostics 영역에서 찾음)하고 가는 것이 좋다. 기계를 DNC 모드에 놓고, 사용자는 AUTO 모드에 있고, 사용자 PC는 파일 전송 준비하고, Cycle Start 를 눌러서 코드 실행하는 것을 시작한다. 코드는 절대 부품 프로그램 메모리로 가지 않아서, 어떤 길이의 NC코드라도 실행할 수 있다. 어떤 데이터 손실(불량 케이블이나 결함 흐름 컨트롤 때문임)은 충돌의 원인이 될 수 있으므로 사용자는 좋은 DNC 설정을 확실히 알고 있어야 한다. 이 사이트에서 무료데모로 사용 가능한 신뢰할 수 있는 연결에 대해 우리의 QuickDNC 소프트웨어(다운로드 클릭)를 사용할 수 있다.

[주의] 사용자가 A16B-1010-0210 마스터보드와 소프트웨어 버전 412-08을 갖춘 Fanuc 0-M 모델 A (Digital)을 가지고 있다면, 이 사용자를 위하여 특별한 DNC 솔루션의 추천이 필요하다.

Fanuc 6B 씨리얼 (RS232) 연결 & 파라메터

1. 파라메터 번호 310 에서 313 (장치 1 에서 4대하여)

7	6	5	4	3	2	1	0
NFED4		RSCB	STP2	BAUD			

NFED4 : 0에 설정되면 테이프 피드가 펀치되지 않는다(디폴트). 1로 설정되면 수백의 2진 널의 테이프 피드가 처음 %전에 펀치된다.

RSCB : 0에 설정되면 컨트롤 코드(DC1-DC4) 가 사용된다(디폴트). 1로 설정되면 컨트롤 코드가 사용되지 않는다.

STP2 : 0에 설정되면 1 정지 비트가 사용된다. 1로 설정되면 2 정지비트가 사용된다.

BAUD : 다음의 챠트에 따라서 보드레이트 설정(혹은 체크).

2. 파라메터 번호 340, 341

보드레이트	3	2	1	0
50	0	0	0	0
100	0	0	0	1
110	0	0	1	0
150	0	0	1	1
200	0	1	0	0
300	0	1	0	1
600	0	1	1	0
1200	0	1	1	1
2400	1	0	0	0
4800	1	0	0	1
9600	1	0	1	0

340 : IDVICE – 입력 장치 선택하고 데이터 입력에 사용되도록 설정

341 : ODVICE – 출력 장치 선택하고 데이터 출력에 사용되도록 설정

설정 값	입력/출력 장치
0	입력 : Tape Reader 출력 : Facit 4070 Puncher
1	I/O : ASR33/ASR43 설정 파라메터 310
2	I/O : RS232C 설정 파라메터 311
3	I/O : RS232C 설정 파라메터 312
4	I/O : RS232C 설정 파라메터 313

[주의] 장치 선택 "INPUT DEVICE1=1"(RMT에 대하여) & "INPUT DEVICE2=1"(시리얼에 대하여) & Punch format(1=ISO)을 위한 SETTING 화면 체크를 반드시 한다.

3. 프로그램을 연속적으로 PC에서 Fanuc로 읽기 위하여

① SETTING 페이지에서 통신 설정에 따라 set Input Device1 과 2는 1로 파라메터 340은 2,3 또는 4로 설정한다.

② 편집모드에서 READ 버튼을 누른다. 프로그램 번호가 데이터 시작에 없다면 READ 를 누르

기 전에 수동으로 입력해야 한다.

③ PC 에서 사용자는 사용자의 DNC 소프트웨어를 사용해서 데이터 전송을 해야 한다.

[비고] 터미널 프로그램을 사용한다면 7 데이터비트 Even 패리티, ASCII (text)사용. Fanuc LF(라인 피드)가 EOB(블록의 끝) 결정에 사용되므로 소프트웨어가 이 글자를 제거하지 말아야 한다. 또한 자동 ISO/EIA 체크 결과와 마찬가지로 프로그램의 첫번째 라인이 사라질 것이라는 것에 주의한다 – 다음과 같은 표준 포맷 사용

% : 첫번째 라인이 EOB(이것은 ISO에서 LF 또는 Hex 10이다)에서와 마찬가지로 Fanuc 컨트롤에서 사라진다는 것에 주의한다.

O1234

… : RS274 G&M 코드 라인이 여기에 삽입된다(사용자 프로그램).

M30 : 또는 유효 라인 끝으로 G50 또는 M99 또는 M02

% : Fanuc은 % 에서 끝남, 후에 어떤 문자가 남을 것이다.

4. Fanuc에서 PC로 연속으로 프로그램 전송 (QuickMulti-DNC)

설정 페이지에서 통신 설정에 따라 Tape Code를 1(ISO)로 파라메터 341을 2,3 또는 4로 설정한다.

PC에서 사용자는 위에서와 같은(7 데이터비트, Even 패리티, 1 또는2 정지비트와 ASCII 데이터) 소프트웨어 설정을 사용해서 데이터를 read하기 위해 컴퓨터를 설정해야 한다.

편집 모드에서 프로그램 번호(예 : O1234) 입력하고 PUNCH 버튼을 누른다. 데이터가 QuickMulti-DNC와 같은 터미널 혹은 DNC 소프트웨어를 가지고 맞추어진 사용자의 컴퓨터로 전송될 것이다.

B-2 표준 RJ-45 이더넷 배선 도표

직선 이더넷 케이블 배선(T-568B)

RJ - 45 핀 #	색상 (양측이 동일)
Pin 1	주황색 있는 흰색
Pin 2	주황
Pin 3	녹색 있는 흰색
Pin 4	파란색
Pin 5	파란색 있는 흰색
Pin 6	녹색
Pin 7	갈색 있는 흰색
Pin 8	갈색

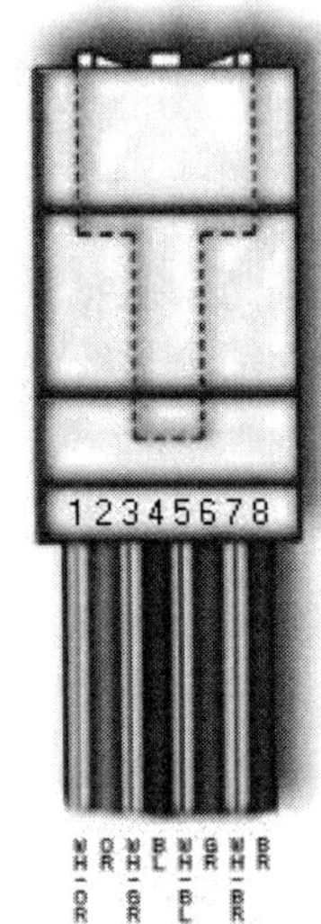

교차 이더넷 케이블 배선

RJ-45 핀 #	측면 1 색상(T-568B)	측면 2 색상(T-568A)
Pin 1	주황색 있는 흰색	녹색 있는 흰색
Pin 2	주황색	녹색
Pin 3	녹색 있는 흰색	주황색 있는 흰색
Pin 4	파란색	파란색
Pin 5	파란색 있는 흰색	파란색 있는 흰색
Pin 6	녹색	주황색
Pin 7	갈색 있는 흰색	갈색 있는 흰색
Pin 8	갈색	갈색

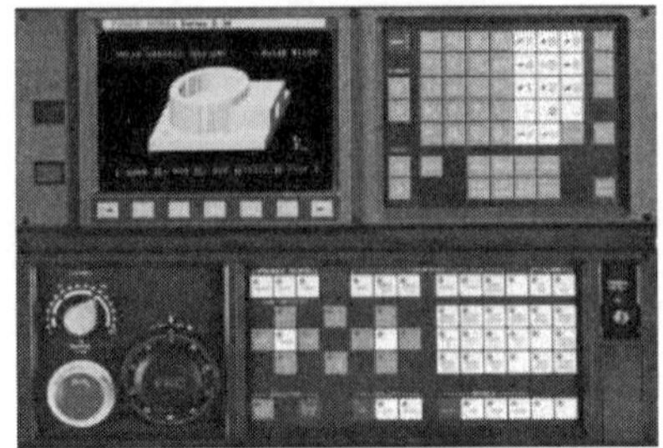

RJ-45 Plug에 대한 T-568B 색상 코드

8-전도체 데이터 케이블은 와이어 4 쌍을 포함하고 있다. 각각의 한 쌍은 순색(또는 눈에 띄는) 와이어와 같은 색의 줄을 가진 흰색 와이어로 구성된다. 그 쌍은 함께 꼬여 있다. 이더넷에 안정성을 유지하기 위해서는 필요 이상(약 1cm)으로 그것을 풀지 말아야 한다.

이 케이블에 대해 "T-568A" 과 "T-568B"로 불리는 두개의 와이어 표준이 있다. 그것들은 다양한 색상의 사용에서가 아니라 연결 시퀀스에서만 다르다. 보여지는 설명은 T-568B에 대한 것이다. 10BaseT 이더넷에 대해 지정된 것은 주황색과 녹색이다. 그와 다른 두 쌍, 갈색과 파란색은 두번째 이더넷 라인 또는 전화 연결에 사용할 수 있다.

파란색 쌍은 중심 핀에 있고 편리하게 보통 전화 라인에서의 빨강과 녹색에 일치한다는 것을 주의한다. 보여지는 연결은 특별히 RJ-45 플러그(와이어 끝에 있는 것)에 대한 것이다. 와이어가 실제로 잭 안에서 교차되기 때문에 벽 잭은 다른 시퀀스에서 배선될 것이다. 잭은 배선 도표와 오거나 최소한 핀 번호를 지정해야 아래의 색상 코드에 매치할 수 있다.

이더넷 핀 넘버 지정

T-568B에서 각각의 색상에 대한 핀 번호 지정이다. 핀 지정은 아래와 같다.

[T-568B에 대한 색상 코드]

Pin	색상	쌍	명칭
1	wh/or	2	TxData +
2	or	2	TxData -
3	wh/grn	3	RecvData+
4	blu	1	
5	wh/blu	1	
6	grn	3	RecvData-
7	wh/brn	4	
8	brn	4	

홀수 핀 넘버는 항상 줄무늬 흰색인 것을 주의한다.

UTP (언쉴드 트위스트 페어) 케이블링은 4 트위스트 페어로 구성.

- 표준 색상 :
  흰색/파란색 - 파란색
  흰색/주황색 - 주황색
  흰색/녹색 - 녹색
  흰색/갈색 - 갈색

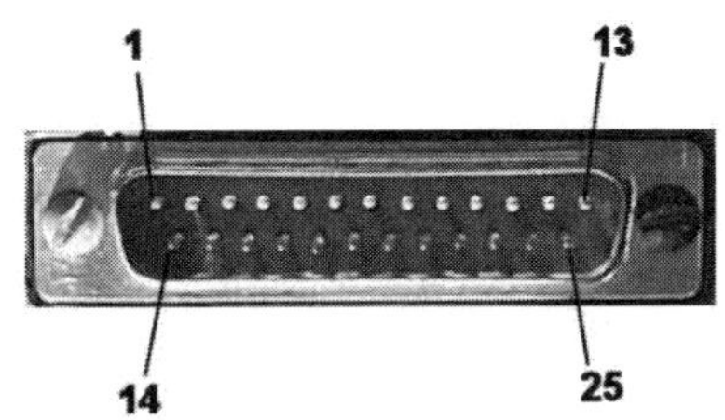

- 허브 대 허브, 또는 컴퓨터 대 컴퓨터 연결 :
  한 끝 T-568A 과 다른 끝 T-568B
  (또한 교차 케이블 또는 Uplink 케이블로 알려져 있다).
- 허브 대 컴퓨터 연결 : 각각의 끝에 T-568B (직행).

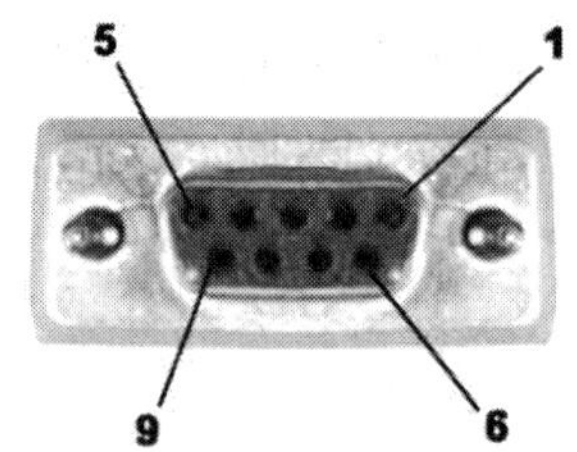

DTE - 데이터 터미널 장비 (컴퓨터, 터미널, PLC's, ...)
DCE - 데이터 통신 장비 (모뎀, 스캐너, ...)

B-3 권장되는 최대 RS-232 케이블 길이

로우 전기용량 쉴드, 3트위스트 페어 케이블링을 사용한다면, 이 케이블 길이를 50% 까지 초과할 수 있을 것이다.

보드레이트 (bps)	최대 길이 (미터)	최대 길이 (피트)
2400	120	400
4800	60	200
9600	30	100
19200	15	50
38400	7.5	25
57600	5	16
115200	2.5	8

공통 인터럽트 번호와 포트 주소

장치	인터럽트	포트 번호
COM1	IRQ 4	3F8h
COM2	IRQ 3	2F8h
COM3	IRQ 4	3E8h
COM4	IRQ 3	2E8h
LPT1	IRQ 7	378h

B-4 Fanuc 에러 코드 리스트

번호	내 용	번호	내 용
000	한번 전원을 끊지 않으면 안되는 파라메터가 설정되어 있슴. 전원을 끊어 주시오	015	동시제어 축수를 넘어선 축수를 이동 시키고 있음. M 경우만
001	TH 알람(패리티에 맞지 않는 문자가 입력됨)테이프를 수정 하시오.	021	보간에서 평면지정(G17,G18,G19)이외의 축을 지령함. M 경우만
002	TV 알람(한 블록내의 문자 수가 기수로 되어 있음). TV 체크가 ON일때만 발생	023	원호의 반경 R지정에서 R에 (-)를 지령함. M 경우만
003	허용 행수를 넘는 데이터가 입력됨(최대 지령치의 항 참조)	027	공구장보정 형식 C에서 G43, G44의 블록 축 지정이 없음. 공구장보정 형식 C에서 옵셋이 cancel 되지 않고 다른 축에 옵셋이 걸려 있음.
004	블록의 최초에 어드레스가 없고, 갑자기 숫자 또는 부호(-)가 입력 되어 있음.	028	평면선택지령에 대하여 같은 방향의 축을 2축 이상 지령하고 있음.
005	어드레스 뒤에 데이터가 없고 갑자기 다음 어드레스 또는 EOB 코드가 있습니다.	029	H 코드로 선택된 옵셋량의 값이 너무 큼. M 경우만 T 코드로 선택된 옵셋량의 값이 너무 큼. T 경우만
006	부호 '-' 입력 오류(부호 '-'가 허용되지 않은 어드레스에 입력되어 있거나 부호 '-'가 2개 이상 입력되어 있슴.)	030	공구경보정, 공구길이보정의 H 코드로 지령한 옵셋번호가 크기를 넘었음.M경우만 T 기능에 있어서 공구위치 옵셋 번호가 크기를 넘었슴. T경우만
007	소숫점 '.' 입력 오류(소숫점 '.'이 허용되지 않은 어드레스에 입력되어 있거나 소숫점 '.'이 2개 이상 입력되어 있슴.)	031	옵셋량 프로그램 입력(G10)에 있어서 옵셋번호를 지령하는 P의 값이 크기를 넘었슴. 또는 P가 지령 안됨.
009	유의 정보 구간에 사용되지 않는 어드레스가 입력됨	032	옵셋량 프로그램 입력(G10)에 있어서 옵셋량의 지정이 크기를 넘었슴.
010	사용할 수 없는 G 코드를 지령함.	033	공구경 보정 C의 계산에서 교점이 구해지지 않았슴. M경우만 인선 R보정의 교점 계산에서 교점이 구해지지 않았슴. T경우만
011	절삭이송에서, 이송속도가 지령되어 있지 않거나 이송속도의 지령이 부적당함.	034	공구경 보정 C에 있어서 G02/G03 모드중에 Start up 또는 Cancel을 행하도록 하고 있슴. M경우만 인선 R보정에서 G02/G03 모드중에 Start up 또는 Cancel을 행하도록 하고 있슴. T 경우만
014	가변 리이드 나사 절삭에서 어드레스 K에 지령된 증감치가 최대지령치를 넘고 있거나 리이드가 부의 값으로 지령 되어 있음(T 경우만) 나사 절삭/동기이송의 옵션이 없는데 동기이송을 지령함 (M 경우만)	035	공구경 보정 B Cancel 모드 또는 옵셋 평면외에서 G39를 지령하고 있슴. M경우만 인선 R보정 모드중에 스킵 절삭(G31)을 지령하고 있슴. T 경우만

번호	내 용
036	공구경 보정 모드중에 스킵 절삭(G31)을 지령하고 있음. M경우만
037	공구경 보정 C중에 보정 평면(G17,G18, G19)이 절환되어 있음. 또는 공구경보정 B에 있어서 옵셋 평면외에서 G40을 지령하고 있음. M경우만 인선 R 보정 중에 보정 평면이 절환됨 T경우만
038	공구경보정 C에 있어서 원호의 시점 또는 종점이 반경 0이므로 절입 과다가 발생할 우려가 있음. M 경우만 인선 R 보정에 있어서 원호의 시점 또는 종점이 중심이므로 절입 과다가 발생할 우려가 있음. T 경우만
039	인선 R 보정에 있어서 Start up 또는 Cancel, G41/G42 절환과 함께 모따기, 코너 R을 지령하고 있음. 또는 모따기, 코너 R에서 절입 과다가 발생할 우려가 있음. T 경우만
040	단일형 고정 사이클 G90/G94에 있어서 인선 R 보정에서 절입과다가 발생할 우려가 있음. T경우만
041	공구경 보정 C에 있어서 절입 과다가 발생할 우려가 있음. M경우만 인선 R 보정에 있어서 절입 과다가 발생할 우려가 있음. T 경우만
042	고정 사이클 모드 중에 G27~G29를 지령하고 있음. M 경우만
044	고정 사이클 모드 중에 G27~G30을 지령하고 있음. M 경우만
046	제2,3,4 원점복귀의 지령으로 P2,P3,P4 이외의 지령을 하고 있음.
050	스크류 절삭의 블록에서 모따기, 코너 R을 지령하고 있음.
051	모따기, 코너 R을 지령한 블록 이동 또는 이동량이 부적당함.
052	모따기, 코너 R을 지령한 블록의 다음블록에 G01이 없음. 이동방향 또는 이동량이 부적당함

번호	내 용
053	모따기, 코너 R을 지령에서 I,K,R의 방향에서 2가지 이상을 지령하고 있음. 또는 도면 치수 직접입력에서 콤마(,) 뒤가 C또는 R이 아님
054	모따기, 코너 R을 지령한 블록이 테이프 지령으로 되어 있음.
055	모따기, 코너 R을 지령한 블록에서 이동량이 모따기, 코너 R량 보다 적게 지령하고 있음
056	각도 지정(A__)만의 블록 다음의 블록 지령에서 종점지정과 각도지정 모두 들어 있지 않음. 모따기 지정에서 X축(Z축)에 I(K)를 지령하고 있음
057	도면 치수 직접 입력에서 블록의 종점이 바르게 계산되어 있지 않음.
058	도면 치수 직접 입력에서 블록의 종점이 보이지 않습니다.
059	외부 프로그램 번호 선택에 있어서 선택된 번호의 프로그램이 보이지 않음.
060	시퀀스 번호 탐색에 있어서 지정된 시퀀스 번호가 보이지 않음.
061	G70,G71,G72,G73이 지령된 블록에 있어서 어드레스 P.Q. 어느것도 지정되어 있지 않습니다. T 경우만
062	G71,G72에 있어서 절입량 '0' 또는 (-)로 되어 있음. T경우만 G73에서 반복 횟수가 0 또는 (-)로 됨 G74,G75에 있어서 Δi, Δk에서 (-)값을 지정하고 있음. G74,G75에 있어서 Δi 또는 Δk가 0이라도 관계 없지만 u 또는 w가 0이 아닙니다.

번호	내 용
062	G74,G75에 있어서 도피하고자 하는 방향이 정해져 있지 않아도 관계 없지만 △d에 (-)값을 지정하고 있슴. G76에 있어서 스크류 산의 높이 및 1회째의 절입량에 0또는 (-)의 값을 지정하고 있슴. G76에 있어서 최소 절입량이 스크류의 산의 높이 보다 큰값으로 되어 있슴 G76에 있어서 인선의 각도가 사용되지 않은 값으로 되어 있슴.
063	G70,G71,G72,G73에 있어서 P에 지정된 시퀀스 번호가 보이지 않음 T의 경우만
065	G71,G72,G73에 있어서 P로 지정된 시퀀스 번호의 블록에 G00 또는 G01이 지령되어 있지 않음. T의 경우만 G71,G72에 있어서 P에 지정된 블록에 Z(w)가 지령되어 있슴.(G71) 또는 X(u)가 지령되어 있슴.(G72)
066	G71,G72,G73의 P,Q에 지령된 블록 사이에 있어서 허용되지 않은 G 코드를 지령하고 있슴. T의 경우만
067	MDI 모드에 P,Q를 포함한 G70,G71,G72,G73을 지령하고 있슴. T경우만
069	G70,G71,G72,G73의 P,Q로 지령된 블록의 최후의 이동 지령이 모따기 또는 코너 R에서 끝나 있슴. T경우만
070	메모리의 기억 영역이 부족함. P/S 알람이 발생. Edit 모드로 받아 들일 때.
071	탐색하는 어드레스가 보이지 않음. 또는 프로그램 번호 탐색에 있어서 지정된 번호의 프로그램이 보이지 않음.P/S 알람이 발생. Edit 모드로 받아 들일 때. 메모리내에 같은 프로그램 번호가 있을 때 발생.
072	등록한 프로그램의 수가 63 또는 125(옵션)를 넘었슴.
073	미리 등록된 프로그램 번호와 같은 프로그램 번호를 등록하고 있슴.
074	프로그램 번호가 1~9999 이외로 되어 있슴.
076	M98, G66의 블록에 P가 설정되어 있지 않슴.

번호	내 용
077	서브 프로그램을 3중, 또는 5중으로 호출하고 있슴.
078	M98,M99, G65,G66의 블록에서 어드레스 P에 의해 지정된 프로그램 번호 또는 시퀀스가 보이지 않음.
079	메모리에 기억된 프로그램과 테이프의 내용이 일치하지 않음.
080	파라메터 E에 지정된 영역내에서 측정위치도달 신호가 ON으로 되어 있지 않음(자동 공구 보정 기능) T경우만
081	T코드가 지령되지 않고 자동공구 보정이 지령되어 있슴(자동공구 보정 기능). T경우만
082	T코드와 자동 공구 보정이 동일한 블록에서 지령되어 있슴(자동공구보정기능) T경우만
083	자동공구 보정에 있어서 축지령이 다르게 지령되어 있슴. 또는 지령이 증분 지령으로 되어 있슴(자동공구 보정 기능) T경우만
085	ARS 또는 Reader/Puncher 인터페이스에 의해 Read 도중, Overrun, 패리티 또는 Frame 오류가 발생함. 입력된 데이터 비트수가 맞지 않던가, 모오드레이트의 설정이 바르지 않음. P/S 알람이발생. 프로토콜이 틀리거나 DNC 케이블에 노이즈가 발생하여 전송중단됨.
086	Reader, Puncher 인터페이스에 의한 입,출력에서, I/O 기기의 동작 준비 신호(DR)이 OFF임. P/S/ 알람이 발생. tfldjf 케이블 중 4,5,6,820번 선이 부적절하게 연결됨. 결선

번호	내 용
087	RS232C 인터페이스에 의한 Read에서, Read 정지를 지정하고 있는데, 10 character를 넘어도 입력이 멈추지 않음. P/S 알람이 발생. 전송 초기에 발생하기도 하고, 중간에 발생하기도 함. Windows OS에서 DNC중 발생하는 경우가 많음.
090	원점 복귀에 있어서 개시점이 기준점에 너무 가까이 있던가 속도가 너무 늦기 때문에 원점복귀가 정상으로 실행되지 않음.
092	원점복귀 체크(G27)에 있어서 지령된 축이 원점으로 돌아가지 않았음.
094	프로그램 재개에서 P 형식은 지령할 수 없음. 9프로그램 중단 후, 좌표계 설정의 조작이 되었슴)
095	프로그램 재개에서 P 형식은 지령할 수 없음. (프로그램 중단 후, 외부 공작물 옵셋량이 변했음.)
096	프로그램 재개에서 P 형식은 지령할 수 없음. (프로그램 중단 후, 공작물 옵셋량이 변했음)
097	프로그램 재개에서 P 형식은 지령할 수 없음. (전원 투입 후, 비상 정지 후, 혹은 P/S 94~97 리셋 후에 한번도 자동 운전을 실행하지 않았음)
098	전원투입, 비상정지 후 원점복귀를 한번도 실행하지 않아 프로그램 재개를 하여 탐색중 G28이 보임
099	프로그램 재개에서 탐색 종료 후, MDI에서 이동 지령을 하고 있슴
100	설정 데이터(Setting data) PWE가 1로 되어 잇슴. OFF하고 나서 리셋하시오.
101	프로그램 편집 조작에서 메모리의 변경중에 전원이 off로 되었슴. 이 알람이발생한 때는, Delete를 누르면서 전원을 재투입하시오. 메모리 영역을 클리어(Clear)할 필요가 있슴.
110	고정 소수점 표시 데이터의 절대치가 허용범위를 넘었슴.

번호	내 용
111	MACRO 명령의 연산 결과가 허용 범위(-232 ~ 2 32-1)을 넘고 있슴
112	제수가 '0'으로 되어 있슴. (tan90도 포함함)
114	G65의 블록에서 미정의의 H 코드를 지정함.

B-5 선반 G 코드 일람표

FANUC				SENTROL	한국산전
코드	그룹	기능	구분		
☑G00	01	급속 위치결정 (급속이송)	B	G00	G00
G01		직선 가공 (직선 가공)	B	G01	G01
G02		원호가공 C.W (시계방향 원호가공)	B	G02	G02
G03		원호가공 C.C.W (반시계방향 원호가공)	B	G03	G03
G04	00	일시 정지(Dwell-잠시 머무름)	B	G04	G04
G10		Data 설정	O		
G20	06	인치 단위 설정	O	G20	G70
G21		미터 단위 설정	O	G21	G71
☑G22	09	금지영역 설정 On	B	G22	
G23		금지영역 설정 Off	B	G23	
☑G25	08	주축속도 변동 검출 Off	O	G25	
G26		주축속도 변동 검출 On	O	G26	
G27	00	원점복귀 Check	B	G27	
G28		자동 원점 복귀	B	G28	G07
G30		제2 원점 복귀	B	G30	G08
G31		Skip 기능	B	G31	
G32	01	나사절삭	B	G32	G33
G34		가변리드 나사절삭	O	G34	G34, G35
G36	00	자동공구 보정(X)	O	G36	
G37		자동공구 보정(Z)	O	G37	
☑G40	07	인선 R보정 말소	O	G40	G40
G41		인선 R보정 좌측	O	G41	G41
G42		인선 R보정 우측	O	G42	G42
G50	00	공작물 좌표계 설정,주축 최고회전수 설정	B	G50	G92
G65		Macro 호출	O	G65	
G66	12	Macro modal 호출	O	G66	
G67		Macro modal 호출 말소	O	G67	
G68	04	대향공구대 좌표 On	O	G68	
☑G69		대향공구대 좌표 OFF	O	G69	
G70	00	정삭 가공 사이클	O	G70	
G71		내·외경 황삭 가공 사이클	O	G71	G66
G72		단면 가공 사이클	O	G72	G67
G73		모방 가공 사이클	O	G73	G68
G74		단면 홈 가공, 드릴 가공 사이클	O	G74	G83
G75		내·외경 홈 가공 사이클	O	G75	
G76		자동 나사 가공 사이클	O	G76	G37
G90	01	내·외경 절삭 사이클	B	G90	G77
G92		나사 절삭 사이클	B	G92	
G94		단면 절삭 사이클	B	G94	G78
G96	02	주축일정제어 On	O	G96	G96
☑G97		주축일정제어 Off	O	G97	G97
G98	05	분당이송	B	G98	G94
☑G99		회전당이송	B	G99	G95

㊟ B:표준 O:선택사양 ☑ 표시 기호는 전원 투입시 ☑ 표시 기호의 상태로 된다.

B-6 밀링 G 코드 일람표

G코드	그룹	기 능	명 령 방 법	관련 기능	비 고
☑G00		급속 위치 결정	G00 G90/G91 X_ Y_ Z_		
☑G01		직선가공(절삭)	G01 G90/G91 X_ Y_ Z_ F_ ;	G94,G95	
G02	01	원호가공(시계방향)	G02/G03 G90/G91 X_ Y_/Z_ R_/α_ β_ F_;	G17, G18, G19	헬리컬 가공
G03		원호가공(반시계방향)	G02/G03 G90/G91 X_ Y_/Z_ R_/α_ β_ F_;	"	"
G04		일시정지시간명령(일시정지(Dwell))	G04 X_/P_ ;	P=소수점 사용 불가	
G09	00	Exact stop	G09 절삭이동 명령;	G01, G02, G03	
G10		데이터 설정	G10 L_/P_ P_/R_ X_ Y_ Z_;	L2=G45 ~ G49 보정량 입력	
☑G15	17	극좌표명령 무시	G15 X0. Y0. Z0. ;		
G16		극좌표명령	G15 G90 X_ Y_ Z_ ;	고정사이클	
☑G17		X-Y 평면	G17	원호가공, 공구 지름보정, 좌표회전, 고정사이클	
G18	02	Z-X 평면	G18		
G19		Y-Z 평면	G19		
G20	06	Inch 입력	G20;		단독명령절로 지정
G21		Metric 입력	G21;		
G22	04	금지영역 설정	G22 X_ Y_ Z_ I_ J_ K_ ;	파라미터	
☑G23		금지영역 설정 무시	G23;		
G27		원점복귀 Check	G27 G90/G91 X_ Y_ Z_ ;	G28	
G28		기계원점 복귀	G27 G90/G91 X_ Y_ Z_ ;		
G30	00	제 2,3,4 원점 복귀	G30 P_ G90/G91 X_ Y_ Z_ ;	파라미터	P3=제 3원점 P4=제 4원점
G31		Skip 기능	G31 P_ G90/G91 X_ Y_ Z_ ;		
G33	01	나사 절삭	G33 G90/G91 X_ Y_ Z_ ;		
G37	00	자동공구길이 측정	G37 G90 Z_ ;	공구보정	
☑G40		공구 지름 보정 무시	G40	G00, G01	
G41	07	공구 지름 보정 왼쪽	G41 D_ 급속 또는 직선가공 ;	"	보정번호
G42		공구 지름 보정 오른쪽	G42 D_ 급속 또는 직선가공 ;	"	"
G43		공구길이 보정 "+"	G43 Z_ H_ ;	G90, G00	"
G44	08	공구길이 보정 "-"	G44 Z_ H_ ;	"	"
☑G49		공구길이 보정 무시	G49 Z_ ;	"	
☑G50	08	스켈링, 미러기능 무시	G50;		
G51		스켈링, 미러기능	G51 X_/X_ Y_/Y_ Z_/Z_ P_;/L J_ K_ ;	I,J,K에 "-"부호 명령되면 미러기능 단독명령절로 명령	
G52	00	지역(로칼)좌표계 설정	G52 G90 X_ Y_ Z_ ;	G52 X0. Y0. Z0.;지역좌표계 무시	
G53		기계좌표계 선택	G53 G90 X_ Y_ Z_ ;	G00	
☑G54		공작물좌표계 1번 선택	G54 G90 X_ Y_ Z_ ;		
G55		공작물좌표계 2번 선택	G55 G90 X_ Y_ Z_ ;		
G56		공작물좌표계 3번 선택	G56 G90 X_ Y_ Z_ ;		
G57	14	공작물좌표계 4번 선택	G57 G90 X_ Y_ Z_ ;		
G58		공작물좌표계 5번 선택	G58 G90 X_ Y_ Z_ ;		
G59		공작물좌표계 6번 선택	G59 G90 X_ Y_ Z_ ;		

G코드	그룹	기 능	명 령 방 법	관련 기능	비 고
G60	00	한방향 위치결정	G60 G80/G81 X_ Y_ Z_ ;	G00	
G61	15	Exact stop모드	G61 절삭명령 ;	절삭기능	
G62		자동코너 오버라이드	G62 절삭명령 ;	내측 G02, G03	
☑G64		연속절삭 모드	G64 절삭명령 ;	절삭기능	
G65	00	매크로 호출	G65 P_ ;	P=보조프로그램 번호	
G66	12	매크로 모달 호출	G66 P_ ;	"	
G67		매크로 모달 호출 무시	G67;		
G68	16	좌표회전	G69 G90M α_ β_ R_ ;	G17, G18, G19	R=회전각도
☑G69		좌표회전 무시	G69;		단독명령으로 명령
G73		고속 심공 드릴 사이클	G73 G80/G81 G98/G99 X_ Y_ Z_ R_ Q_ F_ K_ ;	G17, G18, G19	
G74		왼나사 탭 사이클	G74 G80/G81 G98/G99 X_ Y_ Z_ R_ F_ K_ ;	"	
G76		정밀 보링 사이클	G76 G80/G81 G98/G99 X_ Y_ Z_ R_ Q_ F_ K_ ;	"	
☑G80		고정 사이클 무시	G80 ;		
G81		드릴 사이클	G81 G80/G81 G98/G99 X_ Y_ Z_ R_ F_ K_ ;	G17, G18, G19	
G82		카운터 보링 사이클	G82 G80/G81 G98/G99 X_ Y_ Z_ R_ P_ F_ K_ ;	"	R=R점 복귀 P=일시 정지(Dwell) 시간 Q=1회 절입량 또는 도피량 K=반복회수(1회 반복 명령은 생략한다.)
G83	09	심공 드릴 사이클	G83 G80/G81 G98/G99 X_ Y_ Z_ R_ Q_ F_ K_ ;	"	
G84		탭 사이클	G84 G80/G81 G98/G99 X_ Y_ Z_ R_ F_ K_ ;	"	
G85		보링 사이클	G85 G80/G81 G98/G99 X_ Y_ Z_ R_ F_ K_ ;	"	
G86		보링 사이클	G86 G80/G81 G98/G99 X_ Y_ Z_ R_ F_ K_ ;	"	
G87		뒷면 보링 사이클	G87 G80/G81 G98/G99 X_ Y_ Z_ R_ Q_ F_ K_ ;	"	
G88		보링 사이클	G88 G80/G81 G98/G99 X_ Y_ Z_ R_ P_ F_ K_ ;	"	
G89		보링 사이클	G89 G80/G81 G98/G99 X_ Y_ Z_ R_ F_ P_ K_ ;	"	
☑G90	03	절대치 명령	G90 이동명령 ;		
G91		상대 명령	G91		
G92	00	공작물 좌표계 설정	G92 G90 X_ Y_ Z_ S_ ;	S=주축 최고회전수	
☑G94	05	분당 이송	G94	G01, G02, G03, G33 고정사이클	
G95		회전당 이송	G95	"	
G96	13	주속 일정 제어	G96 S_ ;	M03, M04	
☑G97		주속 일정 제어 무시	G97 S_ ;	"	
☑G98	10	고정사이클 초기점 복귀	G고정사이클 기능 G98 고정사이클 데이터 ;	G73~G89	
G99		고정사이클 R점 복귀	G고정사이클 기능 G99 고정사이클 데이터 ;	"	

㈜ ☑ 표시 기호는 전원 투입시 ☑ 표시 기호의 상태로 된다.

G코드의 ☐ 표시한 코드는 대부분 표준 사양.(기본적이고 자주 쓰임).

B-7 밀링 M 코드 일람표

기능	의 미	설 명
M00	프로그램 정지	프로그램의 일단정지, 여기까지의 계속 유효(Modal)정보는 보존되고, 자동 개시를 누르면 자동 운전을 재개한다. CNC 밀링에서 공구를 수동교환하기 위하여 많이 사용함.
M01	선택적 프로그램 정지	조작판의 M01 스위치가 ON 상태일 때만 정지하고 M01 스위치가 OFF일 때는 통과.(정지할 때는 M00 상태와 동일.)
M02	프로그램 종료	계속 유효(Modal)정보의 기능이 취소되며 프로그램이 종료됨(커서를 선두로 되돌리는 기능도 있음.)
M03	주축 정회전	주축을 시계 방향(C.W)으로 회전시키는 기능
M04	주축 역회전	주축을 반시계 방향(C.C.W)으로 회전시키는 기능
M05	주축정지	주축회전 정지
M06	공구 교환	공구를 교환.
M08	절삭유 ON	절삭유를 공급시키는 기능
M09	절삭유 OFF	절삭유 공급을 정지시키는 기능
M19	주축 한 방향 정지	공구교환 및 고정사이클의 이동(Shift) 방향에 이용.
M30	프로그램 되돌리기와 재실행	프로그램의 종료 후 선두로 되돌리는 기능과 선두에서 다시 실행되는 두가지 기능이 있음.
M98	보조프로그램 호출	보조프로그램을 호출해서 실행시키는 기능
M99	보조프로그램 끝	보조프로그램을 끝내고 주 프로그램으로 돌아가도록 지시

B-8 공구 보정 기능

기준 공구에 대한 공작물 좌표계가 설정되면 공구의 끝은 프로그램에 따라 움직이게 된다. 그러나 공작물 형상에 따라 가공을 하려면 공구 교환을 하게 되는데, 머시닝 센터에서 사용하는 공구는 그 길이와 지름이 각각 다르다. 만약, 각기 다른 공구 크기를 고려해서 프로그램을 작성해야 한다면 매우 어려운 일이 될 것이다. 이 때, 기준 공구에 대한 다른 공구의 길이와 지름의 차이는 공구 보정 기능을 이용해서 NC에 지령하면 된다. 즉, 공구길이의 차이와 지름을 측정해서 보정(offset) 화면에 등록한다(이런 작업을 공구세팅이라고 한다). 프로그램에서 사용 공구에 대한 길이보정 번호와 지름보정 번호를 지정하면, NC는 등록된 보정값을 계산 감안하여 공구를 움직이게 되므로 프로그래머는 길이와 지름의 차이를 계산하지 않아도 된다.

공구보정 번호는 길이에는 주소 H, 지름에는 D를 사용한다.

공구 길이 보정 기능 G43, G44

공작물 좌표계에 있어서 보통 Z축 원점은 공작물 윗면에 설정한다. 따라서 G00 Z0. ; 라고 명령했을 때, 기준 공구를 기준으로 좌표계를 설정했을 때는, 아래 그림과 같이 공작물의 윗면에 정확히 접촉한다. 그러나 기준 공구보다 짧은 공구를 사용하면 Z0.까지 이동시키려 해도 공작물까지 도달하지 않고, 긴 공구는 공작물에 충돌한다.

이러한 것을 피하기 위해서 각 공구마다 기준 공구와의 차이값을 공구 보정란에 입력해 놓고 NC가 공구 보정을 하도록 프로그램에 명령하면 된다. 그 명령 방법은 다음과 같다.

▶ 명령 방법 G43(G44) Z_____ H_____ ;

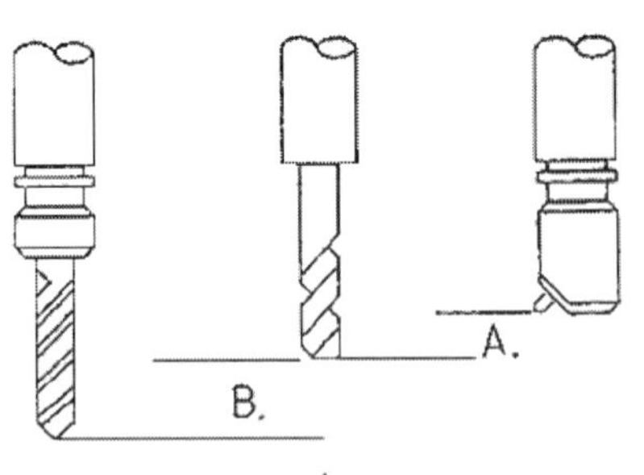

여기서, G43 : 공구 길이 보정 +(plus)
G44 : 공구 길이 보정 -(minus)
Z : Z축 이동 명령(절대, 증분치 명령이 가능)
H : 공구 길이 보정 번호

○ 공구 길이 보정

[주의] 공구 길이 보정시 주의 사항

① 공구 보정 명령 코드는 G43, G44를 구분하여 사용하는 것보다 G43 하나만 사용하는 것이 헛갈리지 않으며, G43만을 사용할 경우 공구보정란에 보정값을 입력할 때, 기준 공구보다 짧은 공구는 반드시 보정값을 음수(−)로 입력해 놓아야 한다.

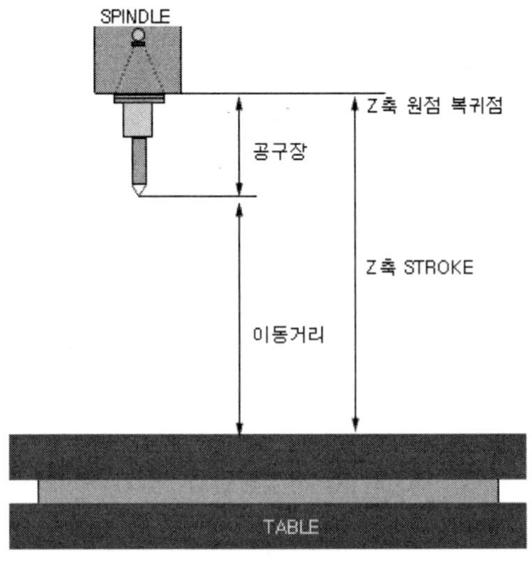

- 공구장 = Z축 STROKE - 이동거리

② G43은 계속 유효(modal) G코드이므로 한 번 명령하면 계속 유효하다. 따라서 프로그램의 앞부분 또는 공구 교환 직후에 G43을 한 번만 명령하면 된다.

③ 한 공구의 가공이 끝난 후 다른 공구로 교환하기 전, 또는 가공이 완전히 끝난 후에는 반드시 G49를 명령하여 공구 길이 보정을 취소해야 한다.

④ 공구 길이 보정과 공구 길이 보정 취소 명령은 Z축의 이동 명령과 같이 프로그램을 작성하는 것이 좋다. 왜냐하면 G43 H01 ; 과 같은 방법으로 명령하면 보정 화면 01번에 입력된 공구 길이만큼 이동한다. 또 G49 ; 명령만 하면 G49 이전에 실행된 공구 길이 보정만큼 반대 방향으로 이동한다. 만약 공구 길이가 "-"값이면 현재 위치에서 공구 길이만큼 아래쪽으로 이동하여 공구가 충돌하는 상황이 발생될 수 있다. 결과적으로 공구 길이 보정과 취소 명령은 Z축 이동 명령과 같이 명령하고, 공구 길이 값보다 크게 명령해야 한다.

⑤ 공구 번호와 공구 보정 번호는 같지 않아도 되지만 같은 번호를 사용하면 작업 중에 발생하는 보정 실수를 줄일 수 있다.

 공구 길이 보정 취소 G49 

공구 길이 보정으로 보정한 공구 길이를 취소한다. 주의 사항에서 알아본 것처럼 취소할 때는 Z축 이동 명령과 함께 내리는 것이 좋으며, Z값은 공구 길이보다 크고, 공작물 좌표계의 Z값보다는 작게 명령한다. 그 공구에 대한 사용이 끝나면 반드시 보정을 취소해야 한다.
최근에는 G28명령으로 공구가 원점 복귀할 때 자동 취소하는 기능도 있다.

▶ 명령 방법 G49 G00 Z_____ ;

여기서, Z축에 지정된 위치까지 급속 이송하면서 공구 길이 보정이 취소된다.
보정 번호 H00으로 명령해도 보정이 취소된다.
G49 G90 G00 Z200. ; Z200. 지점까지 급속 이송하면서 공구 길이 보정 취소

[참고] 공구 길이 보정 설정 방법

공구 길이를 어떤 방법으로 측정해서 보정의 기준점을 어디로 잡느냐에 따라 입력하는 보정값이 달라진다. 이것은 공작물 좌표계를 어떤 방법으로 설정했느냐 에도 관계되는 것으로, 앞에서는 이해를 쉽게 하기 위하여 기준 공구에 의한 공작물 좌표계 설정을 설명하였지만, 다른 방법도 있다. 즉, 기준 공구를 장착하지 않은 상태에서 주축 선단을 기준으로 좌표계를 설정하는 방법이 현장에서 많이 쓰인다. 자세한 좌표계 설정 방법은 조작편을 참조하고, 여기서는 길이 보정 설정 방법에 대해서 알아본다.

① 기준 공구와 다른 공구와의 차이를 보정량으로 하는 경우

공작물 좌표계를 설정할 때, 기준 공구의 날끝 위치를 기준으로 하였으므로, 날끝이 공작물 원점에 닿았을 때의 값을 0으로 하고, 기준 공구보다 짧은 것은 (−)값으로, 긴 것은 (+)값으로 하여 기준 공구와의 차이값을 보정값으로 입력하는 방법이다.

이 방법은 간단하게 세팅하는 방법으로 많이 사용하지만 기준 공구가 파손이나 마모로 기존 설정값이 달라지면, 다른 공구도 다시 길이 보정값을 바꿔야 하는 문제점이 있다.

② 공구 길이를 보정값으로 하는 경우

공작물 좌표계를 설정할 때, 공구를 설치하지 않은 상태에서 기계 원점 위치에서의 주축 선단과 공작물 원점까지의 거리를 좌표계 값으로 한다. 주축 선단 위치를 기준으로 하였으므로, 설치되는 공구의 보정값은 모두 (+)값으로 하여 공구 길이를 보정값으로 입력하는 방법이다. 따라서 사용될 모든 공구의 길이를 미리 측정해서 그 측정값을 보정값으로 하면 된다. 바뀐 공구가 있으면 그 공구에 대한 값만 입력하면 된다. 기준 공구가 바뀌면 모든 공구의 보정값을 다시 바꾸는 일을 하지 않아도 되므로 편리하다.

공구 길이를 측정할 때는 공구를 공구 고정 장치(Tool holder)에 장착한 상태에서 하며, 측정기기로는 아래 그림과 같은 공구 프리세터(Tool Presetter)가 쓰인다.

③ 공구 날끝부터 공작물 기준면까지의 거리를 보정값으로 하는 경우

기계 원점을 공작물 좌표계의 Z축 원점으로 하여, 공구 날끝부터 공작물 기준면까지의 거리를 보정값으로 하는 경우로 보정값의 부호는 (−)가 된다.

B-9 고정 사이클의 종류와 동작

고정 사이클(cycle) 일람표

드릴링, 보링, 태핑, 리밍 등의 고정 사이클은 각각 그 동작의 형태에 따라서 아래 표와 같이 여러 종류로 나누어진다. 따라서 가공할 구멍의 모양에 알맞은 사이클을 선택하여 명령해야 한다.

G CODE	동작 3 (구멍 가공)	동작 4 (구멍 바닥에서)	동작 5 (R점까지)	용 도
G73	간헐 이송		급속 이송	고속 심공 드릴링 사이클
G74	절삭 이송	주축 역회전 → 일시 정지 → 정회전	절삭 이송	역 태핑 사이클(왼 나사)
G76	절삭 이송	일시 정지 → 주축 한방향 정지(OSS) → 이동(Shift)	급속 이송	정밀 보링 사이클
G81	절삭 이송		급속 이송	드릴링 사이클
G82	절삭 이송	일시 정지	급속 이송	카운터 보링 사이클
G83	간헐 이송		급속 이송	심공 드릴링 사이클
G84	절삭 이송	주축 정회전 → 일시 정지 → 역회전	절삭 이송	태핑 사이클
G85	절삭 이송		절삭 이송	보링 사이클
G86	절삭 이송	주축 정지	급속 이송	보링 사이클
G87	절삭 이송	일시 정지 → 주축 한방향 정지(OSS) → 이동(Shift)	절삭 이송	뒷면(back) 보링 사이클
G88	절삭 이송	일시 정지 → 주축 정지	수동/급송	보링 사이클
G89	절삭 이송	일시 정지	절삭 이송	보링 사이클
G80	고정 사이클의 취소			

또, 고정 사이클은 데이터의 형식, 복귀점의 위치를 나타내는 다음의 G-코드에 의해 그 동작이 규정된다.

데이터 형식의 지정	G90	X, Y, Z, R의 좌표값이 절대치 명령인 것을 의미한다.
데이터 형식의 지정	G91	X, Y, Z, R의 좌표값이 증분치 명령인 것을 의미한다.
사이클 종료시의 복귀점 위치	G98	사이클 동작이 끝날 때 초기점 부터 복귀하는 것을 명령한다. (R점에서 초기점까지의 이동은 항상 급속이송이다.)
사이클 종료시의 복귀점 위치	G99	사이클 동작이 끝날 때 R점까지의 복귀하는 것을 명령한다. (동작 6이 없다.)

초기점은 고정 사이클을 명령하기 직전의 Z축 위치를 말한다.

고정 사이클 동작

구멍 가공용 고정 사이클 동작은 다음의 6가지 동작으로 이루어진다. 단, 동작 6은 사이클 종류와 명령 방법에 따라 다르거나 동작이 없게 된다.

동작 1 : X, Y축의 위치 결정
동작 2 : R점까지 급속 이송(Z축)
동작 3 : Z점까지 절삭 이송
동작 4 : 구멍 바닥에서의 동작
동작 5 : R점까지 나오는 동작
동작 6 : 초기점까지 급속 이송

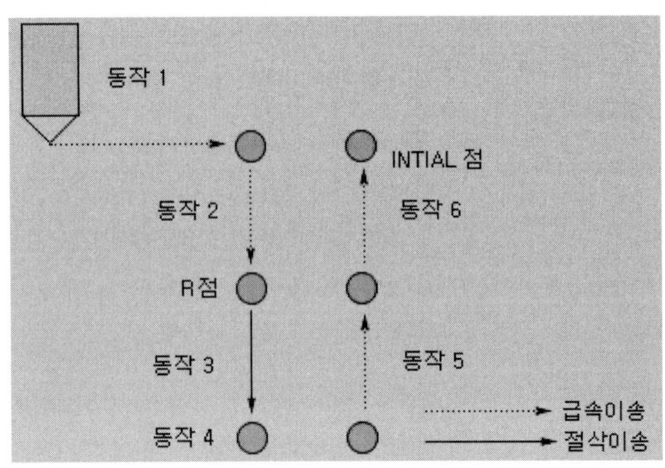

동작 1에서 위치 결정 축은 평면 선택 기능(G17, G18, G19)에서 선택한 평면에 따라 위치 결정 축이 결정된다.

초기점 복귀(G98)와 R점 복귀(G99)

고정사이클의 동작을 규정하는 것으로, 구멍가공이 끝나고 공구가 복귀하는 지점을 결정하는 기능이다. 아래 그림에서와 같이 초기점이란 고정사이클이 시작되는 지점이다. G98로 명령하여 초기점까지 복귀하도록 하는 것을 초기점 복귀라고 하며, 다음 구멍가공을 위하여 이동할 때 공작물에 돌출부가 있어 공구와 충돌이 예상될 경우 사용하는 방법이다.

R점이란 절삭이송이 시작되는 점을 말하 고,이지점까지 복귀 하는 것을 R점 복귀 라고 한다. 여러 곳 의 구멍을 가공할 경우, 다음 구멍을 가공하기 위하여 이동할 때 가능하면 공구의 이동거리를 짧게 하면 가공시간을 줄일 수 있다. 그래서 R점까지 복귀한 후, 다음 구멍 위치로 이동할 때 공작물과 간섭이 생기지 않을 경우 이 방법을 사용한다.

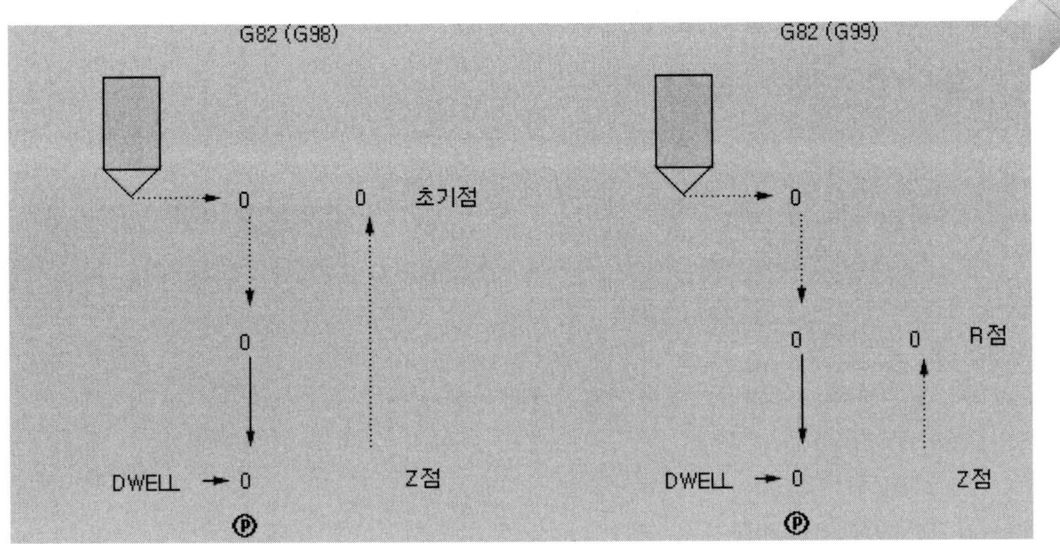

 절대치 명령(G90)과 증분치 명령(G91) 

고정사이클의 동작을 규정하는 것으로, 절대값인지, 증분값에 따라 R점의 기준 위치와 Z점의 기준 위치가 달라진다. 아래 그림에서와 같이 절대치 명령인 경우 항상 공작물 원점이 기준점이므로, R과 Z점의 기준점은 공작물 좌표계 Z0.인 지점이 된다. 증분치 명령인 경우에는 현재 위치가 기준점이 되므로, 초기점의 위치가 R점의 기준이 되고, 또 Z점의 기준은 R점이 된다. 따라서 초기점에서 Z점까지의 거리는 R값+Z값이 된다.

B-10 고속 통신 카드

- Fanuc Remote Buffer와 함께 사용
- 단순 점군 NC 데이터 시리얼 통신
- Fanuc 시리즈 15, 16, 18, 0, 20 및 21 콘트 롤러와 함께 사용하기 위하여
- 고속 가공을 위하여 드립 피이드 부품 프로그램을 위한 솔루션

① **Fanuc 콘트롤에 인터페이스**

고속 카드(HSC) 3D 형상가공과 같은 고속 가공 어플리케이션이 필요한 곳에 Fanuc 콘트롤러를 위한 고속 인터페이스 시스템이다. Fanuc 프로토콜 B를 이용한 Fanuc 리모트 버퍼 보드(RS-422)에 HSC 인터페이스.

② **시리얼 통신**

고속 가공 카드는 PC에 표준 통신 포트로써 embedded 마이크로 프로세서에 의해 각기 제어되는 2 시리얼 포트를 가짐. 두 프로세서는 PC conserve interrupt를 돕기 위하여 한 인터럽트를 할당한다. 특별 장치 드라이버가 PC를 위하여 필요하지 않다.

보드는 인터럽트 번호와 I/O 어드레스에 대하여 점퍼 설정한다. 각 포트는 RS-232 또는 RS-422 운용에 대하여 컴퓨터 설정한다. 현재 디폴트 보오드레이트는 7 데이터 비트, even 패리티와 2스톱 비트의 86.4kbps이다.

제공된 현재 프로토콜은 Fanuc protocol B이다. on-board firmware는 소프트웨어 유틸리티 프로그램에 의해 업그레이드될 수 있다.

③ **버퍼**

각 포트는데이타 전송에 드웰이 발생하지 않도록 보증하기 위하여 Fanuc Remote Buffer로 전송될 데이터에 대하여 32KB 버퍼를 갖는다.

④ **속도**

리얼 타임 기계 실행을 위하여 초당 86,400BPS까지 전송 가능.

⑤ **표준 PC ISA 카드**

HSC 보드는 임의의 PC 호환 컴퓨터에 ISA 버스로 플러그하는 표준 PC ISA 확장 카드이다.

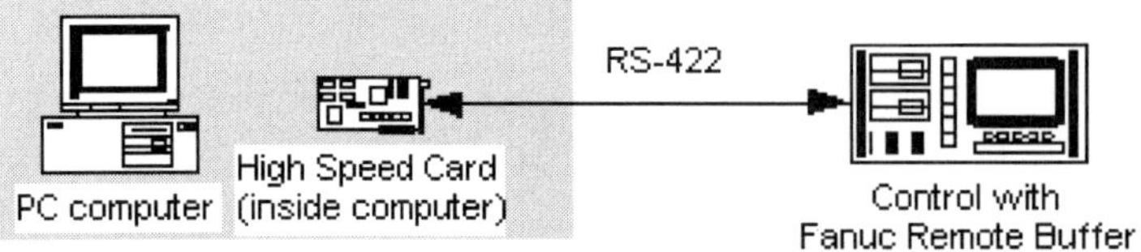

MxDS2 데이터 셔틀

특징

① **대용량 메모리** : 128Kb, 256Kb 또는 2Mb(2041KB)의 플래시 메모리의 프로그램 저장 능력

② **파일 관리** : MxDS1, MxDS2 보다 큰 62 CNC 파일 관리.

③ **USB 또는 씨리얼 PC 링크** : 씨리얼 포트 연결 입·출력 또는 유틸소프트웨어에 의한 USB 입.출력

④ **배터리 없이 구동** : CNC 컨트롤러 또는 USB에 의해 전원 공급

⑤ **스마트 씨리얼 접속** : DTE/DCE 씨리얼 포트에 연결 및 자동 감지

Mx1150 DCAM(Dynamic Computer Aided Machining)

Mx1150 시리즈는 내장되어 있는 DNC 시스템의 기능과 인터페이스가 가능하다. Mx1150은 사실상 모든 CNC 컨트롤을 위한 공동 프로세서이다. 이것을 "스마트" 실행이라고 부른다. "스마트" 버퍼링 시스템은 DNC 호스트 컴퓨터와 CNC 컨트롤 사이의 긴 거리를 전송하는 비효율적 데이터에 의해 야기되는 데이터 단락을 배제한다. 데이터 단락은 가장 풀-피처된 전통적 원격 DNC 소프트웨어 제품에 발생할 수도 있다. Mx1150은 물리학적으로 컨트롤러에 바로 장착되어 있고 기존 시리얼 또는 에테르넷 케이블을 간단히 연결하여 사용한다. (에테르넷 모듈은 옵션이다). 부품 프로그램은 사용자의 기존 컴퓨터와 Mx1150 사이에서 "Hot Synched"이다. 64MB에서 2GB 용량으로 국부 파일 저장은 부품 프로그램을 항상 가능하게 하고 실행되는 CNC 메모리에 로드되거나 다이

내믹하게 실행된다. Mx1150은 본래 부품 프로그램 적합 프로세서로서 효율적 코드 실행을 통해 한결 효율성을 증가시킨다.

① DNC 시스템이 안 쓰일 것이다.

⇒ Mx1150에 내장되어 있기 때문이다.

② 기계 모니터링을 가능하게 한다.

⇒ 제조업 관리자의 바람

③ 드립 피드가 가능한한 메모리 업그레이가 필요없다.

⇒ 부품 프로그램의 2 기가 바이트까지 국부적으로 저장할 수 있고 편집할 수 있다.

④ 모든 기계에 대해 TCP/IP, SMTP (이메일), TELNET (무선 접속), 등과의 에테르넷 연결을 가능하게 한다.

⇒ CNC 네트워크 카드 불필요!

⑤ 중심 서버에서 보다는 - 내부장치에서 전체 장비 효율성 (OEE) 계산이 가능하다

⇒ 그러므로 실시간이며, 접근하기 쉽다.

⑥ 8 입력과 4 출력을 가진 내장 래더 기능을 가지고 있다.

⇒ 사용자는 CNC에 주변장치를 추가할 수 있고 기계 래더에 절대 손대지 않을 수 있다.
사용자는 새로운 G 또는 M 코드를 추가할 수 있다.
사용자는 훨씬 쉽게 로봇/회전 테이블/바 피이더 등 연동장치를 작동시킬 수 있다.
결국 이 Mx1150은 CNC의 고효율 저비용의 신기술 장치이다.

B-11 옵티컬 아이솔레이터 NC 부착 무전원 형

[사양]

전기레벨 : 표준 RS-232
논리 High : 8V 이상
논리 Low : −8V 이하
절연전압 : 4,000V 연속
통신속도 : 600 BPS ~ 19,200 BPS
통신거리 : PC 3 선식 : 50 Meter
PC 4 선식 : 200 Meter
결선방법 : NC 방향 : TxD, RxD, DTR, GND
PC 방향 : TxD, RxD, GND
부착 방법 : NC 시리얼 포트 직결식
제품 단가 : Call 원

[제품설명]

전원 연결이 필요없는 아이솔레이터 입니다. 사용법이 간단하고 전원이 없기 때문에 최고의 신뢰성을 제공합니다. TxD와 RxD 신호를 아이솔레이션 하므로 X-on/off 프로토콜을 사용하는 DNC 프로그램과 같이 사용합니다.

아이솔레이터 PC 부착 전원형

[사양]

전기레벨 : 표준 RS-232
논리 High : 8V 이상
논리 Low : −8V 이하
절연전압 : 2,000V 연속
통신속도 : 600 BPS ~ 56,000 BPS
통신거리 : 200 Meter
아이솔레이션 신호 : TxD, RxD, RTS, CRS, DTR, DSR
결선방법 : NC 방향 : TxD, RxD, RTS, CRS, DTR, DSR, GND
PC 방향 : TxD, RxD, RTS, CRS, DTR, DSR, GND
공급전원 : 220V / 110V (DC 18V 아답터 방식)
제품 단가 : Call 원

[제품설명]

PC 쪽에 설치하여 두고 사용합니다. RS-232의 6개의 신호를 전부 아이솔레이션 하므로 RTS/CTS 프로토콜을 사용하는 DNC 프로그램에도 사용 가능합니다.

아이솔레이터 내장형 고속 BUFFER CPU

[사양] 입력 채널 전기레벨 : 표준 RS-232
논리 High : 8V 이상
논리 Low : −8V 이하
절연전압 : 2,000V 연속
통신속도 : 600 BPS ~ 115,200 BPS
통신거리 : 200 Meter

[출력채널 1] 전기레벨 : 표준 RS-232
논리 High : 8V 이상
논리 Low : −8V 이하
절연전압 : 2,000V 연속
통신속도 : 600 BPS ~ 115,200 BPS
통신거리 : 200 Meter

[출력 채널 2] 전기레벨 : 표준 RS-422
논리 High : +1V 이상
논리 Low : −1V 이상
아이솔레이션 신호 : TxD, RxD, RTS, CRS, DTR, DSR
결선방법 : NC 방향 : TxD, RxD, RTS, CRS, DTR, DSR, GND
PC 방향 : TxD, RxD, RTS, CRS, DTR, DSR, GND
CPU : 32 비트 RISC 프로세서
버퍼 메모리 : 64M Bytes DRAM
제품 공급가 : 1,600,000원 (64 M Byte 버퍼형)
1,800,000원 (256 M Byte 버퍼형)

[제품설명] BUFFER CPU 는 컴퓨터에서 NC 로 데이터 고속 전송시 버퍼에 가공 데이터를 저장한 후 NC에 보내는 작업을 수행합니다. Pc 는 Windows 95/98/NT 이므로 완전한 리얼타임 고속 데이터 전송이 되지 않습니다. 그러므로 Baud Rate 를 높은 수치로 설정하여도 중간에 데이터가 끊기는 현상이 발생합니다. 이를 방지하기 위하여 충분한양의 가공데이터를 버퍼 메모리에 확보하여 놓고 NC로 고속 전송하기 위한 것 입니다. 또한 PC NC 가 아닌 경우 에는 통신속도를 맞추는 역할을 겸합니다. 예를들어 FANUC 시스템은 38400 BPS가 컴퓨터와 일치할수 있는 최대 전송속도입니다. FANUC 에서 76800 BPS 로 설정하고 싶어도 PC는 57600Pbs 다음이 115200 이므로 일치하지 않습니다. Buffer CPU를 사용하면 모든 종류의 통신속도에서 고속의 데이터 전송이 가능합니다.

B-12 통신 프로토콜 설정 보기

Fanuc 0 콘트롤러

1. 케이블 설정

CNC 컨트롤	DNC 컴퓨터		
I/O 포트	Rocket 포트	구형PC COM1포트	TurboExpress 포트
DB-25 Male	DB-25 Male	DB-25 Female	DB-9 Female
1	샤시그라운드	샤시그라운드	샤시그라운드
2	3	3	2
3	2	2	3
7	7	7	5
4 및 5 점프			
6,8,20 점프			

2. 컨트롤러 파라메터

#0002 = 2 정지 비트로 하기 위하여 0 bits를 1로 RS-232 입력을 위하여 2 bit를 0으로 설정한다.

#552 11 (9600 baud)

3. Set Page (Handy)

I/O = 0

ISO 포멧

프로토콜	ASCII-ISO
보오드레이트	9600 (추천)
데이터 비트	Even
패리티	7
정지 비트	2
핸드 쉐이킹	Software XON-XOFF
신호대기	Xon
전송 형식	Line

Siemens 810D/840D

1. 케이블 선정

CNC 컨트롤	DNC 컴퓨터		
I/O 포트	Rocket 포트	구형PC COM1포트	TurboExpress 포트
DB-25 Male	DB-25 Male	DB-25 Female	DB-9 Female
1	샤시그라운드	샤시그라운드	샤시그라운드
2	3	3	2
3	2	2	3
7	7	7	5
4 및 5 점프			
6,8,20 점프			

2. 파라메터 설정 위한 시스템 스크린

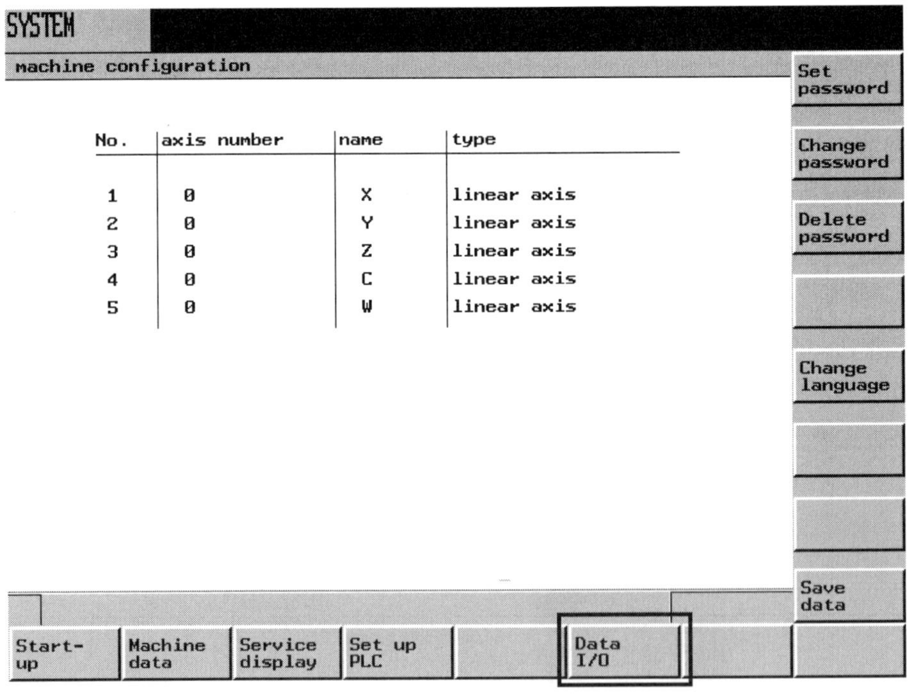

Data I/O 선택하면, 다음과 같이 왼쪽의 행은 데이타 그룹을 선택, 오른 쪽 행은 전송을 위한 각각의 데이타를 선택하며, 커서를 이용하여 행을 변경할 수 있다.

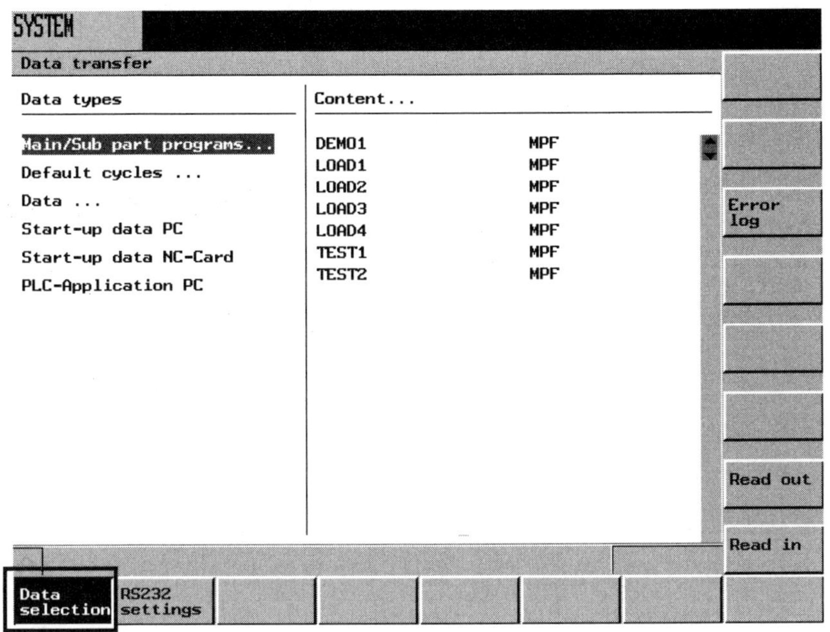

Data selection 전송을 원하는 데이타를 선택. 소프트키 Read-out은 PC로 데이타를 전송. Read-in 소프트키는 PC로부터 NC로 데이타 전송을 시작. 데이타를 수신하기 위해 데이타 그룹을 지정할 필요가 없다. 데이타가 저장되는 곳은 데이타의 의해 결정됨.

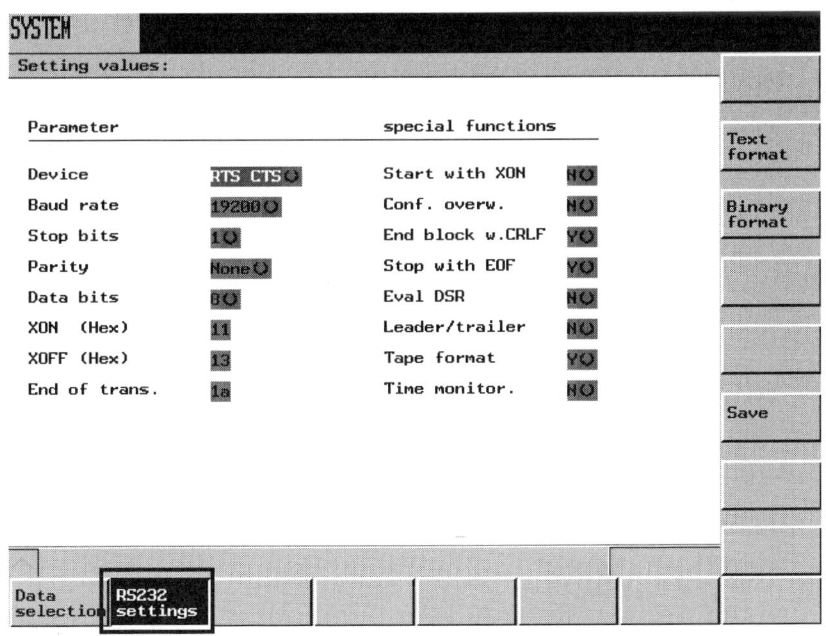

RS232 settings 이 소프트키로 RS-232 인터페이스 파라미터를 설정. 이진 데이타 전송과 텍스트 파일 전송 등을 세팅할 수 있음. 소프트키 Save는 설정 데이타를 저장

3. 인터페이스 파라미터

(1) Protocal(통신규약)

전송제어를 위해 다음 프로토콜이 지원된다 :

XON/XOFF와 RTS/CTS, 소프트웨어 흐름 제어와 하드웨어 흐름 제어.

① XON/XOFF

전송제어의 한 방법은 제어문자 XON (DC1, DEVICE CONTROL 1)과 XOFF (DC3)를 사용. 주변기기의 버퍼가 다 차면 XOFF를, 다시 데이터를 받자마자(=디폴트) XON을 보낸다.

② RTS/CTS

RTS(전송 요구) 신호는 데이터 전송 장비의 전송 모드를 제어한다.

☒ 활성 : 데이터를 보낼 수 있다.

☐ 비활성 : CTS (Clear to send)는 데이터 전송 장비의 준비 완료 시그날로서 RTS에 응답하는 인식 신호.

(2) Baud rate(보오드레이트)

입력 : 선택 키로 인터페이스 디스플레이에서 보오드레이트를 선택함.

300 baud
600 baud
1200 baud
2400 baud
4800 baud
9600 baud (디폴트)
19200 baud
….
57,600 baud

(3) Data bit(데이터 비트)

비동기 전송의 데이터 비트 수

입력 : 인터페이스 디스플레이에서 데이터 비트를 선택함

7 Data bits
8 Data bits (디폴트)

(4) Parity(패리티)

패리티 비트는 오류 검색을 위해 사용한다.

패리티 비트는 자릿수가 "1" 홀수 (홀수 패리티)나 짝수 (짝수 패리티)가 되도록 부호화 문자 추가.

입력 : 인터페이스 디스플레이에서 패리티를 선택함

패리티 없음(= 디폴트)

홀수 패리티

짝수 패리티

(5) Stop bits(정지 비트)

비동기 데이터 전송의 정지 비트 수.

입력 : 파라미터 디스플레이에서 정지 비트를 선택함

1 정지 비트 (= 디폴트)

2 정지 비트

(6) 특수 기능

이 특수 비트는 인터페이스 디스플레이로 활성될 수 있는 특수 기능을 저장한다.

X표의 확인란은 특수 기능 활성의 선택을 나타낸다.

(7) 겹쳐쓰기시 확인

☒ 활성 : 리드인하자마자 NC에 이미 파일이 존재할 지를 점검한다.

☐ 비활성 : 기존 파일이 확인 없이 겹쳐쓰기 된다.

(8) CR LF 블록 끝

☒ 활성 : 천공 테이프 형식을 위해 CR 문자(캐리지 리턴, 16진 0D)가 각 라인 피드(LF) 후에 삽입된다.

☐ 비활성 : CR 문자를 삽입하지 않음.

(9) 전송 완료 문자에 의한 정지

☒ 활성 : 텍스트 모드 : 전송 문자의 끝을 인식한다.

☐ 비활성 : 디지탈 모드 : 전송 문자의 끝이 인식되지 않음. 전송문자 끝의 표준값은 16진 1A.

(10) DSR 신호 인식

☒ 활성 : DSR 신호가 없으면 전송이 중지된다(커넥터 X6의 6번 연결).

☐ 비활성 : DSR 신호는 관계 없음.

(11) Leader and trailer(리이더와 트레일러)

☒ 활성　: 입력/출력중 리이더는 무시됨
120x0(Hex) 출력(데이터 앞/뒤에 이송)

☐ 비활성 : 리이더와 트레일러가 입력된다.
출력에서 0(Hex) 리이더는 없다.

(12) 천공 테이프 형식

☐ 비활성 : SINUMERIK 840D Archive 형식으로 Archive를 입력.

☒ 활성　: DIN 66025에 따른 프로그램 입력.
예를들면, SINUMERIK 840D의 프로그램 : %〈file name〉과, %MPF〈xxx〉나 %SPF〈xxx〉로 시작.

(13) 타임-아웃

☒ 활성　: 전송상 문제가 있으면, 5초 후 전송이 중지된다. 타임-아웃은 문자가 전송될 때마다 첫번째 문자와 리세트에 의하여 기동되는 타이머에 의해 제어된다.

☐ 비활성 : 전송이 중지되지 않는다.

Mazak CMT 대화형 프로그램 전송

1. M1,M2,M32, M Plus, Fusion M640M, T1,T2, T32등 모든 기종

CNC 컨트롤	DNC 컴퓨터		
I/O 포트	Rocket 포트	구형PC COM1포트	TurboExpress 포트
DB-25 Male	DB-25 Male	DB-25 Female	DB-9 Female
1	샤시그라운드	샤시그라운드	샤시그라운드
2	3	3	2
3	2	2	3
7	7	7	5
5,6,8,20 점프			

2. 기계 파라메터 설정

핸드쉐이킹 파라메터 : Mazak CMT.

Binary 프로토콜 형식, No 패리티, 8 데이터 비트, 2 정지 비트, 버퍼 크기=256, 및 전송 형식 =Buffer.

프로토콜	Binary (이진)
보오드레이트	4800 (추천)
데이터 비트	None
패리티	8
정지 비트	2
핸드 쉐이킹	Mazak CMT
신호대기	Off
전송 형식	Buffer 256 bytes

선반 T32		
I1	2	CMT 및 Tape I/O 보오드 = 4800
I2	3	2 Tape I/O 정지 비트
I3	0	Tape I/O 패리티 없음
I4	0	Tape I/O 종료 코드
I5	3	8 CMT 및 Tape I/O 데이터 비트
I6	3	Tape I/O 코드 핸드쉐이킹 사용
I7	0	Tape I/O DC 코드 패리티 없음
I8	5	I/O 대기 시간
I9	3	Tape I/O DC2 및 DC4
I10	1	EOB 또는 EOR 종료
I11	1	Tape I/O 출력 CR/LF, LF 아님
I12	0	Tape I/O에 대한 타이틀 문자 출력 없음
I13	0	Tape I/O : 패리티 사용안함, ISO 사용
I14	0	Tape I/O에 대한 프로그램 전에 공란 없음
I15	0	Tape I/O에 대한 프로그램 사이에 공란 없음
I16	0	Tape I/O에 대한 리이더 또는 트레일러 없음
I57	00000000	프로그램 및 셋업 데이터 로드 및 저장
I58	00011100	프로그램 종료 코드로써 M02, M30 및 M99 사용

Mazak EIA/ISO 통신

1. 케이블 설정

CNC 컨트롤	DNC 컴퓨터		
I/O 포트	Rocket 포트	구형PC COM1포트	TurboExpress 포트
DB-25 Male	DB-25 Male	DB-25 Female	DB-9 Female
1	샤시그라운드	샤시그라운드	샤시그라운드
2	3	3	2
3	2	2	3
7	7	7	5
4 및 5 점프			
6,8,20 점프			

2. 기계 파라메터 설정

밀링 M32		
G1	2	CMT I/O 보오드 = 4800
G19	2	Tape I/O 보오드 = 4800
G20	0	2 Tape I/O 정지 비트
G22	0	Tape I/O 패리티 체크 취소
G23	3	8 Tape I/O 데이터 비트
G27	0	Tape I/O 출력 CR/LF, LF 아님
G29	3	Tape I/O 코드 핸드쉐이킹 사용
G30	0	Tape I/O DC 코드 패리티 없음
G40	3	Tape I/O DC2 및 DC4
G41	0	Tape I/O에 대한 리이더 또는 트레일러 없음
G42	50	I/O 대기 시간 = 5 sec
G43	00000000	Tape I/O : 패리티 사용안함, ISO 사용
G44	0	Tape I/O에 대한 프로그램 전에 공란 없음
G45	0	Tape I/O에 대한 프로그램 사이에 공란 없음
G47	1	프로그램 종료 코드로써 코드 0 설정
G48	0	Tape I/O 리와인드 기능 사용안함
G49	1	프로그램 종료 코드로써 % 사용
G50	00000111	프로그램 종료 코드로써 M02, M30 및 M99 사용

프로토콜	ASCII-ISO
보오드레이트	4800 (추천)
데이터 비트	Even
패리티	7
정지 비트	2
핸드 쉐이킹	Software XON-XOFF
신호대기	Xon
전송 형식	Line

Yasnac LX-1, MX-1 및 MX-2 콘트롤러

1. 케이블 설정

CNC 컨트롤	DNC 컴퓨터		
I/O 포트	Rocket 포트	구형PC COM1포트	TurboExpress 포트
DB-25 Male	DB-25 Male	DB-25 Female	DB-9 Female
1	샤시그라운드	샤시그라운드	샤시그라운드
2	3	3	2
3	2	2	3
7	7	7	5
4 및 5 점프			
6,8,20 점프			

2. 기계 파라메터 설정

컨트롤러 파라메터

6001 – 7bit를 1로 설정 (ISO 포멧)

6021 – 1,4,5,6을 1로 설정

6002 – 6bit를 0으로 설정(TV 체크 없음)

6026 – 00001001 (4800 baud)

6003 – 1 및 5를 1로

6028 – 00001001 (4800 baud)

프로토콜	ASCII-ISO
보오드레이트	2400 (추천)
데이터 비트	Even
패리티	7
정지 비트	1
핸드 쉐이킹	Software XON-XOFF
신호대기	Xon
전송 형식	Line

Yasnac LX-3, MX-3콘트롤러

1. 기계 파라메터 설정

컨트롤러 파라메터

6000 - 7bit를 1로 설정 (ISO 포멧) - MX-3

6002 - 7bit를 1(ISO) - LX-3

6003 - 1 및 5를 1로

6021 - 1,4,5,6을 0로 설정

6026 - 00011000 (2400 baud)

6028 - 00011000 (2400 baud)

Fanuc 16, 18, 20 및 21컨트롤러

1. 케이블 설정

CNC 컨트롤	DNC 컴퓨터		
I/O 포트	Rocket 포트	구형PC COM1포트	TurboExpress 포트
DB-25 Male	DB-25 Male	DB-25 Female	DB-9 Female
1	샤시그라운드	샤시그라운드	샤시그라운드
2	3	3	2
3	2	2	3
7	7	7	5
4 및 5 점프			
6,8,20 점프			

2. 기계 파라메터 설정

컨트롤러 파라메터

#0020 = 0 (I/O 채널=0)

#0100　CVT=0, NCR=0, ENS=0

#0101　SB2=1, ASI=0(ISO), NFD=1(피이드 없음)

#0102 = 0(RS-232C)

#0103 (보오드레이트) = 11 (9600)

프로토콜	ASCII-ISO
보오드레이트	2400 (추천)
데이터 비트	Even
패리티	7
정지 비트	1
핸드 쉐이킹	Software XON-XOFF
신호대기	Xon
전송 형식	Line

Fanuc 10, 11, 12 및 15콘트롤러

1. 케이블 설정

CNC 컨트롤	DNC 컴퓨터		
I/O 포트	Rocket 포트	구형PC COM1포트	TurboExpress 포트
DB-25 Male	DB-25 Male	DB-25 Female	DB-9 Female
1	샤시그라운드	샤시그라운드	샤시그라운드
2	3	3	2
3	2	2	3
7	7	7	5
4 및 5 점프			
6,8,20 점프			

2. 기계 파라메터 설정

컨트롤러 파라메터

#0000 TVC = 0, CVT = 1, ISP = 0, NCR = 0, EIA = 0

#0020 = 1, #0021 = 1, #0022 = 1, #0023 = 1

#5001 = 3, #5110 = 3, #511 = 2

#5112 = 11 (보오드레이트=9600)

Set Page

I/O = 1

ISO 포멧 = 1

프로토콜	ASCII-ISO
보오드레이트	9600 (추천)
데이터 비트	Even
패리티	7
정지 비트	1
핸드 쉐이킹	Software XON-XOFF
신호대기	Xon
전송 형식	Line

RS-232 통신용 CNC 파라메터 설정

1. Fanuc 16i-MA의 PWE 설정 화면

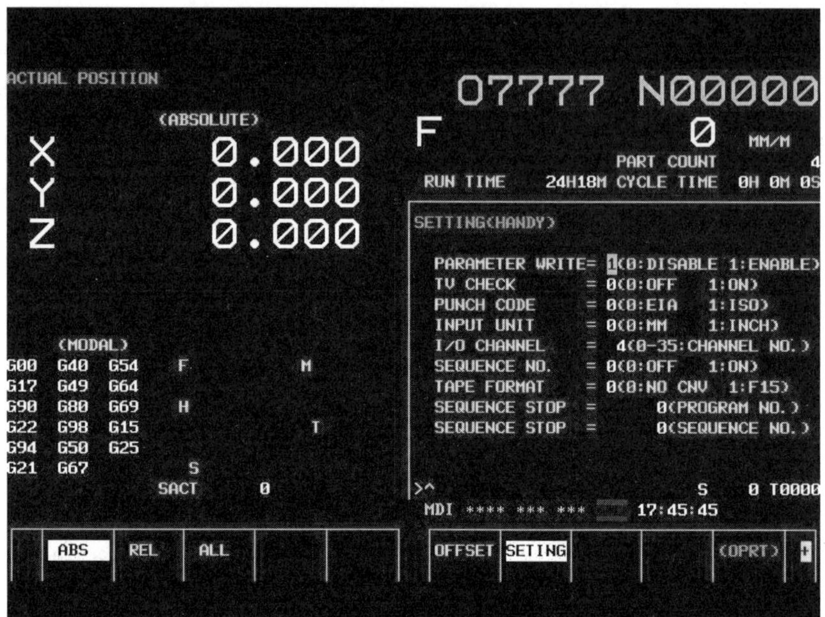

2. 컨트롤러 씨리즈 10/11/12/15A/15B/15i

파라메터	Port 1	Port 2
P 0000	****1010	****1010
P 0020	1	2
P 0021	1	2
P 0011	******00	******00
P 2201	******00	******00
P 5001	1	
P 5002	2	
P 5110	8	
P 5111	2	
P 5112	10	
P 5120	8	
P 5121	2	
P 5122	10	

3. 컨트롤러 씨리즈 0A/0B/0C/0D

파라메터	Port 1	Port 2
P 0000	1******1	
P 0010	***0****	***0****
P 0038	01******	
P 0050		1******1
P 0250		10
P 0251		10
P 0552	10	
P 0553	10	
TVON	0	0
ISO	0, 1	2
I/O	1	1
PWE	1	1
TAPEF	0	0

4. 컨트롤러 씨리즈 16/18/20/21-ABCi / 0i

파라메터	Port 1	Port 2
P 0000	******10	******10
P 0020	0,1	2
P 0101	1***0**1	
P 0102	3	
P 0103	10	
P 0111		1***0**1
P 0112		3
P 0113		10
P 3202	***0***0	***0***0

5. 메모리 카드 통신 관련 CNC 파라메터

① CNC의 오퍼레이터 판넬에 대해 MDI 모드 선택
② Offset/Setting 스크린으로 간다
③ I/O 채널 = 4로 설정

또는

① CNC에 오퍼레이터 판넬에 대해 MDI 모드 선택
② 비상 정지 조건으로 CNC 둠
③ 파라메터 Write 가능으로 사용자 컨트롤러를 설정
④ 씨리즈 18i에 대하여는 파라메터 20=4, 씨리즈 15i 20=4로 설정

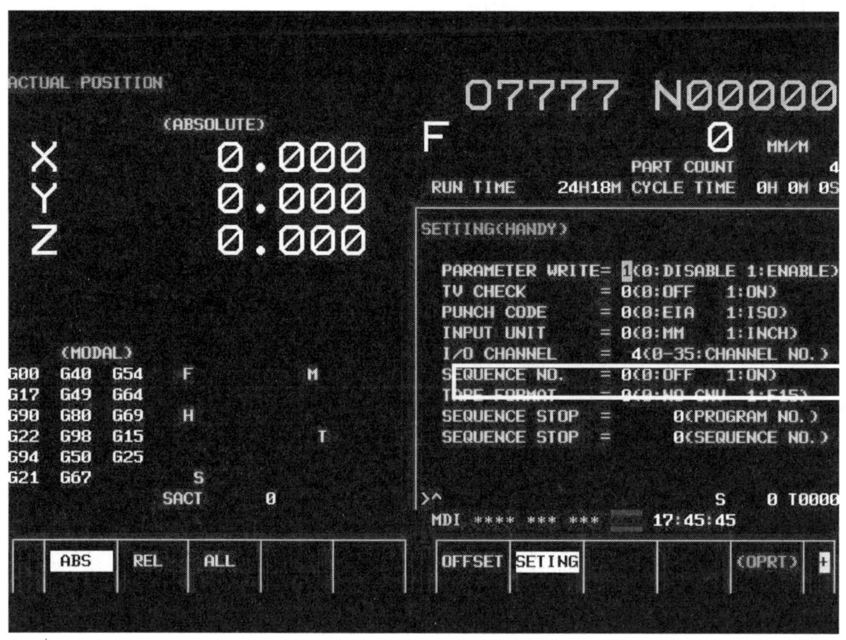

6. 백업 및 사용자 CNC로 모든 데이터 저장하는 법

(1) 씨리즈 0 모델 A/B/C/D

RS-232 인터페이스 이용

[CNC에서]

① EDIT 모드 선택
② PROGRAM 스크린 선택
③ I/O 키 누름
④ 파일 수신하기 위하여 PC 준비(통신 프로그램 QuickDNC 매뉴얼 참조)
⑤ 개개의 프로그램 출력을 위해서는 O부품프로그램번호 또는 전체 프로그램 출력을 위해서는 O-9999를 입력한다.

[PC에서 CNC로 프로그램 전송]

① EDIT 모드 선택

② PROGRAM 스크린 선택

③ I/O 키 누름

④ READ 소프트키 누름

⑤ PC로부터 파일 전송 (통신 프로그램 QuickDNC 매뉴얼 참조)

[CNC에서 PC로 파라메터 전송]

① EDIT 모드 선택

② PARAMETER 메뉴 선택

③ 파일 수신하기 위하여 PC 준비(통신 프로그램 QuickDNC 매뉴얼 참조)

④ EOB 키를 누르며 동시에 OUTPUT START 키를 누름

[주] EOB 키를 누르지 않고 파라메터를 전송하면 불완전한 파라메터가 전송됨

[PC에서 CNC로 파라메터 전송]

① 파라메터 Write Enable (PWE)를 1로 설정

② EDIT 모드 선택

③ PARAMETER 메뉴 선택

④ INPUT 키를 누름

⑤ PC로부터 파라메터 파일 전송(통신 프로그램 QuickDNC 매뉴얼 참조)

⑥ 전송이 완료 되었을 때, CNC 끄고 새로운 파라메터 설저을 사용하기 위하여 켠다. 또한 PWE=0으로 다시 설정

[주] PMC 파라메터(Diagnostics) 및 offset를 업로드 및 다운로드하기 위하여, 시스템 파라메터 방법과 같은 방법으로 한다. 단지 차이점은 PMC 파라메터 전송을 위하여 CNC Diagnostics 페이지이어야 하고 offset 전송을 위하여는 Offset 페이지이어야 함

(2) 씨리즈 16/18/21 모델 A/B/C, Powermate 모델 D/H

CNC 파라메터 펀칭(punching) (CNC ⇒ PC)

PC QuickDNC 소프트웨어 구동

PC 도구바로부터 파일 수신 명령 선택

PC 저장 데이터에 대한 명칭 및 디렉토리 지시

CNC EDIT 모드 선택.

CNC SYSTEM 키 누름.

CNC 소프트 키 [PARAM], [OPRT], [+], [PUNCH],[EXEC] 누름.

(사용자는 PC 스크린에 스크롤 업되는 파라메터를 보게될 것임.)

CNC 파라메터 읽기 (CNC <− PC)

PC QuickDNC 소프트웨어 구동

CNC MDI 모드 선택하고 ESTOP 누름

CNC PWE = 1로 설정.

CNC SYSTEM 키 누름.

CNC 소프트키 [PARAM], [OPRT], [+], [READ], [EXEC] 누름.

PC 도구바로부터 파일 전송 명령 선택

PC 전송할 파일에 대한 명칭 및 디렉토리 지시
(사용자는 PC 스크린에 스크롤 업되는 파라메터를 보게될 것임.)

CNC 새로운 파라메터 효과를 취하기 위하여 CNC 끄고 켬.

CNC 부품 프로그램 펀칭 (CNC ⇒ PC)

PC QuickDNC 소프트웨어 구동

PC 도구바로부터 파일 수신 명령 선택

PC 저장될 파일에 대한 명칭 및 디렉토리 지시

CNC EDIT 모드 선택.

CNC PROG 키 누름

CNC 현재 프로그램 출력하기 위하여 소프트 키 [PRGRM], [OPRT], [+], [PUNCH], [EXEC]를 누름

CNC 모든 프로그램을 출력하기 위하여 O-9999를 입력하고 [+],[PUNCH], [EXEC]를 누름.(사용자는 PC 스크린에 스크롤 업되는 파라메터를 보게될 것임.)

CNC 부품 프로그램 읽기 (CNC <− PC)

PC QuickDNC 소프트웨어 구동

CNC EDIT 모드 선택하고 프로그램 프로텍트(보호)키를 끔.

CNC PROGRAM 키 누름.

CNC 소프트 키 [PRGRM],[OPRT], [+], [READ], [EXEC] 누름.

PC 도구바로부터 파일 전송 명령 선택

PC 전송할 파일에 대한 명칭 및 디렉토리 지시
(사용자는 PC 스크린에 스크롤 업되는 파라메터를 보게될 것임.)

Punching PMC Data (CNC ⇒ PC)

PC QuickDNC 소프트웨어 구동

PC 도구바로부터 파일 수신 명령 선택

PC 저장될 파일에 대한 명칭 및 디렉토리 지시

CNC EDIT 모드 선택.

CNC PMC 측으로 가고 I/O 선택.

CNC Port 1에 대하여 채널1 및 Port 2에 대하여 채널2 선택.

CNC OTHERS로 장치 설정

CNC 원하는 종류의 형식으로 데이터 설정 : ALL/LADDER/PARAM, WRITE로 기능 설정

CNC SPEED 소프트 키 누름.

CNC 4800 Baud 선택 (컴퓨터 설정에 따라).

CNC 패리티 0, 정지 비트 1, Write 코드 ASCII를 선택.

CNC 다운로드 초기화하기 위하여 〈 및 EXEC 소프트 키 누름.

Reading PMC Data (CNC 〈- PC)

PC QuickDNC 소프트웨어 구동

CNC EDIT 모드 선택하고 ESTOP 누름

CNC PWE = 1로 설정.

CNC PMC 측으로 가고 I/O 선택.

CNC Port 1에 대하여 채널1 및 Port 2에 대하여 채널2 선택

CNC OTHERS로 장치 설정.

CNC READ로 기능 설정.

CNC SPEED 소프트 키 누름

CNC 4800 Baud 선택.

CNC 패리티 0, 정지 비트 1 선택.

CNC 〈 및 EXEC 소프트 키 누름. (실행중에 플래쉬될 것임)

PC 도구바로부터 파일 전송 명령 선택

PC 전송할 파일에 대한 명칭 및 디렉토리 지시

(사용자는 PC 스크린에 스크롤 업되는 파라메터를 보게 될 것임.)

(3) 씨리즈 16i/18i/21i/0i 모델 A/B, Powermate i 모델 D/H

메모리 카드 이용

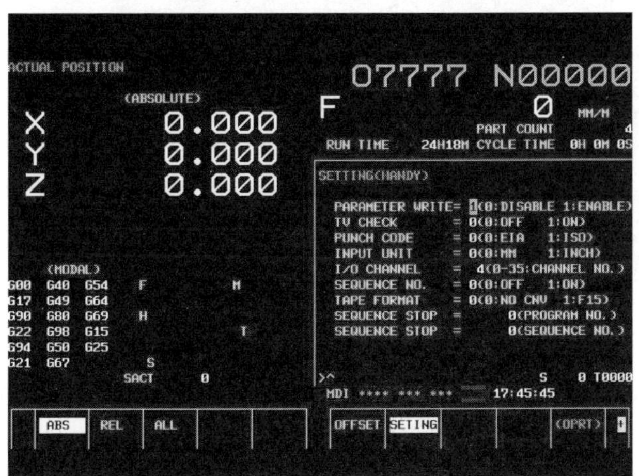

씨리즈 16i-MA 컨트롤에서 IO 채널 설정

SYSTEM 키를 눌러 모든 IO 스크린으로 이동하고 모든 IO가 나타날 때 까지 우측 "+" 소프트 키를 누름

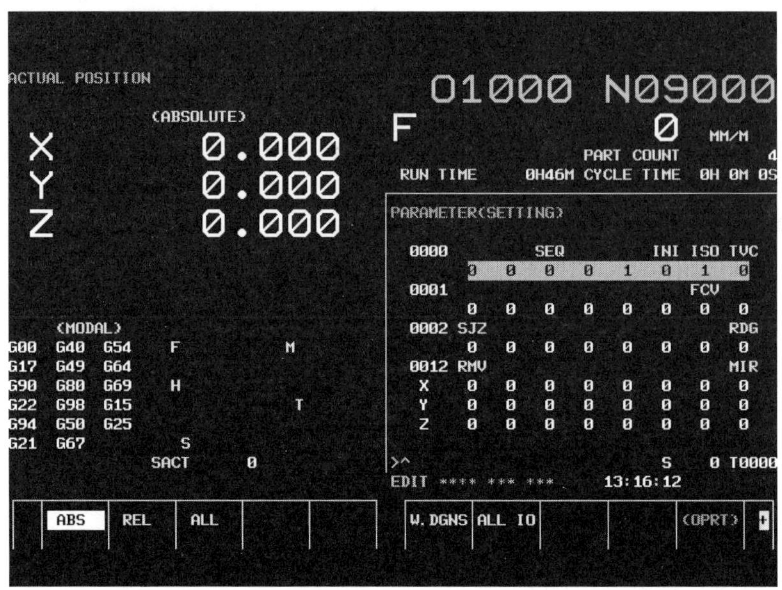

ALL IO 소프트 키를 누르고 PRGM 소프트 키를 누름

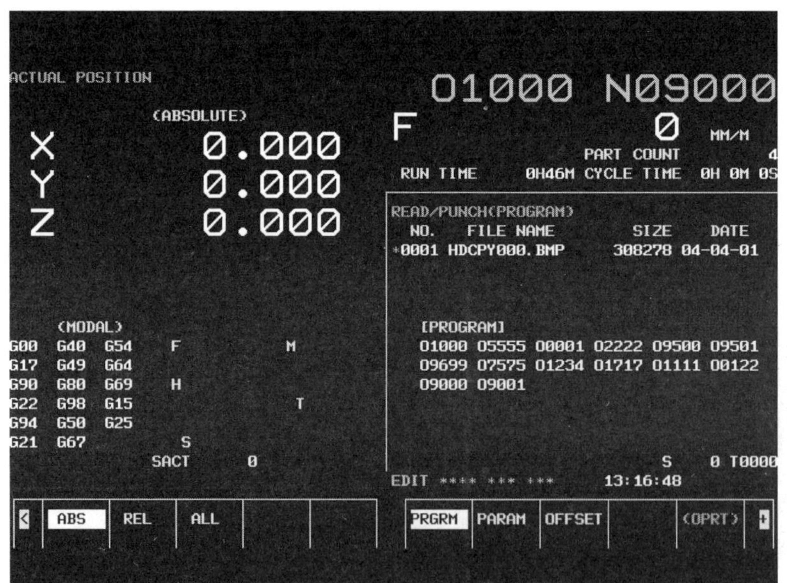

다음, PUNCH (output) 또는 READ(input) 운용의 선택을 위한 스크린으로 이동

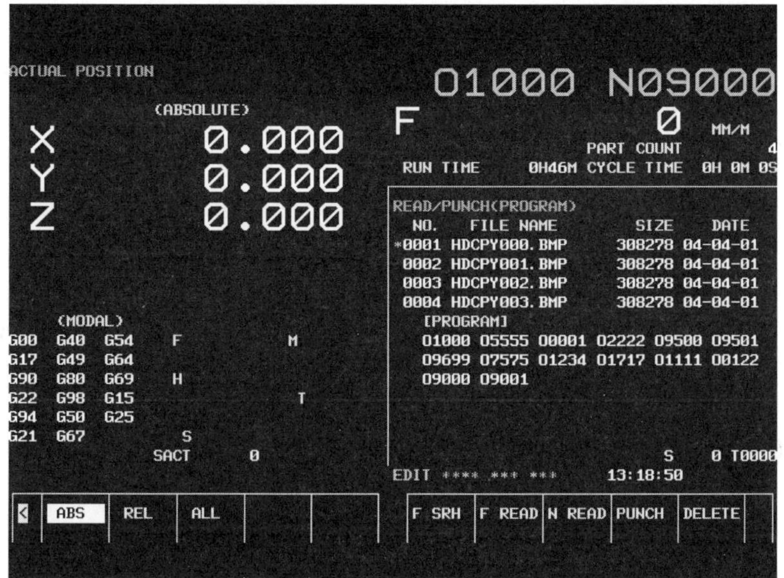

프로그램을 출력하기 위하여 PUNCH 소프트키를 누름

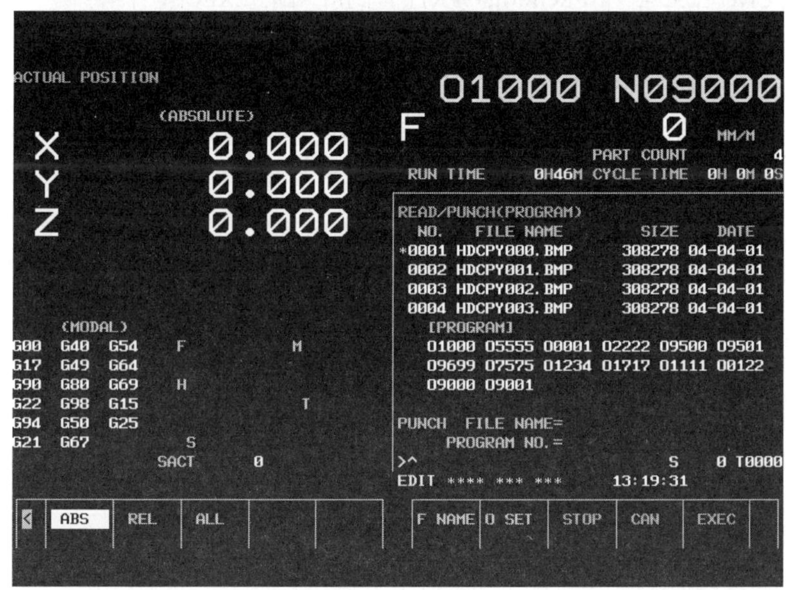

빽업을 원하는 프로그램 번호 또는 파일명을 입력하고 F를 누름

O(프로그램 번호)의 명칭 (파일명)을 각각 설정. 만일 프로그램 번호에 대하여 -9999가 선택되면, 모든 프로그램 파일이 출력될 것임. 만일 Oxxxx, Oyyyy이 프로그램 번호에 대하여 지시되면, 번호 xxxx 및 yyyy 사이에 모든 프로그램이 출력될 것임.

데이터 출력하기 위하여 EXEC를 누르시오.

CNC 부품 프로그램 펀칭 (CNC ⇒ PC)

PC QuickDNC 소프트웨어 구동

PC 도구바로부터 파일 수신 명령 선택

PC 저장될 파일에 대한 명칭 및 디렉토리 지시

CNC EDIT 모드 선택.

CNC PROG 키 누름

CNC 현재 프로그램을 출력하기 위하여 소프트 키 [PRGRM], [OPRT], [+], [PUNCH], [EXEC]를 누름

CNC 모든 프로그램을 출력하기 위하여 O-9999를 입력하고 [+],[PUNCH], [EXEC]를 누름.(사용자는 PC 스크린에 스크롤 업되는 파라메터를 보게될 것임.)

CNC 부품 프로그램 읽기 (CNC ⇐ PC)

PC QuickDNC 소프트웨어 구동

CNC EDIT 모드 선택하고 프로그램 프로텍트 키를 끔.

CNC PROGRAM 키 누름.

CNC 소프트 키 [PRGRM],[OPRT], [+], [READ], [EXEC]를 누름.

PC 도구바로부터 파일 전송 명령 선택

PC 전송할 파일에 대한 명칭 및 디렉토리 지시

(사용자는 PC 스크린에 스크롤 업되는 파라메터를 보게될 것임.)

FANUC 160is, 180is, F310is & MITSUBISHI 600

씨리즈에 대한 이더넷 연결용 FTP 서버 소프트웨어

1. FANUC 160is & 180is Basic NC Ethernet 설정

SYSTEM 하드키를 누르고 ETHPRM 소프트키가 보일 때까지 소프트키를 누른다. ETHPRM 소프트키를 누르고 (OPRT) 소프트키를 누른다.

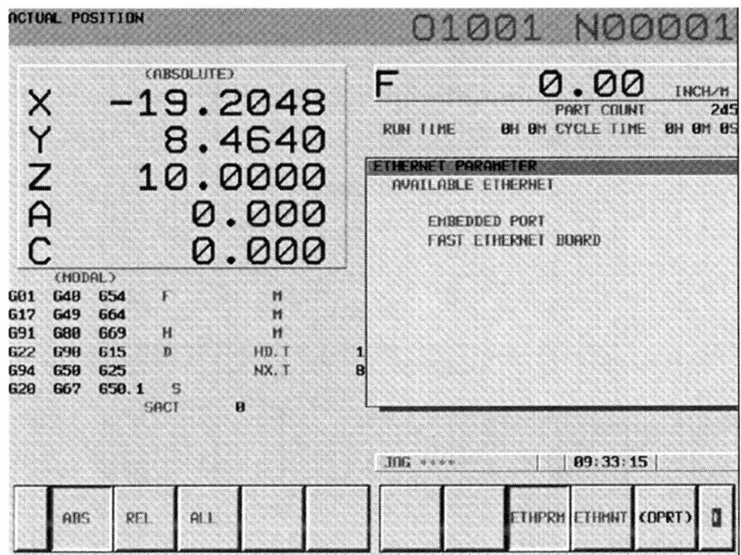

다음, 사용자는 (OPRT) 소프트키를 누를 것이고 EMBEDDED 또는 BOARD 소프트키 중에 하나를 선택한다. Embedded Ethernet은 NC 메모리에 연결용이고 Board는 옵션 데이터 서버 메모리에 연결용이다.

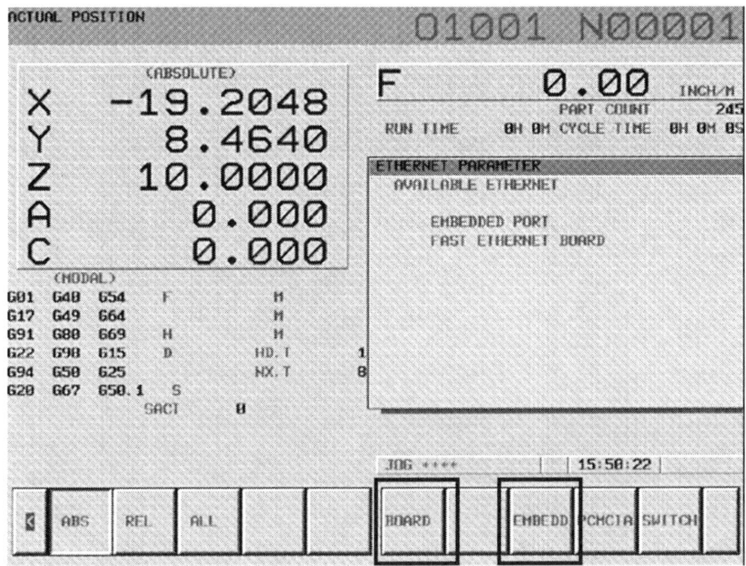

2. FANUC 160is & 180is EMBEDDED ETHERNET 설정

[주] 이 정보는 참조용으로 사용된다. 보다 상세한 정보는 Fanuc 운용 매뉴얼을 참조하시오.

① NC I/O 채널은 Embedded Ethernet 기능을 사용하기 위하여 9로 설정해야만 한다.

② ETHERNET 파라메터의 1페이지에서 SUBNET MASK 및 IP ADDRESS를 설정해야만 한다. (주 : 만일 이들 설정이 변경되면, NC를 끄고 컨트롤을 다시 시작하시오.)

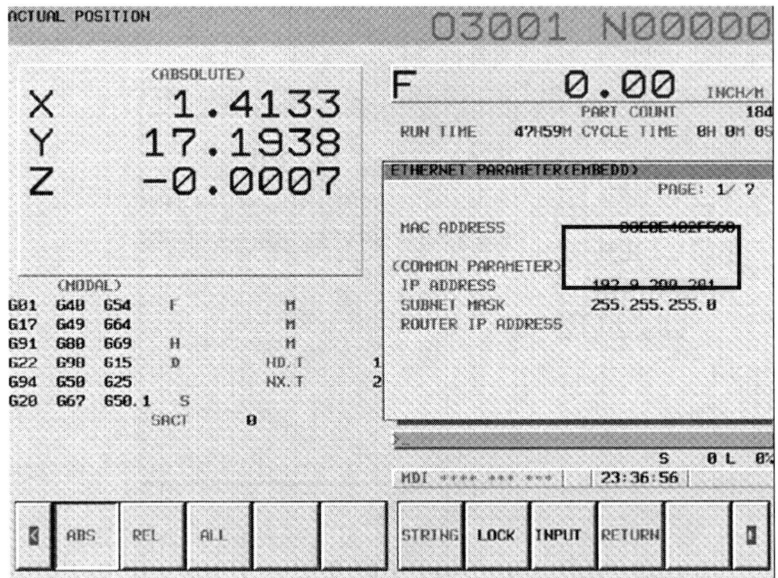

③ Ethernet 파라메터의 3페이지에서, 사용자는 NC가 PC와 통신하기 위하여 사용할 디렉토리에 포트 번호(21), PC의 IP address, 사용자명, 패스워드 및 log를 설정해야만한다. 이 페이지는 연결 1에 대한 것이다.

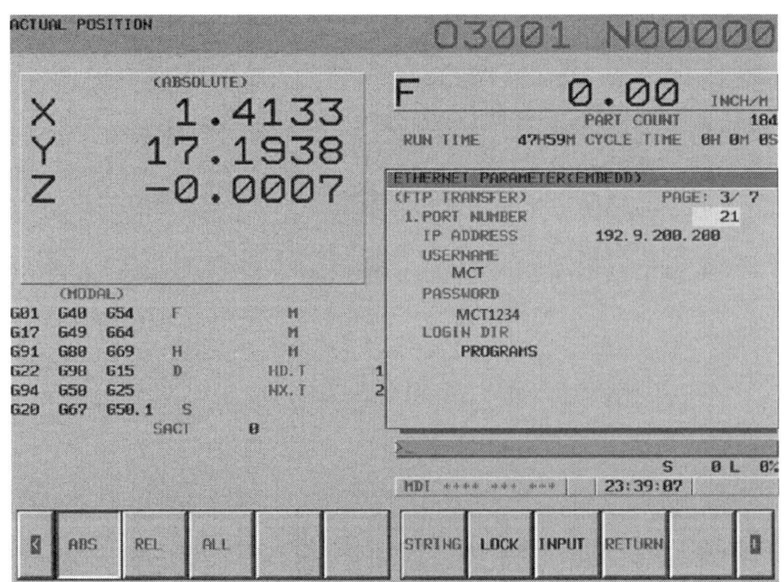

④ 4페이지는 연결 2 설정에 대한 것이다.

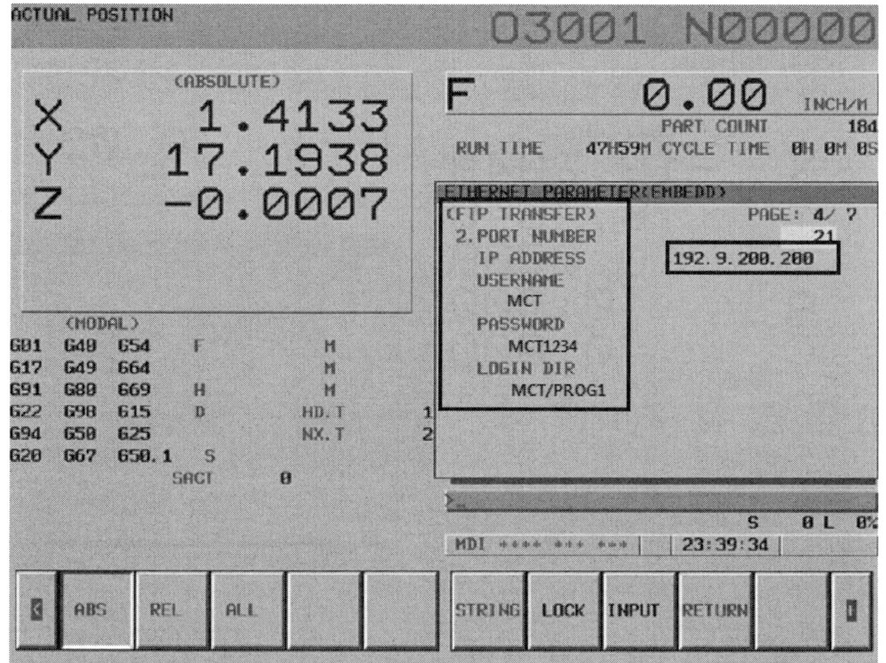

⑤ 5페이지는 연결 3 설정에 대한 것이다.

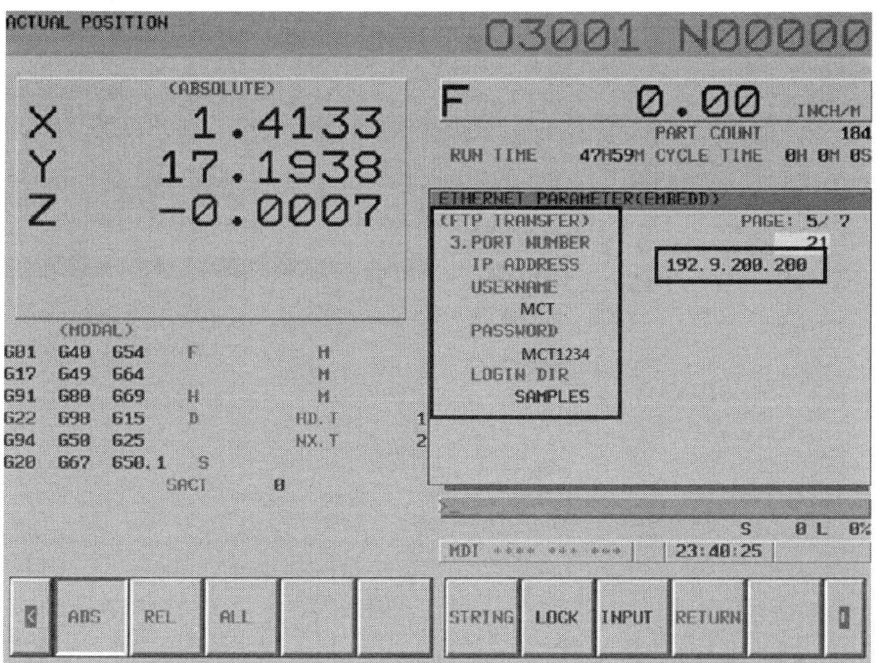

⑥ 사용자는 다음과 같은 진행을 이용하여 연결 1, 2 및 3을 선택하여 통신을 위하여 사용하고 싶은 연결 파라메터를 선택할 수 있다.

⑦ Edit 모드를 누르고 PROGRAM 하드키를 누른다. 다음, CONNECT 소프트키를 볼 때까지 ► 소프트키를 누른다. CONNECT 소프트키를 누르고 (OPRT)소프트키를 누른다.

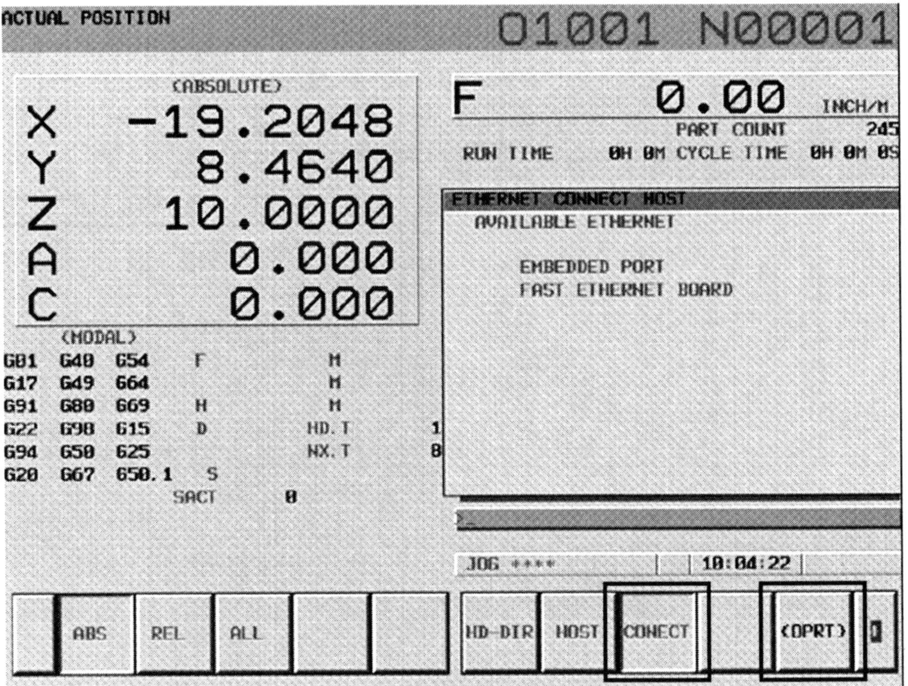

⑧ 다음, 사용자는 EMBEDDED 소프트키를 눌러야만 한다.

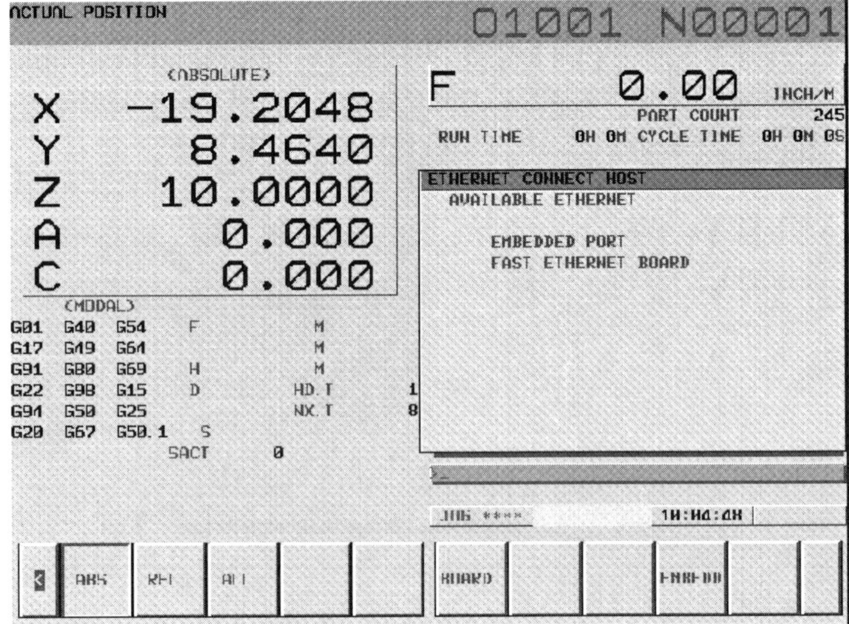

⑨ Connect 스크린이 나타날 것이고 사용자는 Con-1, Con-2, 또는 Con-3 소프트키를 눌러 사용하고 싶은 연결 설정을 선택할 수 있다. 그 연결에 대한 설정값은 사용자가 파일을 전송할 때 사용될 것이다.

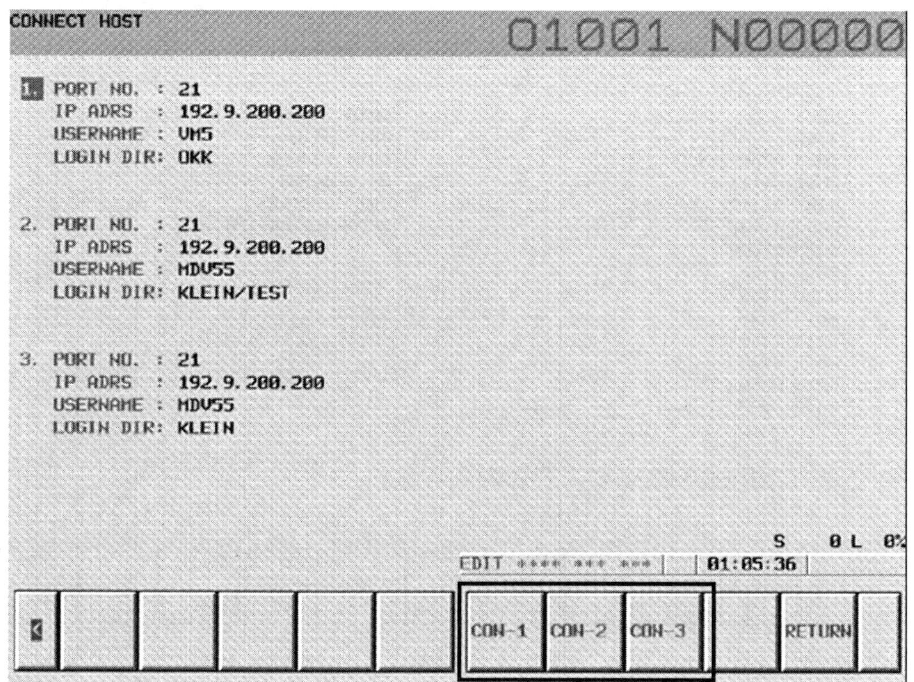

⑩ ◀ 소프트키를 누르고 그리고 HOST 소프트키를 누르고 (OPRT) 소프트키를 누른다.

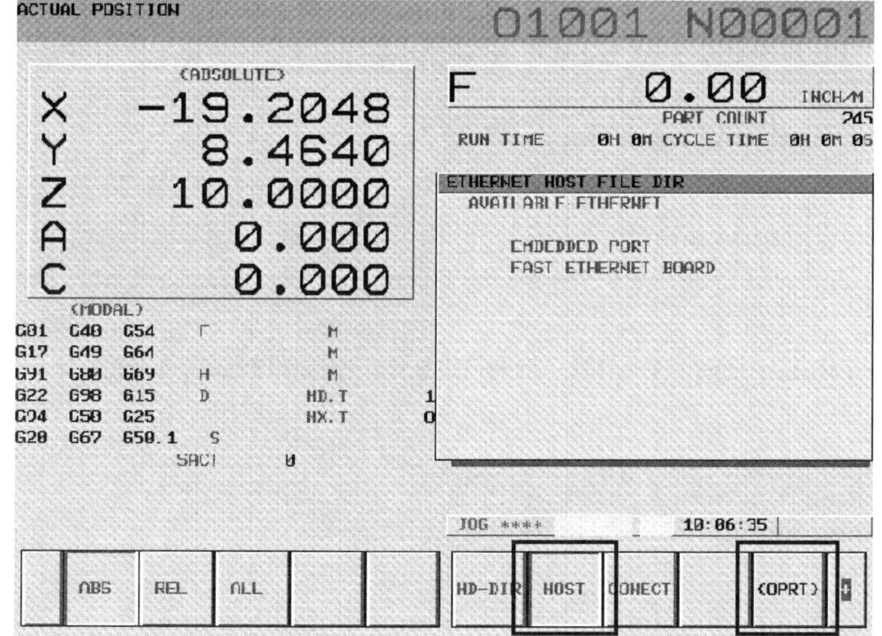

⑪ EMBEDDED 소프트키를 누르고 그러면, NC는 사용자가 지시한 폴더로 PC와 연결되고 프로그램을 표시할 것이다.

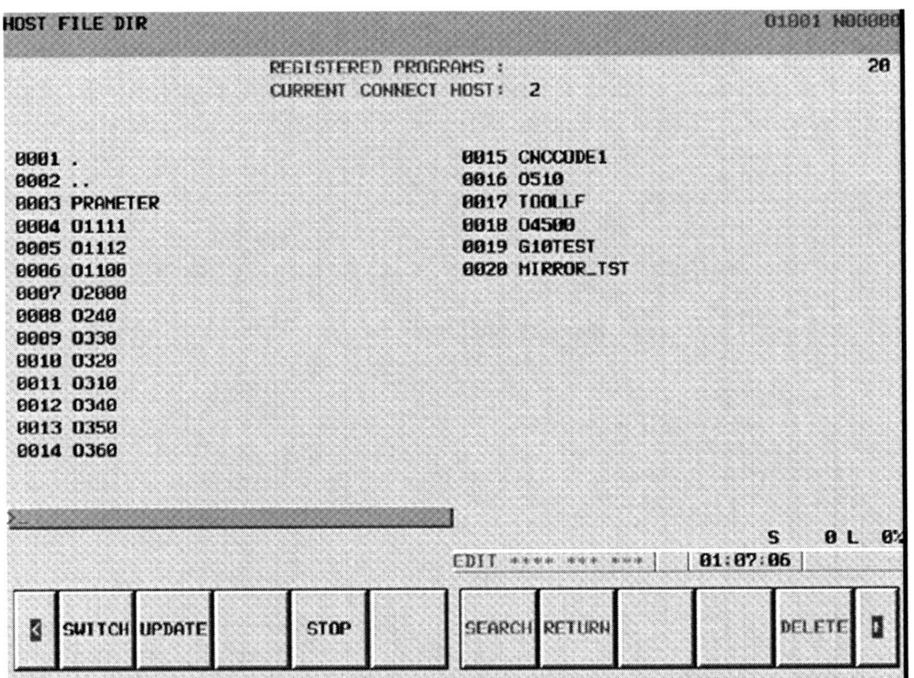

⑫ 만일 사용자가 ► 소프트키를 누르면, 사용자는 READ 및 PUNCH 소프트키를 보게될 것이다. 만일 사용자가 O4500을 입력하고 READ 소프트키를 누르면, NC 메모리로 프로그램이 전송될 것이다. 만일 사용자가 NC 메모리에 있는 프로그램 번호를 입력하고 PUNCH를 누르면 PC로 전송할 것이다.

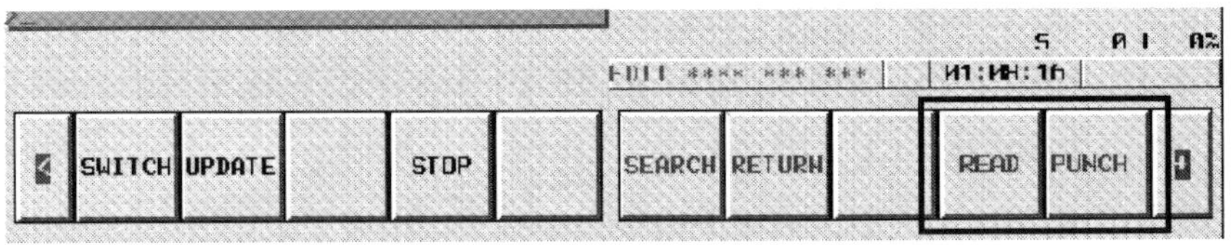

⑬ EMBEDDED Ethernet 기능에 대한 더 상세한 정보에 대하여는 FANUC 운용 매뉴얼메 참조하시오.

보오드레이트는 피이드레이트를 제한

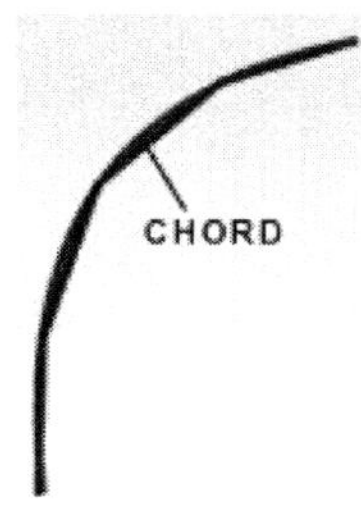

3D 형상의 선형 NC 데이터를 시리얼 전송할 때에는 보오드레이트와 가공 피이드레이트와는 많은 관련이 있다. 이러한 시리얼 전송할 때의 관련 사항을 검토해보자.

대부분의 CAM 시스템은 0.002mm 보다 짧은 원호 또는 직선 가공으로 윤곽을 나누어 윤곽 가공한다. 보다 정밀한 윤곽은 보다 짧은 코드를 의미한다. 결과로써, 정밀하게 윤곽된 부품에 대한 프로그램은 매우 길게 될 것이다. (5,000,000만 라인 프로그램)

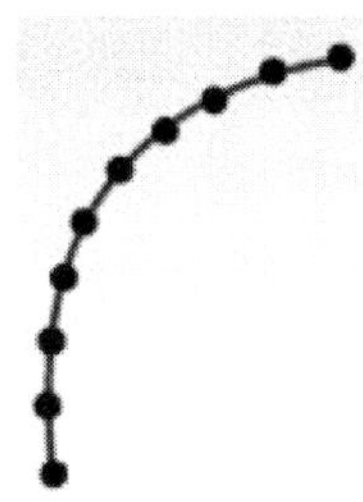

프로그램이 CNC 메모리 보다 크다면, 프로그램은 기계가 가공 중에 CNC로 Drip Feed 전송해야만 한다.

이것이 데이터 전송률이 프로세서의 속도를 결정하는 제한 요소로 만들 수 있다. 만약 기계가 각각의 가공에서 다음 프로그램 블록에서 받을 수 있는 것보다 빠르게 움직인다면 결과 데이터 결핍이 단속적인 이동을 만들어서 공작물에 흠이 가게 하거나 기계를 변형 시킬 수 도 있다. 피이드율을 낮추는 것이 이동을 부드럽게 하는 유일한 방법이다.

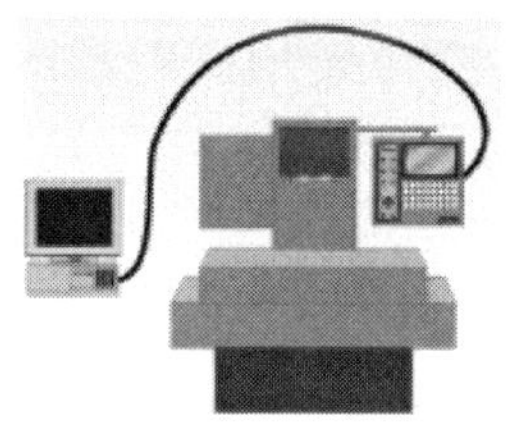

오늘날 .. 어떤 고속 컨트롤러는 빠른 네트워크 연결로 이러한 문제를 제어한다. 그러나, 대부분의 공장에서는 여전히 구형 CNC를 사용하며, 이것은 보다 느린 RS-232 씨리얼 연결에 의해 제한된다. 이러한 컨트롤러에서, 고속 가공은 CNC가 데이터를 받아들일 수 있는 빠르기 만큼 프로그램이 드립피드 되어야 한다.

얼마나 빠르게 가공을 할 수 있는가?

씨리얼 연결로 drip feed할 필요는 효과적인 가공을 위한 피이드레이트 제한을 부과할 수 있다. 최대 피이드레이트는 씨리얼 연결의 보오드레이트의 기능이다.

데이터의 각 문자 명령 10비트를 가정하자. 38,400 BPS의 보오드레이트의 씨리얼 연결은 3840 문자/sec(CPS)를 전송할 수 있다.

38,400 bits/sec ÷ 10 bits/문자 = 3,840 문자/sec

프로그램 블록은 20 문자를 요구할 것이다. 이것은 192 BPS(blocks/sec)로 번역한다.

3840 문자/sec ÷ 20 문자/블록 = 192 프로그램 블록/sec

코드 길이가 fine-detail 범위에서 0.254mm 길다면, 그러면 이것은 전속력 115 ipm로 변역하여 데이터 결핍을 피한다.

192 블록/sec x 0.010 inch/블록 x sec/min = 115 inches/min 최대 피이드레이트

연습에서, DNC 오버헤드에 필요한 메모리를 포함하고 있는 요소는 최대 효율 피드레이트를 이것보다 다소 낮은 값으로 제한할 것이다.

구형 CNC에서 일반적인 씨리얼 보오드레이트는 9.600이다. 이 보오드레이트에서 위의 가정을 사용, 최대 피이드레이트가 30 ipm 아래로 떨어진다. 다시 말해, 그러한 낮은 드립 피드가 요구되는 곳에서 복잡한 지오메트리의 효율적 고속 정삭을 수행하는 것이 불가능할 것이다.

Quick CAD-CAM

12 Chapter 도 면

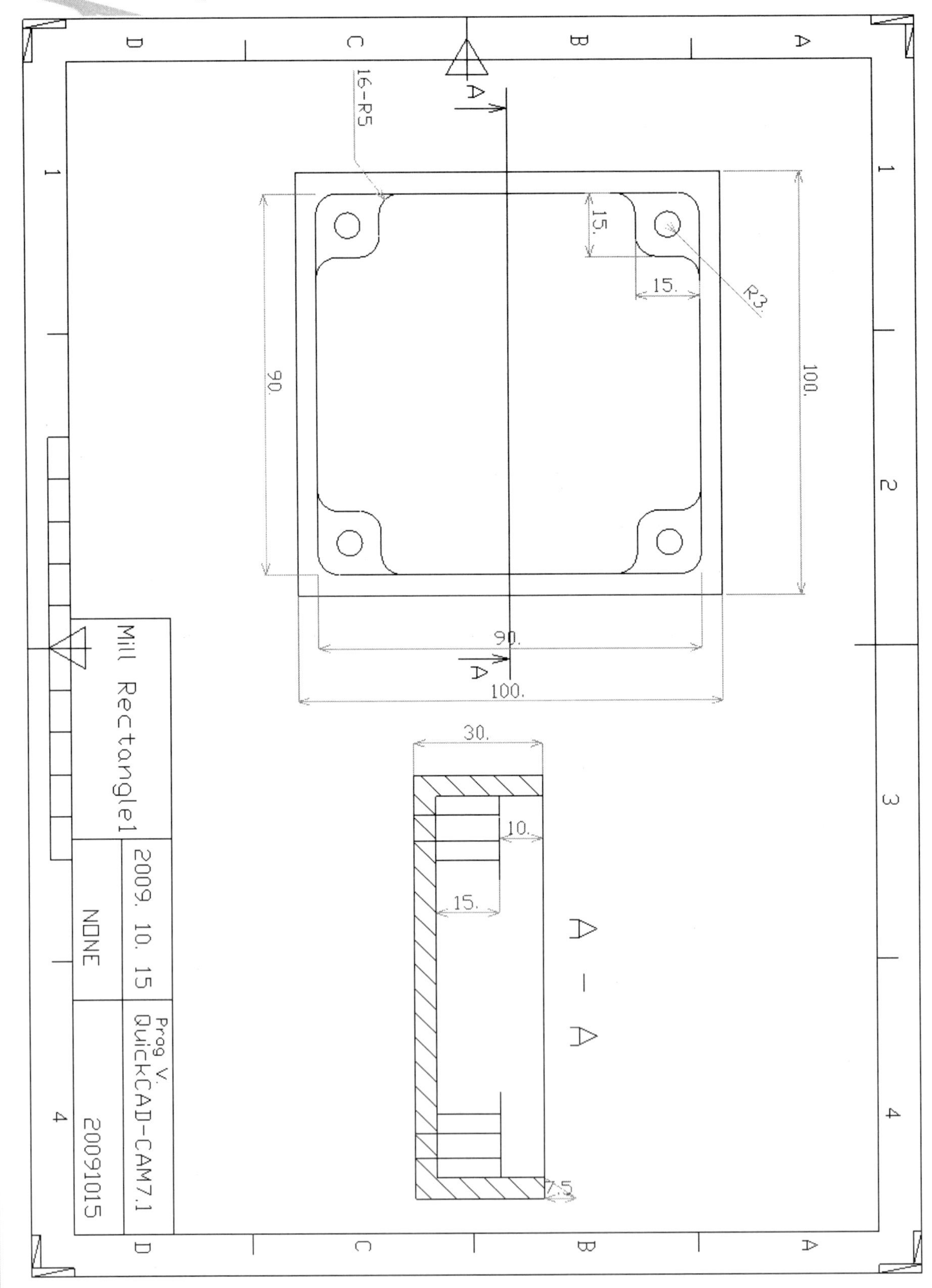
16-R5
15.
15.
R3.
90.
100.
90.
100.
30.
10.
15.
A - A
Mill Rectangle1
2009. 10. 15
NONE
Prog V.
QuickCAD-CAM7.1
20091015

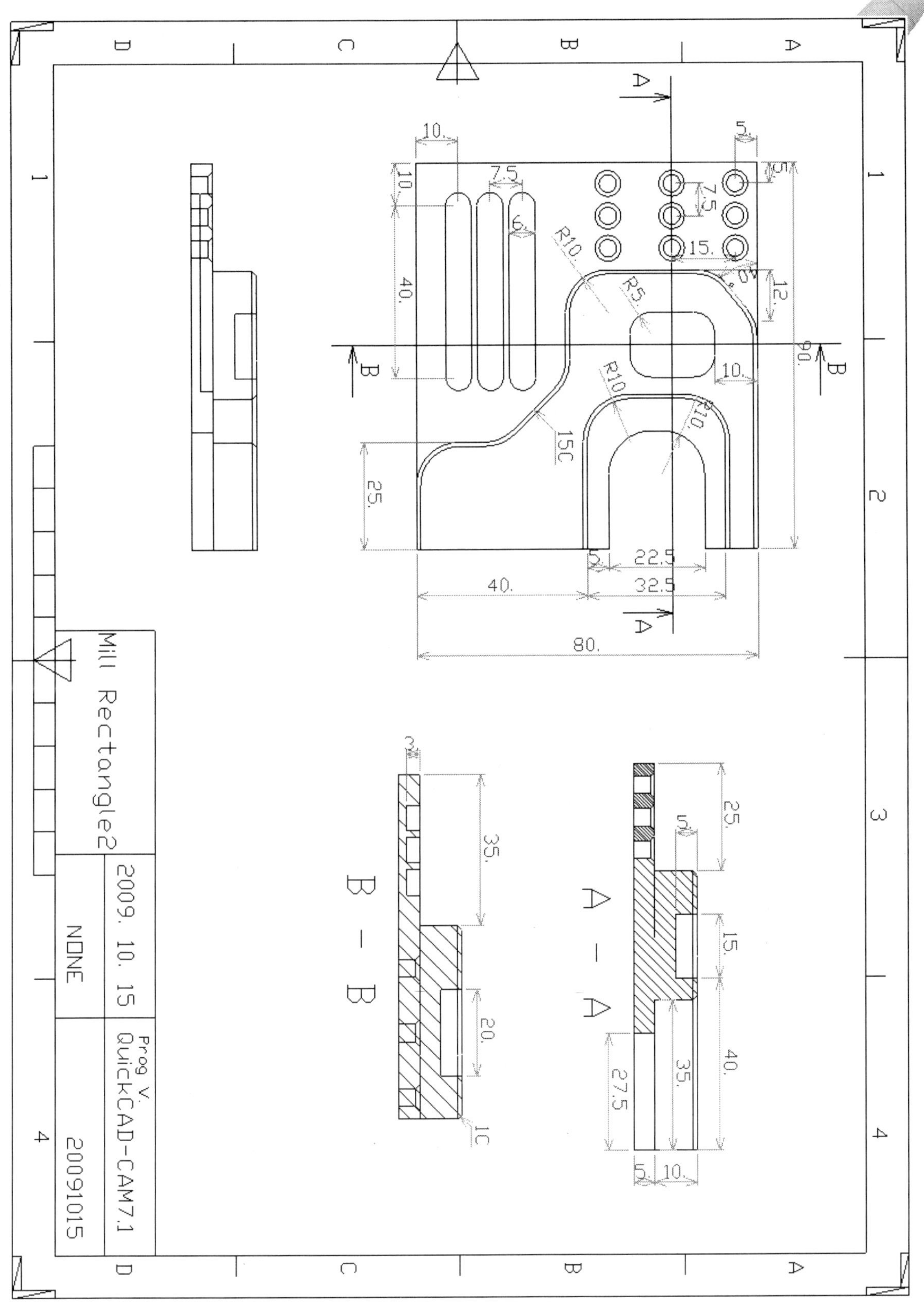
Mill Rectangle2
2009. 10. 15
NONE
Prog V.
QuickCAD-CAM7.1
20091015
A - A
B - B

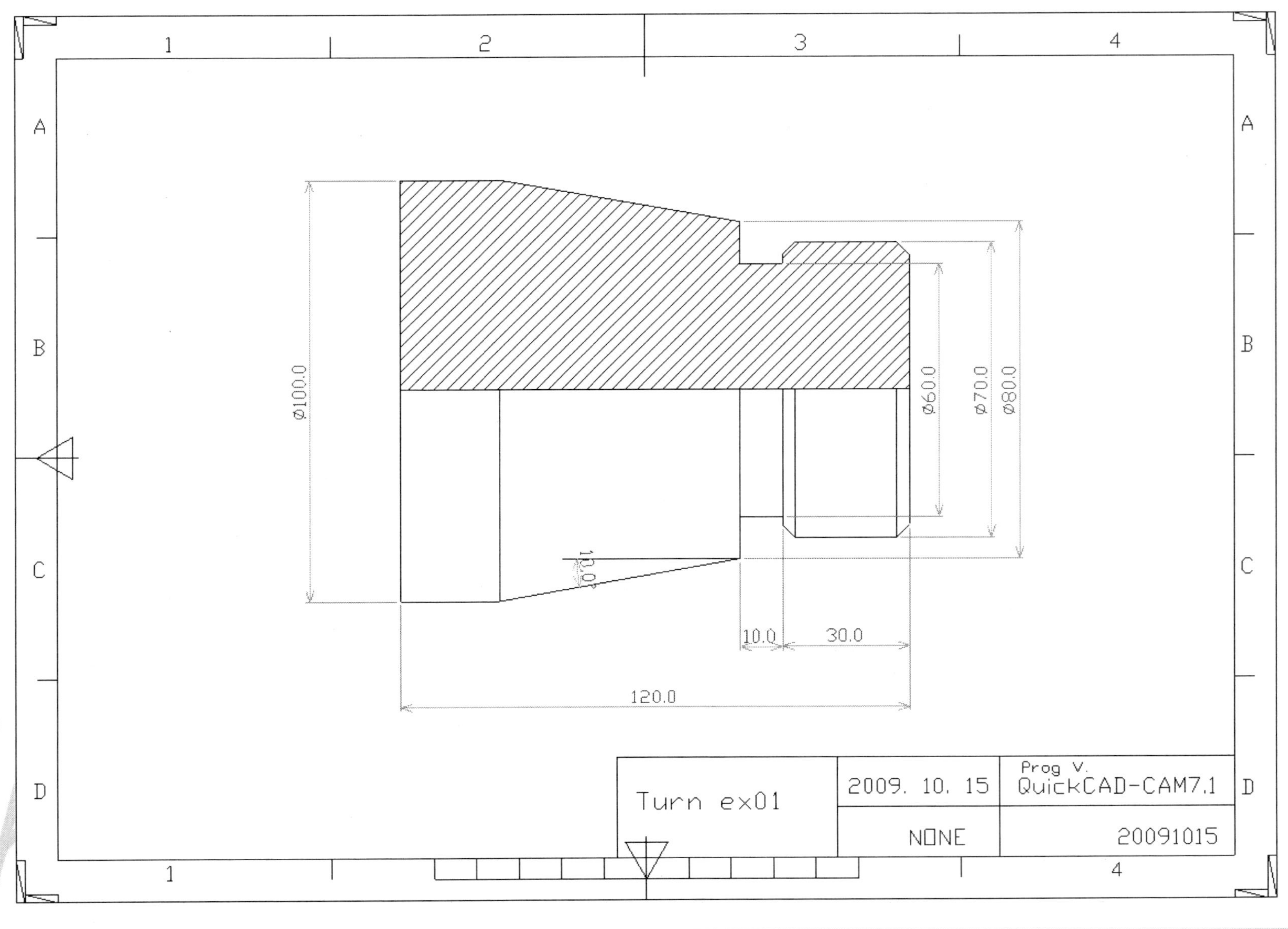

Ø100.0
Ø60.0
Ø70.0
Ø80.0
10.0
10.0
30.0
120.0
Turn ex01
2009. 10. 15
Prog V.
QuickCAD-CAM7.1
NONE
20091015

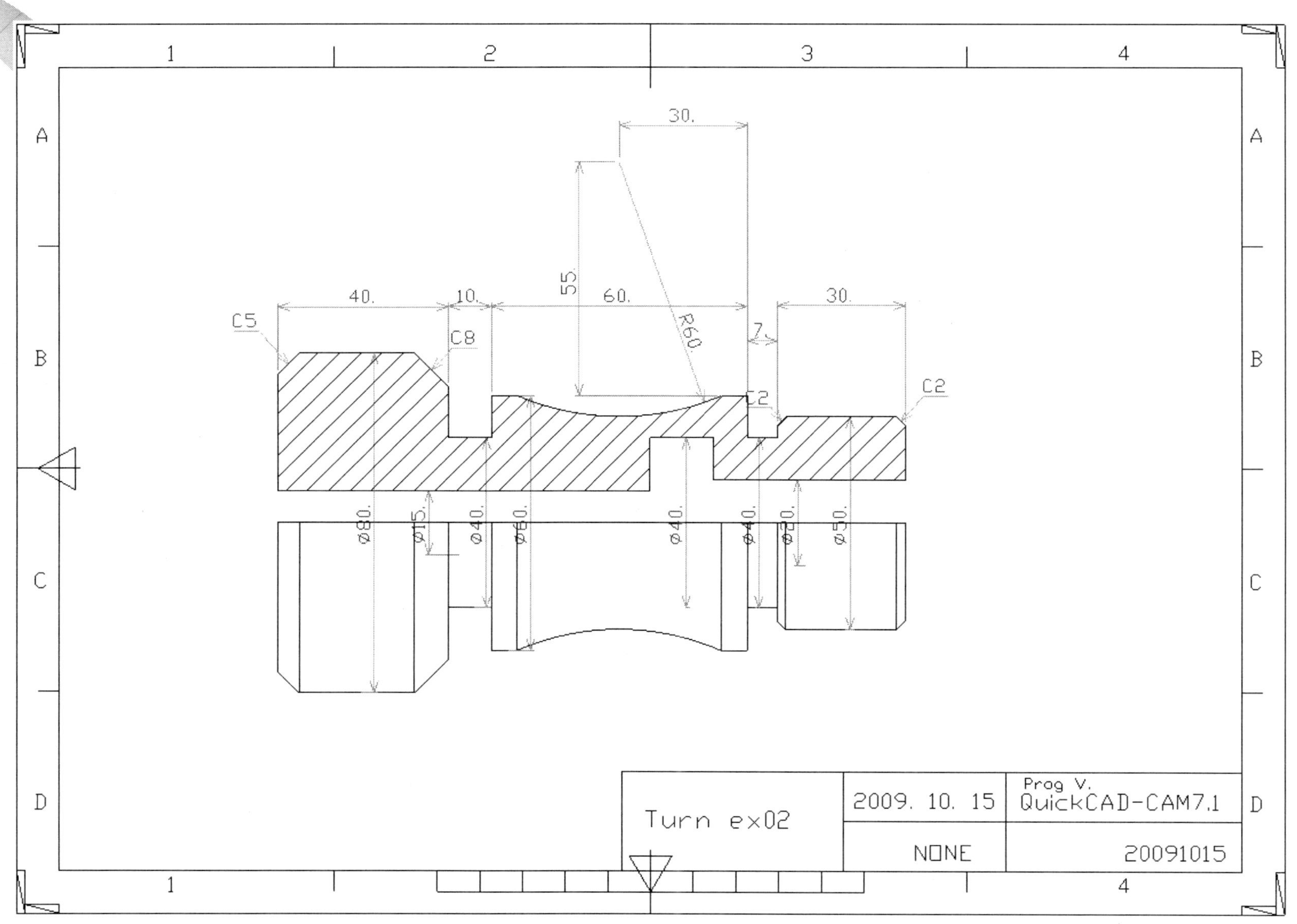
30.
55.
40.
10.
60.
30.
C5
C8
R60
7.
C2
C2
ø80.
ø15.
ø40.
ø60.
ø40.
ø40.
ø20.
ø50.
Turn ex02
2009. 10. 15
Prog V.
QuickCAD-CAM7.1
NONE
20091015

Quick-CAD/CAM을 활용한 빠르고 쉬운 CNC 가공 기술

초판 발행 2010년 2월 25일
초판 인쇄 2010년 2월 28일

지은이 ▪ 박춘우 · 박영석 · 진용주
펴낸이 ▪ 홍세진
펴낸곳 ▪ 세진북스

주소 ▪ (우)157-030 서울시 강서구 등촌동 685 대지빌딩 305호
전화 ▪ 02-2658-3088
팩스 ▪ 02-2658-3089
홈페이지 ▪ http://www.sejinbooks.kr

출판등록 ▪ 제 315-2008-042호(2008.12.9)
ISBN ▪ 978-89-93848-83-0 13560

값 ▪ **20,000**원

세진북스에는 당신과 나
그리고 우리의 미래가 있습니다.